CAD工程设计详解系列

详解 AutoCAD 2022 机械设计

（第 6 版）

CAD/CAM/CAE 技术联盟

胡仁喜　沈炳振　编著

電子工業出版社

Publishing House of Electronics Industry

北京 · BEIJING

内 容 简 介

本书结合典型机械设计案例，详细讲解 AutoCAD 2022 机械设计的知识要点，让读者在学习项目案例制作的过程中掌握 AutoCAD 2022 软件的操作技巧，同时培养工程设计能力。全书分为 3 篇共 14 章，其中第 1 篇为基础知识篇（第 1～6 章），内容包括 AutoCAD 2022 入门、机械制图相关规定、二维绘图和编辑命令、文字表格和尺寸标注、三维图形基础；第 2 篇为平面工程图篇（第 7～10 章），内容包括减速器从零件图到装配图的平面工程图设计全过程；第 3 篇为立体工程图篇（第 11～14 章），内容为三维绘图基础，包括减速器从零件图到装配图的立体工程图设计全过程。

本书的配套资料包含全书所有实例的源文件和实例操作过程视频文件，可以帮助读者更加形象直观、轻松自如地学习本书。另外，还赠送大量 AutoCAD 电子书和设计图纸，以及对应的操作视频文件。

本书所讲述的知识和案例内容既翔实、细致，又丰富、典型。本书还密切结合工程实际，具有很强的操作性和实用性，十分适合机械设计相关专业的工程技术人员和在校师生学习。

图书在版编目（CIP）数据

详解 AutoCAD 2022 机械设计 / 胡仁喜，沈炳振编著. — 6 版. — 北京：电子工业出版社，2022.3
（CAD 工程设计详解系列）
ISBN 978-7-121-43043-5

Ⅰ. ①详… Ⅱ. ①胡… ②沈… Ⅲ. ①机械设计－计算机辅助设计－AutoCAD 软件 Ⅳ. ①TH122

中国版本图书馆 CIP 数据核字（2022）第 035475 号

责任编辑：许存权　　　文字编辑：苏颖杰
印　　刷：北京市大天乐投资管理有限公司
装　　订：北京市大天乐投资管理有限公司
出版发行：电子工业出版社
　　　　　北京市海淀区万寿路 173 信箱　　邮编：100036
开　　本：787×1 092　1/16　印张：23.75　字数：608 千字
版　　次：2009 年 4 月第 1 版
　　　　　2022 年 3 月第 6 版
印　　次：2022 年 3 月第 1 次印刷
定　　价：79.00 元

凡所购买电子工业出版社图书有缺损问题，请向购买书店调换。若书店售缺，请与本社发行部联系，联系及邮购电话：（010）88254888，88258888。

质量投诉请发邮件至 zlts@phei.com.cn，盗版侵权举报请发邮件至 dbqq@phei.com.cn。

本书咨询联系方式：（010）88254484，xucq@phei.com.cn。

前　　言

随着微电子技术，特别是计算机硬件和软件技术的迅猛发展，CAD 技术正在日新月异、突飞猛进地发展。目前，CAD 设计已经成为人们日常工作和生活中的重要内容，特别是 AutoCAD 已经成为 CAD 的普适标准。近年来，网络技术发展一日千里，结合其他设计制造业的发展，使 CAD 技术如虎添翼，CAD 技术正在乘坐网络技术的特别“快车”飞速向前，从而使 AutoCAD 更加羽翼丰满。同时，AutoCAD 技术一直致力于把工业技术与计算机技术融为一体，形成开放的大型 CAD 平台，尤其在机械、建筑、电子等领域更是先人一步，技术发展势头异常迅猛；为了满足不同用户、不同行业技术发展的要求，把网络技术与 CAD 技术有机地融为一体。

一、本书特色

● 作者权威

本书作者是 Autodesk 中国认证考试中心的专家和各高校多年从事计算机图形学教学研究的一线人员，具有丰富的教学实践经验与教材编写经验，多年的教学工作使他们能够准确地把握学生的学习心理与实际需求。

● 实例专业

本书有很多实例本身就是工程设计项目案例，经过作者精心提炼和改编，不仅保证了读者能够学好知识点，而且能帮助读者掌握实际操作技能。

● 提升技能

本书将工程设计中涉及的专业知识融于其中，能使读者深刻体会 AutoCAD 工程设计的完整过程和使用技巧。真正做到以不变应万变，为读者以后的实际工作做好技术储备，快速掌握工作技能。

● 内容实用

全书以减速器案例为绝对核心，详细讲解平面图和三维立体图的绘制，书中采用的案例具有代表性，经过了多次课堂和工程实践；案例由浅入深推进，每个案例所包含的重点难点指示明确，读者学习起来会非常轻松。

● 知行合一

结合大量案例详细讲解 AutoCAD 知识要点，让读者在学习案例的过程中潜移默化地掌握 AutoCAD 操作技巧，同时培养读者工程设计的实践能力。

二、本书的组织结构和主要内容

本书以最新的 AutoCAD 2022 版本为操作平台，着重介绍 AutoCAD 软件在机械行业中的应用方法。全书分为 14 章，各章内容如下。

第 1 章　国家标准《机械制图》的基本规定

第 2 章　AutoCAD 2022 入门

第 3 章　简单二维绘图命令
第 4 章　编辑命令
第 5 章　文字表格和尺寸标注
第 6 章　三维图形基础知识
第 7 章　简单零件设计
第 8 章　齿轮类零件设计
第 9 章　箱体类零件设计
第 10 章　装配图设计
第 11 章　简单零件立体图绘制
第 12 章　齿轮类零件立体图绘制
第 13 章　箱体类零件立体图绘制
第 14 章　装配立体图绘制

三、本书的配套资源

本书提供了丰富的配套学习资源，读者利用这些资源可以在最短的时间内学会并精通 AutoCAD 机械设计技术。读者可以登录百度网盘下载资源，百度网盘资源下载地址为 https://pan.baidu.com/s/1C5RLVD9Zm6Tjx-kwYgQGhQ，密码为 swsw，或者扫描下面二维码。

1. 配套教学视频

作者针对本书专门制作了全部实例的配套教学视频，读者可以先看视频，像看电影一样轻松愉悦地学习本书内容，然后对照本书加以实践和练习，可以大大提高学习效率。

2. AutoCAD应用技巧、疑难解答

（1）AutoCAD 应用技巧大全：汇集了 AutoCAD 各类绘图技巧，对提高作图效率很有帮助。

（2）AutoCAD 疑难问题汇总：疑难问题及解答汇总，对入门读者来说非常有用，可以扫除学习障碍，少走弯路。

（3）AutoCAD 经典练习题：额外精选了不同类型的练习，读者只要认真练习，到一定程度就可以实现从量变到质变的飞跃。

（4）AutoCAD 常用图块集：在实际工作中，积累大量的图块可以拿来就用，或者改改就可以用，对提高作图效率极为重要。

（5）AutoCAD 快捷键命令速查手册：汇集了 AutoCAD 常用快捷键命令，熟记快捷键命令可以提高作图效率。

（6）AutoCAD 快捷键速查手册：汇集了 AutoCAD 常用快捷键，绘图高手通常会直接使用快捷键。

（7）AutoCAD 常用工具按钮速查手册：熟练掌握 AutoCAD 工具按钮的使用方法也是提高作图效率的方法之一。

3. 6套大型图纸设计方案及时长达12小时的同步教学视频

为了帮助读者拓展视野，特意赠送 6 套设计图集、图纸源文件、视频教学录像（动画演示，总时长达 12 小时）。

4. 全书实例源文件和素材

本书附带了很多实例，包含教学实例和练习实例的源文件和素材，读者可以在 AutoCAD 2022 软件中打开并使用它们。

四、致谢

本书由 CAD/CAM/CAE 技术联盟策划，主要由 Autodesk 中国认证考试中心首席专家、河北交通职业技术学院的胡仁喜博士和河北交通职业技术学院的高级实验师沈炳振老师编写，石家庄楚辉工程设计有限公司为本书的出版提供了很多帮助，在此表示真诚的感谢。

CAD/CAM/CAE 技术联盟是一个 CAD/CAM/CAE 技术研讨、工程开发、培训咨询和图书创作的工程技术人员协作联盟，包含 20 多位专职和众多兼职 CAD/CAM/CAE 工程技术专家。CAD/CAM/CAE 技术联盟负责人由 Autodesk 中国认证考试中心首席专家担任，全面负责 Autodesk 中国官方认证考试大纲制定、题库建设、技术咨询和师资力量培训工作，成员精通 Autodesk 系列软件，其创作的很多教材已成为国内具有引导性的旗舰作品，在国内相关专业方向图书创作领域具有极高的知名度。

读者可以加入本书学习交流群（QQ：602121564），作者随时在线提供本书的学习指导，以及诸如软件下载、软件安装、授课 PPT 下载等一系列的后续服务，可使读者无障碍地快速学习本书，也可以将问题发到邮箱 714491436@qq.com，我们将及时予以回复。

注：本书中未特别注明的相关尺寸单位，均为软件默认单位 mm（毫米）；书中相关 x、y 字母用正体表述，与图和代码保持一致。

编　者

目　录

第一篇　基础知识篇

第二篇 平面工程图篇

第三篇 立体工程图篇

第一篇

基础知识篇

本篇主要介绍 AutoCAD 的相关基础知识。

通过本篇的学习，读者将掌握机械工程制图的基础知识及 AutoCAD 的绘图技巧。

- 了解 AutoCAD 的绘图环境。
- 掌握 AutoCAD 绘图的基本方法。

1

Chapter 1

国家标准《机械制图》的基本规定

国家标准《机械制图》是对与图样有关的画法、尺寸和技术要求的标注等做的统一规定。

制图标准化是工业标准的基础，我国政府及各有关部门都十分重视制图标准化工作。1959 年中华人民共和国科学技术委员会批准颁发了我国第一个《机械制图》国家标准。为适应经济和科学技术发展的需要，先后于 1974 年和 1984 年对标准做了两次修订，对于 1984 年颁布的标准，1991 年又进行了复核审定。

1.1 图纸幅面及格式

为了加强我国与世界各国的技术交流，依据国际标准化组织 ISO 制定的国际标准，制定了我国国家标准《机械制图》，并自 1993 年以来相继发布了“图纸幅面和格式”“比例”“字体”“投影法”“表面粗糙度符号”“代号及其注法”等项新标准，并从 1994 年 7 月 1 日开始实施，并陆续进行了修订更新。

国家标准，简称国标，代号为“GB”，斜杠后的字母为标准类型，其后的数字为标准号，由顺序号和发布的年代号组成，如表示比例的标准代号为 GB/T14690-1993。

图纸幅面及其格式在国标中进行了详细规定，下面做简要介绍。

1.1.1 图纸幅面

图幅代号为 A0、A1、A2、A3、A4 五种，必要时可按规定加长幅面，如图 1-1 所示。

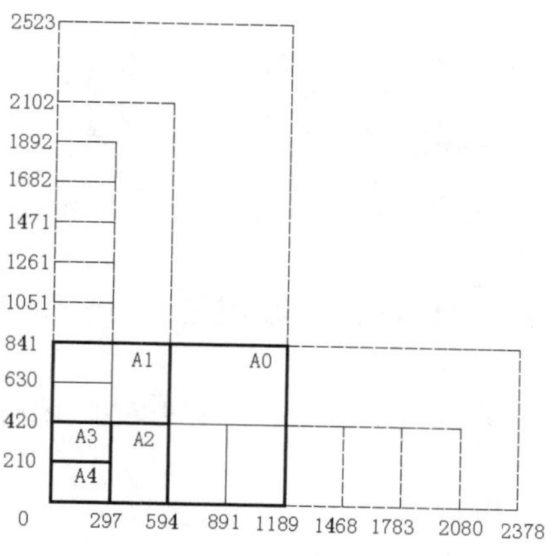

图 1-1　幅面尺寸

1.1.2 图框格式

绘图时应优先采用表 1-1 规定的基本幅面。在图纸上必须用粗实线画出图框，其格式分不留装订边（如图 1-2 所示）和留装订边（如图 1-3 所示）两种，尺寸见表 1-1 所示。注意，同一产品的图样只能采用同一种格式。

表 1-1　图纸幅面

幅面代号	A0	A1	A2	A3	A4
幅面尺寸　$B \times L$	841×1189	594×841	420×594	297×420	210×297
e	20		10		
c	10			5	
a	25				

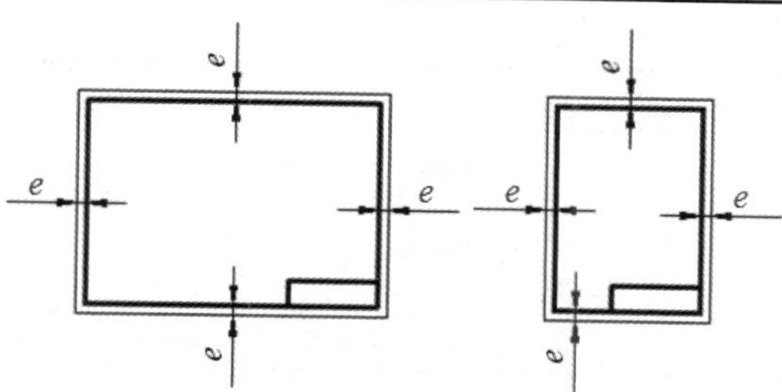

图 1-2　不留装订边图框

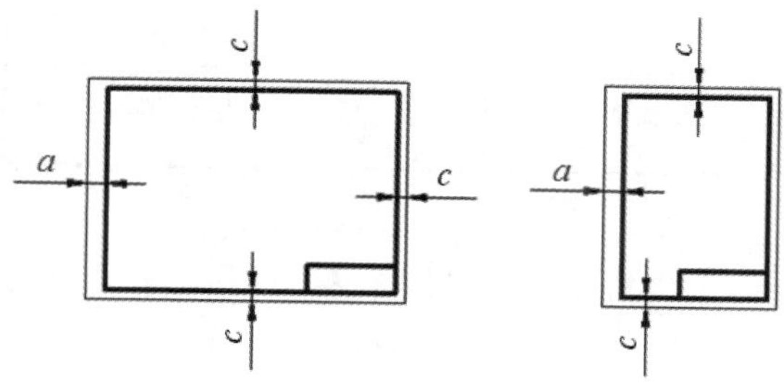

图 1-3　留装订边图框

1.2 标题栏

国标《技术制图-标题栏》规定每张图纸上都必须画出标题栏，标题栏的位置位于图纸的右下角，与看图方向一致。

标题栏的格式和尺寸由 GB/T 10609.1-2008 规定，装配图中明细栏由 GB/T 10609.2-2008 规定，如图 1-4 所示。

在学习过程中，有时为了方便，对零件图标题栏和装配图标题栏、明细栏内容进行简化，使用如图 1-5 所示的格式。

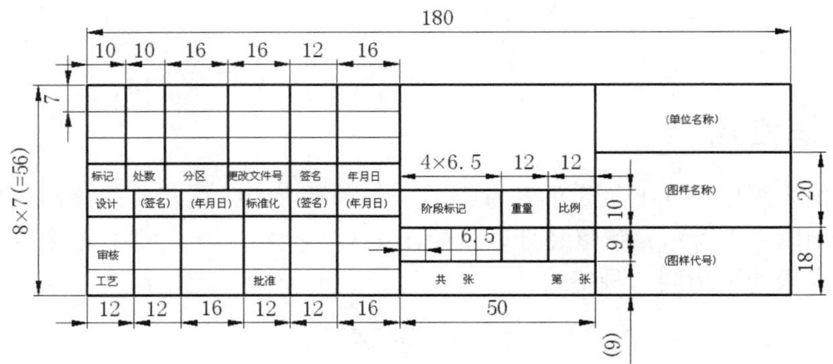

图 1-4 标题栏尺寸

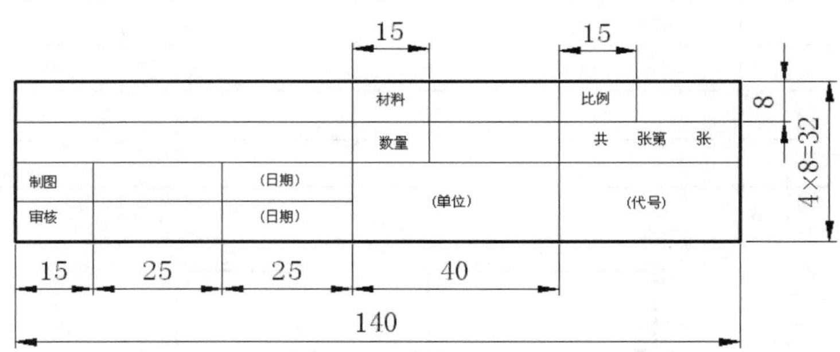

(a)零件图标题栏尺寸

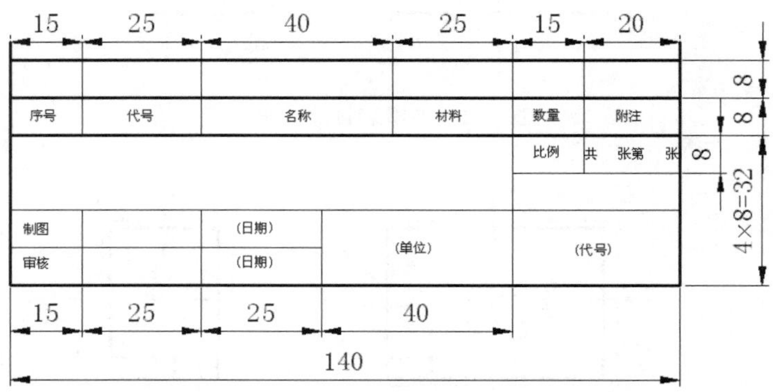

(b)装配图标题栏尺寸

图 1-5 简化标题栏尺寸

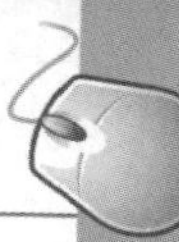

1.3 比例

比例为图样中图形与其实物相应要素的线性尺寸之比，分为原值比例、放大比例、缩小比例三种。

需要按比例绘制图形时，应符合表 1-2 所示的规定，选取适当的比例。必要时也允许选取表 1-3 规定（GB/T14690—1993）的比例。

表 1-2　标准比例系列

种　类	比　例
原值比例	1∶1
放大比例	5∶1　2∶1　5×10^n∶1　2×10^n∶1　1×10^n∶1
缩小比例	1∶2　1∶5　1∶10　1∶2×10^n　1∶5×10^n　1∶1×10^n

注意：n 为正整数。

表 1-3　可用比例系列

种　类	比　例
放大比例	4∶1　2.5∶1　4×10^n∶1　2.5×10^n∶1
缩小比例	1∶1.5　1∶2.3　1∶3　1∶4　1∶6 1∶1.5×10^n　1∶2.5×10^n　1∶3×10^n　1∶4×10^n　1∶6×10^n

注意：

（1）比例一般标注在标题栏中，必要时可在视图名称的下方或右侧标出。

（2）不论采用哪种比例绘制图形，尺寸数值按原值注出。

1.4 字体

1.4.1 一般规定

按 GB/T14691—1993、GB/T14665—2012 规定，对字体有以下一般要求。

（1）图样中书写字体必须做到：字体工整、笔画清楚、间隔均匀、排列整齐。

（2）汉字应写成长仿宋体，并应采用国家正式公布推行的简化字。汉字的高度不应小于 3.5mm，其字宽一般为 $h/\sqrt{2}$（h 表示字高）。

（3）字号字体的高度，其公称尺寸系列为：1.8mm、2.5mm、3.5mm、5mm、7mm、10mm、14mm、20mm。如需书写更大的字，其字高应按 $\sqrt{2}$ 的比率递增。

（4）字母和数字分为 A 型和 B 型。A 型字体的笔画宽度 d 为字高 h 的十四分之一；B 型字体对应为十分之一。同一图样上，只允许使用一种型式。

（5）字母和数字可写成斜体或直体。斜体字字头向右倾斜，与水平基准线成 75° 角。

1.4.2 字体示例

1. 汉字——长仿宋体

字体工整 笔画清楚 间隔均匀 排列整齐

10 号字

横平竖直 注意起落 结构均匀 填满方格

7 号字

技术制图 机械电子 汽车航空 船舶土木 建筑矿山 井坑港口 纺织服装

5 号字

螺纹齿轮 端子接线 飞行指导 驾驶舱位 挖填施工 饮水通风 闸阀坝 棉麻化纤

3.5 号字

2. 拉丁字母

ABCDEFGHIJKLMNOP

A 型大写斜体

abcdefghijklmnop

A 型小写斜体

ABCDEFGHIJKLMNOP

B 型大写斜体

3. 希腊字母

ΑΒΓΕΖΗΘΙΚ

A 型大写斜体

αβγδεζηθικ

A 型小写直体

4. 阿拉伯数字

1234567890

斜体

1234567890

直体

1.4.3 图样中书写规定

（1）用作指数、分数、极限偏差、注脚等的数字及字母，一般应采用小一号字体。

（2）图样中的数字符号、物理量符号、计量单位符号以及其他符号、代号应分别符合有关规定。

1.5 图线型式及应用

图线的相关使用规则在 GB4457.4—2002 中进行了详细的规定，下面进行简要介绍。

1.5.1 图线宽度

国标规定了各种图线的名称、型式、宽度以及在图上的一般应用，见表 1-4 及图 1-6 所示。图线分粗、细两种，粗线的宽度 *b* 应按图的大小和复杂程度，在 0.5～2mm 之间选择。

图线宽度的推荐系列为：0.18mm、0.25mm、0.35mm、0.5mm、0.7mm、1mm、1.4mm、2mm。

表 1-4 图线型式

图线名称	线 型	线 宽	主要用途
粗实线		*B*	可见轮廓线，可见过渡线
细实线		约 *b*/2	尺寸线、尺寸延伸线、剖面线、引出线、弯折线、牙底线、齿根线、辅助线等
细点画线		约 *b*/2	轴线、对称中心线、齿轮节线等
虚线		约 *b*/2	不可见轮廓线、不可见过渡线
波浪线		约 *b*/2	断裂处的边界线、剖视与视图的分界线
双折线		约 *b*/2	断裂处的边界线
粗点画线		*b*	有特殊要求的线或面的表示线
双点画线		约 *b*/2	相邻辅助零件的轮廓线、极限位置的轮廓线、假想投影的轮廓线

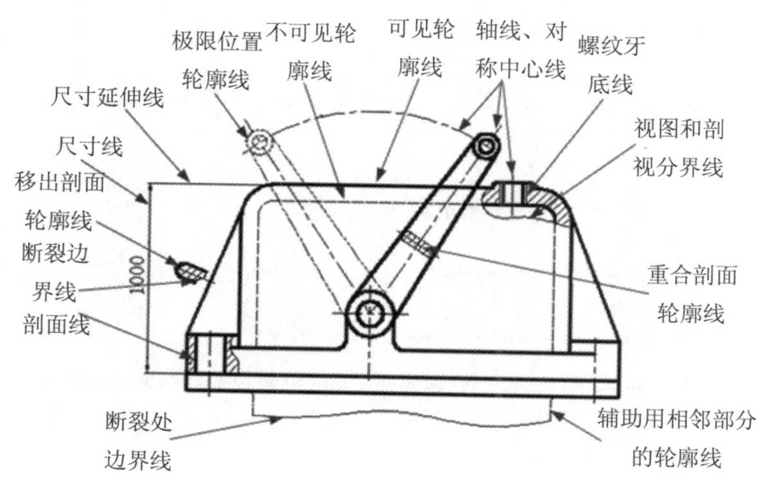

图 1-6 图线用途示例

1.5.2 图线画法

（1）同一图样中，同类图线的宽度应基本一致。虚线、点画线及双点画线的线段和间隔应各自大致相等。

（2）两条平行线（包括剖面线）之间的距离应不小于粗实线的两倍宽度，其最小距离不得小于 0.7mm。

（3）绘制圆的对称中心线时，圆心应为直线的交点。点画线和双点画线的首末两端应是线段而不是短画。建议中心线超出轮廓线 2～5mm，如图 1-7 所示。

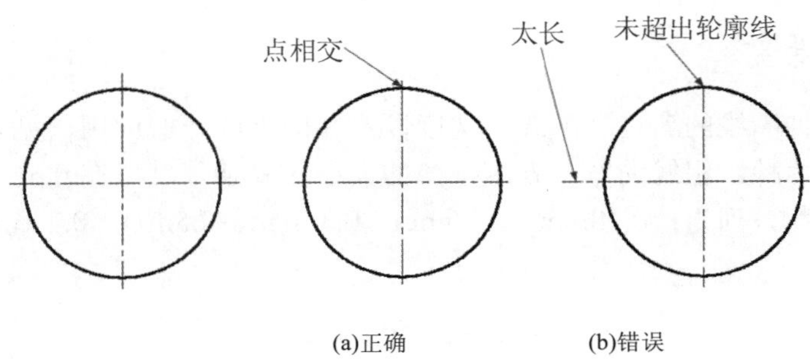

图 1-7 点画线画法

（4）在较小的图形上画点画线或双点画线有困难时，可用细实线代替。

为保证图形清晰，各种图线相交、相连时的习惯画法如图 1-8 所示。

点画线、虚线与粗实线相交以及点画线、虚线彼此相交时，均应交于点画线或虚线的线段处。虚线与粗实线相连时，应留间隙；虚直线与虚半圆弧相切时，在虚直线处留间隙，而虚半圆弧画到对称中心线为止。

（5）由于图样复制中所存在的困难，应尽量避免采用 0.18mm 的线宽。

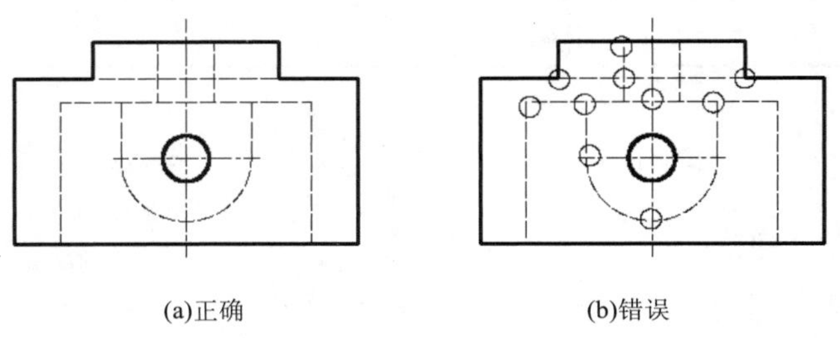

图 1-8 图线画法

1.6 剖面符号

在剖视和剖面图中，应采用表 1-5 所规定的剖面符号（GB4457.5-1984）。

注意：

（1）剖面符号仅表示材料类别，材料的名称和代号必须另行注明。

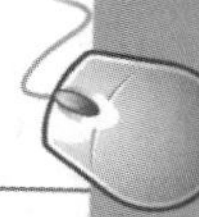

（2）迭钢片的剖面线方向，应与束装中迭钢片的方向一致。

（3）液面用细实线绘制

表 1-5 剖面符号

材料		剖面符号	材料	剖面符号
金属材料（已有规定剖面符号除外）			纤维材料	
绕圈绕组元件			基础周围的泥土	
转子、电枢、变压器和电抗器等迭钢片			混凝土	
非金属材料（已有规定剖面符号者除外）			钢筋混凝土	
型砂、填砂、粉末冶金、砂轮、陶瓷刀片、硬质合金刀片等			砖	
玻璃及供观察用的其他透明材料			格网（筛网、过滤网等）	
木材	纵剖面		液体	
	横剖面			

1.7 尺寸注法

在图样中，除需表达零件的结构形状外，还需标注尺寸，以确定零件的大小。GB4458.4—2003 中对尺寸标注的基本方法做了一系列规定，必须严格遵守。

1.7.1 基本规定

（1）图样中的尺寸，以毫米为单位时，不需注明计量单位代号或名称。若采用其他单位，则必须标注相应计量单位或名称（如35°30′）。

（2）图样上所注的尺寸数值是零件的真实大小，与图形大小及绘图的准确度无关。

（3）零件的每一尺寸，在图样中一般只标注一次。

（4）图样中标注尺寸是该零件最后完工时的尺寸，否则应另加说明。

1.7.2 尺寸要素

一个完整的尺寸，包含下列五个尺寸要素。

（1）尺寸延伸线。尺寸延伸线用细实线绘制，如图 1-9（a）所示。尺寸延伸线一般是图形轮廓线、轴线或对称中心线的延伸线，超出箭头约 2～3mm。也可直接用轮廓线、轴线或对称中心线作为尺寸延伸线。

尺寸延伸线一般与尺寸线垂直，必要时允许倾斜。

（2）尺寸线。尺寸线用细实线绘制，如图 1-9（a）所示。尺寸线必须单独画出，不能用图上任何其他图线代替，也不能与图线重合或在其延长线上（如图 1-9（b）中尺寸 3 和 8 的尺寸线），并应尽量避免尺寸线之间及尺寸线与尺寸延伸线之间相交。

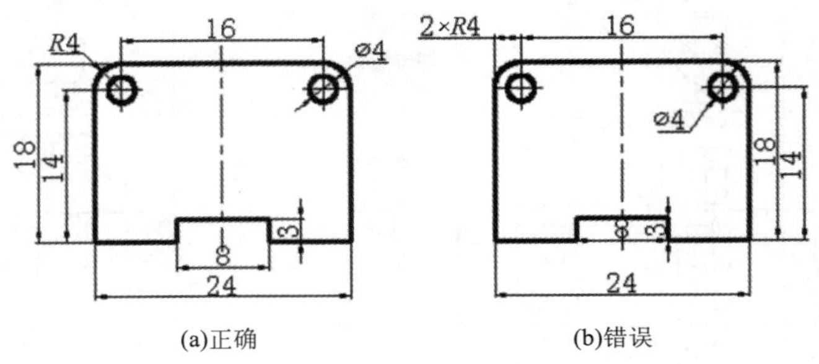

(a)正确　　(b)错误

图 1-9　尺寸标注

标注线性尺寸时，尺寸线必须与所标注的线段平行，相同方向的各尺寸线间距要均匀，间隔应大于 5mm。

（3）尺寸线终端。尺寸线终端有两种形式，箭头或细斜线，如图 1-10 所示。

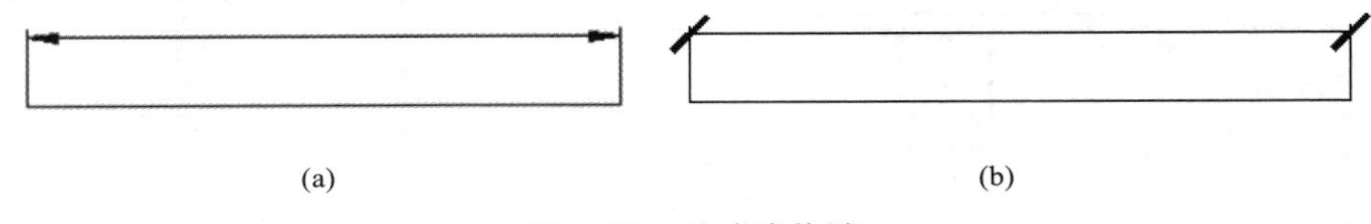

(a)　　(b)

图 1-10　尺寸线终端

箭头适用于各种类型的图形，箭头尖端与尺寸延伸线接触，不得超出，中间也不得有间隙，如图 1-11 所示。

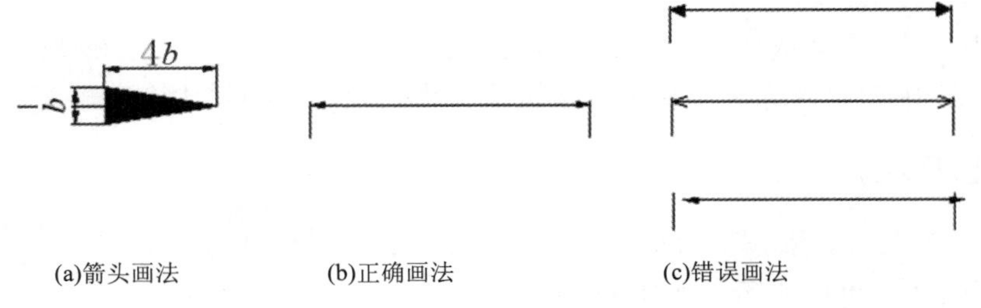

(a)箭头画法　　(b)正确画法　　(c)错误画法

图 1-11　箭头

细斜线其方向和画法如图 1-10（b）所示。当尺寸线终端采用斜线形式时，尺寸线与尺寸延伸线必须相互垂直，并且同一图样中只能采用一种尺寸线终端形式。

当采用箭头作为尺寸线终端时，位置若不够，允许用圆点或细斜线代替箭头。

（4）尺寸数字。线性尺寸的数字一般注写在尺寸线上方或尺寸线中断处。同一图样内大小一致，空间不够时可引出标注。

线性尺寸数字方向按图 1-12（a）所示方向进行注写，并尽可能避免在图示 30° 范围内标注尺寸，当无法避免时，可按图 1-12（b）所示标注。

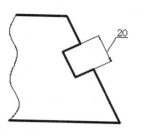

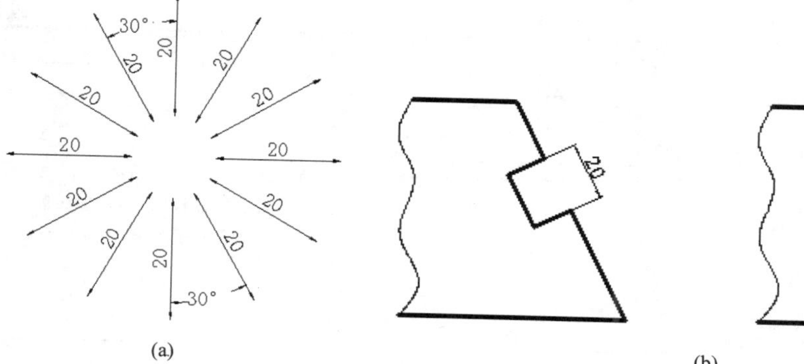

图 1-12　尺寸数字

（5）符号。图中用符号区分不同类型的尺寸。

Φ——表示直径；

R——表示半径；

S——表示球面；

δ——表示板状零件厚度；

□——表示正方形；

∠——表示斜度；

◁——表示锥度；

±——表示正负偏差；

×——参数分隔符，如 M10×1，槽宽×槽深等；

-——连字符，如 4-*Φ*10，M10×1-6H 等。

1.7.3 标注示例

表 1-6 列出了国标所规定尺寸标注的一些示例。

表 1-6　尺寸标法示例

标注内容	图　例	说　明
角度	64° 65° 51° 15° 4° 30° 20° 20° 5° 90° 50°	① 角度尺寸线沿径向引出。 ② 角度尺寸线画成圆弧，圆心是该角顶点。 ③ 角度尺寸数字一律按水平方向书写
圆的直径	ø18 ø18 ø12 ø8	① 直径尺寸应在尺寸数字前加注符号“Φ”。 ② 尺寸线应通过圆心，尺寸线终端画成箭头。 ③ 整圆或大于半圆按直径标注

续表

标注内容	图 例	说 明
大圆弧	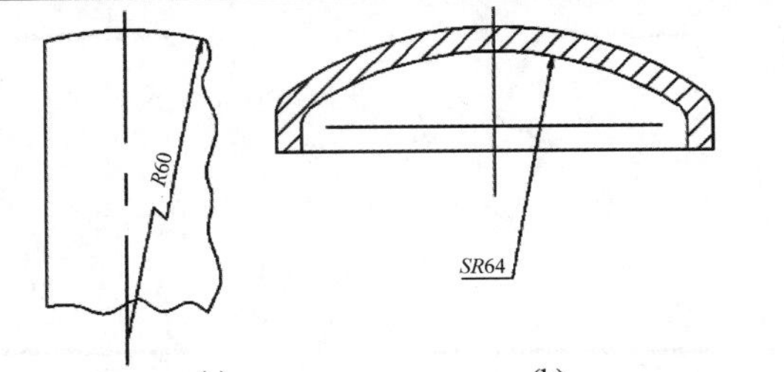 (a) (b)	当圆弧半径过大，在图纸范围内无法标出，圆心位置按图（a）形式标注；若不需标出圆心位置按图（b）形式标注
圆弧半径	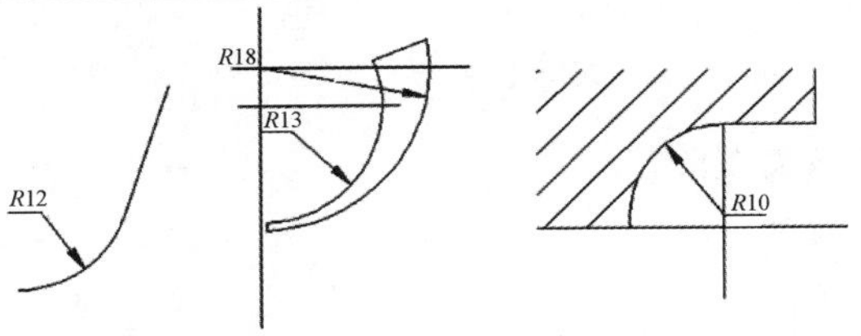	① 半径尺寸数字前加注符号“*R*”。 ② 半径尺寸必须注在投影为圆弧的图形上，且尺寸线应通过圆心。 ③ 半圆或小于半圆的圆弧标注半径尺寸
狭小部位	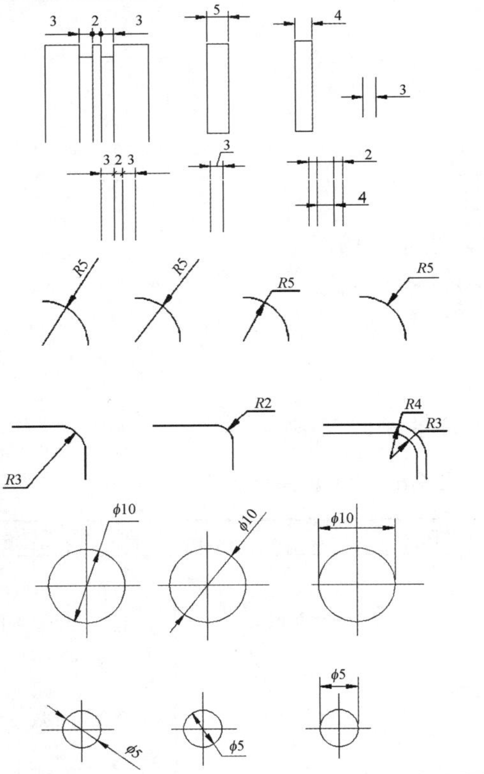	在没有足够位置画箭头或注写数字时，可按左图的形式标注
对称机件	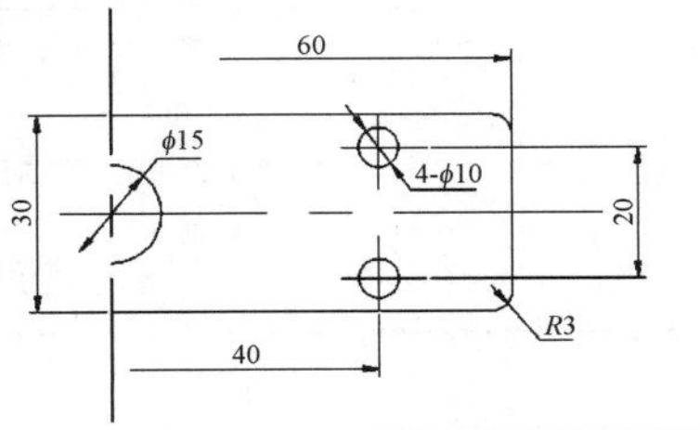	当对称机件的图形只画出一半或略大于一半时，尺寸线应略超过对称中心线或断裂处的边界线，并在尺寸线一端画出箭头

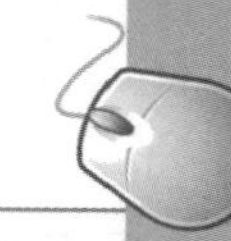

续表

标注内容	图　例	说　明
正方形结构		表示表面为正方形结构尺寸时，可在正方形边长尺寸数字前加注符号“□”，或用14×14代替□14
板状零件		标注板状零件厚度时，可在尺寸数字前加注符号“δ”
光滑过渡处		① 在光滑过渡处标注尺寸时，须用实线将轮廓线延长，从交点处引出尺寸延伸线。 ② 当尺寸延伸线过于靠近轮廓线时，允许倾斜画出
弦长和弧长		① 标注弧长时，应在尺寸数字上方加符号“⌒”（图a）。 ② 弦长及弧的尺寸延伸线应平行该弦的垂直平分线，当弧长较大时，可沿径向引出（图b）
球面		标注球面直径或半径时，应在“Φ”或“R”前再加注符号“S”。对标准件、轴及手柄的端部，在不致引起误解情况下，可省略“S”（图c）
斜度和锥度		① 斜度和锥度的标注，其符号应与斜度、锥度的方向一致。 ② 符号的线宽为h/10，画法如图（a）所示。 ③ 必要时，在标注锥度的同时，在括号内注出其角度值（图c）

Chapter

AutoCAD 2022 入门

2

本章学习 AutoCAD 2022 绘图的基本知识。了解如何设置绘图环境、图层，熟悉文件管理、精确定位工具的使用、图块操作、设计中心与工具选项板的使用等，为进入系统学习准备必要的前提知识。

2.1 操作界面

AutoCAD 操作界面是 AutoCAD 显示、编辑图形的区域，一个完整的 AutoCAD 操作界面如图 2-1 所示，包括标题栏、快速访问工具栏、导航栏、功能区、绘图区、十字光标、坐标系图标、命令行窗口、状态栏、布局标签等。

1. 标题栏

在 AutoCAD 2022 中文版操作界面的最上端是标题栏。在标题栏中，显示了系统当前正在运行的应用程序（AutoCAD 2022）和用户正在使用的图形文件。第一次启动 AutoCAD 2022 时，在标题栏中，将显示 AutoCAD 2022 在启动时创建并打开的图形文件的名称“Drawing1.dwg”，如图 2-1 所示。

2. 菜单栏

在 AutoCAD 标题栏的下方是菜单栏，同其他 Windows 程序一样，AutoCAD 的菜单也是下拉形式的，并在菜单中包含子菜单。AutoCAD 的菜单栏中包含 13 个菜单：“文件”“编辑”“视图”“插入”“格式”“工具”“绘图”“标注”“修改”“参数”“窗口”“帮助”和“Express”，这些菜单几乎包含了 AutoCAD 的所有绘图命令，后面的章节将对这些菜单功能做详细讲解。一般来讲，AutoCAD 下拉菜单中的命令有以下 3 种。

（1）带有子菜单的菜单命令。这种类型的菜单命令后面带有小三角形。例如，❶选择菜单栏中的“绘图”命令，❷指向其下拉菜单中的“圆”命令，❸系统就会进一步显示出“圆”子菜单中所包含的命令，如图 2-2 所示。

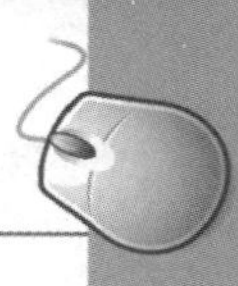

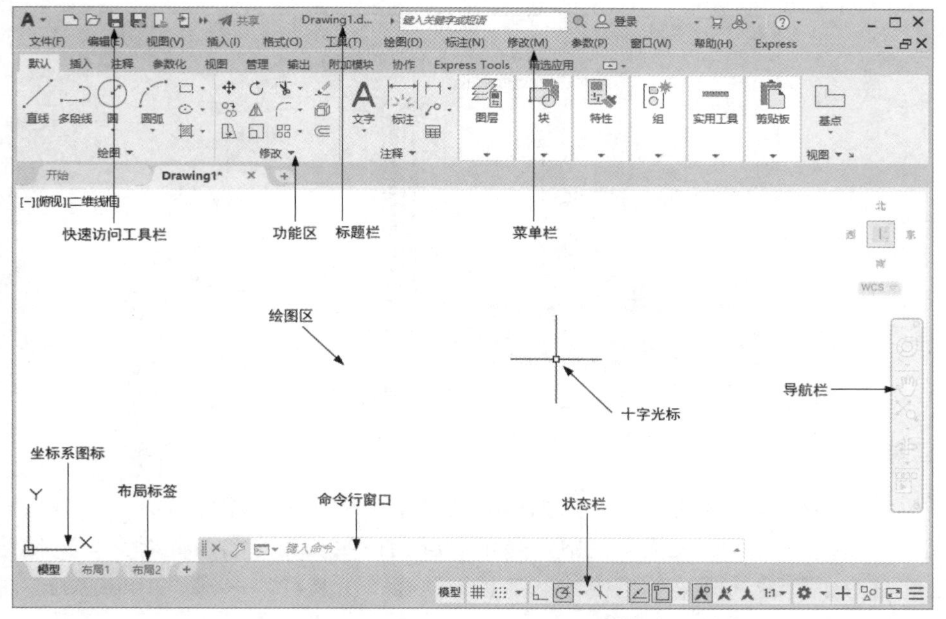

图 2-1　AutoCAD 2022 中文版操作界面

（2）打开对话框的菜单命令。这种类型的命令后面带有省略号。例如，❶选择菜单栏中的“格式”→❷“表格样式”命令，如图 2-3 所示，❸系统就会打开“表格样式”对话框，如图 2-4 所示。

（3）直接执行操作的菜单命令。这种类型的命令后面既不带小三角形，也不带省略号，选择该命令将直接进行相应的操作。例如，选择菜单栏中的“视图”→“重画”命令，系统将刷新所有视口的显示。

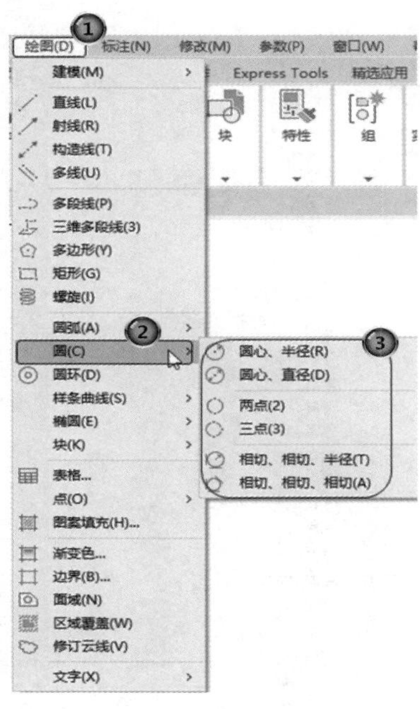

图 2-2　带有子菜单的菜单命令

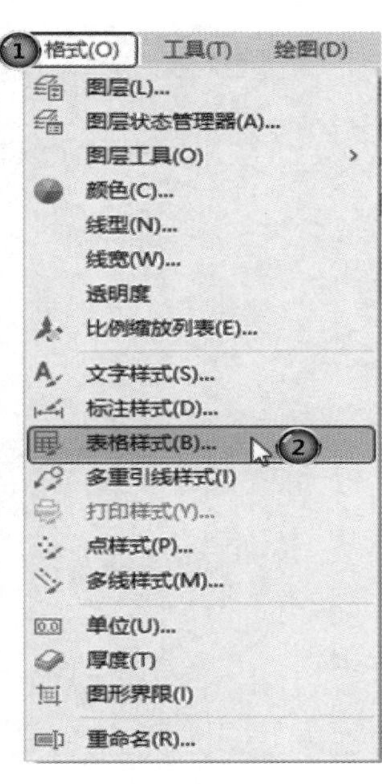

图 2-3　打开对话框的菜单命令

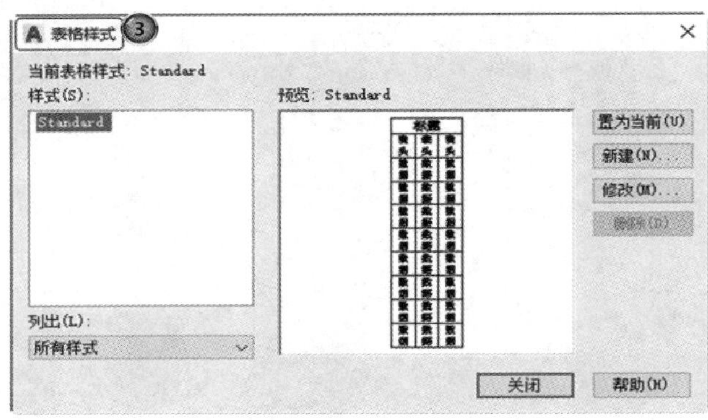

图 2-4　“表格样式”对话框

3. 工具栏

工具栏是一组按钮工具的集合，把光标移动到某个按钮上，稍停片刻即在该按钮的一侧显示相应的功能提示，同时在状态栏中，显示对应的说明和命令名，此时，单击按钮就可以启动相应的命令了。❶选择菜单栏中的“工具”→❷“工具栏”→❸“AutoCAD”命令，❹调出所需要的工具栏，如图 2-5 所示。

（1）设置工具栏。AutoCAD 2022 提供了几十种工具栏，将光标放在操作界面上方的工具栏区右击，系统会自动打开单独的工具栏标签，单击某一个未在界面显示的工具栏，系统自动在界面打开该工具栏；反之，关闭工具栏。

（2）工具栏的“固定”“浮动”与“打开”。工具栏可以在绘图区“浮动”显示（如图 2-6 所示），此时显示该工具栏标题，并可关闭该工具栏，可以拖动“浮动”工具栏到绘图区边界，使它变为“固定”工具栏，此时该工具栏标题隐藏。也可以把“固定”工具栏拖出，使它成为“浮动”工具栏。

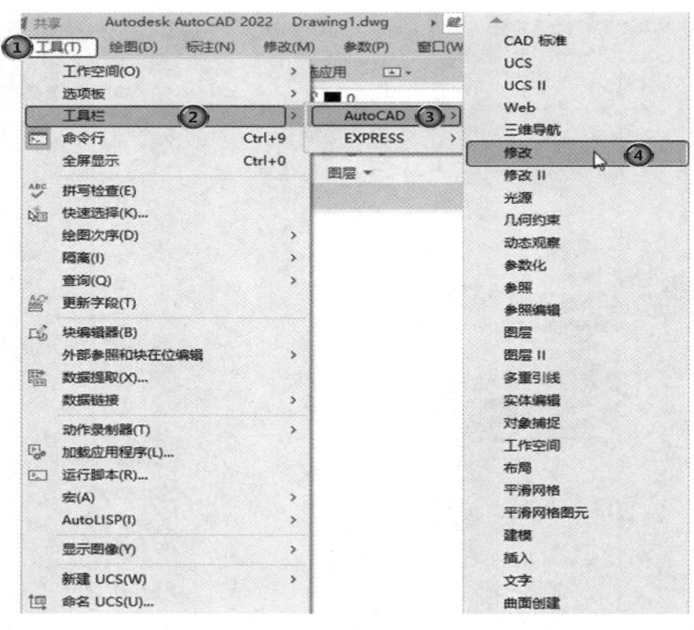

图 2-5　调出工具栏

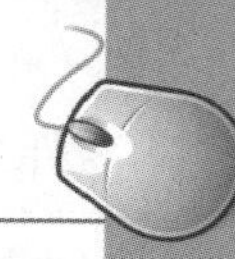

图 2-6 “浮动”工具栏

有些工具栏按钮的右下角带有一个小三角，单击它会打开相应的工具栏，将光标移动到某一按钮上并单击，该按钮就变为当前显示的按钮。单击当前显示的按钮，即可执行相应的命令（如图 2-7 所示）。

矩形阵列
路径阵列
环形阵列

图 2-7 打开工具栏

4. 快速访问工具栏和交互信息工具栏

（1）快速访问工具栏。该工具栏包括“新建”“打开”“保存”“另存为”“从 Web 和 Mobile 中打开”“保存到 Web 和 Mobile”“打印”“放弃”和“重做”等几个最常用的工具按钮。用户也可以单击此工具栏后面的小三角下拉按钮选择设置需要的常用工具。

（2）交互信息工具栏。该工具栏包括“搜索”“Autodesk Account”“Autodesk App Store”“保持连接”“单击此处访问帮助”等几个常用的数据交互访问工具按钮。

5. 功能区

在默认情况下，包括“默认”“插入”“注释”“参数化”“视图”“管理”“输出”“附加模块”“协作”“Express Tools”及“精选应用”选项卡，如图 2-8 所示，在功能区中集成了相关的操作工具，方便用户使用。用户可以单击功能区选项板后面的按钮，控制功能的展开与收缩。打开或关闭功能区的操作方法如下。

命令行：RIBBON(或 RIBBONCLOSE)。

菜单栏：选择菜单栏中的“工具”→“选项板”→“功能区”命令。

图 2-8　默认情况下出现的选项卡

（1）设置选项卡。①将光标放在面板中任意位置处，单击鼠标右键，在打开的快捷菜单中选择“显示选项卡”，如图 2-9 所示。②用鼠标左键单击某一个未在功能区显示的选项卡名，系统自动在功能区打开该选项卡；反之，关闭该选项卡（调出面板的方法与调出选项卡的方法类似，这里不再赘述）。

（2）选项卡中面板的“固定”与“浮动”。面板可以在绘图区“浮动”（如图 2-10 所示），将鼠标放到浮动面板的右上角位置处，显示“将面板返回到功能区”。鼠标左键单击此处，使它变为“固定”面板。也可以把“固定”面板拖出，使它成为“浮动”面板。

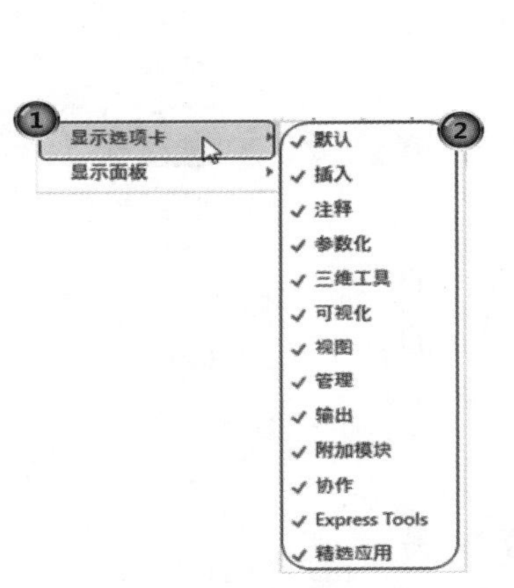

图 2-9　快捷菜单

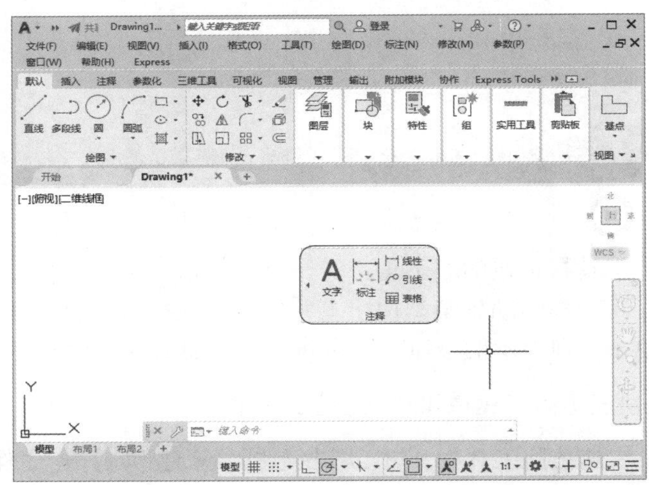

图 2-10　“浮动”面板

6．绘图区

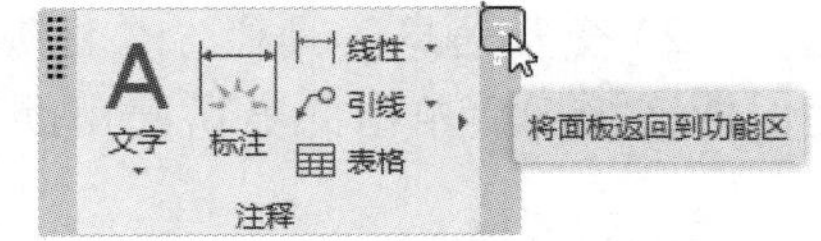

图 2-11　将面板返回到功能区

绘图区是指在标题栏下方的大片空白区域，绘图区是用户使用 AutoCAD 绘制图形的区域，用户要完成一幅设计图形，其主要工作都是在绘图区中完成的。

在绘图区中，有一个作用类似光标的十字线，其交点坐标反映了光标在当前坐标系中的位置。在 AutoCAD 中，将该十字线称为光标，如图 2-11 所示，AutoCAD 通过光标坐标值显示当前点的位置。十字线的方向与当前用户坐标系的 X、Y 轴方向平行，十字线的长度系统预设为绘图区大小的 5%。

（1）修改绘图区十字光标的大小。光标的长度，用户可以根据绘图的实际需要修改其大小，修改光标大小的方法如下。

选择菜单栏中的“工具”→“选项”命令，①打开“选项”对话框。②单击“显示”选项卡，③在“十字光标大小”文本框中直接输入数值，或拖动文本框后面的滑块，即可以对十字光标的大小进行调整，如图 2-12 所示。

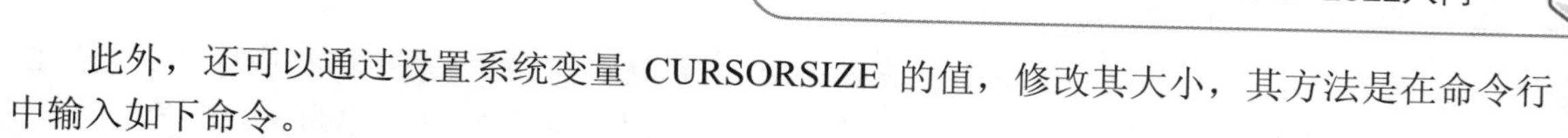

此外，还可以通过设置系统变量 CURSORSIZE 的值，修改其大小，其方法是在命令行中输入如下命令。

```
命令: CURSORSIZE↙
输入 CURSORSIZE 的新值 <5>:
```

在提示下输入新值即可修改光标大小，默认值为 5%。

（2）修改绘图区的颜色。在默认情况下，AutoCAD 的绘图区是黑色背景、白色线条，这不符合大多数用户的习惯，因此修改绘图区颜色，是大多数用户都要进行的操作。修改绘图区颜色的方法如下。

① 选择菜单栏中的“工具”→“选项”命令，打开“选项”对话框，单击如图 2-12 所示的“显示”选项卡，再单击“窗口元素”选项组中的“颜色”按钮，❶打开如图 2-13 所示的“图形窗口颜色”对话框。

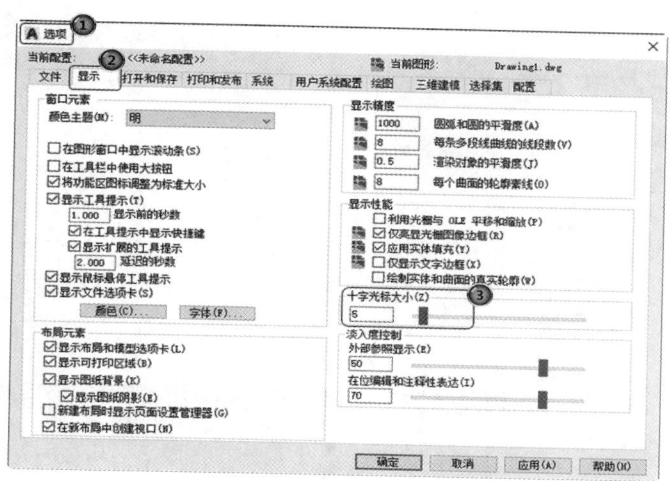

图 2-12 “显示”选项卡

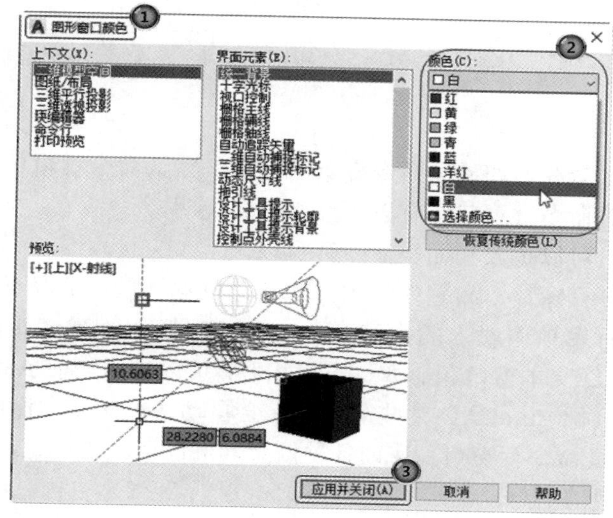

图 2-13 “图形窗口颜色”对话框

② ❷在“颜色”下拉列表框中，选择需要的窗口颜色，❸然后单击“应用并关闭”按钮，此时 AutoCAD 的绘图区就变换了背景色，通常按视觉习惯选择白色为窗口颜色。

7．坐标系图标

在绘图区的左下角，有一个箭头指向的图标，称之为坐标系图标，表示用户绘图时正使用的坐标系样式。坐标系图标的作用是为点的坐标确定一个参照系。根据工作需要，用户可以选择将其关闭，其方法是选择菜单栏中的❶“视图”→❷“显示”→❸“UCS 图标”→❹“开”命令，如图 2-14 所示。

图 2-14 “视图”菜单

8．命令行窗口

命令行窗口是输入命令名和显示命令提示的区域，默认命令行窗口布置在绘图区下方，由若干文本行构成。对命令行窗口，有以下几点需要说明。

（1）移动拆分条，可以扩大和缩小命令行窗口。

（2）可以拖动命令行窗口，布置在绘图区的其他位置。默认情况下在图形区的下方。

（3）对当前命令行窗口中输入的内容，可以按<F2>键用文本编辑的方法进行编辑，如图 2-15 所示。AutoCAD 文本窗口和命令行窗口相似，可以显示当前 AutoCAD 进程中命令的输入和执行过程。在执行 AutoCAD 某些命令时，会自动切换到文本窗口，列出有关信息。

（4）AutoCAD 通过命令行窗口，反馈各种信息，也包括出错信息，因此，用户要时刻关注在命令行窗口中出现的信息。

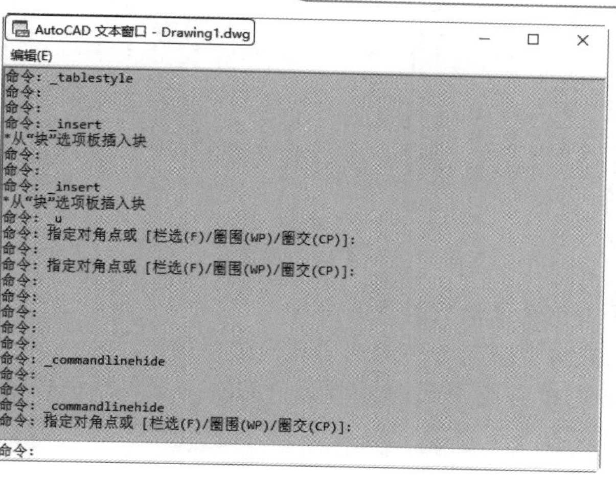

图 2-15　文本窗口

9. 布局标签

AutoCAD 系统默认设定一个"模型"空间和"布局 1""布局 2"两个图样空间布局标签。在这里有两个概念需要解释。

（1）布局。布局是系统为绘图设置的一种环境，包括图样大小、尺寸单位、角度设定、数值精确度等，在系统预设的 3 个标签中，这些环境变量都按默认设置。用户根据实际需要改变这些变量的值，在此暂且从略。用户也可以根据需要设置符合自己要求的新标签。

（2）模型。AutoCAD 的空间分模型空间和图样空间两种。模型空间是通常绘图的环境，而在图样空间中，用户可以创建一个叫作"浮动视口"的区域，以不同视图显示所绘图形。用户可以在图样空间中调整浮动视口并决定所包含视图的缩放比例。如果用户选择图样空间，可打印多个视图，也可以打印任意布局的视图。AutoCAD 系统默认打开模型空间，用户可以通过单击操作界面下方的布局标签，选择需要的布局。

10. 滚动条

在 AutoCAD 的绘图区下方和右侧还提供了用来浏览图形的水平和竖直方向的滚动条。拖动滚动条中的滚动块，可以在绘图区按水平或竖直两个方向浏览图形。

11. 状态栏

状态栏在屏幕的底部，依次有"坐标""模型空间""栅格""捕捉模式""推断约束""动态输入""正交模式""极轴追踪""等轴测草图""对象捕捉追踪""二维对象捕捉""线宽""透明度""选择循环""三维对象捕捉""动态 UCS""选择过滤""小控件""注释可见性""自动缩放""注释比例""切换工作空间""注释监视器""单位""快捷特性""锁定用户界面""隔离对象""图形性能""全屏显示""自定义"30 个功能按钮。如图 2-16 所示，单击部分开关按钮，可以实现这些功能的开关。通过部分按钮也可以控制图形或绘图区的状态。

注意：默认情况下，不会显示所有工具，可以通过状态栏上最右侧的按钮，选择要从"自定义"菜单显示的工具。状态栏上显示的工具可能会发生变化，具体取决于当前的工作空间以及当前显示的是"模型"选项卡还是"布局"选项卡。

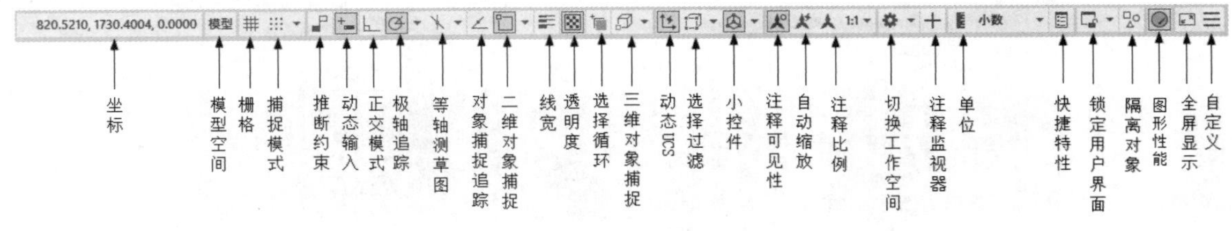

图 2-16　状态栏

（1）坐标：显示工作区鼠标放置点的坐标。

（2）模型空间：在模型空间与布局空间之间进行转换。

（3）栅格：栅格是覆盖整个用户坐标系（UCS）XY 平面的直线或点组成的矩形图案。使用栅格类似于在图形下放置一张坐标纸，利用栅格可以对齐对象并直观显示对象之间的距离。

（4)捕捉模式：对象捕捉对于在对象上指定精确位置非常重要。不论何时提示输入点，都可以指定对象捕捉。系统默认情况下，当光标移到对象的对象捕捉位置时，系统将显示标记和工具提示。

（5）推断约束：自动在正在创建或编辑的对象与对象捕捉的关联对象或点之间应用约束。

（6）动态输入：在光标附近显示一个提示框（称之为“工具提示”），工具提示中显示对应的命令提示和光标的当前坐标值。

（7)正交模式：将光标限制在水平或垂直方向上移动，便于精确地创建和修改对象。当创建或移动对象时，可以使用正交模式将光标限制在相对于用户坐标系（UCS）的水平或垂直方向上。

（8)极轴追踪：使用极轴追踪，光标将按指定角度进行移动。创建或修改对象时，可以使用“极轴追踪”来显示由指定的极轴角度所定义的临时对齐路径。

（9)等轴测草图：通过设定“等轴测捕捉/栅格”，可以很容易地沿三个等轴测平面之一对齐对象。尽管等轴测图形看似三维图形，但它实际上是由二维图形表示的。因此，不能期望提取三维距离和面积、从不同视点显示对象或自动消除隐藏线。

（10）对象捕捉追踪：使用对象捕捉追踪，可以沿着基于对象捕捉点的对齐路径进行追踪。已获取的点将显示一个小加号（+），一次最多可以获取 7 个追踪点。获取点之后，在绘图路径上移动光标，将显示相对于获取点的水平、垂直或极轴对齐路径。例如，可以基于对象端点、中点或者对象的交点，沿着某个路径选择一点。

（11）二维对象捕捉：使用对象捕捉（也称为对象捕捉），可以在对象上的精确位置指定捕捉点。选择多个选项后，将应用选定的捕捉模式，以返回距离靶框中心最近的点。按 Tab 键则在这些选项之间循环。

（12）线宽：分别显示对象所在图层中设置的不同宽度，而不是统一线宽。

（13）透明度：使用该命令，调整绘图对象显示的明暗程度。

（14）选择循环：当一个对象与其他对象彼此接近或重叠时，准确地选择某一个对象是很困难的，使用选择循环命令，按一下鼠标左键，会弹出“选择集”列表框，其中列出了单击周围的图形，然后在列表中选择所需的对象。

（15）三维对象捕捉：三维中的对象捕捉与在二维中工作的方式类似，不同之处在于在三维中可以投影对象捕捉。

（16）动态 UCS：在创建对象时，使 UCS 的 XY 平面自动与实体模型上的平面临时对齐。

（17）选择过滤：根据对象特性或对象类型对选择集进行过滤。当按下图标后，系统只选择满足指定条件的对象，其他对象将被排除在选择集之外。

（18）小控件：帮助用户沿三维轴或平面移动、旋转或缩放一组对象。

（19）注释可见性：当图标亮显时表示显示所有比例的注释性对象；当图标变暗时表示仅显示当前比例的注释性对象。

（20）自动缩放：注释比例更改时，自动将比例添加到注释对象。

（21）注释比例：单击注释比例右下角小三角按钮弹出注释比例列表，如图 2-17 所示，可以根据需要选择适当的注释比例。

✓ 1:1
1:2
1:4
1:5
1:8
1:10
1:16
1:20
1:30
1:40
1:50
1:100
2:1
4:1
8:1
10:1
100:1
自定义...
外部参照比例
百分比

图 2-17　注释比例列表

（22）切换工作空间：进行工作空间转换。

（23）注释监视器：打开仅用于所有事件或模型文档事件的注释监视器。

（24）单位：指定线性和角度单位的格式和小数位数。

（25）快捷特性：控制快捷特性面板的使用与禁用。

（26）锁定用户界面：按下该按钮，可锁定工具栏、面板和可固定窗口的位置和大小。

（27）隔离对象：当选择隔离对象时，在当前视图中显示选定对象。所有其他对象都被暂时隐藏；当选择隐藏对象时，系统在当前视图中暂时隐藏选定对象，所有其他对象都可见。

（28）图形性能：设定图形卡的驱动程序以及设置硬件加速的选项。

（29）全屏显示：该选项可以清除操作界面中的标题栏、功能区、选项板等界面元素，使 AutoCAD 的绘图窗口全屏显示，如图 2-18 所示。

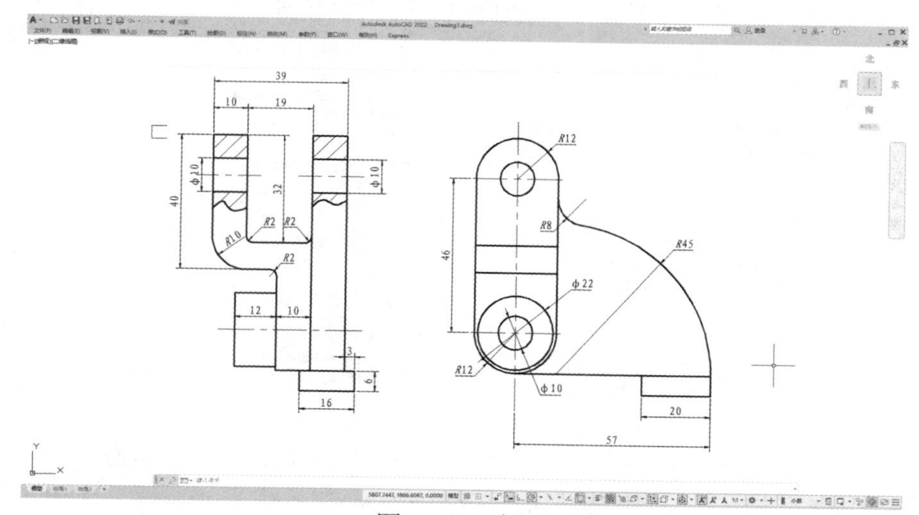

图 2-18　全屏显示

（30）自定义：状态栏可以提供重要信息，而无须中断工作流。使用 MODEMACRO 系统变量可将应用程序所能识别的大多数数据显示在状态栏中。使用该系统变量的计算、判断和编辑功能可以完全按照用户的要求构造状态栏。

2.2　配置绘图系统

每台计算机所使用的显示器、输入设备和输出设备的类型不同，用户喜好的风格及计算机的目录设置也不同。一般来讲，使用 AutoCAD 2022 的默认配置就可以绘图，但为了使用用户的定点设备或打印机，以及提高绘图的效率，推荐用户在开始作图前先进行必要的配置。

图 2-19　快捷菜单

1. 执行方式

命令行：preferences。

菜单栏：选择菜单栏中的“工具”→“选项”命令。

快捷菜单：在绘图区右击，系统打开快捷菜单，如图 2-19 所示，选择“选项”命令。

2. 操作步骤

执行上述命令后，系统打开“选项”对话框。用户可以在该对话框中设置有关选项，对绘图系统进行配置。下面就其中主要的两个选项卡做一下说明，其他配置选项，在后面用到时再做具体说明。

（1）系统配置。❶“选项”对话框中的❷第 5 个选项卡为“系统”选项卡，如图 2-20 所示。该选项卡用来设置 AutoCAD 系统的有关特性。其中“常规选项”选项组确定是否选择系统配置的有关基本选项。

图 2-20　“系统”选项卡

（2）显示配置。❶“选项”对话框中的❷第 2 个选项卡为“显示”选项卡，该选项卡用于控制 AutoCAD 系统的外观，如图 2-21 所示。该选项卡设定滚动条显示与否、界面菜单显示与否、绘图区颜色、光标大小、AutoCAD 的版面布局设置、各实体的显示精度等。

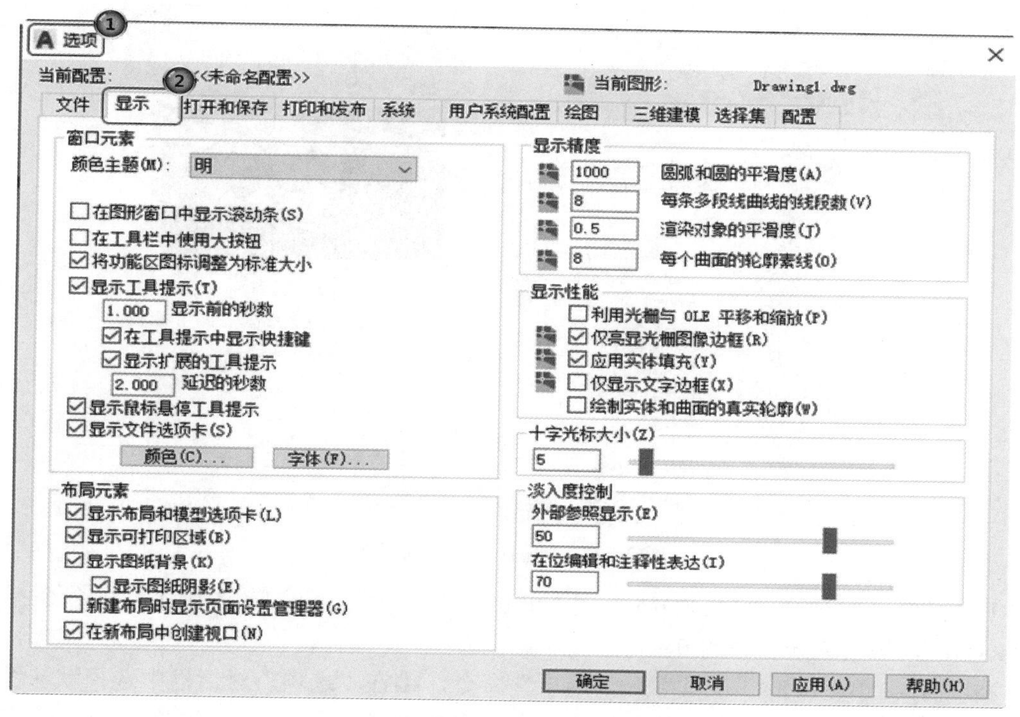

图 2-21 “显示”选项卡

注意：设置实体显示精度时，请务必记住，显示质量越高，即精度越高，计算机计算的时间越长，建议不要将精度设置得太高，显示质量设定在一个合理的程度即可。

2.3 文件管理

本节介绍有关文件管理的一些基本操作方法，包括新建文件、打开已有文件、保存文件、删除文件等，这些都是 AutoCAD 2022 操作最基础的知识。

1. 新建文件

执行方式如下。

命令行：NEW。

菜单栏：选择菜单栏中的“文件”→“新建”命令。

工具栏：单击“快速访问”工具栏中的“新建”按钮。

主菜单：单击主菜单，选择主菜单下的“新建”命令。

快捷键：Ctrl+N。

执行上述命令后，系统打开如图 2-22 所示的“选择样板”对话框。

另外还有一种快速创建图形的功能，该功能是开始创建新图形的最快捷方法。

命令行：QNEW。

执行上述命令后，系统立即从所选的图形样板中创建新图形，而不显示任何对话框或提示。在运行快速创建图形功能之前必须进行如下设置。

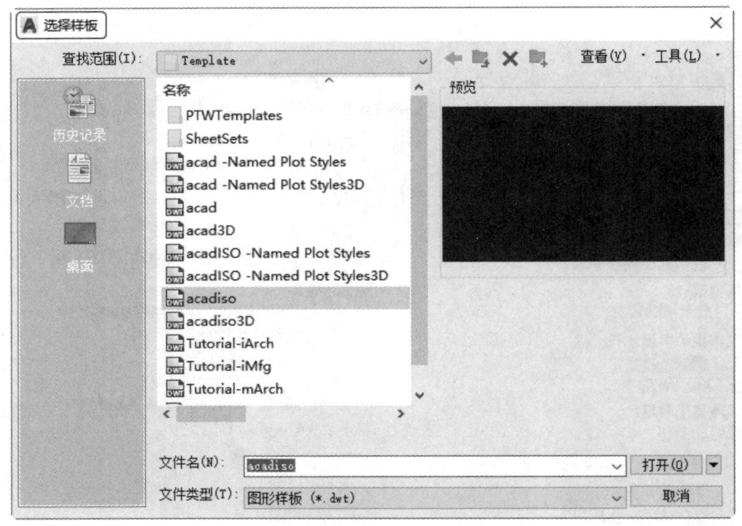

图 2-22　“选择样板”对话框

（1）在命令行输入“FILEDIA”，按<Enter>键，设置系统变量为 1；在命令行输入“STARTUP”，设置系统变量为 0。

（2）选择菜单栏中的“工具”→“选项”命令，①在“选项”对话框中选择默认图形样板文件。具体方法是：②在“文件”选项卡中，③单击“样板设置”前面的“+”，④在展开的选项列表中选择“快速新建的默认样板文件名”选项，如图 2-23 所示。⑤单击“浏览”按钮，打开“选择文件”对话框，然后选择需要的样板文件即可。

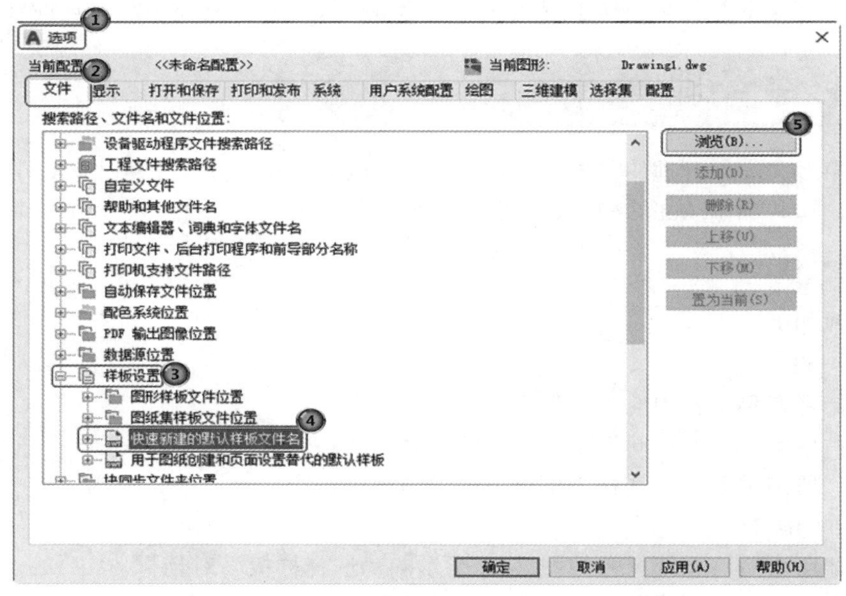

图 2-23　“文件”选项卡

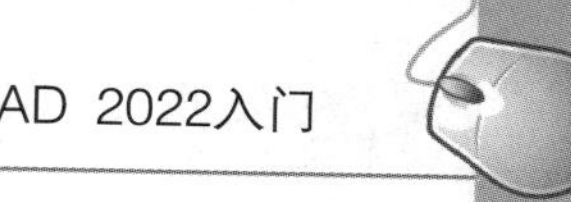

2. 打开文件

执行方式如下。

命令行：OPEN。

菜单栏：选择菜单栏中的“文件”→“打开”命令。

工具栏：单击“快速访问”工具栏中的“打开”按钮。

主菜单：单击“主菜单”下的“打开”命令。

快捷键：Ctrl+O。

执行上述命令后，打开“选择文件”对话框，如图 2-24 所示，在“文件类型”下拉列表框中用户可选.dwg 文件、.dwt 文件、.dxf 文件和.dws 文件。.dws 文件是包含标准图层、标注样式、线型和文字样式的样板文件；.dxf 文件是用文本形式存储的图形文件，能够被其他程序读取，许多第三方应用软件都支持.dxf 格式；.dwg 文件是普通的样板文件；dwt 文件是标准的样板文件，通常将一些规定的标准性的样板文件设成.dwt 文件。

注意：有时在打开.dwg 文件时，系统会打开一个信息提示对话框，提示用户图形文件不能打开，在这种情况下先退出打开操作，然后选择菜单栏中的“文件”→“图形实用工具”→“修复”命令，或在命令行中输入“recover”，接着在“选择文件”对话框中输入要恢复的文件，确认后系统开始执行恢复文件操作。

3. 保存文件

执行方式如下。

命令名：QSAVE（或 SAVE）。

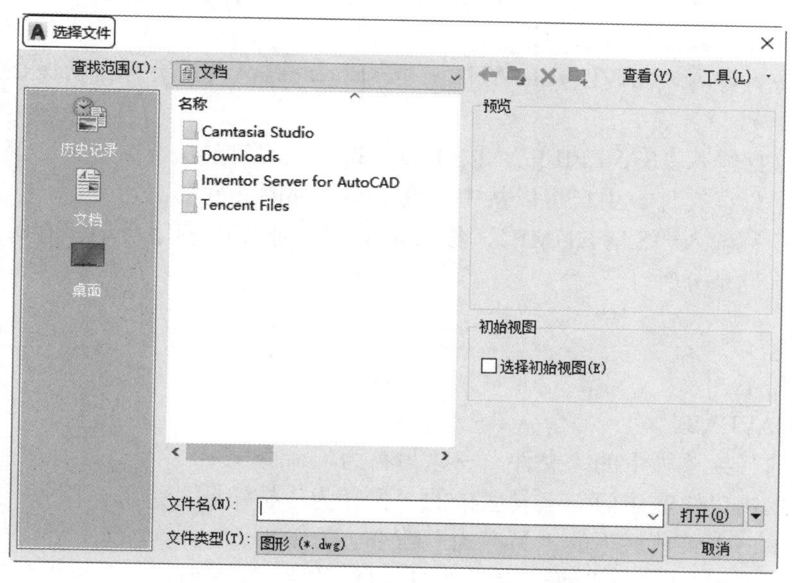

图 2-24 “选择文件”对话框

菜单栏：选择菜单栏中的“文件”→“保存”命令。

工具栏：单击“快速访问”工具栏中的→“保存”按钮。

主菜单：单击“主菜单”下的“保存”命令。

快捷键：Ctrl+S 键。

执行上述命令后，若文件已命名，则系统自动保存文件，若文件未命名（即为默认名 Drawing1.dwg），❶则系统打开“图形另存为”对话框，如图 2-25 所示，❷用户可以重新命名保存。❸在“保存于”下拉列表框中指定保存文件的路径，❹在“文件类型”下拉列表框中指定保存文件的类型。

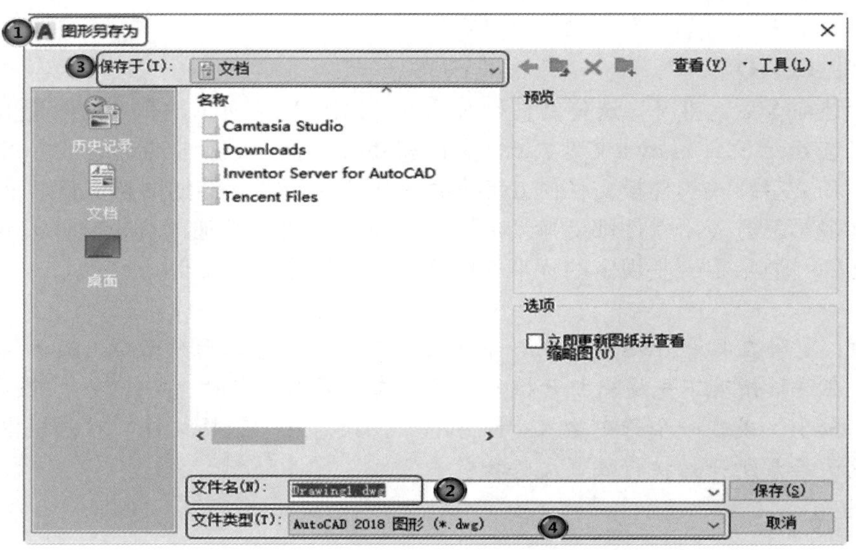

图 2-25　“图形另存为”对话框

为了防止因意外操作或计算机系统故障导致正在绘制的图形文件丢失，可以对当前图形文件设置自动保存，其操作方法如下。

（1）在命令行输入“SAVEFILEPATH”，按<Enter>键，设置所有自动保存文件的位置，如“D:\HU\”。

（2）在命令行输入“SAVEFILE”，按<Enter>键，设置自动保存文件名。该系统变量储存的文件名文件是只读文件，用户可以从中查询自动保存的文件名。

（3）在命令行输入“SAVETIME”，按<Enter>键，指定在使用自动保存时，多长时间保存一次图形，单位是分钟。

4．另存为

执行方式如下。

命令行：SAVEAS。

菜单栏：选择菜单栏中的“文件”→“另存为”命令。

工具栏：单击“快速访问”工具栏中的“另存为”按钮。

主菜单：单击主菜单栏下的“另存为”命令。

执行上述命令后，打开“图形另存为”对话框，如图 2-25 所示，系统用新的文件名保存，并为当前图形更名。

注意：系统打开“选择样板”对话框，在“文件类型”下拉列表框中有 4 种格式的图形样板，后缀分别是.dwt、.dwg、.dws 和.dxf。

5. 退出

执行方式如下。

命令行：QUIT 或 EXIT。

菜单栏：选择菜单栏中的“文件”→“关闭”命令。

主菜单：单击主菜单栏下的“关闭”命令。

按钮：单击 AutoCAD 操作界面右上角的“关闭”按钮✕。

执行上述命令后，若用户对图形所做的修改尚未保存，则会打开如图 2-26 所示的系统警告对话框。单击“是”按钮，系统将保存文件，然后退出；单击“否”按钮，系统将不保存文件。若用户对图形所做的修改已经保存，则直接退出。

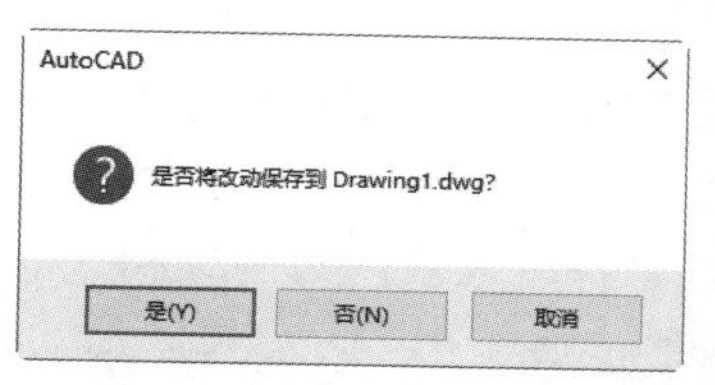

图 2-26 系统警告对话框

2.4 基本输入操作

2.4.1 命令输入方式

AutoCAD 交互绘图必须输入必要的指令和参数。有多种 AutoCAD 命令输入方式，下面以画直线为例，介绍命令输入方式。

（1）在命令行输入命令名。命令字符可不区分大小写，例如，命令“LINE”。执行命令时，在命令行提示中经常会出现命令选项。在命令行输入绘制直线命令“LINE”后，命令行中的提示如下。

```
命令: LINE↙
指定第一个点:在绘图区指定一点或输入一个点的坐标
指定下一点或 [放弃(U)]:
```

命令行中不带括号的提示为默认选项（如上面的“指定下一点或”），因此可以直接输入直线段的起点坐标或在绘图区指定一点，如果要选择其他选项，则应该首先输入该选项的标识字符，如“放弃”选项的标识字符“U”，然后按系统提示输入数据即可。在命令选项的后面有时还带有尖括号，尖括号内的数值为默认数值。

（2）在命令行输入命令缩写字。如 L（Line）、C（Circle）、A（Arc）、Z（Zoom）、R（Redraw）、M（Move）、CO（Copy）、PL（Pline）、E（Erase）等。

（3）选择“绘图”菜单栏中对应的命令，在命令行窗口中可以看到对应的命令说明及命令名。

（4）单击“绘图”工具栏中对应的按钮，命令行窗口中也可以看到对应的命令说明及命令名。

（5）在命令行打开快捷菜单。如果在前面刚使用过要输入的命令，可以在命令行右击，打开快捷菜单，① 在“最近的输入”子菜单中选择需要的命令，如图 2-27 所示。② “最近的输入”子菜单中储存最近使用的几个命令，如果经常重复使用某几个命令以内的命令，这

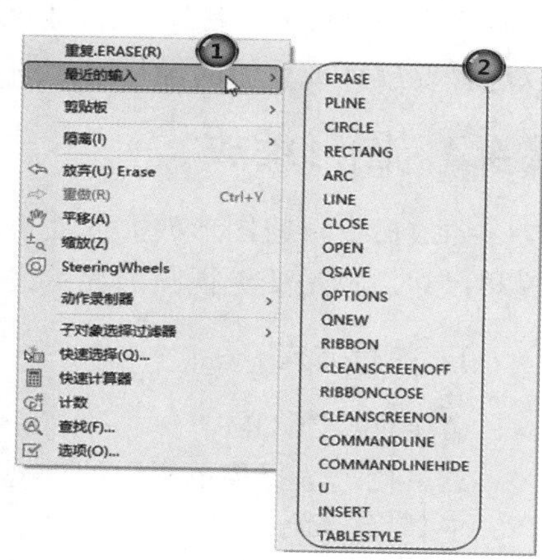

图 2-27 命令行快捷菜单

种方法就比较快速简洁。

（6）在绘图区右击。如果用户要重复使用上次使用的命令，可以直接在绘图区右击，系统立即重复执行上次使用的命令，这种方法适用于重复执行某个命令。

注意：在命令行中输入坐标时，请检查此时的输入法是否是英文输入。如果是中文输入法，例如输入“150，20”，则由于逗号“，”的原因，系统会认定该坐标输入无效。这时，只需将输入法改为英文输入状态即可。

2.4.2 命令的重复、撤销、重做

（1）命令的重复。单击<Enter>键，可重复调用上一个命令，不管上一个命令是完成了还是被取消了。

（2）命令的撤销。在命令执行的任何时刻都可以取消和终止命令的执行。

执行方式如下。

命令行：UNDO。

菜单栏：选择菜单栏中的“编辑”→“放弃”命令。

工具栏：单击“标准”工具栏中的“放弃”按钮或单击“快速访问”工具栏中的“放弃”按钮。

快捷键：按<Esc>键。

（3）命令的重做。已被撤销的命令要恢复重做，可以恢复撤销的最后一个命令。

执行方式如下。

命令行：REDO。

菜单栏：选择菜单栏中的“编辑”→“重做”命令。

工具栏：单击“标准”工具栏中的“重做”按钮或单击“快速访问”工具栏中的“重做”按钮。

快捷键：按 Ctrl+Y 键。

AutoCAD 2022 可以一次执行多重放弃和重做操作。单击“标准”工具栏中的“放弃”按钮或“重做”按钮后面的小三角，可以选择要放弃或重做的操作，如图 2-28 所示。

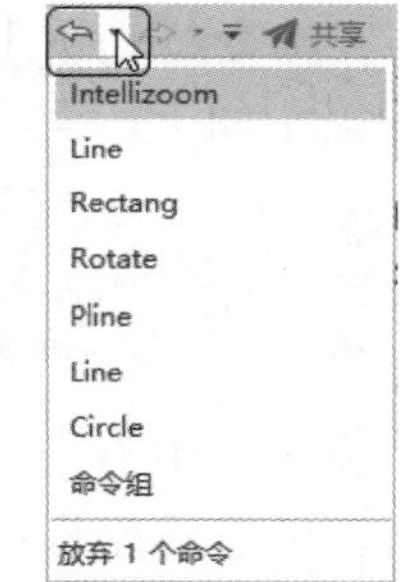

图 2-28　多重放弃选项

2.4.3 图形缩放

缩放命令可将图形放大或缩小显示，以便观察和绘制图形。该命令并不改变图形实际位置和尺寸，只是变更视图的显示比例。

1. 执行方式

命令行：ZOOM。

菜单栏：选择菜单栏中的“视图”→“缩放”→“实时”命令。

工具栏：单击标准工具栏中的“实时缩放”按钮。

功能区：单击❶“视图”选项卡“导航”面板中的❷“实时”按钮，如图 2-29 所示。

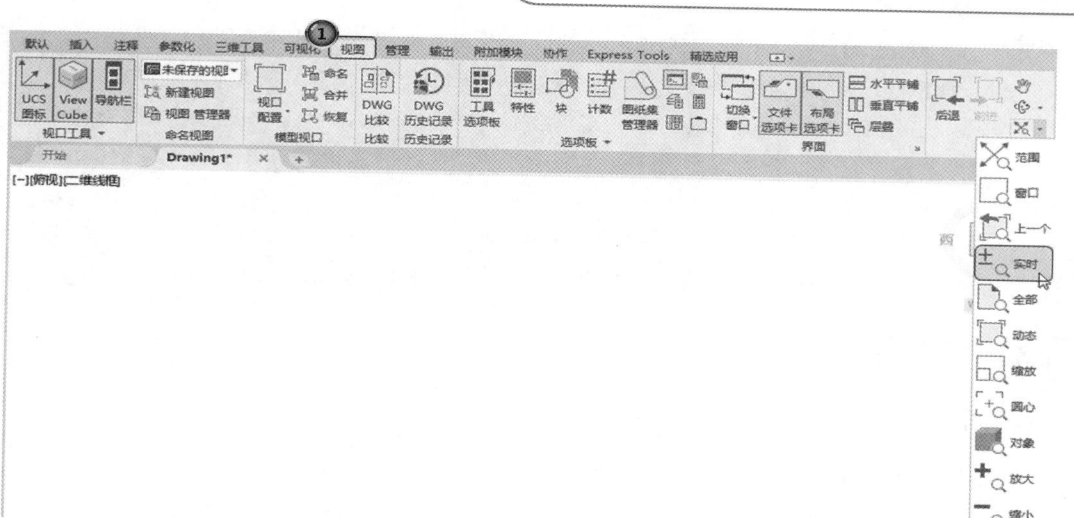

图 2-29　下拉菜单

2. 操作步骤

命令：ZOOM

指定窗口的角点，输入比例因子 (nX 或 nXP)，或者[全部(A)/中心(C)/动态(D)/范围(E)/上一个(P)/比例(S)/窗口(W)/对象(O)] <实时>:

3. 选项说明

（1）输入比例因子：根据输入的比例因子以当前的视图窗口为中心，将视图窗口显示的内容放大或缩小输入的比例倍数。nX 是指根据当前视图指定比例，nXP 是指定相对于图纸空间单位的比例。

（2）全部（A）：缩放以显示所有可见对象和视觉辅助工具。

（3）中心（C）：缩放以显示由中心点和比例值/高度所定义的视图。高度值较小时增加放大比例，高度值较大时减小放大比例。

（4）动态（D）：使用矩形视图框进行平移和缩放。视图框表示视图，可以更改它的大小，或在图形中移动。移动视图框或调整它的大小，将其中的视图平移或缩放，以充满整个视口。

（5）范围（E）：缩放以显示所有对象的最大范围。

（6）上一个（P）：缩放显示上一个视图。

（7）窗口（W）：缩放显示矩形窗口指定的区域。

（8）对象（O）：缩放以便尽可能大地显示一个或多个选定的对象并使其位于视图的中心。

（9）实时：交互缩放更高比例的视图，光标将变为带有加号和减号的放大镜。

☞ 教你一招：

在 AutoCAD 绘制过程中用户都习惯用滚轮来缩小和放大图纸，但在缩放图纸的时候经常会遇到这样的情况，滚动滚轮，而图纸无法继续放大或缩小，这时状态栏会提示：“已无法进一步缩小”或“已无法进一步缩放”。这时视图缩放并不满足要求，还需要继续缩放。AutoCAD 为什么会出现这种现象呢？

（1）AutoCAD 在打开显示图纸的时候，首先读取文件里写的图形数据，然后生成用于屏幕显示的数据，生成显示数据的过程在 CAD 中被称为重生成，很多人应该经常用 RE 命令。

（2）当用滚轮放大或缩小图形到一定倍数的时候，AutoCAD 判断需要重新根据当前视图范围来生成显示数据，因此就会提示无法继续缩小或放大。此时直接输入 RE 命令，按 Enter 键，然后就可以继续缩放了。

（3）如果想显示全图，最好不要用滚轮，直接输入 ZOOM 命令，按 Enter 键；接着输入 E 或 A，按 Enter 键，AutoCAD 在全图缩放时会根据情况自动进行重生成。

2.4.4 平移图形

利用平移，可通过单击和移动光标重新放置图形。

1．执行方式

命令行：PAN。

菜单栏：选择菜单栏中的“视图”→“平移”→“实时”命令。

工具栏：单击标准工具栏中的“实时平移”按钮![]。

功能区：单击❶“视图”选项卡❷“导航”面板中的❸“平移”按钮，如图 2-30 所示。

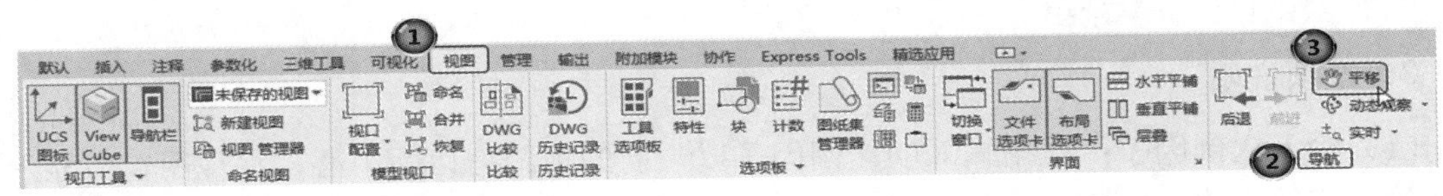

图 2-30 “导航”面板

2．操作步骤

执行上述命令后，用鼠标按下“实时平移”按钮，然后移动手形光标即可平移图形。当移动到图形的边沿时，光标就变成一个三角形。

另外，在 AutoCAD 2022 中，为显示控制命令设置了一个右键快捷菜单，如图 2-31 所示。在该菜单中，用户可以在显示命令执行的过程中透明地进行切换。

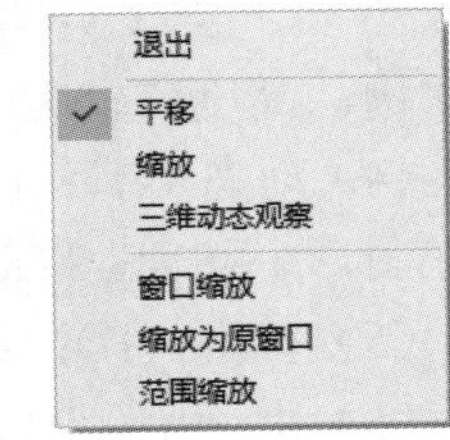

图 2-31 右键快捷菜单

2.5 图层操作

AutoCAD 提供了图层工具，对每个图层规定其颜色和线型，并把具有相同特征的图形对象放在同一图层上绘制，这样绘图时不用分别设置对象的线型和颜色，不仅方便绘图，而且保存图形时只需存储其几何数据和所在图层即可，因而既节省了存储空间，又可以提高工作效率。

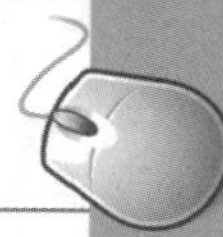

2.5.1 建立新图层

新建的 AutoCAD 文档中只能自动创建一个名为 0 的特殊图层。默认情况下，图层 0 将被指定使用 7 号颜色、CONTINUOUS 线型、默认线宽以及 NORMAL 打印样式。不能删除或重命名图层 0。通过创建新的图层，可以将类型相似的对象指定给同一个图层使其相关联。例如，可以将构造线、文字、标注和标题栏置于不同的图层上，并为这些图层指定通用特性。通过将对象分类放到各自的图层中，可以快速有效地控制对象的显示以及对其进行更改。

（1）执行方式

命令行：LAYER。

菜单栏：选择菜单栏中的“格式”→“图层”命令。

工具栏：单击“图层”工具栏中的“图层特性管理器”按钮，如图 2-32 所示。

功能区：单击“默认”选项卡“图层”面板中的“图层特性”按钮或单击“视图”选项卡“选项板”面板中的“图层特性”按钮。

图 2-32 “图层”工具栏

（2）操作步骤

执行上述命令后，系统弹出“图层特性管理器”对话框，如图 2-33 所示。

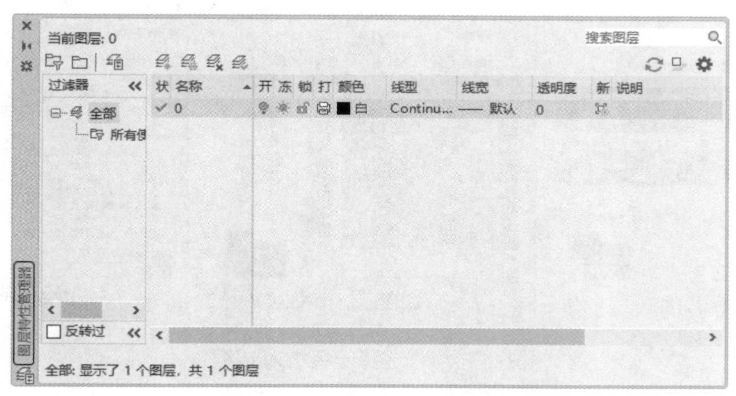

图 2-33 “图层特性管理器”对话框

单击“图层特性管理器”对话框中“新建图层”按钮，建立新图层，默认的图层名为“图层 1”。可以根据绘图需要，更改图层名，例如改为实体层、中心线层或标准层等。

在一个图形中可以创建的图层数以及在每个图层中可以创建的对象数实际上是无限的。图层最长可使用 255 个字符的字母数字命名。图层特性管理器按名称的字母顺序排列图层。

注意：如果要建立不止一个图层，无需重复单击“新建图层”按钮。更有效的方法是：在建立一个新的图层“图层 1”后，改变图层名，在其后输入一个逗号“，”，这样就会自动建立一个新图层“图层 1”，改变图层名，再输入一个逗号，又建立一个新的图层，依次建立各个图层。也可以按两次 Enter 键，建立另一个新的图层。图层的名称也可以更改，直接双击图层名称，输入新的名称。

在每个图层属性设置中，包括“状态”“图层名称”“关闭/打开图层”“冻结/解冻图层”“打印/不打印图层”“锁定/解锁图层”“图层线条颜色”“图层线条线型”“图层线条宽度”“图层打印样式”“透明度”“新视口冻结/解冻”以及“说明”13 个参数。下面将讲述如何设置其中部分图层参数。

（1）设置图层线条颜色

在工程制图中，整个图形包含多种不同功能的图形对象，例如实体、剖面线与尺寸标注等，为了便于直观区分它们，有必要针对不同的图形对象使用不同的颜色，例如实体层使用白色、剖面线层使用青色等。

要改变图层的颜色时，单击图层所对应的颜色图标，❶弹出“选择颜色”对话框，如图 2-34 所示。它是一个标准的颜色设置对话框，可以使用❷索引颜色、❸真彩色和❹配色系统 3 个选项卡来选择颜色。系统显示 RGB 配比，即 Red（红）、Green（绿）和 Blue（蓝）3 种颜色。

（2）设置图层线型

单击图层所对应的线型图标，❶弹出“选择线型”对话框，如图 2-35 所示。❷默认情况下，在“已加载的线型”列表框中，系统中只添加了 Continuous 线型。❸单击“加载”按钮，❹打开“加载或重载线型”对话框，如图 2-36 所示，可以看到 AutoCAD 还提供了许多其他的线型，用鼠标选择所需线型，单击“确定”按钮，即可把该线型加载到“已加载的线型”列表框中，可以按住 Ctrl 键选择几种线型同时加载。

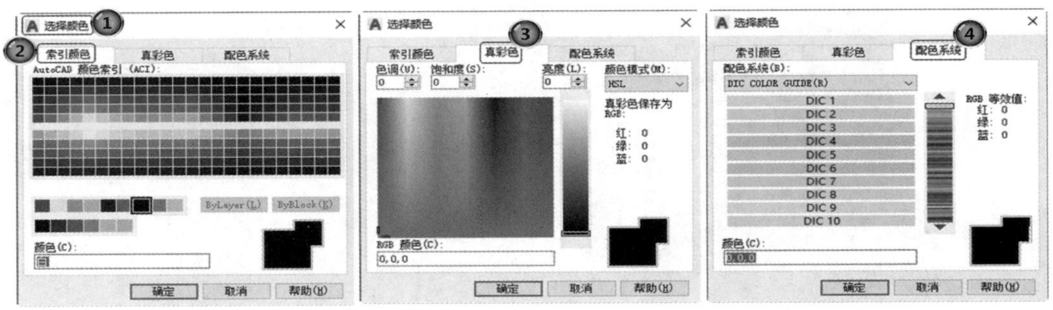

图 2-34 “选择颜色”对话框

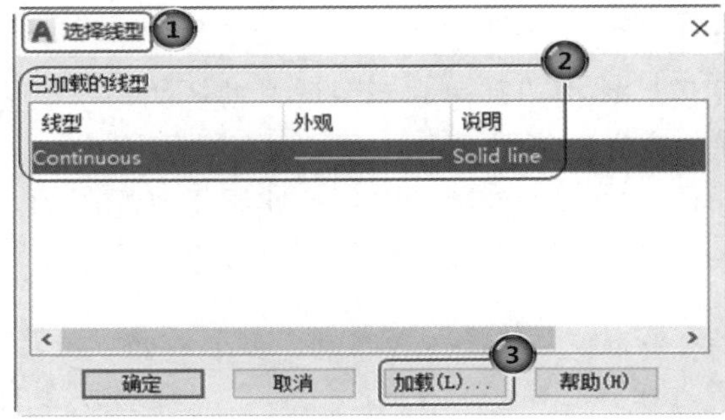

图 2-35 “选择线型”对话框

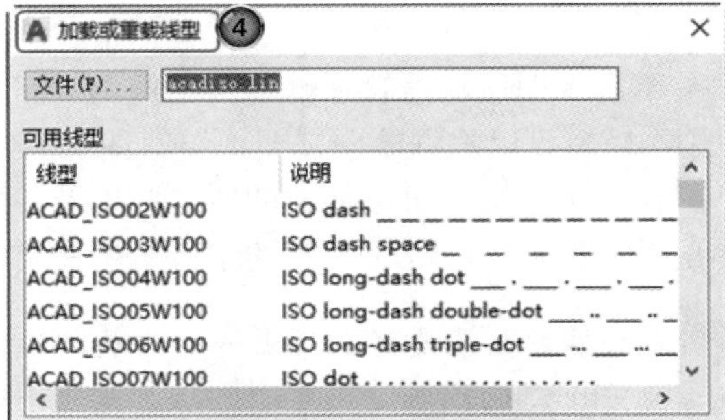

图 2-36 “加载或重载线型”对话框

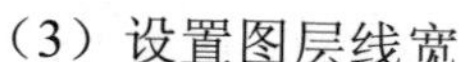

（3）设置图层线宽

单击图层所对应的线宽图标，弹出“线宽”对话框，如图 2-37 所示。选择一个线宽，单击“确定”按钮完成对图层线宽的设置。

图层线宽的默认值为 0.25mm。在状态栏为“模型”状态时，显示的线宽同计算机的像素有关。线宽为零时，显示为一个像素的线宽。单击状态栏中的“线宽”按钮，屏幕上显示的图形线宽，显示的线宽与实际线宽成比例，但线宽不随着图形的放大和缩小而变化。“线宽”功能关闭时，不显示图形的线宽，图形的线宽均为默认宽度值显示。可以在“线宽”对话框选择需要的线宽。

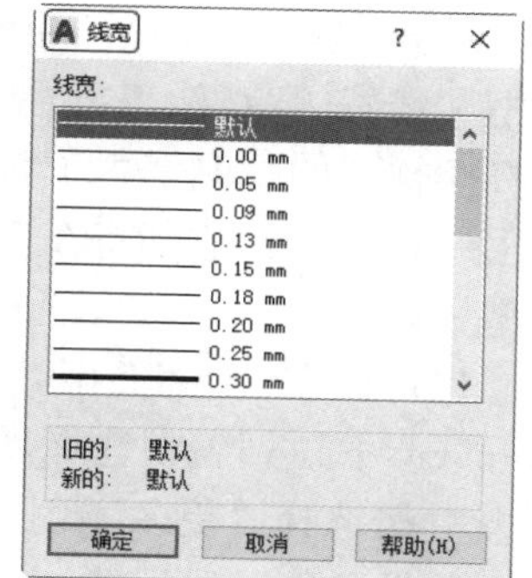

图 2-37 “线宽”对话框

2.5.2 设置图层

除上面讲述的通过图层管理器设置图层的方法外，还有几种其他的简便方法可以设置图层的线宽、线型等参数。

1. 直接设置图层

可以直接通过命令行或菜单设置的线宽、线型。

（1）线型执行方式

命令行：LINETYPE 。

菜单栏：选择菜单栏中的“格式”→“线型”命令。

（2）线型操作步骤

执行上述命令后，系统弹出“线型管理器”对话框，如图 2-38 所示。

（3）线宽执行方式

命令行：LINEWEIGHT 。

菜单栏：选择菜单栏中的“格式”→“线宽”。

（4）线宽操作步骤

执行上述命令后，系统弹出“线宽设置”对话框，如图 2-39 所示。

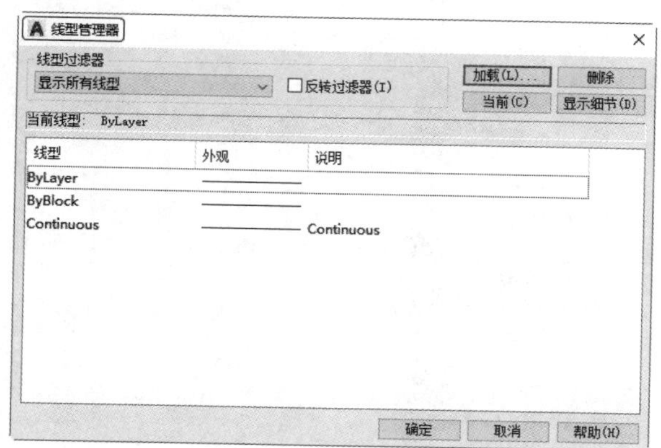

图 2-38 “线型管理器”对话框

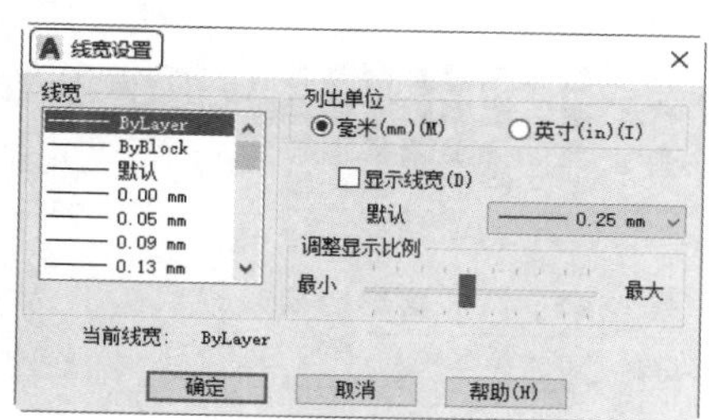

图 2-39 “线宽设置”对话框

2．利用“特性”工具栏设置图层

AutoCAD 提供了一个“特性”工具栏，如图 2-40 所示。用户能够控制和使用工具栏上的“对象特性”工具栏快速地查看和改变所选对象的图层、颜色、线型和线宽等特性。“特性”工具栏上的图层颜色、线型、线宽和打印样式的控制增强了查看和编辑对象属性的命令。在绘图屏幕上选择任何对象都将在工具栏上自动显示它所在图层、颜色、线型等属性。

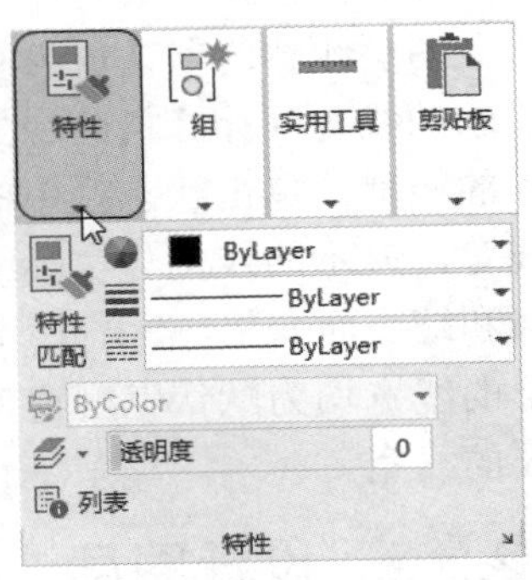

图 2-40　“特性”工具栏

也可以在“特性”工具栏上的“颜色”“线型”“线宽”和“打印样式”下拉列表中选择需要的参数值。如果❶在“颜色”下拉列表中❷选择“更多颜色”选项，如图 2-41 所示，系统就会打开“选择颜色”对话框，如图 2-34 所示；同样，❶如果在“线型”下拉列表中❷选择“其他”选项，如图 2-42 所示，系统就会打开“线型管理器”对话框，如图 2-38 所示。

3．用“特性”对话框设置图层

（1）执行方式

命令行：DDMODIFY 或 PROPERTIES。

菜单栏：选择菜单栏中的“修改”→“特性”命令。

工具栏：单击“标准”工具栏中的“特性”按钮。

（2）操作步骤

执行上述命令后，系统弹出“特性”工具板，如图 2-43 所示。在其中可以方便地设置或修改图层、颜色、线型、线宽等属性。

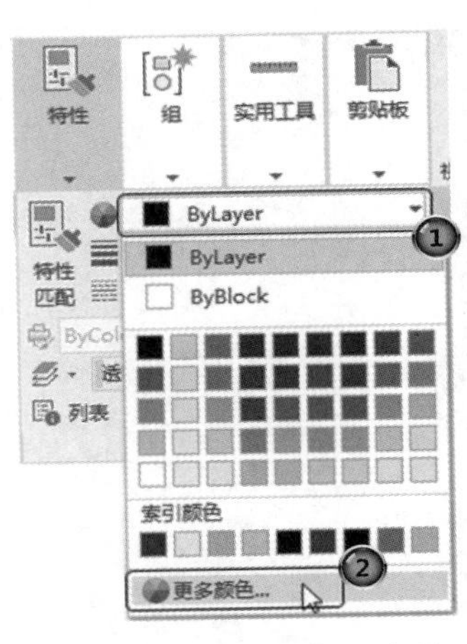

图 2-41　“选择颜色”选项

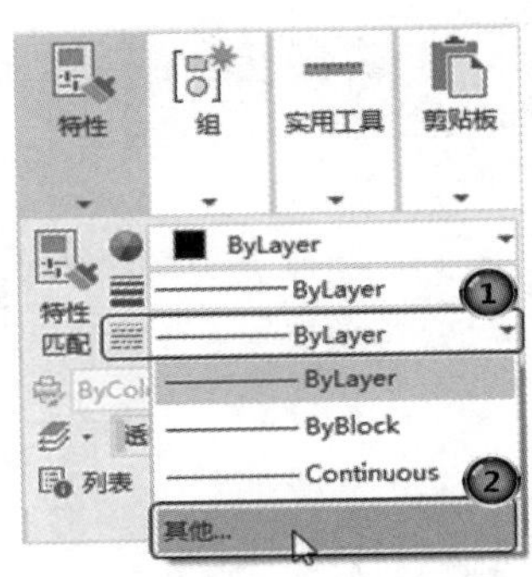

图 2-42　“其他”选项

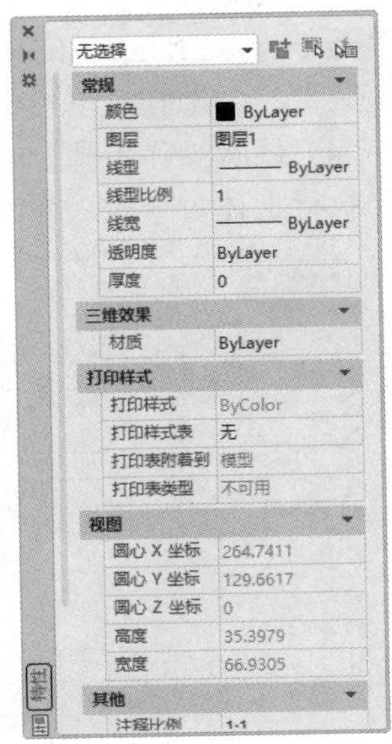

图 2-43　“特性”工具板

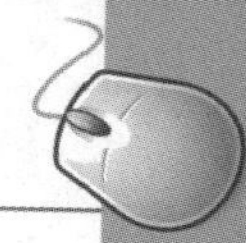

2.6 精确定位工具

精确定位工具是指能够快速准确地定位某些特殊点（如端点、中点、圆心等）和特殊位置（如水平位置、垂直位置）的工具，包括“坐标”“模型空间”“栅格”“捕捉模式”“推断约束”“动态输入”“正交模式”“极轴追踪”“等轴测草图”“对象捕捉追踪”“二维对象捕捉”“线宽”“透明度”“选择循环”“三维对象捕捉”“动态 UCS”“选择过滤”“小控件”“注释可见性”“自动缩放”“注释比例”“切换工作空间”“注释监视器”“单位”“快捷特性”“锁定用户界面”“隔离对象”“图形性能”“全屏显示”“自定义”30个功能开关按钮，如图 2-44 所示。

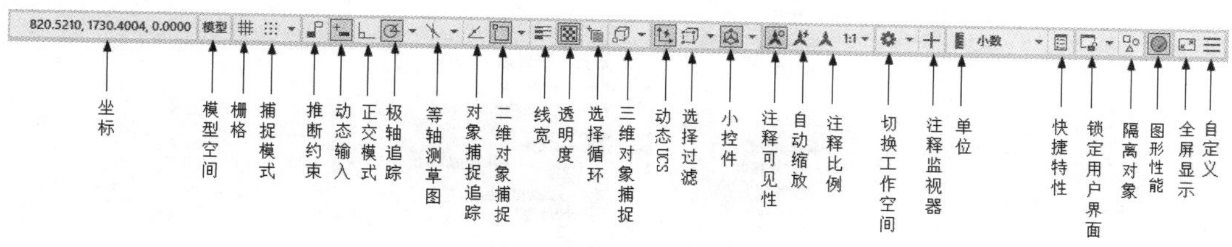

图 2-44　状态栏

2.6.1 正交模式

在 AutoCAD 绘图过程中，经常需要绘制水平直线和垂直直线，但是用光标控制选择线段的端点时很难保证两个点严格在水平或垂直方向。为此，AutoCAD 提供了正交功能。当启用正交模式时，画线或移动对象时只能沿水平方向或垂直方向移动光标，也只能绘制平行于坐标轴的正交线段。

1. 执行方式

命令行：ORTHO。

状态栏：按下状态栏中的“正交模式”按钮⌊。

快捷键：按<F8>键。

2. 操作步骤

命令行提示与操作如下。

```
命令：ORTHO↙
输入模式 [开(ON)/关(OFF)] <开>：设置开或关
```

2.6.2 栅格显示

用户可以应用栅格显示工具使绘图区显示网格，它是一个形象的画图工具，就像传统的坐标纸一样。本节介绍控制栅格显示及设置栅格参数的方法。

1. 执行方式

命令行：DSETTINGS。

菜单栏：选择菜单栏中的“工具”→“绘图设置”命令。

状态栏：按下状态栏中的“栅格”按钮（仅限于打开与关闭）。

快捷键：按<F7>键（仅限于打开与关闭）。

2. 操作步骤

选择菜单栏中的“工具”→“绘图设置”命令，①系统打开“草图设置”对话框，②单击“捕捉与栅格”选项卡，如图 2-45 所示。

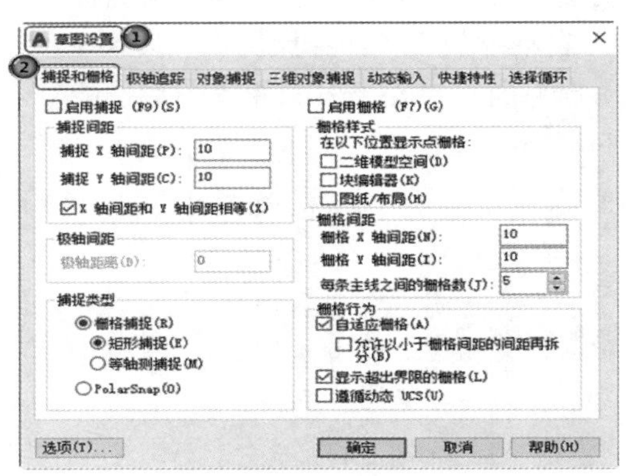

图 2-45 “捕捉与栅格”选项卡

其中，“启用栅格”复选框用于控制是否显示栅格；“栅格 X 轴间距”和“栅格 Y 轴间距”文本框用于设置栅格在水平与垂直方向的间距。如果“栅格 X 轴间距”和“栅格 Y 轴间距”设置为 0，则 AutoCAD 系统会自动将捕捉栅格间距应用于栅格，且其原点和角度总是与捕捉栅格的原点和角度相同。另外，还可以通过“Grid”命令在命令行设置栅格间距。

注意：在“栅格 X 轴间距”和“栅格 Y 轴间距”文本框中输入数值时，若在“栅格 X 轴间距”文本框中输入一个数值后按<Enter>键，系统将自动传送这个值给“栅格 Y 轴间距”，这样可减少工作量。

2.6.3 捕捉模式

为了准确地在绘图区捕捉点，AutoCAD 提供了捕捉工具，可以在绘图区生成一个隐含的栅格（捕捉栅格），这个栅格能够捕捉光标，约束它只能落在栅格的某一个节点上，使用户能够高精确度地捕捉和选择这个栅格上的点。本节主要介绍捕捉栅格的参数设置方法。

1. 执行方式

命令行：DSETTINGS。

菜单栏：选择菜单栏中的“工具”→“绘图设置”命令。

状态栏：按下状态栏中的“捕捉模式”按钮（仅限于打开与关闭）。

快捷键：按<F9>键（仅限于打开与关闭）。

2. 操作步骤

选择菜单栏中的“工具”→“绘图设置”命令，打开“草图设置”对话框，单击“捕捉与栅格”选项卡，如图 2-45 所示。

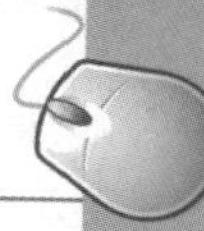

3. 选项说明

选项含义如表 2-1 所示。

表 2-1 “捕捉与栅格”对话框选项含义

选　项	含　义
“启用捕捉”复选框	控制捕捉功能的开关，与按<F9>快捷键或按下状态栏上的“捕捉模式”按钮 功能相同
“捕捉间距”选项组	设置捕捉参数，其中“捕捉 X 轴间距”与“捕捉 Y 轴间距”文本框用于确定捕捉栅格点在水平和垂直两个方向上的间距
“捕捉类型”选项组	确定捕捉类型和样式。AutoCAD 提供了两种捕捉栅格的方式：“栅格捕捉”和“PolarSnap”（极轴捕捉）。“栅格捕捉”是指按正交位置捕捉位置点，“极轴捕捉”则可以根据设置的任意极轴角捕捉位置点。“栅格捕捉”又分为“矩形捕捉”和“等轴测捕捉”两种方式。在“矩形捕捉”方式下捕捉栅格是标准的矩形，在“等轴测捕捉”方式下捕捉栅格和光标十字线不再互相垂直，而是成绘制等轴测图时的特定角度，这种方式对于绘制等轴测图十分方便
“极轴间距”选项组	该选项组只有在选择“PolarSnap”捕捉类型时才可用。可在“极轴距离”文本框中输入距离值，也可以在命令行输入“SNAP”，再设置捕捉的有关参数

2.7 图块操作

图块也称块，它是由一组图形对象组成的集合，一组对象一旦被定义为图块，它们将成为一个整体，选中图块中任意一个图形对象即可选中构成图块的所有对象。AutoCAD 把一个图块作为一个对象进行编辑修改等操作，用户可根据绘图需要把图块插入图中指定的位置，在插入时还可以指定不同的缩放比例和旋转角度。如果需要对组成图块的单个图形对象进行修改，还可以利用“分解”命令把图块分解，分解成若干个对象。图块还可以重新定义，一旦被重新定义，整个图中基于该块的对象都将随之改变。

2.7.1 定义图块

1. 执行方式

命令行：BLOCK（快捷命令：B）。

菜单栏：选择菜单栏中的“绘图”→“块”→“创建”命令。

工具栏：单击“绘图”工具栏中的“创建块”按钮 。

功能区：单击“默认”选项卡“块”面板中的“创建”按钮 或单击“插入”选项卡“块定义”面板中的“创建块”按钮 。

执行上述命令后，系统打开如图 2-46 所示的“块定义”对话框，利用该对话框可定义图块并为之命名。

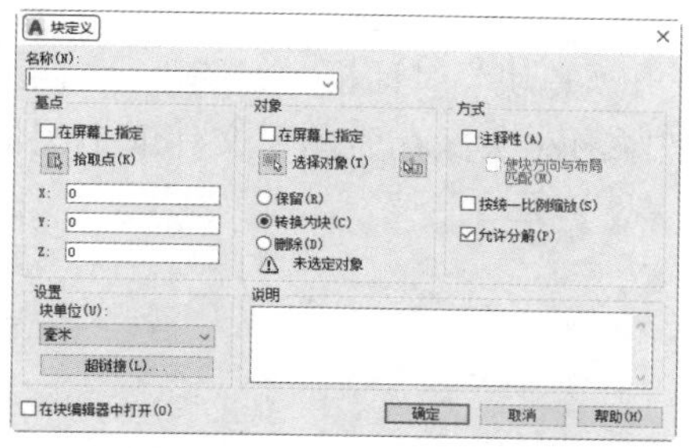

图 2-46 “块定义”对话框

2. 选项说明

选项含义如表 2-2 所示。

表 2-2 “创建”命令选项含义

选 项	含 义
“基点”选项组	确定图块的基点，默认值是（0,0,0），也可以在下面的 X、Y、Z 文本框中输入块的基点坐标值。单击“拾取点”按钮，系统临时切换到绘图区，在绘图区选择一点后，返回“块定义”对话框中，把选择的点作为图块的放置基点
“对象”选项组	用于选择制作图块的对象，以及设置图块对象的相关属性。如图 2-47 所示，把图（a）中的正五边形定义为图块，图（b）为点选“删除”单选钮的结果，图（c）为点选“保留”单选钮的结果。 (a) (b) (c) 图 2-47 设置图块对象
“设置”选项组	指定从 AutoCAD 设计中心拖动图块时用于测量图块的单位，以及缩放、分解和超链接等设置
“在块编辑器中打开”复选框	勾选此复选框，可以在块编辑器中定义动态块，后面将详细介绍
“方式”选项组	指定块的行为。“注释性”复选框，指定在图纸空间中块参照的方向与布局方向匹配；“按统一比例缩放”复选框，指定是否阻止块参照不按统一比例缩放；“允许分解”复选框，指定块参照是否可以被分解

2.7.2 图块的存盘

利用 BLOCK 命令定义的图块保存在其所属的图形当中，该图块只能在该图形中插入，而不能插入其他的图形中。但是有些图块在许多图形中要经常用到，这时可以用 WBLOCK 命令把图块以图形文件的形式（后缀为.dwg）写入磁盘。图形文件可以在任意图形中用 INSERT 命令插入。

1. 执行方式

命令行：WBLOCK（快捷命令：W）。

功能区：单击“插入”选项卡“块定义”面板中的“写块”按钮。

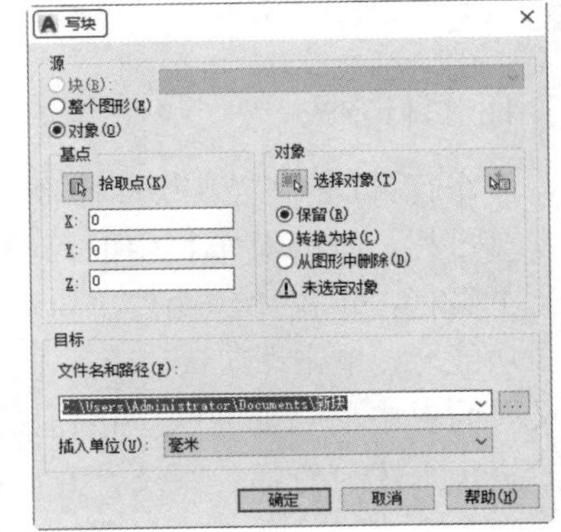

图 2-48 “写块”对话框

执行上述命令后，系统打开“写块”对话框，如图 2-48 所示，利用此对话框可把图形对象保存为图形文件或把图块转换成图形文件。

2. 选项说明

选项含义如表 2-3 所示。

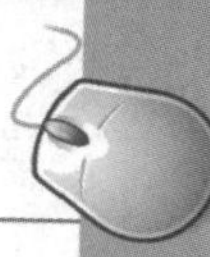

表 2-3 “写块”对话框选项含义

选　项	含　义
“源”选项组	确定要保存为图形文件的图块或图形对象。点选“块”单选钮，单击右侧的下拉列表框，在其展开的列表中选择一个图块，将其保存为图形文件；点选“整个图形”单选钮，则把当前的整个图形保存为图形文件；点选“对象”单选钮，则把不属于图块的图形对象保存为图形文件。对象的选择通过“对象”选项组来完成
“目标”选项组	用于指定图形文件的名称、保存路径和插入单位

2.7.3 图块的插入

在 AutoCAD 绘图过程中，可根据需要随时把已经定义好的图块或图形文件插入当前图形的任意位置，在插入的同时还可以改变图块的大小、旋转一定角度或把图块炸开等。插入图块的方法有多种，本节将逐一进行介绍。

1. 执行方式

命令行：INSERT（快捷命令：I）。

菜单栏：选择菜单栏中的“插入”→“块选项板”命令。

工具栏：单击“插入”工具栏中的“插入块”按钮，或“绘图”工具栏中的“插入块”按钮。

功能区：单击“默认”选项卡“块”面板中的“插入”下拉按钮，或者单击“插入”选项卡“块”面板中的① “插入”下拉按钮，②在弹出的下拉列表中选择相应的选项，如图 2-49 所示。

执行上述命令后，系统打开“块”选项板，如图 2-50 所示，可以指定要插入的图块及插入位置。

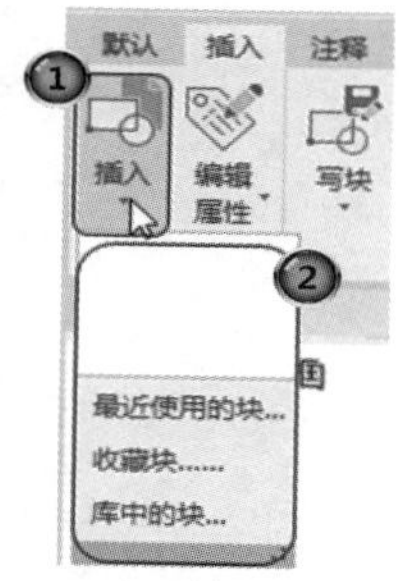

图 2-49 “插入”下拉列表

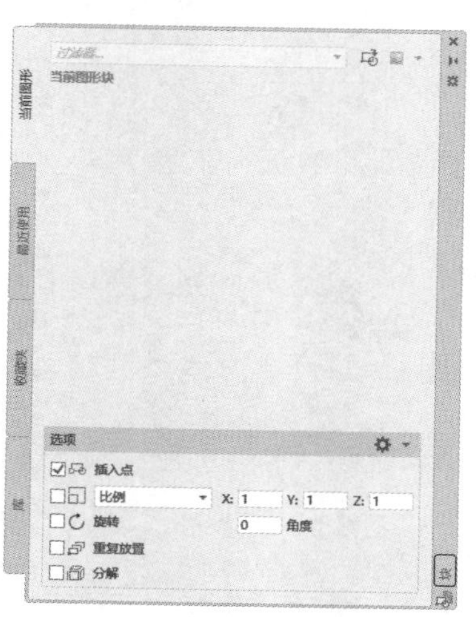

图 2-50 “块”选项板

2. 选项说明

选项含义如表 2-4 所示。

表 2-4　“插入”对话框选项含义

选　　项	含　　义
“路径”显示框	显示图块的保存路径
“插入点”选项组	指定插入点，插入图块时该点与图块的基点重合。可以在绘图区指定该点，也可以在下面的文本框中输入坐标值
“比例”选项组	确定插入图块时的缩放比例。图块被插入当前图形中时，可以以任意比例放大或缩小
“旋转”选项组	指定插入图块时的旋转角度。图块被插入当前图形中时，可以绕其基点旋转一定的角度，角度可以是正数（表示沿逆时针方向旋转），也可以是负数（表示沿顺时针方向旋转）。 如果勾选“在屏幕上指定”复选框，系统切换到绘图区，在绘图区选择一点，AutoCAD 自动测量插入点与该点连线和 X 轴正方向之间的夹角，并把它作为块的旋转角。也可以在“角度”文本框中直接输入插入图块时的旋转角度
“分解”复选框	勾选此复选框，则在插入块的同时把其炸开，插入图形中的组成块对象不再是一个整体，可对每个对象单独进行编辑操作

Chapter

简单二维绘图命令

3

二维图形是指在二维平面空间绘制的图形，AutoCAD 提供了大量的绘图工具，可以帮助用户完成二维图形的绘制。用户利用 AutoCAD 提供的二维绘图命令，可以快速方便地完成某些图形的绘制。本章主要介绍直线、圆和圆弧、椭圆与椭圆弧、平面图形和点的绘制。

3.1 直线类命令

直线类命令包括直线段、射线和构造线命令。这几个命令是 AutoCAD 中最简单的绘图命令。

3.1.1 直线段

1. 执行方式

命令行：LINE（快捷命令：L）。

菜单栏：选择菜单栏中的“绘图”→“直线”命令。

工具栏：单击“绘图”工具栏中的“直线”按钮 ⁄ 。

功能区：❶单击“默认”选项卡❷“绘图”面板中的❸“直线”按钮 ⁄ （如图 3-1 所示）。

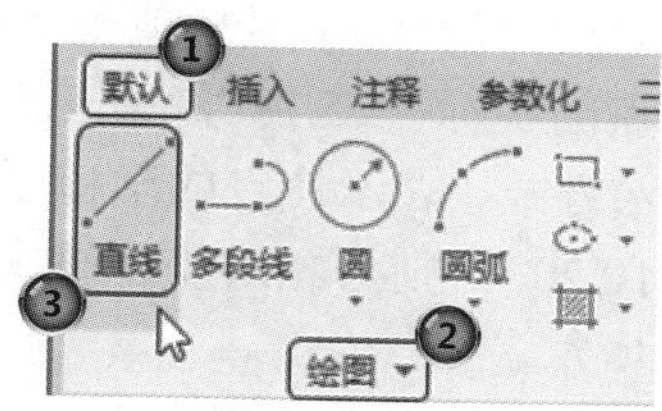

图 3-1　绘图面板 1

2. 操作步骤`

命令行提示与操作如下。

```
命令：LINE↙
指定第一个点：输入直线段的起点坐标或在绘图区单击指定点
指定下一点或 [放弃(U)]：输入直线段的端点坐标，或利用光标指定一定角度后，直接输入直线的长度
指定下一点或 [放弃(U)]：输入下一直线段的端点，或输入选项“U”表示放弃前面的输入；右击或按<Enter>键，结束命令
指定下一点或 [闭合(C)/放弃(U)]：输入下一直线段的端点，或输入选项“C”使图形闭合，结束命令
```

3．选项说明

选项含义如表 3-1 所示。

表 3-1 “直线”命令选项含义

选　项	含　义
“指定第一个点”提示	若采用按<Enter>键响应“指定第一个点”提示，系统会把上一次绘制图线的终点作为本次图线的起始点。若上一次操作为绘制圆弧，按<Enter>键响应后，绘出通过圆弧终点并与该圆弧相切的直线段，该线段的长度为光标在绘图区指定的一点与切点之间线段的距离
“指定下一点”提示	在“指定下一点”提示下，用户可以指定多个端点，从而绘出多条直线段。但是，每一条直线段是一个独立的对象，可以进行单独编辑操作
若采用输入选项“C”响应“指定下一点”提示	绘制两条以上直线段后，若采用输入选项“C”响应“指定下一点”提示，系统会自动连接起始点和最后一个端点，从而绘出封闭的图形
若采用输入选项“U”响应提示	若采用输入选项“U”响应提示，则删除最近一次绘制的直线段

注意：若设置正交方式（按下状态栏中的“正交模式”按钮），只能绘制水平线段或垂直线段。若设置动态数据输入方式（按下状态栏中的“动态输入”按钮），则可以动态输入坐标或长度值，效果与非动态数据输入方式类似。除特别需要外，以后不再强调，而只按非动态数据输入方式输入相关数据。

3.1.2 数据输入法

在 AutoCAD 2022 中，点的坐标可以用直角坐标、极坐标、球面坐标和柱面坐标表示，每一种坐标又分别具有两种坐标输入方式：绝对坐标和相对坐标。其中直角坐标法和极坐标法最为常用，具体输入方法如下。

（1）直角坐标法。用点的 x、y 坐标值表示的坐标。

在命令行中输入点的坐标“15,18”，则表示输入了一个 x、y 的坐标值分别为 15、18 的点，此为绝对坐标输入方式，表示该点的坐标是相对于当前坐标原点的坐标值，如图 3-2（a）所示。如果输入“@10,20”，则为相对坐标输入方式，表示该点的坐标是相对于前一点的坐标值，如图 3-2（b）所示。

（2）极坐标法。用长度和角度表示的坐标，只能用来表示二维点的坐标。

在绝对坐标输入方式下，表示为“长度<角度”，如“25<50”，其中长度表示该点到坐标原点的距离，角度表示该点到原点的连线与 X 轴正向的夹角，如图 3-2（c）所示。

在相对坐标输入方式下，表示为“@长度<角度”，如“@25<45”，其中长度为该点到前一点的距离，角度为该点至前一点的连线与 X 轴正向的夹角，如图 3-2（d）所示。

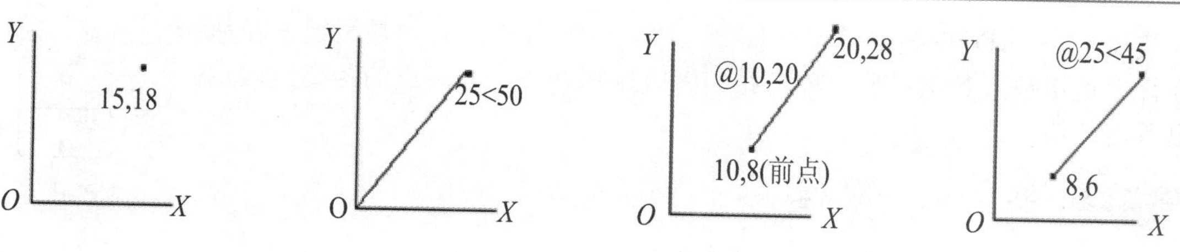

图 3-2　数据输入方法

（3）动态数据输入。按下状态栏中的“动态输入”按钮，系统打开动态输入功能，可以在绘图区动态地输入某些参数数据。例如，绘制直线时，在光标附近，会动态地显示“指定第一个角点或”，以及后面的坐标框。当前坐标框中显示的是目前光标所在位置，可以输入数据，两个数据之间用逗号隔开，如图 3-3 所示。指定第一点后，系统动态显示直线的角度，同时要求输入线段长度值，如图 3-4 所示，其输入效果与“@长度<角度”方式相同。

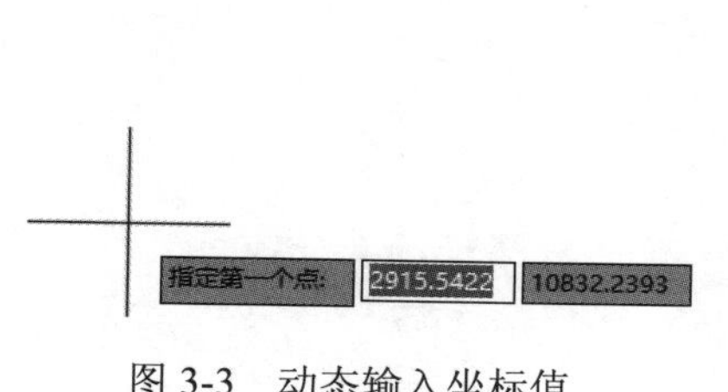

图 3-3　动态输入坐标值

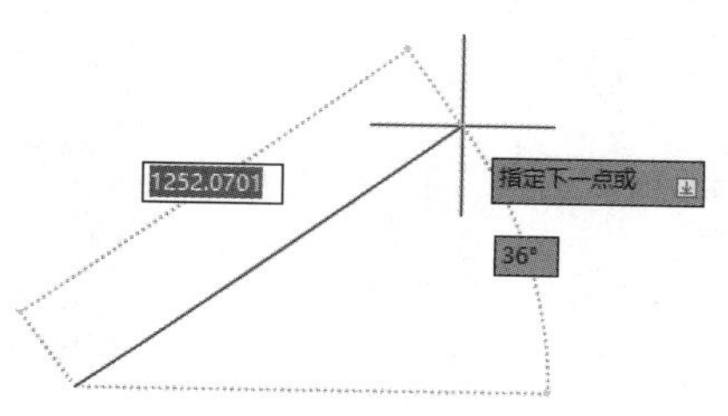

图 3-4　动态输入长度值

下面分别介绍点与距离值的输入方法。

①点的输入。在绘图过程中，常需要输入点的位置，AutoCAD 提供了如下几种输入点的方式。

（a）用键盘直接在命令行输入点的坐标。直角坐标有两种输入方式：x,y（点的绝对坐标值，如“100,50”）和@ x,y（相对于上一点的相对坐标值，如“@ 50,-30”）。

极坐标的输入方式为“长度<角度”（其中，长度为点到坐标原点的距离，角度为原点至该点连线与 X 轴的正向夹角，如“20<45”）或“@长度<角度”（相对于上一点的相对极坐标，如“@ 50<–30”）。

（b）用鼠标等定标设备移动光标，在绘图区单击直接取点。

（c）用目标捕捉方式捕捉绘图区已有图形的特殊点（如端点、中点、中心点、插入点、交点、切点、垂足点等）。

（d）直接输入距离。先拖拉出直线以确定方向，然后用键盘输入距离。这样有利于准确控制对象的长度，如要绘制一条 10mm 长的线段，命令行提示与操作方法如下。

```
命令: _line
指定第一个点:在绘图区指定一点
指定下一点或 [放弃(U)]:
```

图 3-5　绘制直线

这时在绘图区移动光标指明线段的方向，但不要单击鼠标，然后在命令行输入“10”，这样就在指定方向上准确地绘制了长度为 10mm 的线段，如图 3-5 所示。

②距离值的输入。在 AutoCAD 中，有时需要提供高度、宽度、半径、长度等表示距离

的值。AutoCAD 系统提供了两种输入距离值的方式：一种是用键盘在命令行中直接输入数值；另一种是在绘图区选择两点，以两点的距离值确定出所需数值。

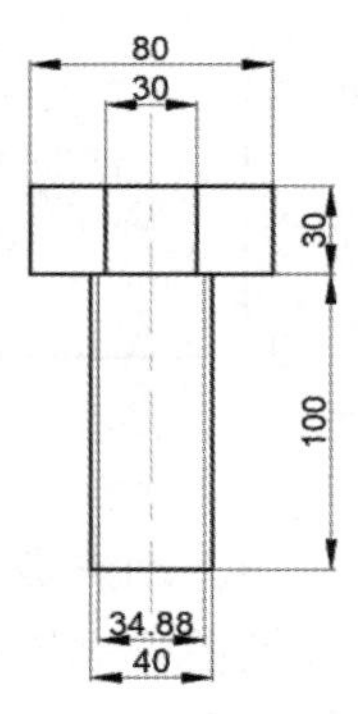

图 3-6　螺栓

3.1.3 实例——螺栓

利用直线命令绘制螺栓，如图 3-6 所示。

绘制步骤

（1）单击“默认”选项卡“图层”面板中的“图层特性”按钮，打开“图层特性管理器”对话框，如图 3-7 所示。

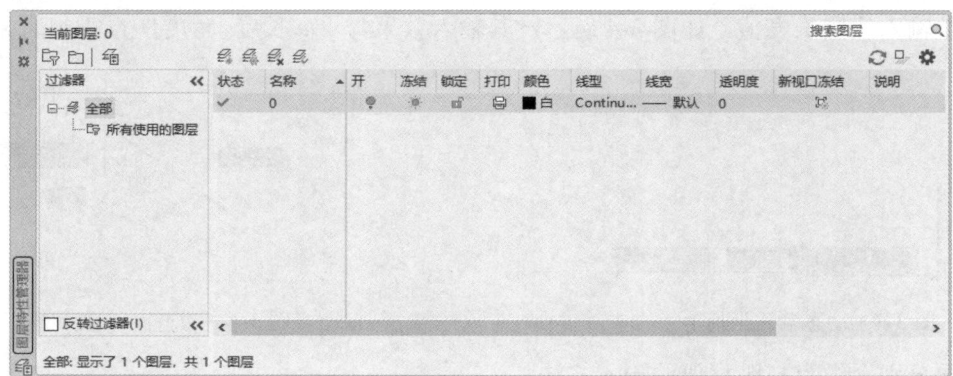

图 3-7　“图层特性管理器”对话框

（2）单击“新建图层”按钮，创建一个新的图层，把该层的名字由默认的“图层 1”改为“中心线”，如图 3-8 所示。

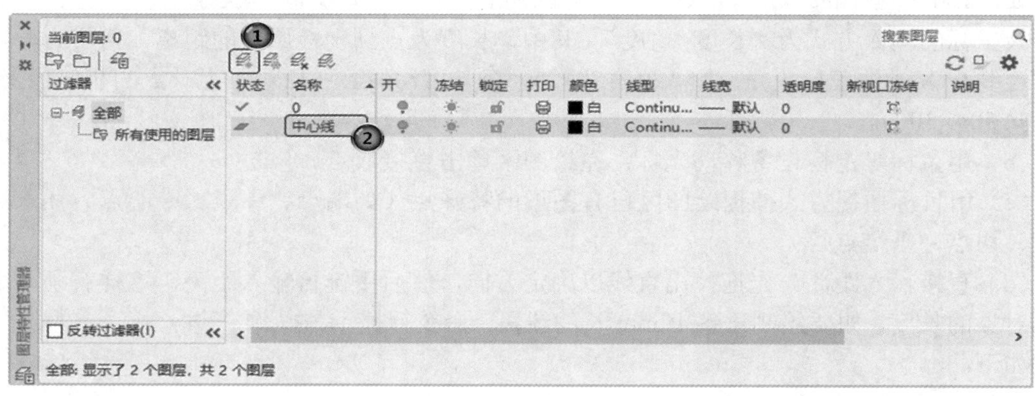

图 3-8　更改图层名

（3）单击“中心线”层对应的“颜色”项，❶打开“选择颜色”对话框，❷选择红色为该层颜色，如图 3-9 所示。❸单击“确定”按钮，返回“图层特性管理器”对话框。

（4）单击“中心线”层对应的“线型”项，❶打开“选择线型”对话框，如图 3-10 所示。

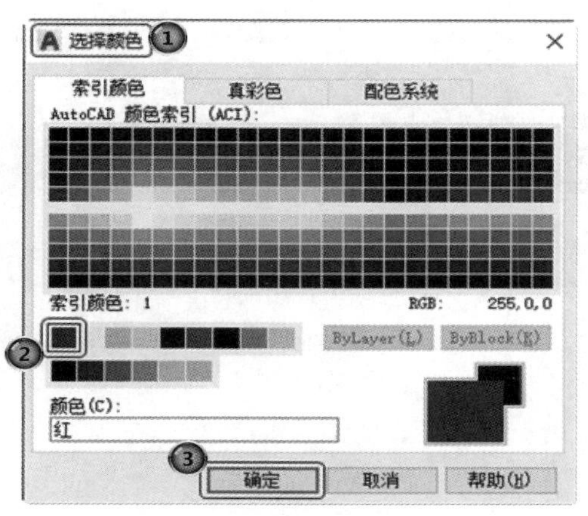

图 3-9 选择颜色

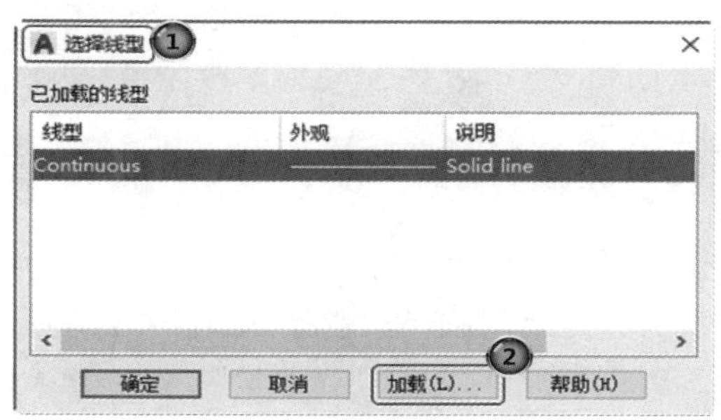

图 3-10 选择线型

（5）在“选择线型”对话框中，❷单击“加载”按钮，❸系统打开“加载或重载线型”对话框，❹选择 CENTER 线型，如图 3-11 所示。❺确认退出。在“选择线型”对话框中选择 CENTER（点画线）为该层线型，单击“确定”按钮，返回“图层特性管理器”对话框。

（6）单击“中心线”层对应的“线宽”项，❶打开“线宽”对话框，❷选择 0.15 毫米线宽，如图 3-12 所示。❸单击“确定”按钮，返回“图层特性管理器”对话框。完成中心线层的创建。

（7）采用相同的方法创建轮廓线层和细实线层，如图 3-13 所示。

（8）将“中心线”层设置为当前图层。单击“默认”选项卡“绘图”面板中的“直线”按钮╱，绘制一条竖直中心线，命令行提示与操作如下。

```
命令: _line
指定第一个点: 40,25↙
指定下一点或 [放弃(U)] : 40,-145↙
指定下一点或 [放弃(U)] : ↙
```

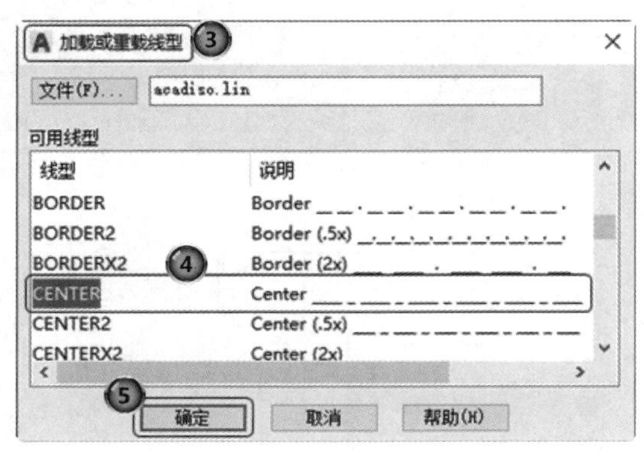

图 3-11 加载新线型

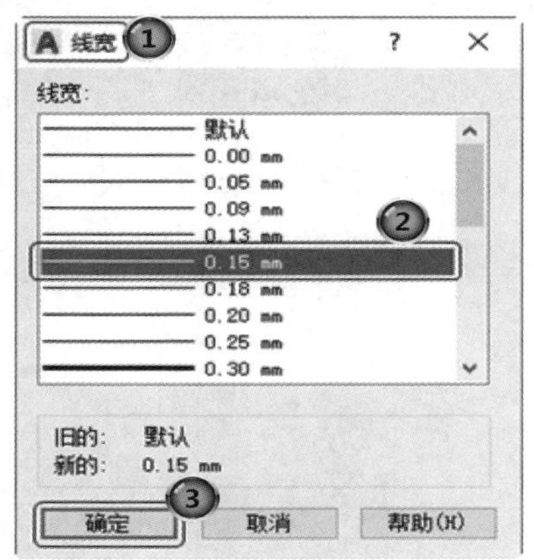

图 3-12 选择线宽

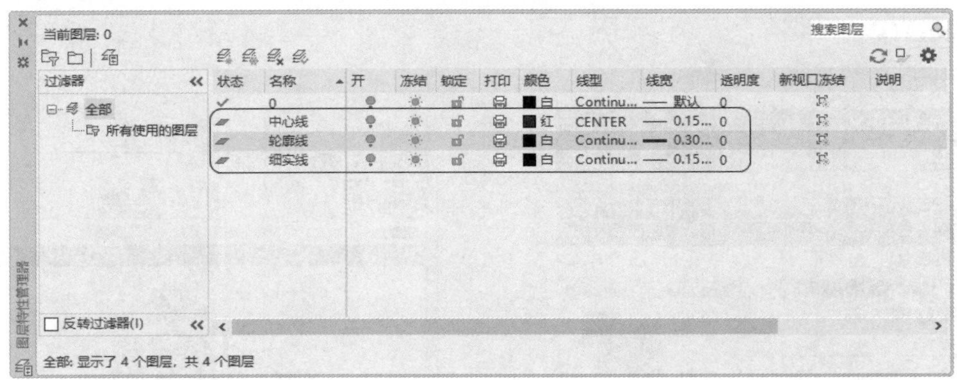

图 3-13　创建图层

**注意**：输入坐标时，逗号必须是在西文状态下，否则会出现错误。

（9）将“轮廓线”层设置为当前图层。单击“默认”选项卡“绘图”面板中的“直线”按钮╱，绘制螺帽的一条轮廓线，命令行提示与操作如下。

```
命令: _line
指定第一个点: 0,0↙
指定下一点或 [放弃(U)] : @80,0↙
指定下一点或 [放弃(U)]:@0, -30↙
指定下一点或 [闭合(C)/放弃(U)]:@80<180↙
指定下一点或 [闭合(C)/放弃(U)]: C↙
```

同样，利用 LINE 命令绘制另两条线段，端点分别为{（25,0），（@0,-30）}、{（55，0），（@0，–30）}，如图 3-14 所示。

（10）单击“默认”选项卡“绘图”面板中的“直线”按钮╱，绘制螺杆，命令行提示与操作如下。

```
命令: _line
指定第一个点: 20,-30↙
指定下一点或 [放弃(U)]: @0,-100↙
指定下一点或 [放弃(U)]: @40,0↙
指定下一点或 [闭合(C)/放弃(U)]: @0,100↙
指定下一点或 [闭合(C)/放弃(U)]: ↙
```

结果如图 3-15 所示。

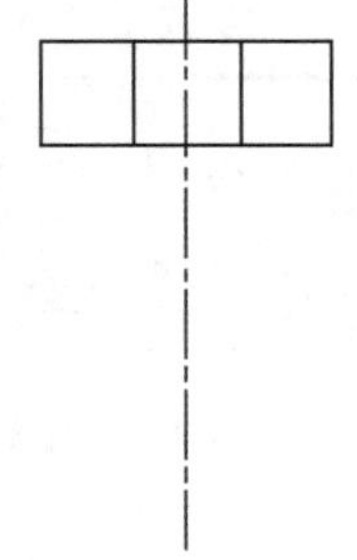

图 3-14　绘制中心线和螺帽

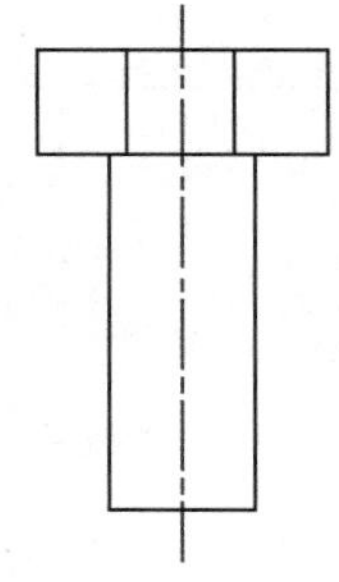

图 3-15　绘制螺杆轮廓线

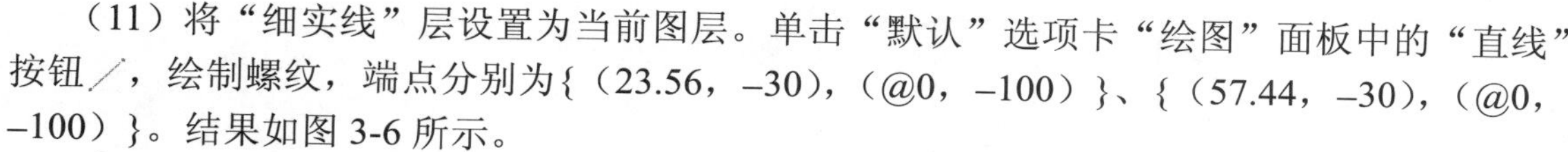

（11）将“细实线”层设置为当前图层。单击“默认”选项卡“绘图”面板中的“直线”按钮╱，绘制螺纹，端点分别为{（23.56，–30），（@0，–100）}、{（57.44，–30），（@0，–100）}。结果如图 3-6 所示。

注意：一般每个命令有 3 种执行方式，这里只给出了命令行执行方式，其他两种执行方式的操作方法与命令行执行方式相同。

3.1.4 构造线

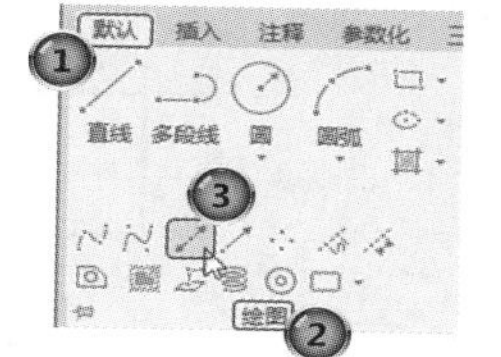

图 3-16　绘图面板 2

1. 执行方式

命令行：XLINE（快捷命令：XL）。

菜单栏：选择菜单栏中的“绘图”→“构造线”命令。

工具栏：单击“绘图”工具栏中的“构造线”按钮⤢。

功能区：❶单击“默认”选项卡❷“绘图”面板中的❸“构造线”按钮⤢（如图 3-16 所示）。

2. 操作步骤

命令行提示与操作如下。

```
命令：XLINE↙
指定点或 [水平(H)/垂直(V)/角度(A)/二等分(B)/偏移(O)]：指定起点 1
指定通过点：指定通过点 2，绘制一条双向无限长直线
指定通过点：继续指定点，继续绘制直线，如图 3-17(a)所示，按<Enter>键结束命令
```

3. 选项说明

（1）利用选项中有“指定点”“水平”“垂直”“角度”“二等分”和“偏移”6 种方式绘制构造线，分别如图 3-17（a）～（f）所示。

（2）构造线模拟手工作图中的辅助作图线。用特殊的线型显示，在图形输出时可不作输出。应用构造线作为辅助线绘制机械图中的三视图是构造线的最主要用途，构造线的应用保证了三视图之间“主、俯视图长对正，主、左视图高平齐，俯、左视图宽相等”的对应关系。图 3-18 所示为应用构造线作为辅助线绘制机械图中三视图的示例。图中细线为构造线，粗线为三视图轮廓线。

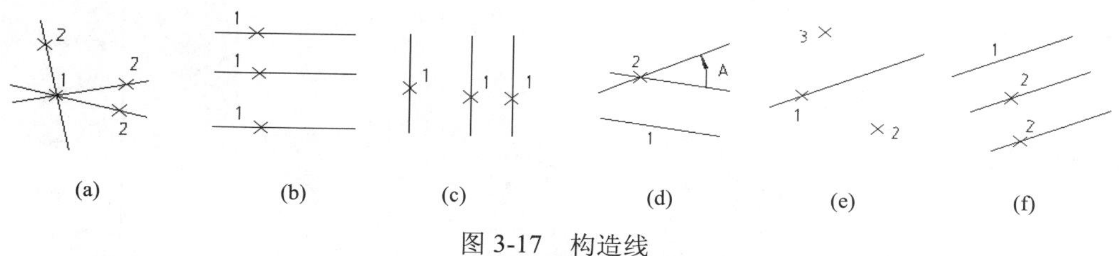

图 3-17　构造线

动手练一练——绘制表面粗糙度符号

利用“直线”绘制如图 3-19 所示的表面粗糙度符号。

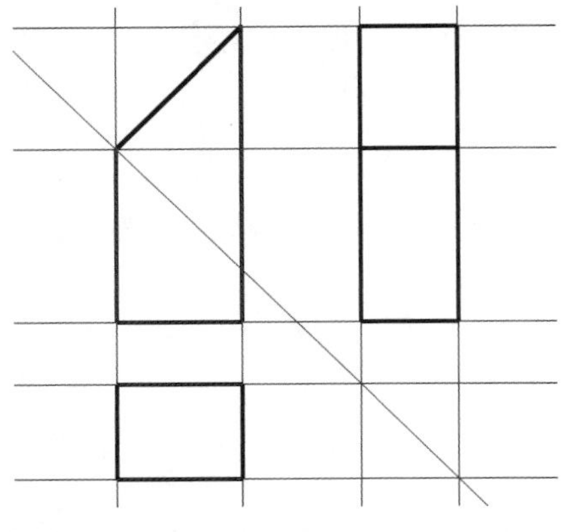

图 3-18　构造线辅助绘制三视图

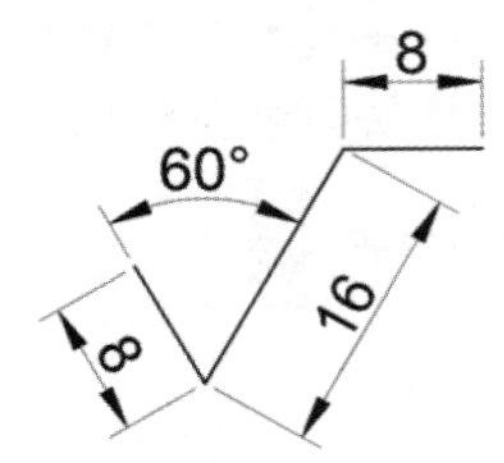

图 3-19　表面粗糙度符号

思路点拨

源文件：源文件\第 3 章\表面粗糙度符号.dwg

为了做到准确无误，要求通过坐标值的输入指定直线的相关点，从而使读者灵活掌握直线的绘制方法。

3.2　圆类命令

圆类命令主要包括"圆""圆弧""圆环""椭圆"及"椭圆弧"命令，这几个命令是 AutoCAD 中最简单的曲线命令。

3.2.1　圆

1．执行方式

命令行：CIRCLE（快捷命令：C）。

菜单栏：选择菜单栏中的"绘图"→"圆"命令。

工具栏：单击"绘图"工具栏中的"圆"按钮。

功能区：①单击"默认"选项卡"绘图"面板中的②"圆"下拉菜单（如图 3-20 所示）。

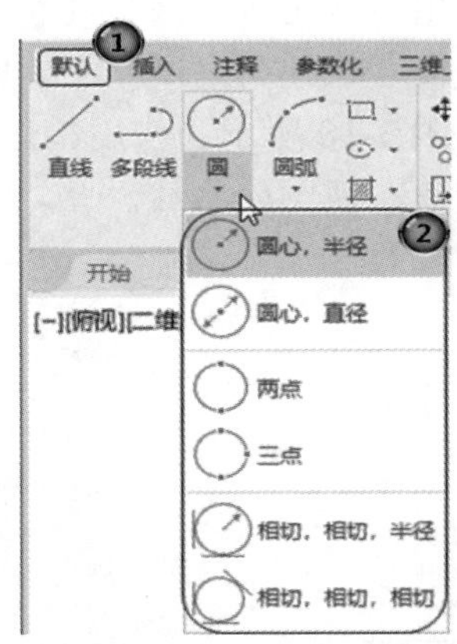

图 3-20　"圆"下拉菜单

2．操作步骤

命令行提示与操作如下。

```
命令：CIRCLE↙
指定圆的圆心或 [三点(3P)/两点(2P)/切点、切点、半径(T)]：指定圆心
指定圆的半径或 [直径(D)]：直接输入半径值或在绘图区单击指定半径长度
指定圆的直径 <默认值>：输入直径值或在绘图区单击指定直径长度
```

3. 选项说明

选项含义如表 3-2 所示。

表 3-2 “圆”命令选项含义

选　项	含　义
三点（3P）	通过指定圆周上三点绘制圆
两点（2P）	通过指定直径的两端点绘制圆
切点、切点、半径（T）	通过先指定两个相切对象，再给出半径的方法绘制圆。如图 3-21（a）～（d）所示，给出了以“切点、切点、半径”方式绘制圆的各种情形（加粗的圆为最后绘制的圆）。 (a)　(b)　(c)　(d) 图 3-21　圆与另外两个对象相切

注意：❶选择菜单栏中的“绘图”→❷“圆”命令，其子菜单中多了一种❸“相切、相切、相切”的绘制方法，当选择此方式时（如图 3-22 所示），命令行提示与操作如下。

```
指定圆上的第一个点：_tan 到：选择相切的第一个圆弧
指定圆上的第二个点：_tan 到：选择相切的第二个圆弧
指定圆上的第三个点：_tan 到：选择相切的第三个圆弧
```

注意：对于圆心点的选择，除了直接输入圆心点外，还可以利用圆心点与中心线的对应关系，利用对象捕捉的方法选择。按下状态栏中的“对象捕捉”按钮□，命令行中会提示命令行中会提示“命令：<对象捕捉 开>”。

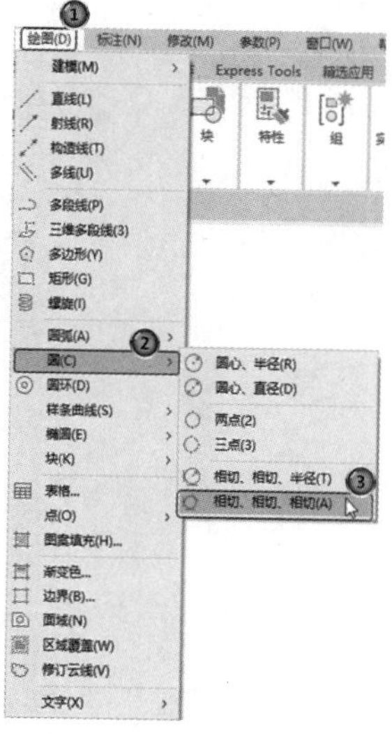

图 3-22　“相切、相切、相切” 绘制方法

3.2.2 实例——挡圈

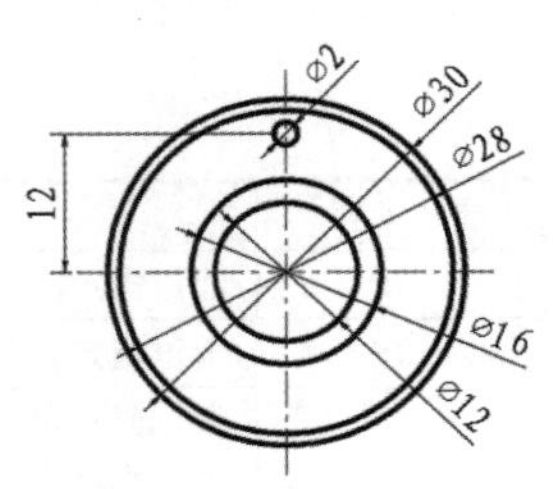

图 3-23　挡圈

本例绘制挡圈，如图 3-23 所示。本例要绘制一个简单的二维图形，主要利用圆命令和偏移命令进行绘制。圆命令用于绘制挡圈外轮廓及定位孔；偏移命令用于绘制形状相同而尺寸不同的对象。

绘制步骤

（1）单击“默认”选项卡“图层”面板中的“图层特性”按钮，❶打开“图层特性管理器”对话框。❷单击“新建图层”按钮，❸新建“中心线”和“轮廓线”两个图层，图层设置如图 3-24 所示。

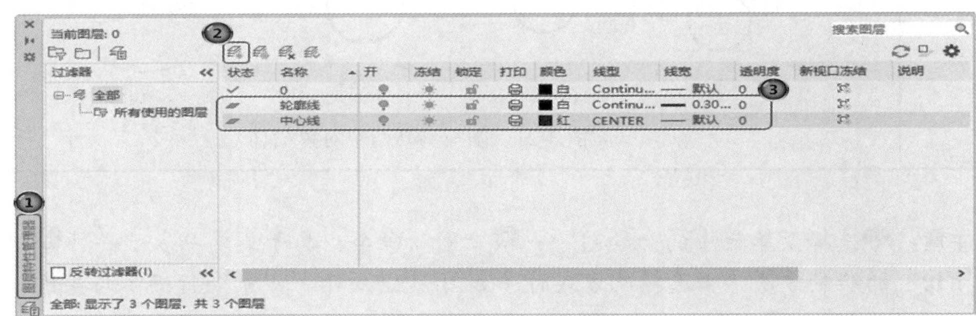

图 3-24　“图层特性管理器”对话框

（2）将“中心线”层设置为当前图层，单击“默认”选项卡“绘图”面板中的“直线”按钮╱，绘制中心线，命令行的提示与操作如下。

```
命令：_line
指定第一个点：（适当指定一点）
指定下一点或 [放弃(U)]：@400,0↙。
指定下一点或 [放弃(U)]：↙。
命令：_line
指定第一个点：from↙，启动“捕捉自”功能。
基点：单击状态栏中的“对象捕捉”按钮，把光标移动到刚绘制的直线中点附近，系统显示一个黄色的小三角形表示重点捕捉位置，如图 3-25 所示，单击确定基点位置。
<偏移>：@0,200↙。
指定下一点或 [放弃(U)]：@0,-400↙。
指定下一点或 [放弃(U)]：↙。
```

绘制结果如图 3-26 所示。

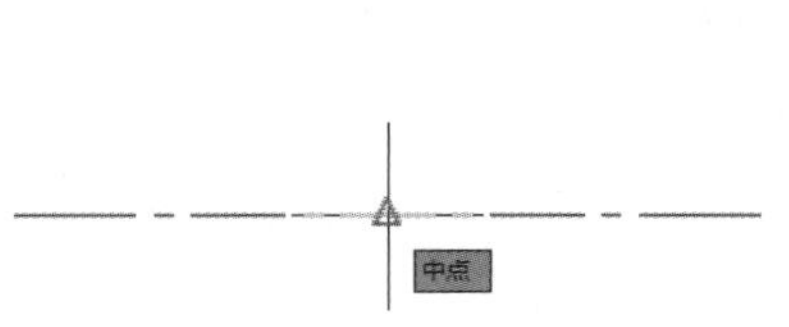

图 3-25　捕捉中点

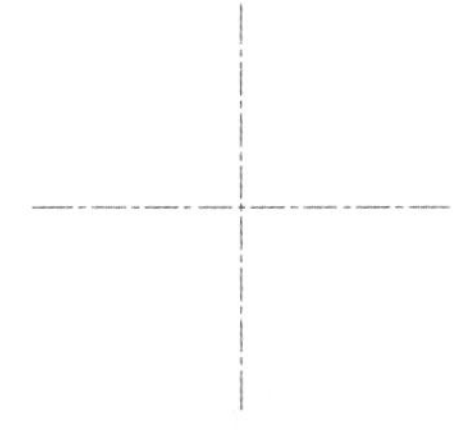
图 3-26　绘制中心线

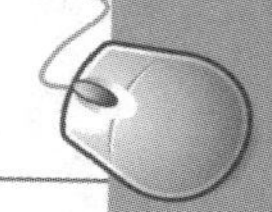

（3）将“轮廓线”层设置为当前图层。单击“默认”选项卡“绘图”面板中的“圆”按钮，绘制同心圆，命令行的提示与操作如下。

```
命令：_circle
指定圆的圆心或 [三点(3P)/两点(2P)/切点、切点、半径(T)]：捕捉中心线交点为圆心。
指定圆的半径或 [直径(D)] <32.3041>：20↙。
命令：↙，继续执行上次执行的命令。
指定圆的圆心或 [三点(3P)/两点(2P)/切点、切点、半径(T)]：捕捉中心线交点为圆心。
指定圆的半径或 [直径(D)] <20.0000>：d↙。
指定圆的直径 <40.0000>：60↙。
```

采用同样的方法，绘制 R180 和 R190 的同心圆，如图 3-27 所示。

（4）单击“默认”选项卡“绘图”面板中的“圆”按钮，绘制定位孔，命令行的提示与操作如下。

```
命令：_circle
指定圆的圆心或 [三点(3P)/两点(2P)/切点、切点、半径(T)]：2p↙。
指定圆直径的第一个端点：from↙。
基点：捕捉同心圆圆心。
<偏移>：@0,120↙。
指定圆直径的第二个端点：@0,20↙。
```

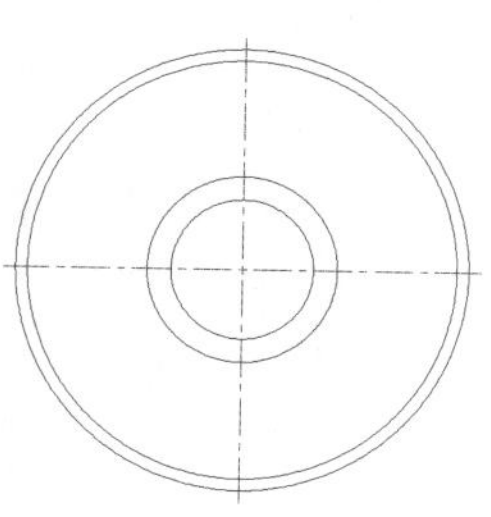

图 3-27　绘制同心圆

绘制结果如图 3-28 所示。

（5）将当前图层转换为“中心线”层。单击“默认”选项卡“绘图”面板中的“直线”按钮，绘制定位圆中心线，命令行的提示与操作如下。

```
命令：_line
指定第一个点：from↙。
基点：捕捉定位圆圆心。
<偏移>：@-15,0↙。
指定下一点或 [放弃(U)]：@30,0↙。
指定下一点或 [放弃(U)]：↙。
```

绘制结果如图 3-29 所示。

（6）单击状态栏中的“显示/隐藏线宽”按钮，显示图线线宽，最终绘制结果如图 3-23 所示。

动手练一练——绘制盘盖

利用“直线”和“圆”命令绘制如图 3-30 所示的盘盖。

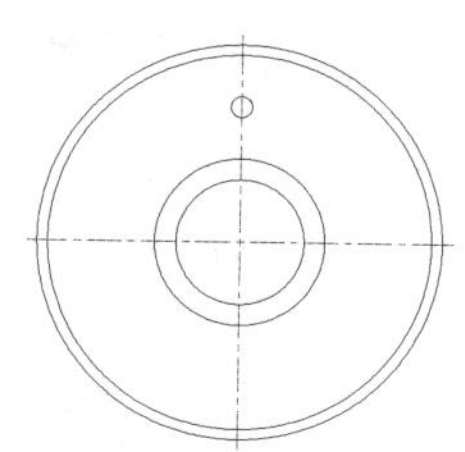

图 3-28　绘制定位孔

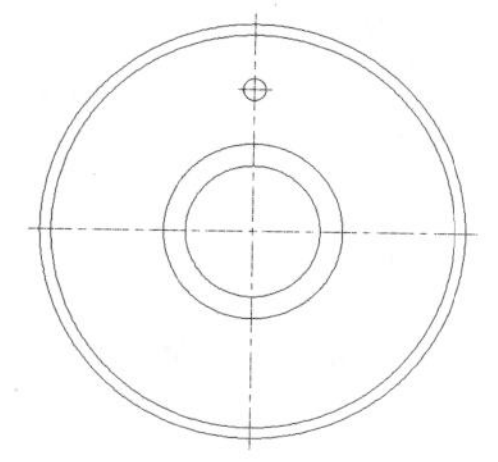

图 3-29　绘制定位圆中心线

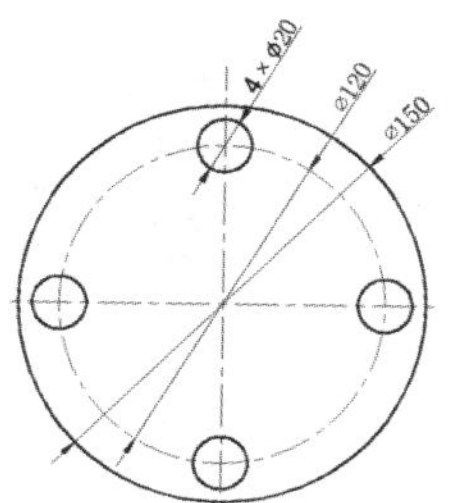

图 3-30　盘盖

思路点拨

源文件：源文件\第 3 章\法兰.dwg

先设置图层，然后利用“直线”命令绘制中心线，然后利用“圆”命令绘制轮廓。

3.2.3 圆弧

1. 执行方式

命令行：ARC（快捷命令：A）。

菜单栏：选择菜单栏中的“绘图”→“圆弧”命令。

工具栏：单击“绘图”工具栏中的“圆弧”按钮。

功能区：①单击“默认”选项卡②“绘图”面板中的③“圆弧”下拉菜单（如图 3-31 所示）。

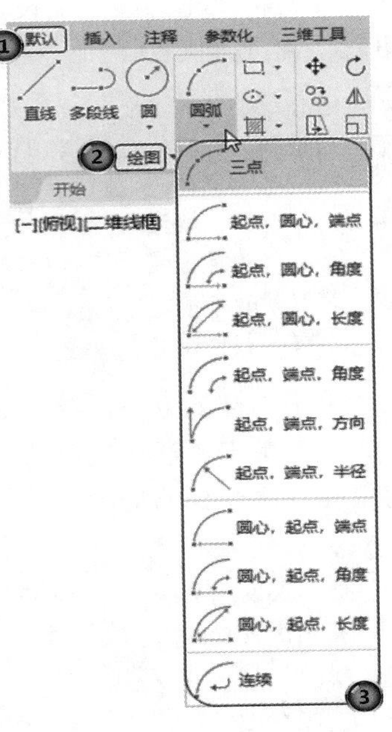

图 3-31 “圆弧”下拉菜单

2. 操作步骤

命令行提示与操作如下。

```
命令：ARC↙
指定圆弧的起点或 [圆心(C)]：指定起点
指定圆弧的第二个点或 [圆心(C)/端点(E)]：指定第二点
指定圆弧的端点：指定末端点
```

3. 选项说明

（1）用命令行方式绘制圆弧时，可以根据系统提示选择不同的选项，具体功能和利用菜单栏中的“绘图”→“圆弧”中子菜单提供的 11 种方式相似。这 11 种方式绘制的圆弧分别如图 3-32（a）～（k）所示。

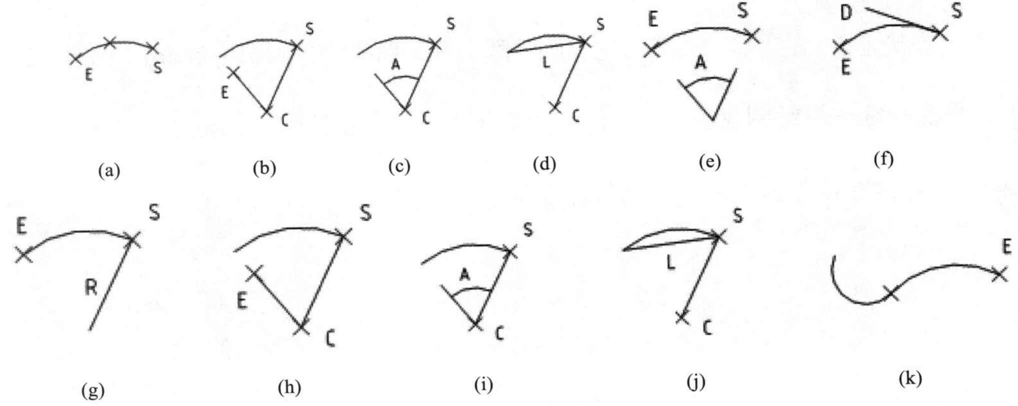

图 3-32 11 种圆弧绘制方法

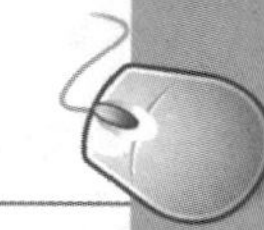

（2）需要强调的是："连续"方式绘制的圆弧与上一线段圆弧相切；继续绘制圆弧段，只提供端点即可。

注意： 绘制圆弧时，注意圆弧的曲率是遵循逆时针方向的，所以在选择指定圆弧两个端点和半径模式时，需要注意端点的指定顺序，否则有可能导致圆弧的凹凸形状与预期的相反。

3.2.4 实例——销

由于图形中出现了两种不同的线型，所以需要设置图层来管理线型。利用直线和圆弧命令绘制图形，如图 3-33 所示。

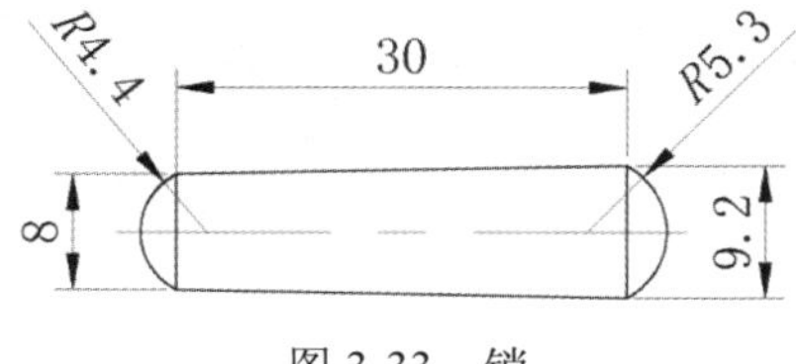

图 3-33　销

绘制步骤

（1）单击"默认"选项卡"图层"面板中的"图层特性"按钮，❶打开"图层特性管理器"对话框。❷新建"中心线"和"轮廓线"两个图层，如图 3-34 所示。

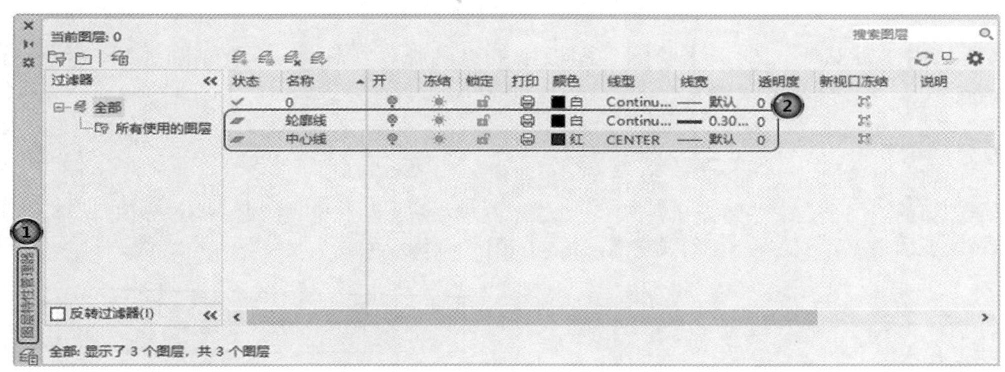

图 3-34　图层设置

（2）将当前图层设置为"中心线"层，单击"默认"选项卡"绘图"面板中的"直线"按钮，绘制中心线，端点坐标值为{（100，100），（138，100）}，结果如图 3-31 所示。

（3）将当前图层转换为"轮廓线"图层，单击"默认"选项卡"绘图"面板中的"直线"按钮，绘制坐标点为（104，104），（@30<1.146）和（104,96），（@30<-1.146）的直线，绘制的效果如图 3-35 所示。

（4）单击"默认"选项卡"绘图"面板中的"直线"按钮，分别连接两条斜线的两个端点，结果如图 3-36 所示。

图 3-35　绘制斜线

图 3-36　连接端点

注意： 绘制直线，一般情况都是采用笛卡儿坐标系下输入直线两端点的直角坐标来完成，例如：

```
命令：LINE↙
指定第一个点：(指定所绘直线段的起始端点的坐标(x1,y1)
指定下一点或 [放弃(U)]：(指定所绘直线段的另一端点坐标(x2, y2)
…
指定下一点或 [闭合(C)/放弃(U)]：(按空格键或 Enter 键结束本次操作)
```

但是对于绘制与水平线倾斜某一特定角度的直线时，直线端点的笛卡儿坐标往往不能精确算出，此时需要使用极坐标模式，即输入相对于第一端点的水平倾角和直线长度，“@直线长度<倾角”，如图 3-37 所示。

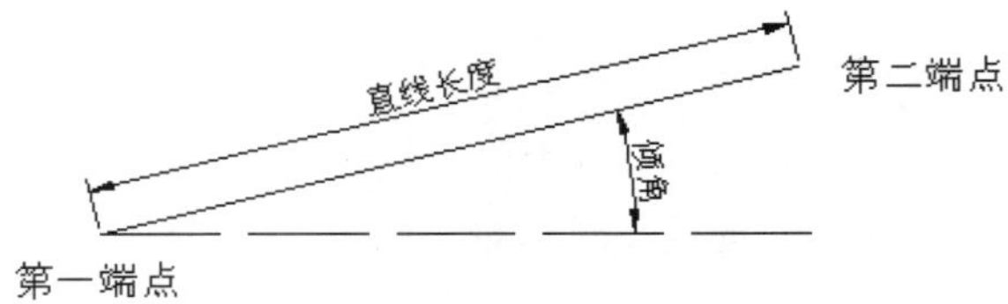

图 3-37　极坐标系下“直线”命令

（5）单击“默认”选项卡“绘图”面板中的“圆弧”按钮，绘制圆弧顶，命令行提示与操作如下。

```
命令：_arc
指定圆弧的起点或 [圆心(C)]：(捕捉左上斜线端点)
指定圆弧的第二个点或 [圆心(C)/端点(E)]：(在中心线上适当位置捕捉一点，如图 3-38 所示)
指定圆弧的端点：(捕捉左下斜线端点，结果如图 3-35 所示)
```

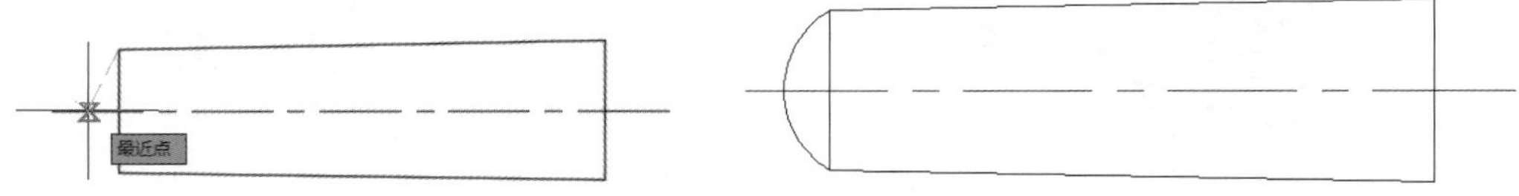

图 3-38　指定第二点　　　　图 3-39　圆弧顶绘制结果

```
命令：_arc
指定圆弧的起点或 [圆心(C)]：(捕捉右下斜线端点)
指定圆弧的第二个点或 [圆心(C)/端点(E)]：e↙
指定圆弧的端点：(捕捉右上斜线端点)
指定圆弧的中心点(按住 Ctrl 键以切换方向)或 [角度(A)/方向(D)/半径(R)]：a↙
指定夹角(按住 Ctrl 键以切换方向)：(适当拖动鼠标，利用拖动线的角度指定夹角，如图 3-40 所示)
```

最终结果如图 3-33 所示。

注意： 系统默认圆弧的绘制方向为逆时针，即指定两点后，圆弧从第一点沿逆时针方向伸展到第二点，所以在指定端点时，一定要注意点的位置顺序，否则绘制不出预想中的圆弧。定位销有圆锥形和圆柱形两种结构。为保证重复拆装时定位销与销孔的紧密性和便于定位销拆卸，应采用圆锥销。一般取定位销直径 d=（0.7 ~ 0.8）d2，d2 为箱盖箱座连接凸缘螺栓直径。其长度应大于上下箱连接凸缘的总厚度，并且装配成上、下两头均有一定长度的外伸量，以便装拆，如图 3-41 所示。

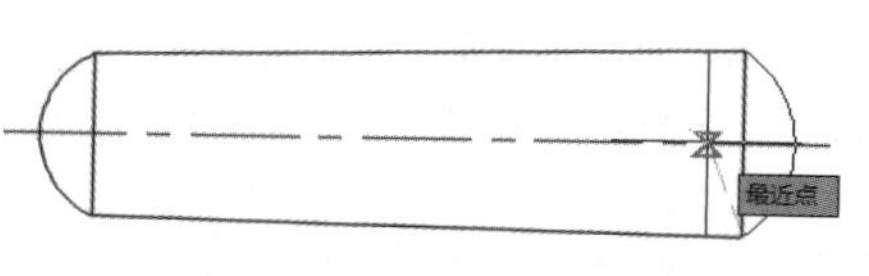

图 3-40　指定夹角

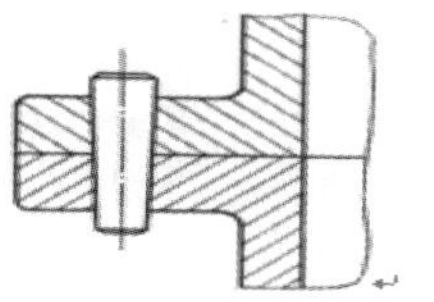

图 3-41　定位销

动手练一练——绘制圆头平键

绘制如图 3-42 所示的圆头平键。

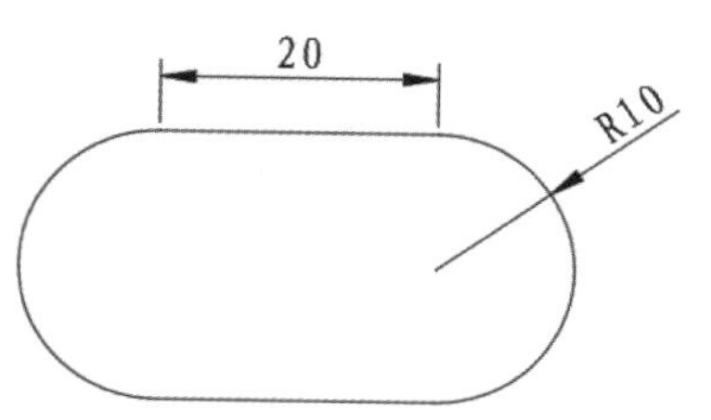

图 3-42　圆头平键

思路点拨

源文件：源文件\第 3 章\圆头平键.dwg

首先利用“直线”命令绘制两条水平线，然后利用“圆弧”命令绘制两边圆头。

3.2.5 椭圆与椭圆弧

1．执行方式

命令行：ELLIPSE（快捷命令：EL）。

菜单栏：选择菜单栏中的“绘图”→“椭圆”→“圆弧”命令。

工具栏：单击“绘图”工具栏中的“椭圆”按钮或“椭圆弧”按钮。

功能区：单击“默认”选项卡“绘图”面板中的“椭圆”下拉菜单（如图 3-43 所示）。

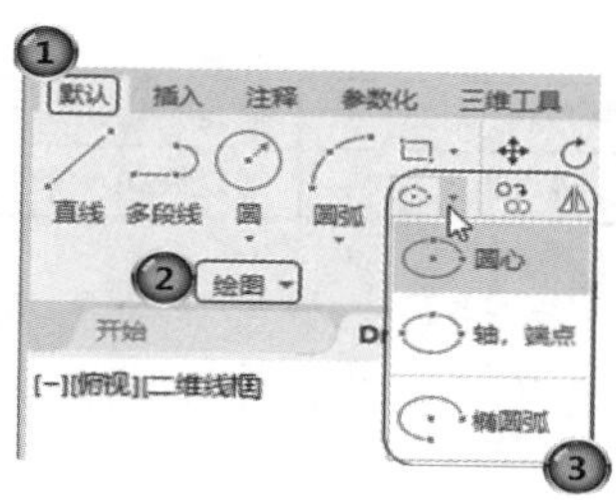

图 3-43　“椭圆”下拉菜单

2．操作步骤

命令行提示与操作如下。

```
命令：ELLIPSE↙
指定椭圆的轴端点或 [圆弧(A)/中心点(C)]：指定轴端点 1，如图 3-44(a)所示
指定轴的另一个端点：指定轴端点 2，如图 3-44(a)所示
指定另一条半轴长度或 [旋转(R)]：
```

3．选项说明

选项含义如表 3-3 所示。

表 3-3 “椭圆与椭圆弧”命令选项含义

<table>
<tr><th>选　项</th><th colspan="2">含　义</th></tr>
<tr><td>指定椭圆的轴端点</td><td colspan="2">根据两个端点定义椭圆的第一条轴，第一条轴的角度确定了整个椭圆的角度。第一条轴既可定义椭圆的长轴，也可定义其短轴</td></tr>
<tr><td rowspan="4">圆弧（A）</td><td colspan="2">用于创建一段椭圆弧，与“单击‘绘图’工具栏中的‘椭圆弧’按钮”功能相同。其中第一条轴的角度确定了椭圆弧的角度。第一条轴既可定义椭圆弧长轴，也可定义其短轴。选择该项，系统命令行中继续提示如下。
指定椭圆弧的轴端点或 [中心点(C)]：指定端点或输入“C”↙
指定轴的另一个端点:指定另一端点
指定另一条半轴长度或 [旋转(R)]：指定另一条半轴长度或输入“R”↙
指定起点角度或 [参数(P)]：指定起始角度或输入“P”↙
指定端点角度或 [参数(P)/夹角(I)]：
其中各选项含义如下</td></tr>
<tr><td>起点角度</td><td>指定椭圆弧端点的两种方式之一，光标与椭圆中心点连线的夹角为椭圆端点位置的角度，如图 3-44（b）所示。
(a)椭圆　(b)椭圆弧
图 3-44　椭圆和椭圆弧</td></tr>
<tr><td>参数（P）</td><td>指定椭圆弧端点的另一种方式，该方式同样是指定椭圆弧端点的角度，但通过以下矢量参数方程式创建椭圆弧。
$P(u) = c + a \times \cos(u) + b \times \sin(u)$
其中，c 是椭圆的中心点，a 和 b 分别是椭圆的长轴和短轴，u 为光标与椭圆中心点连线的夹角</td></tr>
<tr><td>夹角（I）</td><td>定义从起点角度开始的夹角</td></tr>
<tr><td>中心点（C）</td><td colspan="2">通过指定的中心点创建椭圆</td></tr>
<tr><td>旋转（R）</td><td colspan="2">通过绕第一条轴旋转圆来创建椭圆。相当于将一个圆绕椭圆轴翻转一个角度后的投影视图</td></tr>
</table>

注意：椭圆命令生成的椭圆是以多义线还是以椭圆为实体，是由系统变量 PELLIPSE 决定的，当其为 1 时，生成的椭圆就是以多义线形式存在。

3.3 平面图形

3.3.1 矩形

1. 执行方式

命令行：RECTANG（快捷命令：REC）。

菜单栏：选择菜单栏中的“绘图”→“矩形”命令。

工具栏：单击“绘图”工具栏中的“矩形”按钮 。

功能区：单击“默认”选项卡“绘图”面板中的“矩形”按钮 。

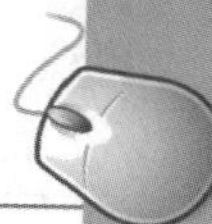

2. 操作步骤

命令行提示与操作如下。

```
命令: RECTANG↙
指定第一个角点或 [倒角(C)/标高(E)/圆角(F)/厚度(T)/宽度(W)]: 指定角点
指定另一个角点或 [面积(A)/尺寸(D)/旋转(R)]:
```

3. 选项说明

选项含义如表 3-4 所示。

表 3-4 “矩形”命令选项含义

选　项	含　义
第一个角点	通过指定两个角点确定矩形，如图 3-45（a）所示。 (a)　(b)　(c) (d)　(e) 图 3-45　绘制矩形
倒角（C）	指定倒角距离，绘制带倒角的矩形，如图 3-45（b）所示。每一个角点的逆时针和顺时针方向的倒角可以相同，也可以不同，其中第一个倒角距离是指角点逆时针方向倒角距离，第二个倒角距离是指角点顺时针方向倒角距离
标高（E）	指定矩形标高（Z 坐标），即把矩形放置在标高为 Z 并与 XOY 坐标面平行的平面上，并作为后续矩形的标高值
圆角（F）	指定圆角半径，绘制带圆角的矩形，如图 3-45（c）所示
厚度（T）	指定矩形的厚度，如图 3-45（d）所示
宽度（W）	指定线宽，如图 3-45（e）所示
面积（A）	指定面积和长或宽创建矩形。选择该项，命令行提示与操作如下。 输入以当前单位计算的矩形面积 <20.0000>:输入面积值 计算矩形标注时依据 [长度(L)/宽度(W)] <长度>:按<Enter>键或输入“W” 输入矩形长度 <4.0000>: 指定长度或宽度 指定长度或宽度后，系统自动计算另一个维度，绘制出矩形。如果矩形被倒角或圆角，则长度或面积计算中也会考虑此设置，如图 3-46 所示。 倒角距离（1,1）　圆角半径：1.0 面积：20 长度：6　面积：20 长度：6 图 3-46　按面积绘制矩形

续表

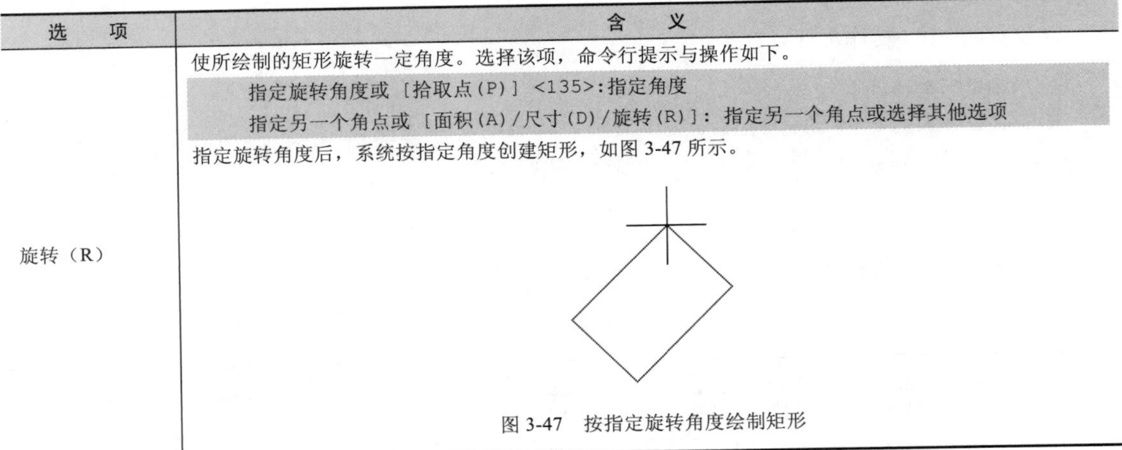

选 项	含 义
旋转（R）	使所绘制的矩形旋转一定角度。选择该项，命令行提示与操作如下。 指定旋转角度或 [拾取点(P)] <135>:指定角度 指定另一个角点或 [面积(A)/尺寸(D)/旋转(R)]: 指定另一个角点或选择其他选项 指定旋转角度后，系统按指定角度创建矩形，如图 3-47 所示。 图 3-47 按指定旋转角度绘制矩形

3.3.2 实例——方头平键

绘制如图 3-48 所示的方头平键。

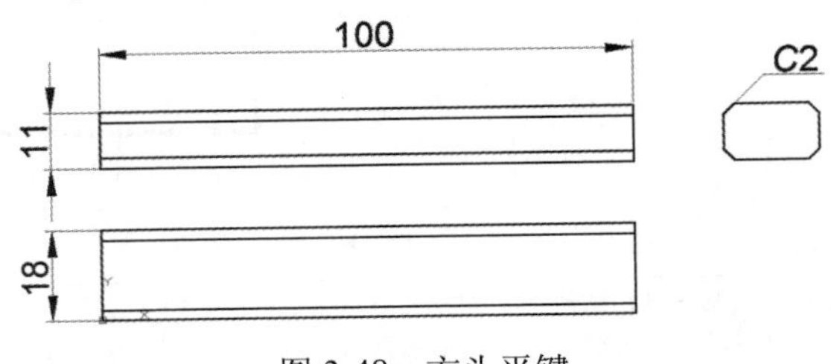

图 3-48 方头平键

绘制步骤

（1）单击“默认”选项卡的“绘图”面板中的“矩形”按钮，绘制主视图外形，命令行提示与操作如下。

```
命令: _rectang
指定第一个角点或 [倒角(C)/标高(E)/圆角(F)/厚度(T)/宽度(W)]: 0,30↙
指定另一个角点或 [面积(A)/尺寸(D)/旋转(R)]: @100,11↙
```

结果如图 3-49 所示。

（2）单击“默认”选项卡的“绘图”面板中的“直线”按钮，绘制主视图的两条棱线，一条棱线端点的坐标值为（0,32）和（@100,0），另一条棱线端点的坐标值为（0,39）和（@100,0），结果如图 3-50 所示。

图 3-49 绘制主视图外形

图 3-50 绘制主视图棱线

（3）单击“默认”选项卡的“绘图”面板中的“构造线”按钮，绘制构造线。

用同样的方法绘制右边竖直构造线，如图 3-51 所示。

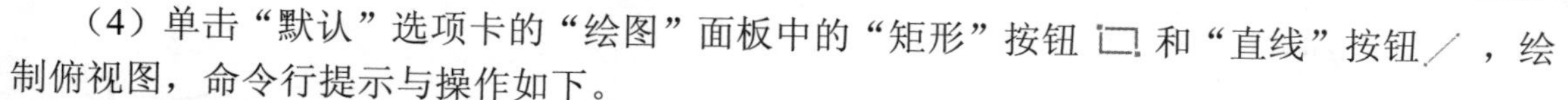

（4）单击“默认”选项卡的“绘图”面板中的“矩形”按钮 和“直线”按钮 ，绘制俯视图，命令行提示与操作如下。

```
命令: _rectang
指定第一个角点或 [倒角(C)/标高(E)/圆角(F)/厚度(T)/宽度(W)]: 0,0↙
指定另一个角点或 [面积(A)/尺寸(D)/旋转(R)]: @100,18↙
```

接着绘制两条直线，端点分别为{（0,2），（@100,0）}和{（0,16），（@100,0）}，结果如图 3-52 所示。

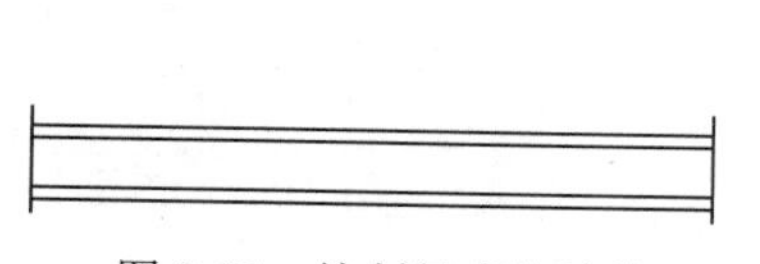

图 3-51　绘制竖直构造线

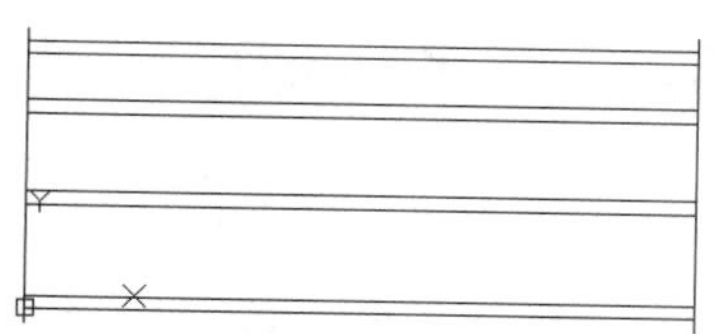

图 3-52　绘制俯视图

（5）单击“默认”选项卡的“绘图”面板中的“构造线”按钮 ，绘制左视图构造线，过主视图的右上端点、右下端点和俯视图的右上端点、右下端点绘制构造线。

重复“构造线”命令绘制角度为–45°的构造线，重复“构造线”命令绘制过斜线与第三条水平线的交点和斜线与第四条水平线的交点的垂直构造线。结果如图 3-53 所示。

（6）单击“默认”选项卡的“绘图”面板中的“矩形”按钮 ，设置矩形两个倒角距离为 2，绘制左视图，命令行提示与操作如下。

```
命令: _rectang
当前矩形模式:  倒角=1.0000 × 1.0000↙
指定第一个角点或 [倒角(C)/标高(E)/圆角(F)/厚度(T)/宽度(W)]: C↙
指定矩形的第一个倒角距离 <1.0000>: 2↙
指定矩形的第二个倒角距离 <1.0000>: 2↙
指定第一个角点或 [倒角(C)/标高(E)/圆角(F)/厚度(T)/宽度(W)]: (指定点 1)
指定另一个角点或 [面积(A)/尺寸(D)/旋转(R)]: (指定点 2)
```

结果如图 3-54 所示。

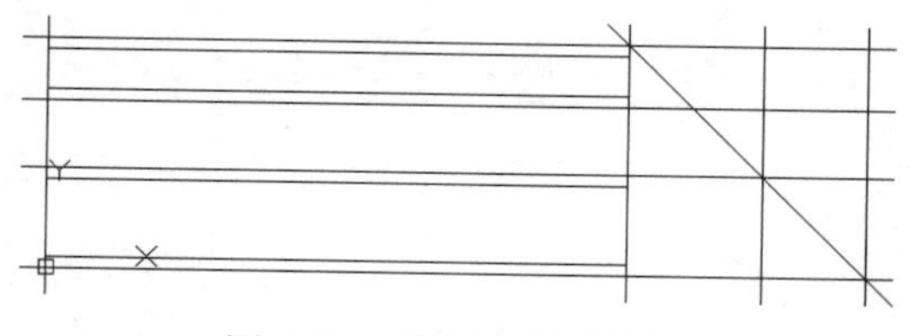

图 3-53　绘制左视图构造线

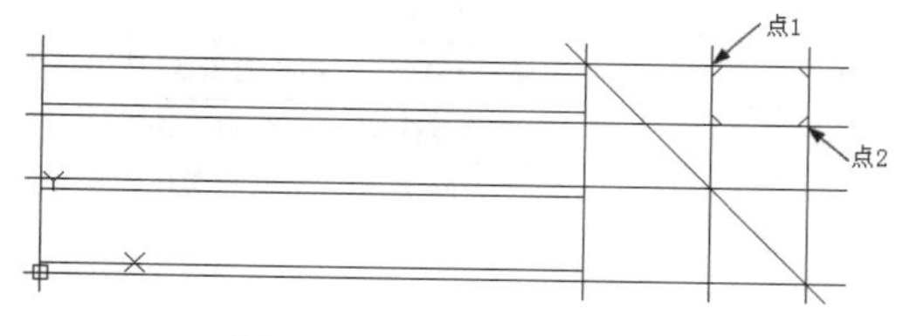

图 3-54　绘制左视图

（7）删除构造线，最终结果如图 3-48 所示。

动手练一练——绘制定距环

绘制如图 3-55 所示的定距环。

思路点拨

源文件：源文件\第 3 章\定距环.dwg

先利用“直线”命令绘制中心线，然后利用“圆”命令绘制主视图，最后利用“矩形”命令命令绘制俯视图。可以通过绘制构造线或坐标值来保持三视图之间“长对正，高平齐，宽相等”的对应尺寸关系。

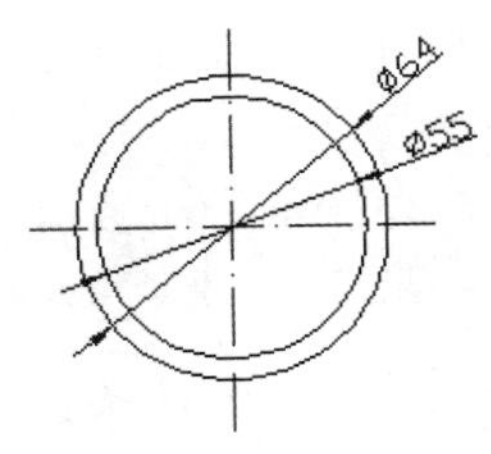

图 3-55　定距环

3.3.3 正多边形

1．执行方式

命令行：POLYGON（快捷命令：POL）。

菜单栏：选择菜单栏中的“绘图”→“多边形”命令。

工具栏：单击“绘图”工具栏中的“多边形”按钮。

功能区：单击“默认”选项卡“绘图”面板中的“多边形”按钮。

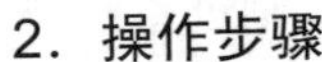

2．操作步骤

命令行提示与操作如下。

```
命令：POLYGON↙
输入侧面数 <4>:指定多边形的边数，默认值为 4
指定正多边形的中心点或 [边(E)]：指定中心点
输入选项 [内接于圆(I)/外切于圆(C)] <I>:指定是内接于圆或外切于圆
指定圆的半径:指定外接圆或内切圆的半径
```

3．选项说明

选项含义如表 3-5 所示。

表 3-5　“多边形”选项含义

选　　项	含　　义
边（E）	选择该选项，则只要指定多边形的一条边，系统就会按逆时针方向创建该正多边形，如图 3-56(a)所示
内接于圆（I）	选择该选项，绘制的多边形内接于圆，如图 3-56（b）所示
外切于圆（C）	选择该选项，绘制的多边形内接于圆，如图 3-56（c）所示。 (a)　(b)　(c) 图 3-56　绘制正多边形

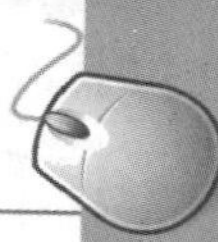

3.3.4 实例——螺母

本例绘制螺母，如图 3-57 所示。由于本例中有两种不同的线型，所以需要设置图层来管理线型。整个图形都是由圆和多边形构成，所以需要用到 CIRCLE 命令和 POLYGON 命令。

绘制步骤

（1）单击“默认”选项卡“图层”面板中的“图层特性”按钮，打开“图层特性管理器”对话框。单击“新建图层”按钮，建立两个层分别是中心线层，线型为 CENTER，线宽为 0.15，颜色为红色和轮廓线层，线型为 continuous（实线），线宽为 0.3，颜色为黑色。

（2）将“中心线”层设置为当前层。单击“默认”选项卡“绘图”面板中的“直线”按钮，绘制水平中心线。

重复“直线”命令绘制竖直中心线。结果如图 3-58 所示。

（3）将“轮廓线”层设置为当前图层。单击“默认”选项卡“绘图”面板中的“圆”按钮，以中心线交点为圆心绘制半径 50 的圆，结果如图 3-59 所示。

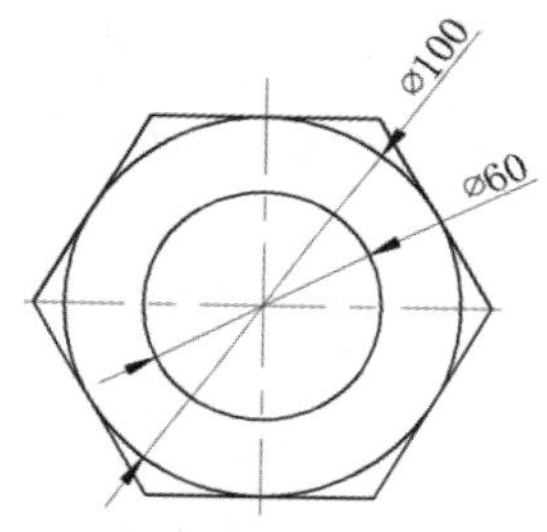

图 3-57　螺母

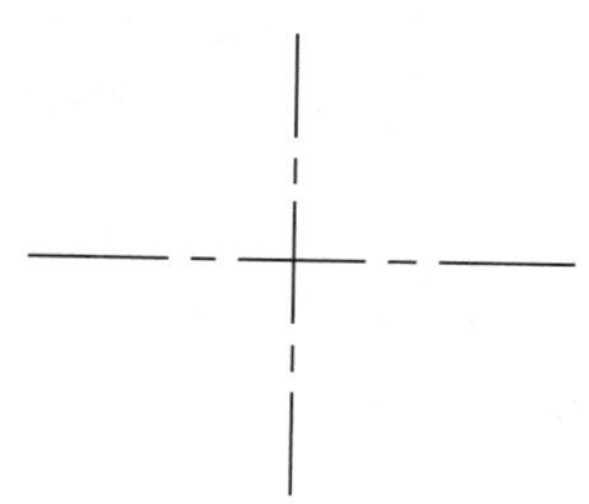

图 3-58　绘制中心线

（4）单击“默认”选项卡“绘图”面板中的“多边形”按钮，绘制正六边形，内接圆半径为 50，命令行提示与操作如下。

```
命令: _polygon
输入侧面数 <4>: 6↙
指定正多边形的中心点或 [边(E)]: (选择中心线交点)↙
输入选项 [内接于圆(I)/外切于圆(C)] <I>: c↙
指定圆的半径: 50↙
```

结果如图 3-60 所示。

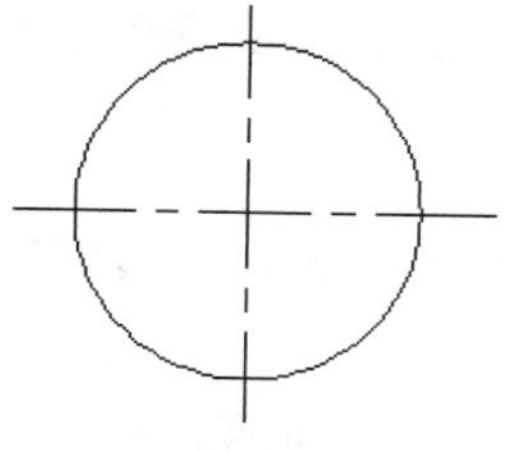

图 3-59　绘制圆

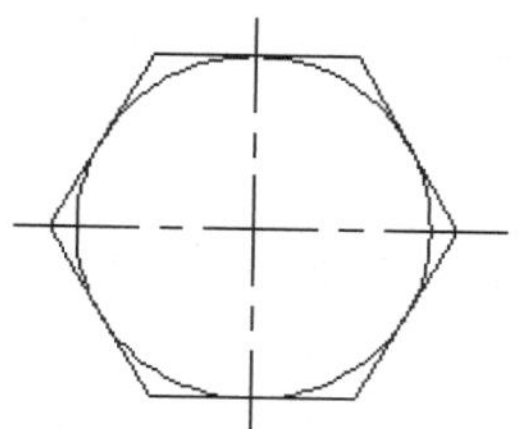

图 3-60　绘制正六边形

（5）单击“默认”选项卡“绘图”面板中的“圆”按钮⊙，以中心线交点为圆心绘制半径 30 的圆，结果如图 3-57 所示。

动手练一练——绘制六角扳手

绘制如图 3-61 所示的六角扳手。

图 3-61　六角扳手

思路点拨

源文件：源文件\第 3 章\六角扳手.dwg

（1）设置图层。

（2）利用“直线”命令绘制中心线。

（3）利用“直线”“矩形”“圆”和“多边形”命令绘制视图。

3.4　多段线

多段线是一种由线段和圆弧组合而成的，可以有不同线宽的多线。由于多段线组合形式多样，线宽可以变化，弥补了直线或圆弧功能的不足，适合绘制各种复杂的图形轮廓，因而得到了广泛的应用。

3.4.1　绘制多段线

1．执行方式

命令行：PLINE（快捷命令：PL）。

菜单栏：选择菜单栏中的“绘图”→“多段线”命令。

工具栏：单击“绘图”工具栏中的“多段线”按钮。

功能区：单击“默认”选项卡“绘图”面板中的“多段线”按钮。

2．操作步骤

命令行提示与操作如下。

```
命令：PLINE↙
指定起点:指定多段线的起点
当前线宽为 0.0000
指定下一个点或 [圆弧(A)/半宽(H)/长度(L)/放弃(U)/宽度(W)]:指定多段线的下一个点
```

3．选项说明

多段线主要由连续且不同宽度的线段或圆弧组成，如果在上述提示中选择“圆弧（A）”选项，则命令行提示如下。

```
指定圆弧的端点(按住 Ctrl 键以切换方向)或[角度(A)/圆心(CE)/方向(D)/半宽(H)/直线(L)/半径(R)/第二个点(S)/放弃(U)/宽度(W)]:
```

绘制圆弧的方法与“圆弧”命令相似。

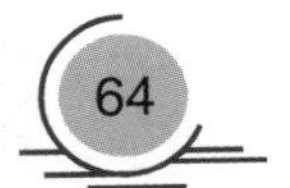

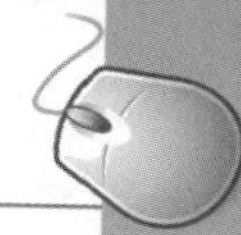

3.4.2 实例——泵轴

本实例绘制的轴，主要由直线、圆及圆弧组成，因此，可以用直线命令 LINE、多段线命令 PLINE、圆命令 CIRCLE 及圆弧命令 ARC 结合对象捕捉功能来完成绘制，如图 3-62 所示。

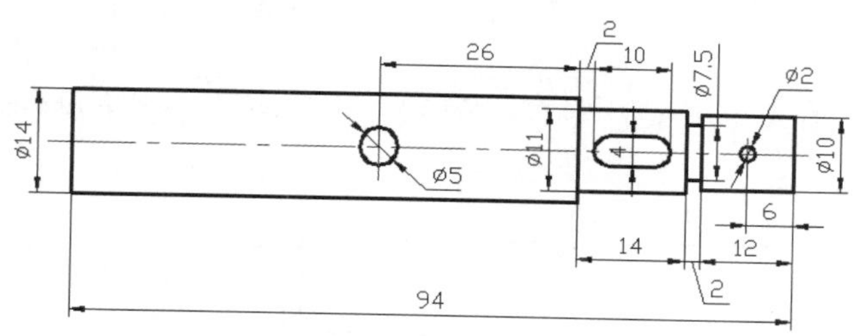

图 3-62 泵轴

绘制步骤

（1）图层设置。

单击“默认”选项卡“图层”面板中的“图层特性”按钮，新建两个图层：“轮廓线”层，线宽属性为 0.3，其余属性为默认；“中心线”层，颜色设为红色，线型加载为 CENTER，其余属性默认。

（2）将当前图层设置“中心线”图层。单击“默认”选项卡“绘图”面板中的“直线”按钮，绘制坐标点为（65，130）和（170，130）的泵轴中心线，命令行提示与操作如下。

重复“直线”命令，绘制坐标点为（110,135）和（110,125）的Φ5 圆的竖直中心线，坐标点为（158,133）和（158,127）的Φ2 圆的竖直中心线。

（3）将当前图层设置为“轮廓线”图层。单击“默认”选项卡“绘图”面板中的“矩形”按钮、“直线”按钮，绘制泵轴外轮廓线，命令行提示与操作如下。

```
命令: _rectang
指定第一个角点或 [倒角(C)/标高(E)/圆角(F)/厚度(T)/宽度(W)]: 70,123↙ (输入矩形的左下角点坐标)
指定另一个角点或 [面积(A)/尺寸(D)/旋转(R)]: @66,14↙ (输入矩形的右上角点相对坐标)
命令: _line (绘制Φ11 轴段)
指定第一个点: _from 基点:(单击“对象捕捉”工具栏中的图标，打开“捕捉自”功能，按提示操作)
_int 于:(捕捉Φ14 轴段右端与水平中心线的交点)
<偏移>: @0,5.5↙
指定下一点或 [放弃(U)]: @14,0↙
指定下一点或 [放弃(U)]: @0,-11↙
指定下一点或 [闭合(C)/放弃(U)]: @-14,0↙
指定下一点或 [闭合(C)/放弃(U)]:↙
命令: _line
指定第一个点: _from 基点: _int 于(捕捉Φ11 轴段右端与水平中心线的交点)
<偏移>: @0,3.75↙
指定下一点或 [放弃(U)]: @ 2,0↙
指定下一点或 [放弃(U)]:↙
命令: _line
```

```
指定第一个点：_from 基点：_int 于(捕捉Φ11 轴段右端与水平中心线的交点)
<偏移>：@0,-3.75↙
指定下一点或 [放弃(U)]：@2,0↙
指定下一点或 [放弃(U)]：↙
命令：_rectang
指定第一个角点或 [倒角(C)/标高(E)/圆角(F)/厚度(T)/宽度(W)]：152,125↙  (输入矩形的左下角点坐标)
指定另一个角点或 [面积(A)/尺寸(D)/旋转(R)]：@12,10↙  (输入矩形的右上角点相对坐标)
```

绘制结果如图 3-63 所示。

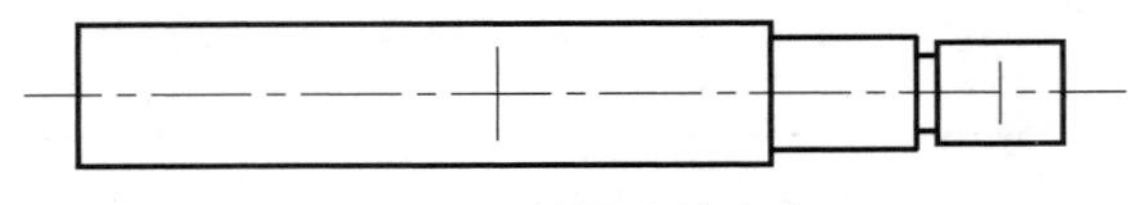

图 3-63　轴的外轮廓线

注意：“_int 于：”是“对象捕捉”功能启动后系统在命令行提示选择捕捉点的一种提示语言，此时通常会在绘图屏幕上显示可供选择的对象点的标记。

（4）单击“默认”选项卡“绘图”面板中的“圆”按钮，捕捉水平中心线与左侧竖直中心线的交点为圆心，绘制直径为 5 的圆，重复“圆”命令，捕捉水平中心线与右侧竖直中心线的交点为圆心，绘制直径为 2 的圆，完成轴孔的绘制。

（5）单击“默认”选项卡“绘图”面板中的“多段线”按钮，绘制轴的键槽。坐标点为（140，132），（@6，0），A，（@0，-4），L，（@-6，0），A，最后捕捉直线的左端点绘制左端的圆弧，完成键槽的绘制。最终绘制的结果如图 3-62 所示。

动手练一练——绘制带轮截面轮廓线

绘制如图 3-64 所示的带轮截面轮廓线。

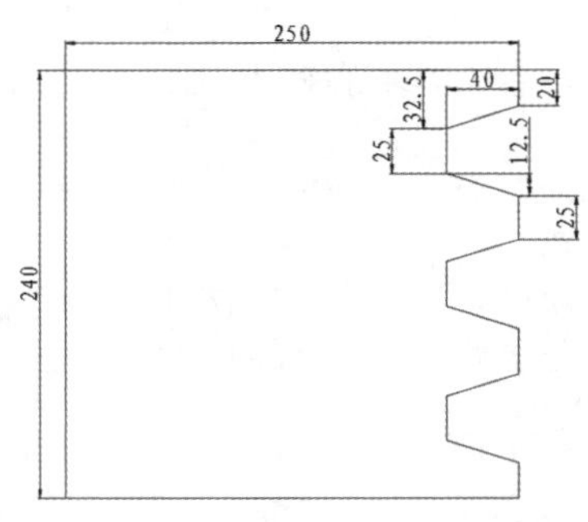

图 3-64　带轮截面轮廓线

思路点拨

源文件：源文件\第 3 章\带轮截面轮廓.dwg

利用“多段线”命令绘制带轮截面轮廓线。

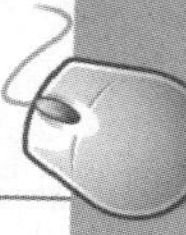

3.5 样条曲线

在 AutoCAD 中使用的样条曲线为非一致有理 B 样条（NURBS）曲线，使用 NURBS 曲线能够在控制点之间产生一条光滑的曲线，如图 3-65 所示。样条曲线可用于绘制形状不规则的图形，如为地理信息系统（GIS）或汽车设计绘制轮廓线。

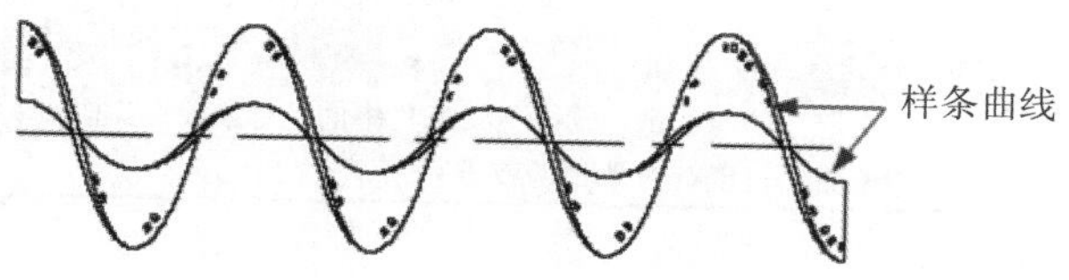

图 3-65　样条曲线

3.5.1 绘制样条曲线

1. 执行方式

命令行：SPLINE（快捷命令：SPL）。

菜单栏：选择菜单栏中的“绘图”→“样条曲线”命令。

工具栏：单击“绘图”工具栏中的“样条曲线”按钮。

功能区：①单击“默认”选项卡“绘图”面板中的②“样条曲线拟合”按钮或“样条曲线控制点”按钮，如图 3-66 所示。

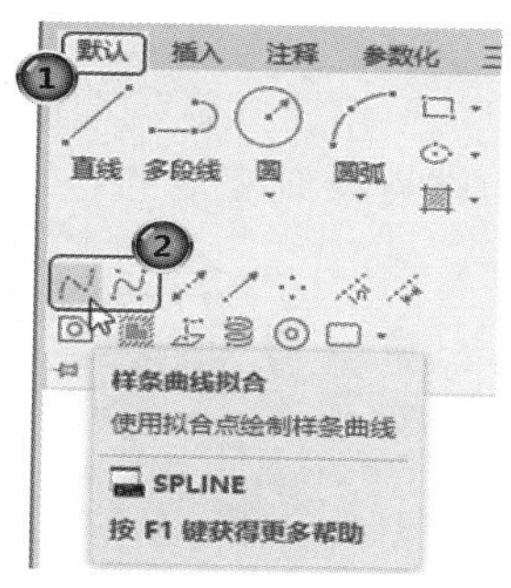

图 3-66　“绘图”面板

2. 操作步骤

命令行提示与操作如下。

```
命令：SPLINE↙
当前设置：方式=拟合　　节点=弦
指定第一个点或[方式(M)/节点(K)/对象(O)]:指定一点或选择“对象(O)”选项
输入下一个点或[起点切向(T)/公差(L)]:(指定第二点)
输入下一个点或[端点相切(T)/公差(L)/放弃(U)]: (指定第三点)
输入下一个点或[端点相切(T)/公差(L)/放弃(U)/闭合(C)]: c↙
```

3. 选项说明

选项含义如表 3-7 所示。

表 3-7　“样条曲线”命令选项含义

选　项	含　义
方式（M）	控制是使用拟合点还是使用控制点来创建样条曲线。选项会因选择的是使用拟合点创建样条曲线的选项还是使用控制点创建样条曲线的选项而异
节点（K）	指定节点参数化，它会影响曲线在通过拟合点时的形状
对象（O）	将二维或三维的二次或三次样条曲线拟合多段线转换为等价的样条曲线，然后（根据 DELOBJ 系统变量的设置）删除该多段线

续表

选　项	含　义
起点切向（T）	定义样条曲线的第一点和最后一点的切向。如果在样条曲线的两端都指定切向，可以输入一个点或使用“切点”和“垂足”对象捕捉模式使样条曲线与已有的对象相切或垂直。如果按<Enter>键，系统将计算默认切向
端点相切（T）	停止基于切向创建曲线。可通过指定拟合点继续创建样条曲线
公差（L）	指定距样条曲线必须经过的指定拟合点的距离。公差应用于除起点和端点外的所有拟合点
闭合（C）	将最后一点的定义与第一点一致，并使其在连接处相切，以闭合样条曲线。选择该项，命令行提示如下。 指定切向：指定点或按<Enter>键 用户可以指定一点来定义切向矢量，或按下状态栏中的“对象捕捉”按钮，使用“切点”和“垂足”对象捕捉模式使样条曲线与现有对象相切或垂直

3.5.2 实例——螺丝刀

本例绘制螺丝刀，如图 3-67 所示。本例主要利用直线命令、样条曲线命令绘制旋具端部，利用矩形命令、偏移命令等绘制把手，最后利用多段线命令绘制旋杆。

绘制步骤

（1）单击“默认”选项卡“绘图”面板中的“直线”按钮，以（100，110）和（100，86）为端点绘制左端的竖线。

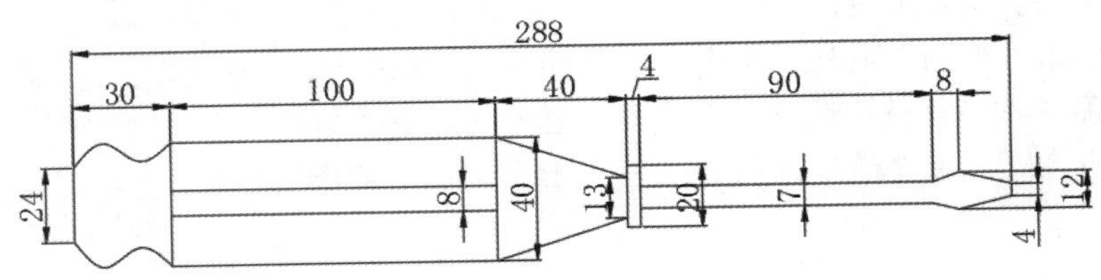

图 3-67　绘制螺丝刀

（2）单击“默认”选项卡“绘图”面板中的“样条曲线拟合”按钮，绘制螺丝刀底部轮廓线，命令行提示与操作如下。

```
命令：_SPLINE
当前设置：方式=拟合　　节点=弦
指定第一个点或 [方式(M)/节点(K)/对象(O)]：_M
输入样条曲线创建方式 [拟合(F)/控制点(CV)] <拟合>：_FIT
当前设置：方式=拟合　　节点=弦
指定第一个点或 [方式(M)/节点(K)/对象(O)]：100,110↙
输入下一个点或 [起点切向(T)/公差(L)]：110,118↙
输入下一个点或 [端点相切(T)/公差(L)/放弃(U)]：120,112↙
输入下一个点或 [端点相切(T)/公差(L)/放弃(U)/闭合(C)]：130,118↙
输入下一个点或 [端点相切(T)/公差(L)/放弃(U)/闭合(C)]：↙
```

重复上述命令绘制另一条样条曲线，其坐标分别为（100,86）、（110,78）、（120,84）、（130,78），结果如图 3-68 所示。

（3）单击“默认”选项卡“绘图”面板中的“矩形”按钮，绘制螺丝刀手柄部分，以（130,78）（230,118）为角点绘制矩形，结果如图 3-69 所示。

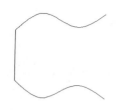

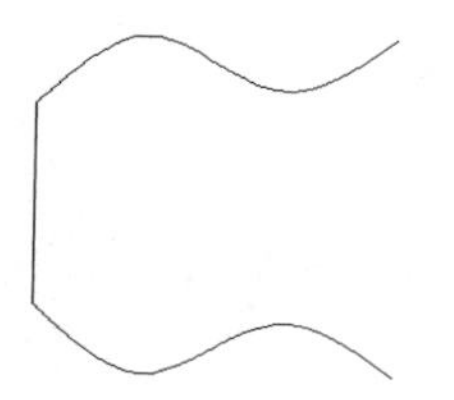
图 3-68　绘制样条曲线

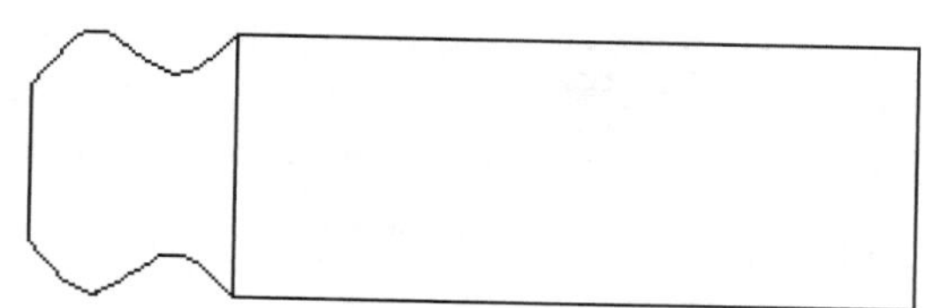
图 3-69　绘制矩形

（4）单击“默认”选项卡“绘图”面板中的“直线”按钮，绘制分别过点（130,102）和（130,94）长为 100 的水平直线，结果如图 3-70 所示。

（5）单击“默认”选项卡“绘图”面板中的“直线”按钮，绘制从（230,118）到（270,104）和（230,78）到（270,91）的直线，绘制结果如图 3-71 所示。

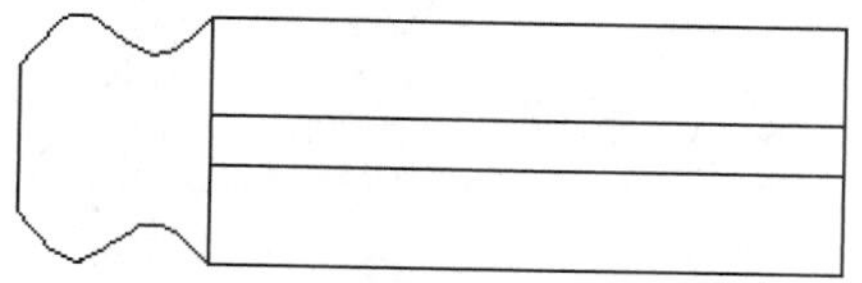
图 3-70　偏移处理

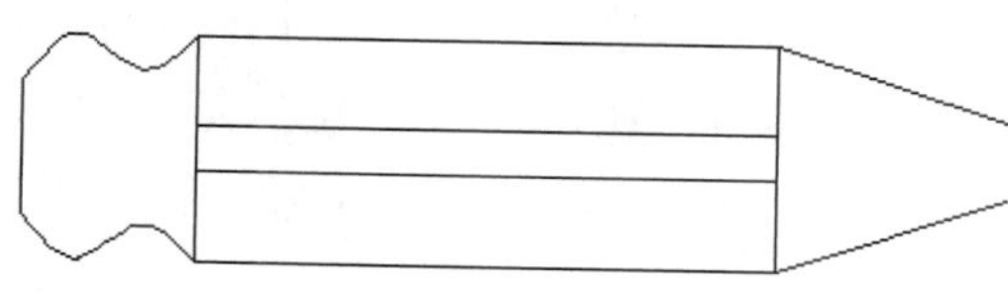
图 3-71　绘制直线

（6）单击“默认”选项卡“绘图”面板中的“矩形”按钮，绘制角点坐标分别为（270,108）和（274,88）的矩形，结果如图 3-72 所示。

（7）单击“默认”选项卡“绘图”面板中的“多段线”按钮，绘制螺丝刀的工作部分，坐标分别为（274，101），（364,101），（372,104），（388,100），（388,96），（372,92），（364,94），（274,94）。结果如图 3-67 所示。

动手练一练——绘制轴头

绘制如图 3-73 所示的轴头。

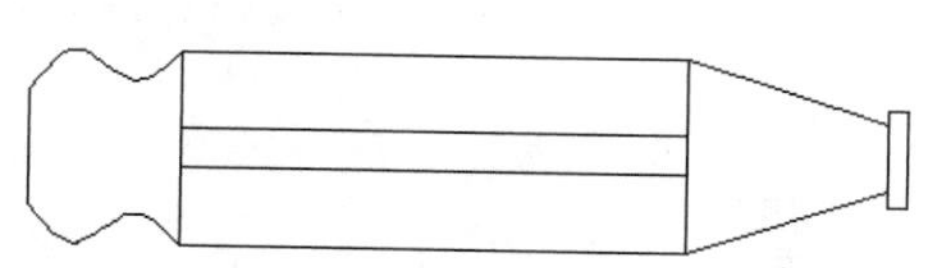
图 3-72　绘制矩形

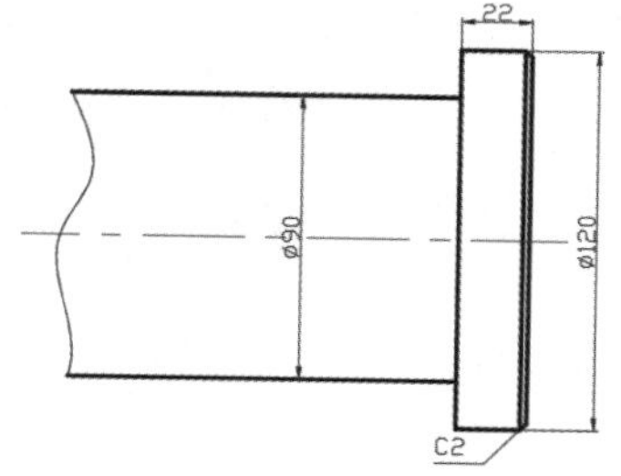

图 3-73　轴头

思路点拨

源文件：源文件\第 3 章\轴头.dwg

（1）设置图层。

（2）利用“直线”命令绘制初步轮廓线。

（3）利用“样条曲线”命令绘制断裂线。

3.6 点类命令

点在 AutoCAD 中有多种不同的表示方式，用户可以根据需要进行设置，也可以设置等分点和测量点。

3.6.1 点

1．执行方式

命令行：POINT（快捷命令：PO）。
菜单栏：选择菜单栏中的“绘图”→“点”命令。
工具栏：单击“绘图”工具栏中的“点”按钮∴。
功能区：单击“默认”选项卡“绘图”面板中的“多点”按钮∴。

2．操作步骤

命令行提示与操作如下。

```
命令: POINT↙
当前点模式:  PDMODE=0  PDSIZE=0.0000
指定点:指定点所在的位置。
```

3．选项说明

（1）通过菜单方法操作时（如图 3-74 所示），“单点”命令表示只输入一个点，“多点”命令表示可输入多个点。

（2）可以按下状态栏中的“对象捕捉”按钮□，设置点捕捉模式，帮助用户选择点。

（3）点在图形中的表示样式，共有 20 种。可通过“DDPTYPE”命令或选择菜单栏中的“格式”→“点样式”命令，通过打开的“点样式”对话框来设置，如图 3-75 所示。

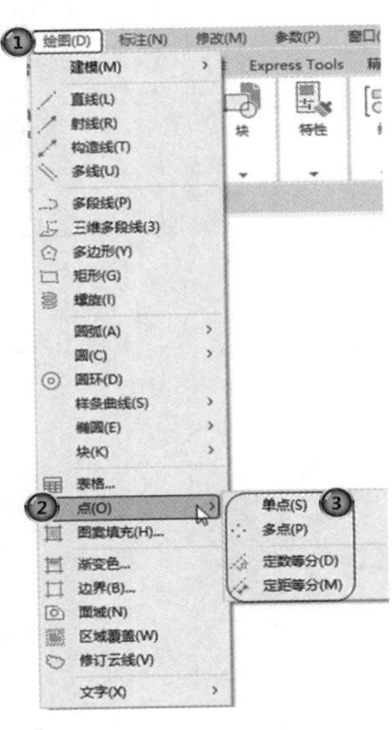

图 3-74　“点”的子菜单

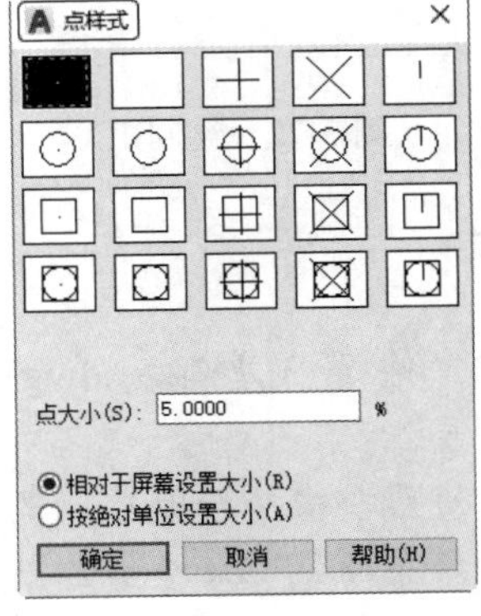

图 3-75　“点样式”对话框

3.6.2 等分点

1. 执行方式

命令行：DIVIDE（快捷命令：DIV）。
菜单栏：选择菜单栏中的“绘图”→“点”→“定数等分”命令。
功能区：单击“默认”选项卡“绘图”面板中的“定数等分”按钮。

2. 操作步骤

命令行提示与操作如下。

```
命令：DIVIDE↙
选择要定数等分的对象：
输入线段数目或 [块(B)]:指定实体的等分数
```

如图 3-76(a)所示为绘制等分点的图形。

3. 选项说明

（1）等分数目范围为 2～32767。
（2）在等分点处，按当前点样式设置画出等分点。
（3）在第二提示行选择“块（B）”选项时，表示在等分点处插入指定的块。

3.6.3 测量点

1. 执行方式

命令行：MEASURE（快捷命令：ME）。
菜单栏：选择菜单栏中的“绘图”→“点”→“定距等分”命令。
功能区：单击“默认”选项卡“绘图”面板中的“定距等分”按钮。

2. 操作步骤

命令行提示与操作如下。

```
命令：MEASURE↙
选择要定距等分的对象:选择要设置测量点的实体
指定线段长度或 [块(B)]:指定分段长度
```

如图 3-76（b）所示为绘制测量点的图形。

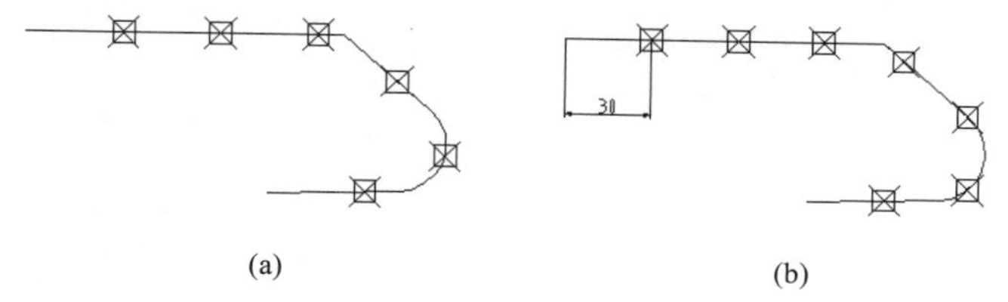

(a) (b)

图 3-76 绘制等分点和测量点

3．选项说明

（1）设置的起点一般是指定线的绘制起点。

（2）在第二提示行选择“块（B）”选项时，表示在测量点处插入指定的块。

（3）在等分点处，按当前点样式设置绘制测量点。

（4）最后一个测量段的长度不一定等于指定分段长度。

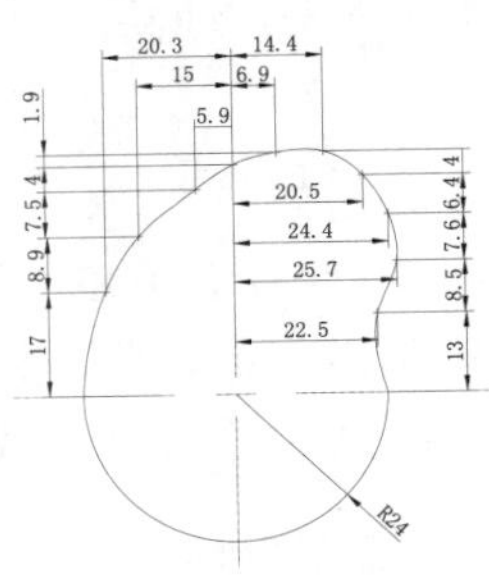

图 3-77　凸轮轮廓

3.6.4 实例——凸轮

本实例绘制的凸轮轮廓如图 3-77 所示。凸轮轮廓由不规则的曲线组成。为了准确地绘制凸轮轮廓曲线，需要用到样条曲线，并且要利用点的等分来控制样条曲线的范围。

操作步骤

（1）单击“默认”选项卡“图层”面板中的“图层特性”按钮，新建 3 个图层。

①第一层命名为“粗实线”，线宽设为 0.30，其余属性默认。

②第二层命名为“细实线”，所有属性默认。

③第三层命名为“中心线”，颜色为红色，线型为 CENTER，其余属性默认。

（2）将“中心线”图层设置为当前图层，单击“默认”选项卡“绘图”面板中的“直线”按钮，绘制中心线，端点坐标分别是{（-40,0），（40,0）}，和{（0,40），（0，-40）}。

（3）将“细实线”图层设置为当前图层，单击“默认”选项卡“绘图”面板中的“直线”按钮，绘制直线，端点坐标分别是{（0,0），（@40<30）}，{（0,0），（@40<100）}和{（0,0），（@40<120）}。所绘制的图形如图 3-78 所示。

（4）绘制辅助线圆弧，单击“默认”选项卡“绘图”面板中的“圆弧”按钮，绘制圆弧，圆心坐标为（0,0），圆弧起点坐标为（@30<120），包含角度为 60，重复圆弧命令绘制圆心坐标为（0,0），圆弧起点坐标为（@30<30），包含角度为 70 的圆弧。

（5）在命令行中输入“DDPTYPE”命令，或者选择“默认”选项卡“实用工具”面板中的“点样式”按钮，打开“点样式”对话框，如图 3-79 所示。将点样式设为，“点大小”输入为 1，单击“默认”选项卡的“绘图”面板中的“定数等分”按钮，将左边的弧线 3 等分，命令行提示与操作如下。

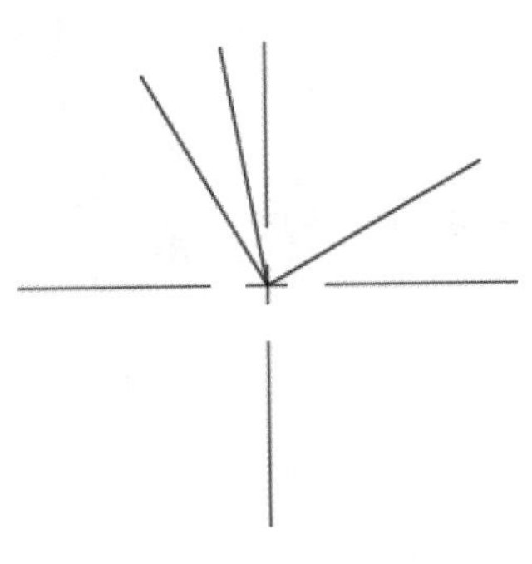

图 3-78　中心线及其辅助线

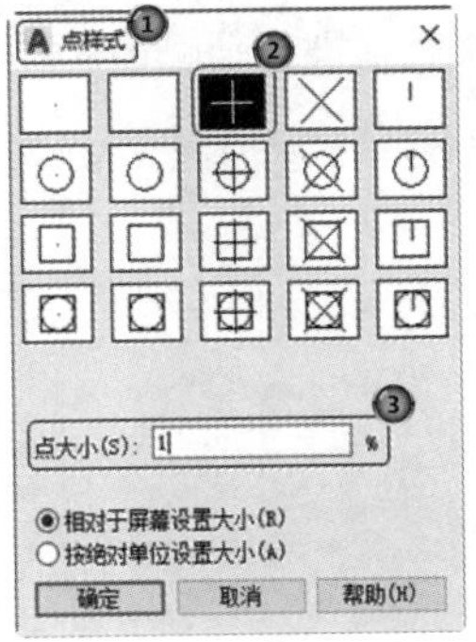

图 3-79　“点样式”对话框

```
命令: _divide
选择要定数等分的对象:(选择左边的弧线)
输入线段数目或 [块(B)]: 3↙
```

用同样的方法将另一条圆弧 7 等分，绘制结果如图 3-80 所示。将中心点与第二段弧线的等分点连上直线，如图 3-81 所示。

（6）将“粗实线”图层设置为当前图层，绘制凸轮下半部分圆弧，圆心坐标为（0,0），圆弧起点坐标为（24,0），包含角度为-180，绘制效果如图 3-82 所示。

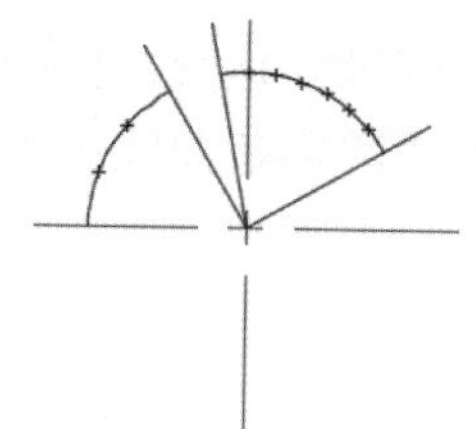

图 3-80　绘制辅助线并等分

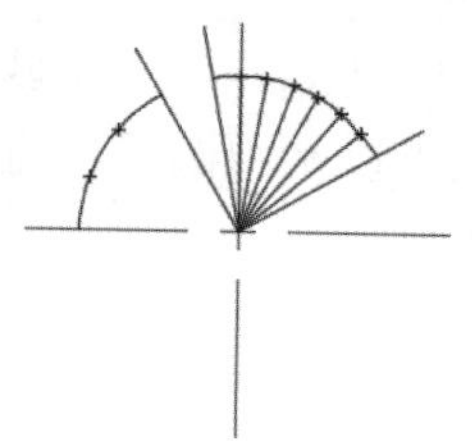

图 3-81　连接等分点与中心点

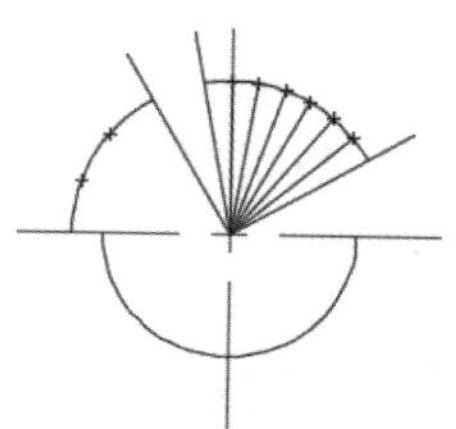

图 3-82　绘制凸轮下轮廓线

（7）绘制凸轮上半部分样条曲线

①单击“默认”选项卡的“绘图”面板中的“多点”按钮⁖，标记样条曲线的端点，命令行提示与操作如下。

```
命令: _point
当前点模式: PDMODE=2  PDSIZE=-1.0000
指定点: 24.5<160↙
```

用相同的方法，依次标记点（26.5<140）、（30<120）、（34<100）、（37.5<90）、（40<80）、（42<70）、（41<60）、（38<50）、（33.5<40）、（26<30）。

②单击“默认”选项卡“绘图”面板中的“样条曲线拟合”按钮，绘制样条曲线，坐标点分别为（26<30），（33.5<40）和（38<50），绘制效果如图 3-83 所示。

（8）删除图形，将多余的点和辅助线删除，最终效果如图 3-77 所示。

技巧：在命令前加一下画线表示采用菜单或工具栏方式执行命令，与命令行方式效果相同。

动手练一练——绘制棘轮

绘制如图 3-84 所示的棘轮。

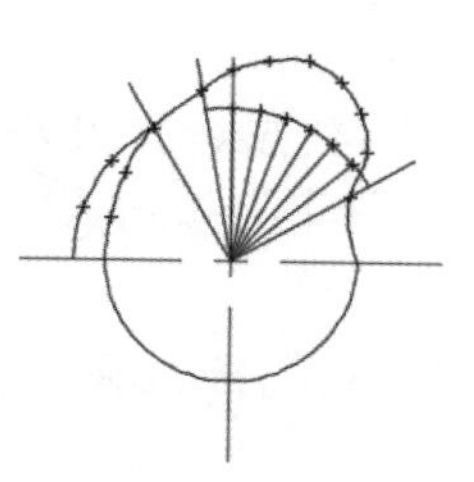

图 3-83　绘制样条曲线

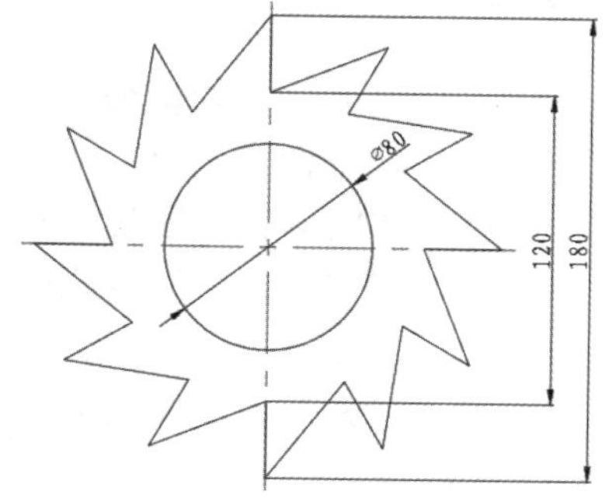

图 3-84　棘轮

思路点拨

源文件：源文件\第 3 章\棘轮.dwg
利用“圆”命令及定数等分点棘轮图形，从而使读者灵活掌握定数等分的使用方法。

3.7 面域

用户可以将由某些对象围成的封闭区域转变为面域。这些封闭区域可以是圆、椭圆、封闭二维多段线、封闭样条曲线等，也可以是由圆弧、直线、二维多段线和样条曲线等构成的封闭区域。

3.7.1 创建面域

面域是具有边界的平面区域，内部可以包含孔。

1. 执行方式

命令行：REGION（快捷命令：REG）。
菜单栏：选择菜单栏中的“绘图”→“面域”命令。
工具栏：单击“绘图”工具栏中的“面域”按钮。
功能区：单击“默认”选项卡“绘图”面板中的“面域”按钮。

2. 操作步骤

```
命令：REGION↙
选择对象：
选择对象后，系统自动将所选择的对象转换成面域
```

3.7.2 布尔运算

布尔运算是数学中的一种逻辑运算，用在 AutoCAD 绘图中，能够极大地提高绘图效率。布尔运算包括并集、交集和差集 3 种，其操作方法类似，一并介绍如下。

1. 执行方式

命令行：UNION（并集，快捷命令：UNI）或 INTERSECT（交集，快捷命令：IN）或 SUBTRACT（差集，快捷命令：SU）。
菜单栏：选择菜单栏中的“修改”→“实体编辑”→“并集”（差集、交集）命令。
工具栏：单击“实体编辑”工具栏中的“并集”按钮（“差集”按钮、“交集”按钮）。
功能区：单击“三维工具”选项卡“实体编辑”面板中的“并集”按钮、“交集”按钮和“差集”按钮。

2. 操作步骤

```
命令：UNION（INTERSECT）↙
选择对象：
```

选择对象后，系统对所选择的面域进行并集（交集）计算。

```
命令：SUBTRACT↙
选择要从中减去的实体、曲面和面域…
选择对象：（选择差集运算的主体对象）
选择对象：（右击结束）
选择对象：（选择差集运算的参照体对象）
选择对象：（右击结束）
```

选择对象后，系统对所选择的面域进行差集计算，运算逻辑是主体对象减去与参照体对象重叠的部分。布尔运算的结果如图 3-85 所示。

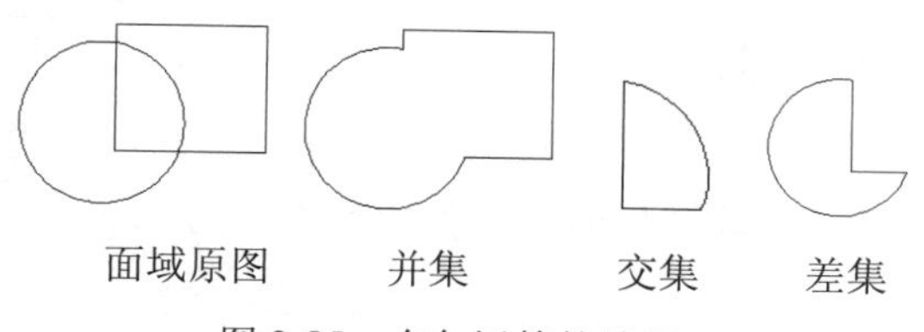

图 3-85 布尔运算的结果

3.7.3 实例——垫片

本实例绘制如图 3-86 所示的垫片。本实例主要通过矩形命令、圆命令、布尔运算中的并集和差集命令来绘制。

绘制步骤

（1）单击“默认”选项卡“图层”面板中的“图层特性”按钮，打开“图层特性管理器”选项板，新建如下两个图层。

①第一图层命名为“粗实线”图层，线宽为 0.30，其余属性默认。

②第二图层命名为“中心线”图层，颜色为红色，线型为 CENTER，其余属性默认。

（2）将“中心线”图层设置为当前图层。单击“默认”选项卡“绘图”面板中的“直线”按钮，绘制直线。端点坐标分别为{（-55,0），（55,0）}和{（0,-55），（0,55）}；单击“默认”选项卡“绘图”面板中的“圆”按钮，绘制圆。圆心坐标为（0,0），半径为 35，绘制结果如图 3-87 所示。

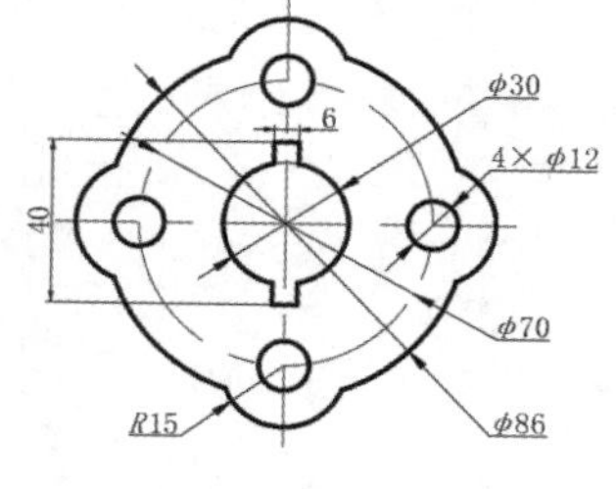

图 3-86 垫片

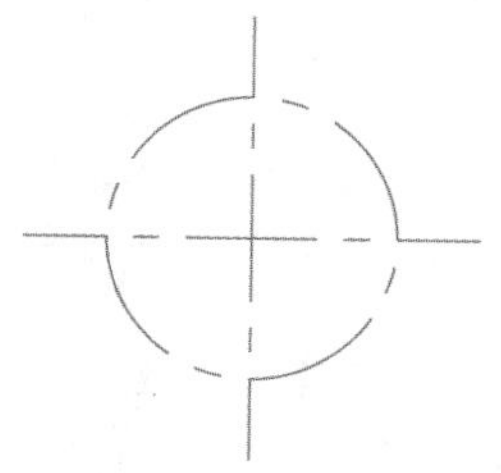

图 3-87 绘制中心线

（3）将“粗实线”图层设置为当前图层。单击“默认”选项卡“绘图”面板中的“圆”按钮，绘制圆。圆心坐标分别为（–35,0）、（0,35）、（35,0）、（0,–35），半径为 6 的圆；重复圆命令绘制圆心坐标分别为（–35,0）、（0,35）、（35,0）、（0,–35），半径为 15 的圆；重复圆命令绘制圆心坐标为（0,0），半径分别为 15 和 43 的圆，绘制结果如图 3-88 所示。

（4）单击“默认”选项卡“绘图”面板中的“矩形”按钮，绘制矩形。角点坐标分别是（–3,–20）和（3,20），绘制结果如图 3-89 所示。

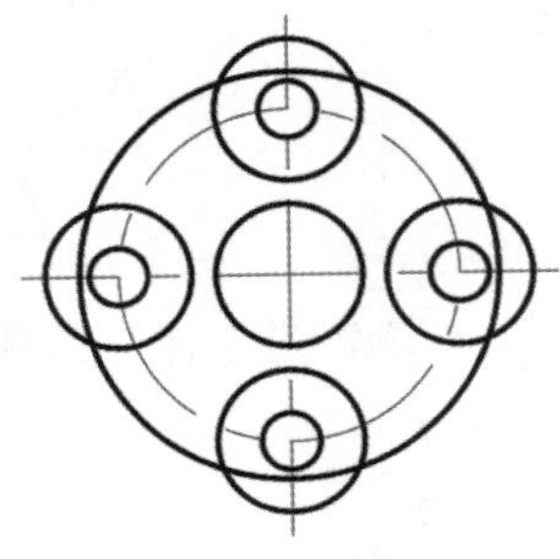

图 3-88　绘制圆

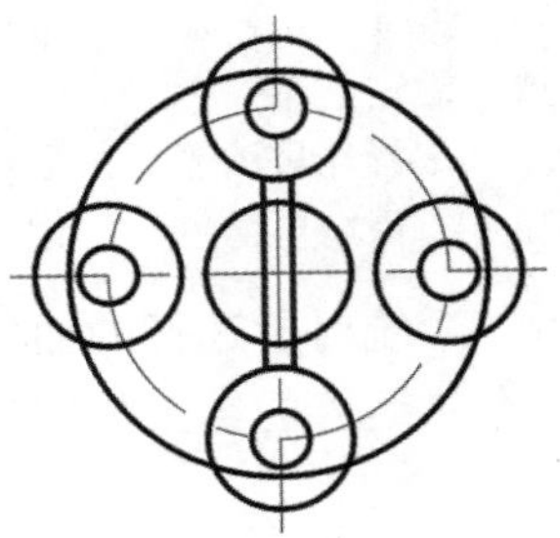

图 3-89　绘制矩形

（5）单击“默认”选项卡“绘图”面板中的“面域”按钮，创建面域，命令行提示与操作如下。

```
命令: _rejion
选择对象:(选择图中所有的粗实线图层的图形)
找到 10 个
选择对象: ↙
已创建 10 个面域
```

（6）单击“三维工具”选项卡“实体编辑”面板中的“并集”按钮，将直径 86 的圆与直径 30 的四个圆进行并集处理，命令行提示与操作如下。

```
命令: _union
选择对象:(选择直径 86 的圆)
选择对象:(选择直径 30 的圆)
选择对象:(选择直径 30 的圆)
选择对象:(选择直径 30 的圆)
选择对象:(选择直径 30 的圆)
选择对象: ↙
```

并集处理效果如图 3-90 所示。

（7）单击“三维工具”选项卡“实体编辑”面板中的“差集”按钮，以并集对象为主体对象，直径为 30 的中心圆为对象进行差集处理，命令行提示与操作如下。

```
命令: _subtract
选择要从中减去的实体、曲面和面域...
选择对象:(选择差集对象，选择垫片主体)
选择对象:↙
选择要减去的实体、曲面和面域...
选择对象:(选择直径为 30 的中心圆)
选择对象:↙
```

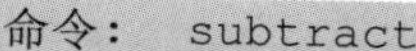

```
命令: _subtract
选择要从中减去的实体、曲面和面域...
选择对象:(选择差集对象，选择垫片主体)
选择对象:↙
选择要减去的实体、曲面和面域...
选择对象:(选择矩形)
选择对象:↙
```

效果如图 3-88 所示。

技巧：布尔运算的对象只包括实体和共面面域，对于普通的线条对象无法使用布尔运算。

动手练一练——绘制扳手

利用面域相关功能绘制如图 3-91 所示的扳手。

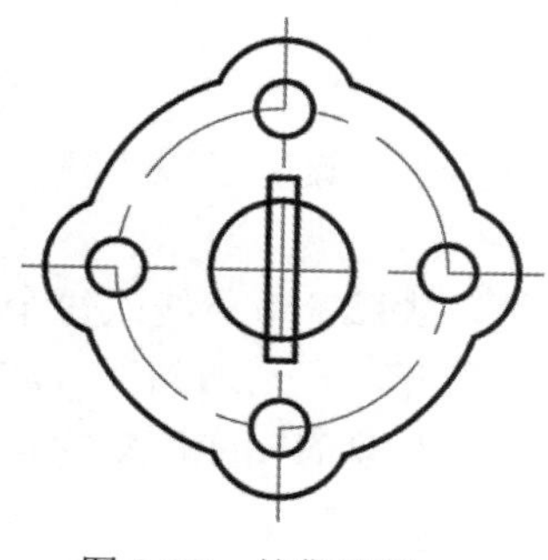

图 3-90　并集处理

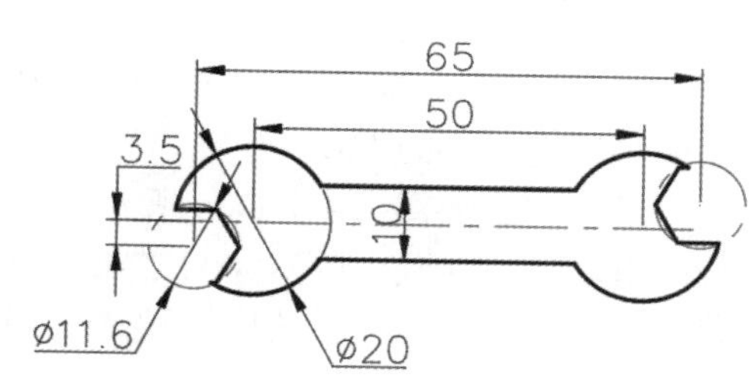

图 3-91　扳手

思路点拨

源文件：源文件\第 3 章\扳手.dwg

利用一些基本的绘图命令来绘制扳手，然后利用面域命令创建面域，最后利用差集命令完成图形的绘制。

3.8　图案填充

当用户需要用一个重复的图案（pattern）填充一个区域时，可以使用“BHATCH”命令，创建一个相关联的填充阴影对象，即所谓的图案填充。

3.8.1　基本概念

1．图案边界

当进行图案填充时，首先要确定填充图案的边界。定义边界的对象只能是直线、双向射线、单向射线、多义线、样条曲线、圆弧、圆、椭圆、椭圆弧、面域等对象或用这些对象定义的块，而且作为边界的对象在当前图层上必须全部可见。

2. 孤岛

在进行图案填充时，我们把位于总填充区域内的封闭区称为孤岛，如图 3-92 所示。在使用“BHATCH”命令填充时，AutoCAD 系统允许用户以拾取点的方式确定填充边界，即在希望填充的区域内任意拾取一点，系统会自动确定出填充边界，同时也确定该边界内的岛。如果用户以选择对象的方式确定填充边界，则必须确切地选取这些岛，有关知识将在后面介绍。

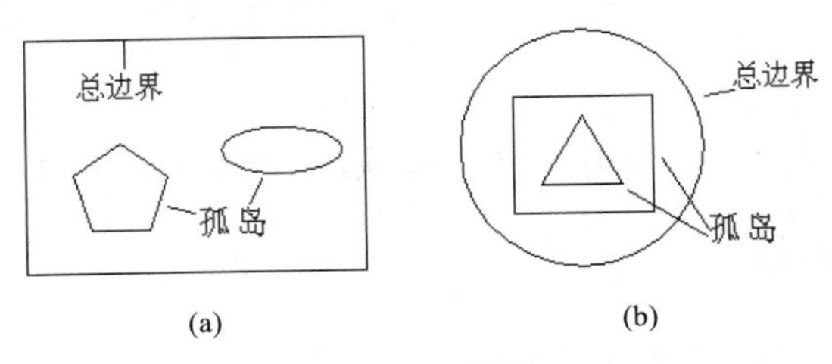

图 3-92　孤岛

3. 填充方式

在进行图案填充时，需要控制填充的范围，AutoCAD 系统为用户设置了以下 3 种填充方式，以实现对填充范围的控制。

（1）普通方式。如图 3-93（a）所示，该方式从边界开始，从每条填充线或每个填充符号的两端向里填充，遇到内部对象与之相交时，填充线或符号断开，直到遇到下一次相交时再继续填充。采用这种填充方式时，要避免剖面线或符号与内部对象的相交次数为奇数，该方式为系统内部的缺省方式。

（2）最外层方式。如图 3-93（b）所示，该方式从边界向里填充，只要在边界内部与对象相交，剖面符号就会断开，而不再继续填充。

（3）忽略方式。如图 3-93（c）所示，该方式忽略边界内的对象，所有内部结构都被剖面符号覆盖。

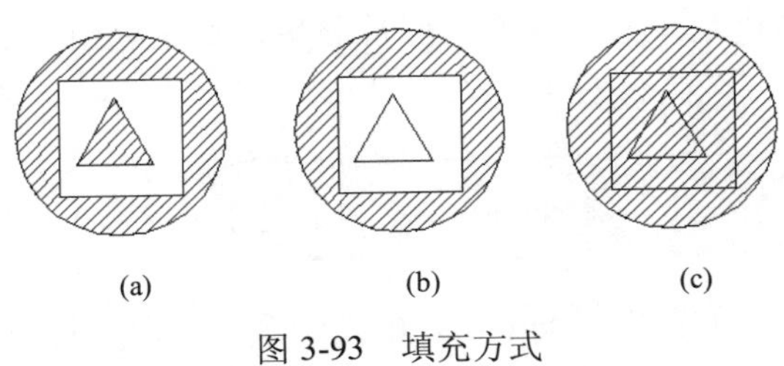

图 3-93　填充方式

3.8.2 图案填充的操作

1. 执行方式

命令行：BHATCH（快捷命令：H）。

菜单栏：选择菜单栏中的“绘图”→“图案填充”或“渐变色”命令。

工具栏：单击“绘图”工具栏中的“图案填充”按钮▨。

功能区：单击“默认”选项卡“绘图”面板中的“图案填充”按钮▨。

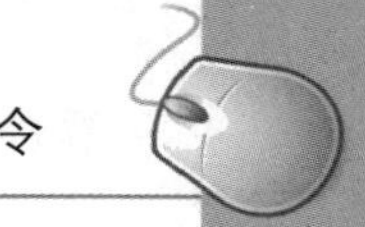

2. 操作步骤

执行上述命令后，系统打开如图 3-94 所示的“图案填充创建”选项卡，其面板和按钮含义介绍如下。

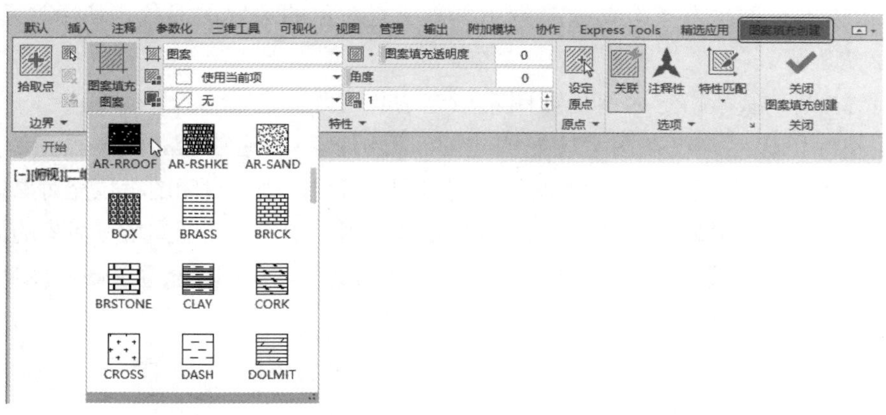

图 3-94 “图案填充创建”选项卡

（1）“边界”面板

① 拾取点：通过选择由一个或多个对象形成的封闭区域内的点，确定图案填充边界（见图 3-95）。指定内部点时，可以随时在绘图区域中单击鼠标右键以显示包含多个选项的快捷菜单。

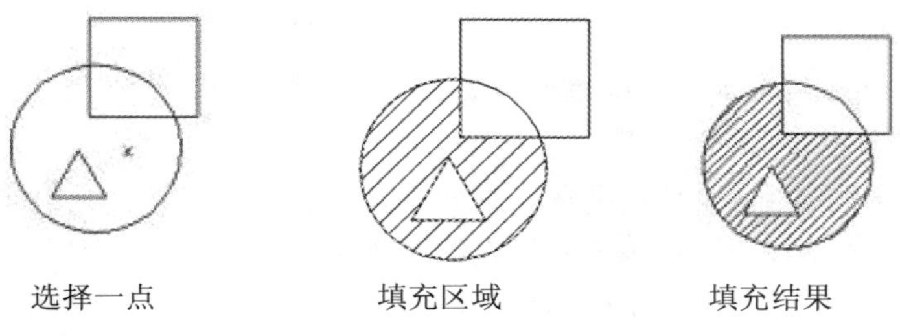

图 3-95 边界确定

② 选择边界对象：指定基于选定对象的图案填充边界。使用该选项时，不会自动检测内部对象，必须选择选定边界内的对象，以按照当前孤岛检测样式填充这些对象（见图 3-96）。

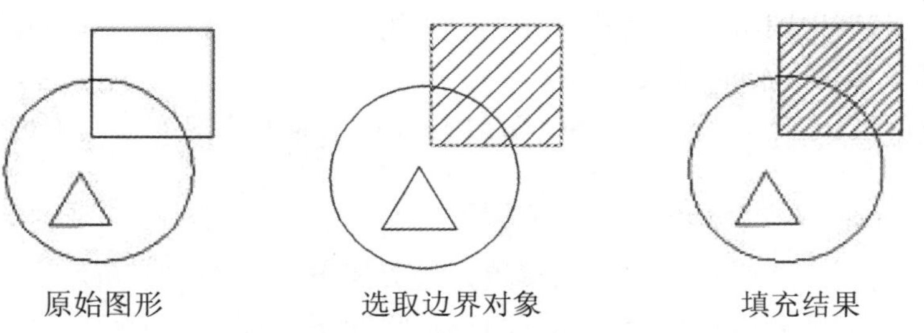

图 3-96 选取边界对象

③ 删除边界对象：从边界定义中删除之前添加的任何对象（见图 3-97）。

④ 重新创建边界：围绕选定的图案填充或填充对象创建多段线或面域，并使其与图案填充对象相关联（可选）。

⑤ 显示边界对象：选择构成选定关联图案填充对象的边界的对象，使用显示的夹点可修改图案填充边界。

⑥ 保留边界对象：指定如何处理图案填充边界对象。包括以下选项：

- 不保留边界。仅在图案填充创建期间可用，不创建独立的图案填充边界对象。
- 保留边界-多段线。仅在图案填充创建期间可用，创建封闭图案填充对象的多段线。
- 保留边界-面域。仅在图案填充创建期间可用，创建封闭图案填充对象的面域对象。
- 选择新边界集。指定对象的有限集（称为边界集），以便通过创建图案填充时的拾取点进行计算。

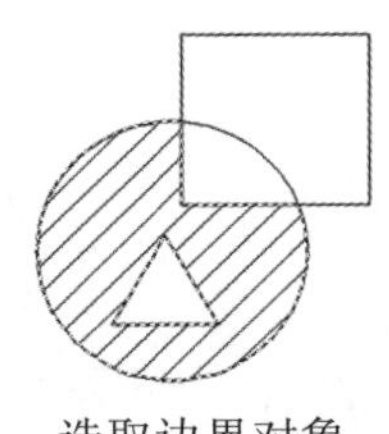
选取边界对象

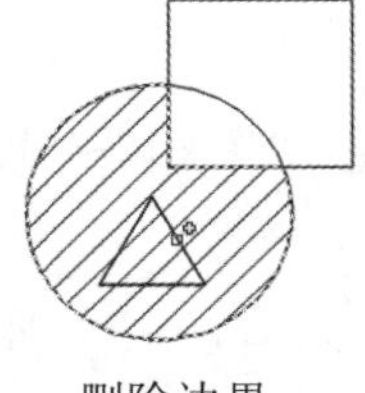
删除边界

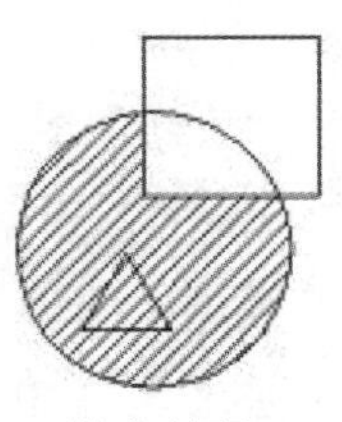
填充结果

图 3-97　删除“岛”后的边界

（2）“图案”面板

显示所有预定义和自定义图案的预览图像。

（3）“特性”面板

① 图案填充类型：指定是使用纯色、渐变色、图案还是用户定义的来填充。

② 图案填充颜色：替代实体填充和填充图案的当前颜色。

③ 背景色：指定填充图案背景的颜色。

④ 图案填充透明度：设定新图案填充或填充的透明度，替代当前对象的透明度。

⑤ 图案填充角度：指定图案填充或填充的角度。

⑥ 填充图案比例：放大或缩小预定义或自定义填充图案 。

⑦ 相对图纸空间（仅在布局中可用）：相对于图纸空间单位缩放填充图案。使用此选项，可很容易地做到以适合于布局的比例来显示填充图案。

⑧ 交叉线（仅当“图案填充类型”设定为“用户定义”时可用）：将绘制第二组直线，与原始直线成 90° 角，从而构成交叉线。

⑨ ISO 笔宽（仅对于预定义的 ISO 图案可用）：基于选定的笔宽缩放 ISO 图案。

（4）“原点”面板

① 设定原点：直接指定新的图案填充原点。

② 左下：将图案填充原点设定在图案填充边界矩形范围的左下角。

③ 右下：将图案填充原点设定在图案填充边界矩形范围的右下角。

④ 左上：将图案填充原点设定在图案填充边界矩形范围的左上角。

⑤ 右上：将图案填充原点设定在图案填充边界矩形范围的右上角。

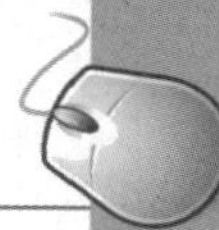

⑥ 中心：将图案填充原点设定在图案填充边界矩形范围的中心。

⑦ 使用当前原点：将图案填充原点设定在 HPORIGIN 系统变量中存储的默认位置。

⑧ 存储为默认原点：将新图案填充原点的值存储在 HPORIGIN 系统变量中。

（5）“选项”面板

① 关联：指定图案填充或填充为关联图案。关联的图案填充或填充在用户修改其边界对象时将会更新。

② 注释性：指定图案填充为注释性。此特性会自动完成缩放注释过程，从而使注释能够以正确的大小在图纸上打印或显示。

③ 特性匹配：

- 使用当前原点：使用选定图案填充对象（除图案填充原点外）设定图案填充的特性。
- 用源图案填充的原点：使用选定图案填充对象（包括图案填充原点）设定图案填充的特性。

④ 允许的间隙：设定将对象用作图案填充边界时可以忽略的最大间隙。默认值为 0，此值指定对象必须封闭区域而没有间隙。

⑤ 创建独立的图案填充：控制当指定了几个单独的闭合边界时，是创建单个图案填充对象，还是创建多个图案填充对象。

⑥ 孤岛检测。

- 普通孤岛检测：从外部边界向内填充。如果遇到内部孤岛，填充将关闭，直到遇到孤岛中的另一个孤岛。
- 外部孤岛检测：从外部边界向内填充。此选项仅填充指定的区域，不会影响内部孤岛。
- 忽略孤岛检测：忽略所有内部的对象，填充图案时将通过这些对象。
- 无孤岛检测：关闭以使用传统孤岛检测方法。

⑦ 绘图次序：为图案填充或填充指定绘图次序。选项包括不更改、后置、前置、置于边界之后和置于边界之前。

（6）“关闭”面板

“关闭图案填充创建”：退出 HATCH 并关闭上下文选项卡。也可以按 Enter 键或 Esc 键退出 HATCH。

3.8.3 渐变色的操作

1. 执行方式

命令行：GRADIENT。

菜单栏：选择菜单栏中的“绘图”→“渐变色”命令。

工具栏：单击“绘图”工具栏中的“渐变色”按钮▣。

功能区：单击“默认”选项卡“绘图”面板中的“渐变色”按钮▣。

2. 操作步骤

执行上述命令后系统打开图 3-98 所示的“图案填充创建”选项卡，各面板中的按钮含义与图案填充的类似，这里不再赘述。

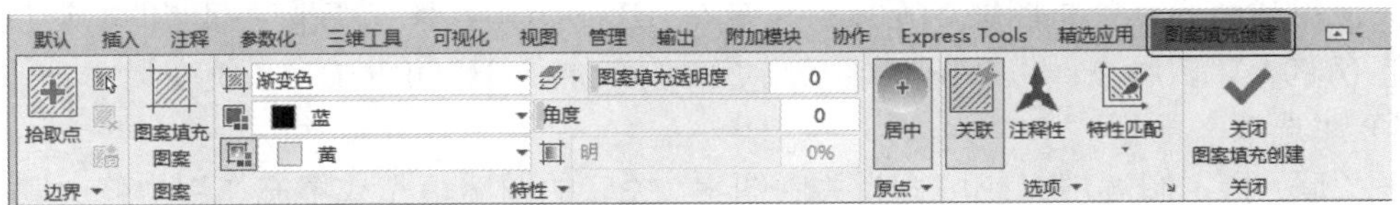

图 3-98 “图案填充创建”选项卡

3.8.3 编辑填充的图案

利用 HATCHEDIT 命令可以编辑已经填充的图案。

执行方式如下。

命令行：HATCHEDIT（快捷命令：HE）。

菜单栏：选择菜单栏中的“修改”→“对象”→“图案填充”命令。

工具栏：单击“修改 II”工具栏中的“编辑图案填充”按钮。

功能区：单击“默认”选项卡“修改”面板中的“编辑图案填充”按钮。

执行上述命令后，系统打开如图 3-99 所示的“图案填充编辑器”对话框。

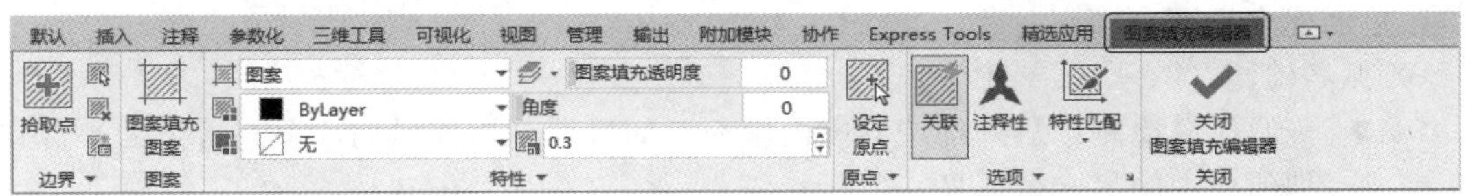

图 3-99 “图案填充编辑器”对话框

在图 3-99 中，只有亮显的选项才可以对其进行操作。该对话框中各项的含义与图 3-96 所示的“图案填充和渐变色”对话框中各项的含义相同，利用该对话框，可以对已填充的图案进行一系列的编辑修改。

3.8.4 实例——联轴器

本实例绘制如图 3-100 所示的联轴器。联轴器是用来连接不同机构中的两根轴使之共同旋转以传递扭矩的机械零件。本实例主要通过直线命令、圆命令和图案填充命令来绘制。

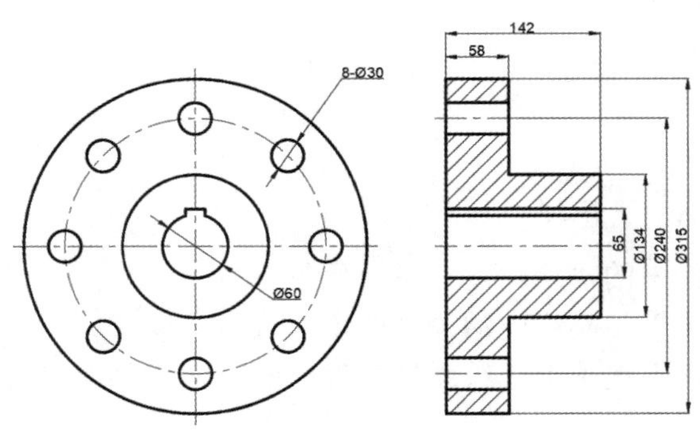

图 3-100 联轴器

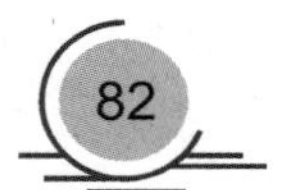

绘制步骤

1．绘制主视图

（1）单击“默认”选项卡“图层”面板中的“图层特性”按钮，弹出“图层特性管理器”对话框，新建如下3个图层。

①第一图层命名为“粗实线”图层，线宽为0.30，其余属性默认。

②第二图层命名为“剖面线”图层，颜色为蓝色，其余属性默认。

③第三图层命名为“中心线”图层，颜色为红色，线型为CENTER，其余属性默认。

（2）将“中心线”图层设置为当前图层。单击“默认”选项卡“绘图”面板中的“直线”按钮，绘制中心线，端点坐标分别为{（-167.5，0），（167.5，0）}和{（0，167.5），（0，-167.5）}；单击“默认”选项卡“绘图”面板中的“圆”按钮，绘制圆，圆心坐标为（0，0），半径为120。结果如图3-101所示。

（3）将“粗实线”图层设置为当前图层。单击“默认”选项卡“绘图”面板中的“圆”按钮，绘制圆，圆心坐标为（0，0），半径分别为30、67和157.5。重复圆命令分别绘制圆心坐标为（0，120）、（84.85，84.85）、（120，0）、（84.85，–84.85）、（0，–120）、（–84.85，–84.85）、（–120，0）、（–84.85，84.85）半径为15的圆。

（4）单击“默认”选项卡“绘图”面板中的“矩形”按钮，绘制矩形，角点坐标分别为（–9，0）和（9，35），结果如图3-102所示。

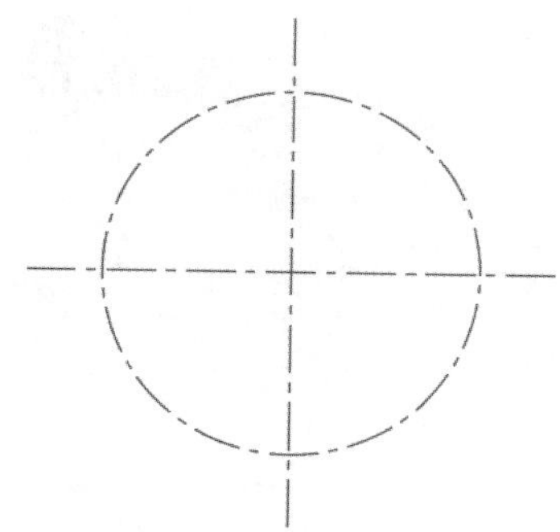

图3-101　绘制中心线

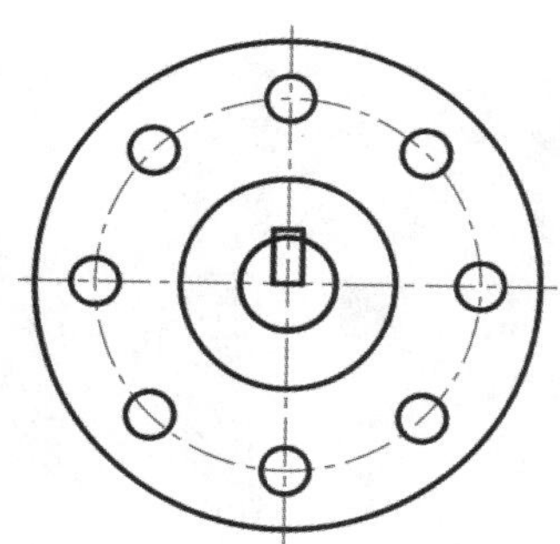

图3-102　绘制轮廓

（5）单击“默认”选项卡“绘图”面板中的“面域”按钮，将图中直径为60的圆和矩形创建面域。

（6）在命令行中输入“UNION”命令，将直径为60的圆与矩形进行并集处理，结果如图3-103所示。

2．绘制左视图

（1）将“中心线”图层设置为当前图层。单击“默认”选项卡“绘图”面板中的“直线”按钮，绘制中心线，端点坐标分别为{（220，–120），（298，–120）}和{（220，0），（382，0）}和{（220，120），（298，120）}。

（2）将“粗实线”图层设置为当前图层。单击“默认”选项卡“绘图”面板中的“直线”按钮，绘制直线，端点坐标分别为{（230，–157.5，）、（@0，315）、（@58，0）、（@0，–90.5）、（@84,0）、（@0，–134）、（@-84,0）、（@0，–90.5）、（@–58,0）}、{（230，–135），（288,–135）}、

{（230，–105），（288,–105）}、{（230，–30），（372,–30）}、{（230，30），（372,30）}、{（230，35），（372,35）}、{（230，105），（288,105）}、{（230，135），（288,135）}，结果如图 3-104 所示。

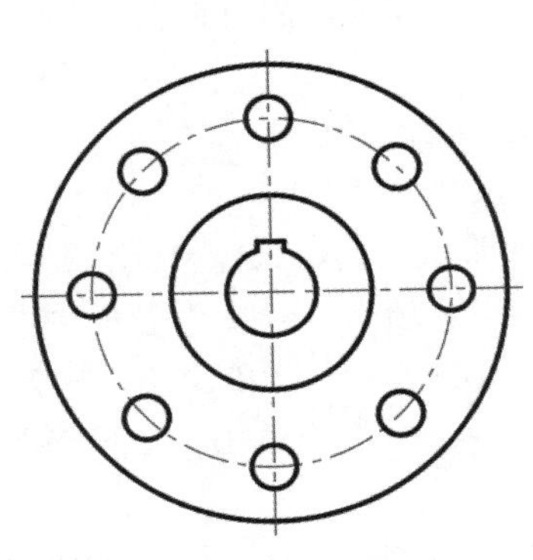

图 3-103　并集处理

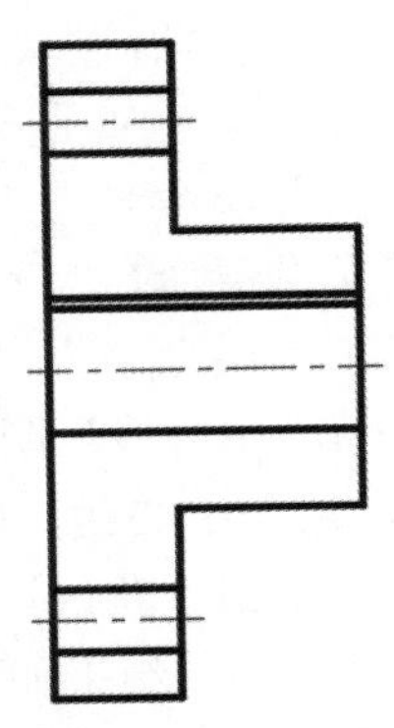

图 3-104　绘制左视图

（3）将“剖面线”图层设置为当前图层。单击“默认”选项卡“绘图”面板中的“图案填充”按钮，①打开“图案填充创建”选项卡，如图 3-111 所示。②单击“图案”面板中的“图案填充图案”按钮，选择填充图案为 ANSI31，③在“特性”面板中设置“图案填充角度”为 0，④设置“填充图案比例”为 3，如图 3-105 所示。

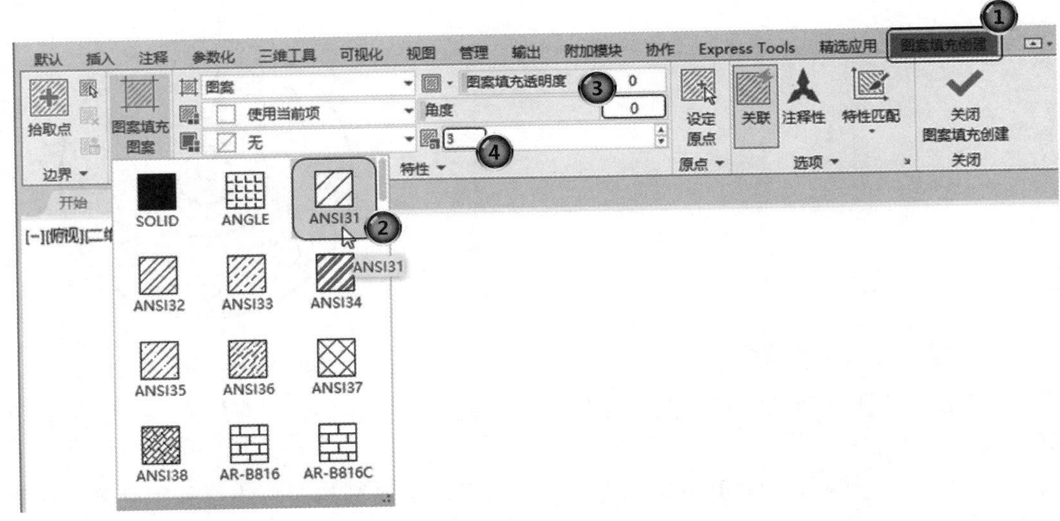

图 3-105　“图案填充创建”选项卡

（4）单击“图案填充创建”选项卡“边界”面板中的“拾取点”按钮，在断面处拾取一点，右击，弹出右键快捷菜单，选择“确认”命令，如图 3-106 所示。确认退出。填充效果如图 3-100 所示。

动手练一练——绘制滚花零件

绘制如图 3-107 所示的滚花零件。

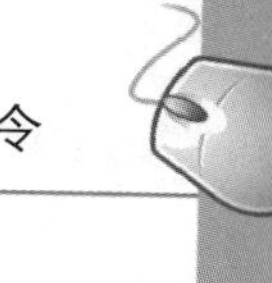

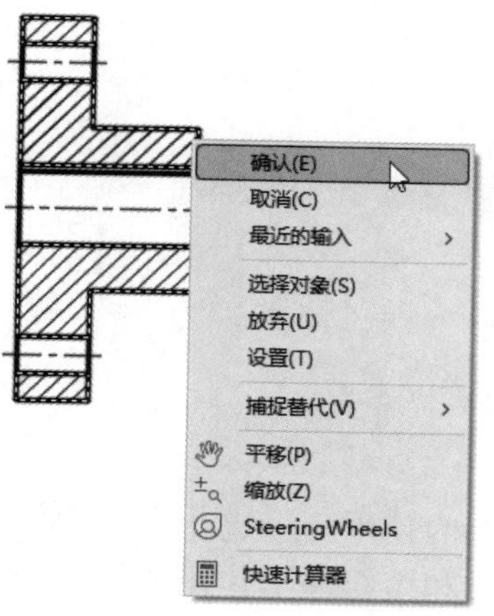

图 3-106　填充图案

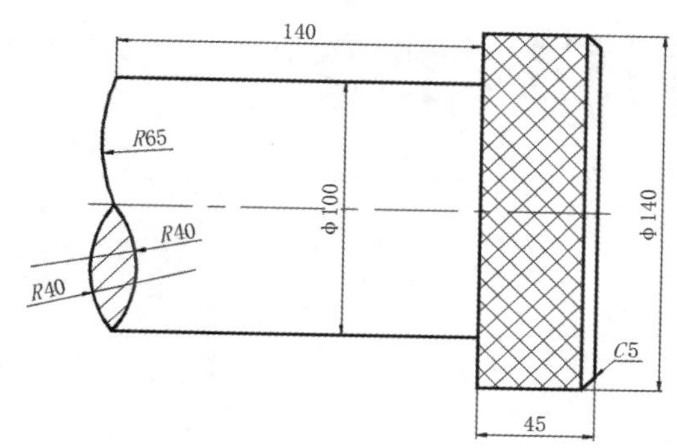

图 3-107　滚花零件

思路点拨

源文件：源文件\第 3 章\滚花零件.dwg

（1）用“直线”命令绘制零件主体部分。

（2）用“圆弧”命令绘制零件断裂部分示意线。

（3）利用“图案填充”命令填充断面。

Chapter

编辑命令

4

二维图形编辑操作配合绘图命令的使用可以进一步完成复杂图形的绘制工作，并可使用户合理安排和组织图形，保证作图准确，减少重复，对编辑命令的熟练掌握和使用有助于提高设计和绘图的效率。本章主要介绍复制类命令、改变位置类命令、删除及恢复类命令、改变几何特性类命令和对象编辑命令。

4.1 选择对象

AutoCAD 2022 提供了以下几种方法选择对象。

（1）先选择一个编辑命令，然后选择对象，按<Enter>键结束操作。

（2）使用 SELECT 命令。在命令行输入“SELECT”，按<Enter>键，按提示选择对象，按<Enter>键结束。

（3）利用定点设备选择对象，然后调用编辑命令。

（4）定义对象组。无论使用哪种方法，AutoCAD 2022 都将提示用户选择对象，并且光标的形状由十字光标变为拾取框。下面结合 SELECT 命令说明选择对象的方法。

SELECT 命令可以单独使用，也可以在执行其他编辑命令时被自动调用。在命令行输入“SELECT”，按<Enter>键，命令行提示如下。

```
选择对象：
```

等待用户以某种方式选择对象作为回答。AutoCAD 2022 提供多种选择方式，可以输入“？”，查看这些选择方式。选择选项后，出现如下提示。

```
需要点或窗口(W)/上一个(L)/窗交(C)/框(BOX)/全部(ALL)/栏选(F)/圈围(WP)/圈交(CP)/编组(G)/添加(A)/删除(R)/多个(M)/前一个(P)/放弃(U)/自动(AU)/单个(SI)/子对象(SU)/对象(O)
选择对象：
```

其中，部分选项含义如下。

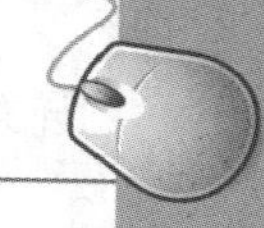

（1）点：表示直接通过点取的方式选择对象。利用鼠标或键盘移动拾取框，使其框住要选择的对象，然后单击，被选中的对象就会高亮显示。

（2）窗口（W）：用由两个对角顶点确定的矩形窗口选择位于其范围内部的所有图形，与边界相交的对象不会被选中。指定对角顶点时应该按照从左向右的顺序，执行结果如图 4-1 所示。

（3）上一个（L）：在“选择对象”提示下输入“L”，按<Enter>键，系统自动选择最后绘出的一个对象。

（4）窗交（C）：该方式与“窗口”方式类似，其区别在于它不但选中矩形窗口内部的对象，也选中与矩形窗口边界相交的对象，执行结果如图 4-2 所示。

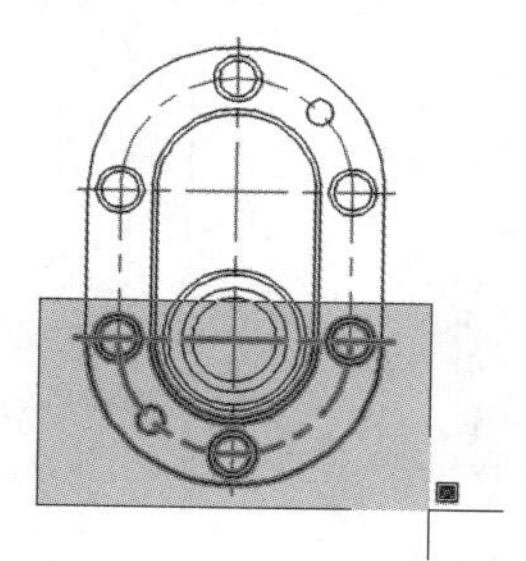

图中下部方框为选择框

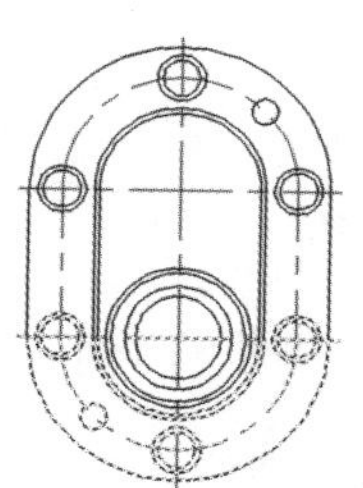

选择后的图形

图 4-1　“窗口”对象选择方式

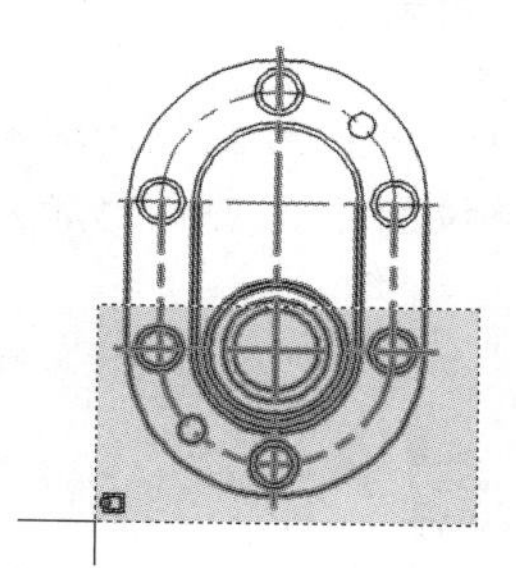

图中下部虚线框为选择框

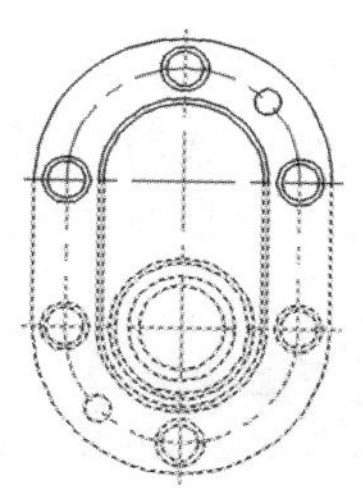

选择后的图形

图 4-2　“窗交”对象选择方式

（5）框（BOX）：使用框时，系统根据用户在绘图区指定的两个对角点的位置而自动引用“窗口”或“窗交”选择方式。若从左向右指定对角点，则为“窗口”方式；反之，则为“窗交”方式。

（6）全部（ALL）：选择绘图区所有对象。

（7）栏选（F）：用户临时绘制一些直线，这些直线不必构成封闭图形，凡是与这些直线相交的对象均被选中，执行结果如图 4-3 所示。

（8）圈围（WP）：使用一个不规则的多边形来选择对象。根据提示，用户依次输入构成多边形所有顶点的坐标，直到最后按<Enter>键结束操作，系统将自动连接第一个顶点与最后一个顶点，形成封闭的多边形。凡是被多边形围住的对象均被选中（不包括边界），执行结果如图 4-4 所示。

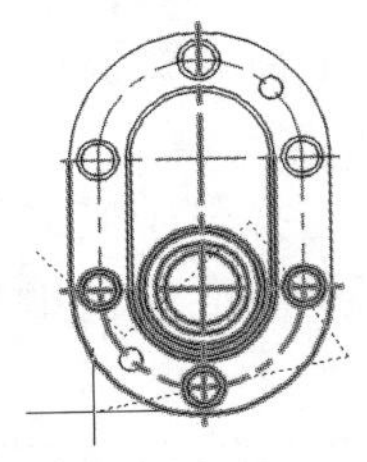
图中虚线为选择栏

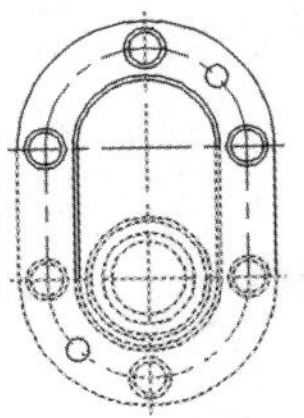
选择后的图形

图 4-3 “栏选”对象选择方式

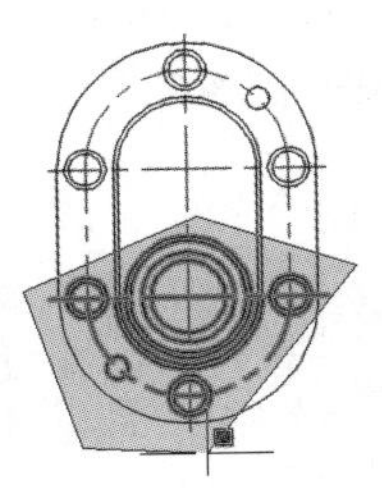
图中十字线所拉出深色多边形为选择窗口

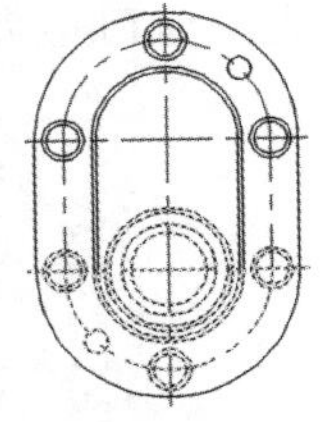
选择后的图形

图 4-4 “圈围”对象选择方式

（9）圈交（CP）：类似于“圈围”方式，在提示后输入“CP”，按<Enter>键，后续操作与圈围方式相同。区别在于，执行此命令后与多边形边界相交的对象也被选中。

其他几个选项的含义与上面选项含义类似，这里不再赘述。

注意：若矩形框从左向右定义，即第一个选择的对角点为左侧的对角点，矩形框内部的对象被选中，框外部及与矩形框边界相交的对象不会被选中；若矩形框从右向左定义，矩形框内部及与矩形框边界相交的对象都会被选中。

4.2 复制类命令

本节详细介绍 AutoCAD 2022 的复制类命令，利用这些编辑功能，可以方便地编辑绘制的图形。

4.2.1 镜像命令

镜像命令是指把选择的对象以一条镜像线为轴作对称复制。镜像操作完成后，可以保留原对象，也可以将其删除。

1. 执行方式

命令行：MIRROR（快捷命令：MI）。

菜单栏：选择菜单栏中的“修改”→“镜像”命令。

工具栏：单击“修改”工具栏中的“镜像”按钮⚠。

功能区：单击“默认”选项卡“修改”面板中的“镜像”按钮⚠。

2. 操作步骤

命令行提示与操作如下。

```
命令：MIRROR↙
选择对象：选择要镜像的对象
选择对象：↙
指定镜像线的第一点：指定镜像线的第一个点
指定镜像线的第二点：指定镜像线的第二个点
要删除源对象吗？[是(Y)/否(N)] <否>：确定是否删除源对象
```

选择的两点确定一条镜像线，被选择的对象以该直线为对称轴进行镜像。包含该线的镜像平面与用户坐标系统的 XY 平面垂直，即镜像操作在与用户坐标系统的 XY 平面平行的平面上。

4.2.2 实例——压盖

绘制如图 4-5 所示的压盖。

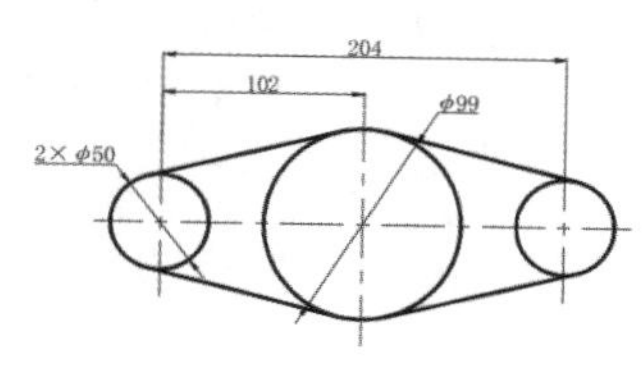

图 4-5　压盖

绘制步骤

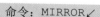

（1）单击“默认”选项卡的“图层”面板中的“图层特性”按钮，设置如下图层：第一图层命名为“轮廓线”，线宽属性为 0.3，其余属性默认；第二图层名称设为“中心线”，颜色设为红色，线型加载为 CENTER，其余属性默认。

（2）绘制中心线。设置“中心线”图层为当前图层，在屏幕上适当的位置指定直线端点坐标，绘制一条水平中心线和两条竖直中心线，结果如图 4-6 所示。

（3）将“轮廓线”图层设置为当前图层，单击“默认”选项卡的“绘图”面板中的“圆”按钮，分别捕捉两中心线交点为圆心，指定适当的半径绘制两个圆，如图 4-7 所示。

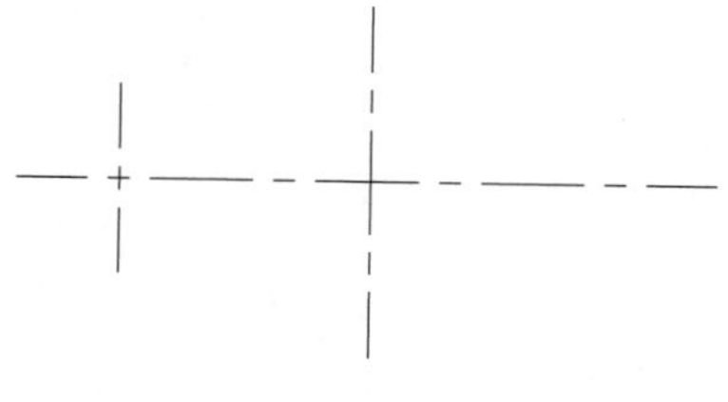

图 4-6　绘制中心线

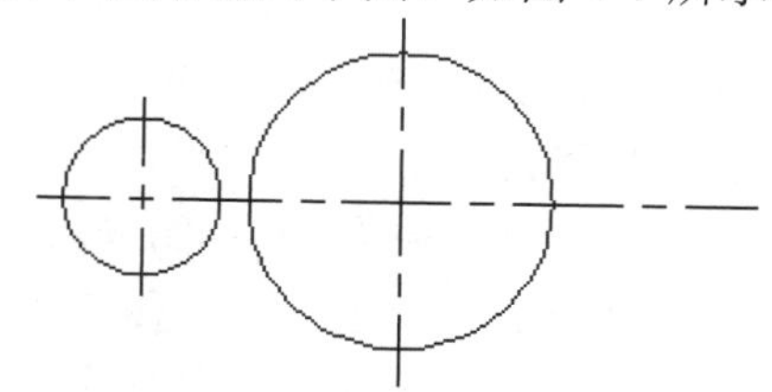

图 4-7　绘制圆

（4）单击“默认”选项卡的“绘图”面板中的“直线”按钮，结合对象捕捉功能，绘制一条切线，如图 4-8 所示。

（5）单击“默认”选项卡“修改”面板中的“镜像”按钮，以水平中心线为对称线镜像刚绘制的切线，命令行提示如下。

```
命令：_mirror
选择对象：(选择切线)
选择对象：↙
指定镜像线的第一点：
指定镜像线的第二点：(在中间的中心线上选取两点)
要删除源对象吗？[是(Y)/否(N)] <否>：
```

结果如图 4-9 所示。

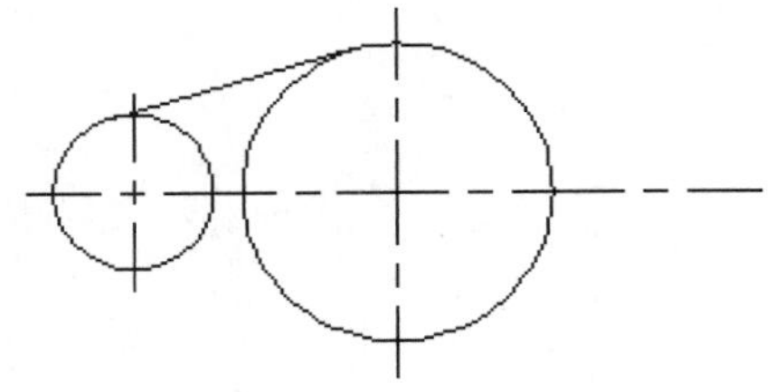

图 4-8　绘制切线

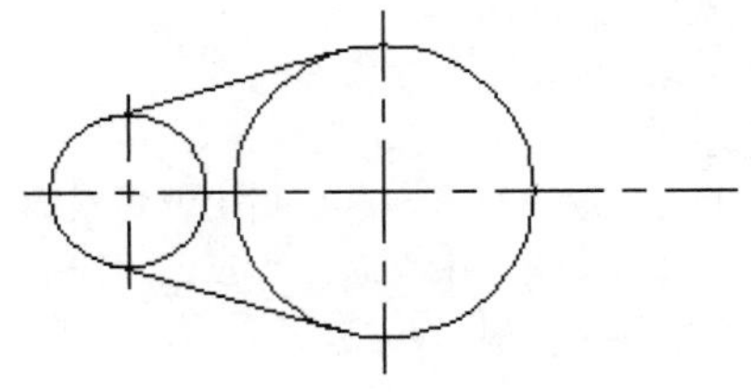

图 4-9　镜像切线

（6）行镜像，结果如图 4-5 所示。

动手练一练——绘制阀杆

绘制如图 4-10 所示的阀杆。

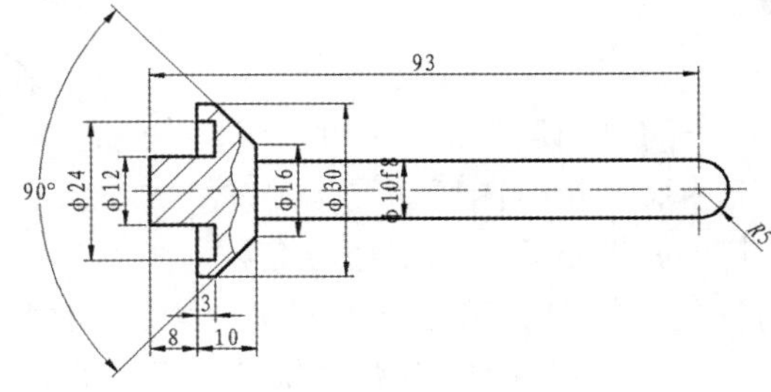

图 4-10　阀杆

思路点拨

源文件：源文件\第 4 章\阀杆.dwg

（1）设置图层。

（2）用“直线”命令绘制中心线和基本图形轮廓。

（3）用“镜像”命令进行对称处理。

（4）用“样条曲线”和“图案填充”命令绘制断裂线和剖面。

4.2.3 偏移命令

偏移命令是指保持选择对象的形状、在不同的位置以不同尺寸大小新建一个对象。

1．执行方式

命令行：OFFSET（快捷命令：O）。

菜单栏：选择菜单栏中的“修改”→“偏移”命令。

工具栏：单击“修改”工具栏中的“偏移”按钮⋐。

功能区：单击“默认”选项卡“修改”面板中的“偏移”按钮⋐。

2．操作步骤

命令行提示与操作如下。

```
命令： OFFSET↙
```

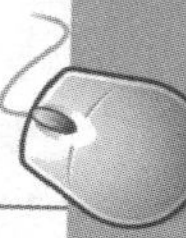


```
当前设置：删除源=否  图层=源  OFFSETGAPTYPE=0
指定偏移距离或 [通过(T)/删除(E)/图层(L)] <通过>：指定偏移距离值
选择要偏移的对象，或 [退出(E)/放弃(U)] <退出>：选择要偏移的对象，按<enter>键结束操作
指定要偏移的那一侧上的点，或 [退出(E)/多个(M)/放弃(U)] <退出>：指定偏移方向
选择要偏移的对象，或 [退出(E)/放弃(U)] <退出>：
```

3. 选项说明

选项的含义如表 4-1 所示。

表 4-1 “偏移”命令选项含义

选　项	含　义
指定偏移距离	输入一个距离值，或按<Enter>键使用当前的距离值，系统把该距离值作为偏移距离，如图 4-11(a)所示。 偏移距离　选择要偏移的对象　选中的对象　指定偏移方向　执行结果 (a)指定偏移距离 要偏移的对象　指定通过点　执行结果 (b)通过点 图 4-11　偏移选项说明 1
通过（T）	指定偏移的通过点，选择该选项后，命令行提示如下。 选择要偏移的对象，或 [退出(E)/放弃(U)] <退出>：选择要偏移的对象，按<Enter>键结束操作 指定通过点或 [退出(E)/多个(M)/放弃(U)] <退出>：指定偏移对象的一个通过点 执行上述命令后，系统会根据指定的通过点绘制出偏移对象，如图 4-11(b)所示
删除（E）	偏移源对象后将其删除，如图 4-12（a）所示，选择该项后命令行提示如下。 要在偏移后删除源对象吗？ [是(Y)/否(N)] <否>： (a)删除源对象　(b)偏移对象的图层为当前层 图 4-12　偏移选项说明 2
图层（L）	确定将偏移对象创建在当前图层上还是源对象所在的图层上，这样就可以在不同图层上偏移对象，选择该项后，命令行提示如下。 输入偏移对象的图层选项 [当前(C)/源(S)] <当前>： 如果偏移对象的图层选择为当前层，则偏移对象的图层特性与当前图层相同，如图 4-12（b）所示
多个（M）	使用当前偏移距离重复进行偏移操作，并接受附加的通过点，执行结果如图 4-13 所示。 图 4-13　偏移选项说明 3

注意： 在 AutoCAD 2022 中，可以使用“偏移”命令，对指定的直线、圆弧、圆等对象做定距离偏移复制操作。在实际应用中，常利用“偏移”命令创建平行线或等距离分布图

形，效果与“阵列”相同。默认情况下，需要先指定偏移距离，再选择要偏移复制的对象，然后指定偏移方向，以复制出需要的对象。

4.2.4 实例——挡圈

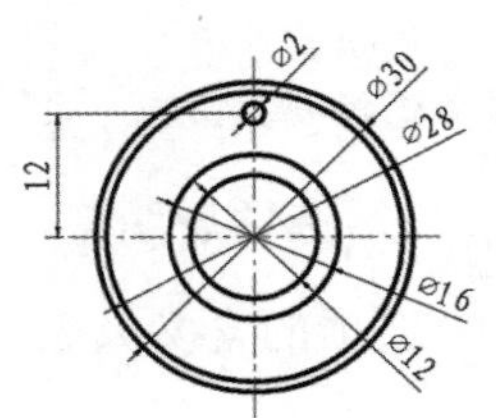

图 4-14 挡圈

绘制如图 4-14 所示的挡圈。

绘制步骤

（1）单击“默认”选项卡的“图层”面板中的“图层特性”按钮，设置两个图层：“粗实线”图层，线宽为 0.3，其余属性默认；“中心线”图层，线型为 CENTER，其余属性默认。

（2）设置“中心线”图层为当前图层，单击“默认”选项卡的“绘图”面板中的“直线”按钮，绘制中心线。

（3）设置“粗实线”图层为当前图层，单击“默认”选项卡的“绘图”面板中的“圆”按钮，绘制挡圈内孔，半径为 8，如图 4-15 所示。

（4）单击“默认”选项卡“修改”面板中的“偏移”按钮，偏移绘制的圆，命令行提示与操作如下。

```
命令：_offset
当前设置：删除源=否  图层=源  OFFSETGAPTYPE=0
指定偏移距离或 [通过(T)/删除(E)/图层(L)] <通过>：6↙
选择要偏移的对象或 [退出(E)/放弃(U)] <退出>:(指定绘制的圆)
指定要偏移的那一侧上的点，或 [退出(E)/多个(M)/放弃(U)] <退出>:(指定圆外侧)
选择要偏移的对象，或 [退出(E)/放弃(U)] <退出>:↙
```

利用相同的方法，指定距离为 38 和 40，以初始绘制的圆为对象向外偏移该圆，如图 4-16 所示。

（5）利用相同的方法，将水平中心线向上偏移 30，结果如图 4-17 所示。

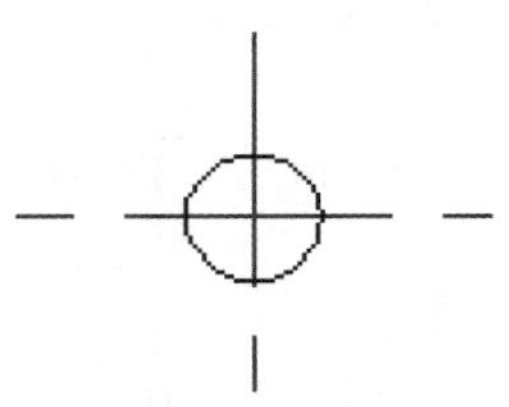

图 4-15 绘制挡圈内孔

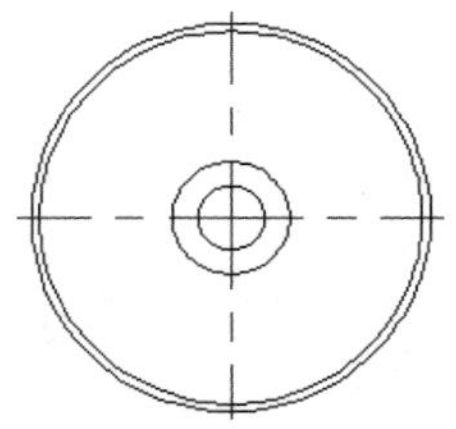

图 4-16 偏移圆

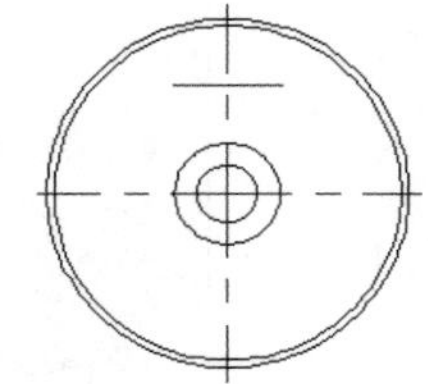

图 4-17 偏移中心线

（6）单击“默认”选项卡的“绘图”面板中的“圆”按钮，绘制小孔，半径为 4，最终结果如图 4-14 所示。

动手练一练——绘制胶垫

绘制如图 4-18 所示的胶垫。

思路点拨

源文件：源文件\第 4 章\胶垫.dwg

（1）设置图层。

（2）用“直线”命令绘制中心线和基本图形轮廓。

（3）用“偏移”命令进行处理。

（4）用“图案填充”命令绘制剖面。

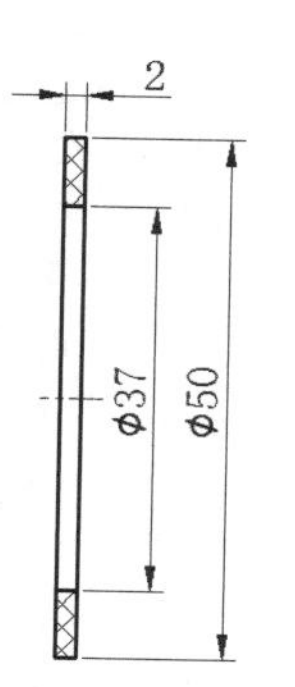

图 4-18 胶垫

4.2.5 复制命令

1. 执行方式

命令行：COPY（快捷命令：CO）。

菜单栏：选择菜单栏中的“修改”→“复制”命令。

工具栏：单击“修改”工具栏中的“复制”按钮。

快捷菜单：选中要复制的对象右击，选择快捷菜单中的“复制选择”命令。

功能区：❶单击“默认”选项卡❷“修改”面板中的❸“复制”按钮（如图 4-19 所示）。

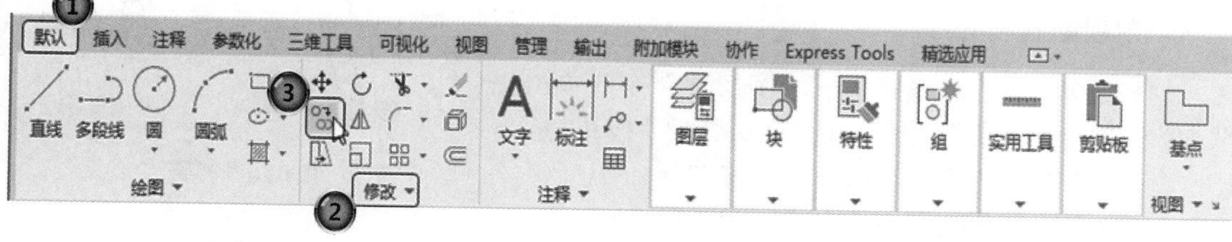

图 4-19 “修改”面板 1

2. 操作步骤

命令行提示与操作如下。

```
命令：COPY↙
选择对象：(选择要复制的对象)
```

用前面介绍的对象选择方法选择一个或多个对象，回车结束选择操作。系统继续提示：

```
当前设置： 复制模式 = 多个
指定基点或 [位移(D)/模式(O)] <位移>:
指定第二个点或[阵列(A)]  <使用第一个点作为位移>:(指定基点或位移)
```

3. 选项说明

选项的含义如表 4-2 所示。

表 4-2 “复制”命令选项含义

选　项	含　义
指定基点	指定一个坐标点后，AutoCAD 系统把该点作为复制对象的基点，命令行提示“指定第二个点或[阵列(A)]<使用第一个点作为位移>:”。在指定第二个点后，系统将根据这两点确定的位移矢量把选择的对象复制到第二点处。如果此时直接按<Enter>键，即选择默认的“使用第一个点作为位移”，则第一个点被当作相对于 X、Y、Z 的位移。例如，如果指定基点为（2,3），并在下一个提示下按<Enter>键，则该对象从它当前的位置开始在 X 方向上移动 2 个单位，在 Y 方向上移动 3 个单位。复制完成后，命令行提示“指定位移的第二点:”。这时，可以不断指定新的第二点，从而实现多重复制
位移（D）	直接输入位移值，表示以选择对象时的拾取点为基准，以拾取点坐标为移动方向，按纵横比移动指定位移后确定的点为基点。例如，选择对象时拾取点坐标为（2,3），输入位移为 5，则表示以点（2,3）为基准，沿纵横比为 3：2 的方向移动 5 个单位所确定的点为基点
模式（O）	控制是否自动重复该命令，该设置由 COPYMODE 系统变量控制

4.2.6 实例——弹簧

弹簧作为机械设计中的常见零件，其样式及画法多种多样，本例绘制的弹簧主要利用“圆”“直线”命令，绘制单个部分，并利用上节介绍的“复制”命令简化绘制如图 4-20 所示的弹簧。

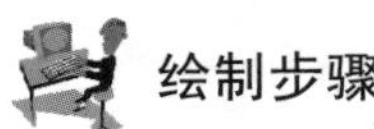

绘制步骤

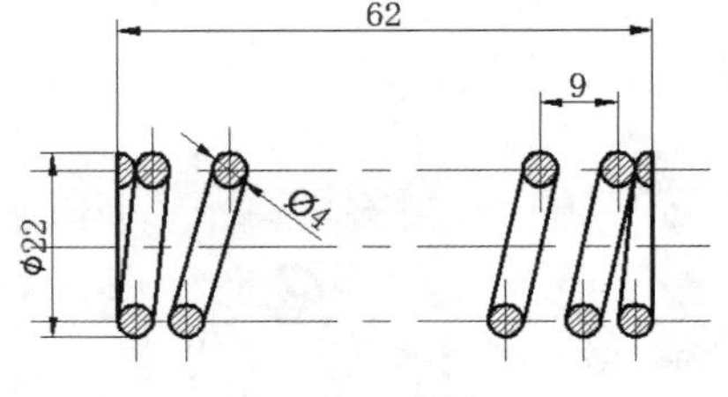

图 4-20 弹簧

1. 创建图层

选择菜单栏中的“格式”→“图层”命令或单击“默认”选项卡“图层”面板中的“图层特性”按钮，打开“图层特性管理器”对话框，设置图层。

（1）中心线：颜色为红色，线型为 CENTER，线宽为 0.15 毫米，颜色为红色。

（2）粗实线：颜色为白色，线型为 Continuous，线宽为 0.30 毫米。

（3）细实线：颜色为白色，线型为 Continuous，线宽为 0.15 毫米。

2. 绘制中心线

将“中心线”图层设定为当前图层。

单击“默认”选项卡“绘图”面板中的“直线”按钮，以坐标点{（150,150），（230,150）}、{（160,164），（160,154）}、{（162,146），（162,136）}绘制中心线，修改线型比例为 0.5。结果如图 4-21 所示。

3. 偏移中心线

单击“默认”选项卡“修改”面板中的“偏移”按钮，将绘制的水平中心线向上、下两侧偏移，偏移距离为 9；将图 4-18 中的竖直中心线 A 向右偏移，偏移距离为 4，9，36，9，4；将图 4-20 中的竖直中心线 B 向右偏移，偏移距离为 6，37，9，6。结果如图 4-22 所示。

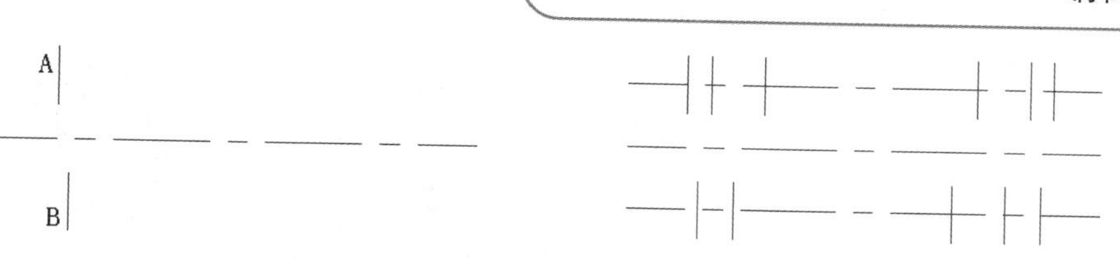

图 4-21　绘制中心线　　图 4-22　偏移中心线

4．绘制圆

将“粗实线”图层设定为当前图层。

单击“默认”选项卡“绘图”面板中的“圆”按钮，以最上水平中心线与左边第 2 根竖直中心线交点为圆心，绘制半径为 2 的圆，结果如图 4-23 所示。

5．复制圆

单击“默认”选项卡“修改”面板中的“复制”按钮，将刚刚绘制的圆进行复制，命令行提示与操作如下。

```
命令： _copy
选择对象：（选择刚绘制的圆）
选择对象：↙
当前设置：  复制模式 = 多个
指定基点或 [位移(D)/模式(O)] <位移>:(选择圆心)
指定第二个点或 [阵列(A)] <使用第一个点作为位移>:(分别选择竖直中心线与水平中心线的交点)
指定第二个点或 [阵列(A)/退出(E)/放弃(U)] <退出>:↙
```

结果如图 4-24 所示。

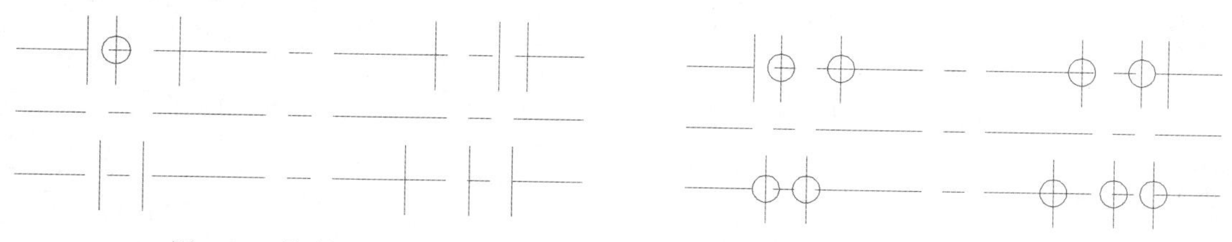

图 4-23　绘制圆　　图 4-24　复制圆

6．绘制圆弧

单击“默认”选项卡“绘图”面板中的“圆弧”按钮，绘制以最左边竖直中心线与最上水平中心线交点为圆心，起点坐标为（@0，–2），端点坐标为（@0,4）的圆弧。

相同方法绘制另一段圆弧，以最右边竖直中心线与最上水平中心线交点为圆心，起点坐标为（@0，2），端点坐标为（@0,–4）的圆弧，结果如图 4-25 所示。

7．绘制连接线

单击“默认”选项卡“绘图”面板中的“直线”按钮，绘制连接线，结果如图 4-26 所示。

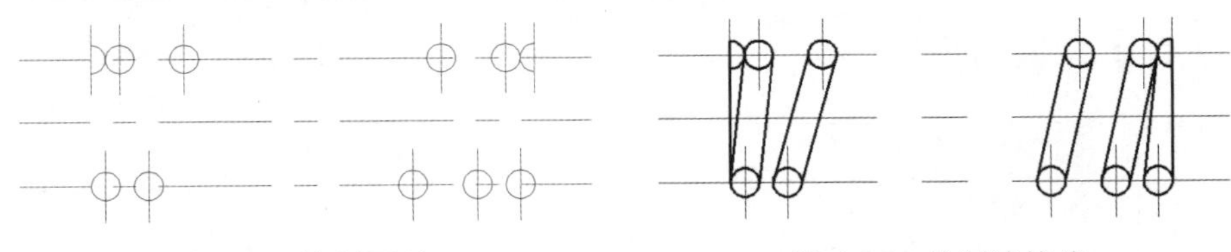

图 4-25　绘制圆弧　　　　图 4-26　绘制连接线

8．绘制剖面线

将“细实线”图层设定为当前图层。

单击“默认”选项卡“绘图”面板中的“图案填充”按钮，设置填充图案为“ANST31”，角度为 0，比例为 0.2，打开状态栏上的“线宽”按钮，结果如图 4-27 所示。

动手练一练——绘制连接板

绘制如图 4-28 所示的连接板。

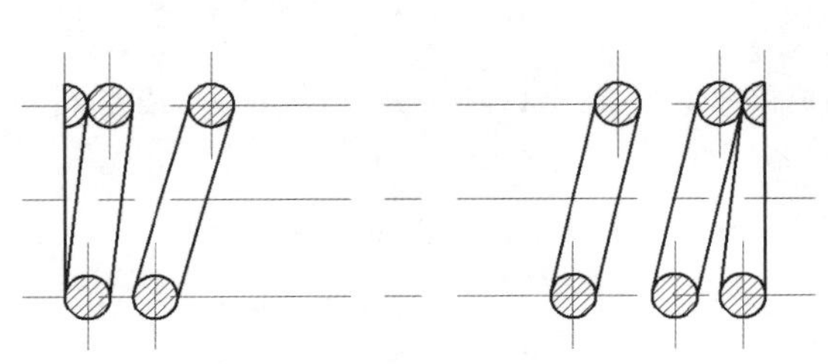

图 4-27　弹簧图案填充

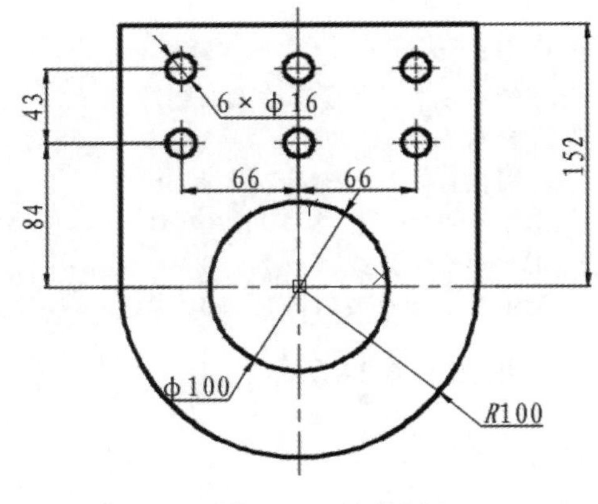

图 4-28　连接板

思路点拨

源文件：源文件\第 4 章\连接板.dwg

（1）设置图层。

（2）用“直线”、“圆”和“圆弧”命令绘制中心线和基本图形轮廓。

（3）用“复制”命令复制小圆及其中心线。

4.2.7 阵列命令

阵列是指多重复制选择对象并把这些副本按矩形、路径或环形排列。把副本按矩形排列称为建立矩形阵列，把副本按路径排列称为建立路径阵列，把副本按环形排列称为建立极阵列。

AutoCAD 2022 提供“ARRAY”命令创建阵列，用该命令可以创建矩形阵列、环形阵列和旋转的矩形阵列。

1．执行方式

命令行：ARRAY（快捷命令：AR）。

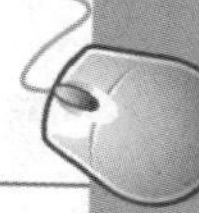

菜单栏：选择菜单栏中的“修改”→“阵列”命令。

工具栏：单击“修改”工具栏中的“矩形阵列”按钮，“路径阵列”按钮和“环形阵列”按钮。

功能区：单击“默认”选项卡“修改”面板中的“矩形阵列”按钮/“路径阵列”按钮/“环形阵列”按钮（如图 4-29 所示）。

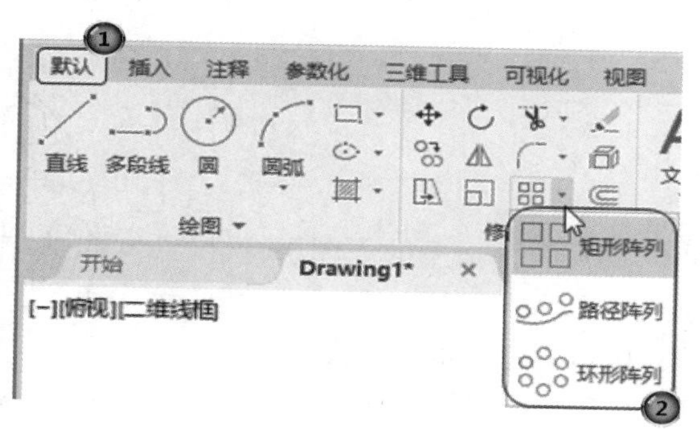

图 4-29　“阵列”下拉列表

2. 操作步骤

命令：ARRAY↙
选择对象：(使用对象选择方法)
选择对象：↙
输入阵列类型[矩形(R)/路径(PA)/极轴(PO)]<矩形>:

3. 选项说明

选项的含义如表 4-3 所示。

表 4-3　“阵列”命令选项含义

选　项	含　义
矩形（R）	将选定对象的副本分布到行数、列数和层数的任意组合。选择该选项后出现如下提示： 选择夹点以编辑阵列或 [关联（AS）/基点（B）/计数（COU）/间距（S）/列数（COL）/行数（R）/层数（L）/退出（X）]<退出>:（通过夹点，调整阵列间距，列数，行数和层数；也可以分别选择各选项输入数值）
路径（PA）	沿路径或部分路径均匀分布选定对象的副本。选择该选项后出现如下提示： 选择路径曲线:（选择一条曲线作为阵列路径） 选择夹点以编辑阵列或 [关联（AS)/方法（M）/基点（B）/切向（T）/项目（I）/行（R）/层（L）/对齐项目（A）/Z 方向（Z）/退出（X）]<退出>:（通过夹点，调整阵行数和层数；也可以分别选择各选项输入数值）
极轴（PO）	在绕中心点或旋转轴的环形阵列中均匀分布对象副本。选择该选项后出现如下提示： 指定阵列的中心点或 [基点（B）/旋转轴（A）]:（选择中心点、基点或旋转轴） 选择夹点以编辑阵列或 [关联（AS）/基点（B）/项目（I)/项目间角度（A）/填充角度（F）/行（ROW）/层（L）/旋转项目（ROT）/退出（X）]<退出>:（通过夹点，调整角度，填充角度；也可以分别选择各选项输入数值）

注意：阵列在平面作图时有三种方式，可以在矩形、路径或环形（圆形）阵列中创建对象的副本。对于矩形阵列，可以控制行和列的数目以及它们之间的距离。对于路径阵列，

可以沿整个路径或部分路径平均分布对象副本，对于环形阵列，可以控制对象副本的数目并决定是否旋转副本。

4.2.8 实例——密封垫

不同材质的密封垫在各大机械零件中是不可或缺的，本例主要利用“圆”“环形阵列”命令，绘制如图 4-30 所示的密封垫。

绘制步骤

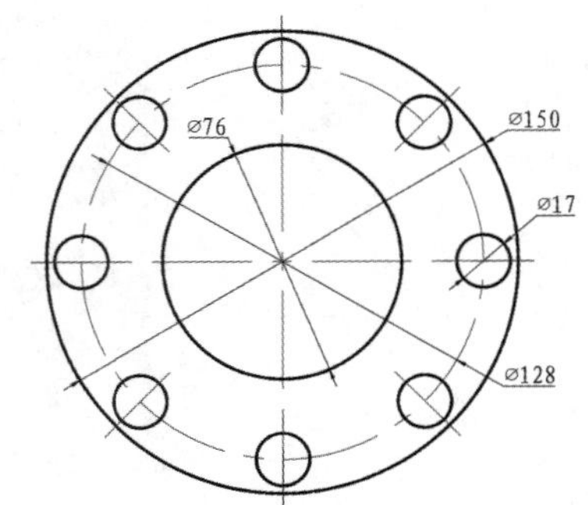

图 4-30　密封垫

1. 创建图层

单击“默认”选项卡“图层”面板中的“图层特性”按钮，新建三个图层。

（1）粗实线层，线宽：0.50，其余属性默认。

（2）细实线层，线宽：0.30，所有属性默认。

（3）中心线层，线宽：0.15，颜色：红色，线型：CENTER，其余属性默认。

2. 绘制中心线

将线宽显示打开。将当前图层设置为“中心线层”图层。

（1）单击“默认”选项卡“绘图”面板中的“直线”按钮，绘制相交中心线{（120,180）、（280,180）}和{（200,260）、（200,100）}，结果如图 4-31 所示。

（2）单击“默认”选项卡“绘图”面板中的“圆”按钮，捕捉中心线交点为圆心，绘制直径为 128 的圆，结果如图 4-32 所示。

（3）将当前图层设置为“粗实线层”图层。单击“默认”选项卡“绘图”面板中的“圆”按钮，捕捉中心线交点为圆心，绘制直径为 150、76 的同心圆。绘制结果如图 4-33 所示。

（4）单击“默认”选项卡“绘图”面板中的“圆”按钮，捕捉中心线与圆上交点为圆心，绘制直径为 17 的圆，绘制结果如图 4-34 所示。

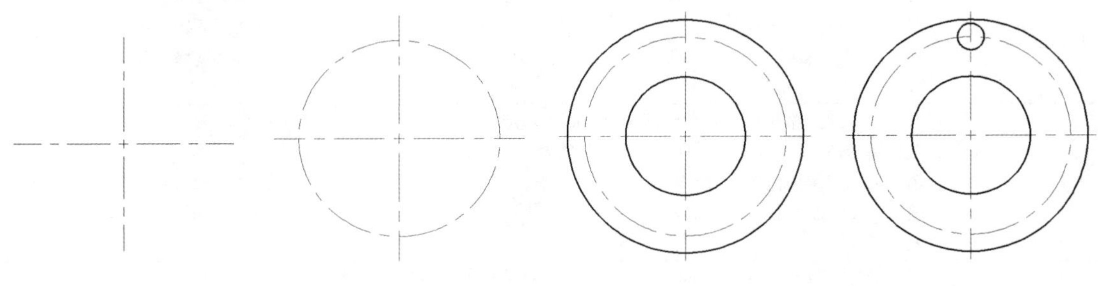
图 4-31　绘制中心线　　图 4-32　绘制圆　　图 4-33　绘制圆　　图 4-34　绘制同心圆

（5）在“图层特性管理器”下拉列表中选择“中心线层”图层，将图层设置为当前。

（6）单击“默认”选项卡“绘图”面板中的“直线”按钮，捕捉辅助直线适当点绘制中心线，绘制结果如图 4-35 所示。

（7）单击“默认”选项卡“修改”面板上“矩形阵列”下拉菜单中的“环形阵列”按钮，

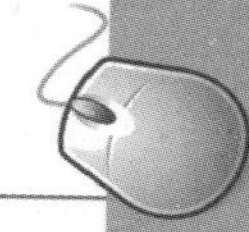

项目数设置为 8，填充角度设置为 360，命令行提示与操作如下。

```
命令：_arraypolar
选择对象：找到 1 个
选择对象：找到 1 个，总计 2 个     (选择小圆)
选择对象：↙
类型 = 极轴  关联 = 是
指定阵列的中心点或 [基点(B)/旋转轴(A)]：    (捕捉中心线圆的圆心)
选择夹点以编辑阵列或 [关联(AS)/基点(B)/项目(I)/项目间角度(A)/填充角度(F)/行(ROW)/层(L)/旋转项目(ROT)/退出(X)] <退出>: i↙
输入阵列中的项目数或 [表达式(E)] <6>: 8↙
选择夹点以编辑阵列或 [关联(AS)/基点(B)/项目(I)/项目间角度(A)/填充角度(F)/行(ROW)/层(L)/旋转项目(ROT)/退出(X)] <退出>:↙
```

阵列结果如图 4-30 所示。

动手练一练——绘制星型齿轮架

绘制如图 4-36 所示的星型齿轮架。

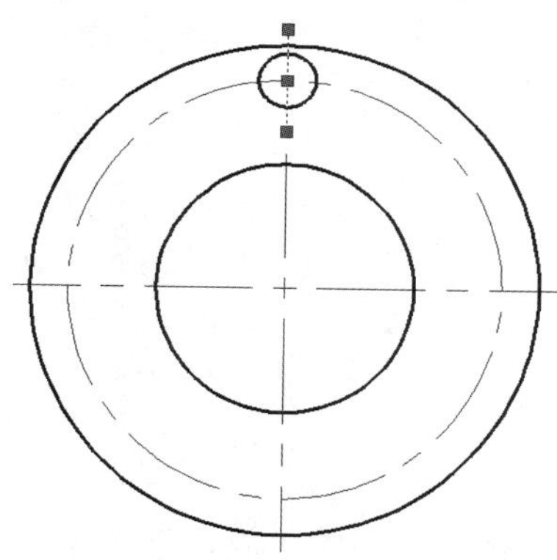

图 4-35 删除辅助线

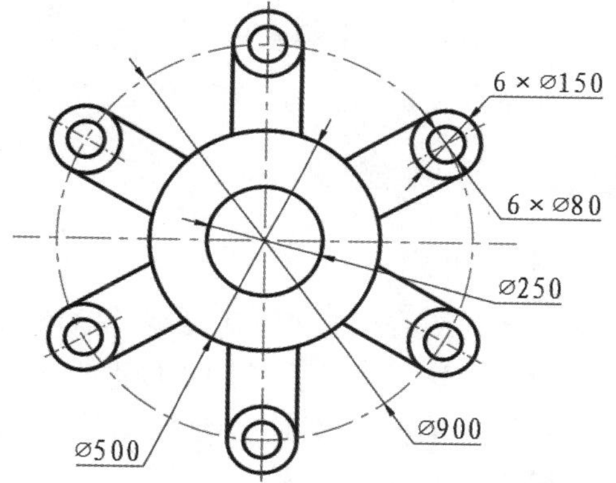

图 4-36 星型齿轮架

思路点拨

源文件：源文件\第 4 章\星型齿轮架.dwg

（1）设置图层。

（2）用“直线”和“圆”命令绘制中心线和基本图形轮廓。

（3）用“阵列”命令复制基本图形轮廓。

4.3 改变位置类命令

改变位置类编辑命令是指按照指定要求改变当前图形或图形中某部分的位置。主要包括移动、旋转和缩放命令。

4.3.1 移动命令

1. 执行方式

命令行：MOVE（快捷命令：M）。
菜单栏：选择菜单栏中的“修改”→“移动”命令。
工具栏：单击“修改”工具栏中的“移动”按钮✥。
快捷菜单：选择要复制的对象，在绘图区右击，选择快捷菜单中的“移动”命令。
功能区：单击“默认”选项卡“修改”面板中的“移动”按钮✥。

2. 操作步骤

命令行提示与操作如下。

```
命令：MOVE↙
选择对象：用前面介绍的对象选择方法选择要移动的对象，按<enter>键结束选择
指定基点或位移：指定基点或位移
指定基点或 [位移(D)] <位移>：指定基点或位移
指定第二个点或 <使用第一个点作为位移>：
```

移动命令选项功能与“复制”命令类似。

4.3.2 旋转命令

1. 执行方式

命令行：ROTATE（快捷命令：RO）。
菜单栏：选择菜单栏中的“修改”→“旋转”命令。
工具栏：单击“修改”工具栏中的“旋转”按钮↻。
快捷菜单：选择要旋转的对象，在绘图区右击，选择快捷菜单中的“旋转”命令。
功能区：单击“默认”选项卡“修改”面板中的“旋转”按钮↻。

2. 操作步骤

命令行提示与操作如下。

```
命令：ROTATE↙
UCS 当前的正角方向： ANGDIR=逆时针  ANGBASE=0
选择对象：选择要旋转的对象
指定基点：指定旋转基点，在对象内部指定一个坐标点
指定旋转角度，或 [复制(C)/参照(R)] <0>：指定旋转角度或其他选项
```

3. 选项说明

选项的含义如表 4-4 所示。

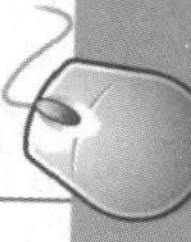

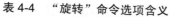

表 4-4 “旋转”命令选项含义

选 项	含 义
复制（C）	选择该选项，则在旋转对象的同时，保留原对象，如图 4-37 所示。 旋转前 旋转后 图 4-37 复制旋转
参照（R）	采用参照方式旋转对象时，命令行提示与操作如下。 指定参照角 <0>：指定要参照的角度，默认值为 0 指定新角度或[点(P)] <0>：输入旋转后的角度值 操作完毕后，对象被旋转至指定的角度位置

注意：可以用拖动鼠标的方法旋转对象。选择对象并指定基点后，从基点到当前光标位置会出现一条连线，拖动鼠标，选择的对象会动态地随着该连线与水平方向夹角的变化而旋转，按<Enter>键确认旋转操作，如图 4-38 所示。

4.3.3 实例——曲柄

本例绘制曲柄，如图 4-39 所示。根据图形绘制曲柄，绘制曲柄时，主要用到了旋转命令和镜像命令。

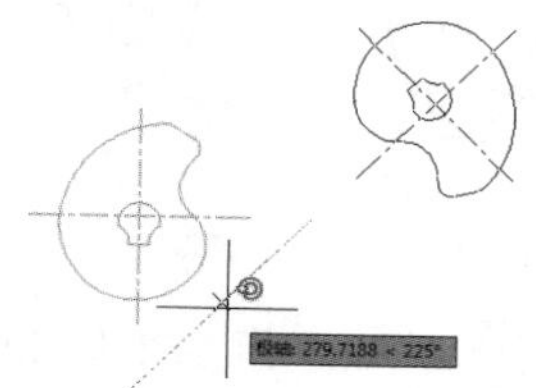

图 4-38 拖动鼠标旋转对象

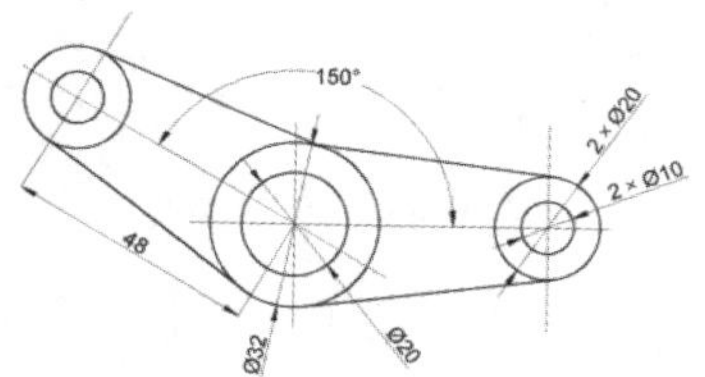

图 4-39 曲柄

绘制步骤

（1）单击“默认”选项卡“图层”面板中的“图层特性”按钮，打开“图层特性管理器”对话框。单击“新建图层”按钮，新建“中心线”“细实线”和“粗实线”3 个图层，图层设置如图 4-40 所示。

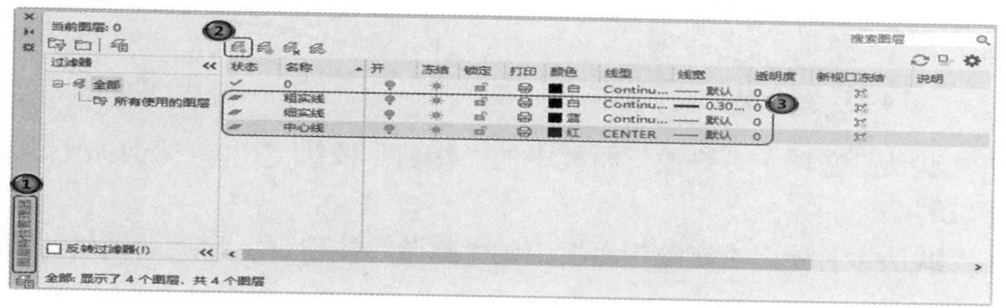

图 4-40 “图层特性管理器”对话框

（2）将“中心线”层设置为当前图层，单击“默认”选项卡“绘图”面板中的“直线”按钮╱，分别以坐标{（100,100）（180,100）}和{（120,120），（120,80）}绘制水平和竖直中心线，结果如图 4-41 所示。

（3）单击“默认”选项卡“修改”面板中的“偏移”按钮⊆，将竖直中心线向右偏移 48，结果如图 4-42 所示。

图 4-41　绘制中心线　　图 4-42　偏移中心线

（4）将“粗实线”层设置为当前图层。单击“默认”选项卡“绘图”面板中的“圆”按钮⊘，以左端对称中心线的交点为圆心，绘制直径为 32 的圆。

同样，利用“圆”命令，分别捕捉左端和右端对称中心线的交点为圆心，指定直径为 20 绘制圆。捕捉右端对称中心线的交点为圆心，指定直径为 10 绘制圆，结果如图 4-43 所示。

（5）单击“默认”选项卡“绘图”面板中的“直线”按钮╱，绘制左端Φ32 圆与右端Φ20 圆的切线，结果如图 4-44 所示。

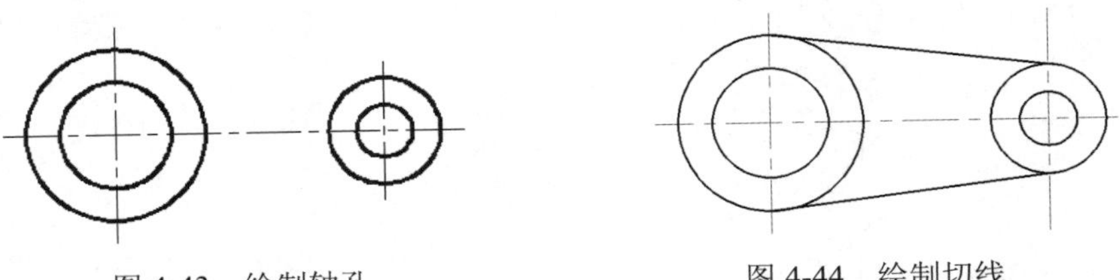

图 4-43　绘制轴孔　　图 4-44　绘制切线

（6）单击“默认”选项卡“修改”面板中的“偏移”按钮⊆，将水平中心线向上、向下偏移 3，将左边竖直对称中心线向右偏移 14.8，结果如图 4-45 所示。

（7）单击“默认”选项卡“绘图”面板中的“直线”按钮╱，绘制键槽，结果如图 4-46 所示。

图 4-45　绘制辅助线　　图 4-46　绘制键槽

（8）单击“默认”选项卡“修改”面板中的“修剪”按钮，剪掉圆弧上键槽开口部分。结果如图 4-47 所示。

（9）单击“默认”选项卡“修改”面板中的“删除”按钮，删除辅助线。结果如图 4-48 所示：

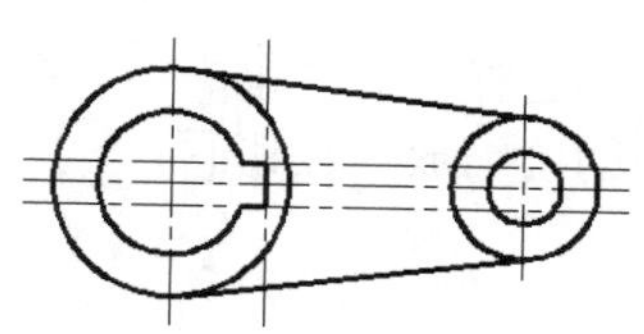

图 4-47　修建键槽

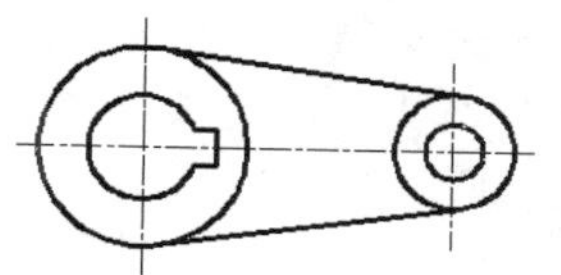

图 4-48　删除辅助线

（10）单击“默认”选项卡“修改”面板中的“旋转”按钮，将将绘制的图形进行旋转复制，命令行提示与操作如下。

```
命令: _rotate
UCS 当前的正角方向: ANGDIR=逆时针 ANGBASE=0
选择对象: (如图 4-49 所示，选择图形中要旋转的部分)
……
找到 1 个，总计 6 个
选择对象:↙
指定基点: _int 于(捕捉左边中心线的交点)
指定旋转角度，或 [复制(C)/参照(R)] <0>:C↙
旋转一组选定对象。
指定旋转角度，或 [复制(C)/参照(R)] <0>: 150↙
```

最终结果如图 4-39 所示。

动手练一练——绘制燕尾槽

绘制如图 4-50 所示的燕尾槽。

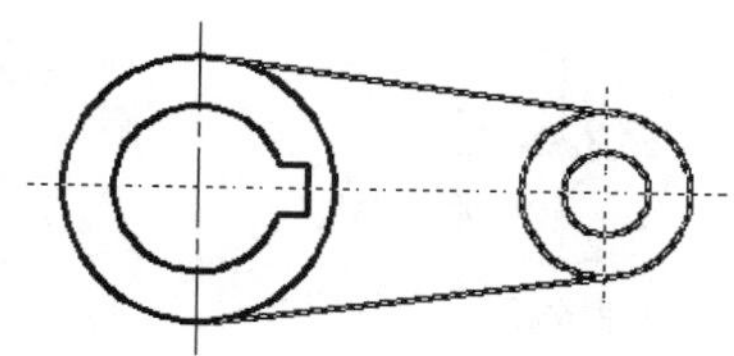

图 4-49　选择对象

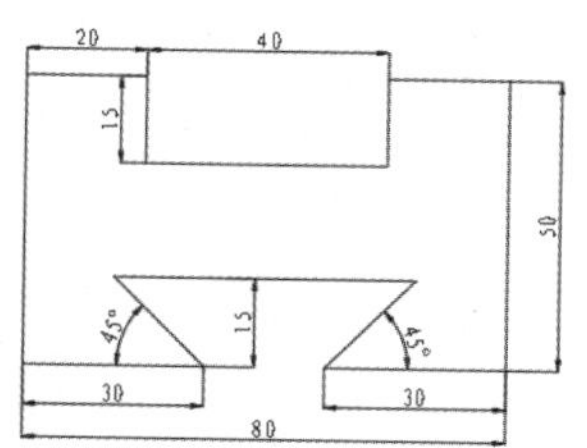

图 4-50　燕尾槽

思路点拨

源文件：源文件\第 4 章\燕尾槽.dwg

（1）用“直线”和“偏移”命令绘制基本图形轮廓。

（2）用“旋转”命令生成两条斜线。

（3）用“修剪”命令进行最后处理。

4.3.4 缩放命令

1. 执行方式

命令行：SCALE（快捷命令：SC）。

菜单栏：选择菜单栏中的“修改”→“缩放”命令。

工具栏：单击“修改”工具栏中的“缩放”按钮。

快捷菜单：选择要缩放的对象，在绘图区右击，选择快捷菜单中的“缩放”命令。

功能区：单击“默认”选项卡“修改”面板中的“缩放”按钮 。

2. 操作步骤

命令行提示与操作如下。

```
命令：SCALE↙
选择对象：选择要缩放的对象
选择对象：↙
指定基点：指定缩放基点
指定比例因子或 [复制(C)/参照(R)]:
```

3. 选项说明

选项的含义如表 4-5 所示。

表 4-5　“缩放”命令选项含义

选　项	含　义
参照	采用参照方向缩放对象时，命令行提示如下。 指定参照长度 <1>：指定参照长度值 指定新的长度或 [点(P)] <1.0000>：指定新长度值 若新长度值大于参照长度值，则放大对象；否则，缩小对象。操作完毕后，系统以指定的基点按指定的比例因子缩放对象。如果选择“点（P）”选项，则选择两点来定义新的长度
缩放	可以用拖动鼠标的方法缩放对象。选择对象并指定基点后，从基点到当前光标位置会出现一条连线，线段的长度即为比例大小。拖动鼠标，选择的对象会动态地随着该连线长度的变化而缩放，按<Enter>键确认缩放操作
复制	选择“复制（C）”选项时，可以复制缩放对象，缩放对象时，保留源对象，如图 4-51 所示。 缩放前　缩放后 图 4-51　复制缩放

4.4　改变几何特性类命令

改变几何特性类编辑命令在对指定对象进行编辑后，使编辑对象的几何特性发生改变。包括修剪、延伸、拉伸、拉长、圆角、倒角、打断等命令。

4.4.1　修剪命令

1. 执行方式

命令行：TRIM（快捷命令：TR）。

菜单栏：选择菜单栏中的“修改”→“修剪”命令。

工具栏：单击“修改”工具栏中的“修剪”按钮 。

功能区：单击“默认”选项卡“修改”面板中的“修剪”按钮 。

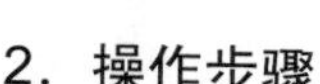

2. 操作步骤

命令行提示与操作如下。

```
命令：TRIM↙
当前设置:投影=UCS，边=无，模式=标准
选择剪切边...
选择对象或 <全部选择>: 选择用作修剪边界的对象，按<enter>键结束对象选择
选择要修剪的对象，或按住 Shift 键选择要延伸的对象，或[剪切边(T)/窗交(C)/模式(O)/投影(P)/删除(R)]:
```

3. 选项说明

选项含义如表 4-6 所示。

表 4-6 “修剪”命令选项含义

选　项	含　义
延伸	在选择对象时，如果按住<Shift>键，系统就会自动将“修剪”命令转换成“延伸”命令，“延伸”命令将在后面介绍
栏选（F）	选择“栏选（F）”选项时，系统以栏选的方式选择被修剪的对象，如图 4-52 所示
窗交（C）	选择“窗交（C）”选项时，系统以窗交的方式选择被修剪的对象，如图 4-53 所示。 选定剪切边　使用栏选选定的修剪对象　结果 图 4-52 “栏选”修剪对象 使用窗交选定剪切边　选定要修剪的对象　结果 图 4-53 “窗交”修剪对象
边（E）	选择“边（E）”选项时，可以选择对象的修剪方式。 1）延伸（E）：延伸边界进行修剪。在此方式下，如果剪切边没有与要修剪的对象相交，系统会延伸剪切边直至与对象相交，然后再修剪，如图 4-54 所示。 选择剪切边　选择要修剪的对象　修剪后的结果 图 4-54 “延伸”修剪对象 2）不延伸（N）：不延伸边界修剪对象，只修剪与剪切边相交的对象
边界和被修剪对象	被选择的对象可以互为边界和被修剪对象，此时系统会在选择的对象中自动判断边界

注意：在使用修剪命令选择修剪对象时，我们通常是逐个点击选择的，有时显得效率低，要比较快的实现修剪过程，可以先输入修剪命令“TR”或“TRIM”，然后按<Space>或<Enter>键，命令行中就会提示选择修剪的对象，这时可以不选择对象，继续按<Space>或<Enter>键，系统默认选择全部，这样做就可以很快地完成修剪过程。

4.4.2 实例——均布结构

本例绘制的均布结构，如图 4-55 所示。主要应用了圆命令 CIRCLE，直线命令 LINE，及修剪命令 TRIM 等。

绘制步骤

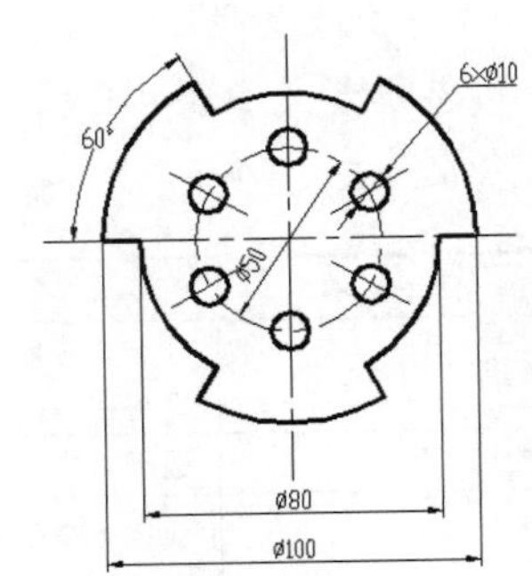

图 4-55 均布结构

（1）单击“默认”选项卡“图层”面板中的“图层特性”按钮，打开“图层特性管理器”对话框，新建两个图层：“轮廓线”层，线宽为 0.30，其余属性默认；“中心线”层，颜色设为红色，线型加载为 center，其余属性默认。

（2）将“中心线”层设置为当前层，单击“默认”选项卡“绘图”面板中的“直线”按钮，以坐标{（40,100）（160,100）}和{（100,40）（100,160）}为端点绘制中心线。

（3）单击“默认”选项卡“绘图”面板中的“圆”按钮，捕捉中心线的交点作为圆心，绘制直径为 50 的中心线圆，结果如图 4-56 所示。

注意：我们可以直接在命令行输入“L”，L 为 LINE（直线）命令的快捷命令，在绘图中使用快捷命令可以提高绘图速度。

（4）将“轮廓线”层设置为当前图层，单击“默认”选项卡“绘图”面板中的“圆”按钮，捕捉中心线的交点作为圆心，分别绘制直径为 80 和 100 的同心圆；重复圆命令，捕捉中心线圆与竖直中心线的交点作为圆心，绘制直径为 10 的小圆。

（5）单击“默认”选项卡“修改”面板中的“旋转”按钮，将直径为 10 的小圆沿逆时针和顺时针分别旋转复制 60°、120°和 180°。

（6）单击“默认”选项卡“绘图”面板中的“直线”按钮，捕捉 Φ80 圆与水平中心线的交点为起点，捕捉 Φ100 圆与水平中心线的交点为端点绘制直线。

注意：在 AutoCAD 中打开一张旧图，有时会遇到异常错误而中断退出，这时可以新建一个图形文件，而把旧图用图块的形式插入，就可以解决问题了。

（7）继续单击“默认”选项卡“绘图”面板中的“直线”按钮，利用极坐标线绘制其余直线，其中斜直线与水平中心线的夹角为 60 度，各直线均匀分布，绘制的图形如图 4-57 所示。

（8）单击“默认”选项卡“修改”面板中的“修剪”按钮，将多余的直线进行修剪操作，命令行的提示与操作如下。

```
命令：_trim
```

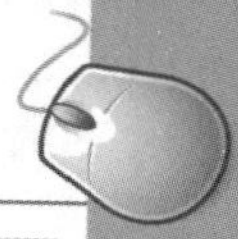


```
当前设置:投影=UCS，边=无，模式=标准
选择剪切边...
选择对象或[模式(O)] <全部选择>: 分别选择 6 条直线，如图 4-57 所示。
找到 1 个，总计 6 个
选择要修剪的对象，或按住 Shift 键选择要延伸的对象，或[剪切边(T)/栏选(F)/窗交(C)/模式(O)/投影(P)/边(E)/删除(R)/放弃(U)]: 分别选择要修剪的圆弧
```

结果如图 4-58 所示。

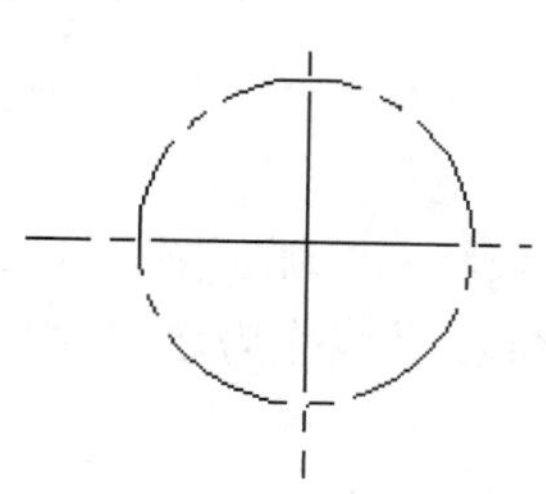

图 4-56　绘制中心线

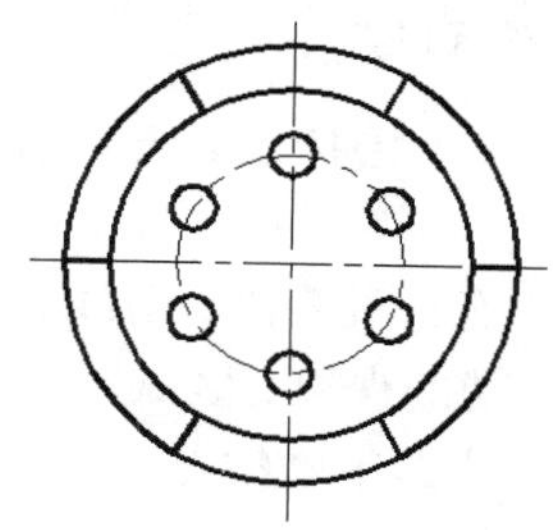

图 4-57　轮廓图

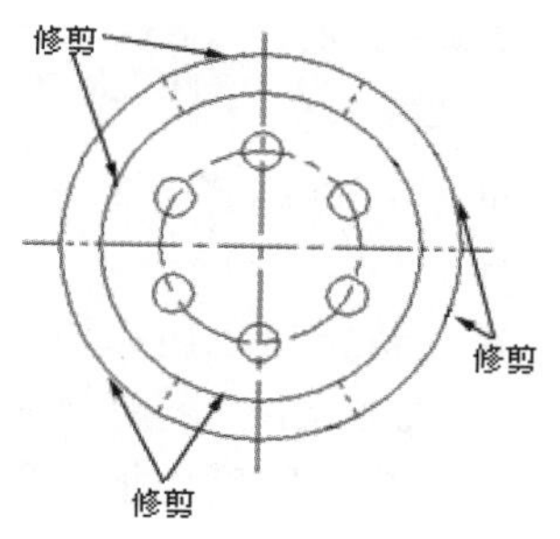

图 4-58　选择修剪对象

动手练一练——绘制胶木球

绘制如图 4-59 所示的胶木球。

思路点拨

源文件：源文件\第 4 章\胶木球.dwg

（1）设置图层。

（2）用“直线”和“圆”命令绘制中心线和基本图形轮廓。

（3）用“偏移”“修剪”和“直线”命令完成轮廓绘制。

（4）用“图案填充”命令填充剖面。

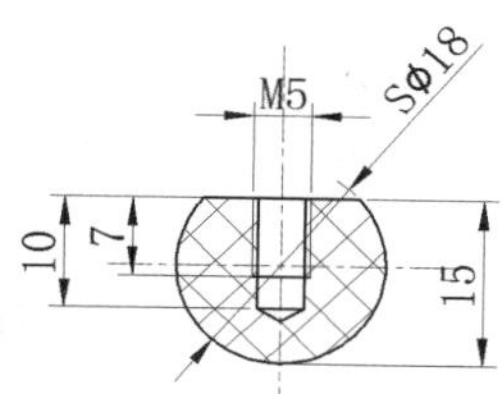

图 4-59　胶木球

4.4.3　延伸命令

延伸命令是指延伸对象直到另一个对象的边界线，如图 4-60 所示。

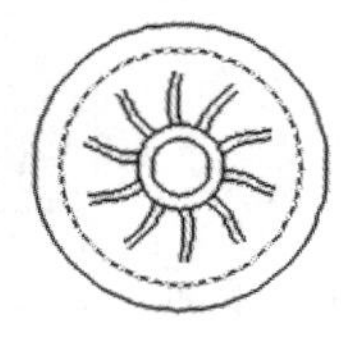

选择边界

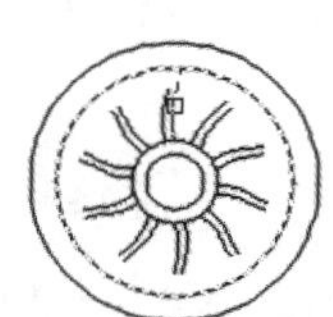

选择要延伸的对象

执行结果

图 4-60　延伸对象 1

1. 执行方式

命令行：EXTEND（快捷命令：EX）。

菜单栏：选择菜单栏中的“修改”→“延伸”命令。

工具栏：单击“修改”工具栏中的“延伸”按钮。

功能区：单击“默认”选项卡“修改”面板中的“延伸”按钮。

2. 操作步骤

命令行提示与操作如下。

```
命令：EXTEND↙
当前设置:投影=UCS，边=无，模式=标准
选择边界的边...
选择对象或[模式(O)] <全部选择>: 选择边界对象
```

此时可以选择对象来定义边界，若直接按<Enter>键，则选择所有对象作为可能的边界对象。

系统规定可以用作边界对象的对象有：直线段、射线、双向无限长线、圆弧、圆、椭圆、二维/三维多义线、样条曲线、文本、浮动的视口、区域。如果选择二维多义线作为边界对象，系统会忽略其宽度而把对象延伸至多义线的中心线。

选择边界对象后，命令行提示如下。

```
选择要延伸的对象，或按住 Shift 键选择要修剪的对象，或[边界边(B)/栏选(F)/窗交(C)/模式(O)/投影(P)/边(E)]:
```

3. 选项说明

（1）如果要延伸的对象是适配样条多义线，则延伸后会在多义线的控制框上增加新节点；如果要延伸的对象是锥形的多义线，系统会修正延伸端的宽度，使多义线从起始端平滑地延伸至新终止端；如果延伸操作导致终止端宽度可能为负值，则取宽度值为 0，操作提示如图 4-61 所示。

（2）选择对象时，如果按住<Shift>键，系统就会自动将“延伸”命令转换成“修剪”命令。

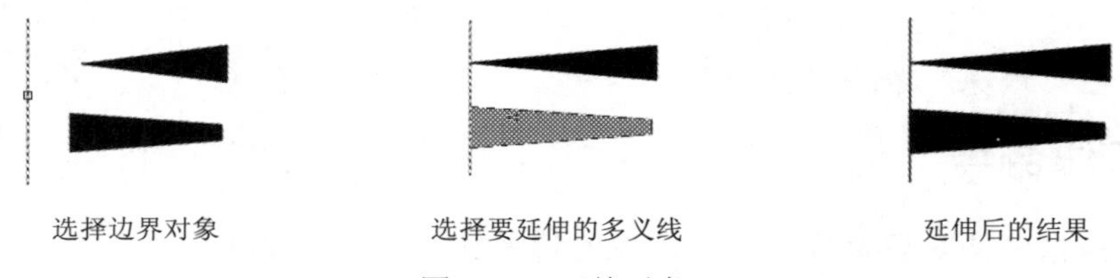

图 4-61　延伸对象 2

4.4.4 实例——通气器

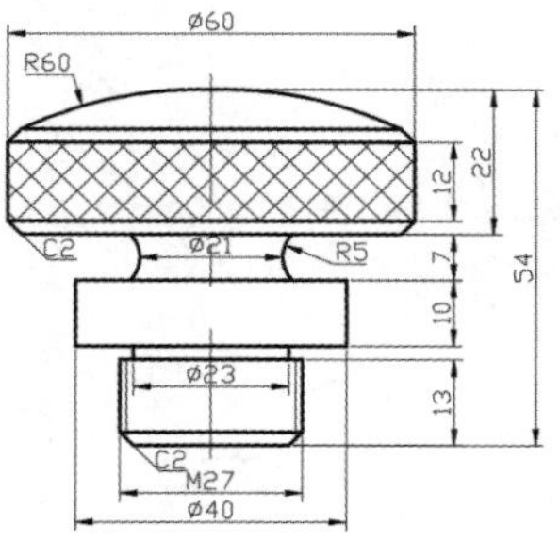

图 4-62　通气器

通气器是一个典型的轴对称零件，因此其绘制过程分为两个阶段，先详细绘制通气器某一侧图形，再调用“镜像”命令绘制通气器的另一侧图形，从而完成通气器的绘制，绘制的通气孔如图 4-62 所示。

绘制步骤

（1）单击“默认”选项卡“图层”面板中的“图层特性”按钮

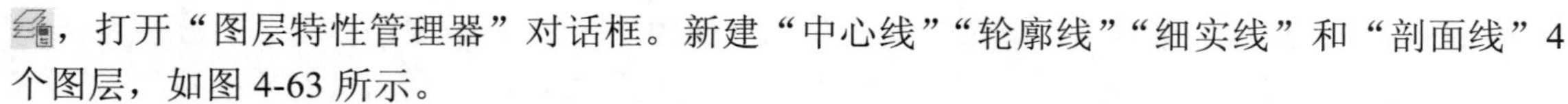

，打开“图层特性管理器”对话框。新建“中心线”“轮廓线”“细实线”和“剖面线”4个图层，如图4-63所示。

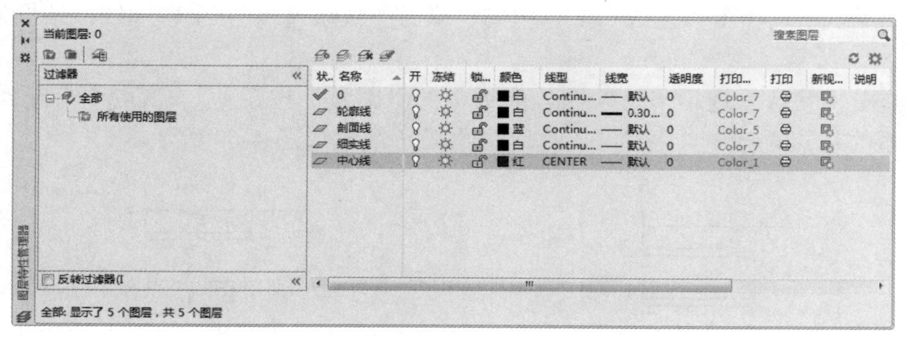

图4-63　图层设置

（2）将“中心线层”设定为当前图层。单击“默认”选项卡“绘图”面板中的“直线”按钮，绘制直线{（150,140），（150,210）}，如图4-64所示。

（3）将当前图层从“中心线”层切换到“轮廓线”层。单击“默认”选项卡“绘图”面板中的“直线”按钮，绘制直线{（110,150），（150,150）}，如图4-65所示。

（4）单击“默认”选项卡“修改”面板中的“偏移”按钮，以水平直线为基准，向上偏移量依次为15、25、32、48和54，中心线向左偏移量依次为12、13.5、20和30，并更改偏移后的中心线的图层属性为轮廓线层，结果如图4-66所示。

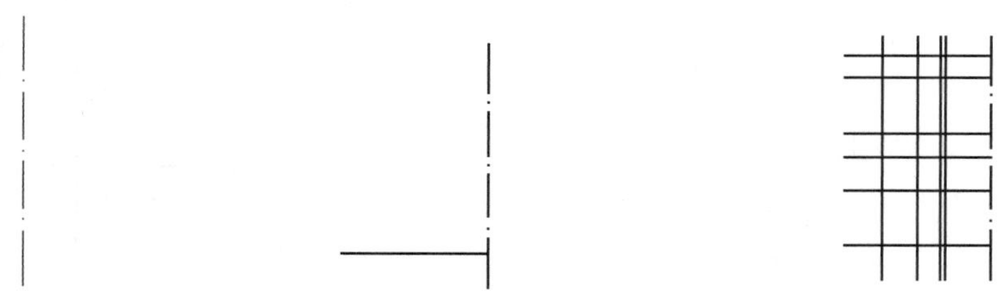

图4-64　绘制中心线　　图4-65　绘制直线　　图4-66　绘制偏移线

（5）单击“默认”选项卡“修改”面板中的“修剪”按钮，对图形进行修剪，先修剪水平直线，结果如图4-67（a）所示；再修剪竖直直线，结果如图4-67（b）所示。

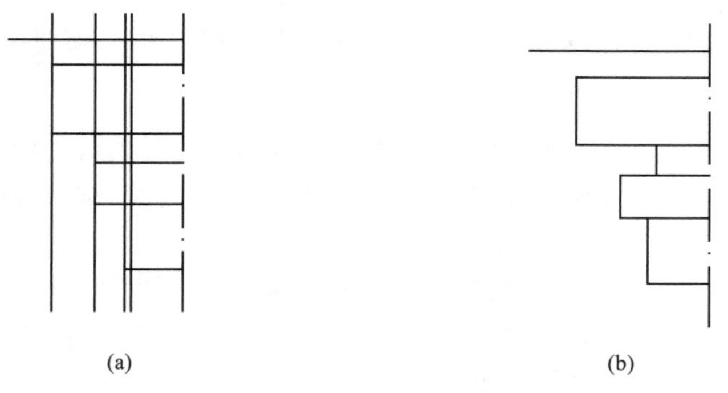

(a)　　(b)

图4-67　修剪图形

（6）单击“默认”选项卡“修改”面板中的“倒角”按钮，采用修剪、角度和距离模式：C2；单击“默认”选项卡“绘图”面板中的“直线”按钮，利用“对象捕捉”“正交”功能以及“默认”选项卡“修改”面板中的“修剪”按钮，补全轮廓线，结果如图 4-68 所示。

（7）单击“默认”选项卡“绘图”面板中的“圆弧”按钮，以点 1 为圆弧的起点，点 2 为圆弧的端点，绘制半径为 60 的顶帽圆弧，结果如图 4-69 所示。

图 4-68　顶帽倒直角　　　　图 4-69　绘制顶帽圆弧

（8）单击“默认”选项卡“绘图”面板中的“圆弧”按钮，使用相同的方法，捕捉点 3 和点 4，圆弧半径为 5，结果如图 4-70 所示。

（9）单击“默认”选项卡“修改”面板中的“删除”按钮，删除图形中多余辅助定位直线，如图 4-71 所示。

图 4-70　绘制圆弧　　　　图 4-71　删除直线

注意：绘制圆弧时，注意圆弧的曲率是遵循逆时针方向的，所以在采用指定圆弧两个端点和半径模式时，需要注意端点的指定顺序，否则有可能导致圆弧的凹凸形状与预期的相反。

（10）单击“默认”选项卡“修改”面板中的“偏移”按钮，直线 1 向下偏移量为 2，直线 2 向右偏移量为 2；端面倒直角 C2；对图形进行修剪，并补全轮廓线，结果如图 4-72 所示。

（11）单击“默认”选项卡“修改”面板中的“偏移”按钮，螺纹外径向右偏移量为 1mm，更改偏移直线的图层属性为“细实线层”，并单击“默认”选项卡“修改”面板中的“延伸”按钮，使之延长，结果如图 4-73 所示。

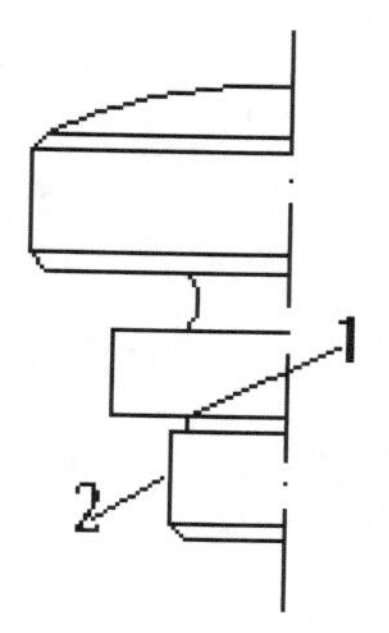

图 4-72　绘制轮廓线

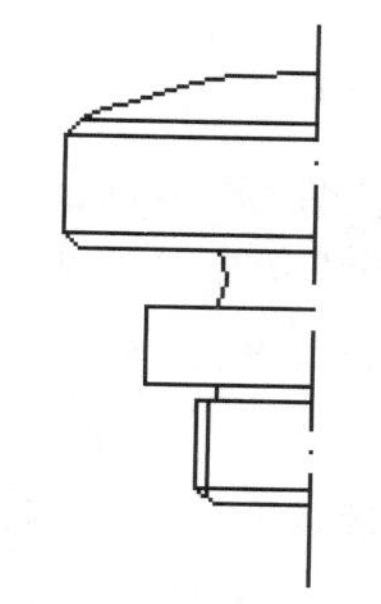

图 4-73　绘制外螺纹

（12）单击“默认”选项卡“修改”面板中的“镜像”按钮，以中心线为镜像轴，将中心线左侧图形镜像到中心线右侧，结果如图 4-74 所示。

（13）切换当前图层为“剖面线”层，单击“绘图”工具栏中的“图案填充”按钮，打开“图案填充和渐变色”对话框；在“图案填充”选项卡中，单击“图案”右侧的...按钮，打开“图案填充选项板”对话框；在 ANSI 选项卡中选择“ANSI37”填充图案，单击“确定”按钮，回到“图案填充和渐变色”对话框。单击“拾取点”按钮，暂时回到绘图窗口中，在所需填充区域中拾取任意一个点，重复拾取直至所有填充区域都被虚线框所包围，按 Enter 键结束拾取，回到“边界图案填充”对话框，单击“确定”按钮，完成图案填充操作，即完成剖面线的绘制。至此，通气器的绘制工作完成，结果如图 4-75 所示。

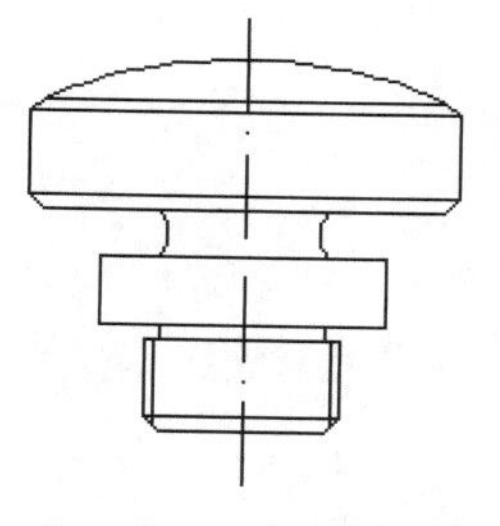

图 4-74　镜像图形

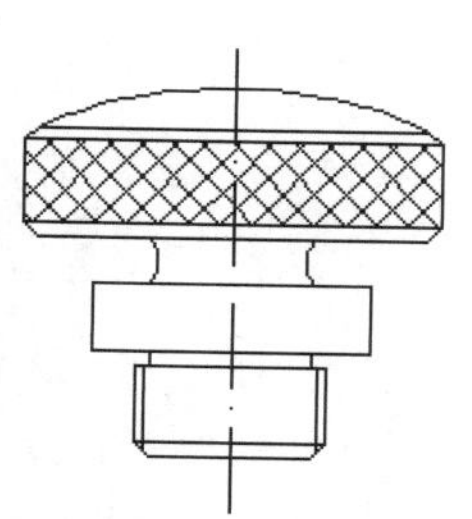

图 4-75　绘制剖面线

动手练一练——绘制螺钉

绘制如图 4-76 所示的螺钉。

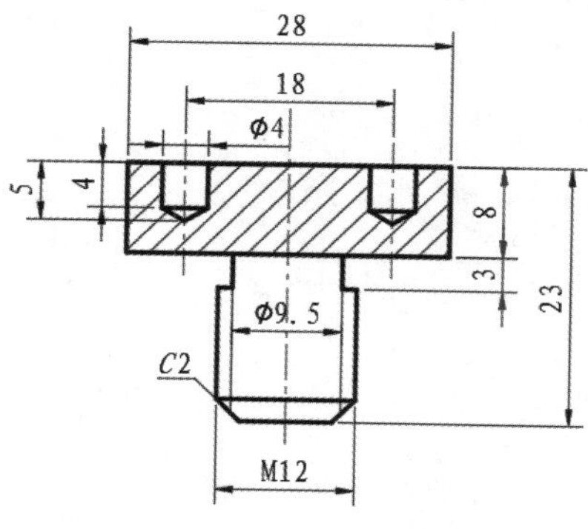

图 4-76　螺钉

源文件：源文件\第 4 章\螺钉.dwg

（1）用“直线”“偏移”和“修剪”命令绘制基本轮廓。

（2）用“直线”命令绘制出螺纹牙底线。

（3）利用“延伸”命令将螺纹牙底线延伸到倒角斜线上。

（4）利用“镜像”和“图案填充”命令进行最后完善。

4.4.5 拉伸命令

拉伸命令是指拖拉选择的对象，且使对象的形状发生改变。拉伸对象时应指定拉伸的基点和移置点。利用一些辅助工具如捕捉、钳夹功能及相对坐标等，可以提高拉伸的精度。

1. 执行方式

命令行：STRETCH（快捷命令：S）。

菜单栏：选择菜单栏中的“修改”→“拉伸”命令。

工具栏：单击“修改”工具栏中的“拉伸”按钮。

功能区：单击“默认”选项卡“修改”面板中的“拉伸”按钮。

2. 操作步骤

命令行提示与操作如下。

```
命令：STRETCH↙
以交叉窗口或交叉多边形选择要拉伸的对象...
选择对象：C↙
指定第一个角点：指定对角点：找到 2 个：采用交叉窗口的方式选择要拉伸的对象
选择对象：↙
指定基点或 [位移(D)] <位移>：指定拉伸的基点
指定第二个点或 <使用第一个点作为位移>：指定拉伸的移至点
```

此时，若指定第二个点，系统将根据这两点决定矢量拉伸的对象；若直接按<enter>键，系统会把第一个点作为 X 和 Y 轴的分量值。

拉伸命令将使完全包含在交叉窗口内的对象不被拉伸，部分包含在交叉选择窗口内的对象被拉伸，如图 4-77 所示。

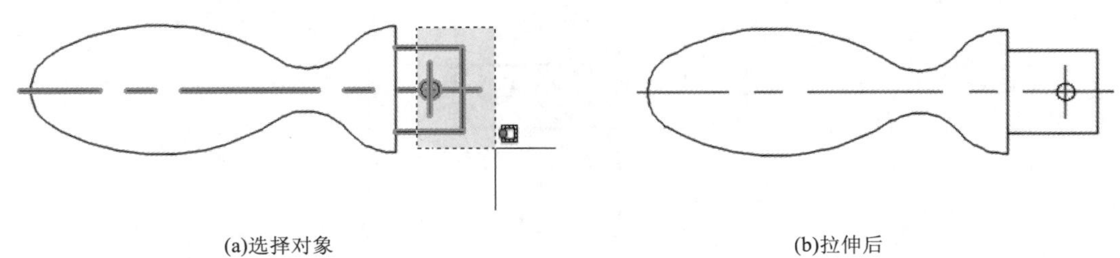

(a)选择对象　　(b)拉伸后

图 4-77　拉伸

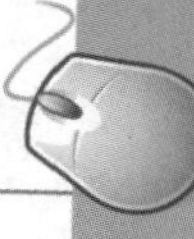

4.4.6 拉长命令

1. 执行方式

命令行：LENGTHEN（快捷命令：LEN）。
菜单栏：选择菜单栏中的“修改”→“拉长”命令。
功能区：单击“默认”选项卡“修改”面板中的“拉长”按钮。

2. 操作步骤

命令行提示与操作如下。

命令:LENGTHEN↙

选择要测量的对象或 [增量(DE)/百分比(P)/总计(T)/动态(DY)] <总计(T)>: 选择要拉长的对象

当前长度: 30.5001(给出选定对象的长度，如果选择圆弧，还将给出圆弧的夹角)

选择要测量的对象或 [增量(DE)/百分比(P)/总计(T)/动态(DY)] <总计(T)>: DE↙(选择拉长或缩短的方式为增量方式)

输入长度增量或 [角度(A)] <0.0000>: 10↙(在此输入长度增量数值。如果选择圆弧段，则可输入选项“A”，给定角度增量)

选择要修改的对象或 [放弃(U)]: 选定要修改的对象，进行拉长操作

选择要修改的对象或 [放弃(U)]: 继续选择，或按<enter>键结束命令

3. 选项说明

选项含义如表 4-7 所示。

表 4-7 “拉长”命令选项含义

选　项	含　义
增量（DE）	用指定增加量的方法改变对象的长度或角度
百分比（P）	用指定占总长度百分比的方法改变圆弧或直线段的长度
总计（T）	用指定新总长度或总角度值的方法改变对象的长度或角度
动态（DY）	在此模式下，可以使用拖拉鼠标的方法来动态地改变对象的长度或角度

4.4.7 圆角命令

圆角命令是指用一条指定半径的圆弧平滑连接两个对象。可以平滑连接一对直线段、非圆弧的多义线段、样条曲线、双向无限长线、射线、圆、圆弧和椭圆，并且可以在任何时候平滑连接多义线的每个节点。

1. 执行方式

命令行：FILLET（快捷命令：F）。
菜单栏：选择菜单栏中的“修改”→“圆角”命令。
工具栏：单击“修改”工具栏中的“圆角”按钮。
功能区：单击“默认”选项卡“修改”面板中的“圆角”按钮。

2. 操作步骤

命令行提示与操作如下。

```
命令：FILLET↙
当前设置：模式 = 修剪，半径 = 0.0000
选择第一个对象或 [放弃(U)/多段线(P)/半径(R)/修剪(T)/多个(M)]：选择第一个对象或别的选项
选择第二个对象，或按住 Shift 键选择对象以应用角点或 [半径(R)]：选择第二个对象
```

3. 选项说明

选项含义如表 4-8 所示。

表 4-8 “圆角”命令选项含义

选　　项	含　　义
多段线（P）	在一条二维多段线两段直线段的节点处插入圆弧。选择多段线后系统会根据指定的圆弧半径把多段线各顶点用圆弧平滑连接起来
修剪（T）	决定在平滑连接两条边时，是否修剪这两条边，如图 4-78 所示。 (a)修剪方式　(b)不修剪方式 图 4-78 圆角连接
多个（M）	同时对多个对象进行圆角编辑，而不必重新起用命令
按住<Shift>键并选择两条直线	按住<Shift>键并选择两条直线，可以快速创建零距离倒角或零半径圆角

4.4.8 实例——圆头平键

圆头平键也是一种通用机械零件。它的形状类似两头倒圆角的长方体，主视图成拉长的运动场跑道形状，利用“矩形”命令和“倒圆角”命令绘制；俯视图呈矩形状，利用“矩形”命令和“倒直角”命令绘制。绘制的圆头平键如图 4-79 所示。

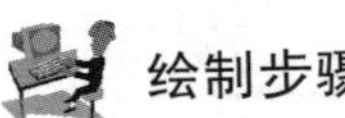

绘制步骤

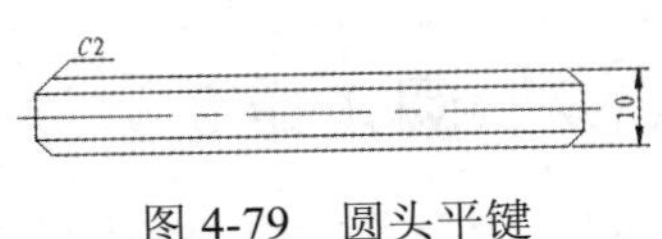

图 4-79 圆头平键

（1）单击“默认”选项卡“图层”面板中的“图层特性”按钮，打开“图层特性管理器”对话框。新建“中心线”“轮廓线”和“细实线”3 个图层，如图 4-80 所示。

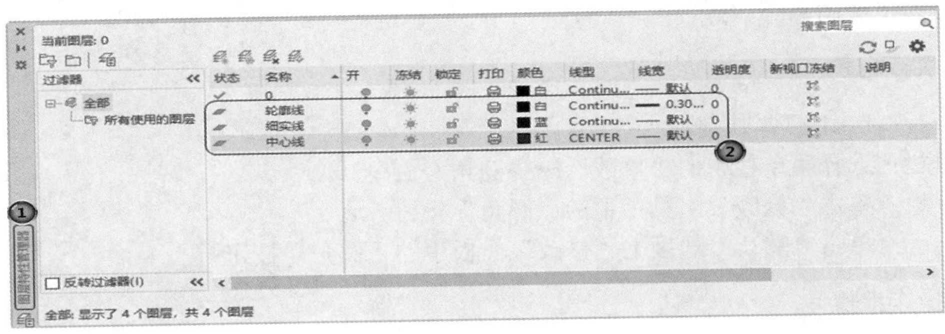

图 4-80 图层设置

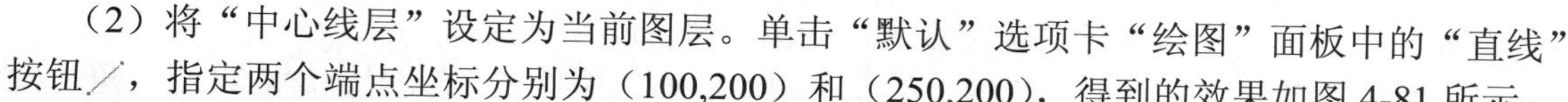

（2）将“中心线层”设定为当前图层。单击“默认”选项卡“绘图”面板中的“直线”按钮，指定两个端点坐标分别为（100,200）和（250,200），得到的效果如图 4-81 所示。

（3）对于第二条中心线{（100,120），（250,120）}，既可以再次使用“直线”命令进行绘制，还可以使用“偏移”命令。单击“默认”选项卡“修改”面板中的“偏移”按钮，将第一条中心线向下偏移 80，结果如图 4-82 所示。

（4）将“轮廓线”层设置为当前图层。单击“默认”选项卡“绘图”面板中的“矩形”按钮，采用指定矩形两个角点模式绘制两个矩形，角点坐标分别为（150,192）和（220,208）以及（152,194）和（218,206），绘制出两个矩形，效果如图 4-83 所示。

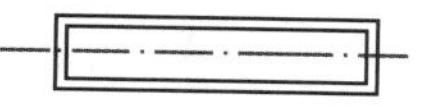

图 4-81　绘制中心线　　图 4-82　绘制偏移中心线　　图 4-83　平键主视图

（5）选择菜单中的“视图”→“缩放”→“实时”命令，此时光标变为放大镜形状，可以通过单击并按住鼠标左键的同时向上移动鼠标放大图形，向下移动鼠标缩小图形。直至调整到键的轮廓图大小合适，按 Enter 键结束缩放。

（6）选择菜单中的“视图”→“平移”→“实时”命令，此时光标变为小手形状，单击并按住鼠标左键将光标锁定在当前位置，即“小手”已经抓住图形，然后，拖动图形使其移动到所需位置上。松开鼠标左键将停止平移图形。可以反复按下鼠标左键，拖动、松开，将图形平移到其他位置上。按 Enter 键结束平移。

（7）单击“默认”选项卡“修改”面板中的“圆角”按钮，采用修剪、指定圆角半径模式，命令行提示与操作如下。

```
命令：_fillet
当前设置：模式 = 修剪，半径 = 0.0000
选择第一个对象或 [放弃(U)/多段线(P)/半径(R)/修剪(T)/多个(M)]: R↙
指定圆角半径 <0.0000>: 8↙
选择第一个对象或 [放弃(U)/多段线(P)/半径(R)/修剪(T)/多个(M)]: （选择矩形一条边）
选择第二个对象，或按住 Shift 键选择对象以应用角点或 [半径(R)]: （选择矩形另一条相邻边）
```

重复上述步骤，大矩形圆角半径为 8，小矩形圆角半径为 6。将两个矩形的 8 个直角倒成圆角。倒圆角结果如图 4-84（右图）所示。

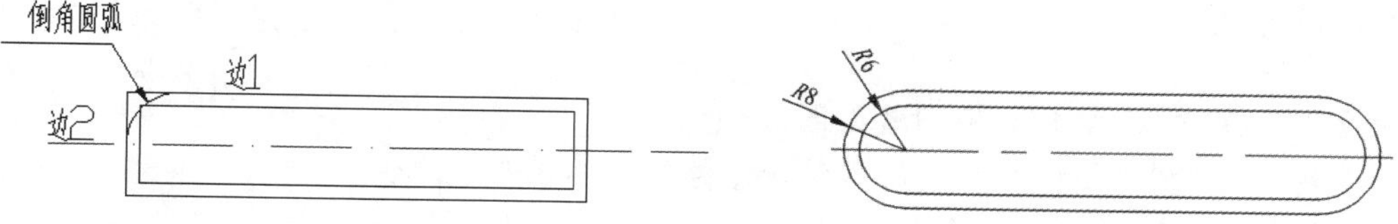

图 4-84　倒圆角

（8）再次缩放视图，此处与前面缩放命令选项不同，选择菜单栏中的“视图”→“缩放”

→“全部”命令，可直接缩放到全局视图，如图 4-85 所示。

（9）单击“默认”选项卡“绘图”面板中的“矩形”按钮▭，采用指定矩形两个角点模式，角点坐标分别为（150,115）和（220,125）绘制结果如图 4-86 所示。

（10）单击“默认”选项卡“修改”面板中的“倒角”按钮⌐，为矩形倒角，命令行提示与操作如下。

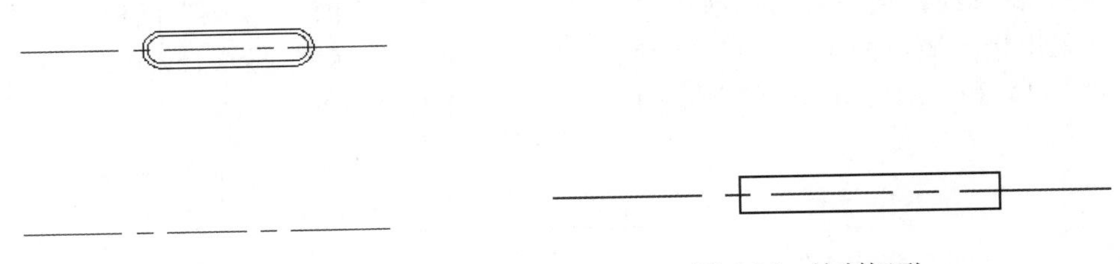

图 4-85　平键的主视图　　　图 4-86　绘制矩形

```
命令：_chamfer
（“修剪”模式）当前倒角距离 1 = 0.0000，距离 2 = 0.0000
选择第一条直线或 [放弃(U)/多段线(P)/距离(D)/角度(A)/修剪(T)/方式(E)/多个(M)]:D↙
指定第一个倒角距离：2↙
指定第二个倒角距离：2↙
选择第一条直线或 [放弃(U)/多段线(P)/距离(D)/角度(A)/修剪(T)/方式(E)/多个(M)]:
选择第二条直线，或按住 Shift 键选择直线以应用角点或 [距离(D)/角度(A)/方法(M)]: （选择矩形相邻的两个边）
```

重复上述倒直角操作，直至矩形的 4 个顶角都被倒直角。倒直角后的效果如图 4-87 所示。

（11）单击“默认”选项卡“绘图”面板中的“直线”按钮／，绘制直线{（150,117），（220,117）}和直线{（150,123），（220,123）}，平键俯视图如图 4-88 所示。

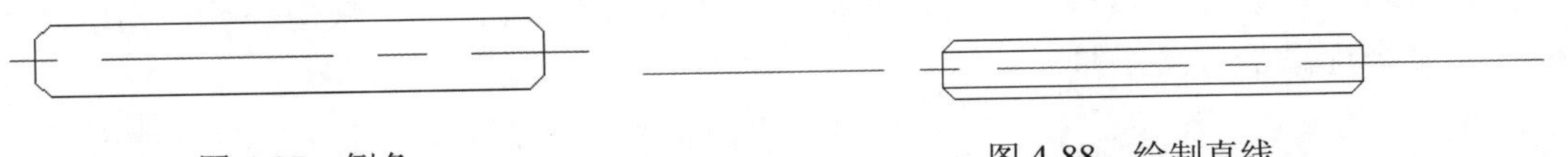

图 4-87　倒角　　　图 4-88　绘制直线

（12）修剪中心线：单击“默认”选项卡“修改”面板中的“打断”按钮⌴，删掉过长的中心线，最终结果如图 4-79 所示。

动手练一练——绘制槽钢截面图

绘制如图 4-89 所示的槽钢截面图。

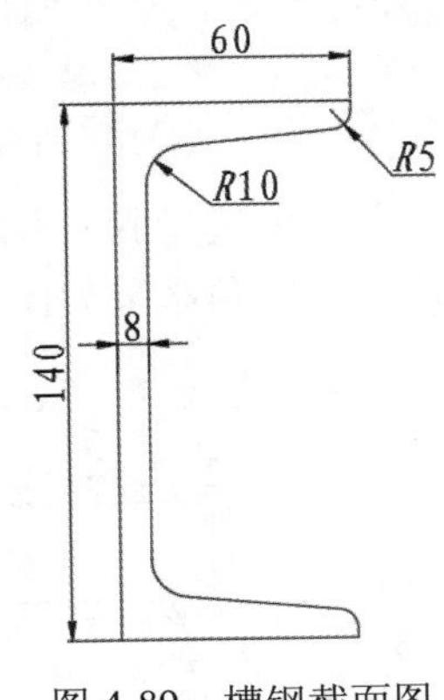

图 4-89　槽钢截面图

思路点拨

源文件：源文件\第 4 章\槽钢截面图.dwg

（1）用“直线”“偏移”和“修剪”命令绘制基本图形轮廓。

（2）用“圆角”命令进行圆角处理。

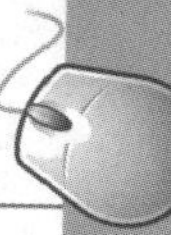

4.4.9 倒角命令

倒角命令即斜角命令，是用斜线连接两个不平行的线型对象。可以用斜线连接直线段、双向无限长线、射线和多义线。

系统采用两种方法确定连接两个对象的斜线：指定两个斜线距离，指定斜线角度和一个斜线距离，下面分别介绍这两种方法的使用。

1. 指定两个斜线距离

斜线距离是指从被连接对象与斜线的交点到被连接的两对象交点之间的距离，如图 4-90 所示。

2. 指定斜线角度和一个斜距离连接选择的对象

采用这种方法连接对象时，需要输入两个参数：斜线与一个对象的斜线距离和斜线与该对象的夹角，如图 4-91 所示。

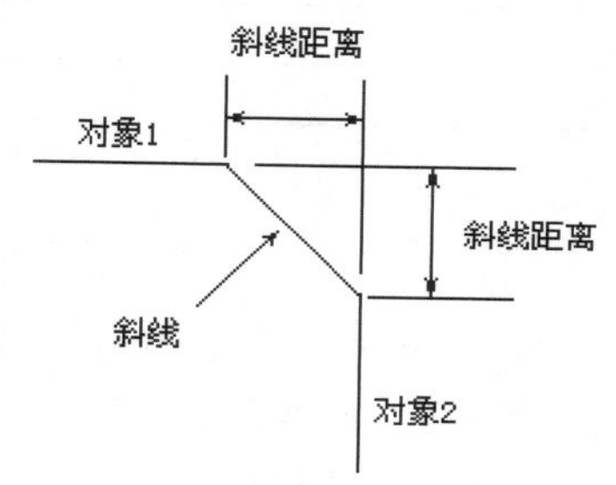

图 4-90　斜线距离

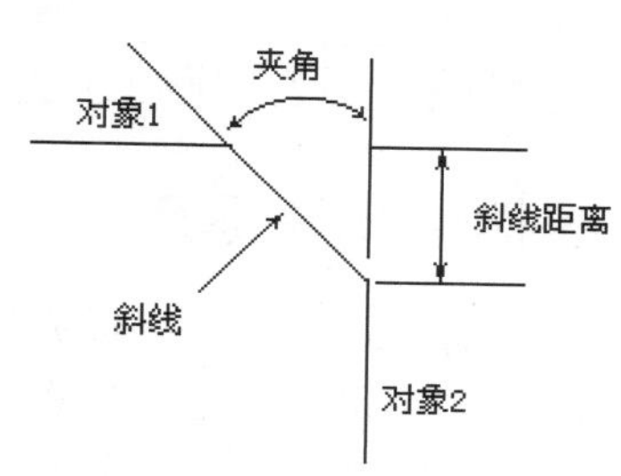

图 4-91　斜线距离与夹角

（1）执行方式

命令行：CHAMFER（快捷命令：CHA）。

菜单：选择菜单栏中的“修改”→“倒角”命令。

工具栏：单击“修改”工具栏中的“倒角”按钮。

功能区：单击“默认”选项卡“修改”面板中的“倒角”按钮。

（2）操作步骤

命令行提示与操作如下。

```
命令：CHAMFER↙
（“不修剪”模式）当前倒角距离 1 = 0.0000，距离 2 = 0.0000
选择第一条直线或 [放弃(U)/多段线(P)/距离(D)/角度(A)/修剪(T)/方式(E)/多个(M)]：选择第一条直线或别的选项
选择第二条直线，或按住 Shift 键选择直线以应用角点或 [距离(D)/角度(A)/方法(M)]：选择第二条直线
```

（3）选项说明

选项含义如表 4-9 所示。

表 4-9　“倒角”命令选项含义

选　　项	含　　义
多段线（P）	对多段线的各个交叉点倒斜角。为了得到最好的连接效果，一般设置斜线是相等的值，系统根据指定的斜线距离把多段线的每个交叉点都作斜线连接，连接的斜线成为多段线新的构成部分，如图 4-92 所示。 (a)选择多段线　(b)倒斜角结果 图 4-92　斜线连接多段线
距离（D）	选择倒角的两个斜线距离。这两个斜线距离可以相同也可以不相同，若二者均为 0，则系统不绘制连接的斜线，而是把两个对象延伸至相交并修剪超出的部分
角度（A）	选择第一条直线的斜线距离和第一条直线的倒角角度
修剪（T）	与圆角连接命令“FILLET”相同，该选项决定连接对象后是否剪切源对象
方式（E）	决定采用“距离”方式还是“角度”方式来倒斜角
多个（M）	同时对多个对象进行倒斜角编辑

4.4.10　实例——油标尺

油标尺零件具有轴对称性，可以先绘制左侧一半图形，再利用镜像方法绘制中心线右侧的图形。在绘制过程中，将油标尺从下到上分为标尺、连接螺纹、密封环和油标尺帽 4 个部分分别绘制，绘制的油标尺如图 4-93 所示。

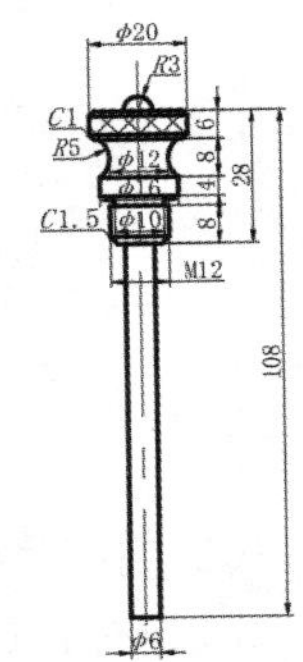

图 4-93　油标尺

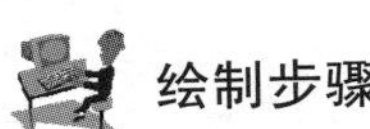

绘制步骤

（1）单击“默认”选项卡“图层”面板中的“图层特性”按钮，打开“图层特性管理器”对话框。新建“中心线”“轮廓线”“细实线”和“剖面线”4 个图层，如图 4-94 所示。

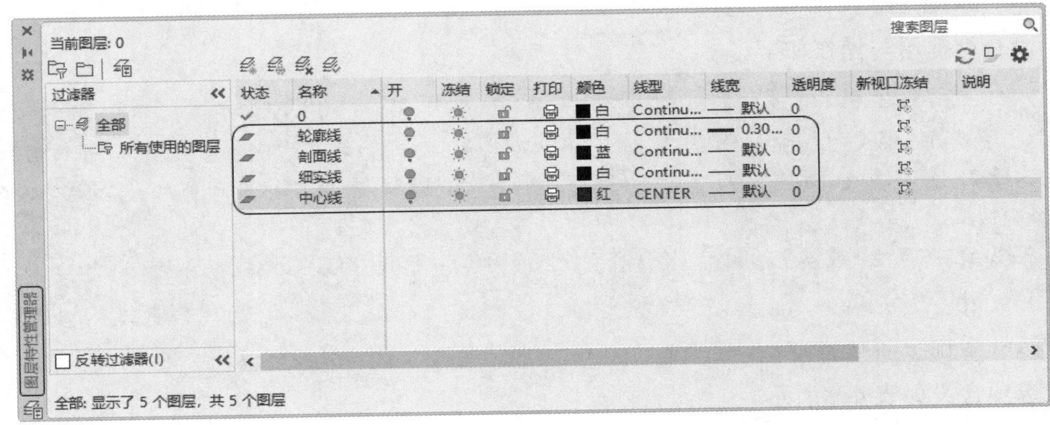

图 4-94　图层设置

（2）将“中心线”层设定为当前图层。单击“默认”选项卡“绘图”面板中的“直线”按钮，绘制直线{（150,100），（150,250）}，如图 4-95 所示。

（3）将“轮廓线”层设置为当前图层。单击“默认”选项卡“绘图”面板中的“直线”按钮，绘制直线 1{（140,110），（160,110）}，直线 2{（140,110），（140,220）}，如图 4-96 所示。

（4）单击“默认”选项卡“修改”面板中的“偏移”按钮，水平直线向上偏移，偏移量依次为 80、90、102 和 108，竖直直线向右偏移量依次为 2、4 和 7。结果如图 4-97 所示。

（5）单击“默认”选项卡“修改”面板中的“修剪”按钮，对图形进行修剪，结果如图 4-98 所示。

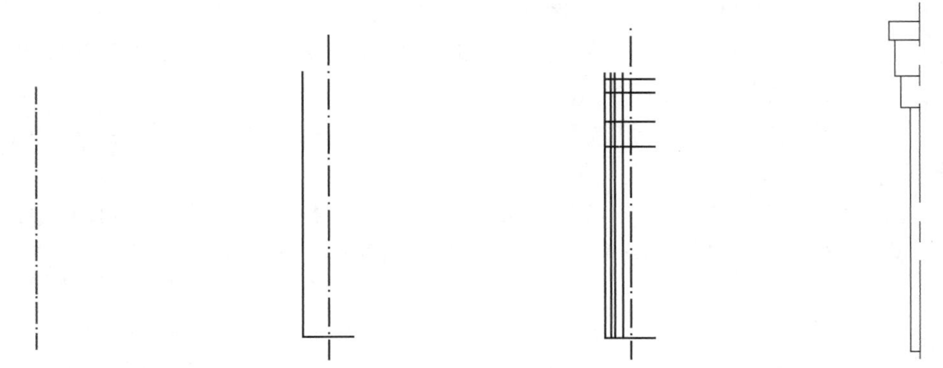

图 4-95　绘制中心线　　图 4-96　绘制边界线　　图 4-97　绘制偏移线　　图 4-98　图形修剪

（6）单击“默认”选项卡“修改”面板中的“偏移”按钮，将直线 1 向下偏移量为 2；将直线 2 向右偏移量为 1。结果如图 4-99 所示。

（7）单击“默认”选项卡“修改”面板中的“修剪”按钮，修剪偏移生成的直线，结果如图 4-100 所示。

（8）单击“默认”选项卡“修改”面板中的“倒角”按钮，将图 4-101 直线 2 与其下面相交直线形成的夹角倒直角 C1.5，命令行提示与操作如下。

```
命令: _chamfer
("修剪"模式) 当前倒角距离 1 = 0.0000，距离 2 = 0.0000
选择第一条直线或 [放弃(U)/多段线(P)/距离(D)/角度(A)/修剪(T)/方式(E)/多个(M)]: d↙
指定 第一个 倒角距离 <0.0000>: 1.5↙
指定 第二个 倒角距离 <1.5000>:↙
选择第一条直线或 [放弃(U)/多段线(P)/距离(D)/角度(A)/修剪(T)/方式(E)/多个(M)]:选择图
选择第二条直线，或按住 Shift 键选择直线以应用角点或 [距离(D)/角度(A)/方法(M)]:
```

（9）单击“默认”选项卡“绘图”面板中的“直线”按钮，在倒角交点绘制一条与中心线相交的水平线，结果如图 4-102 所示。

（10）单击“默认”选项卡“修改”面板中的“修剪”按钮，对图形进行修剪，将直线 3 的图层属性更改为“细实线”层，如图 4-103 所示。

（11）单击“默认”选项卡“修改”面板中的“偏移”按钮，水平直线 5 向上偏移，偏移量依次为 4 和 8，中心线向左偏移量为 6。

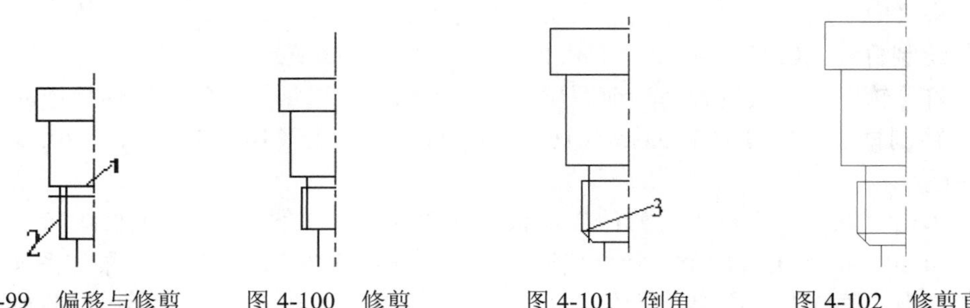

图 4-99　偏移与修剪　　图 4-100　修剪　　图 4-101　倒角　　图 4-102　修剪直线

（12）单击“默认”选项卡“绘图”面板中的“圆弧”按钮，使用 3 点绘制方式，选择点 6、点 7 和点 8 绘制圆弧，结果如图 4-103 所示。

（13）单击“默认”选项卡“修改”面板中的“删除”按钮和“修剪”按钮，对图形进行修剪编辑，结果如图 4-104 所示。

（14）单击“默认”选项卡“修改”面板中的“偏移”按钮，将图 4-97 中最上面两条水平线分别向内偏移 1。

（15）单击“默认”选项卡“修改”面板中的“倒角”按钮，将图 4-101 中最上面两条水平线与左边竖线夹角倒角，距离为 1，绘制结果如图 4-105 所示。

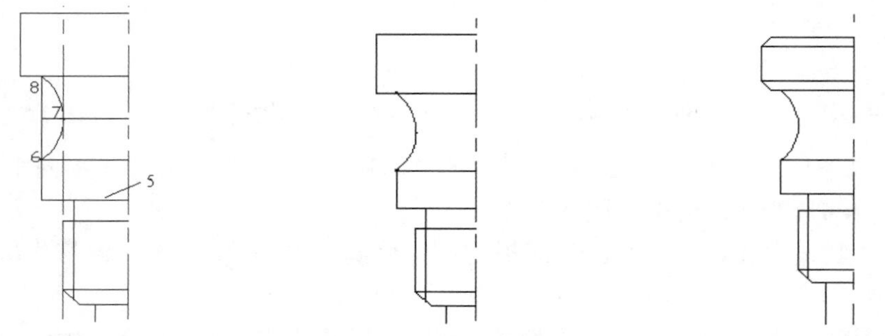

图 4-103　绘制偏移直线和圆弧　　图 4-104　修剪图形　　图 4-105　偏移直线和倒圆

（16）单击“默认”选项卡“绘图”面板中的“圆”按钮，以中心线与顶面交点为圆心，绘制半径为 3 的圆；并修剪为 1/4 圆弧，如图 4-106 所示。

（17）单击“默认”选项卡“修改”面板中的“镜像”按钮，以中心线为镜像轴，将中心线左侧图形镜像到中心线右侧，结果如图 4-107 所示。

图 4-106　绘制圆弧　　图 4-107　镜像图形

（18）将当前层设置为“剖面层”。单击“默认”选项卡“绘图”面板中的“图案填充”按钮，打开“图案填充创建”选项卡；在“图案填充图案”下拉列表中选择“ANSI37”填充图案，单击“拾取点”按钮，在所需填充区域中任意拾取一点，完成图案填充操作，即完成剖面线的绘制。至此，完成油标尺的绘制工作，结果如图 4-93 所示。

动手练一练——绘制销轴

绘制如图 4-108 所示的销轴。

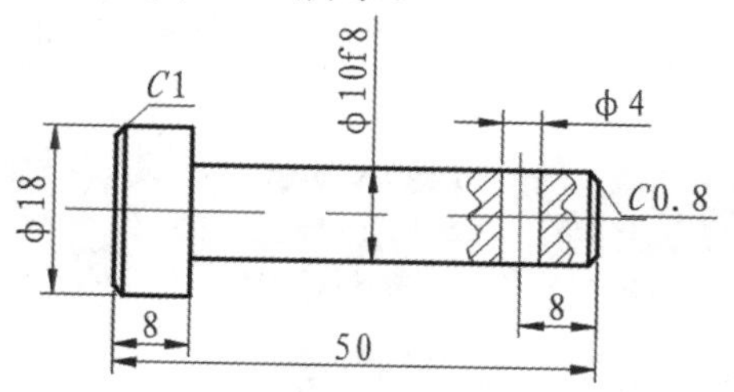

图 4-108　销轴

思路点拨

源文件：源文件\第 4 章\销轴.dwg

（1）设置图层。

（2）用“直线”命令绘制中心线和基本图形轮廓。

（3）用“倒角”和“直线”命令绘制倒角。

（4）用“镜像”命令进行对称处理。

（5）用“样条曲线”和“图案填充”命令绘制和填充剖面。

4.4.11 打断命令

1．执行方式

命令行：BREAK（快捷命令：BR）。

菜单栏：选择菜单栏中的“修改”→“打断”命令。

工具栏：单击“修改”工具栏中的“打断”按钮。

功能区：单击“默认”选项卡“修改”面板中的“打断”按钮。

2．操作步骤

命令行提示与操作如下。

```
命令：BREAK↙
选择对象：选择要打断的对象
指定第二个打断点或 [第一点(F)]：指定第二个断开点或输入“F”↙
```

3．选项说明

如果选择“第一点（F）”选项，系统将放弃前面选择的第一个点，重新提示用户指定两个断开点。

4.4.12 打断于点命令

打断于点命令是指在对象上指定一点，从而把对象在此点拆分成两部分，此命令与打断命令类似。

1．执行方式

命令行：BREAK（快捷命令：BR）。

工具栏：单击“修改”工具栏中的“打断于点”按钮。
功能区：单击“默认”选项卡“修改”面板中的“打断于点”按钮。

2. 操作步骤

单击“默认”选项卡“修改”面板中的“打断于点”按钮，命令行提示与操作如下。

```
命令：_breakatpoint
选择对象：(选择要打断的对象)
指定打断点：(选择打断点)
```

4.4.13 分解命令

1. 执行方式

命令行：EXPLODE（快捷命令：X）。
菜单栏：选择菜单栏中的“修改”→“分解”命令。
工具栏：单击“修改”工具栏中的“分解”按钮。
功能区：单击“默认”选项卡“修改”面板中的“分解”按钮。

2. 操作步骤

```
命令：EXPLODE↙
选择对象：选择要分解的对象
选择一个对象后，该对象会被分解，系统继续提示该行信息，允许分解多个对象。
```

注意：分解命令是将一个合成图形分解为其部件的工具。例如，一个矩形被分解后就会变成 4 条直线，且一个有宽度的直线分解后就会失去其宽度属性。

4.4.14 实例——支撑轴

本例绘制支撑轴平面图，如图 4-109 所示。本例主要用到了直线命令、偏移命令、圆命令、删除、修剪命令和旋转命令。

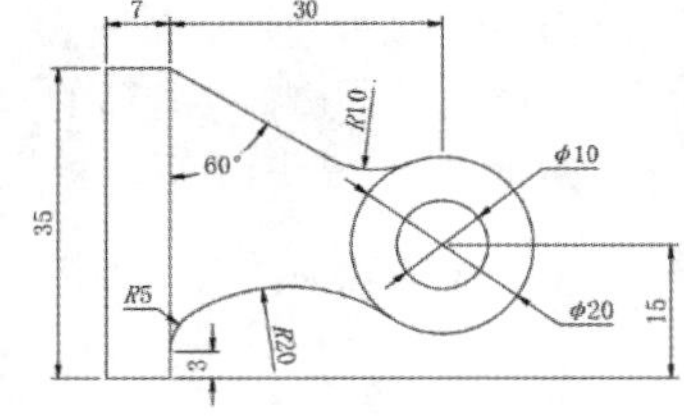

图 4-109 支撑轴

绘制步骤

（1）单击“默认”选项卡“绘图”面板中的“矩形”按钮，绘制底座，尺寸为 7×35，结果如图 4-110 所示。

（2）单击“默认”选项卡“修改”面板中的“分解”按钮，将矩形进行分解，命令行提示与操作如下。

```
命令：_explode
选择对象：(用窗选方式将上一步绘制的矩形选中)↙
指定对角点：找到 1 个
```

结果将矩形分解。

（3）单击“默认”选项卡“修改”面板中的“偏移”按钮，将线段 1 向右偏移 5。

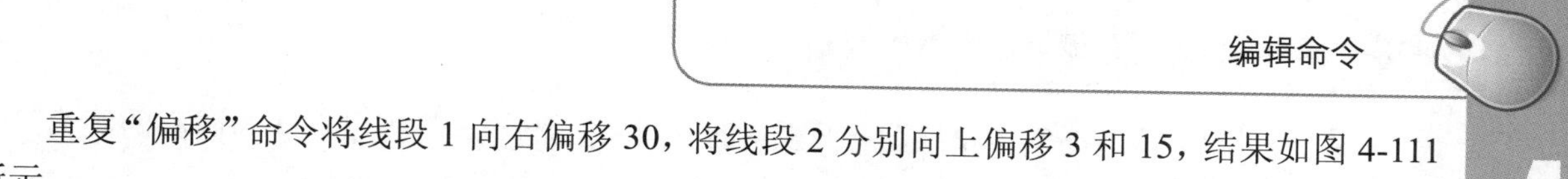

重复“偏移”命令将线段 1 向右偏移 30，将线段 2 分别向上偏移 3 和 15，结果如图 4-111 所示。

（4）用鼠标双击偏移后的线段端点，当出现红色编辑点时按住鼠标左键拖动鼠标进行拉伸，结果如图 4-112 所示。

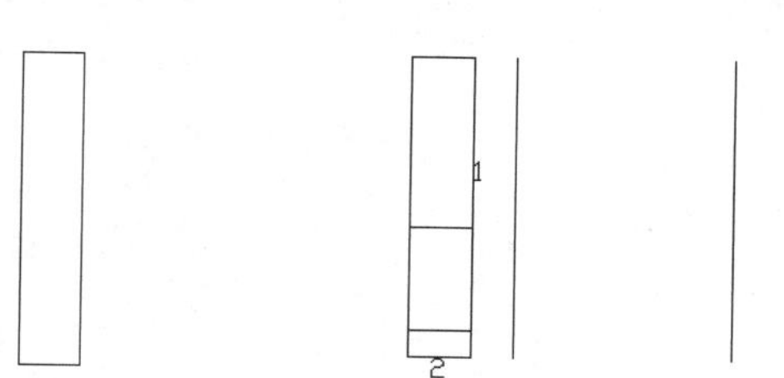

图 4-110　绘制底座

图 4-111　偏移处理

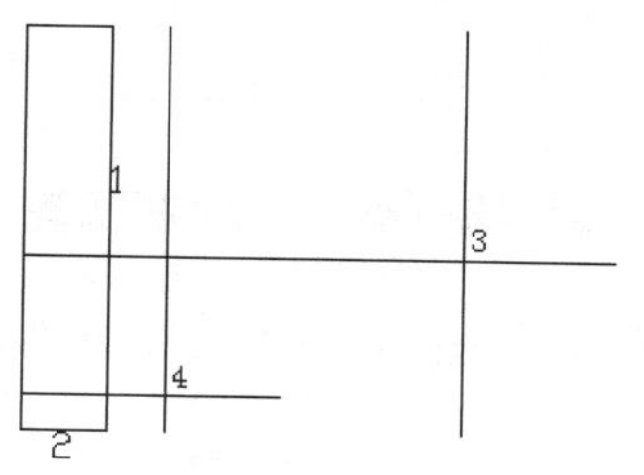

图 4-112　拉伸结果

注意：钳夹拉伸即使用时用鼠标双击偏移后的线段端点，当出现红色编辑点时按住鼠标左键拖动鼠标进行拉伸。在绘图过程中尽量使用夹钳功能可以大大提高绘图效率。读者以后在绘图中应多加练习。

（5）单击“默认”选项卡“绘图”面板中的“圆”按钮，以点 3 为圆心绘制半径为 5 和 10 的同心圆，然后以点 4 为圆心，绘制半径为 5 的圆，结果如图 4-113 所示。

（6）单击“默认”选项卡“修改”面板中的“删除”按钮，将多余线段剪掉，结果如图 4-114 所示。

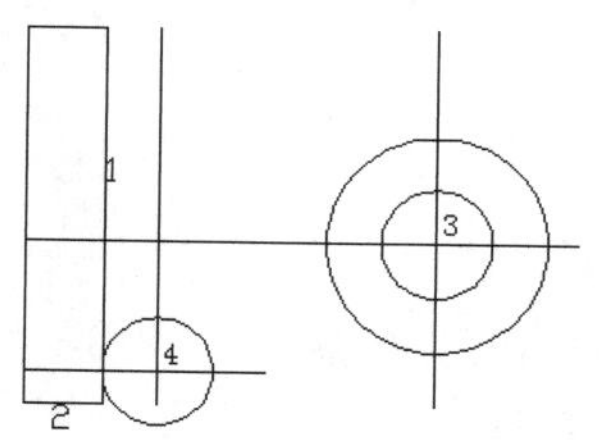

图 4-113　绘制圆

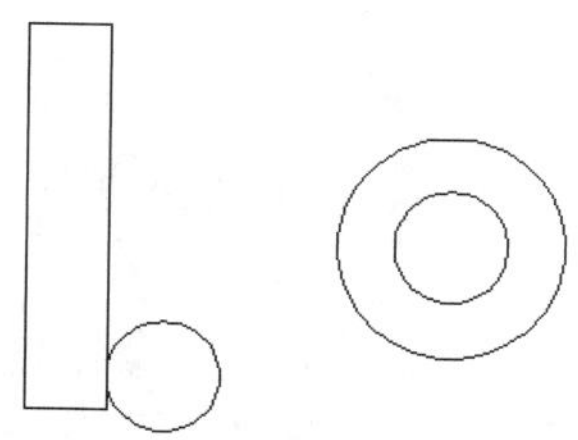

图 4-114　删除结果

（7）单击“默认”选项卡“绘图”面板中的“直线”按钮，绘制一条与线段 1 垂直的直线，结果如图 4-115 所示。

（8）单击“默认”选项卡“修改”面板中的“旋转”按钮，将所画直线以线段 1 与第 6 步得到的线段的交点为基点，旋转-30°，结果如图 4-116 所示。

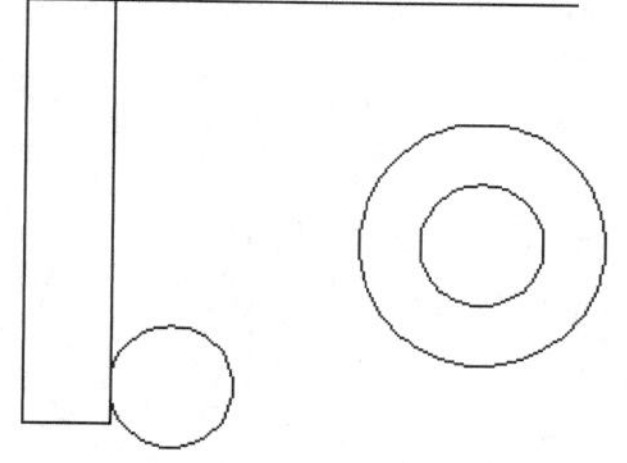

图 4-115　绘制直线

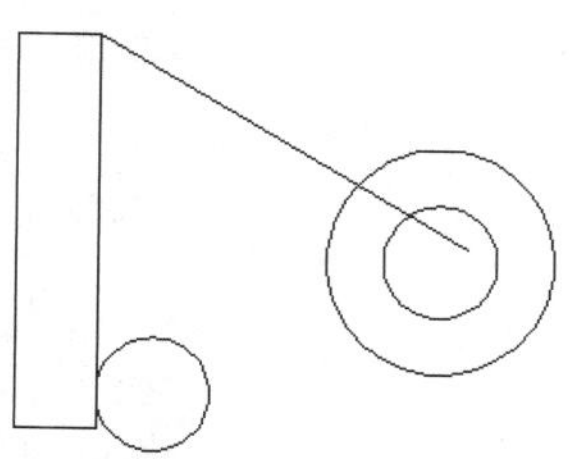

图 4-116　旋转处理

（9）单击“默认”选项卡“绘图”面板中的“圆”按钮，捕捉以点 4 为圆心的圆为第一个切点，以点 3 为圆心半径为 10 的圆为第二个切点，绘制半径为 20 的圆。

重复上述命令绘制与以点 3 为圆心半径为 10 的圆和旋转后的线段相切的圆，半径为 10。结果如图 4-117 所示。

（10）单击“默认”选项卡“修改”面板中的“修剪”按钮，修剪相关图线，结果如图 4-109 所示。

动手练一练——绘制槽轮

绘制如图 4-118 所示的槽轮。

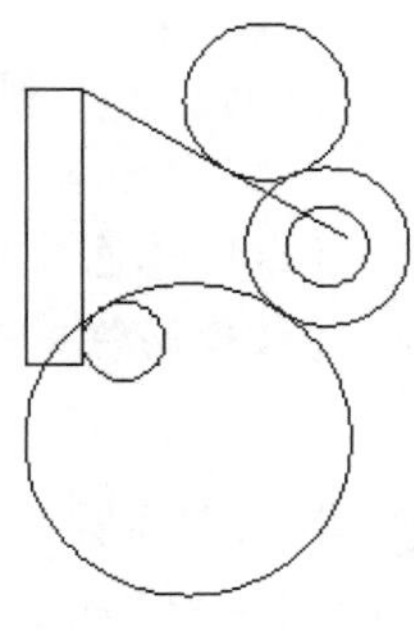

图 4-117　绘制圆

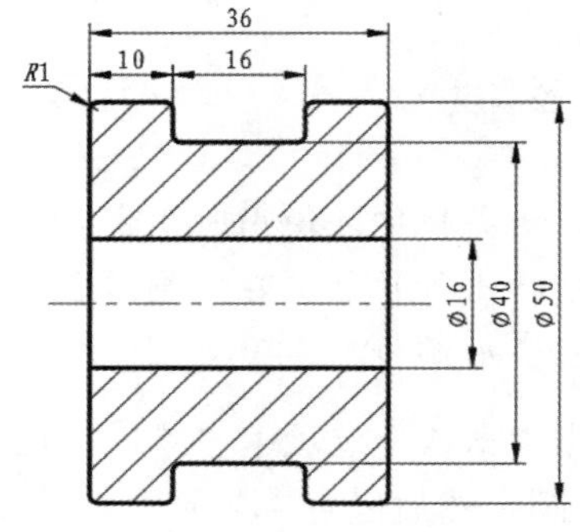

图 4-118　槽轮

思路点拨

源文件：源文件\第 4 章\槽轮.dwg

（1）设置图层。

（2）用“直线”和“矩形”命令绘制中心线和基本图形轮廓。

（3）用“分解”和“偏移”命令分解矩形并进行偏移。

（4）用“修剪”和“圆角”命令进行处理。

（5）用“图案填充”命令填充剖面。

4.4.15　合并命令

可以将直线、圆、椭圆弧和样条曲线等独立的图线合并为一个对象，如图 4-119 所示。

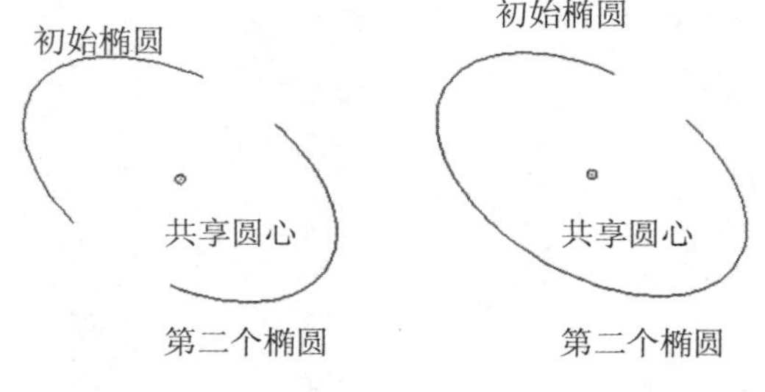

图 4-119　合并对象

1. 执行方式

命令行：JOIN。
菜单：选择菜单栏中的“修改”→“合并”命令。
工具栏：单击“修改”工具栏中的“合并”按钮⁺⁺。
功能区：单击“默认”选项卡“修改”面板中的“合并”按钮⁺⁺。

2. 操作步骤

命令行提示与操作如下。

```
命令：JOIN↙
选择源对象或要一次合并的多个对象：(选择一个对象)
选择要合并的对象：(选择另一个对象)
选择要合并的对象：↙
```

4.5 删除及恢复类命令

删除及恢复类命令主要用于删除图形某部分或对已被删除的部分进行恢复。包括删除、恢复、重做、清除等命令。

4.5.1 删除命令

如果所绘制的图形不符合要求或不小心错绘了图形，可以使用删除命令“ERASE”把其删除。

执行方式如下。

命令行：ERASE（快捷命令：E）。
菜单栏：选择菜单栏中的“修改”→“删除”命令。
工具栏：单击“修改”工具栏中的“删除”按钮。
功能区：单击“默认”选项卡“修改”面板中的“删除”按钮。
快捷菜单：选择要删除的对象，在绘图区右击，选择快捷菜单中的“删除”命令。

可以先选择对象后再调用删除命令，也可以先调用删除命令后再选择对象。选择对象时可以使用前面介绍的对象选择的各种方法。

当选择多个对象时，多个对象都被删除；若选择的对象属于某个对象组，则该对象组中的所有对象都被删除。

注意：在绘图过程中，如果出现了绘制错误或绘制了不满意的图形，需要删除时，可以单击“快速访问”工具栏中的“放弃”按钮，也可以按<Delete>键，命令行提示“_.erase”。删除命令可以一次删除一个或多个图形，如果删除错误，可以利用“放弃”按钮来补救。

4.5.2 恢复命令

若不小心误删了图形，可以使用恢复命令“OOPS”，恢复误删的对象。

执行方式如下。

命令行：OOPS 或 U。

工具栏：单击“标准”工具栏中的“放弃”按钮。

快捷键：按<Ctrl>+<Z>键。

4.5.3 清除命令

此命令与删除命令功能完全相同。

执行方式如下。

快捷键：按<Delete>键。

执行上述命令后，命令行提示如下。

```
选择对象：选择要清除的对象，按<enter>键执行清除命令。
```

4.6 对象约束

约束能够精确地控制草图中的对象。草图约束有两种类型：几何约束和尺寸约束。

几何约束建立草图对象的几何特性（如要求某一直线具有固定长度），或是两个或更多草图对象的关系类型（如要求两条直线垂直或平行，或是几个圆弧具有相同的半径）。在绘图区用户可以使用“参数化”选项卡内的“全部显示”“全部隐藏”或“显示”来显示有关信息，并显示代表这些约束的直观标记，如图 4-120 所示的水平标记和共线标记。

尺寸约束建立草图对象的大小（如直线的长度、圆弧的半径等），或是两个对象之间的关系（如两点之间的距离）。如图 4-121 所示为带有尺寸约束的图形示例。

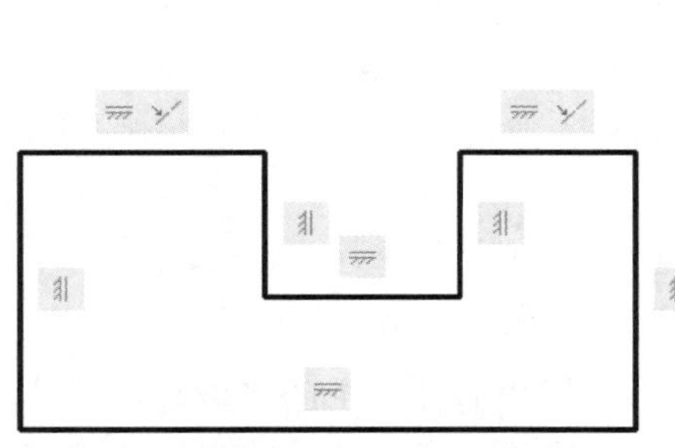

图 4-120 “几何约束”示意图

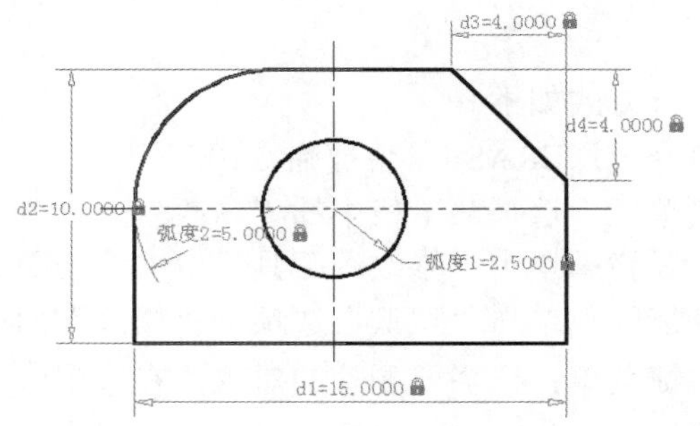

图 4-121 “尺寸约束”示意图

4.6.1 建立几何约束

利用几何约束工具，可以指定草图对象必须遵守的条件，或是草图对象之间必须维持的关系。“几何”面板及“几何约束”工具栏（面板在❶“参数化”选项卡中的❷“几何”面板）如图 4-122 所示，其主要几何约束选项功能如表 4-10 所示。

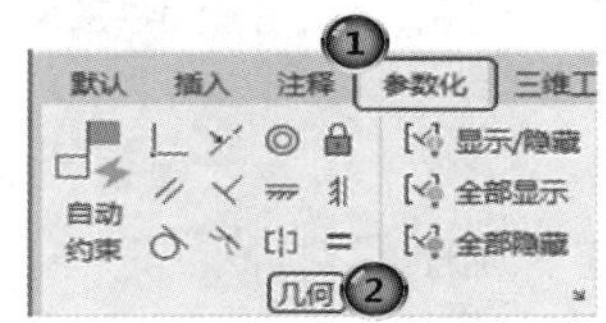

图 4-122 “几何”面板及“几何约束”工具栏

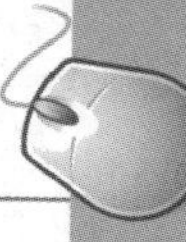

表 4-10　几何约束选项功能

约束模式	功　能
重合	约束两个点使其重合，或约束一个点使其位于曲线（或曲线的延长线）上。可以使对象上的约束点与某个对象重合，也可以使其与另一对象上的约束点重合
共线	使两条或多条直线段沿同一直线方向，使它们共线
同心	将两个圆弧、圆或椭圆约束到同一个中心点，结果与将重合约束应用于曲线的中心点所产生的效果相同
固定	将几何约束应用于一对对象时，选择对象的顺序以及选择每个对象的点可能会影响对象彼此间的放置方式
平行	使选定的直线位于彼此平行的位置，平行约束在两个对象之间应用
垂直	使选定的直线位于彼此垂直的位置，垂直约束在两个对象之间应用
水平	使直线或点位于与当前坐标系 X 轴平行的位置，默认选择类型为对象
竖直	使直线或点位于与当前坐标系 Y 轴平行的位置
相切	将两条曲线约束为保持彼此相切或其延长线保持彼此相切，相切约束在两个对象之间应用
平滑	将样条曲线约束为连续，并与其他样条曲线、直线、圆弧或多段线保持连续性
对称	使选定对象受对称约束，相对于选定直线对称
相等	将选定圆弧和圆的尺寸重新调整为半径相同，或将选定直线的尺寸重新调整为长度相同

在绘图过程中可指定二维对象或对象上点之间的几何约束。在编辑受约束的几何图形时，将保留约束，因此，通过使用几何约束，可以在图形中包括设计要求。

4.6.2 设置几何约束

在用 AutoCAD 绘图时，可以控制约束栏的显示，利用“约束设置”对话框可控制约束栏上显示或隐藏的几何约束类型。单独或全局显示或隐藏几何约束和约束栏，可执行以下操作。

显示（或隐藏）所有的几何约束。

显示（或隐藏）指定类型的几何约束。

显示（或隐藏）所有与选定对象相关的几何约束。

1. 执行方式

命令行：CONSTRAINTSETTINGS（CSETTINGS）。

菜单栏：选择菜单栏中的“参数”→“约束设置”命令。

功能区：单击“参数化”选项卡“几何”面板中的“约束设置，标注”按钮↘。

工具栏：单击“参数化”工具栏中的“约束设置”按钮。

执行上述命令后，❶系统打开“约束设置”对话框，❷单击“几何”选项卡，如图 4-123 所示，利用此对话框可以控制约束栏上约束类型的显示。

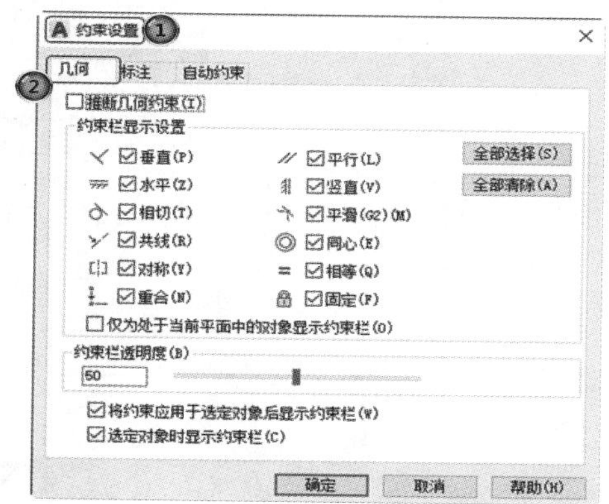

图 4-123　“约束设置”对话框“几何”选项卡

2. 选项说明

“几何”选项卡中选项含义如表 4-11 所示。

表 4-11 “约束设置”对话框“几何”选项卡选项含义

选　项	含　义
“约束栏设置”选项组	此选项组控制图形编辑器中是否为对象显示约束栏或约束点标记。例如，可以为水平约束和竖直约束隐藏约束栏的显示
“全部选择”按钮	选择全部几何约束类型
“全部清除”按钮	清除所有选定的几何约束类型
“仅为处于当前平面中的对象显示约束栏”复选框	仅为当前平面上受几何约束的对象显示约束栏
“约束栏透明度”选项组	设置图形中约束栏的透明度
“将约束应用于选定对象后显示约束栏”复选框	手动应用约束或使用“AUTOCONSTRAIN”命令时，显示相关约束栏

4.6.3 建立尺寸约束

建立尺寸约束可以限制图形几何对象的大小，也就是与在草图上标注尺寸相似，同样设置尺寸标注线，与此同时也会建立相应的表达式，不同的是可以在后续的编辑工作中实现尺寸的参数化驱动。“标注约束”面板及工具栏（其面板在“二维草图与注释”工作空间“参数化”选项卡的“标注”面板中）如图 4-124 所示。

在生成尺寸约束时，用户可以选择草图曲线、边、基准平面或基准轴上的点，以生成水平、竖直、平行、垂直和角度尺寸。

生成尺寸约束时，系统会生成一个表达式，其名称和值显示在一个文本框中，如图 4-125 所示，用户可以在其中编辑该表达式的名和值。

生成尺寸约束时，只要选中了几何体，其尺寸及其延伸线和箭头就会全部显示出来。将尺寸拖动到位，然后单击，就完成了尺寸约束的添加。完成尺寸约束后，用户还可以随时更改尺寸约束，只需在绘图区选中该值双击，就可以使用生成过程中所采用的方式，编辑其名称、值或位置。

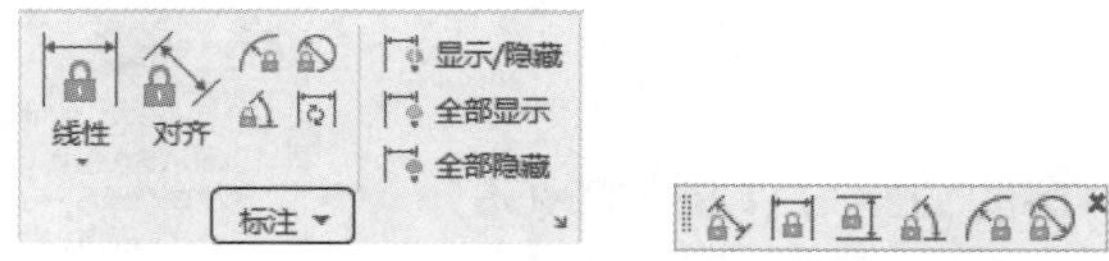

图 4-124 “标注”面板及“标注约束”工具栏

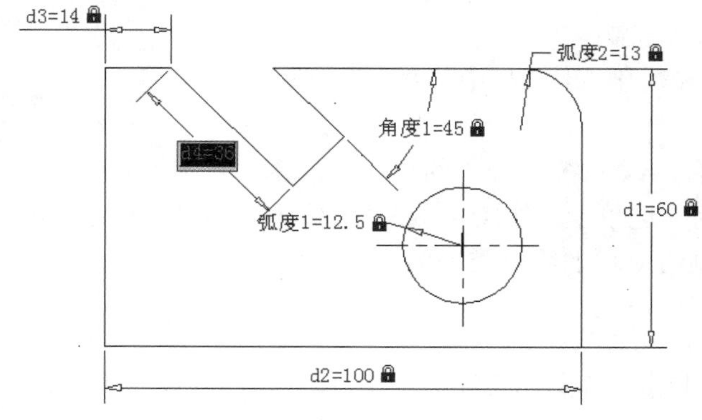

图 4-125 编辑尺寸约束示意图

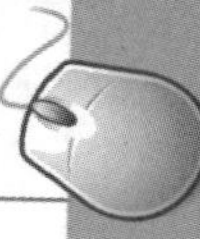

4.6.4 设置尺寸约束

在用 AutoCAD 绘图时，使用“约束设置”对话框中的“标注”选项卡，如图 4-126 所示，可控制显示标注约束时的系统配置，标注约束控制设计的大小和比例。尺寸约束的具体内容如下。

对象之间或对象上点之间的距离。

对象之间或对象上点之间的角度。

1. 执行方式

命令行：CONSTRAINTSETTINGS（CSETTINGS）。

菜单栏：选择菜单栏中的“参数”→“约束设置”命令。

功能区：单击“参数化”选项卡中的“约束设置，标注”按钮↘。

工具栏：单击“参数化”工具栏中的“约束设置”按钮。

执行上述命令后，❶系统打开“约束设置”对话框，❷单击“标注”选项卡，如图 4-126 所示。利用此对话框可以控制约束栏上约束类型的显示。

2. 选项说明

“标注”选项卡中选项含义如表 4-12 所示。

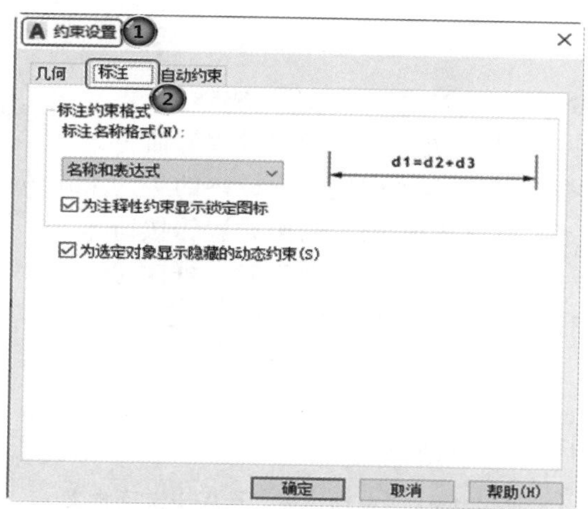

图 4-126 “标注”选项卡

表 4-12 “约束设置”对话框“标注”选项卡选项含义

选　项	含　义
“标注约束格式”选项组	该选项组内可以设置标注名称格式和锁定图标的显示
“标注名称格式”下拉列表框	为应用标注约束时显示的文字指定格式。将名称格式设置为显示名称、值或名称和表达式。例如：宽度=长度/2
“为注释性约束显示锁定图标”复选框	针对已应用注释性约束的对象显示锁定图标
“为选定对象显示隐藏的动态约束”复选框	显示选定时已设置为隐藏的动态约束

4.6.5 自动约束

在用 AutoCAD 绘图时，利用“约束设置”对话框中的“自动约束”选项卡，如图 4-127 所示，可将设定公差范围内的对象自动设置为相关约束。

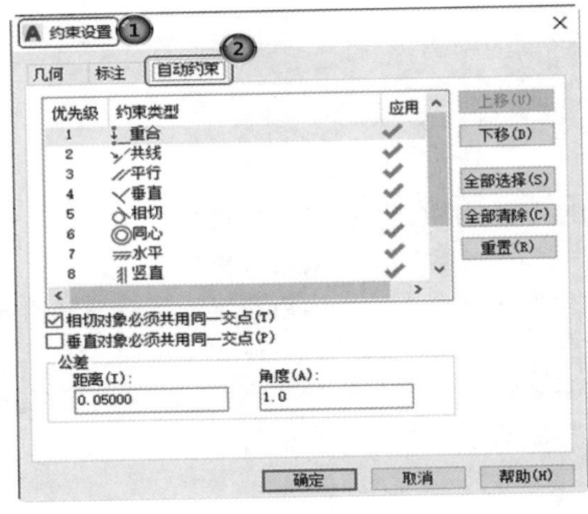

图 4-127 “自动约束”选项卡

1. 执行方式

命令行：CONSTRAINTSETTINGS（CSETTINGS）。

菜单栏：选择菜单栏中的“参数”→“约束设置”命令。

功能区：选择“参数化”选项卡“标注”面板中的“约束设置，标注”按钮。

工具栏：单击“参数化”工具栏中的“约束设置”按钮。

执行上述命令后，❶系统打开“约束设置”对话框，❷单击“自动约束”选项卡，如图 4-127 所示，利用此对话框可以控制自动约束的相关参数。

2. 选项说明

“自动约束”选项卡中选项含义如表 4-13 所示。

表 4-13 “自动约束”选项卡选项含义

选　　项	含　　义
“约束类型”列表框	显示自动约束的类型以及优先级。可以通过单击“上移”和“下移”按钮调整优先级的先后顺序。单击✔图标符号选择或去掉某约束类型作为自动约束类型
“相切对象必须共用同一交点”复选框	指定两条曲线必须共用一个点（在距离公差内指定）应用相切约束
“垂直对象必须共用同一交点”复选框	指定直线必须相交或一条直线的端点必须与另一条直线或直线的端点重合（在距离公差内指定）
“公差”选项组	设置可接受的“距离”和“角度”公差值，以确定是否可以应用约束

4.6.6 实例——更改方头平键尺寸（尺寸驱动）

本例更改方头平键的尺寸，如图 4-128 所示。利用尺寸驱动功能更改原有绘制的方头平键的尺寸。

图 4-128　键 B18×80

绘制步骤

（1）打开“源文件\第 4 章\方头平键”（键 B18×100）。如图 4-129 所示。

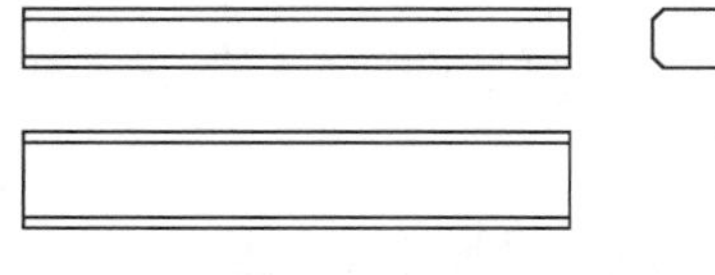

图 4-129　键 B18×100

（2）单击“参数化”选项卡“几何”面板中的“共线”按钮，使左端各竖直直线建立共线的几何约束。采用同样的方法，创建右端各直线共线的几何约束。

（3）单击“参数化”选项卡“几何”面板中的“相等”按钮 =，使最上端水平线与下端各条水平线建立相等的几何约束。

（4）单击“参数化”选项卡“标注”面板上“线性”下拉菜单中的“水平”按钮，更改水平尺寸，命令行的提示与操作如下

```
命令：_DcHorizontal
指定第一个约束点或［对象(O)］<对象>：（单击最上端直线左端）
指定第二个约束点：（单击最上端直线右端）
指定尺寸线位置（在合适位置单击）
标注文字 = 100（输入长度 80）
```

（5）系统自动将长度 100 调整为 80，最终结果如图 4-128 所示。

动手练一练——绘制泵轴

绘制如图 4-130 所示的泵轴。

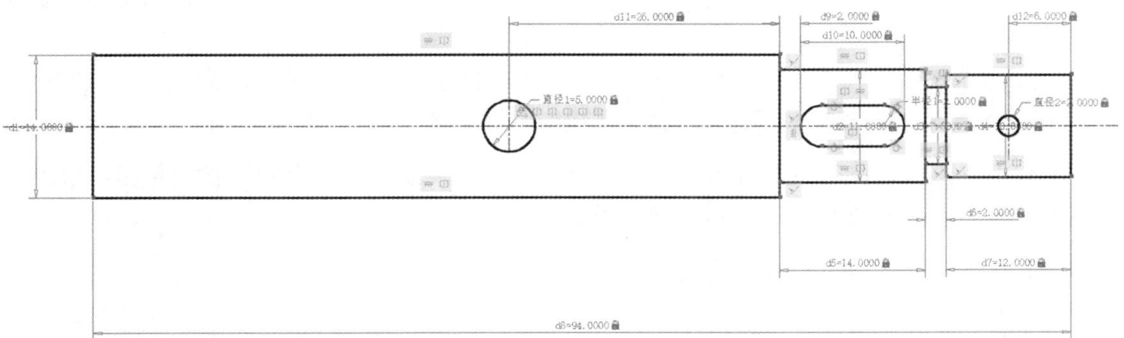

图 4-130　泵轴

思路点拨

源文件：源文件\第 4 章\泵轴.dwg

（1）利用“直线”命令，绘制泵轴外轮廓线。

（2）对外轮廓线添加几何约束。

（3）对外轮廓线添加尺寸约束。

（4）利用“直线”和“圆弧”命令绘制键槽，然后对键槽添加几何和尺寸约束。

（5）利用“圆”命令，绘制孔，然后对孔添加尺寸约束。

4.7 对象编辑命令

在对图形进行编辑时，还可以对图形对象本身的某些特性进行编辑，从而方便地进行图形绘制。

4.7.1 钳夹功能

利用钳夹功能可以快速方便地编辑对象。AutoCAD 在图形对象上定义了一些特殊点，称为夹持点。利用夹持点可以灵活地控制对象，如图 4-131 所示。

要使用钳夹功能编辑对象，必须先打开钳夹功能，打开方法是：选择菜单栏中的“工具”→“选项”命令，系统打开“选项”对话框。单击“选择集”选项卡，勾选“夹点”选项组中的“显示夹点”复选框。在该选项卡中还可以设置代表夹点的小方格尺寸和颜色。

图 4-131　夹持点

也可以通过 GRIPS 系统变量控制是否打开钳夹功能，1 代表打开，0 代表关闭。

打开了钳夹功能后，应该在编辑对象之前先选择对象。夹点表示对象的控制位置。

使用夹点编辑对象，要选择一个夹点作为基点，称为基准夹点。然后，选择一种编辑操作：删除、移动、复制选择、旋转和缩放。可以用按<space>或<enter>键循环选择这些功能。

下面就其中的拉伸对象操作为例进行讲解，其他操作类似。

在图形上选择一个夹点，该夹点改变颜色，此点为夹点编辑的基准点，此时命令行提示如下。

```
** 拉伸 **
指定拉伸点或 [基点(B)/复制(C)/放弃(U)/退出(X)]:
```

在上述拉伸编辑提示下，输入“缩放”命令或右击，选择快捷菜单中的“缩放”命令，系统就会转换为“缩放”操作，其他操作类似。

4.7.2 实例——连接盘绘制

本实例主要利用“圆”“环形阵列”命令绘制连接盘，如图 4-132 所示。

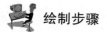

绘制步骤

1. 创建图层

单击“默认”选项卡“图层”面板中的“图层特性”按钮，打开“图层特性管理器”选项板，新建3个图层。

（1）“粗实线”图层：线宽为0.30，其余属性默认。

（2）“细实线”图层：线宽为0.15，其余属性默认。

（3）“中心线”图层：线宽为0.15，颜色为红色，线型为CENTER，其余属性默认。

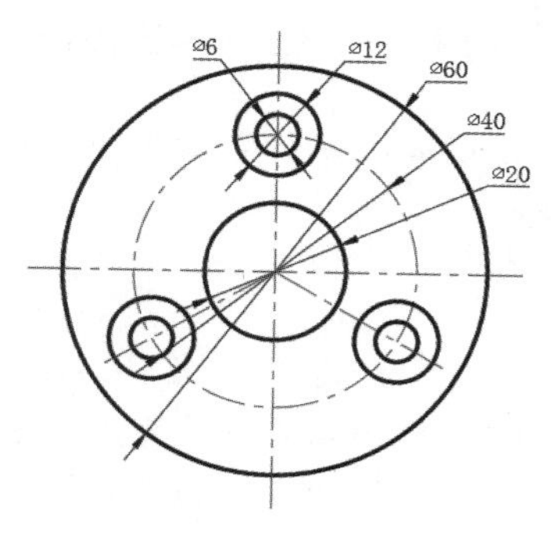

图4-132 连接盘

2. 绘制中心线

（1）将线宽显示打开。将当前图层设置为“中心线”图层。

（2）单击“默认”选项卡“绘图”面板中的“直线”按钮和“圆”按钮，并结合“正交”“对象捕捉”和“对象追踪”等工具选取适当尺寸绘制如图4-133所示的中心线。

3. 绘制轮廓线

（1）将当前图层设置为“粗实线”图层。

（2）单击“默认”选项卡“绘图”面板中的“圆”按钮，并结合“对象捕捉”工具选取适当尺寸绘制如图4-134所示的圆。

4. 阵列圆

（1）单击“默认”选项卡“修改”面板中的“环形阵列”按钮，选择两个同心的小圆为阵列对象，单击鼠标右键，捕捉中心线圆的圆心的阵列中心。

（2）在命令行提示“选择对象:”后选择两个同心圆中的小圆为阵列对象。

（3）在命令行提示“指定阵列的中心点或[基点（B）/旋转轴（A）]:”后捕捉中心线圆的圆心的阵列中心。

（4）在命令行提示“选择夹点以编辑阵列或[关联（AS）/基点（B）/项目（I）/项目间角度（A）/填充角度（F）/行（ROW）/层（L）/旋转项目（ROT）/退出（X）]<退出>:”后输入“I”。

（5）在命令行提示“输入阵列中的项目数或[表达式（E）]<6>:”后输入“3”，阵列结果如图4-135所示。

5. 细化图形

利用钳夹功能，将中心线缩短，如图4-136所示，最终结果如图4-132所示。

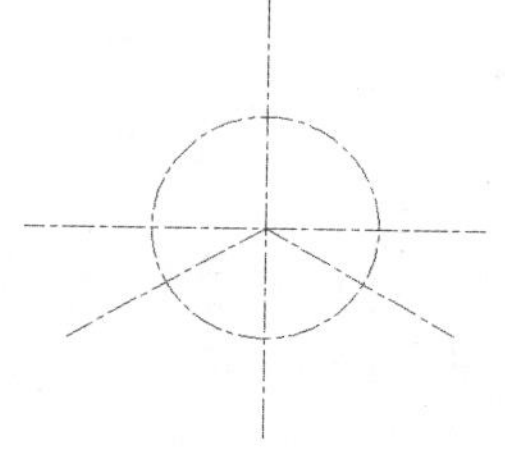
图4-133 绘制中心线

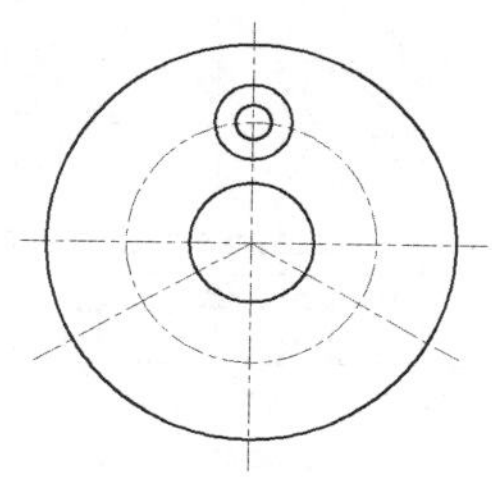
图4-134 绘制轮廓线

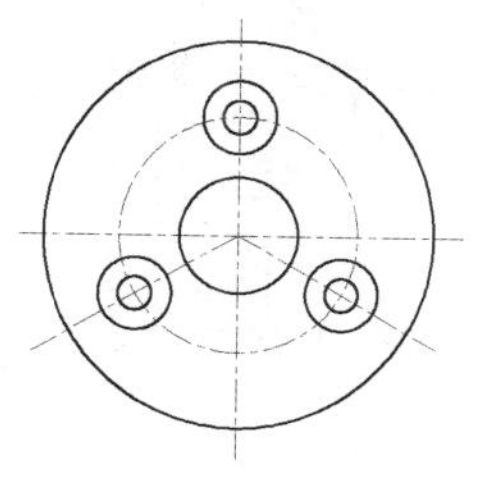
图4-135 阵列结果

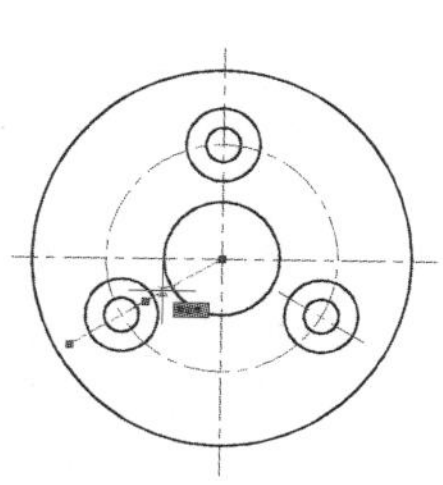
图4-136 钳夹功能编辑

动手练一练——编辑图形

绘制如图 4-137（a）所示图形，并利用钳夹功能编辑成如图 4-137（b）所示的图形。

思路点拨

源文件：源文件\第 4 章\泵轴.dwg

（1）利用钳夹功能把左边斜线拉成直线。

（2）利用钳夹功能移动圆。

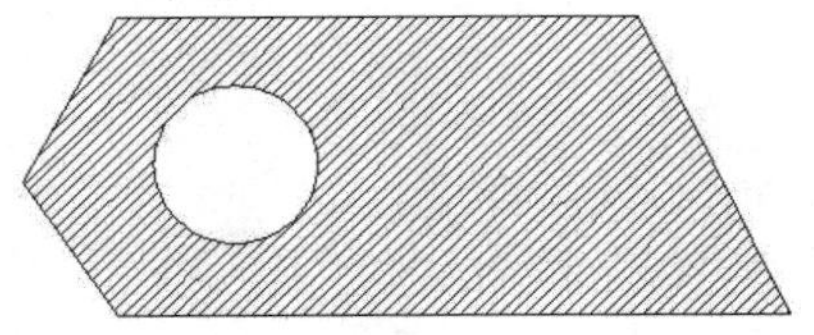

(a)原始图形

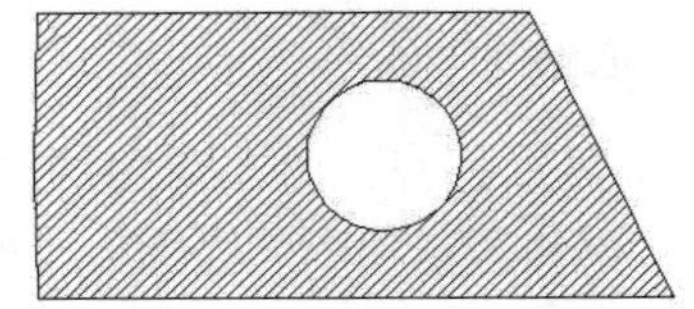

(b) 编辑图形

图 4-137　编辑图形

4.7.3 修改对象属性

执行方式如下。

命令行：DDMODIFY 或 PROPERTIES。

菜单栏：选择菜单栏中的“修改”→“特性”命令。

工具栏：单击“标准”工具栏中的“特性”按钮。

功能区：单击“视图”选项卡“选项板”面板中的“特性”按钮。

执行上述命令后，系统打开“特性”选项板，如图 4-138 所示。利用它可以方便地设置或修改对象的各种属性。不同的对象属性种类和值不同，修改属性值，对象改变为新的属性。

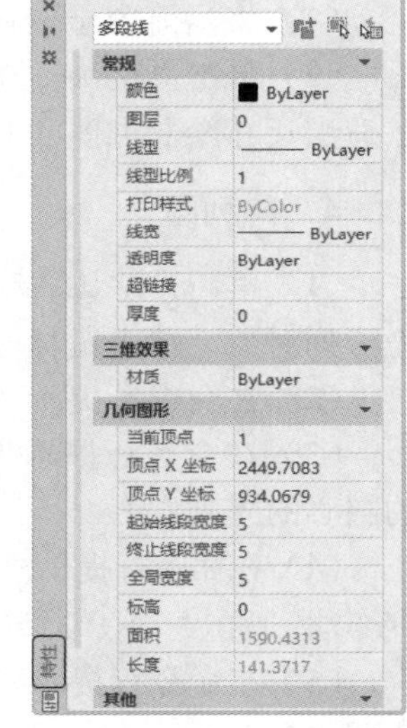

图 4-138　“特性”选项板

4.8 综合实例——绘制箱体端盖

箱体端盖分为透盖（也叫通盖）和闷盖，主要起密封的作用。其中透盖上一般开有镶嵌的密封圈的密封槽，如图 4-139 所示。

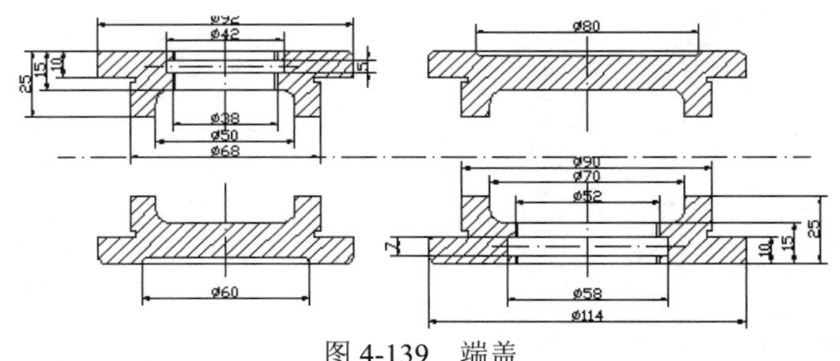

图 4-139　端盖

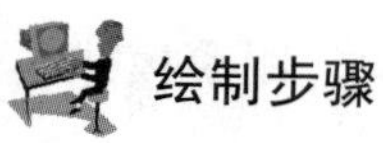

绘制步骤

（1）设置图层。单击“默认”选项卡“图层”面板中的“图层特性”按钮，❶打开“图层特性管理器”对话框。❷新建“中心线”“轮廓线”和“剖面线”3 个图层，如图 4-140 所示。

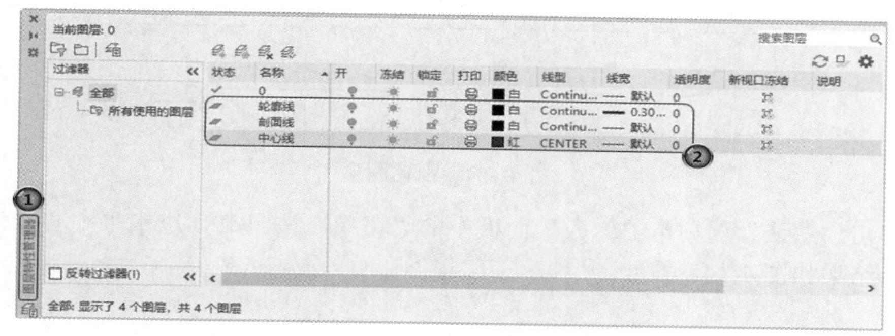

图 4-140　图层设置

（2）将“中心线”层设定为当前图层。单击“默认”选项卡“绘图”面板中的“直线”按钮，绘制 3 条直线：直线{（60,90），（330,90）}，直线{（120,45），（120,80）}和直线{（250,45），（250,80）}，如图 4-141 所示。

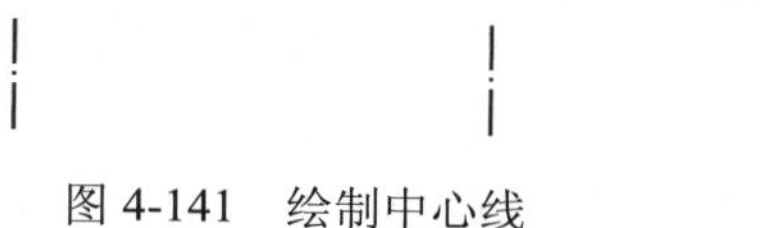

图 4-141　绘制中心线

（3）将“轮廓线”层设置为当前图层。单击“默认”选项卡“绘图”面板中的“矩形”按钮，采用指定矩形两个角点的模式绘制矩形 1{（74,50），（166,60）}，矩形 2{（86,60），（154,75）}，矩形 3{（95,65），（145,75）}；矩形 4{（193,50），（307,60）}，矩形 5{（215,65），（285,75）}，矩形 6{（205,60），（295,75）}，结果如图 4-142 所示。

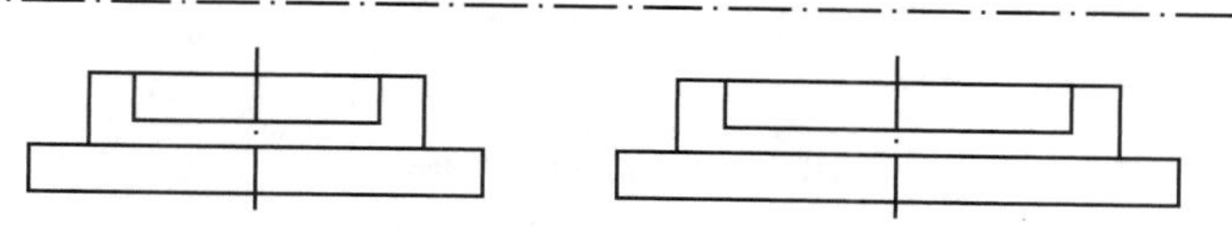

图 4-142　绘制端盖轮廓线

（4）单击“默认”选项卡“修改”面板中的“分解”按钮，选择刚绘制的 6 个矩形，使之成为单独的各条直线。

（5）单击“默认”选项卡“修改”面板中的“修剪”按钮，对分解后的矩形进行修剪，结果如图 4-143 所示。

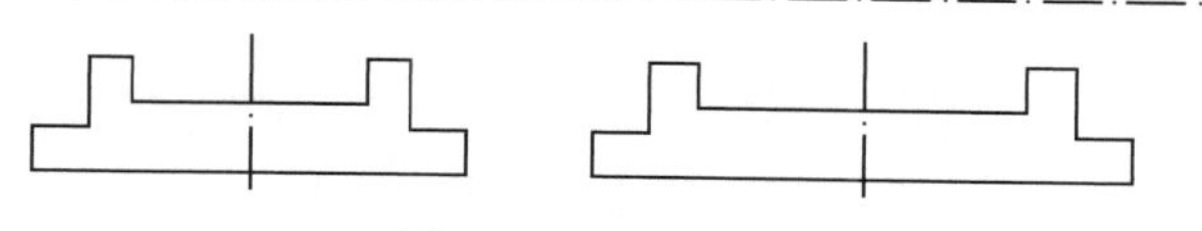

图 4-143　修剪图形

（6）单击“默认”选项卡“修改”面板中的“倒角”按钮，采用修剪、距离模式：C2，对端盖进行倒直角。

（7）单击“默认”选项卡“修改”面板中的“圆角”按钮，端盖内壁圆角半径为 5；单击“默认”选项卡“修改”面板中的“偏移”按钮和“修剪”按钮，在端盖绘制加工余量造成的内凹槽 2×2 正方形，结果如图 4-144 所示。

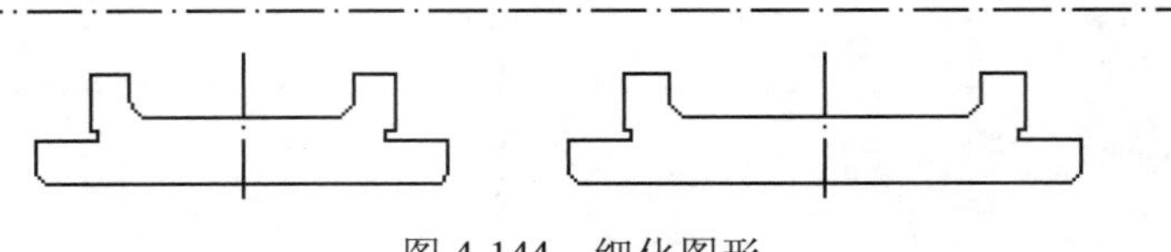

图 4-144　细化图形

（8）单击“默认”选项卡“修改”面板中的“镜像”按钮，以水平中心线为对称轴，镜像成形，结果如图 4-145 所示。

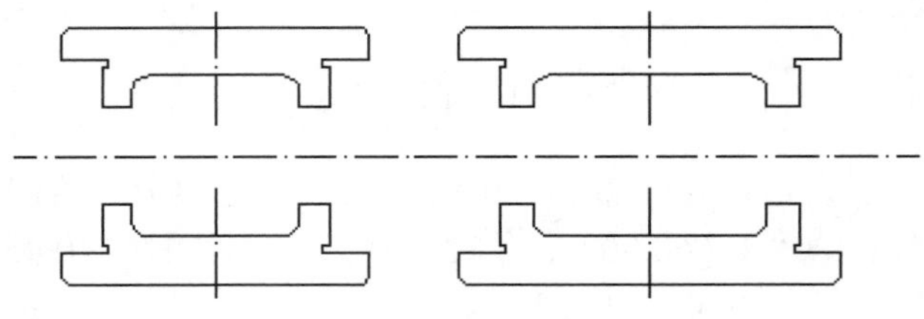

图 4-145　镜像图形

（9）单击“默认”选项卡“修改”面板中的“偏移”按钮和“修剪”按钮，偏移量为 2，凹面半径左下端面中心线偏移量为 30，右上端面中心线偏移量为 40；单击“默认”选项卡“修改”面板中的“圆角”按钮，凹面边缘圆角半径为 2。绘制结果如图 4-146 所示。

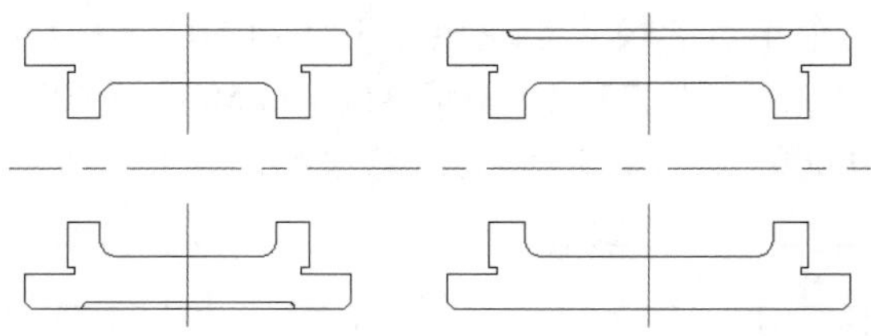

图 4-146　绘制内凹面

（10）单击“默认”选项卡“修改”面板中的“偏移”按钮和“修剪”按钮，左上端盖轴孔直径为 Ø 36，右下端盖轴孔直径为 Ø 50，结果如图 4-147 所示。

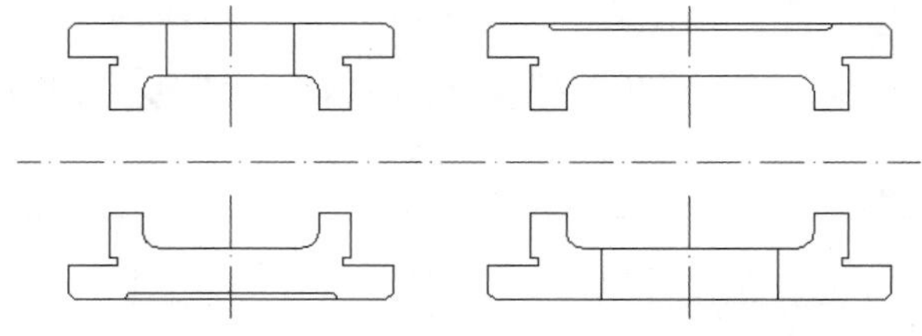

图 4-147　绘制端盖上的轴孔

（11）单击“默认”选项卡“修改”面板中的“偏移”按钮和“修剪”按钮，左上端盖上的油封槽为Ø42×5，右下端盖上的油封槽为Ø58×7。结果如图4-148所示。

（12）将“剖面层” 设置为当前图层，单击“默认”选项卡“绘图”面板中的“图案填充”按钮，打开“图案填充创建”选项卡；选择“ANSI31”为图案填充图案，选取填充区域，完成图案填充操作，结果如图4-149所示。

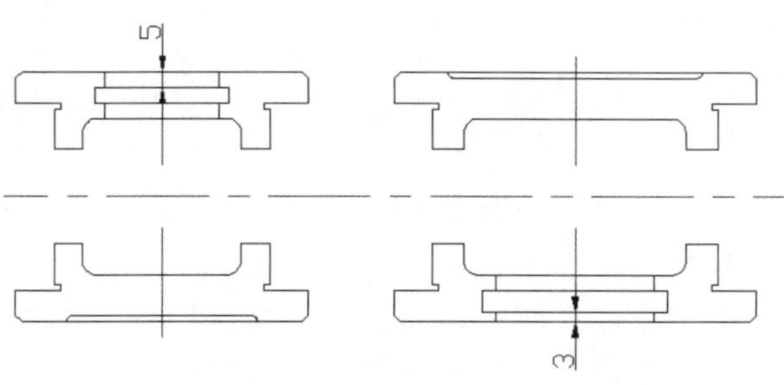

图4-148 绘制油封槽

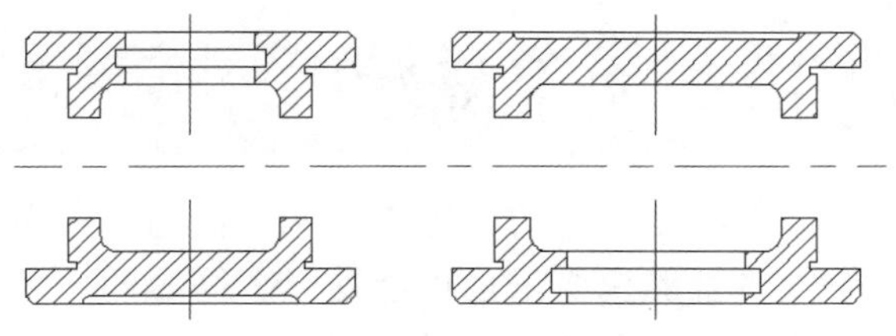

图4-149 绘制剖面线

Chapter

文字表格和尺寸标注

5

文字注释是绘制图形的重要内容，在进行各种设计时，不仅要绘制出图形，还要在图形中标注一些注释性的文字，如技术要求、注释说明等，对图形对象加以解释。AutoCAD 提供了多种在图形中输入文字的方法，本章将详细介绍文字的标注和编辑功能。图表在 AutoCAD 图形中也有大量应用，如明细表、参数表和标题栏等。

5.1 文字标注

在绘制图形的过程中，文字传递了很多设计信息，它可能是一个很复杂的说明，也可能是一个简短的文字信息。当标注的文本不太长时，可以利用 TEXT 命令创建单行文本；当标注很长、很复杂的文字信息时，可以利用 MTEXT 命令创建多行文本。

5.1.1 文字样式

所有 AutoCAD 图形中的文字都有与其相对应的文字样式。当输入文字对象时，AutoCAD 使用当前设置的文字样式。文字样式是用来控制文字基本形状的一组设置。AutoCAD 2022 提供了“文字样式”对话框，通过这个对话框可以方便直观地设置需要的文字样式，或对已有样式进行修改。

1. 执行方式

命令行：STYLE（快捷命令：ST）或 DDSTYLE。

菜单栏：选择菜单栏中的“格式”→“文字样式”命令。

工具栏：单击“文字”工具栏中的“文字样式”按钮。

功能区：①单击“默认”选项卡②“注释”面板中的③“文字样式”按钮（如图 5-1 所示），或①单击“注释”选项卡“文字”面板上的②“文字样式”下拉菜单中的③“管理文字样式”按钮（如图 5-2 所示），或单击“注释”选项卡“文字”面板中“文字样式”按钮。

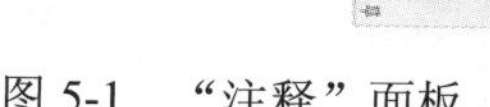

图 5-1 “注释”面板

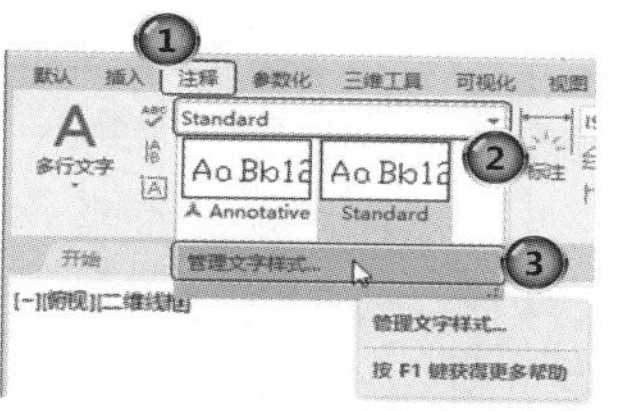

图 5-2 “文字”面板

执行上述命令后，系统打开“文字样式”对话框，如图 5-3 所示。

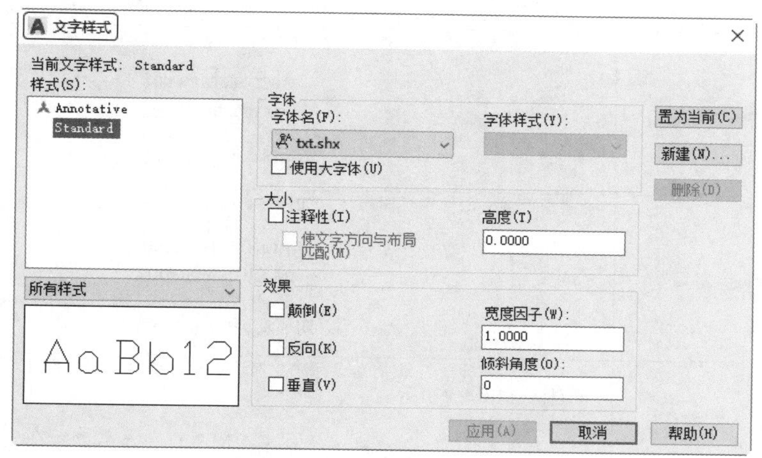

图 5-3 “文字样式”对话框

2．选项说明

选项含义如表 5-1 所示。

表 5-1 “文字样式”对话框选项含义

选　项	含　义
“样式”列表框	列出所有已设定的文字样式名或对已有样式名进行相关操作。单击“新建”按钮，系统打开如图 5-4 所示的“新建文字样式”对话框。在该对话框中可以为新建的文字样式输入名称。①从“样式”列表框中②选中要改名的文本样式右击，③选择快捷菜单中的“重命名”命令，如图 5-5 所示，可以为所选文本样式输入新的名称。 图 5-4 “新建文字样式框”对话框　　图 5-5 快捷菜单
“字体”选项组	用于确定字体样式。文字的字体确定字符的形状，在 AutoCAD 中，除了它固有的 SHX 形状字体文件，还可以使用 TrueType 字体（如宋体、楷体、Italley 等）。一种字体可以设置不同的效果，从而被多种文本样式使用，如图 5-6 所示就是同一种字体（宋体）的不同样式

续表

<table>
<tr><th>选　项</th><th colspan="2">含　义</th></tr>
<tr><td></td><td colspan="2">机械设计基础机械设计
机械设计基础机械设计
机械设计基础机械设计
机械设计基础
机械设计基础机械设计

图 5-6　同一字体的不同样式</td></tr>
<tr><td>“大小”选项组</td><td colspan="2">用于确定文本样式使用的字体文件、字体风格及字高。“高度”文本框用来设置创建文字时的固定字高，在用 TEXT 命令输入文字时，AutoCAD 不再提示输入字高参数。如果在此文本框中设置字高为 0，系统会在每一次创建文字时提示输入字高，所以，如果不想固定字高，就可以把“高度”文本框中的数值设置为 0</td></tr>
<tr><td rowspan="3">“效果”选项组</td><td>“颠倒”复选框</td><td>勾选该复选框，表示将文本文字倒置标注，如图 5-7 所示。

ABCDEFGHIJKLMN
ABCDEFGHIJKLMN

图 5-7　文字倒置标注</td></tr>
<tr><td>“反向”复选框</td><td>确定是否将文本文字反向标注，如图 5-8 所示的标注效果。

ABCDEFGHIJKLMN
ABCDEFGHIJKLMN

图 5-8　文字反向标注</td></tr>
<tr><td>“垂直”复选框</td><td>确定文本是水平标注还是垂直标注。勾选该复选框时为垂直标注，否则为水平标注，垂直标注如图 5-9 所示。

abcd
a
b
c
d

图 5-9　垂直标注</td></tr>
<tr><td>“宽度因子”文本框</td><td colspan="2">设置宽度系数，确定文本字符的宽高比。当比例系数为 1 时，表示将按字体文件中定义的宽高比标注文字。当此系数小于 1 时，字会变窄，反之变宽。如图 5-4 所示，是在不同比例系数下标注的文本文字</td></tr>
<tr><td>“倾斜角度”文本框</td><td colspan="2">用于确定文字的倾斜角度。角度为 0 时不倾斜，为正数时向右倾斜，为负数时向左倾斜，效果如图 5-1 所示</td></tr>
<tr><td>“应用”按钮</td><td colspan="2">确认对文字样式的设置。当创建新的文字样式或对现有文字样式的某些特征进行修改后，都需要单击此按钮，系统才会确认所做的改动</td></tr>
</table>

5.1.2　单行文字标注

1. 执行方式

命令行：TEXT。

菜单：选择菜单栏中的“绘图”→“文字”→“单行文字”命令。

工具栏：单击“文字”工具栏中的“单行文字”按钮A。

功能区：单击“默认”选项卡“注释”面板中的“单行文字”按钮A，或单击“注释”选项卡“文字”面板中的“单行文字”按钮A。

2. 操作步骤

命令行提示与操作如下。

```
命令：TEXT↙
```

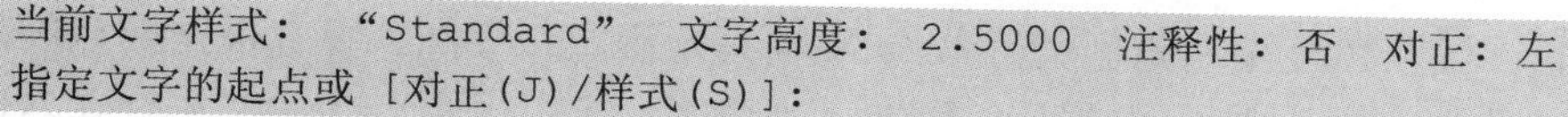

```
当前文字样式： "Standard" 文字高度： 2.5000 注释性：否 对正：左
指定文字的起点或 [对正(J)/样式(S)]:
```

3．选项说明

（1）指定文字的起点：此提示下直接在绘图区选择一点作为输入文本的起始点，命令行提示如下。

```
指定高度 <0.2000>：确定文字高度
指定文字的旋转角度 <0>：确定文本行的倾斜角度
```

执行上述命令后，即可在指定位置输入文本文字，输入后按<Enter>键，文本文字另起一行，可继续输入文字，待全部输入完后按两次<Enter>键，退出 TEXT 命令。可见，TEXT 命令也可创建多行文本，只是这种多行文本每一行是一个对象，不能对多行文本同时进行操作。

注意：只有当前文本样式中设置的字符高度为 0，在使用 TEXT 命令时，系统才出现要求用户确定字符高度的提示。AutoCAD 允许将文本行倾斜排列，如图 5-10 所示为倾斜角度分别是 0°、45°和–45°时的排列效果。在“指定文字的旋转角度<0>”提示下输入文本行的倾斜角度或在绘图区拉出一条直线来指定倾斜角度。

图 5-10　文本行倾斜排列的效果

（2）对正（J）：在“指定文字的起点或 [对正（J）/样式（S）]”提示下输入“J”，用于确定文本的对齐方式，对齐方式决定文本的哪部分与所选插入点对齐。执行此选项，命令行提示如下。

```
输入选项 [左(L)/居中(C)/右(R)/对齐(A)/中间(M)/布满(F)/左上(TL)/中上(TC)/右上(TR)/左中(ML)/正中(MC)/右中(MR)/左下(BL)/中下(BC)/右下(BR)]:
```

在此提示下选择一个选项作为文本的对齐方式。当文本文字水平排列时，AutoCAD 为标注文本的文字定义如图 5-11 所示的顶线、中线、基线和底线，各种对齐方式如图 5-12 所示，图中大写字母对应上述提示中各命令。下面以“对齐”方式为例进行简要说明。

图 5-11　文本行的底线、基线、中线和顶线

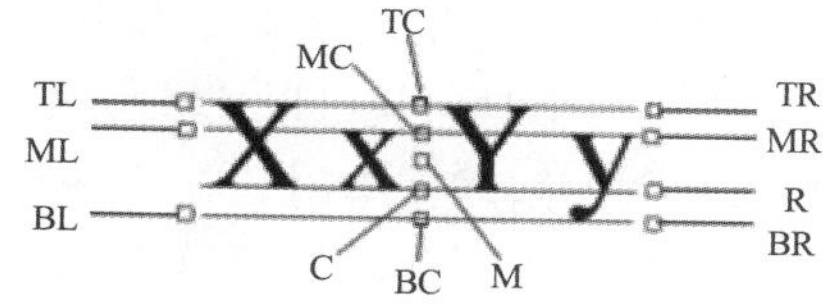

图 5-12　文本的对齐方式

选择“对齐（A）”选项，要求用户指定文本行基线的起始点与终止点的位置，命令行提示与操作如下。

```
指定文字基线的第一个端点：指定文本行基线的起点位置
指定文字基线的第二个端点：指定文本行基线的终点位置
输入文字：输入文本文字↙
输入文字：↙
```

执行结果：输入的文本文字均匀地分布在指定的两点之间，如果两点间的连线不水平，则文本行倾斜放置，倾斜角度由两点间的连线与 X 轴夹角确定；字高、字宽根据两点间的距离、字符的多少以及文本样式中设置的宽度系数自动确定。指定了两点之后，每行输入的字符越多，字宽和字高越小。其他选项与“对齐”类似，此处不再赘述。

在实际绘图时，有时需要标注一些特殊字符，例如直径符号、上画线或下画线、温度符号等，由于这些符号不能直接从键盘上输入，AutoCAD 提供了一些控制码，用来实现这些要求。控制码用两个百分号（%%）加一个字符构成，常用的控制码及功能如表 5-2 所示。

表 5-2　AutoCAD 常用控制码

控　制　码	标注的特殊字符	控　制　码	标注的特殊字符
%%O	上画线	\u+0278	电相位
%%U	下画线	\u+E101	流线
%%D	“度”符号（°）	\u+2261	标识
%%P	正负符号（±）	\u+E102	界碑线
%%C	直径符号（Φ）	\u+2260	不相等（≠）
%%%	百分号（%）	\u+2126	欧姆（Ω）
\u+2248	约等于（≈）	\u+03A9	欧米伽（Ω（ω））
\u+2220	角度（∠）	\u+214A	低界线
\u+E100	边界线	\u+2082	下标 2
\u+2104	中心线	\u+00B2	上标 2
\u+0394	差值		

其中，%%O 和%%U 分别是上画线和下画线的开关，第一次出现此符号开始画上画线和下画线，第二次出现此符号，上画线和下画线终止。例如输入“I want to %%U go to Beijing%%U.”，则得到如图 5-13 所示的文本第一行，输入“50%%D+%%C75%%P12”，则得到如图 5-13 所示的文本第二行。

I want to go to Beijing.

50°+ø75±12

图 5-13　文本行

利用 TEXT 命令可以创建一个或若干个单行文本，即此命令可以标注多行文本。在“输入文字”提示下输入一行文本文字后按<Enter>键，命令行继续提示“输入文字”，用户可输入第二行文本文字，依此类推，直到文本文字全部输入完毕，再在此提示下按两次<Enter>键，结束文本输入。每一次按<Enter>键就结束一个单行文本的输入，每一个单行文本是一个对象，可以单独修改其文本样式、字高、旋转角度、对齐方式等。

用 TEXT 命令创建文本时，在命令行输入的文字同时显示在绘图区，而且在创建过程中可以随时改变文本的位置，只要移动光标到新的位置单击，则当前行结束，随后输入的文字在新的文本位置出现，用这种方法可以把多行文本标注到绘图区的不同位置。

5.1.3　多行文字标注

1. 执行方式

命令行：MTEXT（快捷命令：T 或 MT）。

菜单栏：选择菜单栏中的“绘图”→“文字”→“多行文字”命令。

工具栏：单击“绘图”工具栏中的“多行文字”按钮 A，或单击“文字”工具栏中的“多行文字”按钮 A。

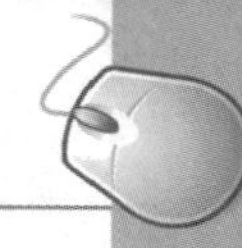

功能区：单击“默认”选项卡“注释”面板中的“多行文字”按钮 A 或单击“注释”选项卡“文字”面板中的“多行文字”按钮 A 。

2. 操作步骤

命令行提示与操作如下。

```
命令:MTEXT↙
当前文字样式: "Standard"  文字高度: 2.5  注释性: 否
指定第一角点: 指定矩形框的第一个角点
指定对角点或 [高度(H)/对正(J)/行距(L)/旋转(R)/样式(S)/宽度(W)/栏(C)]:
```

3. 选项说明

选项含义如表 5-3 所示。

表 5-3 “多行文字”命令选项含义

选　项	含　义
指定对角点	在绘图区选择两个点作为矩形框的两个角点，AutoCAD 以这两个点为对角点构成一个矩形区域，其宽度作为将来要标注的多行文本的宽度，第一个点作为第一行文本顶线的起点。响应后 AutoCAD 打开如图 5-14 所示的“文字编辑器”对话框和“多行文字”编辑界面，可利用此编辑器输入多行文本文字并对其格式进行设置。关于该对话框中各项的含义及编辑器功能，稍后再详细介绍。 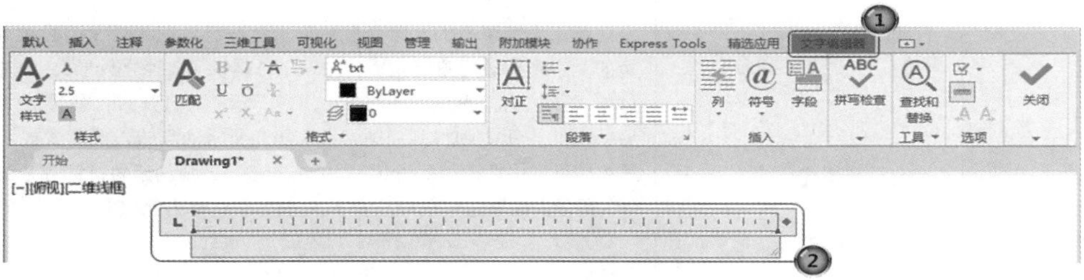 图 5-14 文字编辑器
对正（J）	用于确定所标注文本的对齐方式。选择此选项，命令行提示如下。 输入对正方式 [左上(TL)/中上(TC)/右上(TR)/左中(ML)/正中(MC)/右中(MR)/左下(BL)/中下(BC)/右下(BR)] <左上(TL)>: 这些对齐方式与 TEXT 命令中的各对齐方式相同。选择一种对齐方式后按<Enter>键，系统回到上一级提示
行距（L）	用于确定多行文本的行间距。这里所说的行间距是指相邻两文本行基线之间的垂直距离。选择此选项，命令行提示如下。 输入行距类型 [至少(A)/精确(E)] <至少(A)>: 在此提示下有“至少”和“精确”两种方式确定行间距。在“至少”方式下，系统根据每行文本中最大的字符自动调整行间距；在“精确”方式下，系统为多行文本赋予一个固定的行间距，可以直接输入一个确切的间距值，也可以输入“nx”的形式，其中 n 是一个具体数，表示行间距设置为单行文本高度的 n 倍，而单行文本高度是本行文本字符高度的 1.66 倍
旋转（R）	用于确定文本行的倾斜角度。选择此选项，命令行提示如下。 指定旋转角度 <0>: 输入角度值后按<Enter>键，系统返回到“指定对角点或 [高度（H）/对正（J）/行距（L）/旋转（R）/样式（S）/宽度（W）]:”的提示
样式（S）	用于确定当前的文本文字样式

续表

<table>
<tr><th>选　项</th><th colspan="2">含　义</th></tr>
<tr><td>宽度（W）</td><td colspan="2">用于指定多行文本的宽度。可在绘图区选择一点，与前面确定的第一个角点组成一个矩形框的宽作为多行文本的宽度；也可以输入一个数值，精确设置多行文本的宽度。
在创建多行文本时，只要指定文本行的起始点和宽度后，系统就会打开如图 5-14 所示的文字编辑器，用户可以在编辑器中输入和编辑多行文本，包括设置字高、文本样式以及倾斜角度等。该编辑器与 Microsoft Word 编辑器界面相似，事实上该编辑器与 Word 编辑器在某些功能上趋于一致。这样既增强了多行文字的编辑功能，又能使用户更熟悉和方便使用</td></tr>
<tr><td>栏（C）</td><td colspan="2">根据栏宽，栏间距宽度和栏高组成矩形框，打开如图 5-11 所示的文字编辑器</td></tr>
<tr><td rowspan="8">“文字格式”对话框</td><td colspan="2">用来控制文本文字的显示特性。可以在输入文本文字前设置文本的特性，也可以改变已输入的文本文字特性。要改变已有文本文字显示特性，首先应选择要修改的文本，选择文本的方式有以下 3 种。
将光标定位到文本文字开始处，按住鼠标左键，拖到文本末尾。
双击某个文字，则该文字被选中。
3 次单击鼠标，则选中全部内容。
对话框中部分选项的功能介绍如下</td></tr>
<tr><td>“文字高度”下拉列表框</td><td>用于确定文本的字符高度，可在文本编辑器中输入新的字符高度，也可从此下拉列表框中选择已设定过的高度值</td></tr>
<tr><td>“加粗”B和“斜体”I按钮</td><td>用于设置加粗或斜体效果，但这两个按钮只对 TrueType 字体有效</td></tr>
<tr><td>“下画线”U和“上画线”Ō按钮</td><td>用于设置或取消文字的上下画线</td></tr>
<tr><td>“堆叠”按钮</td><td>为层叠或非层叠文本按钮，用于层叠所选的文本文字，也就是创建分数形式。当文本中某处出现“/”“^”或“#”3 种层叠符号之一时，可层叠文本，其方法是选中需层叠的文字，然后单击此按钮，则符号左边的文字作为分子，右边的文字作为分母进行层叠。AutoCAD 提供了 3 种分数形式；如选中“abcd/efgh”后单击此按钮，得到如图 5-15（a）所示的分数形式；如果选中“abcd^efgh”后单击此按钮，则得到如图 5-15（b）所示的形式，此形式多用于标注极限偏差；如果选中“abcd # efgh”后单击此按钮，则创建斜排的分数形式，如图 5-15（c）所示。如果选中已经层叠的文本对象后单击此按钮，则恢复到非层叠形式。
abcd　abcd　abcd/
efgh　efgh　efgh
(a)　(b)　(c)
图 5-15　文本层叠</td></tr>
<tr><td>“倾斜角度”（0/）下拉列表框</td><td>用于设置文字的倾斜角度</td></tr>
<tr><td>“符号”按钮@</td><td>用于输入各种符号。单击此按钮，系统打开符号列表，如图 5-16 所示，可以从中选择符号输入到文本中</td></tr>
<tr><td colspan="2">度数 %%d
正/负 %%p
直径 %%c
几乎相等 \U+2248
角度 \U+2220
边界线 \U+E100
中心线 \U+2104
差值 \U+0394
电相角 \U+0278
流线 \U+E101
恒等于 \U+2261
初始长度 \U+E200
界碑线 \U+E102
不相等 \U+2260
欧姆 \U+2126
欧米加 \U+03A9
地界线 \U+214A
下标 2 \U+2082
平方 \U+00B2
立方 \U+00B3
不间断空格 Ctrl+Shift+Space
其他...
图 5-16　符号列表</td></tr>
</table>

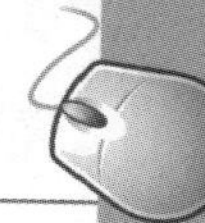

续表

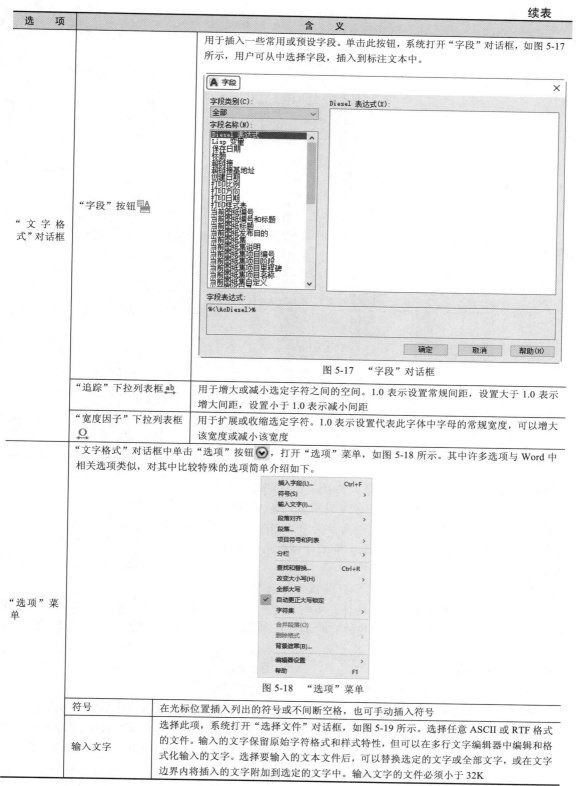

<table>
<tr><th>选　项</th><th colspan="2">含　义</th></tr>
<tr><td rowspan="3">“文字格式”对话框</td><td>“字段”按钮</td><td>用于插入一些常用或预设字段。单击此按钮，系统打开“字段”对话框，如图 5-17 所示，用户可从中选择字段，插入到标注文本中。
图 5-17　“字段”对话框</td></tr>
<tr><td>“追踪”下拉列表框</td><td>用于增大或减小选定字符之间的空间。1.0 表示设置常规间距，设置大于 1.0 表示增大间距，设置小于 1.0 表示减小间距</td></tr>
<tr><td>“宽度因子”下拉列表框</td><td>用于扩展或收缩选定字符。1.0 表示设置代表此字体中字母的常规宽度，可以增大该宽度或减小该宽度</td></tr>
<tr><td rowspan="3">“选项”菜单</td><td colspan="2">“文字格式”对话框中单击“选项”按钮，打开“选项”菜单，如图 5-18 所示。其中许多选项与 Word 中相关选项类似，对其中比较特殊的选项简单介绍如下。
图 5-18　“选项”菜单</td></tr>
<tr><td>符号</td><td>在光标位置插入列出的符号或不间断空格，也可手动插入符号</td></tr>
<tr><td>输入文字</td><td>选择此项，系统打开“选择文件”对话框，如图 5-19 所示。选择任意 ASCII 或 RTF 格式的文件。输入的文字保留原始字符格式和样式特性，但可以在多行文字编辑器中编辑和格式化输入的文字。选择要输入的文本文件后，可以替换选定的文字或全部文字，或在文字边界内将插入的文字附加到选定的文字中。输入文字的文件必须小于 32K</td></tr>
</table>

续表

选项		含义
"选项"菜单		 图 5-19 "选择文件"对话框
	字符集	显示代码页菜单，可以选择一个代码页并将其应用到选定的文本文字中
	删除格式	清除选定文字的粗体、斜体或下画线格式
	背景遮罩	用设定的背景对标注的文字进行遮罩。选择此项，系统打开"背景遮罩"对话框，如图 5-20 所示。 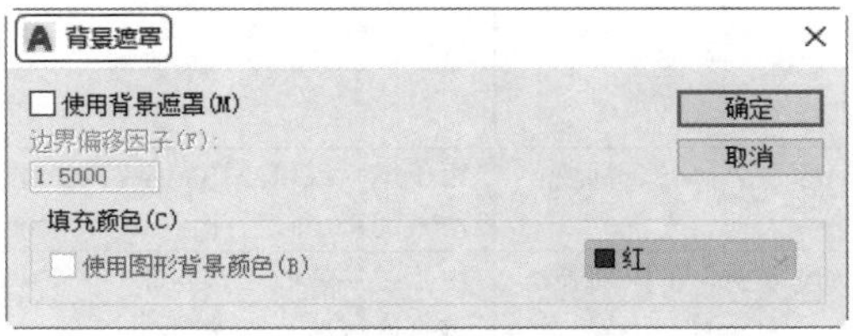 图 5-20 "背景遮罩"对话框

注意：倾斜角度与斜体效果是两个不同的概念，前者可以设置任意倾斜角度，后者是在任意倾斜角度的基础上设置斜体效果，如图 5-21 所示。第一行倾斜角度为 0°，非斜体效果；第二行倾斜角度为 12°，非斜体效果；第三行倾斜角度为 12°，斜体效果。

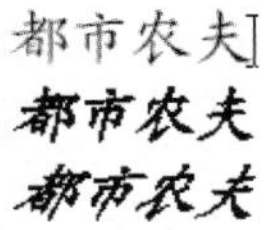

都市农夫
都市农夫
都市农夫

图 5-21 倾斜角度与斜体效果

多行文字是由任意数目的文字行或段落组成的，布满指定的宽度，还可以沿垂直方向无限延伸。多行文字中，无论行数是多少，单个编辑任务中创建的每个段落集将构成单个对象；用户可对其进行移动、旋转、删除、复制、镜像或缩放操作。

5.2 表格

在以前的 AutoCAD 版本中，要绘制表格必须采用绘制图线或结合偏移、复制等编辑命令来完成，这样的操作过程烦琐而复杂，不利于提高绘图效率。有了该功能，创建表格就变得非常容易，用户可以直接插入设置好样式的表格，而不用绘制由单独图线组成的表格。

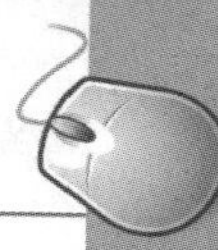

5.2.1 定义表格样式

和文字样式一样，所有 AutoCAD 图形中的表格都有与其相对应的表格样式。当插入表格对象时，系统使用当前设置的表格样式。表格样式是用来控制表格基本形状和间距的一组设置。模板文件 ACAD.DWT 和 ACADISO.DWT 中定义了名为“Standard”的默认表格样式。

1. 执行方式

命令行：TABLESTYLE。

菜单栏：选择菜单栏中的“格式”→“表格样式”命令。

工具栏：单击“样式”工具栏中的“表格样式”按钮。

功能区：①单击“默认”选项卡②“注释”面板中的③“表格样式”按钮（如图 5-22 所示），或①单击“注释”选项卡②“表格”面板上的③“表格样式”下拉菜单中的“管理表格样式”按钮（如图 5-23 所示），或单击“注释”选项卡“表格”面板中“表格样式”按钮。

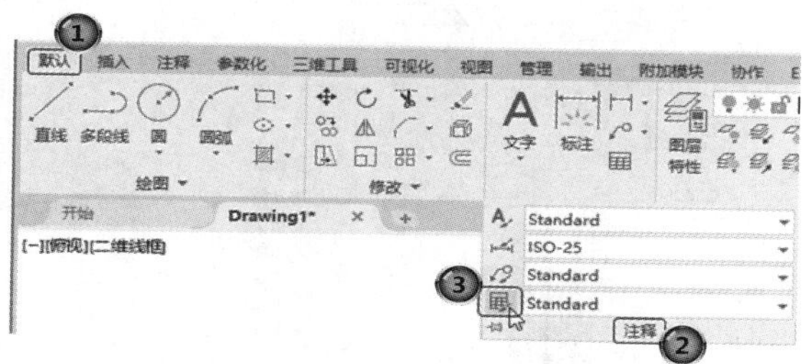

图 5-22 “注释”面板

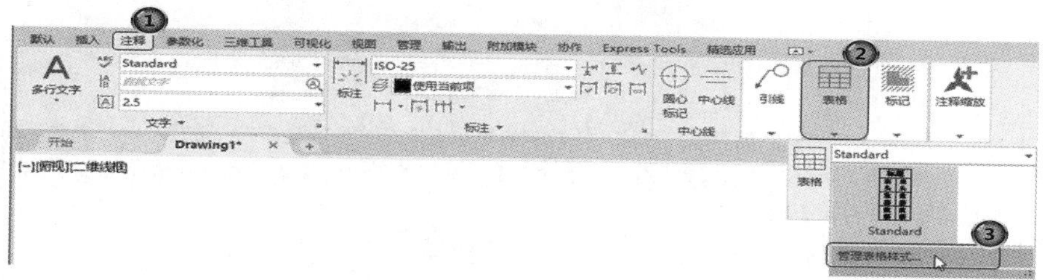

图 5-23 “表格”面板

执行上述命令后，系统打开“表格样式”对话框，如图 5-24 所示。

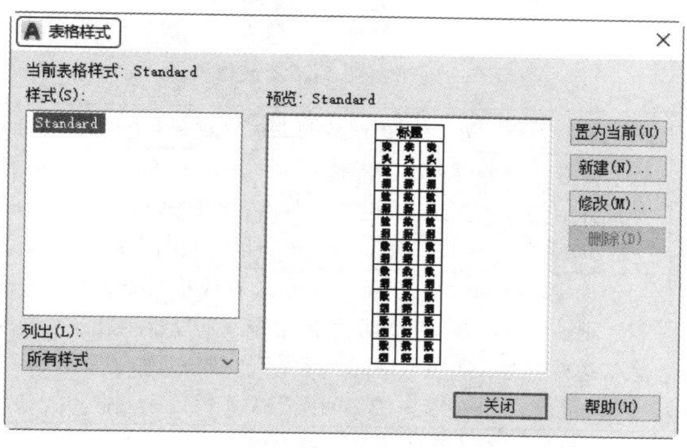

图 5-24 “表格样式”对话框

2．选项说明

选项含义如表 5-4 所示。

表 5-4 “表格样式”对话框选项含义

<table>
<tr><th>选　项</th><th colspan="2">含　义</th></tr>
<tr><td rowspan="4">“新建”按钮</td><td colspan="2">单击该按钮，①系统打开“创建新的表格样式”对话框，如图 5-25 所示。②输入新的表格样式名后，③单击“继续”按钮，④系统打开“新建表格样式”对话框，如图 5-26 所示，从中可以定义新的表格样式。

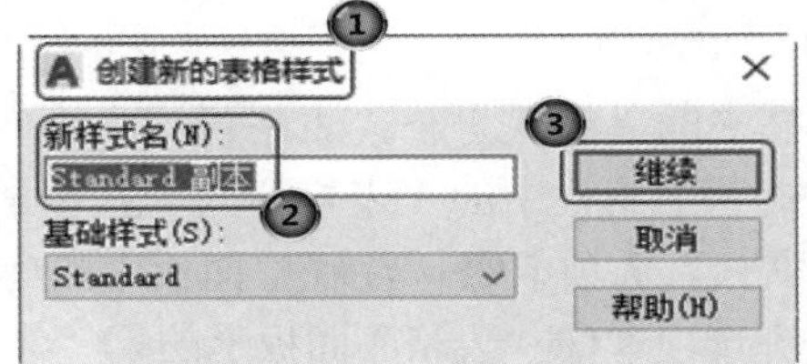

图 5-25 “创建新的表格样式”对话框

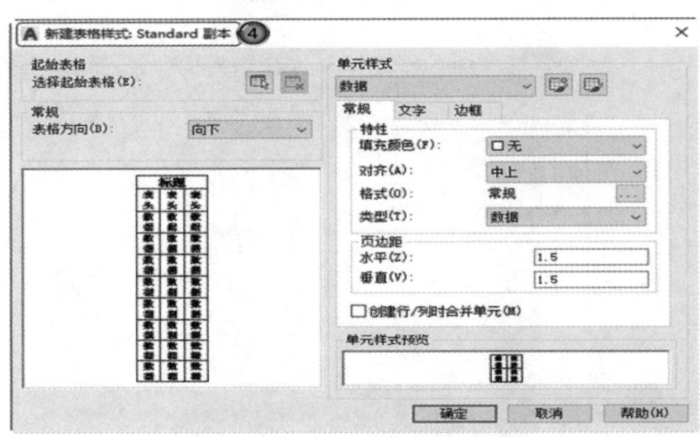

图 5-26 “新建表格样式”对话框

“新建表格样式”对话框的“单元样式”下拉列表框中有 3 个重要的选项：“数据”、“表头”和“标题”，分别控制表格中数据、列标题和总标题的有关参数，如图 5-27 所示。在“新建表格样式”对话框中有 3 个重要的选项卡，分别介绍如下。

<table>
<tr><td colspan="3">标题</td></tr>
<tr><td>表头</td><td>表头</td><td>表头</td></tr>
<tr><td>数据</td><td>数据</td><td>数据</td></tr>
<tr><td>数据</td><td>数据</td><td>数据</td></tr>
<tr><td>数据</td><td>数据</td><td>数据</td></tr>
<tr><td>数据</td><td>数据</td><td>数据</td></tr>
<tr><td>数据</td><td>数据</td><td>数据</td></tr>
<tr><td>数据</td><td>数据</td><td>数据</td></tr>
</table>

图 5-27 表格样式</td></tr>
<tr><td>“常规”选项卡</td><td>用于控制数据栏格与标题栏格的上下位置关系。</td></tr>
<tr><td>“文字”选项卡</td><td>用于设置文字属性，单击此选项卡，在“文字样式”下拉列表框中可以选择已定义的文字样式并应用于数据文字，也可以单击右侧的按钮 ... 重新定义文字样式。其中“文字高度”、“文字颜色”和“文字角度”各选项设定的相应参数格式可供用户选择</td></tr>
<tr><td>“边框”选项卡</td><td>用于设置表格的边框属性，下面的边框线按钮控制数据边框线的各种形式，如绘制所有数据边框线、只绘制数据边框外部边框线、只绘制数据边框内部边框线、无边框线、只绘制底部边框线等。选项卡中的“线宽”“线型”和“颜色”下拉列表框则控制边框线的线宽、线型和颜色；选项卡中的“间距”文本框用于控制单元边界和内容之间的间距</td></tr>
<tr><td>“修改”按钮</td><td colspan="2">用于对当前表格样式进行修改，方式与新建表格样式相同</td></tr>
</table>

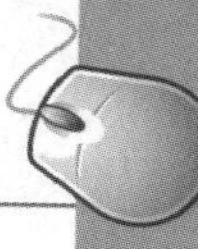

如图 5-28 所示，数据文字样式为“Standard”，文字高度为 4.5，文字颜色为“红色”，对齐方式为“右下”；标题文字样式为“Standard”，文字高度为 6，文字颜色为“蓝色”，对齐方式为“正中”，表格方向为“上”，水平单元边距和垂直单元边距都为“1.5”的表格样式。

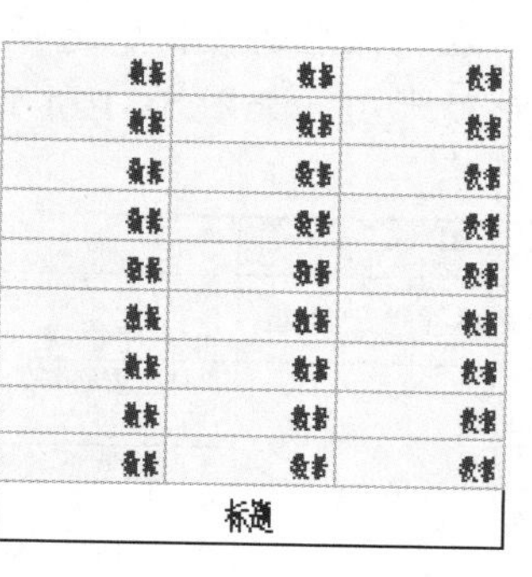

图 5-28　表格示例

5.2.2 创建表格

在设置好表格样式后，用户可以利用 TABLE 命令创建表格。

1．执行方式

命令行：TABLE。

菜单栏：选择菜单栏中的“绘图”→“表格”命令。

工具栏：单击“绘图”工具栏中的“表格”按钮▦。

功能区：单击“默认”选项卡“注释”面板中的“表格”按钮▦或单击“注释”选项卡“表格”面板中的“表格”按钮▦。

执行上述命令后，系统打开“插入表格”对话框，如图 5-29 所示。

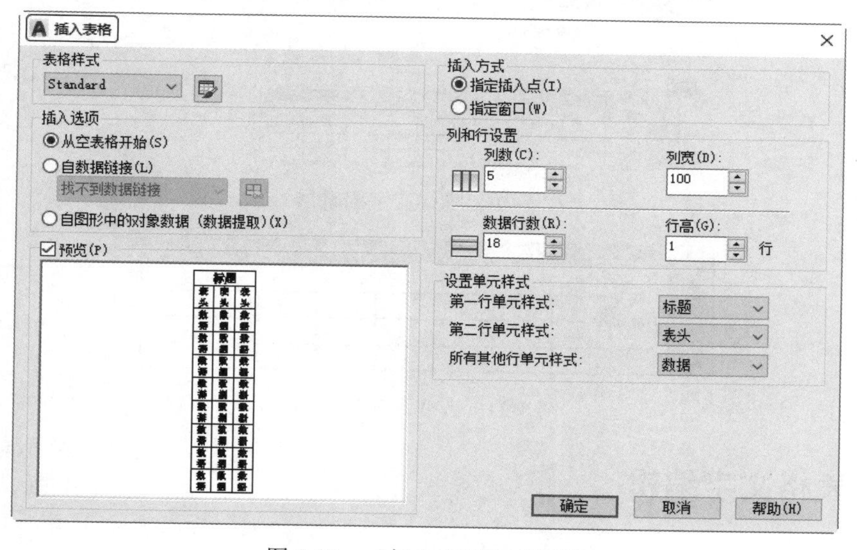

图 5-29　“插入表格”对话框

2．选项说明

选项含义如表 5-5 所示。

在“插入表格”对话框中进行相应设置后，单击“确定”按钮，❶系统在指定的插入点或窗口自动插入一个空表格，❷并打开“文字编辑器”选项卡和“多行文字”编辑器，用户可以逐行逐列输入相应的文字或数据，如图 5-30 所示。

注意：

在“插入方式”选项组中点选“指定窗口”单选钮后，列与行设置的两个参数中只能指定一个，另外一个由指定窗口的大小自动等分来确定。

在插入后的表格中选择某一个单元格，单击后出现钳夹点，通过移动钳夹点可以改变单元格的大小，如图 5-31 所示。

表 5-5 “插入表格”对话框选项含义

选 项		含 义
“表格样式”选项组		可以在“表格样式”下拉列表框中选择一种表格样式，也可以通过单击后面的“”按钮来新建或修改表格样式
“插入选项”选项组	“从空表格开始”单选按钮	创建可以手动填充数据的空表格
	“自数据链接”单选按钮	通过启动数据链接管理器来创建表格
	“自图形中的对象数据”单选按钮	通过启动“数据提取”向导来创建表格
“插入方式”选项组	“指定插入点”单选按钮	指定表格的左上角位置。可以使用定点设备，也可以在命令行中输入坐标值。如果表格样式将表格的方向设置为由下而上读取，则插入点位于表格的左下角
	“指定窗口”单选按钮	指定表的大小和位置。可以使用定点设备，也可以在命令行中输入坐标值。选定此选项时，行数、列数、列宽和行高取决于窗口的大小以及列和行设置
“列和行设置”选项组		指定列和数据行的数目以及列宽与行高
“设置单元样式”选项组		指定“第一行单元样式”“第二行单元样式”和“所有其他行单元样式”分别为标题、表头或者数据样式

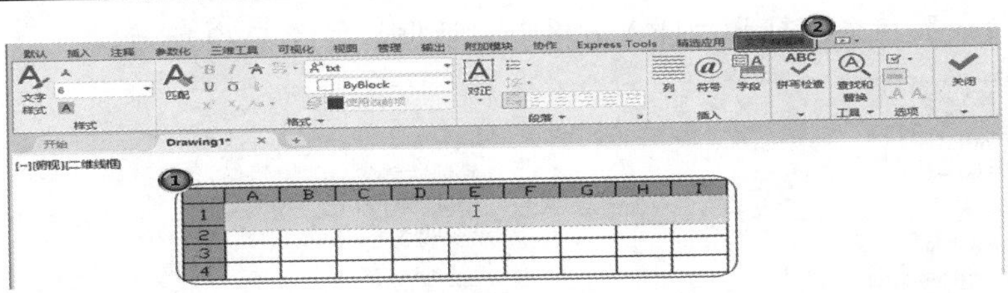

图 5-30 多行文字编辑器

图 5-31 改变单元格大小

5.2.3 表格文字编辑

1. 执行方式

命令行：TABLEDIT。

快捷菜单：选择表和一个或多个单元后右击，选择快捷菜单中的“编辑文字”命令。

定点设备：在表单元内双击。

执行上述命令后，命令行出现“拾取表格单元”的提示，选择要编辑的表格单元，系统打开如图 5-32 所示的多行文字编辑器，用户可以对选择的表格单元的文字进行编辑。

2. 操作步骤

下面以新建如图 5-32 所示的“材料明细表”为例，具体介绍新建表格的步骤。

（1）设置表格样式。选择菜单栏中的“格式”→“表格样式”命令，打开“表格样式”

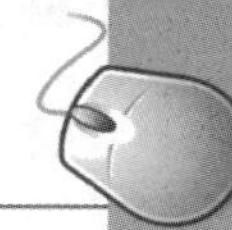

对话框。

（2）单击“新建”按钮，打开“新建表格样式”对话框，设置表格样式如图 5-33 所示，命名为“材料明细表”。并修改表格设置，将标题行添加到表格中，文字高度设置为 3，对齐位置设置为“正中”，线宽保持默认设置，页边距设置为 1。

材 料 明 细 表								
构件编号	零件编号	规格	长度/mm	数量		重量/kg		总计/kg
				单计	共计	单计	共计	

图 5-32　材料明细表

（3）设置好表格样式后，单击“确定”按钮退出。

（4）创建表格。单击“绘图”工具栏中的“表格”按钮，❶系统打开“插入表格”对话框。❷设置插入方式为“指定插入点”，❸设置数据行数为 10、列数为 9，设置列宽为 10、行高为 1，如图 5-34 所示，❹单击“插入表格”对话框中的“确定”按钮，关闭对话框。插入的表格如图 5-35 所示。

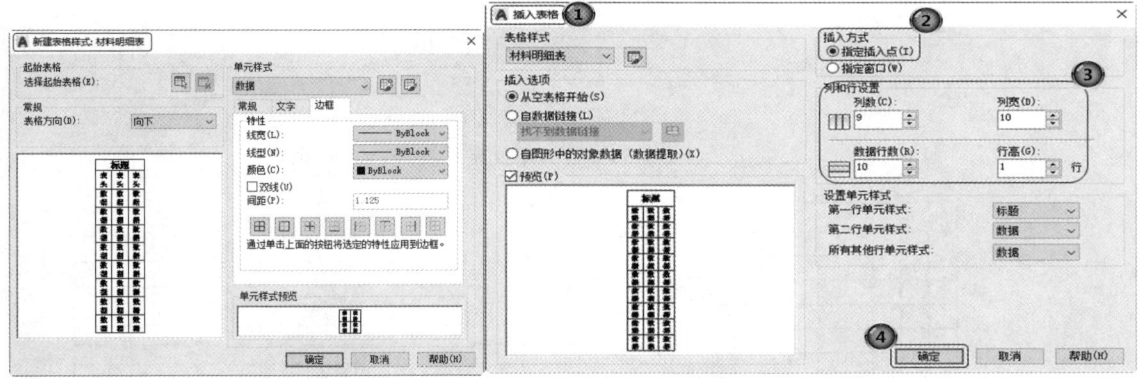

图 5-33　设置表格样式　　　　图 5-34　“插入表格”对话框

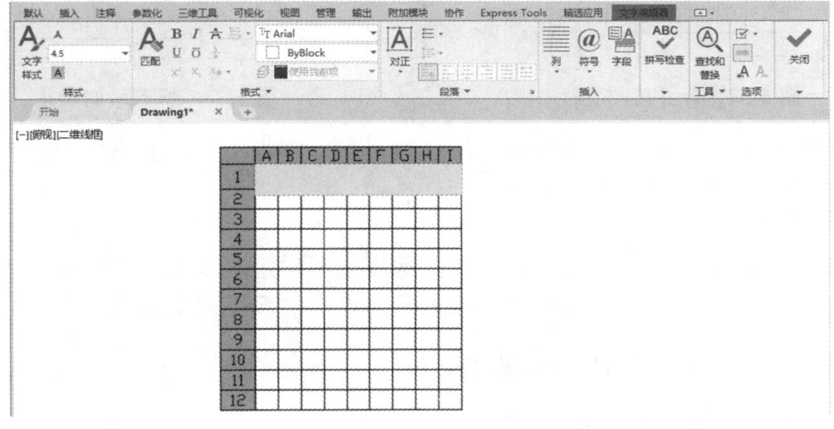

图 5-35　插入的表格

（5）选中表格第一列的前两个表格，右击，选择快捷菜单中的“合并”→“全部”命令，如图 5-36 所示。合并后的表格如图 5-37 所示。

（6）利用此方法，将表格进行合并，利用右击快捷菜单中的特性命令，修改列宽为 25，修改后的表格如图 5-38 所示。

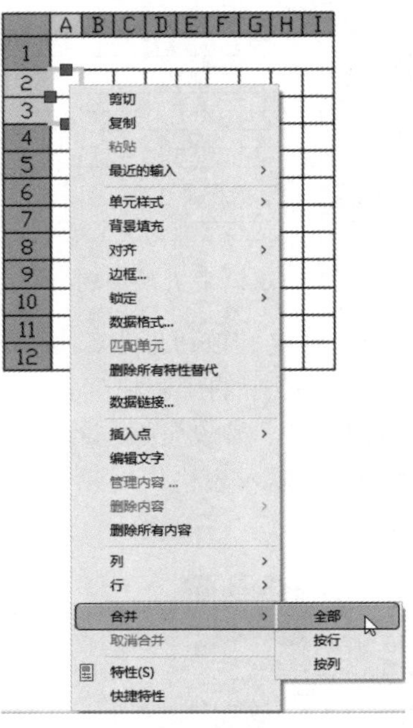

图 5-36　合并单元格

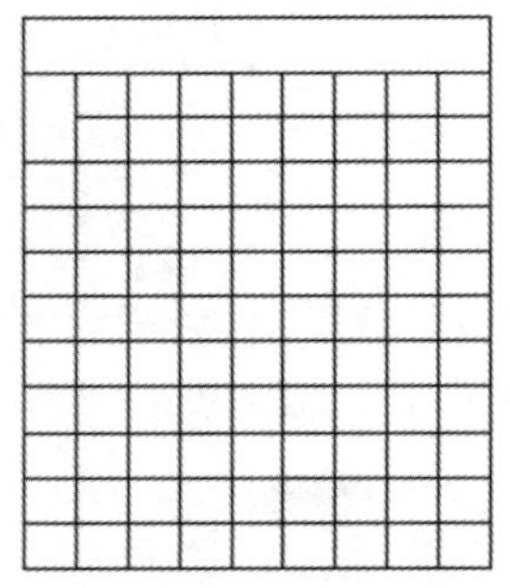

图 5-37　合并后的表格

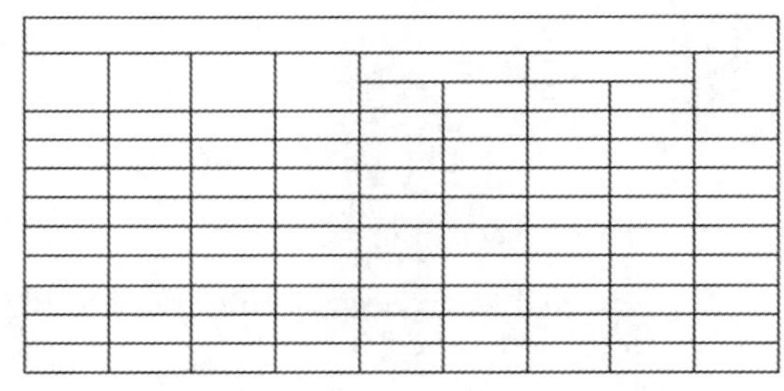

图 5-38　修改后的表格

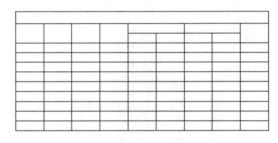

（7）双击单元格，打开“文字编辑器”选项卡和“多行文字”编辑器，在表格中输入标题及表头，最后绘制结果如图 5-32 所示。

注意：如果有多个文本格式一样，可以采用复制后修改文字内容的方法进行表格文字的填充，这样只需双击就可以直接修改表格文字的内容，而不用重新设置每个文本格式。

5.2.4　实例——绘制 A3 样板图 1

绘制好的 A3 样板图如图 5-39 所示。

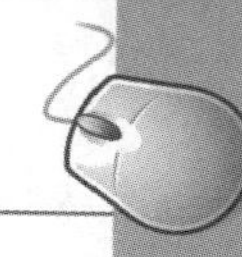

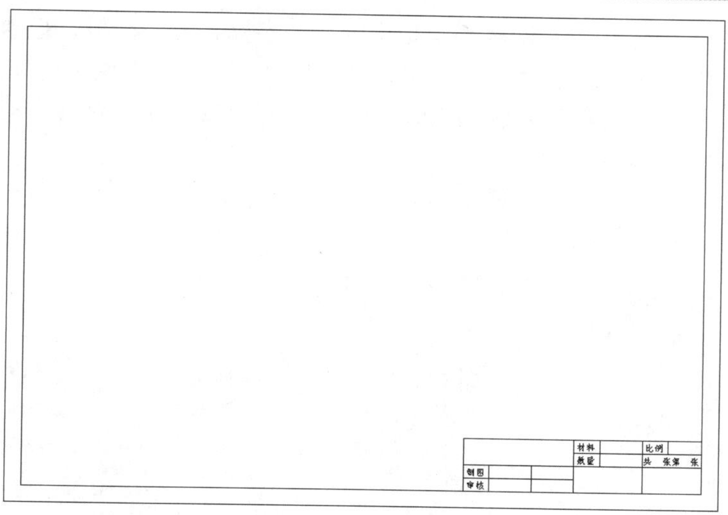

图 5-39　A3 样板图

手把手教你学

所谓样板图就是将绘制图形通用的一些基本内容和参数事先设置好，并绘制出来，以“.dwt”格式保存起来。在本实例中绘制的 A3 图纸，可以绘制好图框、标题栏，设置好图层、文字样式、标注样式等，然后作为样板图保存。以后需要绘制 A3 幅面的图形时，可打开此样板图在此基础上绘图。

绘制步骤

1. 新建文件

单击“快速访问”工具栏中的“新建”按钮，弹出“选择样板”对话框，在“打开”按钮下拉菜单中选择“无样板公制”命令，新建空白文件。

2. 设置图层

单击“默认”选项卡“图层”面板中的“图层特性”按钮，新建如下两个图层。

（1）图框层：颜色为白色，其余参数默认。

（2）标题栏层：颜色为白色，其余参数默认。

3. 绘制图框

将“图框层”图层设定为当前图层。

单击“默认”选项卡“绘图”面板中的“矩形”按钮，指定矩形的角点分别为{（0, 0）、（420, 297）}和{（10, 10）、（410, 287）}，分别作为图纸边和图框。绘制结果如图 5-40 所示。

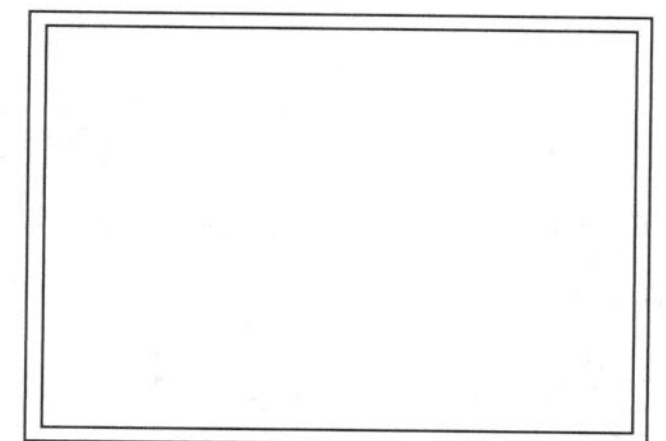

图 5-40　绘制的边框

4. 绘制标题栏

将“标题栏层”图层设定为当前图层。

（1）单击“默认”选项卡“注释”面板中的“文字样式”按钮，①弹出“文字样式”对话框，②新建“长仿宋体”文字样式，③在“字体名”下拉列表框中选择“仿宋_GB2312”选项，④“高度”为 4，其余参数默认，如图 5-41 所示。⑤单击“置为当前”按钮，将新建文字样式置为当前。

（2）单击“默认”选项卡“注释”面板中的“表格样式”按钮，①系统弹出“表格样式”对话框，如图 5-42 所示。

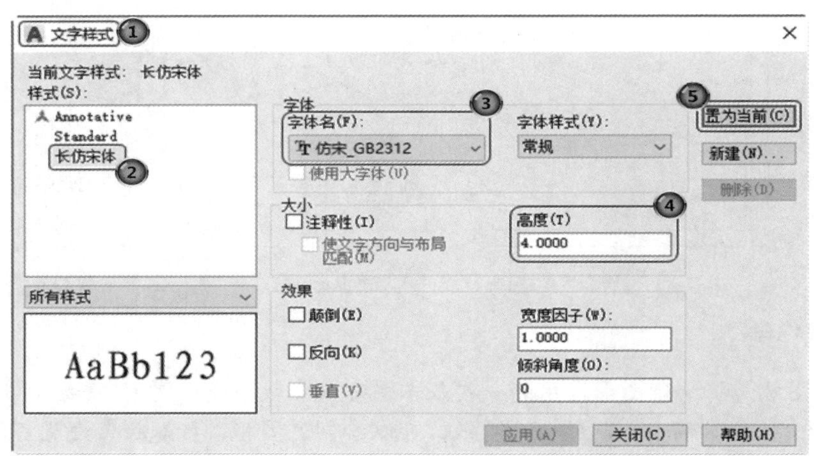

图 5-41 新建“长仿宋体”

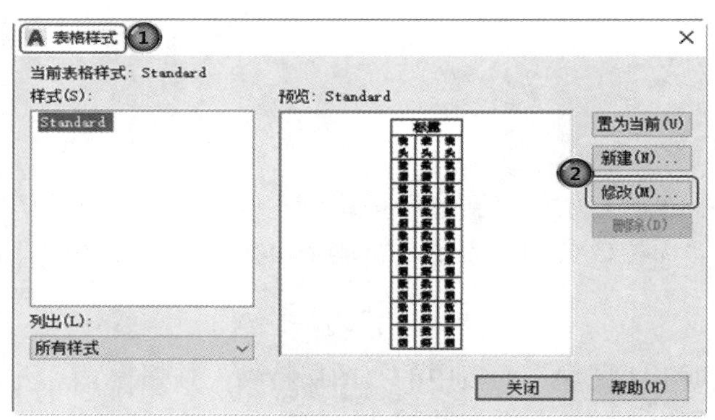

图 5-42 “表格样式”对话框

（3）②单击“修改”按钮，③系统弹出“修改表格样式”对话框，④在“单元样式”下拉列表框中选择“数据”选项，⑤在下面的“文字”选项卡中⑥单击“文字样式”下拉列表框右侧的...按钮，弹出“文字样式”对话框，⑦选择“长仿宋体”，如图 5-43 所示。⑧再打开“常规”选项卡，⑨将“页边距”选项组中的“水平”和“垂直”都设置成 1，⑩“对齐”为“正中”，如图 5-44 所示。

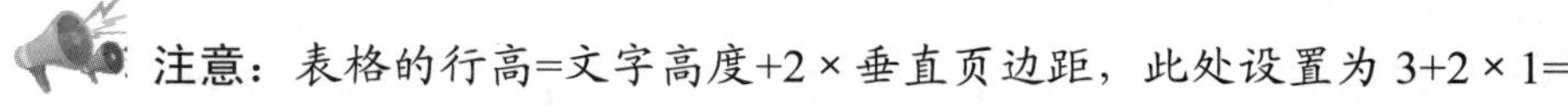
注意：表格的行高=文字高度+2 × 垂直页边距，此处设置为 3+2 × 1=5。

（4）⑪单击“确定”按钮，系统回到“表格样式”对话框，单击“关闭”按钮退出。

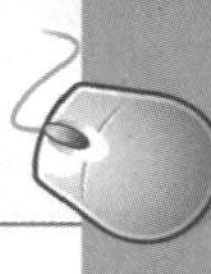

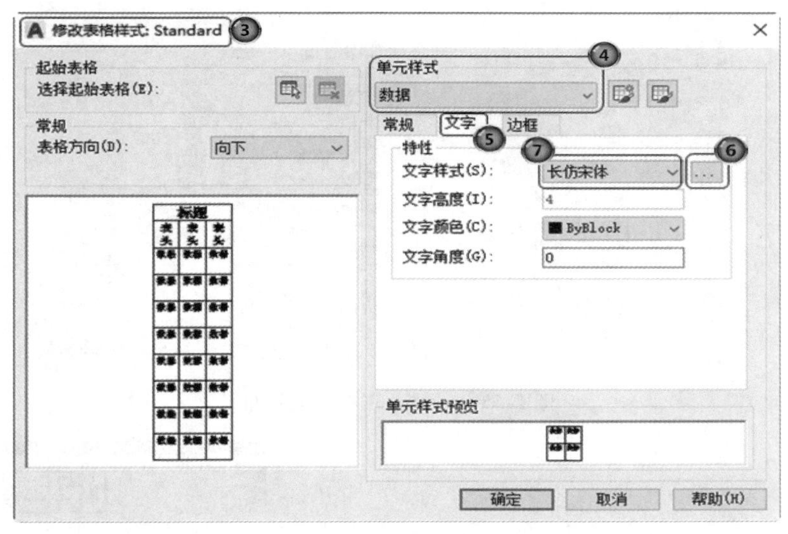

图 5-43 “修改表格样式”对话框

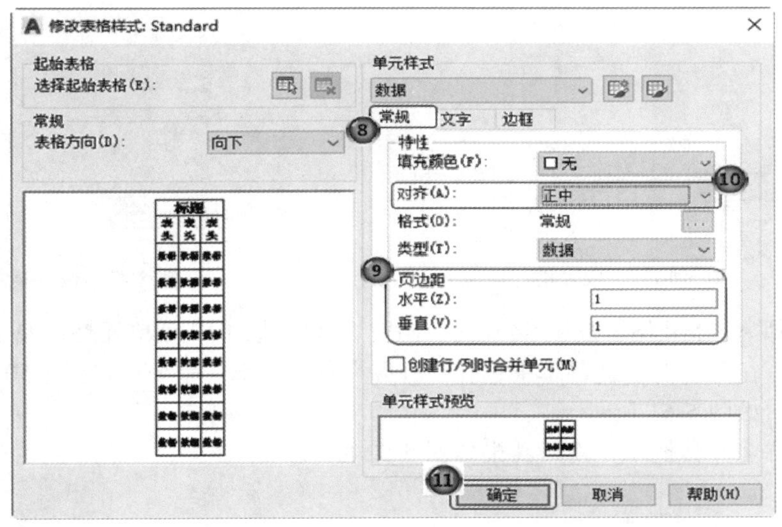

图 5-44 设置“常规”选项卡

（5）单击“默认”选项卡“注释”面板中的“表格”按钮，①系统弹出“插入表格”对话框，②在“列和行设置”选项组中将“列数”设置为 28，“列宽”设置为 5，“数据行数”设置为 2（加上标题行和表头行共 4 行），“行高”设置为 1 行（即为 10）；③在“设置单元样式”选项组中将“第一行单元样式”“第二行单元样式”和“所有其他行单元样式”都设置为“数据”，如图 5-45 所示。

（6）在图框线右下角附近指定表格位置，系统生成表格，不输入文字，如图 5-46 所示。

（7）单击表格中的任一单元格，系统显示其编辑夹点，右击，①在弹出的快捷菜单中选择“特性”命令，如图 5-47 所示，②系统弹出“特性”选项板，③将单元高度参数改为 8，如图 5-48 所示，这样该单元格所在行的高度就统一改为 8。同样方法将其他行的高度改为 8，如图 5-49 所示。

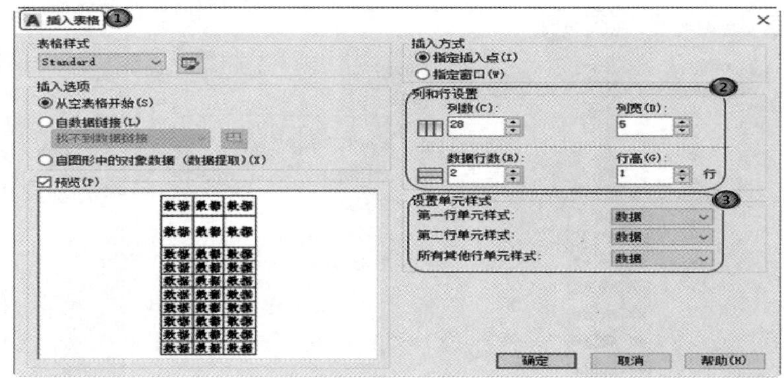

图 5-45 “插入表格”对话框

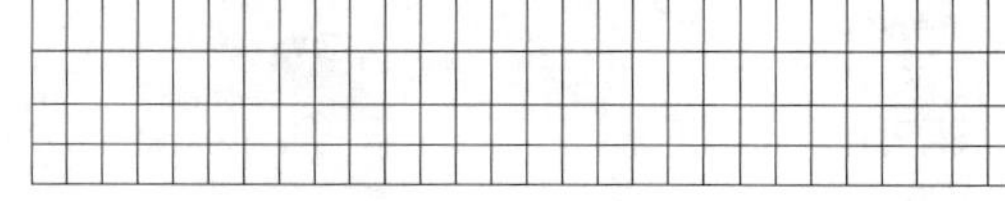

图 5-46 生成表格

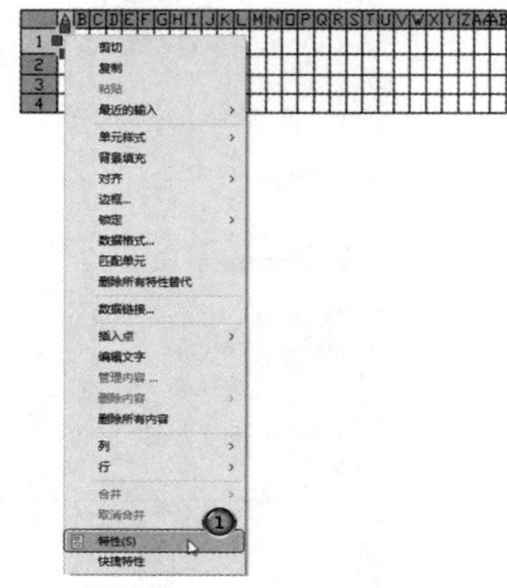

图 5-47 快捷菜单

（8）①选择 A1 单元格，按住 Shift 键，同时选择右边的 12 个单元格以及下面的 13 个单元格，②右击，在弹出的快捷菜单中选择“合并”→“全部”命令，如图 5-50 所示，这些单元格完成合并，如图 5-51 所示。

用同样方法合并其他单元格，结果如图 5-52 所示。

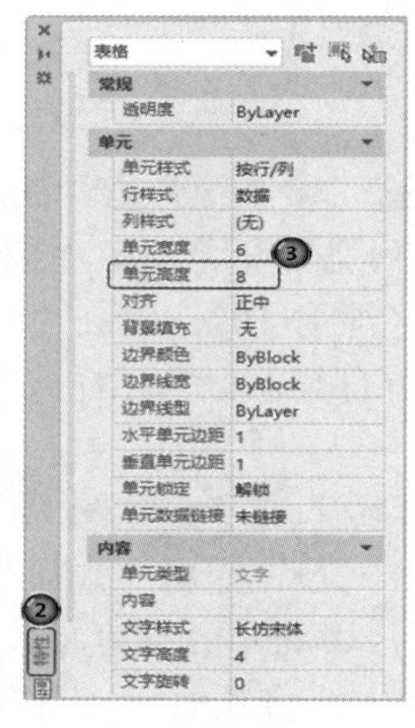

图 5-48 “特性”选项板

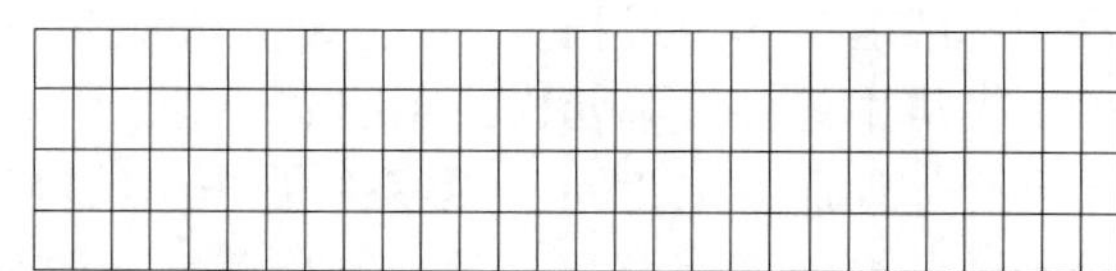

图 5-49 修改表格高度

（9）在单元格处双击鼠标左键，将字体设置为“仿宋_GB2312”，文字大小设置为 4，在单元格中输入文字，如图 5-53 所示。

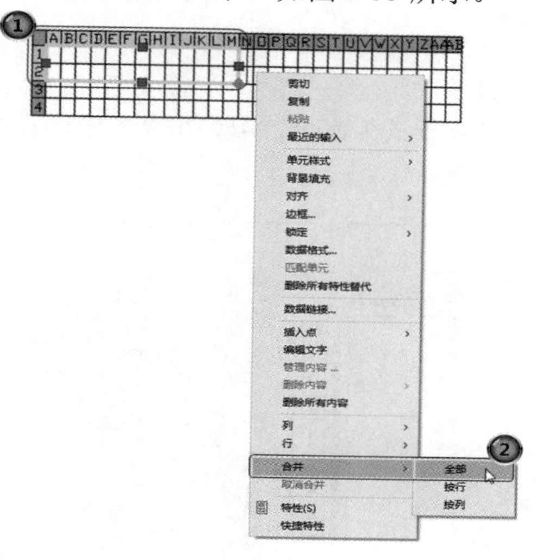

图 5-50　快捷菜单

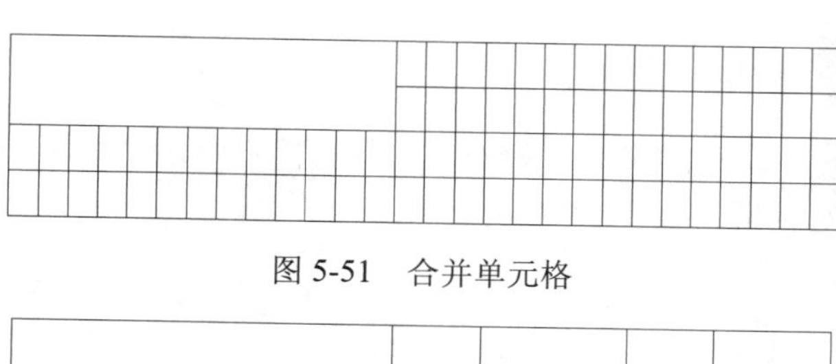

图 5-51　合并单元格

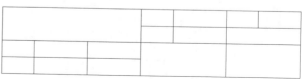

图 5-52　完成表格绘制

制图						

图 5-53　输入文字

用同样方法，输入其他单元格文字，结果如图 5-54 所示。

			材料		比例	
			数量		共　张　第　张	
制图						
审核						

图 5-54　输入标题栏文字

5．移动标题栏

单击“默认”选项卡“修改”面板中的“移动”按钮✥，捕捉刚生成的标题栏右下角点为基点，将其移动到图框的右下角点处，最终如图 5-39 所示。

6．保存样板图

单击“快速访问”工具栏中的“保存”按钮，输入名称为“A3 样板图 1”，保存绘制好的图形。

动手练一练——绘制明细表

绘制如图 5-55 所示的明细表。

思路点拨

源文件：源文件\第 5 章\明细表.dwg

（1）设置表格样式。

（2）创建表格。

（3）输入表格文字。

绘制步骤

（1）定义表格样式。选择菜单栏中的“格式”→“表格样式”命令，❶弹出“表格样式”对话框，如图 5-56 所示。

<table>
<tr><td>11</td><td>hu11</td><td>活塞杆</td><td>1</td><td></td></tr>
<tr><td>10</td><td>hu10</td><td>橡胶密封圈</td><td>1</td><td></td></tr>
<tr><td>9</td><td>hu9</td><td>活塞</td><td>1</td><td></td></tr>
<tr><td>8</td><td>hu8</td><td>卡环</td><td>1</td><td></td></tr>
<tr><td>7</td><td>hu7</td><td>离合器压板</td><td>7</td><td></td></tr>
<tr><td>6</td><td>hu6</td><td>外齿摩擦片</td><td>20</td><td></td></tr>
<tr><td>5</td><td>hu5</td><td>弹簧</td><td>1</td><td></td></tr>
<tr><td>4</td><td>hu4</td><td>离合器活塞</td><td>1</td><td></td></tr>
<tr><td>3</td><td>hu3</td><td>CHL离合器缸体</td><td>1</td><td></td></tr>
<tr><td>2</td><td>hu2</td><td>弹簧座总成</td><td>1</td><td></td></tr>
<tr><td>1</td><td>hu1</td><td>内齿摩擦片总成</td><td>7</td><td></td></tr>
<tr><td>序号</td><td>代 号</td><td>名 称</td><td>数量</td><td>备注</td></tr>
</table>

图 5-55　明细表

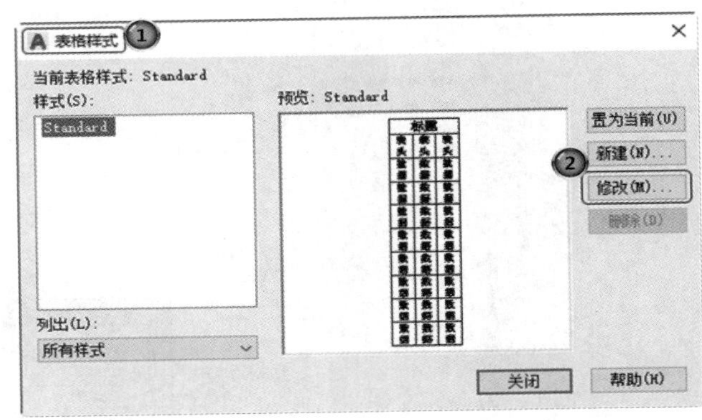

图 5-56　“表格样式”对话框

（2）❷单击“修改”按钮，❸系统弹出“修改表格样式”对话框，如图 5-57 所示。在该对话框中进行如下设置：数据单元中设置文字样式为 Standard，文字高度为 5，文字颜色为“红色”；常规选项卡中，填充颜色为“无”，对齐方式为“正中”；❹边框选项卡中，❺边框颜色为“蓝色”；表头单元中设置文字样式为 Standard，文字高度为 5，文字颜色为“黑色”，填充颜色为“无”，对齐方式为“正中”，边框颜色为“黑色”，❻表格方向为“向上”，水平单元边距和垂直单元边距都为 1.5 的表格样式。

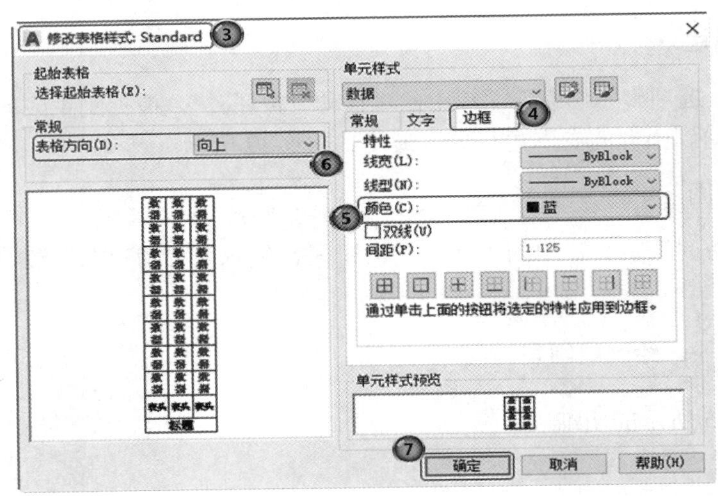

图 5-57　“修改表格样式”对话框

（3）设置好表格样式后，❼单击“确定”按钮退出。

（4）创建表格。选择菜单栏中的“绘图”→“表格”命令，❶弹出“插入表格”对话框，

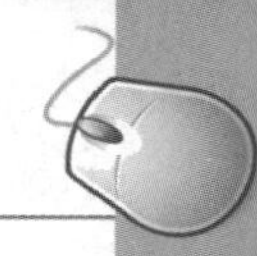

如图 5-58 所示，❷设置插入方式为“指定插入点”，❸行和列设置为 10 行 5 列，列宽为 10，行高为 1 行，❹将单元样式全部设置为“数据”。

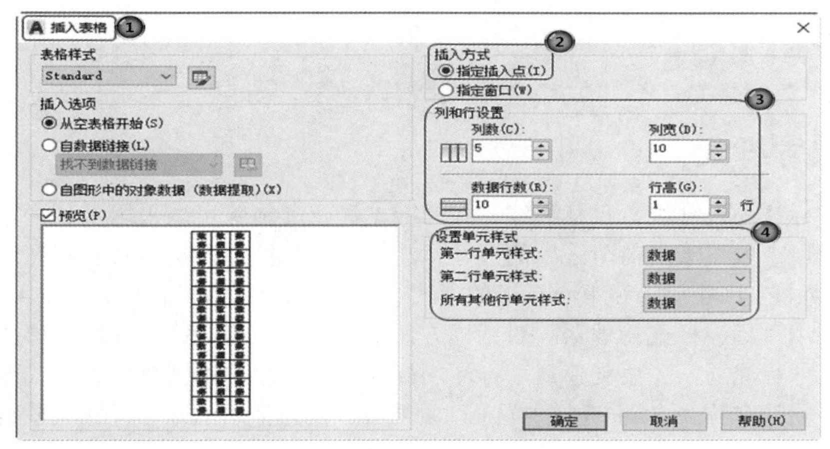

图 5-58 “插入表格”对话框

确定后，在绘图平面指定插入点，❶则插入如图 5-59 所示的空表格，❷并显示“文字编辑器”选项卡，不输入文字，❸直接在“文字编辑器”选项卡中单击关闭文字编辑器按钮退出。

（5）单击第 2 列中的任意一个单元格，出现钳夹点后，将右边的钳夹点向右拖动，使列宽大约变成 30。使用同样的方法，将第 3 列和第 5 列的列宽设置为 40 和 20，第 1 列和第 4 列列宽为 20；也可以单击要调整的单元格，右击，选择“特性”命令，弹出“特性”对话框，修改表格参数，结果如图 5-60 所示。

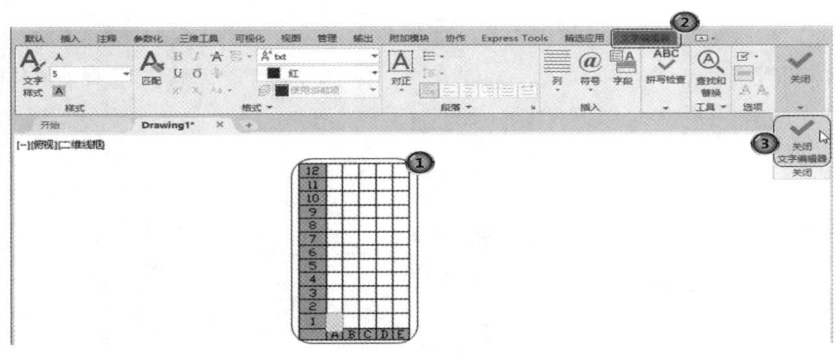

图 5-59 多行文字编辑器

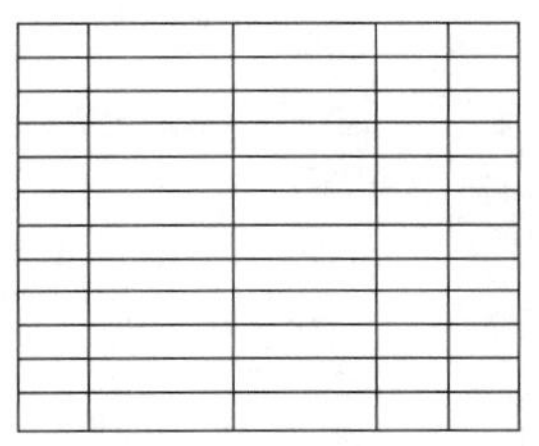

图 5-60 改变列宽

（6）双击要输入文字的单元格，重新打开多行文字编辑器，在各单元中输入相应的文字或数据，最终结果如图 5-35 所示。

5.3 尺寸标注

5.3.1 尺寸样式

组成尺寸标注的尺寸线、尺寸界线、尺寸文本和尺寸箭头可以采用多种形式，尺寸标注以什么形态出现，取决于当前所采用的尺寸标注样式。标注样式决定尺寸标注的形式，包括尺寸线、尺寸界线、尺寸箭头和中心标记的形式、尺寸文本的位置、特性等。在 AutoCAD 2022 中用户可以利用“标注样式管理器”对话框方便地设置自己需要的尺寸标注样式。

在进行尺寸标注前，先要创建尺寸标注的样式。如果用户不创建尺寸样式而直接进行标注，系统使用默认名称为 Standard 的样式。如果用户认为使用的标注样式某些设置不合适，也可以修改标注样式。

1. 执行方式

命令行：DIMSTYLE（快捷命令：D）。

菜单栏：选择菜单栏中的“格式”→“标注样式”命令，或“标注”→“标注样式”命令。

工具栏：单击“标注”工具栏中的“标注样式”按钮。

功能区：单击“默认”选项卡“注释”面板下拉菜单中的“标注样式”按钮或单击“注释”选项卡“标注”面板中的“标注样式”按钮。

2. 操作步骤

执行上述命令，系统打开“标注样式管理器”对话框，如图 5-61 所示。利用此对话框可方便直观地定制和浏览尺寸标注样式，包括产生新的标注样式、修改已存在的样式、设置当前尺寸标注样式、样式重命名以及删除一个已有样式等。

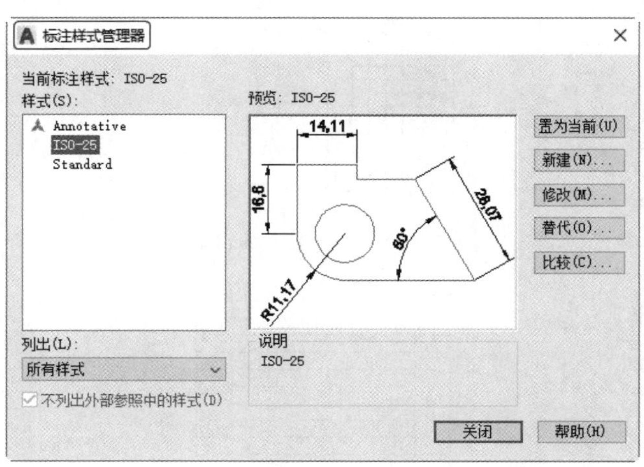

图 5-61 “标注样式管理器”对话框

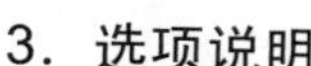

3．选项说明

图 5-61 中相关按钮说明如下。

（1）“置为当前”按钮

点取此按钮，把在“样式”列表框中选中的样式设置为当前样式。

（2）“新建”按钮

定义一个新的尺寸标注样式。单击此按钮，①AutoCAD 打开“创建新标注样式”对话框，如图 5-62 所示；利用此对话框可创建一个新的尺寸标注样式，②单击“继续”按钮，③系统打开“新建标注样式”对话框，如图 5-63 所示；利用此对话框可对新样式的各项特性进行设置。该对话框中各部分的含义和功能将在后面介绍。

（3）“修改”按钮

修改一个已存在的尺寸标注样式。单击此按钮，AutoCAD 弹出“修改标注样式”对话框，该对话框中的各选项与“新建标注样式”对话框中完全相同，可以对已有标注样式进行修改。

（4）“替代”按钮

设置临时覆盖尺寸标注样式。单击此按钮，AutoCAD 打开“替代当前样式”对话框，该对话框中各选项与“新建标注样式”对话框完全相同，用户可改变选项的设置覆盖原来的设置，但这种修改只对指定的尺寸标注起作用，而不影响当前尺寸变量的设置。

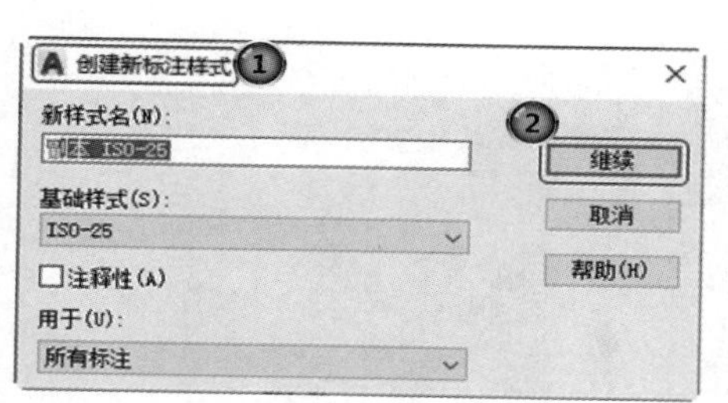

图 5-62　“创建新标注样式”对话框

图 5-63　“新建标注样式”对话框

（5）“比较”按钮

比较两个尺寸标注样式在参数上的区别或浏览一个尺寸标注样式的参数设置。单击此按钮，AutoCAD 打开“比较标注样式”对话框，如图 5-64 所示。可以把比较结果复制到剪切板上，然后再粘贴到其他的 Windows 应用软件上。

在图 5-63 所示的“新建标注样式”对话框中有 7 个选项卡，分别说明如下。

（1）线

该选项卡对尺寸线、尺寸界线的形式和特性各个参数进行设置。包括尺寸线的颜色、线宽、超出标记、基线间距、隐藏等参数，尺寸界线的颜色、线宽、超出尺寸线、起点偏移量、隐藏等参数。

（2）符号和箭头

该选项卡主要对箭头、圆心标记、弧长符号和半径折弯标注的形式和特性进行设置，如图 5-65 所示。包括箭头的大小、引线、形状等参数以及圆心标记的类型和大小等参数。

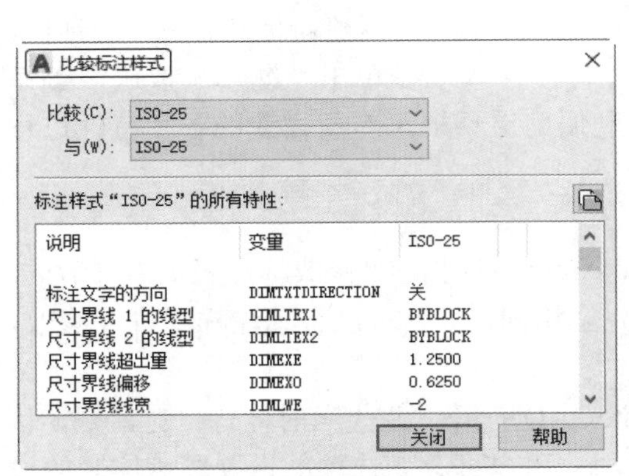

图 5-64 “比较标注样式”对话框

图 5-65 “符号和箭头”选项卡

（3）文字

该选项卡对文字的外观、位置、对齐方式等各个参数进行设置，如图 5-66 所示。包括文字外观的文字样式、颜色、填充颜色、文字高度、分数高度比例和是否绘制文字边框等参数，文字位置的垂直、水平和从尺寸线偏移量等参数。对齐方式有水平、与尺寸线对齐、ISO 标准 3 种方式。图 5-67 所示为尺寸文本在垂直方向放置的 4 种不同情形，图 5-68 所示为尺寸文本在水平方向放置的 5 种不同情形。

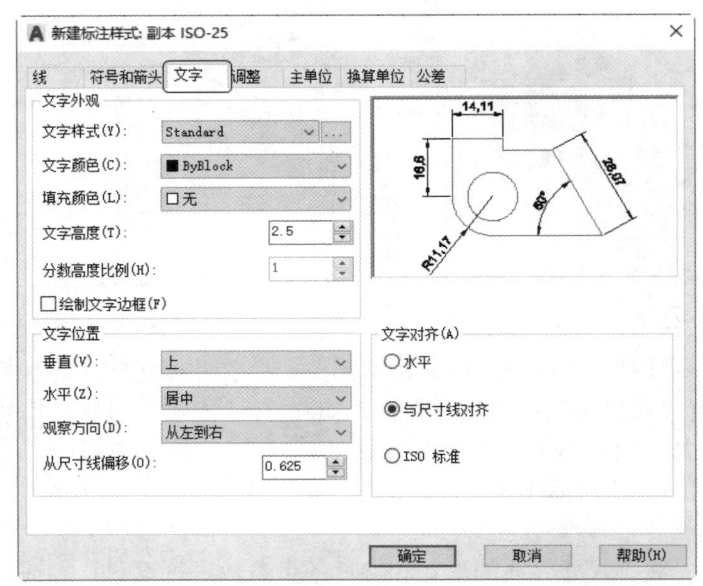

图 5-66 “文字”选项卡

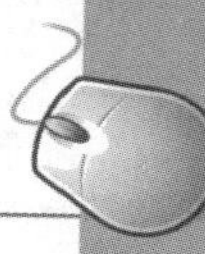

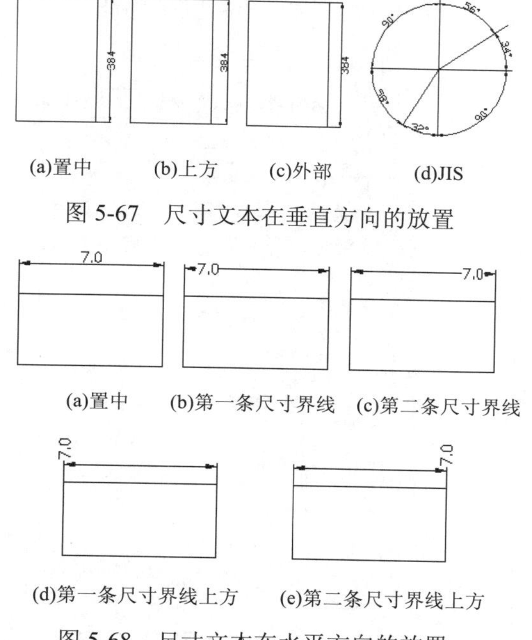

图 5-67　尺寸文本在垂直方向的放置

图 5-68　尺寸文本在水平方向的放置

（4）调整

该选项卡对调整选项、文字位置、标注特征比例、优化等各个参数进行设置，如图 5-69 所示。包括调整选项选择、文字不在默认位置时的放置位置、标注特征比例选择，以及调整尺寸要素位置等参数。图 5-70 所示为文字不在默认位置时的放置位置的 3 种不同情形。

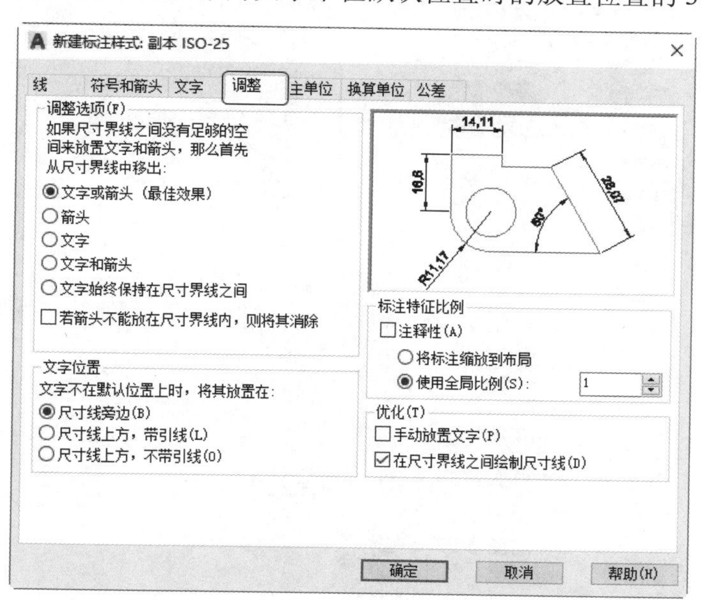

图 5-69　“调整”选项卡

（5）主单位

该选项卡用于设置尺寸标注的主单位和精度，以及给尺寸文本添加固定的前缀或后缀。

本选项卡含有两个选项组，分别对长度型标注和角度型标注进行设置，如图 5-71 所示。

图 5-70　尺寸文本的位置

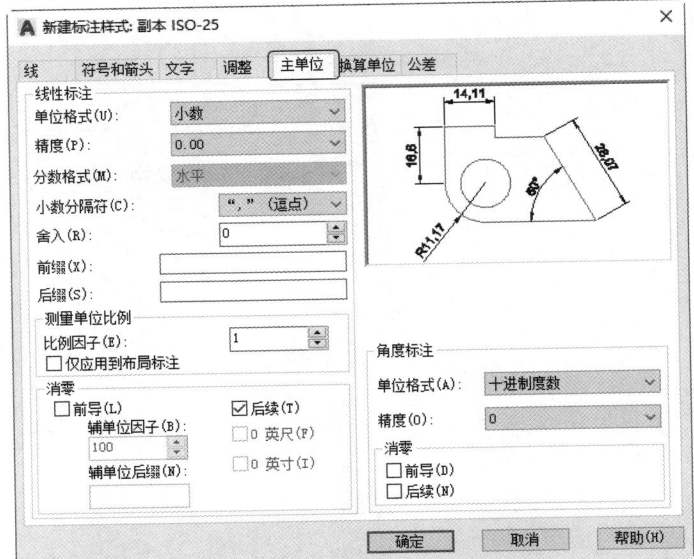

图 5-71　“主单位”选项卡

（6）换算单位

该选项卡用于对替换单位进行设置，如图 5-72 所示。

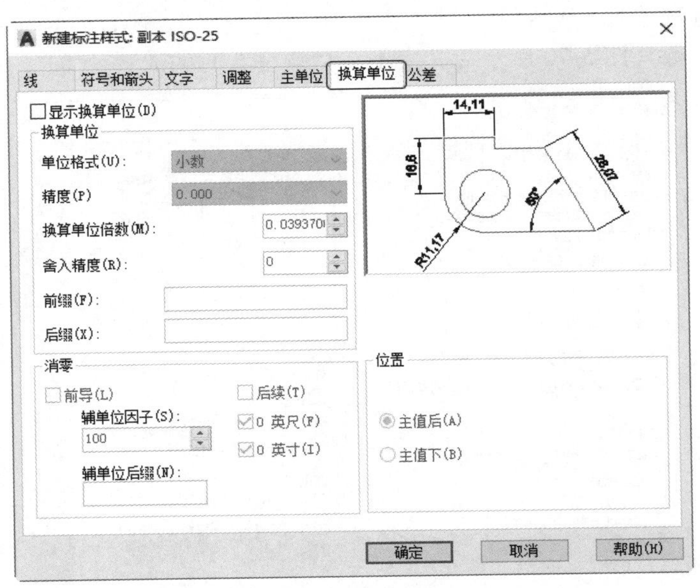

图 5-72　“换算单位”选项卡

（7）公差

该选项卡用于对尺寸公差进行设置，如图 5-73 所示。其中“方式”下拉列表框列出了 AutoCAD 提供的 5 种标注公差的形式，用户可从中选择。这 5 种形式分别是“无”“对称”“极限偏差”“极限尺寸”和“基本尺寸”，其中“无”表示不标注公差。其余 4 种标注情况如

图 5-74 所示。在“精度”“上偏差”“下偏差”“高度比例”“垂直位置”等文本框中输入或选择相应的参数值。

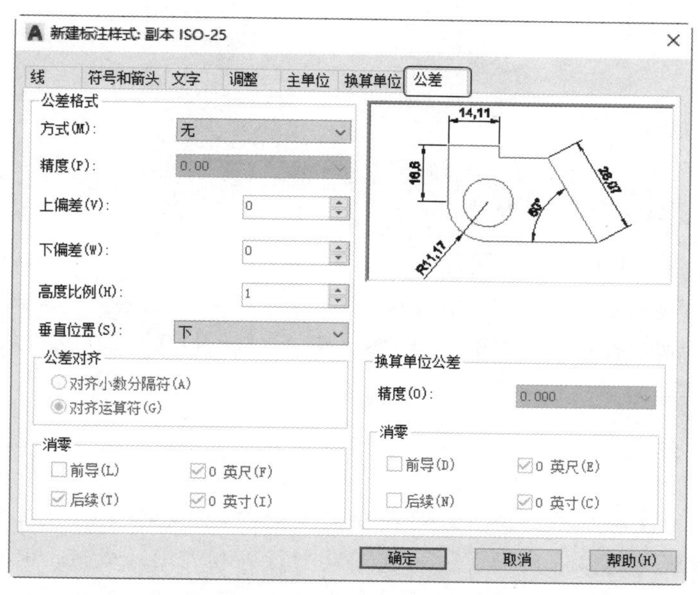

图 5-73 “公差”选项卡

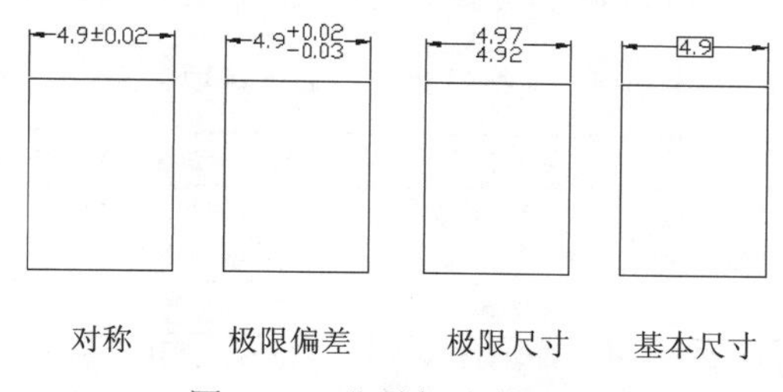

图 5-74 公差标注的形式

注意：系统自动在上偏差数值前加一个“+”号，在下偏差数值前加一个“–”号。如果上偏差是负值或下偏差是正值，都需要在输入的偏差值前加负号。如下偏差是+0.005，则需要在“下偏差”微调框中输入–0.005。

5.3.2 标注尺寸

正确地进行尺寸标注是绘图设计工作中非常重要的一个环节，AutoCAD 2022 提供了方便快捷的尺寸标注方法，可通过执行命令实现，也可利用菜单或工具按钮实现。本节重点介绍如何对各种类型的尺寸进行标注。

5.3.3 线性标注

1. 执行方式

命令行：DIMLINEAR（缩写名：DIMLIN，快捷命令：DLI）。

菜单栏：选择菜单栏中的“标注”→“线性”命令。

工具栏：单击“标注”工具栏中的“线性”按钮。

功能区：单击“默认”选项卡“注释”面板中的“线性”按钮，或单击“注释”选项卡“标注”面板中的“线性”按钮。

2．操作步骤

命令行提示与操作如下。

```
命令：DIMLIN↙
指定第一个尺寸界线原点或 <选择对象>：
```

光标变为拾取框，并在命令行提示如下。

```
选择标注对象：  用拾取框选择要标注尺寸的线段
指定尺寸线位置或[多行文字(M)/文字(T)/角度(A)/水平(H)/垂直(V)/旋转(R)]：
```

3．选项说明

选项含义如表 5-6 所示。

注意：线性标注有水平、垂直或对齐放置。使用对齐标注时，尺寸线将平行于两尺寸界线原点之间的直线（想象或实际）。基线（或平行）和连续（或链）标注是一系列基于线性标注的连续标注，连续标注是首尾相连的多个标注。在创建基线或连续标注之前，必须创建线性、对齐或角度标注。可从当前任务最近创建的标注中以增量方式创建基线标注。

表 5-6 “线性标注”命令选项含义

选　项	含　义
指定尺寸线位置	用于确定尺寸线的位置。用户可移动鼠标选择合适的尺寸线位置，然后按<Enter>键或单击，AutoCAD 则自动测量要标注线段的长度并标注出相应的尺寸
多行文字（M）	用多行文本编辑器确定尺寸文本
文字（T）	用于在命令行提示下输入或编辑尺寸文本。选择此选项后，命令行提示如下。 输入标注文字 <默认值>： 其中的默认值是 AutoCAD 自动测量得到的被标注线段的长度，直接按<Enter>键即可采用此长度值，也可输入其他数值代替默认值。当尺寸文本中包含默认值时，可使用尖括号“<>”表示默认值
角度（A）	用于确定尺寸文本的倾斜角度
水平（H）	水平标注尺寸，不论标注什么方向的线段，尺寸线总保持水平放置
垂直（V）	垂直标注尺寸，不论标注什么方向的线段，尺寸线总保持垂直放置
旋转（R）	输入尺寸线旋转的角度值，旋转标注尺寸

5.3.4 角度型尺寸标注

1．执行方式

命令行：DIMANGULAR（快捷命令：DAN）。

菜单栏：选择菜单栏中的“标注”→“角度”命令。

工具栏：单击“标注”工具栏中的“角度”按钮。

功能区：单击“默认”选项卡“注释”面板中的“角度”按钮或单击“注释”选项卡“标注”面板中的“角度”按钮。

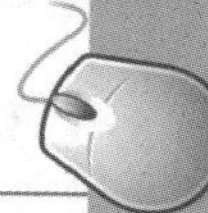

2. 操作步骤

命令行提示与操作如下。

```
命令：DIMANGULAR↙
选择圆弧、圆、直线或 <指定顶点>:
```

3. 选项说明

选项含义如表 5-7 所示。

表 5-7 “角度标注”命令选项含义

选 项	含 义
选择圆弧	标注圆弧的中心角。当用户选择一段圆弧后，命令行提示如下。 指定标注弧线位置或 [多行文字(M)/文字(T)/角度(A)/象限点(Q)]: 在此提示下确定尺寸线的位置，AutoCAD 系统按自动测量得到的值标注出相应的角度，在此之前用户可以选择“多行文字”、“文字”或“角度”选项，通过多行文本编辑器或命令行来输入或定制尺寸文本，以及指定尺寸文本的倾斜角度
选择圆	标注圆上某段圆弧的中心角。当用户选择圆上的一点后，命令行提示如下。 指定角的第二个端点：选择另一点，该点可在圆上，也可不在圆上 指定标注弧线位置或 [多行文字(M)/文字(T)/角度(A)/象限点(Q)]: 在此提示下确定尺寸线的位置，AutoCAD 系统标注出一个角度值，该角度以圆心为顶点，两条尺寸界线通过所选取的两点，第二点可以不必在圆周上。用户还可以选择“多行文字”“文字”或“角度”选项，编辑其尺寸文本或指定尺寸文本的倾斜角度，如图 5-75 所示
	99° 图 5-75 标注角度
选择直线	标注两条直线间的夹角。当用户选择一条直线后，命令行提示如下。 选择第二条直线： 选择另一条直线 指定标注弧线位置或 [多行文字(M)/文字(T)/角度(A)/象限点(Q)]: 在此提示下确定尺寸线的位置，系统自动标出两条直线之间的夹角。该角以两条直线的交点为顶点，以两条直线为尺寸界线，所标注角度取决于尺寸线的位置，如图 5-76 所示。用户还可以选择“多行文字”、“文字”或“角度”选项，编辑其尺寸文本或指定尺寸文本的倾斜角度。 42° 138° 图 5-76 标注两直线的夹角
指定顶点	指定顶点，直接按<Enter>键，命令行提示与操作如下。 指定角的顶点： 指定顶点 指定角的第一个端点： 输入角的第一个端点 指定角的第二个端点： 输入角的第二个端点，创建无关联的标注 指定标注弧线位置或 [多行文字(M)/文字(T)/角度(A)/象限点(Q)]: 输入一点作为角的顶点 在此提示下给定尺寸线的位置，AutoCAD 根据指定的三点标注出角度，如图 5-77 所示。另外，用户还可以选择“多行文字”、“文字”或“角度”选项，编辑其尺寸文本或指定尺寸文本的倾斜角度。

续表

选　　项	含　　义
指定顶点	图 5-77　指定三点确定的角度
指定标注弧线位置	指定尺寸线的位置并确定绘制延伸线的方向。指定位置之后，DIMANGULAR 命令将结束
多行文字（M）	显示在位文字编辑器，可用它来编辑标注文字。要添加前缀或后缀，请在生成的测量值前后输入前缀或后缀。用控制代码和 Unicode 字符串来输入特殊字符或符号，请参见第 8 章介绍的常用控制码
文字（T）	自定义标注文字，生成的标注测量值显示在尖括号（<>）中。命令行提示与操作如下。 输入标注文字 <当前>: 输入标注文字，或按<Enter>键接受生成的测量值。要包括生成的测量值，请用尖括号（<>）表示生成的测量值
角度（A）	修改标注文字的角度
象限点（Q）	指定标注应锁定到的象限。打开象限行为后，将标注文字放置在角度标注外时，尺寸线会延伸超过延伸线

注意：角度标注可以测量指定的象限点，该象限点是在直线或圆弧的端点、圆心或两个顶点之间对角度进行标注时形成的。创建角度标注时，可以测量 4 个可能的角度。通过指定象限点，使用户可以确保标注正确的角度。指定象限点后，放置角度标注时，用户可以将标注文字放置在标注的尺寸界线之外，尺寸线将自动延长。

5.3.5 直径标注

1．执行方式

命令行：DIMDIAMETER（快捷命令：DDI）。

菜单栏：选择菜单栏中的“标注”→“直径”命令。

工具栏：单击“标注”工具栏中的“直径”按钮⃠。

功能区：单击“默认”选项卡“注释”面板中的“直径”按钮⃠，或单击“注释”选项卡“标注”面板中的“直径”按钮⃠。

2．操作步骤

命令行提示与操作如下。

```
命令：DIMDIAMETER↙
选择圆弧或圆： 选择要标注直径的圆或圆弧
标注文字 = 74.86
指定尺寸线位置或 [多行文字(M)/文字(T)/角度(A)]：确定尺寸线的位置或选择某一选项
```

用户可以选择“多行文字”“文字”或“角度”选项来输入、编辑尺寸文本或确定尺寸文本的倾斜角度，也可以直接确定尺寸线的位置，标注出指定圆或圆弧的直径。

3．选项说明

选项含义如表 5-8 所示。

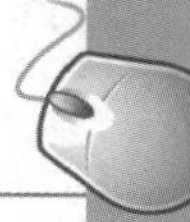

表 5-8 “直径标注”命令选项含义

选　项	含　义
尺寸线位置	确定尺寸线的角度和标注文字的位置。如果未将标注放置在圆弧上而导致标注指向圆弧外，则 AutoCAD 会自动绘制圆弧延伸线
多行文字（M）	显示在位文字编辑器，可用它来编辑标注文字。要添加前缀或后缀，请在生成的测量值前后输入前缀或后缀。用控制代码和 Unicode 字符串来输入特殊字符或符号，请参见第 8 章介绍的常用控制码
文字（T）	自定义标注文字，生成的标注测量值显示在尖括号（<>）中
角度（A）	修改标注文字的角度

5.3.6 半径标注

1．执行方式

命令行：DIMRADIUS（快捷命令：DRA）。

菜单栏：选择菜单栏中的“标注”→“半径”命令。

工具栏：单击“标注”工具栏中的“半径”按钮。

功能区：单击“默认”选项卡“注释”面板中的“半径”按钮或单击“注释”选项卡“标注”面板中的“半径”按钮。

2．操作步骤

命令行提示与操作如下。

```
命令：DIMRADIUS↙
选择圆弧或圆：选择要标注半径的圆或圆弧
标注文字 = 31.21
指定尺寸线位置或 [多行文字(M)/文字(T)/角度(A)]：确定尺寸线的位置或选择某一选项
```

用户可以选择“多行文字”“文字”或“角度”选项来输入、编辑尺寸文本或确定尺寸文本的倾斜角度，也可以直接确定尺寸线的位置，标注出指定圆或圆弧的半径。

5.3.7 实例——标注曲柄尺寸

本例标注曲柄尺寸如图 5-78 所示。

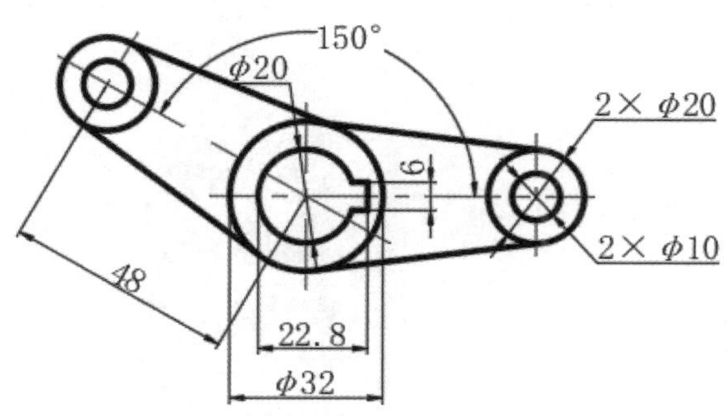

图 5-78　标注曲柄尺寸

曲柄图形中共有 4 种尺寸标注类型：线性尺寸、对齐尺寸、直径尺寸和角度尺寸。

绘制步骤

（1）打开图形文件“曲柄.dwg”。选择菜单栏中的“文件”→“打开”命令，弹出“选择文件”对话框，从中选择保存的“曲柄.dwg”文件，单击“打开”按钮，或双击该文件名，即可将该文件打开。

（2）设置绘图环境

①选择菜单栏中的“格式”→“图层”命令，创建一个新图层“BZ”，并将其设置为当前层。

②单击“默认”选项卡“注释”面板中“标注样式”按钮，弹出“标注样式管理器”对话框，分别进行线性、角度、直径标注样式的设置。单击“新建”按钮，在弹出的“创建新标注样式”对话框中的“新样式名”中输入“机械制图”，单击“继续”按钮，❶弹出“新建标注样式”对话框，分别按❷图 5-79～❹图 5-81 所示进行设置，设置完成后，单击“置为当前”按钮，将“机械制图”标注样式设置为当前标注样式。

（3）单击“默认”选项卡“注释”面板中的“线性”按钮，标注曲柄中的线性尺寸及对齐尺寸。命令行提示与操作如下。

```
命令: _dimlinear （标注图中的线性尺寸“22.8”）
指定第一个尺寸界线原点或 <选择对象>:
_int 于(捕捉中间Φ20 圆与水平中心线的交点，作为第一条尺寸界线的起点)
指定第二条尺寸界线原点:
_int 于(捕捉键槽右边与水平中心线的交点，作为第二条尺寸界线的起点)
指定尺寸线位置或[多行文字(M)/文字(T)/角度(A)/水平(H)/垂直(V)/旋转(R)]:(指定尺寸线位置。拖动鼠标，将出现动态的尺寸标注，在适当的位置处按下鼠标左键，确定尺寸线的位置)
标注文字 =22.8
```

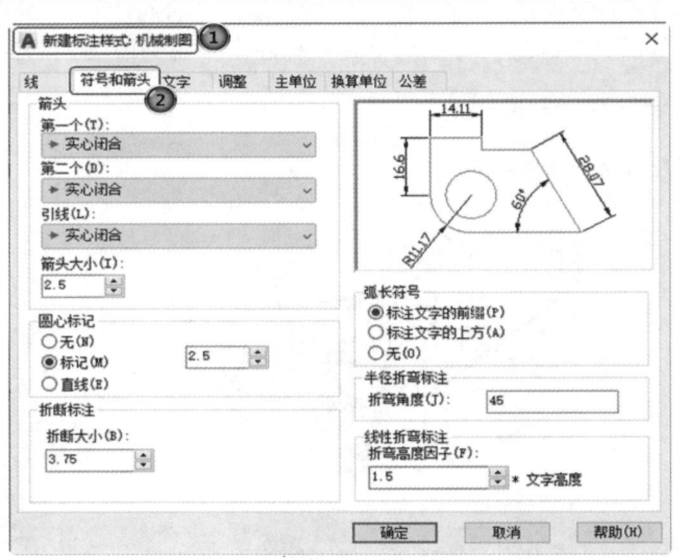

图 5-79　设置“直线和箭头”选项卡

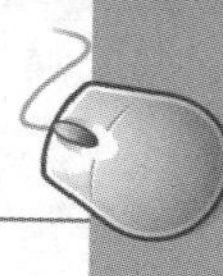

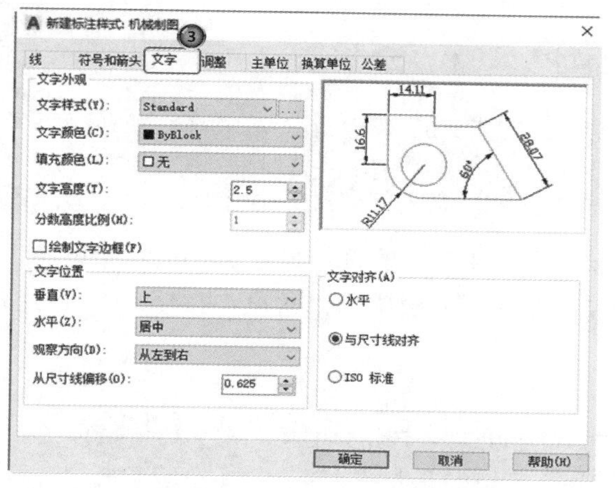

图 5-80　设置“文字”选项卡

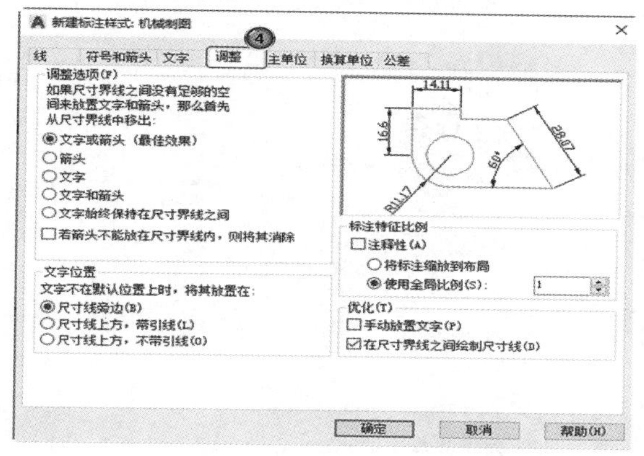

图 5-81　设置“调整”选项卡

回车继续进行线性标注，标注图中的尺寸Φ32 和 6。

（4）单击“默认”选项卡“注释”面板中的“对齐”按钮，标注图纸的对齐尺寸 48，命令行提示与操作如下。

```
命令: _dimaligned
指定第一个尺寸界线原点或 <选择对象>:
_int 于(捕捉倾斜部分中心线的交点，作为第二条尺寸界线的起点)
指定第二条尺寸界线原点:
_int 于(捕捉中间中心线的交点，作为第二条尺寸界线的起点)
指定尺寸线位置或[多行文字(M)/文字(T)/角度(A)]:(指定尺寸线位置)
标注文字 =48
```

（5）标注曲柄中的直径尺寸及角度尺寸。在“标注样式管理器”对话框中，单击“新建”按钮，弹出的“创建新标注样式”对话框，在“用于”下拉列表中选择“直径标注”，单击“继续”按钮，❶弹出“新建标注样式”对话框，按❷图 5-82、❸图 5-83 所示进行设置，其他选项卡的设置保持不变。方法同前，设置“角度”标注样式，用于角度标注，如图 5-84 所示。

单击“默认”选项卡“注释”面板中的“直径”按钮，标注直径尺寸 2×Φ10，命令行提示与操作如下。

```
命令: _dimdiameter
选择圆弧或圆:(选择右边Φ10 小圆)
标注文字 =10
指定尺寸线位置或 [多行文字(M)/文字(T)/角度(A)]:M↙    (回车后弹出“多行文字”编辑器，其中“<>”表示测量值，即Φ10，在前面输入 2×，即为“2×<>”)
指定尺寸线位置或 [多行文字(M)/文字(T)/角度(A)]:(指定尺寸线位置)
```

回车继续进行直径标注。标注图中的直径尺寸 2×Φ20 和Φ20。

单击“默认”选项卡“注释”面板中的“角度”按钮，标注角度尺寸 150°，命令行提示与操作如下。

```
命令: _dimangular
选择圆弧、圆、直线或 <指定顶点>:(选择标注为 150°角的一条边)
选择第二条直线:(选择标注为 150°角的另一条边)
指定标注弧线位置或 [多行文字(M)/文字(T)/角度(A)/象限点(Q)]:(指定尺寸线位置)
标注文字 =150
```

结果如图 5-58 所示。

图 5-82　直径标注样式的“文字”选项卡

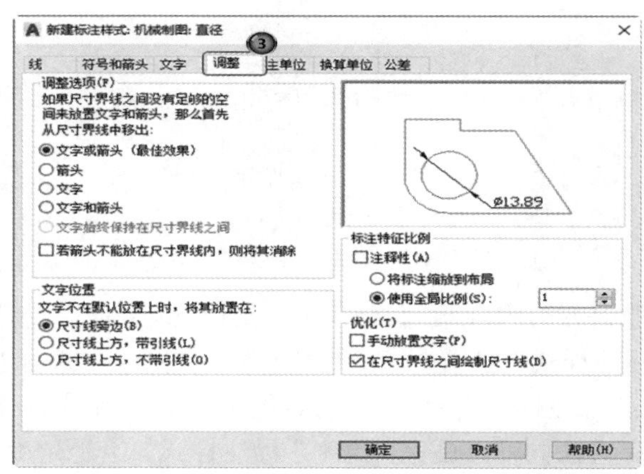

图 5-83　直径标注样式的“调整”选项卡

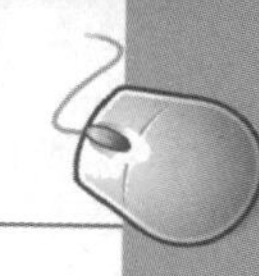

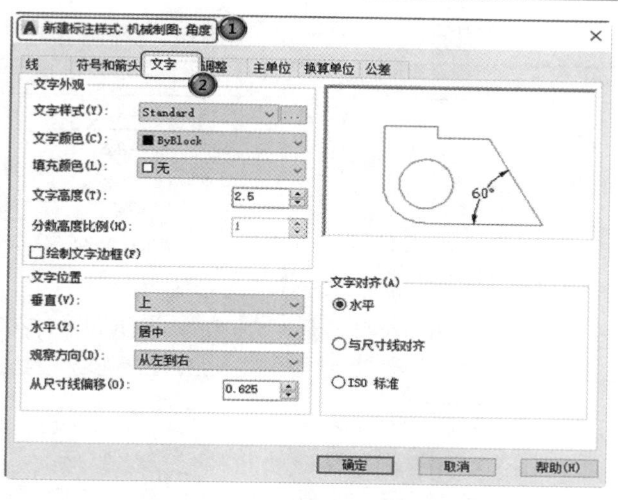

图 5-84　角度标注样式的“文字”选项卡

动手练一练——标注挂轮架

标注如图 5-85 所示的挂轮架尺寸。

思路点拨

源文件：源文件\第 5 章\标注挂轮架.dwg

（1）设置尺寸标注样式。

（2）标注半径尺寸、连续尺寸和线性尺寸。

（3）标注直径尺寸和角度尺寸。

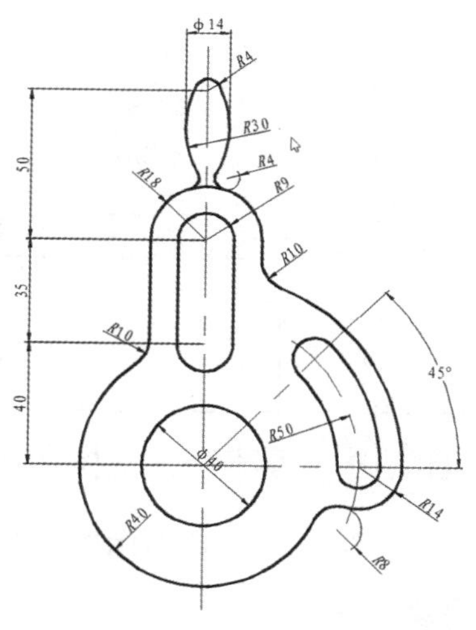

图 5-85　标注挂轮架

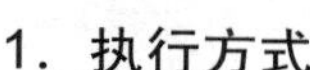

5.3.8 一般引线标注

LEADE 命令可以创建灵活多样的引线标注形式，可根据需要把指引线设置为折线或曲线，指引线可带箭头，也可不带箭头，注释文本可以是多行文本，也可以是形位公差，还可以从图形其他部位复制，还可以是一个图块。

1. 执行方式

命令行：LEADER

2. 操作步骤

```
命令：LEADER↙
指定引线起点：（输入指引线的起始点）
指定下一点：（输入指引线的另一点）
指定下一点或 [注释(A)/格式(F)/放弃(U)] <注释>:
```

3. 选项说明

选项含义如表 5-9 所示。

表 5-9 “LEADER”命令选项含义

选　项	含　义	
指定下一点	直接输入一点，AutoCAD 根据前面的点画出折线作为指引线	
<注释>	输入注释文本，为默认项。在上面提示下直接回车，AutoCAD 提示： 输入注释文字的第一行或 <选项>:	
	输入注释文本	在此提示下输入第一行文本后回车，可继续输入第二行文本，如此反复执行，直到输入全部注释文本，然后在此提示下直接回车，AutoCAD 会在指引线终端标注出所输入的多行文本，并结束 LEADER 命令。 如果在上面的提示下直接回车，AutoCAD 提示： 输入注释选项 [公差(T)/副本(C)/块(B)/无(N)/多行文字(M)] <多行文字>: 在此提示下选择一个注释选项或直接回车选“多行文字”选项。其中各选项的含义如下
	公差（T）	标注形位公差
	副本（C）	把已由 LEADER 命令创建的注释拷贝到当前指引线末端。执行该选项，系统提示： 选择要复制的对象: 在此提示下选取一个已创建的注释文本，则 AutoCAD 把它复制到当前指引线的末端
	块（B）	插入块，把已经定义好的图块插入指引线的末端。执行该选项，系统提示： 输入块名或 [?]: 在此提示下输入一个已定义好的图块名，AutoCAD 把该图块插入指引线的末端。或输入“？”列出当前已有图块，用户可从中选择
	无（N）	不进行注释，没有注释文本
	<多行文字>	用多行文本编辑器标注注释文本并定制文本格式，为默认选项
格式(F)	确定指引线的形式。选择该项，AutoCAD 提示： 输入引线格式选项 [样条曲线(S)/直线(ST)/箭头(A)/无(N)] <退出>: 选择指引线形式，或直接回车回到上一级提示	
	样条曲线（S）	设置指引线为样条曲线
	直线（ST）	设置指引线为折线
	箭头（A）	在指引线的起始位置画箭头
	无（N）	在指引线的起始位置不画箭头
	<退出>	此项为默认选项，选取该项退出“格式”选项，返回“指定下一点或 [注释（A）/格式（F）/放弃（U）] <注释>:”提示，并且指引线形式按默认方式设置

5.3.9 实例——标注圆头平键

标注如图 5-86 所示的圆头平键。

绘制步骤

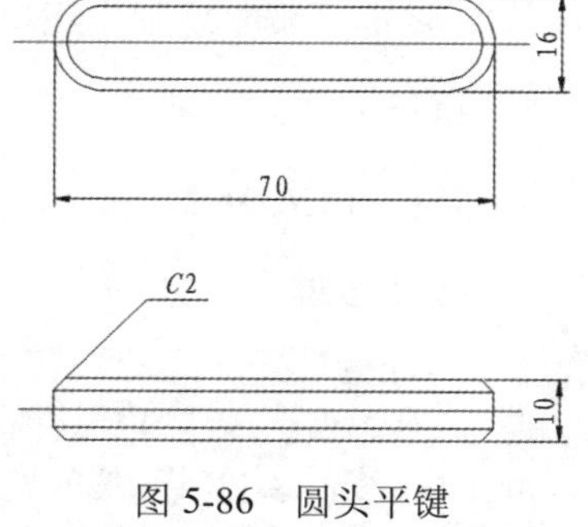

图 5-86 圆头平键

（1）打开文件。打开“源文件\第 5 章\圆头平键”图形文件。

（2）新建图层：在命令行输入命令 LAYER，或者选择菜单栏中的“格式”→“图层”命令，或者单击“默认”选项卡“图层”面板中的“图层特性”按钮，打开“图层特性管理器”对话框。新建“尺寸线”层。

（3）设置标注样式。选择菜单栏中的“格式”→“标注样式”命令，命令行提示与操作如下。

```
命令: '_dimstyle
```

回车后，①打开“标注样式管理器”对话框，如图 5-87 所示。也可单击“格式”下拉菜单下的“标注样式”选项，或者单击“标注”下拉菜单下的“样式”选项，均可调出该对话框。由于系统的标注样式有些不符合要求，因此，根据图 5-86 中的标注样式，进行线性标注样式的设置。②单击“新建”按钮，③弹出“创建新标注样式”对话框，如图 5-88 所示，④单击“用于”后的按钮，从中选择“线性标注”，⑤然后单击“继续”按钮，⑥将弹出“新建标注样式”对话框，⑦单击“文字”选项卡，进行如图 5-89 设置，设置完成后，⑧单击“确定”按钮，回到“标注样式管理器”对话框。

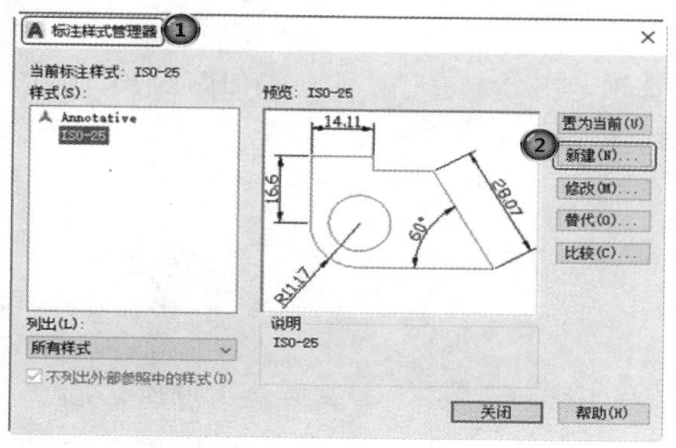

图 5-87　“标注样式管理器”对话框

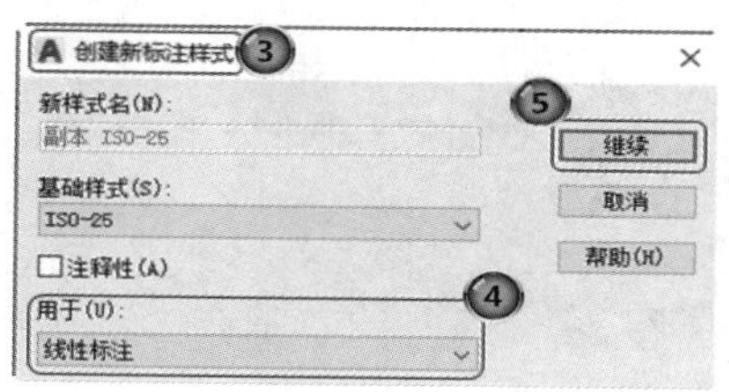

图 5-88　“创建新标注样式”对话框

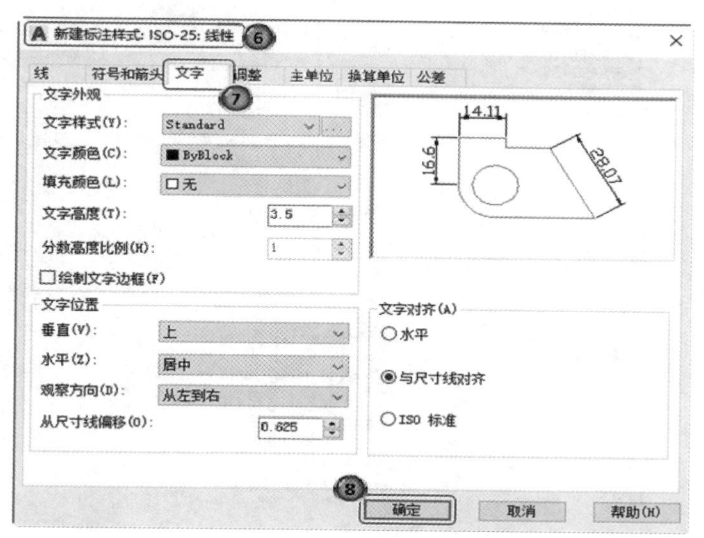

图 5-89　“新建标注样式”对话框

① 主视图标注：单击“默认”选项卡“注释”面板中的“线性”按钮，标注平键：长度为 70 和宽度为 16。单击“默认”选项卡“注释”面板中的“线性”按钮，对主视图进行标注。命令行中出现如下提示：

```
命令: _dimlinear
指定第一条尺寸界线原点或 <选择对象>: (选择平键左端点)
指定第二条尺寸界线原点:指定尺寸线位置或
[多行文字(M)/文字(T)/角度(A)/水平(H)/垂直(V)/旋转(R)]:
```

```
（选择平键的右端点，同时上下拖动鼠标摆放好尺寸线位置，单击左键）
标注文字 70
```

用同样方法标注平键的宽度为 16。

② 俯视图标注：用同样方法，单击“默认”选项卡“注释”面板中的“线性”按钮⊢⊣，选择俯视图中平键上下两条边，标注平键的厚度为 10。

在命令行中输入“QLEADER”命令，命令行提示与操作如下。

```
命令: qleader↙
指定第一个引线点或 [设置(S)] <设置>:s↙
```

①系统打开“引线设置”对话框，在三个选项卡中分别进行设置，②如图 5-90、③图 5-91 和④图 5-92 所示。完成后，⑤单击“确定”按钮，系统继续提示如下。

```
指定第一个引线点或 [设置(S)] <设置>:(捕捉倒角角点)
指定下一点: (适当指定一点)
指定下一点:(适当指定一点)
指定文字宽度 <0>:3.5↙
输入注释文字的第一行 <多行文字(M)>: C2↙
输入注释文字的下一行:↙
```

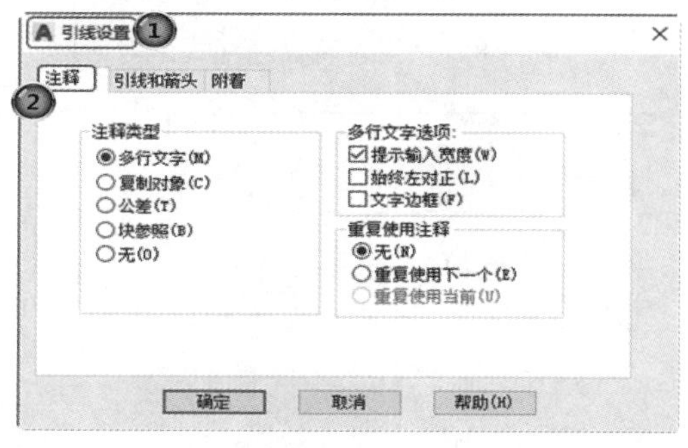

图 5-90　设置“注释”选项卡

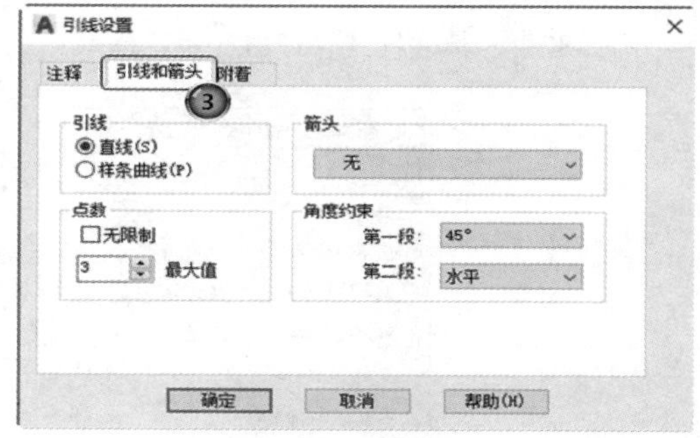

图 5-91　设置“引线和箭头”选项卡

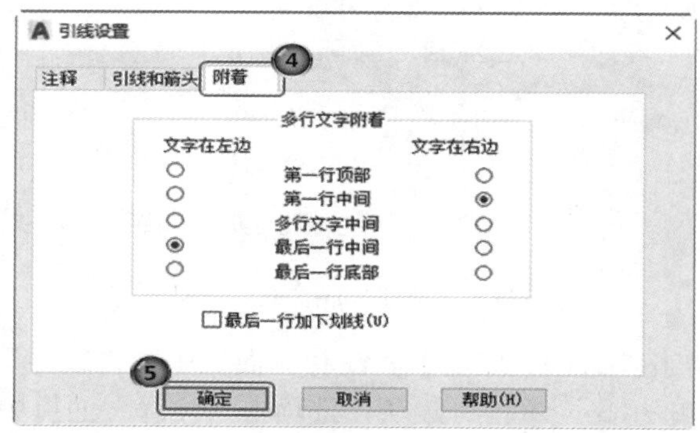

图 5-92　设置“附着”选项卡

标注的倒角尺寸如图 5-93 所示。按照《机械制图》国家标准需要调整。双击标注的倒角尺寸“C2”，将字母 C 修改为斜体，单击“默认”选项卡“修改”面板中的“移动”按钮✥，将此文字移动到水平引线的上方，如图 5-94 所示。

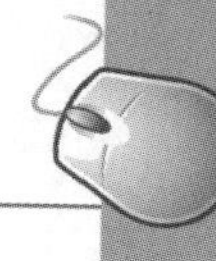

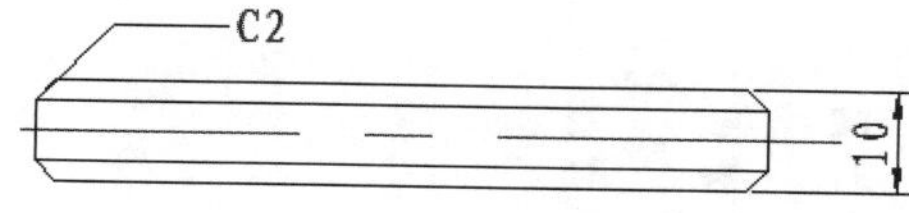

图 5-93　引线标注

图 5-94　调整文字

动手练一练——标注齿轮轴套尺寸（表面粗糙度不标注）

标注如图 5-95 所示的齿轮轴套尺寸。

思路点拨

源文件：源文件\第 5 章\标注齿轮轴套尺寸.dwg

（1）设置文字样式和标注样式。

（2）标注齿轮轴套基本尺寸。

（3）标注齿轮轴套中的引线尺寸。

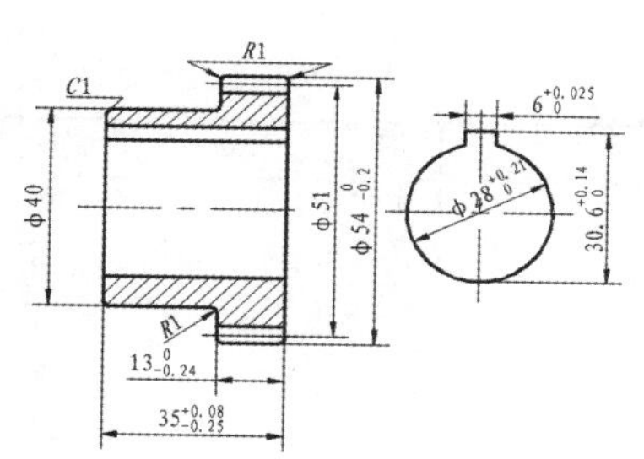

图 5-95　齿轮轴套尺寸标注

5.3.10 形位公差

为方便机械设计工作，AutoCAD 提供了标注形位公差的功能。形位公差的标注形式如图 5-96 所示，包括指引线、特征符号、公差值和其附加符号以及基准代号。

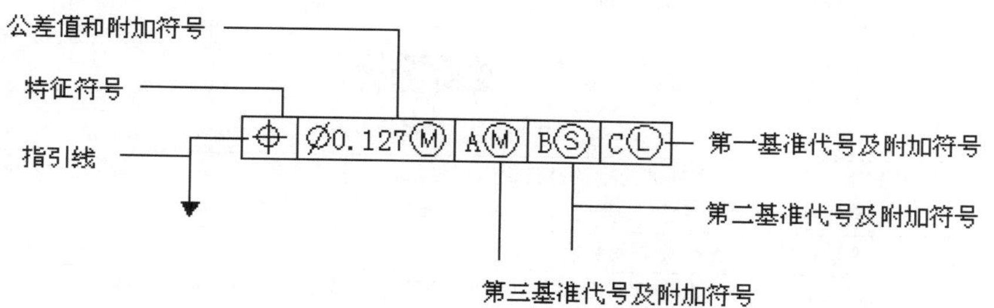

图 5-96　形位公差标注

1. 执行方式

命令行：TOLERANCE（快捷命令：TOL）。

菜单栏：选择菜单栏中的“标注”→“公差”命令。

工具栏：单击“标注”工具栏中的“公差”按钮。

功能区：单击“注释”选项卡“标注”面板中的“公差”按钮。

执行上述命令后，系统打开如图 5-97 所示的“形位公差”对话框，可通过此对话框对形位公差的标注进行设置。

2. 选项说明

选项含义如表 5-10 所示。

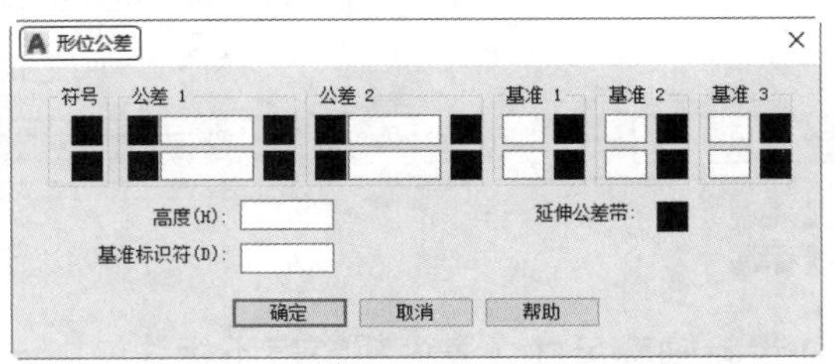

图 5-97　“形位公差”对话框

表 5-10　“形位公差”对话框各选项含义

选　项	含　义
符号	用于设定或改变公差代号。单击下面的黑块，系统打开如图 5-98 所示的“特征符号”列表框，可从中选择需要的公差代号。 图 5-98　“特征符号”列表框
公差 1/2	用于产生第一/二个公差的公差值及“附加符号”符号。白色文本框左侧的黑块控制是否在公差值之前加一个直径符号，单击它，则出现一个直径符号，再单击它则又消失。白色文本框用于确定公差值，在其中输入一个具体数值。右侧黑块用于插入“包容条件”符号，单击它，系统打开如图 5-99 所示的“附加符号”列表框，用户可从中选择所需符号。 图 5-99　“附加符号”列表框
基准 1/2/3	用于确定第一/二/三个基准代号及材料状态符号。在白色文本框中输入一个基准代号。单击其右侧的黑块，系统打开“包容条件”列表框，可从中选择适当的“包容条件”符号
“高度”文本框	用于确定标注复合形位公差的高度
延伸公差带	单击此黑块，在复合公差带后面加一个复合公差符号，如图 5-100（d）所示，其他形位公差标注如图 5-100 所示的例图。 (a)　(b)　(c)　(d)　(e) 图 5-100　形位公差标注举例
“基准标识符”文本框	用于产生一个标识符号，用一个字母表示

注意：在“形位公差”对话框中有两行可以同时对形位公差进行设置，可实现复合形位公差的标注。如果两行中输入的公差代号相同，则得到如图 5-100（e）所示的形式。

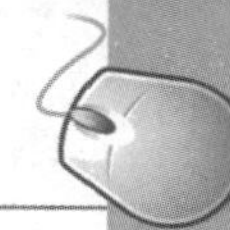

5.3.11 实例——标注齿轮轴

标注如图 5-101 所示的齿轮轴尺寸。

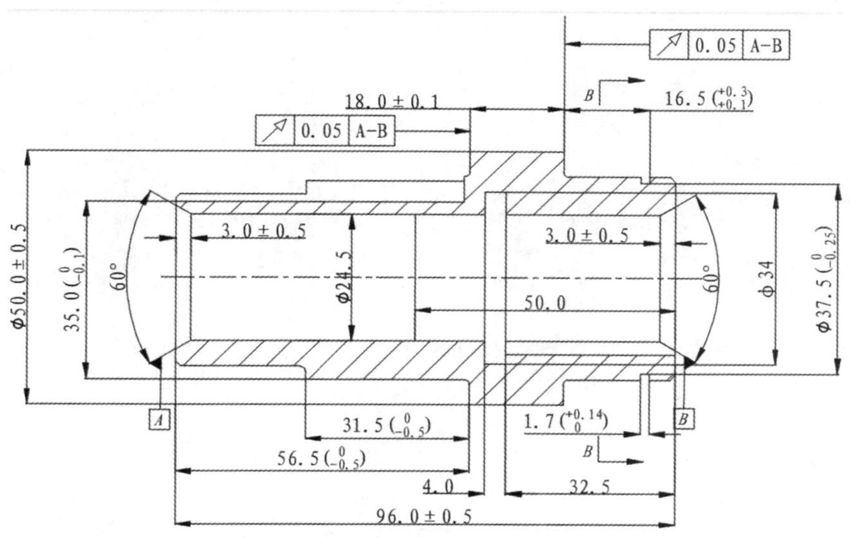

图 5-101 标注齿轮轴尺寸

绘制步骤

（1）打开绘制的图形文件“齿轮轴.dwg”，如图 5-102 所示。

（2）设置尺寸标注样式。在系统默认的 Standard 标注样式中，修改以下变量：箭头大小为 3，文字高度为 4，文字对齐为与尺寸线对齐，精度设为 0.0。其他按照默认设置不变。

（3）标注基本尺寸。如图 5-103 所示，包括 3 个线性尺寸，两个角度尺寸和两个直径尺寸，而实际上这两个直径尺寸按线性尺寸的标注方法进行标注。

单击“默认”选项卡“注释”面板中的“线性”按钮，标注线性尺寸 4、32.5、50、ϕ34、ϕ24.5、60，标注结果如图 5-103 所示。

（4）标注公差尺寸。其中包括 5 个对称公差尺寸和 6 个极限偏差尺寸。在“标注样式管理器”对话框中单击“替代”按钮，在替代样式的“公差”选项卡中按每一个尺寸公差的不同进行替代设置，替代设定后，进行尺寸标注。单击“注释”选项卡“标注”面板中的“更新”按钮，命令行提示与操作如下。

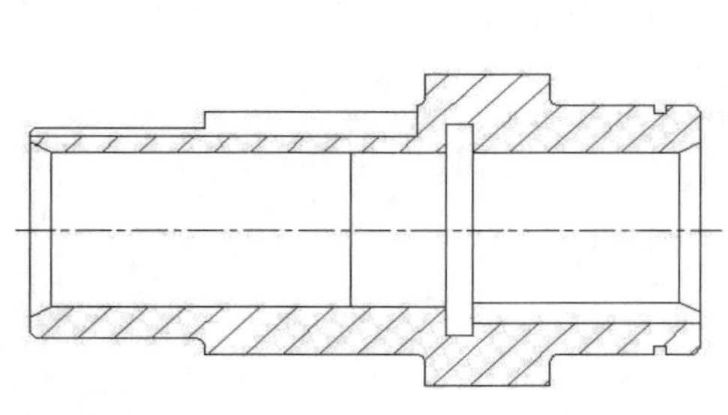

图 5-102 绘制图形

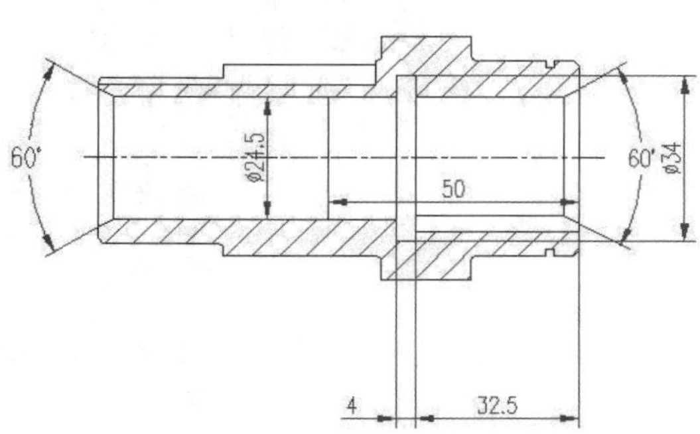

图 5-103 标注基本尺寸

```
命令: _-dimstyle
当前标注样式: Standard   注释性: 否
输入标注样式选项
[注释性(AN)/保存(S)/恢复(R)/状态(ST)/变量(V)/应用(A)/?] <恢复>: _apply
选择对象:(选取线性尺寸 13，即可为该尺寸添加尺寸偏差)
命令: DIMLINEAR↙
指定第一个尺寸界线原点或 <选择对象>:(捕捉第一条延伸线原点)
指定第二个尺寸界线原点:(捕捉第二条延伸线原点)
创建了无关联的标注。
指定尺寸线位置或[多行文字(M)/文字(T)/角度(A)/水平(H)/垂直(V)/旋转(R)]:M↙
(在打开的多行文本编辑器的编辑栏中尖括号前加%%C，标注直径符号)
指定尺寸线位置或[多行文字(M)/文字(T)/角度(A)/水平(H)/垂直(V)/旋转(R)]: ↙
标注文字 =50
```

对公差按尺寸要求进行替代设置。标注基本尺寸为 35、31.5、56.5、96、18、3、1.7、16.5、38.5 的公差尺寸，标注结果如图 5-104 所示。

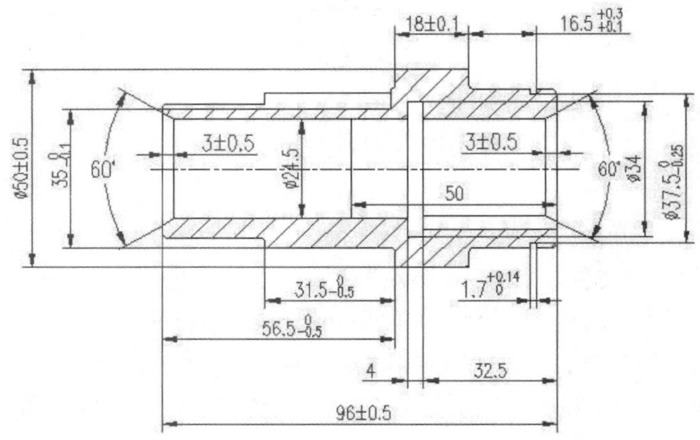

图 5-104　标注尺寸公差

（5）单击“注释”选项卡“标注”面板中的“公差”按钮，打开“形位公差”对话框，进行如图 5-105 所示的设置，确定后在图形上指定放置位置标注形位公差。

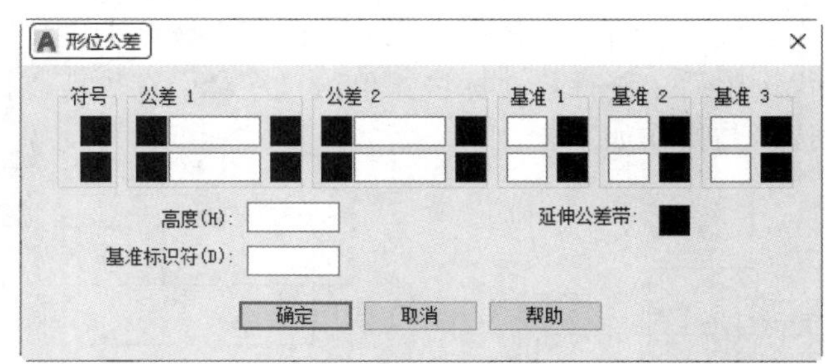

图 5-105　“形位公差”对话框

（6）在命令行中输入“LEADER”命令，标注引线。命令行提示与操作如下。

```
命令: LEADER↙
指定引线起点:(指定起点)
```

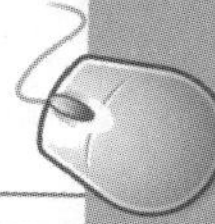

指定下一点:(指定下一点)
指定下一点或 [注释(A)/格式(F)/放弃(U)] <注释>: ↙
输入注释文字的第一行或 <选项>:↙
输入注释选项 [公差(T)/副本(C)/块(B)/无(N)/多行文字(M)] <多行文字>: N↙ (引线指向形位公差符号,故无注释文本)

按同样方法标注另一个形位公差,结果如图 5-106 所示。

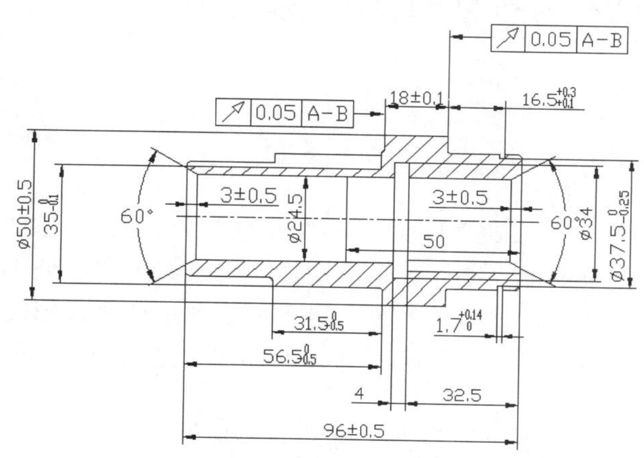

图 5-106　标注形位公差

(7)标注形位公差基准。形位公差的基准可以通过引线标注命令和绘图命令以及单行文字命令绘制,在此不再赘述。最后完成的标注结果如图 5-101 所示。

动手练一练——标注阀盖尺寸(表面粗糙度不标注)

标注如图 5-107 所示的阀盖尺寸。

思路点拨

源文件:源文件\第 5 章\标注阀盖尺寸.dwg

(1)设置文字样式和标注样式。

(2)标注阀盖尺寸。

(3)标注阀盖主视图中的形位公差。

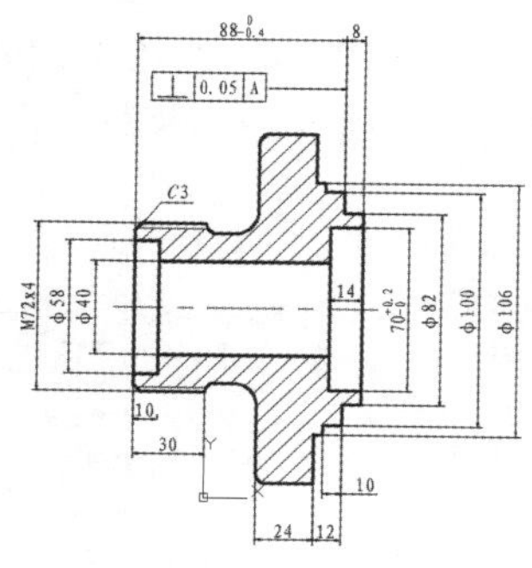

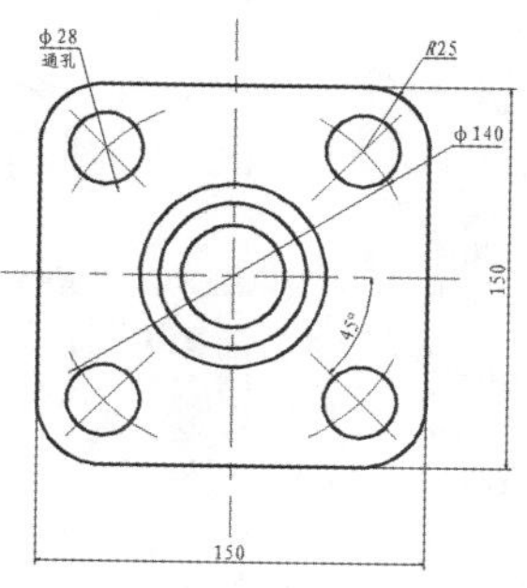

图 5-107　阀盖

Chapter

三维图形基础知识

6

AutoCAD 2022 不仅具有强大的二维绘图功能，它还具有完成复杂图形绘制与编辑的功能，三维绘图的好处不言而喻，既利于看到真实、直观的效果，也可以方便地通过投影转化为二维图形，本章将主要介绍怎样利用 AutoCAD 2022 进行三维绘图。

6.1 三维坐标系统

AutoCAD 使用的是笛卡儿坐标系。AutoCAD 使用的直角坐标系有两种类型。一种是绘制二维图形时常用的坐标系，即世界坐标系（WCS），由系统默认提供。世界坐标系又称为通用坐标系或绝对坐标系。对于二维绘图来说，世界坐标系足以满足要求。为了方便创建三维模型，AutoCAD 2022 允许用户根据自己的需要设定坐标系，即另一种坐标系——用户坐标系（UCS）。合理地创建 UCS，用户可以方便地创建三维模型。

6.1.1 创建坐标系

1. 执行方式

命令行：UCS。

菜单栏：选择菜单栏中的“工具”→“新建 UCS”命令。

工具栏：单击“UCS”工具栏中的“UCS”按钮。

功能区：①单击“视图”选项卡②“坐标”面板中的③“UCS”按钮（如图 6-1 所示）。

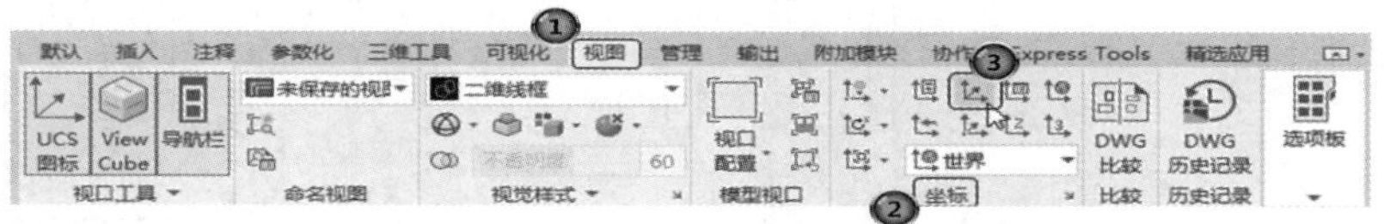

图 6-1 “坐标”面板

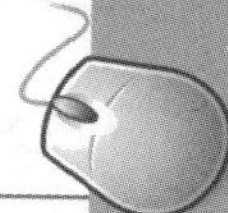

2. 操作步骤

命令行提示与操作如下。

```
命令：UCS↙
当前 UCS 名称：*世界*
指定 UCS 的原点或 [面(F)/命名(NA)/对象(OB)/上一个(P)/视图(V)/世界(W)/X/Y/Z/Z 轴(ZA)] <世界>:
```

3. 选项说明

选项含义如表 6-1 所示。

表 6-1 “UCS”命令选项含义

选　项	含　义
指定 UCS 的原点	使用一点、两点或三点定义一个新的 UCS。如果指定单个点 1，当前 UCS 的原点将会移动而不会更改 X、Y 和 Z 轴的方向。选择该选项，命令行提示与操作如下。 指定 X 轴上的点或 <接受>：继续指定 X 轴通过的点 2 或直接按<Enter>键，接受原坐标系 X 轴为新坐标系的 X 轴。 指定 XY 平面上的点或 <接受>：继续指定 XY 平面通过的点 3 以确定 Y 轴或直接按<Enter>键，接受原坐标系 XY 平面为新坐标系的 XY 平面，根据右手法则，相应的 Z 轴也同时确定。 示意图如图 6-2 所示。 (a)原坐标系　(b)指定一点　(c)指定两点　(d)指定三点 图 6-2　指定原点
面（F）	将 UCS 与三维实体的选定面对齐。要选择一个面，请在此面的边界内或面的边上单击，被选中的面将亮显，UCS 的 X 轴将与找到的第一个面上最近的边对齐。选择该选项，命令行提示与操作如下。 选择实体面、曲面或网格：选择面 输入选项 [下一个(N)/X 轴反向(X)/Y 轴反向(Y)] <接受>：↙（结果如图 6-3 所示） 如果选择“下一个”选项，系统将 UCS 定位于邻接的面或选定边的后向面。 图 6-3　选择面确定坐标系
对象（OB）	根据选定三维对象定义新的坐标系，如图 6-4 所示。新建 UCS 的拉伸方向（Z 轴正方向）与选定对象的拉伸方向相同。选择该选项，命令行提示与操作如下。 选择对齐 UCS 的对象：选择对象 对于大多数对象，新 UCS 的原点位于离选定对象最近的顶点处，并且 X 轴与一条边对齐或相切。对于平面对象，UCS 的 XY 平面与该对象所在的平面对齐。对于复杂对象，将重新定位原点，但是轴的当前方向保持不变。 图 6-4　选择对象确定坐标系

续表

选　项	含　义
视图（V）	以垂直于观察方向（平行于屏幕）的平面为 XY 平面，创建新的坐标系。UCS 原点保持不变
世界（W）	将当前用户坐标系设置为世界坐标系。WCS 是所有用户坐标系的基准，不能被重新定义
X、Y、Z	绕指定轴旋转当前 UCS
Z 轴（ZA）	利用指定的 Z 轴正半轴定义 UCS

注意：该“世界（W）”选项不能用于下列对象：三维多段线、三维网格和构造线。

6.1.2 动态坐标系

打开动态坐标系的具体操作方法是按下状态栏中的“允许/禁止动态 UCS”按钮 。可以使用动态 UCS 在三维实体的平整面上创建对象，而无须手动更改 UCS 方向。在执行命令的过程中，当将光标移动到面上方时，动态 UCS 会临时将 UCS 的 XY 平面与三维实体的平整面对齐，如图 6-5 所示。

动态 UCS 激活后，指定的点和绘图工具（如极轴追踪和栅格）都将与动态 UCS 建立的临时 UCS 相关联。

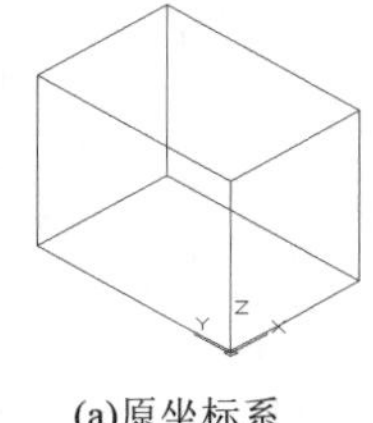

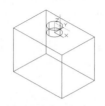

(a)原坐标系

(b)绘制圆柱体时的动态坐标系

图 6-5　动态 UCS

6.2 观察模式

观察功能包括动态观察、相机、漫游和飞行以及运动路径动画的功能。

6.2.1 动态观察

AutoCAD 2022 提供了具有交互控制功能的三维动态观测器，利用三维动态观测器用户可以实时地控制和改变当前视口中创建的三维视图，以得到期望的效果。动态观察分为 3 类，分别是受约束的动态观察、自由动态观察和连续动态观察，下面以受约束的动态观察进行简要介绍。

1. 执行方式

命令行：3DORBIT（快捷命令：3DO）。

菜单栏：选择菜单栏中的“视图”→“动态观察”→“受约束的动态观察”命令。

快捷菜单：启用交互式三维视图后，在视口中右击，打开快捷菜单，如图 6-6 所示，选择“受约束的动态观察”命令。

工具栏：单击“动态观察”工具栏中的“受约束的动态观察”按钮 或“三维导航”

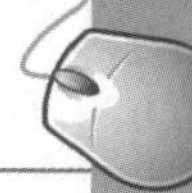

工具栏中的“受约束的动态观察”按钮，如图 6-7 所示。

功能区：①单击“视图”选项卡“导航”面板上的②“动态观察”下拉菜单中的③“动态观察”按钮（如图 6-8 所示）。

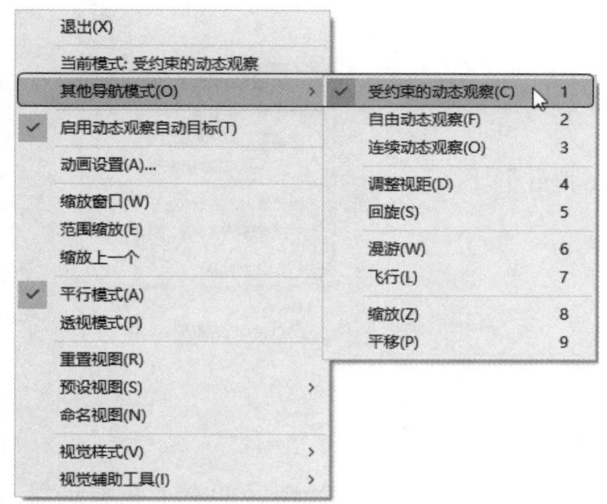

图 6-6　快捷菜单

图 6-7　“动态观察”和“三维导航”工具栏

图 6-8　“动态观察”下拉菜单

2. 操作步骤

执行上述操作后，视图的目标将保持静止，而视点将围绕目标移动。但是，从用户的视点看起来就像三维模型正在随着光标的移动而旋转，用户可以以此方式指定模型的任意视图。

系统显示三维动态观察光标图标。如果水平拖动鼠标，相机将平行于世界坐标系（WCS）的 XY 平面移动。如果垂直拖动鼠标，相机将沿 Z 轴移动，如图 6-9 所示。

(a)原始图形

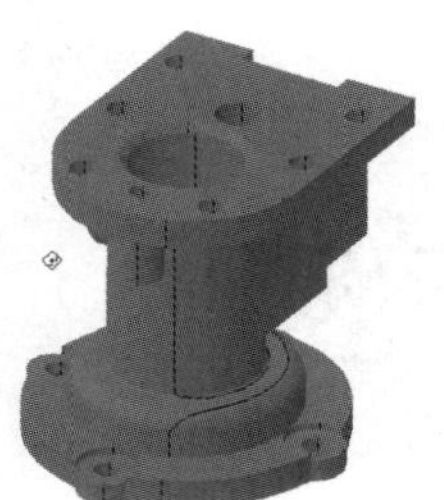

(b)拖动鼠标

图 6-9　受约束的三维动态观察

注意：3DORBIT 命令处于活动状态时，无法编辑对象。

自由动态观察和连续动态观察与受约束的动态观察操作方法类似，这里不再赘述。

6.2.2 视图控制器

使用视图控制器功能可以方便地转换方向视图。

1. 执行方式

命令行：NAVVCUBE。

菜单栏：视图→Steeringwheels。

工具栏：单击“导航栏”中的“全导航控制盘”下拉菜单（如图 6-10 所示）。

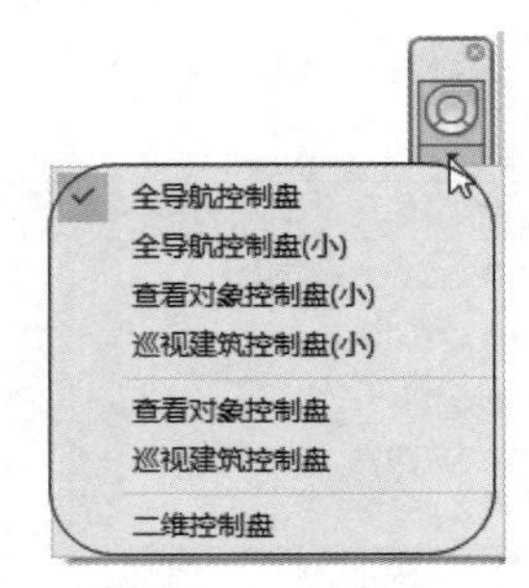

图 6-10 “Steeringwheels”下拉菜单

2. 操作步骤

命令行提示与操作如下。

```
命令：NAVVCUBE↙
输入选项 [开(ON)/关(OFF)/设置(S)] <ON>:
```

上述命令控制视图控制器的打开与关闭，当打开该功能时，绘图区的右上角自动显示视图控制器，如图 6-11 所示。

单击控制器的显示面或指示箭头，界面图形就自动转换到相应的方向视图。如图 6-12 所示为单击控制器“前”面后，系统转换到前视图的情形。单击控制器上的按钮，系统回到西南等轴测视图。

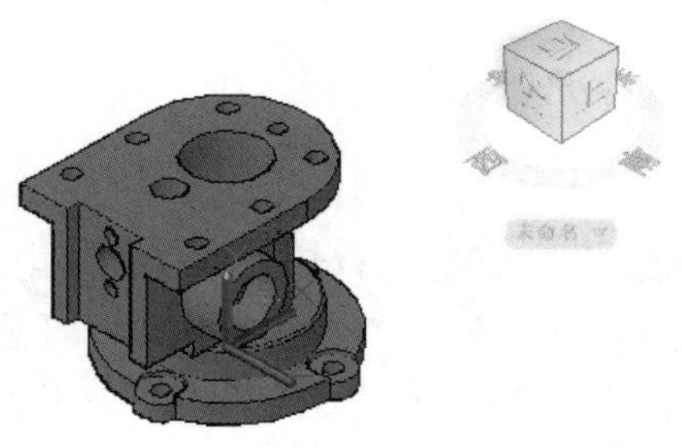

图 6-11 显示视图控制器

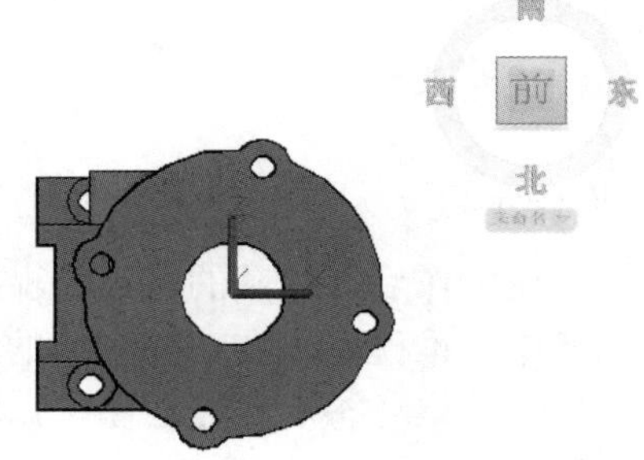

图 6-12 单击控制器“上”面后的视图

在 AutoCAD 中，三维实体有多种显示形式，包括二维线框、三维线框、三维消隐、真实、概念、消隐显示等。

6.3 显示形式

在 AutoCAD 中，三维实体有多种显示形式，包括二维线框、三维线框、三维消隐、真实、概念、消隐显示等。

6.3.1 消隐

执行方式如下。

命令行：HIDE（快捷命令：HI）。

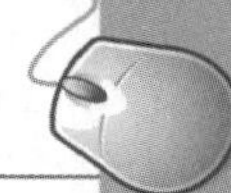

菜单栏：选择菜单栏中的“视图”→“消隐”命令。

工具栏：单击“渲染”工具栏中的“隐藏”按钮。

功能区：单击“视图”选项卡“视觉样式”面板中的“隐藏”按钮。

执行上述操作后，系统将被其他对象挡住的图线隐藏起来，以增强三维视觉效果，效果如图 6-13 所示。

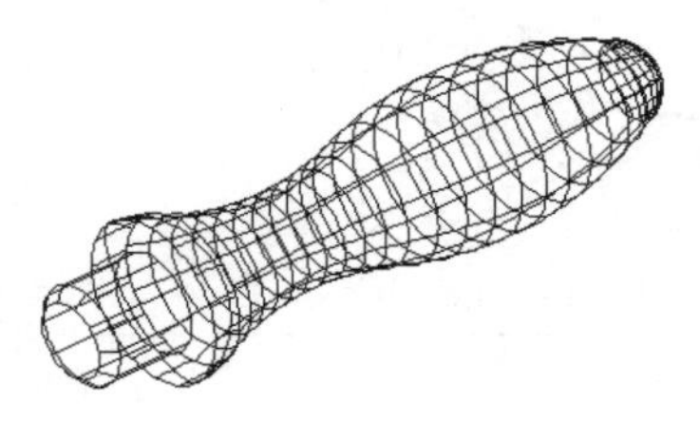
(a)消隐前

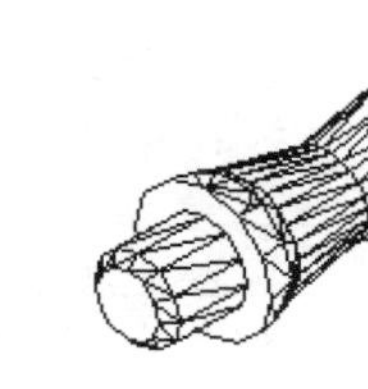
(b)消隐后

图 6-13　消隐效果

6.3.2 视觉样式

1. 执行方式

命令行：VSCURRENT。

菜单栏：选择菜单栏中的“视图”→“视觉样式”→“二维线框”命令。

工具栏：单击“视觉样式”工具栏中的“二维线框”按钮。

功能区：单击“视图”选项卡“视觉样式”面板中的“二维线框”按钮等。

2. 操作步骤

命令行提示与操作如下。

```
命令：VSCURRENT↙
输入选项 [二维线框(2)/线框(W)/隐藏(H)/真实(R)/概念(C)/着色(S)/带边缘着色(E)/灰度(G)/勾画(SK)/X射线(X)/其他(O)] <二维线框>:
```

3. 选项说明

选项含义如表 6-2 所示。

表 6-2　“二维线框”命令选项含义

选　项	含　义
二维线框（2）	用直线和曲线表示对象的边界。光栅和 OLE 对象、线型和线宽都是可见的。即使将 COMPASS 系统变量的值设置为 1，它也不会出现在二维线框视图中。如图 6-14 所示。 图 6-14　二维线框图

续表

选　项	含　义
线框（W）	显示对象时利用直线和曲线表示边界。显示一个已着色的三维 UCS 图标。光栅和 OLE 对象、线型及线宽不可见。可将 COMPASS 系统变量设置为 1 来查看坐标球，将显示应用到对象的材质颜色。如图 6-15 所示。 图 6-15　线框图
消隐（H）	显示用三维线框表示的对象并隐藏表示后向面的直线。如图 6-16 所示。 图 6-16　消隐图
真实（R）	着色多边形平面间的对象，并使对象的边平滑化。如果已为对象附着材质，将显示已附着到对象的材质。如图 6-17 所示。 图 6-17　真实图
概念（C）	着色多边形平面间的对象，并使对象的边平滑化。着色使用冷色和暖色之间的过渡，效果缺乏真实感，但是可以更方便地查看模型的细节。如图 6-18 所示。 图 6-18　概念图
着色（S）	产生平滑的着色模型
带边缘着色（E）	产生平滑、带有可见边的着色模型
灰度（G）	使用单色面颜色模式可以产生灰色效果
勾画（SK）	使用外伸和抖动产生手绘效果
X 射线（X）	更改面的不透明度使整个场景变成部分透明
其他（O）	选择该选项，命令行提示如下。 `输入视觉样式名称 [?]:` 可以输入当前图形中的视觉样式名称或输入“?”，以显示名称列表并重复该提示

6.3.3 视觉样式管理器

执行方式如下。

命令行：VISUALSTYLES。

菜单栏：选择菜单栏中的“视图”→“视觉样式”→“视觉样式管理器”命令或“工具”→“选项板”→“视觉样式”命令。

工具栏：单击“视觉样式”工具栏中的“管理视觉样式”按钮。

功能区：单击“视图”选项卡“视觉样式”面板中的“视觉样式管理器”按钮。

执行上述操作后，系统打开“视觉样式管理器”选项板，可以对视觉样式的各参数进行设置，如图 6-19 所示。如图 6-20 所示为按图 6-19 所示进行设置的概念图显示结果，读者可以与图 6-18 进行比较，感觉它们之间的差别。

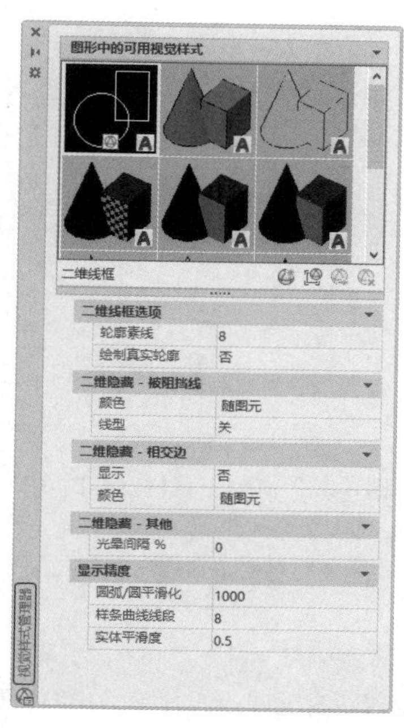

图 6-19 “视觉样式管理器”选项板

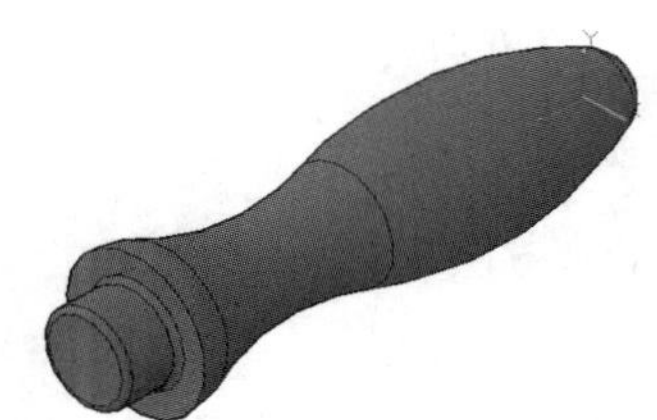

图 6-20 显示结果

6.4 渲染实体

渲染是对三维图形对象加上颜色和材质因素，或灯光、背景、场景等因素的操作，能够更真实地表达图形的外观和纹理。渲染是输出图形前的关键步骤，尤其是在效果图的设计中。

6.4.1 贴图

贴图的功能是在实体附着带纹理的材质后，调整实体或面上纹理贴图的方向。当材质被映射后，调整材质以适应对象的形状，将合适的材质贴图类型应用到对象中，可以使之更加适合于对象。

1. 执行方式

命令行：MATERIALMAP。

菜单栏：选择菜单栏中的“视图”→“渲染”→“贴图”命令（如图 6-21 所示）。

工具栏：单击“渲染”工具栏中的“贴图”下拉按钮（如图 6-22 所示）或“贴图”工具栏中的任意按钮（如图 6-23 所示）。

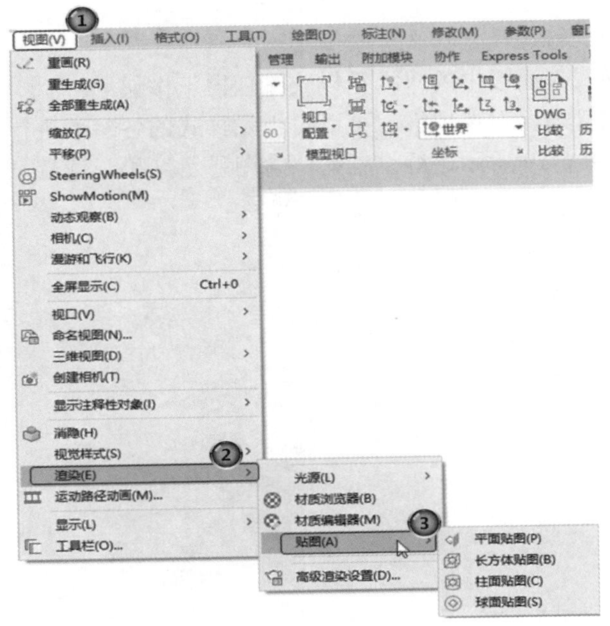

图 6-21 贴图子菜单

图 6-22 渲染工具栏

图 6-23 贴图工具栏

2．操作步骤

命令行提示与操作如下。

```
命令：MATERIALMAP↙
选择选项 [长方体(B)/平面(P)/球面(S)/柱面(C)/复制贴图至(Y)/重置贴图(R)]<长方体>:
```

3．选项说明

选项含义如表 6-3 所示。

表 6-3 “贴图”命令选项含义

选　项	含　义
长方体（B）	将图像映射到类似长方体的实体上。该图像将在对象的每个面上重复使用
平面（P）	将图像映射到对象上，就像将其从幻灯片投影器投影到二维曲面上一样，图像不会失真，但是会被缩放以适应对象。该贴图常用于面
球面（S）	在水平和垂直两个方向上同时使图像弯曲。纹理贴图的顶边在球体的“北极”压缩为一个点；同样，底边在“南极”压缩为一个点
柱面（C）	将图像映射到圆柱形对象上，水平边将一起弯曲，但顶边和底边不会弯曲。图像的高度将沿圆柱体的轴进行缩放
复制贴图至（Y）	将贴图从原始对象或面应用到选定对象
重置贴图（R）	将 UV 坐标重置为贴图的默认坐标

如图 6-24 所示是球面贴图实例。

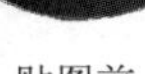

贴图后

图 6-24　球面贴图

6.4.2 材质

1．附着材质

AutoCAD 2022 附着材质的方式与以前版本有很大的不同，AutoCAD 2022 将常用的材质都集成到工具选项板中。具体附着材质的步骤如下。

（1）选择菜单栏中的“视图”→“渲染”→“材质浏览器”命令，打开“材质浏览器”对话框，如图 6-25 所示。

图 6-25　“材质浏览器”对话框

（2）选择需要的材质类型，直接拖动到对象上，如图 6-26 所示。这样材质就附着了。当将视觉样式转换成“真实”时，显示出附着材质后的图形，如图 6-27 所示。

2．设置材质

执行方式如下。

命令行：MATEDITOROPEN。

菜单栏：选择菜单栏中的“视图”→“渲染”→“材质编辑器”命令。

工具栏：单击“渲染”工具栏中的“材质编辑器”按钮。

功能区：单击“视图”选项卡“选项板”面板中的“材质编辑器”按钮或单击“可视化”选项卡“材质”面板中的“材质编辑器”按钮。

执行上述操作后，系统打开如图 6-28 所示的“材质编辑器”选项板。通过该选项板，可以对材质的有关参数进行设置。

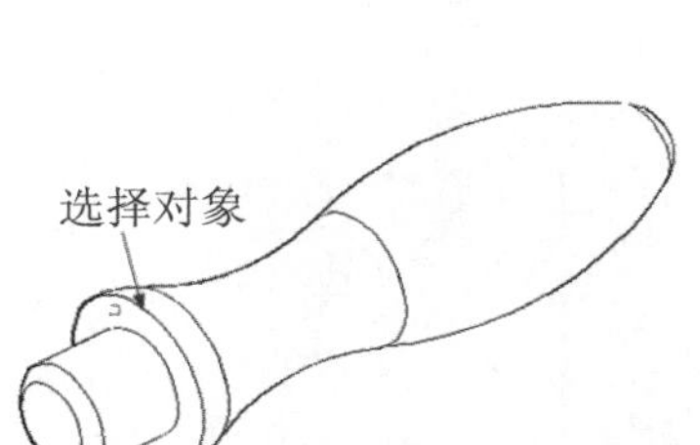

图 6-26　指定对象

图 6-27　附着材质后

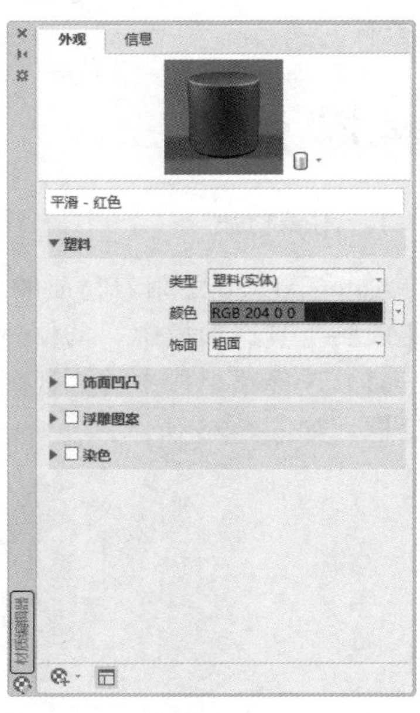

图 6-28　“材质编辑器”选项板

6.4.3 渲染

1. 高级渲染设置

执行方式如下。

命令行：RPREF（快捷命令：RPR）。

菜单栏：选择菜单栏中的“视图”→“渲染”→“高级渲染设置”命令。

工具栏：单击“渲染”工具栏中的“高级渲染设置”按钮。

功能区：单击“视图”选项卡“选项板”面板中的“高级渲染设置”按钮。

执行上述操作后，系统打开如图 6-29 所示的“渲染预设管理器”选项板。通过该选项板，可以对渲染的有关参数进行设置。

2. 渲染

执行方式如下。

命令行：RENDER（快捷命令：RR）。

功能区：单击“可视化”选项卡“渲染”面板中的“渲染到尺寸”按钮。

执行上述操作后，系统打开如图 6-30 所示的“渲染”对话框，显示渲染结果和相关参数。

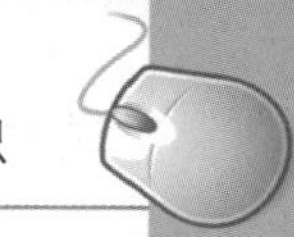

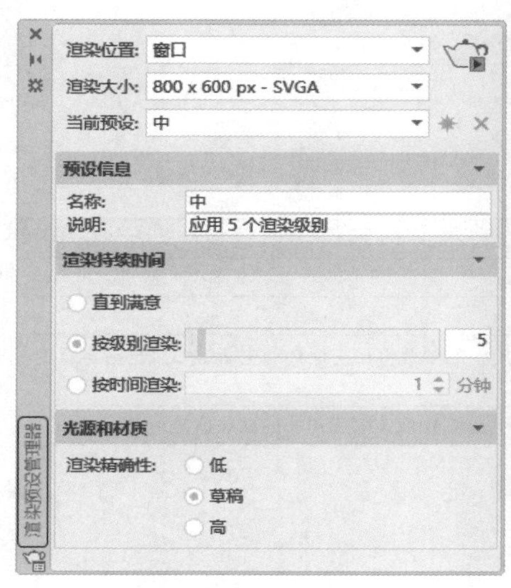

图 6-29 “渲染预设管理器”选项板

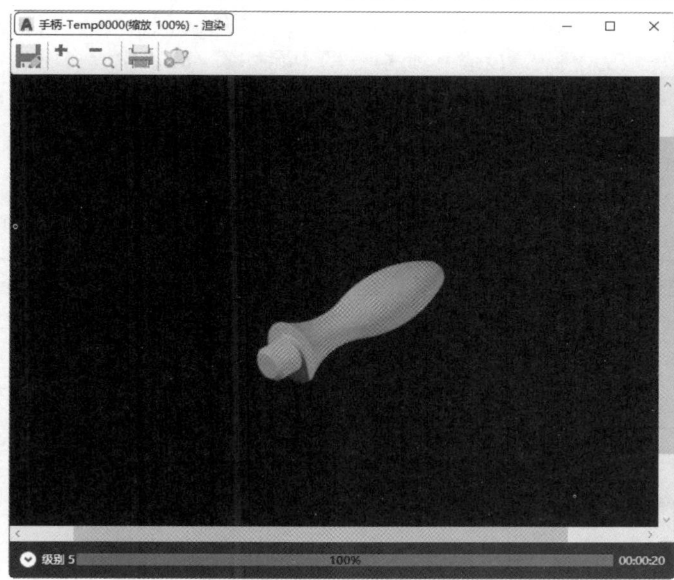

图 6-30 “渲染”对话框

注意：在 AutoCAD 2022 中，渲染代替了传统的建筑、机械和工程图形使用水彩、有色蜡笔和油墨等生成最终演示的渲染效果图。渲染图形的过程一般分为以下 4 步。

（1）准备渲染模型：包括遵从正确的绘图技术，删除消隐面，创建光滑的着色网格和设置视图的分辨率。

（2）创建和放置光源以及创建阴影。

（3）定义材质并建立材质与可见表面间的联系。

（4）进行渲染，包括检验渲染对象的准备、照明和颜色的中间步骤。

6.5 绘制基本三维实体

本节主要介绍各种基本三维实体的绘制方法。

6.5.1 螺旋

1. 执行方式

命令行：HELIX。

工具栏：单击“建模”工具栏中的“螺旋”按钮。

功能区：单击“默认”选项卡“绘图”面板中的“螺旋”按钮。

2. 操作格式

```
命令：HELIX ↙
圈数 = 3.0000    扭曲=CCW
指定底面的中心点：(指定点)
指定底面半径或 [直径(D)] <1.0000>：(输入底面半径或直径)
```

```
指定顶面半径或 [直径(D)] <26.5531>:(输入顶面半径或直径)
指定螺旋高度或 [轴端点(A)/圈数(T)/圈高(H)/扭曲(W)] <1.0000>:
```

3. 选项说明

选项含义如表 6-4 所示。

表 6-4 “螺旋”命令选项含义

选　项	含　义
轴端点（A）	指定螺旋轴的端点位置。它定义了螺旋的长度和方向。
圈数（T）	指定螺旋的圈（旋转）数。螺旋的圈数不能超过 500。
圈高(H)	指定螺旋内一个完整圈的高度。当指定圈高值时，螺旋中的圈数将相应地自动更新。如果已指定螺旋的圈数，则不能输入圈高的值。
扭曲（W）	指定是以顺时针 (CW) 方向还是以逆时针方向 (CCW) 绘制螺旋。螺旋扭曲的默认值是逆时针。

6.5.2 长方体

1. 执行方式

命令行：BOX。
菜单栏：选择菜单栏中的“绘图”→“建模”→“长方体”命令。
工具栏：单击“建模”工具栏中的“长方体”按钮。
功能区：单击“三维工具”选项卡“建模”面板中的“长方体”按钮。

2. 操作格式

```
命令：BOX↙
指定第一个角点或 [中心(C)]：(指定第一点或按回车键表示原点是长方体的角点，或输入 c 代表中心点)
```

3. 选项说明

选项含义如表 6-5 所示。

表 6-5 “长方体”命令选项含义

<table>
<tr><th>选　项</th><th colspan="2">含　义</th></tr>
<tr><td rowspan="2">指定长方体的角点</td><td colspan="2">确定长方体的一个顶点的位置。选择该选项后，系统继续提示，具体如下。
指定其他角点或 [立方体(C)/长度(L)]：（指定第二点或输入选项）</td></tr>
<tr><td>指定其他角点</td><td>输入另一角点的数值，即可确定该长方体。如果输入的是正值，则沿着当前 UCS 的 X、Y 和 Z 轴的正向绘制长度。如果输入的是负值，则沿着 X、Y 和 Z 轴的负向绘制长度。图 6-31 所示为使用相对坐标绘制的长方体。
第二角点
第一角点
图 6-31　利用角点命令创建的长方体</td></tr>
</table>

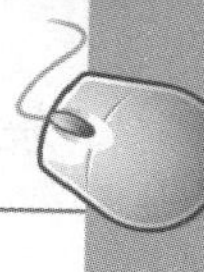

续表

选项		含义
指定长方体的角点	立方体（C）	创建一个长、宽、高相等的长方体。图 6-32 所示为使用指定长度命令创建的正方体。 指定长度 图 6-32　利用立方体命令创建的长方体
	长度（L）	要求输入长、宽、高的值。图 6-33 所示为使用长、宽和高命令创建的长方体。 高度　长度　宽度 图 6-33　利用长、宽和高命令创建的长方体
中心（C）		使用指定的中心创建长方体。图 6-34 为使用中心命令创建的正方体。 中心 图 6-34　使用中心命令创建的长方体

6.5.3 圆柱体

1. 执行方式

命令行：CYLINDER。

菜单栏：选择菜单栏中的“绘图”→“建模”→“圆柱体”命令。

工具栏：单击“建模”工具栏中的“圆柱体”按钮。

功能区：单击“三维工具”选项卡“建模”面板中的“圆柱体”按钮。

2. 操作格式

```
命令：CYLINDER↙
指定底面的中心点或 [三点(3P)/两点(2P)/切点、切点、半径(T)/椭圆(E)]:
```

3. 选项说明

（1）中心点

输入底面圆心的坐标，此选项为系统的默认选项。然后指定底面的半径和高度。AutoCAD 按指定的高度创建圆柱体，且圆柱体的中心线与当前坐标系的 Z 轴平行，如图 6-35 所示。也可以指定另一个端面的圆心来指定高度。AutoCAD 根据圆柱体两个端面的中心位置来创建圆柱体。该圆柱体的中心线就是两个端面的连线，如图 6-36 所示。

（2）椭圆

绘制椭圆柱体。其中，端面椭圆的绘制方法与平面椭圆一样，结果如图 6-37 所示。

其他基本实体（如楔体、圆锥体、球体、圆环体等）的绘制方法与上面讲述的长方体和圆柱体类似，这里不再赘述。

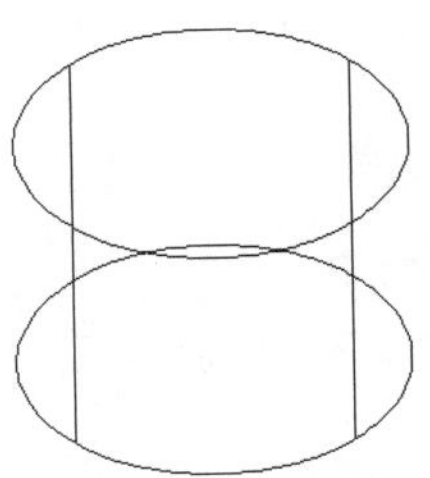

图 6-35　按指定的高度创建圆柱体

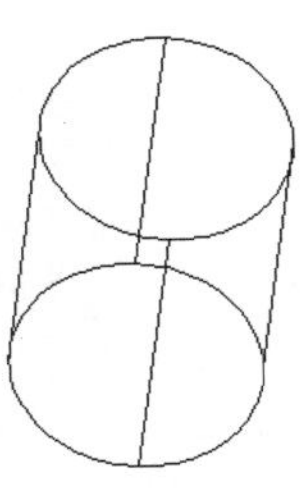

图 6-36　指定圆柱体另一个端面的中心位置

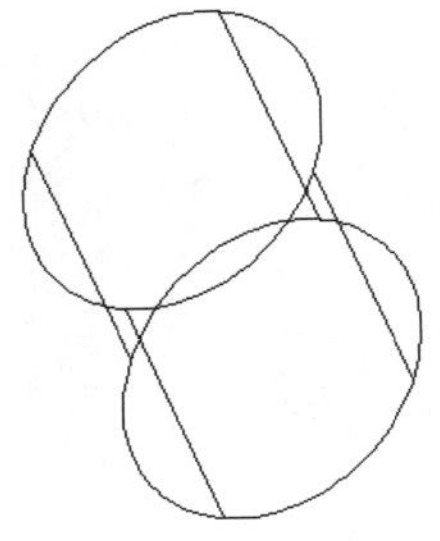

图 6-37　椭圆柱体

6.5.4 实例——油标尺

油标尺零件由一系列同轴的圆柱体组成，从下到上分为标尺、连接螺纹、密封环和油标尺帽 4 个部分。绘制过程中，可以首先绘制一组同心的二维圆，调用“拉伸”命令绘制出相应的圆柱体；调用“圆环体”和“球体”命令，细化油标尺，最终完成立体图绘制。绘制的油标尺如图 6-38 所示。

图 6-38　油标尺

绘制步骤

（1）建立新文件。打开 AutoCAD 2022 程序，以“无样板打开－公制”（M）方式建立新文件；将新文件命名为“油标尺立体图.dwg”并保存。

（2）绘制同心圆。单击“默认”选项卡“绘图”面板中的“圆”按钮，圆心点为（0,0），半径依次为 3、6、8 和 10，结果如图 6-39 所示。

（3）拉伸实体。切换到西南等轴测视图，单击“三维工具”选项卡“建模”面板中的“拉伸”按钮，对 4 个圆进行拉伸操作：R3×100，R6×22，R8×12，R10×-6；拉伸角度均为 0°。拉伸结果如图 6-40 所示。

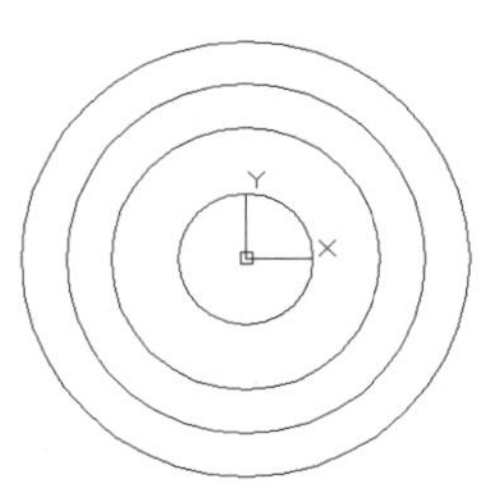

图 6-39　绘制同心圆

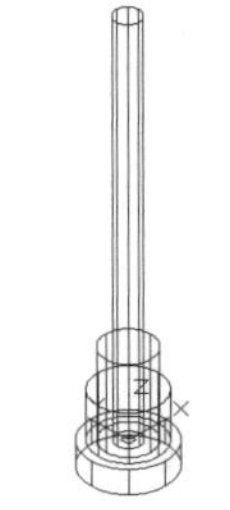

图 6-40　拉伸实体

（4）绘制圆环体。单击“三维工具”选项卡“建模”面板中的“圆环体”按钮，绘制圆环，命令行提示与操作如下。

```
命令: _torus
指定中心点或 [三点(3P)/两点(2P)/切点、切点、半径(T)]: 0,0,4↙
指定半径或 [直径(D)]: 11↙
指定圆管半径或 [两点(2P)/直径(D)]: 5↙
```

结果如图 6-41 所示。

（5）布尔运算求差集。单击“三维工具”选项卡“实体编辑”面板中的“差集”按钮，从 R8×12 的圆柱体中减去圆环体，结果如图 6-42 所示。

（6）绘制球体。单击“三维工具”选项卡“建模”面板中的“球体”按钮，绘制球体，命令行提示与操作如下。

```
命令: _sphere
指定中心点或 [三点(3P)/两点(2P)/切点、切点、半径(T)]: 0,0,-6↙
指定半径或 [直径(D)] <6.0000>: 3↙
```

结果如图 6-43 所示。

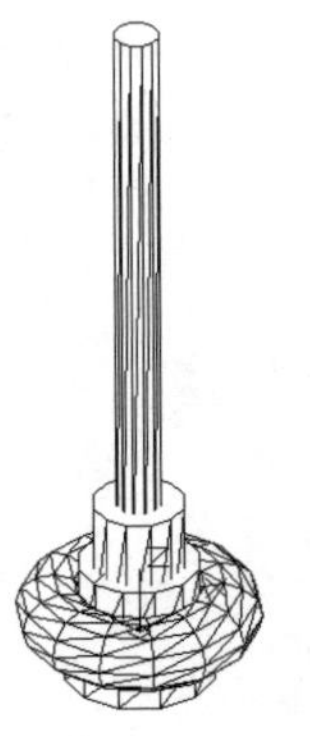

图 6-41　绘制圆环体

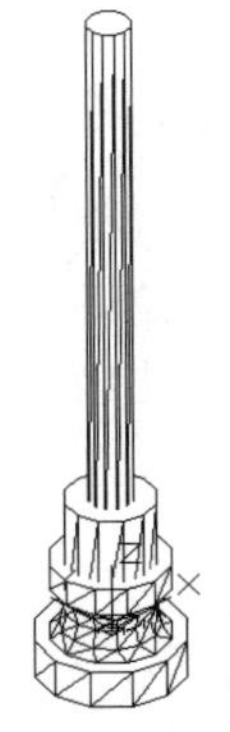

图 6-42　布尔运算求差集

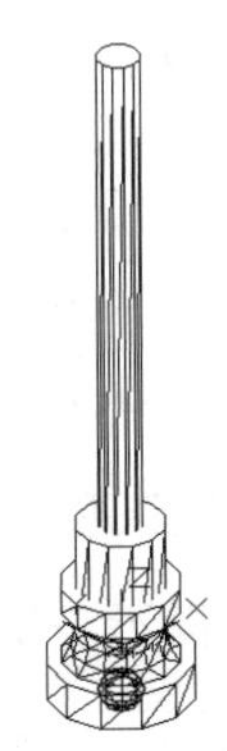

图 6-43　绘制球体

（7）布尔运算求并集。单击“三维工具”选项卡“实体编辑”面板中的“并集”按钮，将图 6-58 中的所有实体合并为一个实体，结果如图 6-44 所示。

（8）渲染。单击“视图”选项卡“选项板”面板中的“材质浏览器”按钮，打开“材质浏览器”对话框，选择合适的材质并将其赋予油标尺。再选择菜单栏中“视图”→“视觉样式”→“真实”命令，结果如图 6-38 所示。

动手练一练——绘制密封圈

绘制如图 6-45 所示的密封圈。

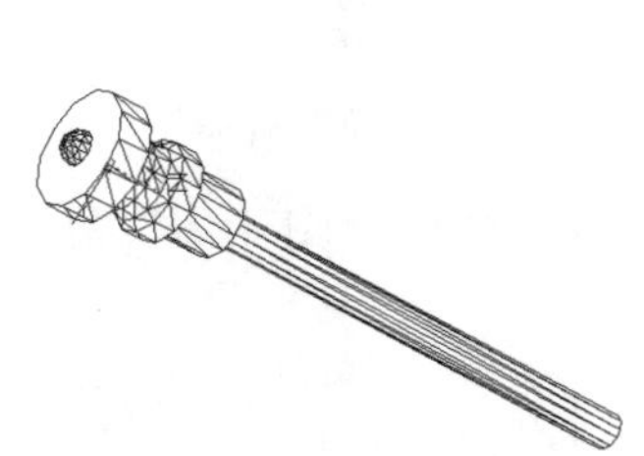

图 6-44　布尔运算求并集

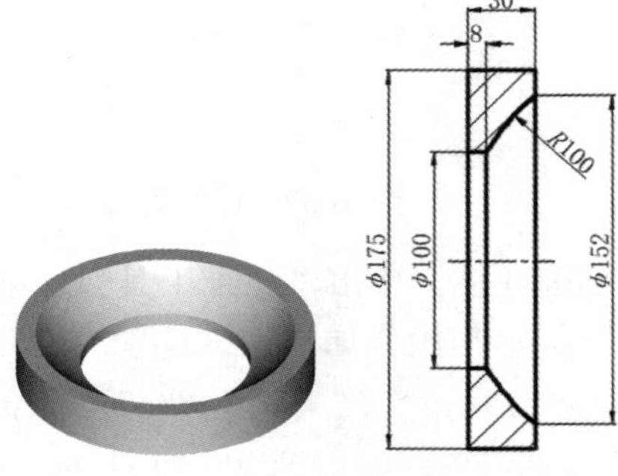

图 6-45　密封圈

思路点拨

源文件：源文件\第 6 章\密封圈.dwg

（1）绘制圆柱体和球体。

（2）差集处理。

6.6　特征操作

6.6.1　拉伸

1．执行方式

命令行：EXTRUDE（快捷命令：EXT）。

菜单栏：选择菜单栏中的“绘图”→“建模”→“拉伸”命令。

工具栏：单击“建模”工具栏中的“拉伸”按钮。

功能区：单击“三维工具”选项卡“建模”面板中的“拉伸”按钮

2．操作步骤

命令行提示与操作如下。

```
命令：EXTRUDE↙
当前线框密度：ISOLINES=4，闭合轮廓创建模式=实体
选择要拉伸的对象或[模式(MO)]： 选择绘制好的二维对象
选择要拉伸的对象或[模式(MO)]： 可继续选择对象或按<Enter>键结束选择
指定拉伸的高度或 [方向(D)/路径(P)/倾斜角(T)/表达式(E)]：
```

3．选项说明

选项含义如表 6-6 所示。

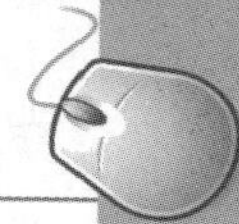

表 6-6 "拉伸"命令选项含义

选　项	含　义
模式（O）	控制拉伸对象是实体或曲面
拉伸高度	按指定的高度拉伸出三维实体对象。输入高度值后，根据实际需要，指定拉伸的倾斜角度。如果指定的角度为 0，AutoCAD 则把二维对象按指定的高度拉伸成柱体；如果输入角度值，拉伸后实体截面沿拉伸方向按此角度变化，成为一个棱台或圆台体。如图 6-46 所示为不同角度拉伸圆的结果 (a)拉伸前　(b)拉伸锥角为 0°　(c)拉伸锥角为 10°　(d)拉伸锥角为–10° 图 6-46　拉伸圆
路径（P）	以现有的图形对象作为拉伸创建三维实体对象。如图 6-47 所示为沿圆弧曲线路径拉伸圆的结果。 Y X Z (a)拉伸前　(b)拉伸后 图 6-47　沿圆弧曲线路径拉伸圆
方向（D）	用于指定点指定拉伸的长度和方向
倾斜角（T）	指定拉伸的倾斜角
表达式（E）	输入公式或方程式以指定拉伸高度

注意：可以使用创建圆柱体的"轴端点"命令确定圆柱体的高度和方向。轴端点是圆柱体顶面的中心点，轴端点可以位于三维空间的任意位置。

6.6.2 旋转

1. 执行方式

命令行：REVOLVE（快捷命令：REV）。
菜单栏：选择菜单栏中的"绘图"→"建模"→"旋转"命令。
工具栏：单击"建模"工具栏中的"旋转"按钮。
功能区：单击"三维工具"选项卡"建模"面板中的"旋转"按钮。

2. 操作步骤

命令行提示与操作如下。

```
命令：REVOLVE↙
当前线框密度：ISOLINES=4，闭合轮廓创建模式 = 实体
选择要拉伸的对象或 [模式(MO)]：_MO 闭合轮廓创建模式 [实体(SO)/曲面(SU)] <实体>：_SO
选择要旋转的对象或[模式(MO)]： 选择绘制好的二维对象
选择要旋转的对象或[模式(MO)]： 继续选择对象或按<Enter>键结束选择
指定轴起点或根据以下选项之一定义轴 [对象(O)/X/Y/Z]<对象>：
```

3．选项说明

选项含义如表 6-7 所示。

表 6-7 “旋转”命令选项含义

选　项	含　义
指定轴起点	通过两个点来定义旋转轴。AutoCAD 将按指定的角度和旋转轴旋转二维对象
对象（O）	选择已经绘制好的直线或用多段线命令绘制的直线段作为旋转轴线
X（Y/Z）	将二维对象绕当前坐标系（UCS）的 X（Y/Z）轴旋转。如图 6-48 所示为矩形平面绕 X 轴旋转的结果。 Z Y X (a)旋转界面　(b)旋转后的实体 图 6-48 旋转体

6.6.3 扫掠

1．执行方式

命令行：SWEEP。
菜单栏：选择菜单栏中的“绘图”→“建模”→“扫掠”命令。
工具栏：单击“建模”工具栏中的“扫掠”按钮。
功能区：单击“三维工具”选项卡“建模”面板中的“扫掠”按钮。

2．操作步骤

命令行提示与操作如下。

```
命令：SWEEP↙
当前线框密度： ISOLINES=4，闭合轮廓创建模式=模式
选择要扫掠的对象或[模式(MO)]：选择对象，如图 6-49 中的圆
选择要扫掠的对象或[模式(MO)]：↙
选择扫掠路径或 [对齐(A)/基点(B)/比例(S)/扭曲(T)]：选择对象，如图 6-49 中螺旋线
```

扫掠结果如图 6-50 所示。

3．选项说明

选项含义如表 6-8 所示。

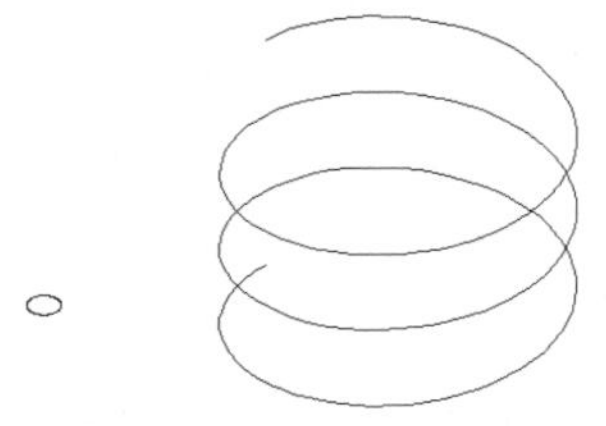

图 6-49　对象和路径

图 6-50　扫掠结果

表 6-8　“扫掠”命令选项含义

选　　项	含　　义
对齐（A）	指定是否对齐轮廓以使其作为扫掠路径切向的法向，默认情况下，轮廓是对齐的。选择该选项，命令行提示与操作如下。 扫掠前对齐垂直于路径的扫掠对象 [是(Y)/否(N)] <是>：输入“n”，指定轮廓无须对齐；按<Enter>键，指定轮廓将对齐
基点（B）	指定要扫掠对象的基点。如果指定的点不在选定对象所在的平面上，则该点将被投影到该平面上
比例（S）	指定比例因子以进行扫掠操作。从扫掠路径的开始到结束，比例因子将统一应用到扫掠的对象上。选择该选项，命令行提示与操作如下。 输入比例因子或 [参照(R)/表达式(E)] <1.0000>：指定比例因子，输入“r”，调用参照选项；按<Enter>键，选择默认值
参照（R）	表示通过拾取点或输入值来根据参照的长度缩放选定的对象
扭曲（T）	设置正被扫掠对象的扭曲角度。扭曲角度指定沿扫掠路径全部长度的旋转量。选择该选项，命令行提示与操作如下。 输入扭曲角度或允许非平面扫掠路径倾斜 [倾斜(B) /表达式(EX)] <n>：指定小于 360° 的角度值，输入“b”，打开倾斜；按<Enter>键，选择默认角度值
倾斜（B）	指定被扫掠的曲线是否沿三维扫掠路径（三维多线段、三维样条曲线或螺旋线）自然倾斜（旋转）

注意： 使用扫掠命令，可以通过沿开放或闭合的二维或三维路径扫掠开放或闭合的平面曲线（轮廓）来创建新实体或曲面。扫掠命令用于沿指定路径以指定轮廓的形状（扫掠对象）创建实体或曲面。可以扫掠多个对象，但是这些对象必须在同一平面内。如果沿一条路径扫掠闭合的曲线，则生成实体。

如图 6-51 所示为扭曲扫掠示意图。

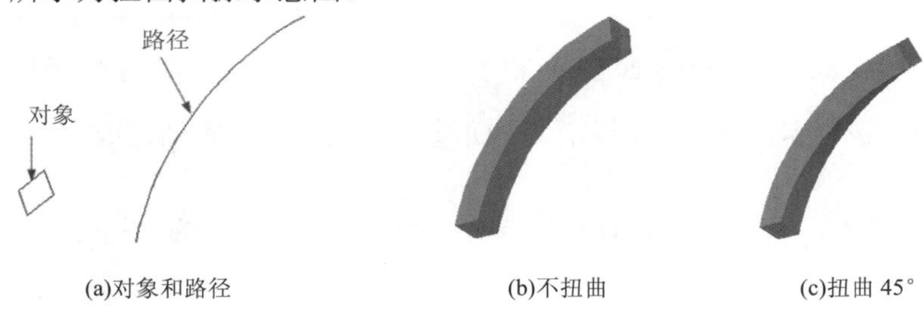

(a)对象和路径　(b)不扭曲　(c)扭曲 45°

图 6-51　扭曲扫掠

6.6.4 实例——双头螺柱

本例绘制的双头螺柱的型号为 AM12×30（GB898），其表示为公称直径 d＝12mm，长度 L＝30mm，性能等级为 4.8 级，不经表面处理，A 型的双头螺柱，如图 6-52 所示。本实例的制作思路：首先绘制单个螺纹，然后使用阵列命令阵列所用的螺纹，再绘制中间的连接圆柱体，最后绘制另一端的螺纹。

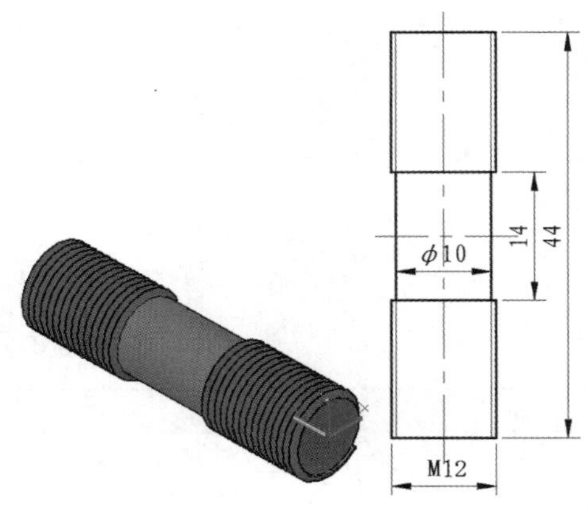

图 6-52　双头螺柱

绘制步骤

（1）启动 AutoCAD 2022，使用默认设置绘图环境。

（2）建立新文件。选择菜单栏中的“文件”→“新建”命令，弹出“选择样板”对话框，单击“打开”按钮右侧的下拉按钮，以“无样板打开一公制（M）”方式建立新文件，将新文件命名为“双头螺柱三维设计.dwg”并保存。

（3）设置线框密度。默认设置是 8，有效值的范围为 0～2047。设置对象上每个曲面的轮廓线数目为 10。

（4）设置视图方向。选择菜单栏中“视图”→“三维视图”→“西南等轴测”命令，将当前视图方向设置为西南等轴测视图。

（5）创建螺纹。

①绘制螺旋线。

在命令行输入 UCS，将当前坐标系绕 X 轴旋转 90°。

单击“默认”选项卡“绘图”面板中的“螺旋”按钮，绘制底面中心点坐标为（0，0，0），底面半径为 5，顶面半径为 5，圈数为 15，螺旋高度为-15 的螺纹轮廓，结果如图 6-53 所示。

②绘制牙型截面轮廓。单击“默认”选项卡“绘图”面板中的“直线”按钮，捕捉螺旋线的上端点绘制牙型截面轮廓，尺寸参照如图 6-54 所示。

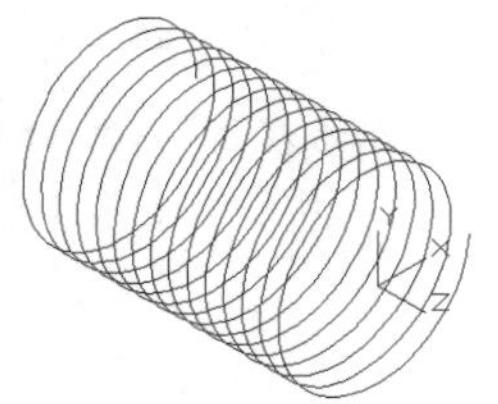
图 6-53　绘制螺旋线

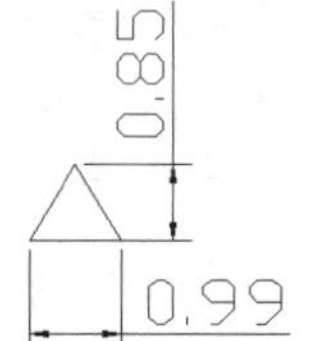

图 6-54　牙型尺寸

单击“默认”选项卡“绘图”面板中的“面域”按钮，将其创建成面域，结果如图 6-55 所示。

③扫掠形成实体。单击“三维工具”选项卡“建模”面板中的“扫掠”按钮，命令行中提示与操作如下。

```
命令: _sweep
当前线框密度:  ISOLINES=10，闭合轮廓创建模式 = 实体
选择要扫掠的对象或 [模式(MO)]: 找到 1 个(选择三角牙型轮廓)
选择要扫掠的对象或 [模式(MO)]: ↙
选择扫掠路径或 [对齐(A)/基点(B)/比例(S)/扭曲(T)]: (选择螺纹线)
```

结果如图 6-56 所示。

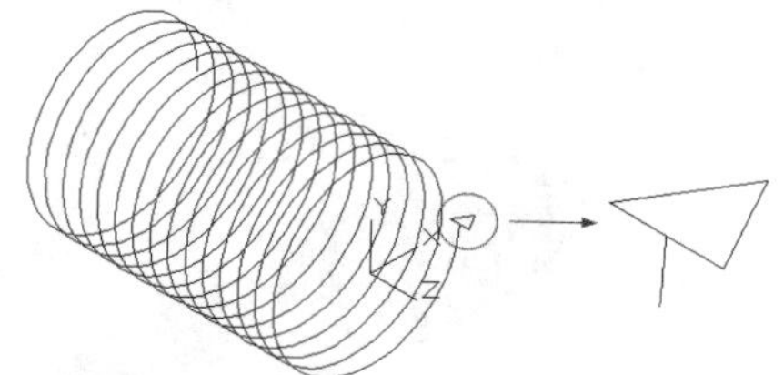

图 6-55　绘制牙型截面轮廓

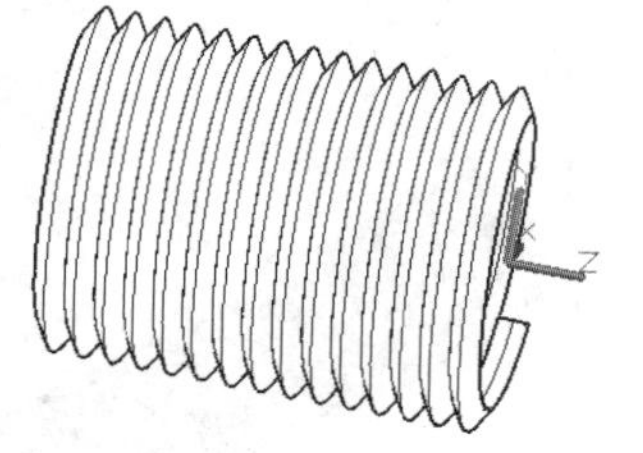

图 6-56　扫掠实体

④创建圆柱体。

改变坐标系。在命令行输入 UCS，将当前坐标系绕 X 轴旋转–90°。

单击“三维工具”选项卡“建模”面板中的“圆柱体”按钮，以坐标点（0，0，0）为底面中心点，创建半径为 5，轴端点为（@0,44,0）的圆柱体；结果如图 6-57 所示。

（6）绘制另一端螺纹

①复制螺纹。单击“默认”选项卡“修改”面板中的“复制”按钮，将最下面的一个螺纹从原点复制到（0,29,0），结果如图 6-57 所示。

②并集运算。单击“三维工具”选项卡“实体编辑”面板中的“并集”按钮，将所绘制的图形做并集运算，消隐后的结果如图 6-58 所示。

（7）渲染视图

①赋予材质。

（a）单击“视图”选项卡“选项板”面板中的“材质浏览器”按钮。弹出“材料浏览器”对话框。

（b）在对话框中选择合适的材质，如图 6-59 所示，并将其赋予减速器箱体零件。关闭对话框。

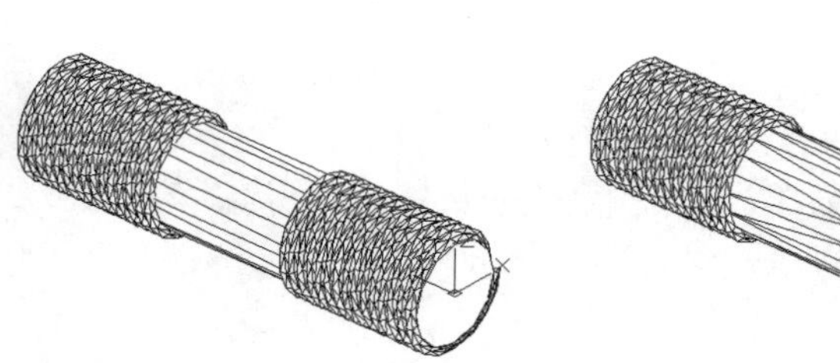

图 6-57　复制螺纹后的图形

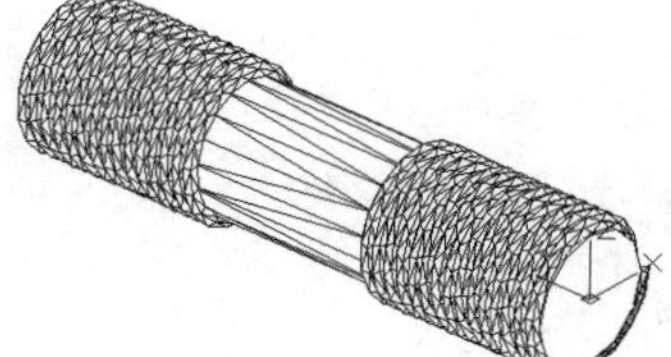

图 6-58　并集后的图形

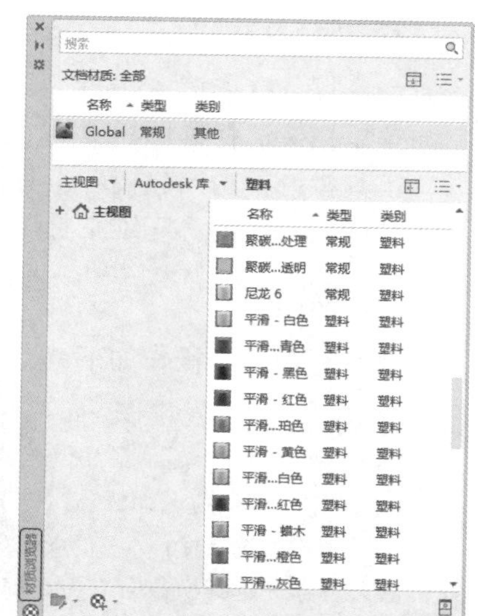

图 6-59　“材料浏览器”对话框

②渲染实体。选择菜单栏中“视图”→“视觉样式”→“真实”命令，完成材质设置，

渲染后的结果如图 6-60 所示。

③概念显示。选择菜单栏中“视图”→“视觉样式”→“概念”命令，西南等轴测图结果如图 6-61 所示。

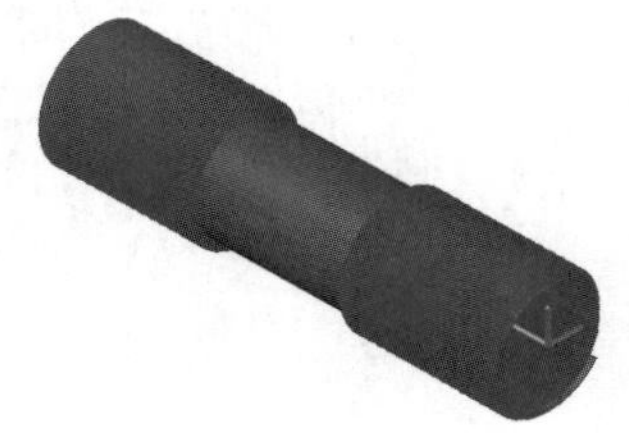

图 6-60　渲染后的实体

图 6-61　概念显示结果

动手练一练——绘制压紧螺母

绘制如图 6-62 所示的压紧螺母。

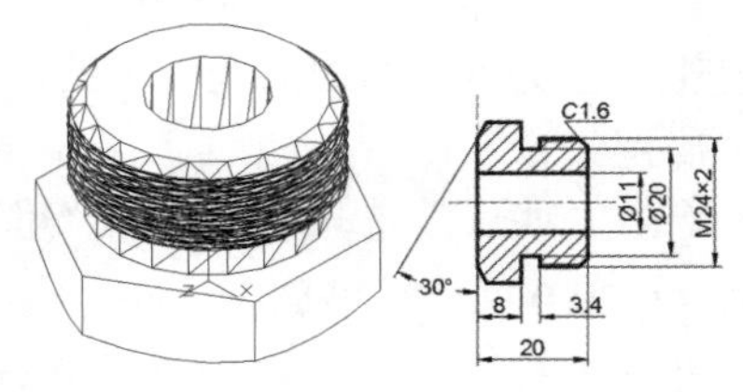

图 6-62　压紧螺母

思路点拨

源文件：源文件\第 6 章\压紧螺母.dwg

（1）创建螺旋线和三角形。

（2）扫掠形成牙型。

（3）绘制圆柱体并布尔运算。

（4）倒角处理。

6.6.5 放样

1. 执行方式

命令行：LOFT。

菜单栏：选择菜单栏中的“绘图”→“建模”→“放样”命令。

工具栏：单击“建模”工具栏中的“放样”按钮。

功能区：单击“三维工具”选项卡“建模”面板中的“放样”按钮。

2. 操作步骤

命令行提示与操作如下。

```
命令：LOFT↙
当前线框密度： ISOLINES=4，闭合轮廓创建模式 = 实体
按放样次序选择横截面或[点(PO)/合并多条边(J)/模式(MO)]：依次选择如图 6-63 所示的 3 个截面
按放样次序选择横截面或[点(PO)/合并多条边(J)/模式(MO)]：
按放样次序选择横截面或[点(PO)/合并多条边(J)/模式(MO)]：
按放样次序选择横截面或[点(PO)/合并多条边(J)/模式(MO)]：↙
输入选项 [导向(G)/路径(P)/仅横截面(C)/设置(S)] <仅横截面>：
```

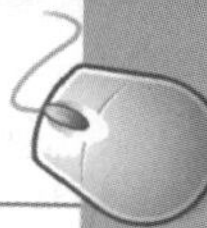

3．选项说明

（1）设置（S）：选择该选项，系统打开“放样设置”对话框，如图 6-64 所示。其中有 4 个单选钮选项，如图 6-65(a)所示为点选“直纹”单选钮的放样结果示意图，图 6-65(b)所示为点选“平滑拟合”单选钮的放样结果示意图，图 6-65(c)所示为点选“法线指向”单选钮并选择“所有横截面”选项的放样结果示意图，图 6-65(d)所示为点选“拔模斜度”单选钮并设置“起点角度”为 45°、“起点幅值”为 10、“端点角度”为 60°、“端点幅值”为 10 的放样结果示意图。

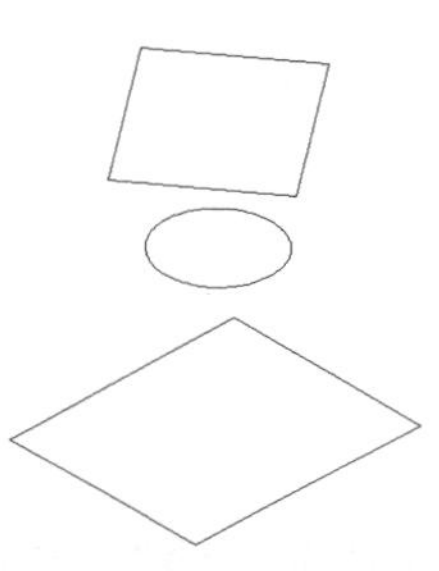

图 6-63　选择截面

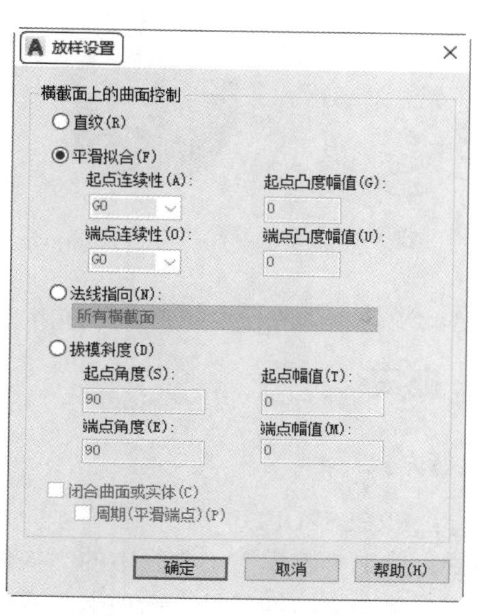

图 6-64　“放样设置”对话框

（2）导向（G）：指定控制放样实体或曲面形状的导向曲线。导向曲线是直线或曲线，可通过将其他线框信息添加至对象来进一步定义实体或曲面的形状，如图 6-66 所示。选择该选项，命令行提示与操作如下。

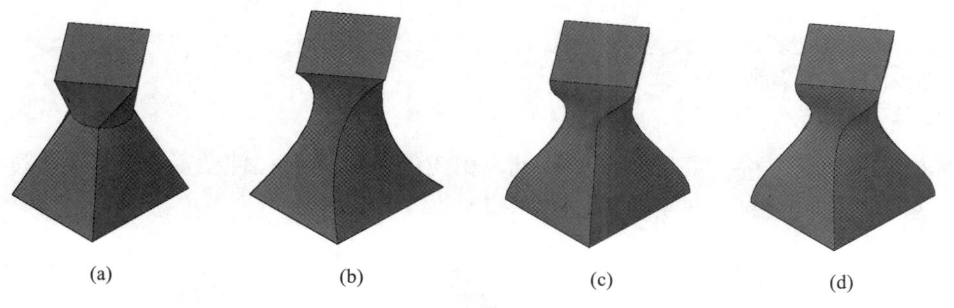

(a)　(b)　(c)　(d)

图 6-65　放样示意图

选择导向曲线：　选择放样实体或曲面的导向曲线，然后按<Enter>键

注意：每条导向曲线必须满足以下条件才能正常工作。

① 与每个横截面相交。

② 从第一个横截面开始。

③ 到最后一个横截面结束。

④ 可以为放样曲面或实体选择任意数量的导向曲线。

（3）路径（P）：指定放样实体或曲面的单一路径，如图 6-67 所示。选择该选项，命令行提示与操作如下。

```
选择路径：指定放样实体或曲面的单一路径
```

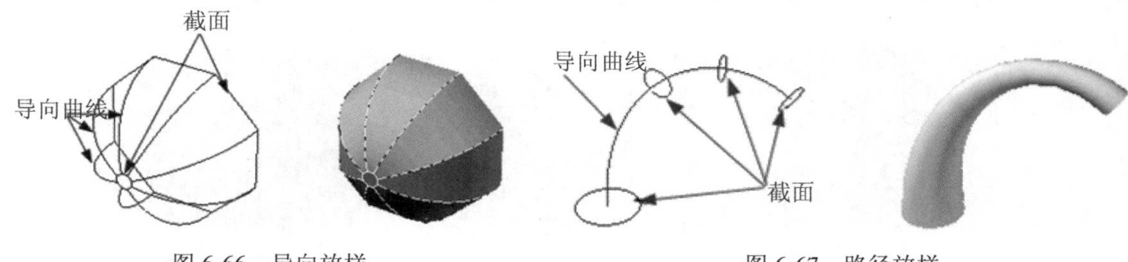

图 6-66　导向放样　　　　图 6-67　路径放样

 **注意：路径曲线必须与横截面的所有平面相交。**

6.6.6 拖曳

1. 执行方式

命令行：PRESSPULL。

工具栏：单击“建模”工具栏中的“按住并拖动”按钮。

功能区：单击“三维工具”选项卡“实体编辑”面板中的“按住并拖动”按钮。

2. 操作步骤

命令行提示与操作如下。

```
命令：PRESSPULL↙
选择对象或边界区域：
指定拉伸高度或 [多个(M)]：
指定拉伸高度或 [多个(M)]：
已创建 1 个拉伸
```

选择有限区域后，按住鼠标左键并拖动，相应的区域就会拉伸变形。如图 6-68 所示为选择圆台上表面，按住鼠标左键并拖动的结果。

(a)圆台　　(b)向下拖动　　(c)向上拖动

图 6-68　按住鼠标左键并拖动

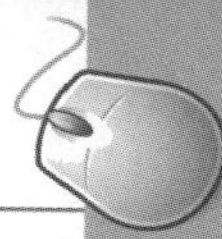

6.7 编辑三维图形

本节主要介绍各种三维编辑命令。

6.7.1 三维旋转

1. 执行方式

命令行：3DROTATE。
菜单栏：选择菜单栏中的“修改”→“三维操作”→“三维旋转”命令。
工具栏：单击“建模”工具栏中的“三维旋转”按钮。
功能区：单击“三维工具”选项卡“选择”面板中的“旋转小控件”按钮。

2. 操作格式

```
命令：3DROTATE↙
UCS 当前的正角方向： ANGDIR=逆时针  ANGBASE=0
选择对象：(点取要旋转的对象)
选择对象：(选择下一个对象或按回车键)
指定基点：
拾取旋转轴：
指定角的起点或键入角度：
```

确定旋转轴线，指定旋转角度后旋转对象。图 6-69 所示为一个棱锥表面绕某一轴顺时针旋转 30° 的情形。

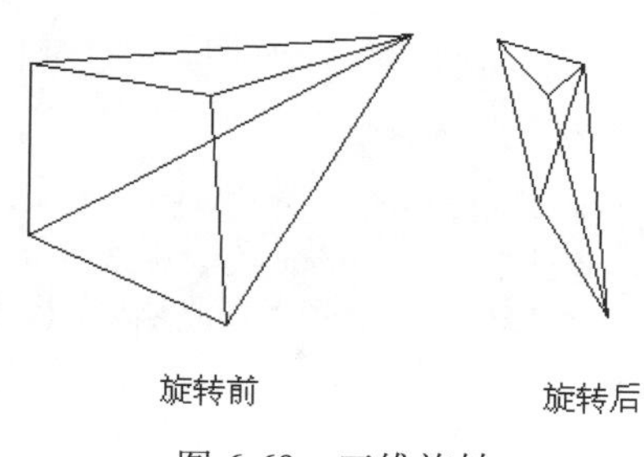

图 6-69　三维旋转

6.7.2 三维镜像

1. 执行方式

命令行：3DMIRROR。
菜单栏：选择菜单栏中的“修改”→“三维操作”→“三维镜像”命令。

2. 操作格式

```
命令：3DMIRROR↙
选择对象：(选择镜像的对象)
选择对象：(选择下一个对象或按回车键)
    指定镜像平面(三点)的第一个点或 [对象(O)/最近的(L)/Z 轴(Z)/视图(V)/XY 平面(XY)/YZ
平面(YZ)/ZX 平面(ZX)/三点(3)] <三点> :
```

3. 选项说明

选项含义如表 6-9 所示。

表 6-9　“三维镜像”命令选项含义

选　项	含　义
对象（O）	使用选定平面对象的平面作为镜像平面

续表

<table>
<tr><th>选　　项</th><th>含　　义</th></tr>
<tr><td>上一个（L）</td><td>相对于最后定义的镜像平面对选定的对象进行镜像处理</td></tr>
<tr><td>三点（3）</td><td>输入镜像平面上的第一个点的坐标：该选项通过 3 个点确定镜像平面，是系统的默认选项</td></tr>
<tr><td>Z 轴（Z）</td><td>利用指定的平面作为镜像平面。选择该选项后，命令行提示与操作如下。
在镜像平面上指定点：（输入镜像平面上一点的坐标）
在镜像平面的 Z 轴（法向）上指定点：（输入与镜像平面垂直的任意一条直线上任意一点的坐标）
是否删除源对象？[是（Y）/否（N）]：（根据需要确定是否删除源对象）</td></tr>
<tr><td>视图（V）</td><td>指定一个平行于当前视图的平面作为镜像平面</td></tr>
<tr><td>XY（YZ、ZX）平面</td><td>指定一个平行于当前坐标系的 XY（YZ、ZX）平面作为镜像平面</td></tr>
</table>

6.7.3 三维阵列

1．执行方式

命令行：3DARRAY。

菜单栏：选择菜单栏中的“修改”→“三维操作”→“三维阵列”命令。

工具栏：单击“建模”工具栏中的“三维阵列”按钮。

2．操作格式

```
命令:3DARRAY↙
选择对象:(选择阵列的对象)
选择对象:(选择下一个对象或按回车键)
输入阵列类型[矩形(R)/环形(P)]<矩形>:
```

3．选项说明

选项含义如表 6-10 所示。

表 6-10　“三维阵列”命令选项含义

<table>
<tr><th>选　　项</th><th>含　　义</th></tr>
<tr><td>矩形（R）</td><td>是系统的默认选项。选择该选项后，命令行提示与操作如下。
输入行数(---) <1>：（输入行数）
输入列数(|||) <1>：（输入列数）
输入层数（...）<1>：（输入层数）
指定行间距（---）：（输入行间距）
指定列间距(|||)：（输入列间距）
指定层间距（...）：（输入层间距）</td></tr>
<tr><td>环形（P）</td><td>选择该选项后，命令行提示与操作如下。
输入阵列中的项目数目：（输入阵列的数目）
指定要填充的角度（+=逆时针，−=顺时针）<360>：（输入环形阵列的圆心角）
旋转阵列对象？[是（Y）/否（N）]< Y >：（确定阵列上的每一个图形是否根据旋转轴线的位置进行旋转）
指定阵列的中心点：（输入旋转轴上一点的坐标）
指定旋转轴上的第二点：（输入旋转轴上另一点的坐标）</td></tr>
</table>

图 6-70 所示为 3 层 3 行 3 列间距分别为 300 的圆柱的矩形阵列；图 6-71 所示为圆柱的环形阵列。

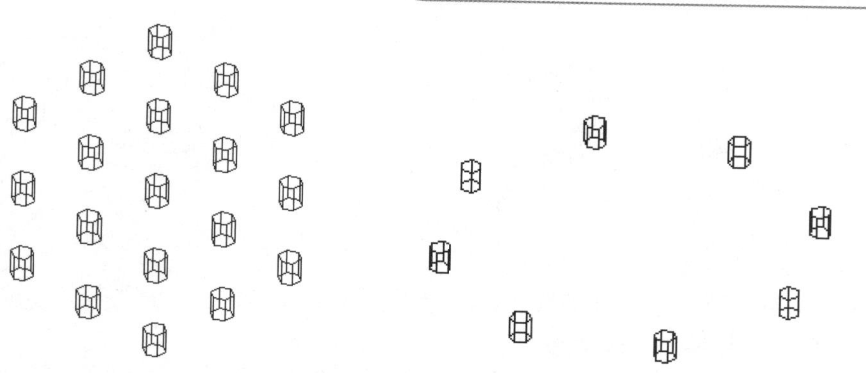

图 6-70　三维图形的矩形阵列

图 6-71　三维图形环形阵列

6.7.4 实例——带轮立体图

本例创建带轮立体图，如图 6-72 所示。首先利用圆柱体命令创建带轮的基体部分，利用差集命令进行求差运算；然后依次绘制其他外形轮廓，再利用三维镜像和三维阵列命令，得到带轮的立体图。

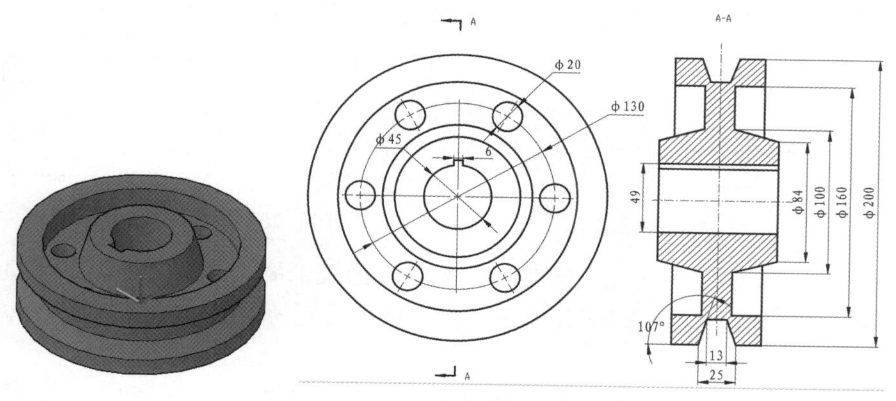

图 6-72　带轮立体图

绘制步骤

（1）新建文件。单击“快速访问”工具栏中的“新建”按钮，打开“选择样板”对话框，单击“打开”按钮右侧的下拉按钮，以“无样板打开-公制”方式新建文件，将文件命名为“带轮立体图.dwg”并保存。

（2）设置线框密度。在命令行输入“ISOLINES”，其默认值为 8，更改为 10。

（3）创建圆柱体。将当前视图设置为西南等轴测。单击“三维工具”选项卡“建模”面板中的“圆柱体”按钮，创建底面中心点坐标为（0，0，0），底面半径为 100，高度为 60 的圆柱体。

继续以坐标原点为圆心，创建半径为 80，高为 20 的圆柱体。结果如图 6-73 所示。

（4）复制 R80 圆柱体。单击“默认”选项卡“修改”面板中的“复制”按钮，将 R80 圆柱体以（0，0，0）为基点，复制到坐标点（0，0，40），结果如图 6-74 所示。

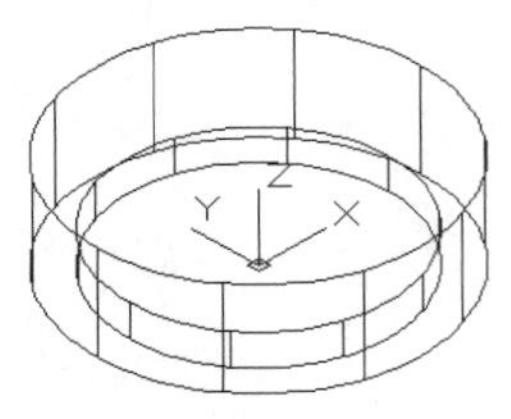

图 6-73　创建圆柱体

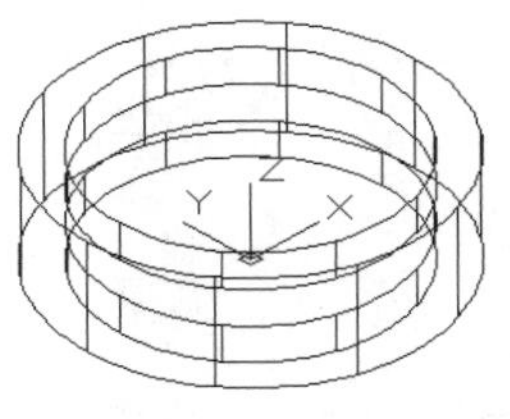

图 6-74　复制圆柱体

（5）差集运算。单击“三维工具”选项卡“实体编辑”面板中的“差集”按钮，选择 R100 与两个 R80 圆柱体进行差集运算。

（6）切换到前视图。单击“可视化”选项卡“视图”面板中的“前视”按钮，对视图进行切换。

（7）绘制多段线。单击“默认”选项卡“绘图”面板中的“多段线”按钮，绘制多段线，坐标点分别为（–100,46），（@17<330），（@0,–15），（@17<210），结果如图 6-75 所示。

（8）旋转多段线。单击“三维工具”选项卡“建模”面板中的“旋转”按钮，将绘制的多段线绕 Y 轴旋转 360°。

（9）差集运算并消隐。将创建的圆柱体与旋转实体进行差集运算，结果如图 6-76 所示。

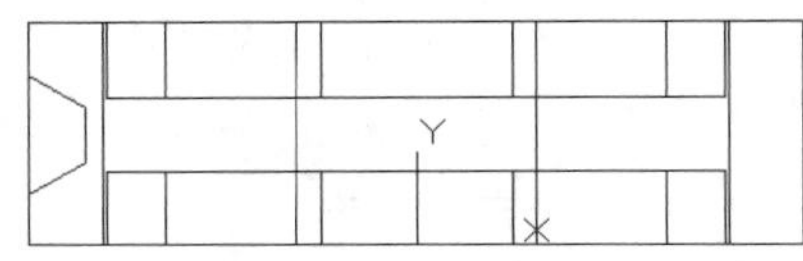

图 6-75　绘制多段线

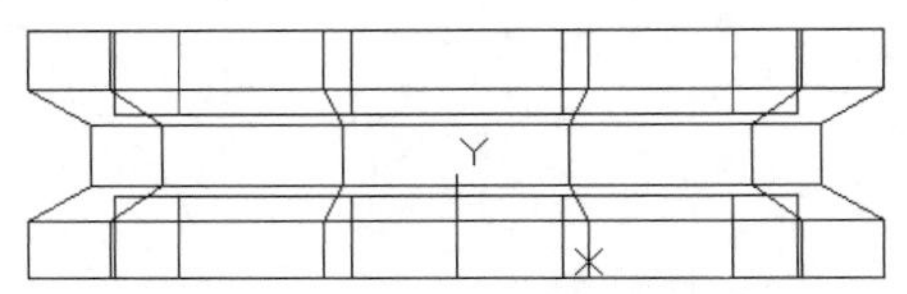

图 6-76　带轮外轮廓

（10）绘制圆。单击“可视化”选项卡“视图”面板中的“西南等轴测”按钮，切换到西南等轴测视图。命令行输入 UCS 命令，将坐标系设置为世界坐标系。以（0,0,20）为圆心，绘制 R50 的圆。

（11）创建凸台。单击“三维工具”选项卡“建模”面板中的“拉伸”按钮，拉伸绘制的圆，倾斜角度为 15，拉伸高度为–30，创建凸台，拉伸结果如图 6-77 所示。

（12）镜像凸台。选择菜单栏中的“修改”→“三维操作”→“三维镜像”命令，三维镜像凸台，命令行的提示与操作如下。

```
命令：_mirror3d
选择对象：选择凸台
选择对象：↙
指定镜像平面 (三点) 的第一个点或[对象(O)/最近的(L)/Z 轴(Z)/视图(V)/XY 平面(XY)/YZ 平面(YZ)/ZX 平面(ZX)/三点(3)] <三点>: XY↙
指定 XY 平面上的点 <0,0,0>: 0,0,30↙
是否删除源对象？[是(Y)/否(N)] <否>: ↙
```

（13）并集运算。单击“三维工具”选项卡“实体编辑”面板中的“并集”按钮，将创建的凸台与带轮外轮廓实体进行并集运算，消隐后结果如图 6-78 所示。

（14）创建并移动圆柱体。单击“三维工具”选项卡“建模”面板中的“圆柱体”按钮，

以坐标原点为圆心，创建半径为 10，高为 70 的圆柱体。单击“默认”选项卡“修改”面板中的“移动”按钮，将其沿 X 轴方向移动 65，消隐后结果如图 6-79 所示。

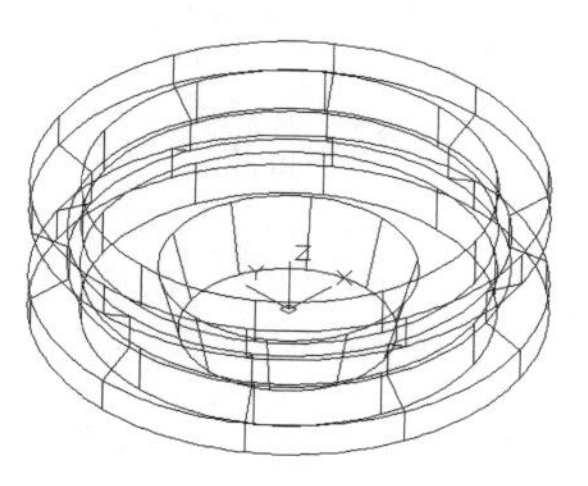
图 6-77　创建凸台

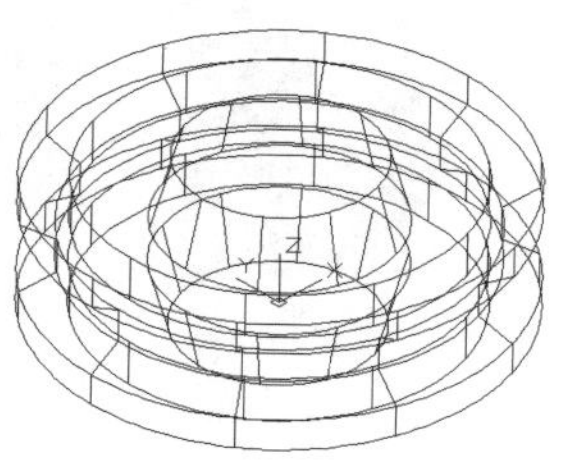
图 6-78　镜像凸台

（15）三维阵列圆柱体。将当前视图设置为俯视图。选择菜单栏中的“修改”→“三维操作”→“三维阵列”命令，命令行的提示与操作如下。

```
命令：_3darray
选择对象：选择圆柱体
选择对象：↙
输入阵列类型 [矩形(R)/环形(P)] <矩形>：P↙
输入阵列中的项目数目：6↙
指定要填充的角度 (+=逆时针，-=顺时针) <360>：↙
旋转阵列对象？ [是(Y)/否(N)] <Y>：↙
指定阵列的中心点：0,0,0↙
指定旋转轴上的第二点：0,0,10↙
```

（16）差集运算。单击“三维工具”选项卡“实体编辑”面板中的“差集”按钮，将创建的实体与阵列的圆柱体进行差集运算，西南等轴测消隐后的结果如图 6-80 所示。

（17）创建键槽结构。方法同前，以顶面圆柱的中心为圆心，绘制如图 6-81 所示键槽孔截面并创建面域进行拉伸，拉伸高度为–130。

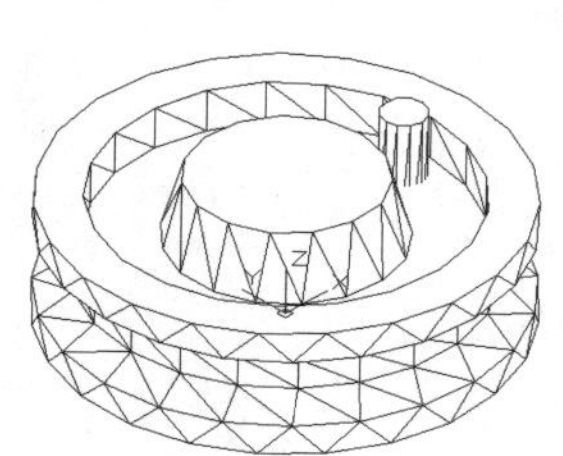
图 6-79　创建圆柱体

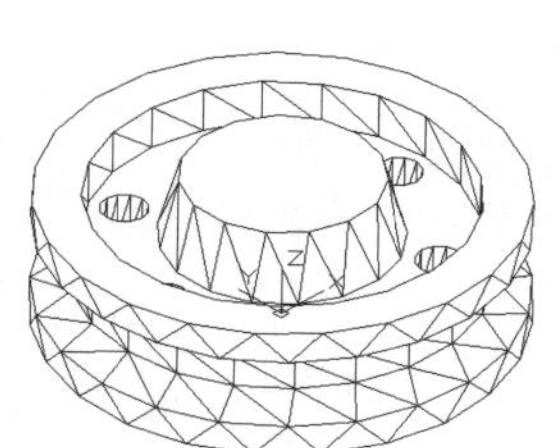
图 6-80　阵列圆柱体

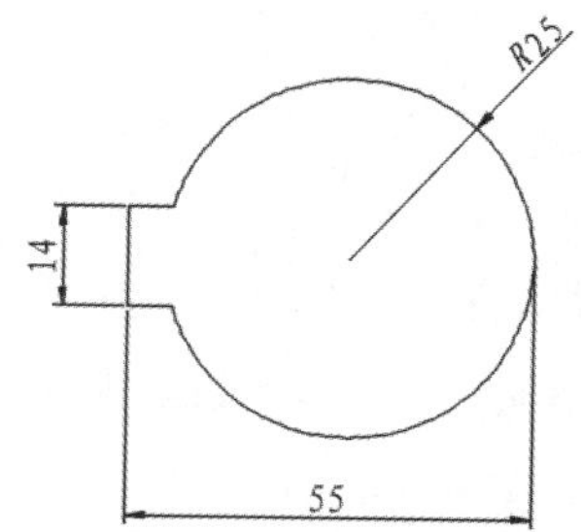

图 6-81　绘制的键槽孔截面

（18）差集运算。单击“三维工具”选项卡“实体编辑”面板中的“差集”按钮，将创建的实体与拉伸的键槽实体进行差集运算。

（19）概念显示。选择菜单栏中“视图”→“视觉样式”→“概念”命令，对带轮进行概念显示，最终效果如图 6-72 所示。

动手练一练——绘制法兰盘

绘制如图 6-82 所示的法兰盘。

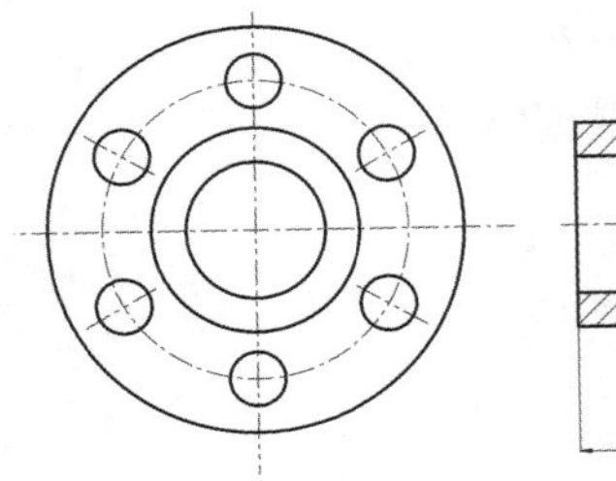
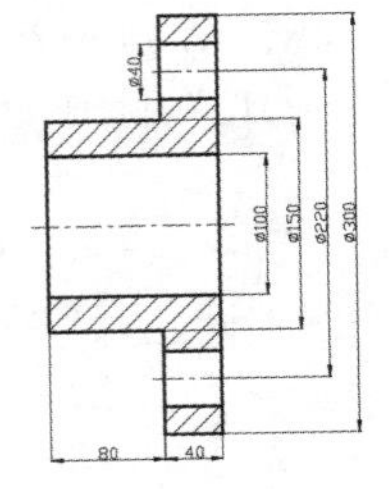

图 6-82　法兰盘

思路点拨

源文件：源文件\第 6 章\法兰盘.dwg

（1）绘制圆柱体。

（2）并集处理。

（3）三维阵列。

（4）差集处理。

6.7.5　三维移动

1. 执行方式

命令行：3DMOVE。

菜单栏：选择菜单栏中的“修改”→“三维操作”→“三维移动”命令。

工具栏：单击“建模”工具栏中的“三维移动”按钮。

功能区：单击“三维工具”选项卡“选择”面板中的“移动小控件”按钮。

2. 操作格式

```
命令：3DMOVE↙
选择对象：找到 1 个
选择对象：↙
指定基点或 [位移(D)] <位移>:(指定基点)
指定第二个点或 <使用第一个点作为位移>:(指定第二点)
```

其操作方法与二维移动命令类似。

6.7.6　剖切

1. 执行方式

命令行：SLICE（快捷命令：SL）。

菜单栏：选择菜单栏中的“修改”→“三维操作”→“剖切”命令。

功能区：单击“三维工具”选项卡“实体编辑”面板中的“剖切”按钮。

2. 操作步骤

命令行提示与操作如下。

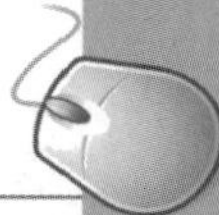


```
命令：SLICE↙
选择要剖切的对象：选择要剖切的实体
选择要剖切的对象：继续选择或按<Enter>键结束选择
指定切面的起点或 [平面对象(O)/曲面(S)/Z 轴(Z)/视图(V)/XY(XY)/YZ(YZ)/ZX(ZX)/三点(3)] <三点>:
```

3. 选项说明

选项含义如表 6-11 所示。

表 6-11 “剖切”命令各选项含义

选 项	含 义
平面对象（O）	将所选对象的所在平面作为剖切面
曲面（S）	将剪切平面与曲面对齐
Z 轴（Z）	通过平面指定一点与在平面的 Z 轴（法线）上指定另一点来定义剖切平面
视图（V）	以平行于当前视图的平面作为剖切面
XY(XY)/YZ(YZ)/ZX(ZX)	将剖切平面与当前用户坐标系（UCS）的 XY 平面/YZ 平面/ZX 平面对齐
三点（3）	根据空间的 3 个点确定的平面作为剖切面。确定剖切面后，系统会提示保留一侧或两侧

如图 6-83 所示为剖切三维实体图。

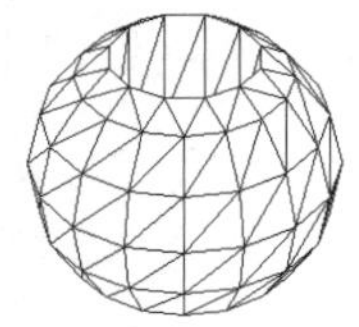

(a)剖切前的三维实体

(b)剖切后的实体

图 6-83 剖切三维实体

6.7.7 实例——阀芯

本例设计的阀芯如图 6-84 所示。主要应用创建圆柱体命令 CYLINDER、球体命令 SPHERE、三维镜像命令 MIRROR3D、布尔运算的差集命令 SUBTRACT 来完成图形的绘制。

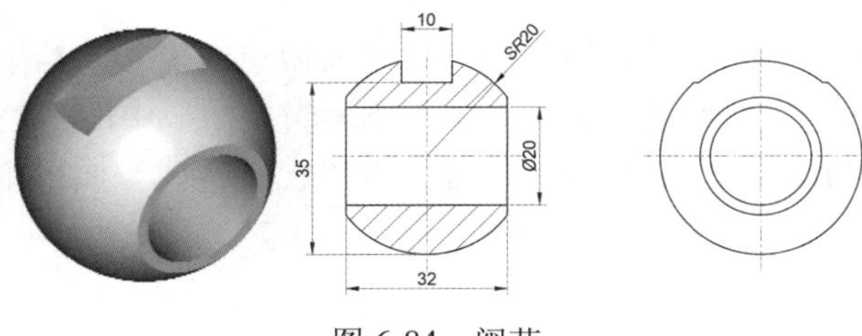

图 6-84 阀芯

绘制步骤

（1）设置线框密度。单击“可视化”选项卡“视图”面板中的“西南等轴测”按钮，将视图切换到西南等轴测图。在命令行中输入 ISOLINES，设置线框密度为 10。

（2）绘制阀芯。

①绘制球体。单击“三维工具”选项卡“建模”面板中的“球体”按钮，在原点处绘

制半径为 20 的球体。

②剖切球。首先单击“可视化”选项卡“视图”面板中的“前视”按钮，将视图切换到前视图；然后单击“三维工具”选项卡“实体编辑”面板中的“剖切”按钮，对球进行剖切，命令行提示与操作如下。

```
    命令: _slice
    选择要剖切的对象:(选取球体)
    选择要剖切的对象: ↙
    指定切面的起点或 [平面对象(O)/曲面(S)/z 轴(Z)/视图(V)/xy(XY)/yz(YZ)/zx(ZX)/三点(3)] <三点>:: YZ↙
    指定 YZ 平面上的点 <0,0,0>: (16,0,0)↙
    在所需要的侧面上指定点或 [保留两个侧面(B)]<保留两个侧面>: (保留球的左侧)
```

继续在命令行输入 SLICE，选取球，以 YZ 为剖切面，指定 YZ 平面上的点为（–16，0,0），保留球的右侧，结果如图 6-85 所示。

③创建圆柱。首先单击“可视化”选项卡“视图”面板中的“左视”按钮，将视图切换到左视图；然后单击“三维工具”选项卡“建模”面板中的“圆柱体”按钮，采用指定底面圆心点、底面半径和高度的模式，以底面圆心为原点，创建半径为 10，高度为 16 的圆柱体。

继续在命令行中输入 CYLINDER，以（0，48，0）为圆心，创建半径为 34，高为 5 的圆柱，结果如图 6-86 所示。

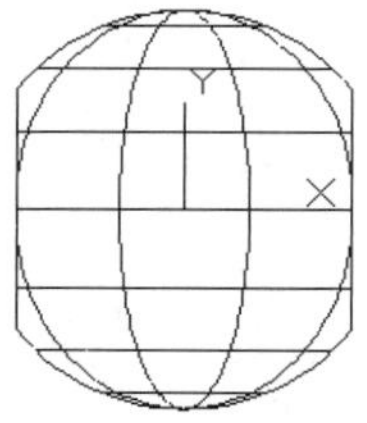

图 6-85　剖切球

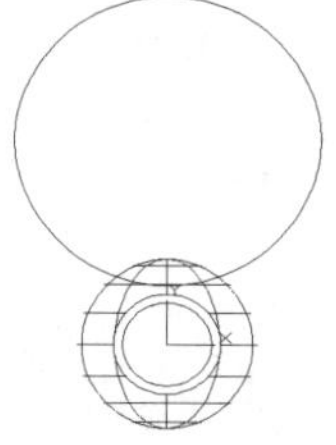

图 6-86　创建圆柱

④镜像操作。首先单击“可视化”选项卡“视图”面板中的“西南等轴测”按钮，将视图切换到西南等轴测图；然后选择菜单栏中的“修改”→“三维操作”→“三维镜像”命令，将上一步绘制的两圆柱体，沿过原点的 XY 平面做镜像操作，结果如图 6-87 所示。

⑤差集运算。单击“三维工具”选项卡“实体编辑”面板中的“差集”按钮，将球与四个圆柱体进行差集运算。单击“可视化”选项卡“视觉样式”面板中的“隐藏”按钮，进行隐藏处理，结果如图 6-88 所示。

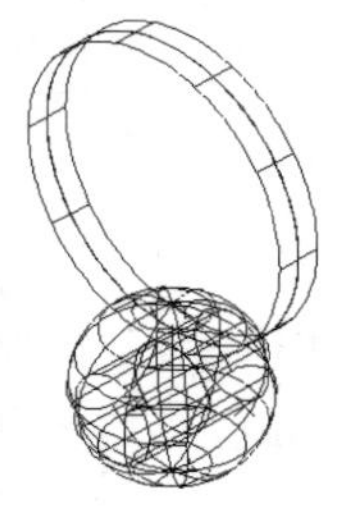

图 6-87　镜像圆柱

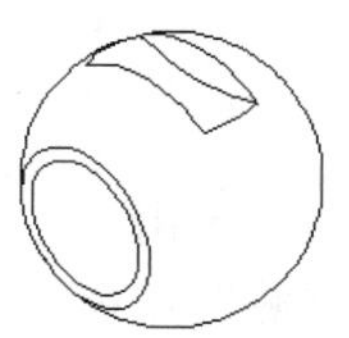

图 6-88　消隐后的实体

⑥渲染处理。单击“可视化”选项卡“视觉样式”面板上“二维线框”下拉菜单中的“真实”按钮，渲染实体，渲染后的效果如图 6-98 所示。

动手练一练——绘制阀杆

绘制如图 6-89 所示的阀杆。

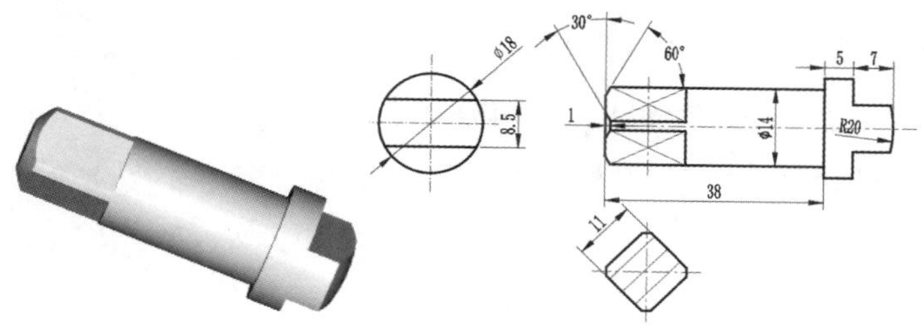

图 6-89　阀杆

思路点拨

源文件：源文件\第 6 章\阀杆.dwg

（1）绘制圆柱体和球体。

（2）剖切处理。

（3）倒角处理。

（4）绘制长方体并旋转。

（5）交集和并集处理。

6.7.8 倒角

1．执行方式

命令行：CHAMFEREDGE。

菜单栏：选择菜单栏中的“修改”→“实体编辑”→“倒角”命令。

工具栏：单击“实体编辑”工具栏中的“倒角”按钮。

功能区：单击“三维工具”选项卡“实体编辑”面板中的“倒角”按钮。

2．操作步骤

命令行提示与操作如下。

```
命令：CHAMFEREDGE↙
距离 1 = 1.0000，距离 2 = 1.0000
选择一条边或 [环(L)/距离(D)]:
选择同一个面上的其他边或 [环(L)/距离(D)]:
```

3．选项说明

（1）选择一条边　选择实体的一条边，此选项为系统的默认选项。选择某一条边以后，与此边相邻的两个面中的其中一个面的边框就变成虚线。

（2）环(L)　如果选择“环(L)”选项，系统会对一个面上的所有边建立倒角。命令行继续出现如下提示。

```
选择环边或[边(E)/距离(D)]：（选择环边）
输入选项[接受(A)/下一个(N)]<接受>:
选择环边或[边(E)/距离(D)]：
按 Enter 键接受倒角或[距离(D)]：
```

（3）其他选项　与二维斜角类似，不再赘述。

图 6-90 所示为对长方体倒角的结果。

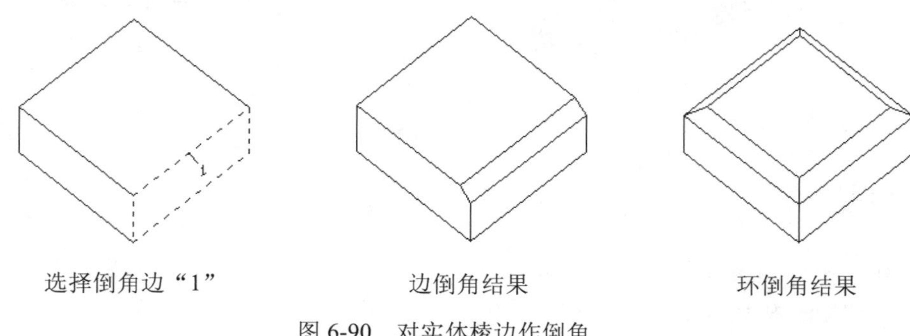

图 6-90　对实体棱边作倒角

6.7.9 实例——平键

绘制如图 6-91 所示的平键立体图。

绘制步骤

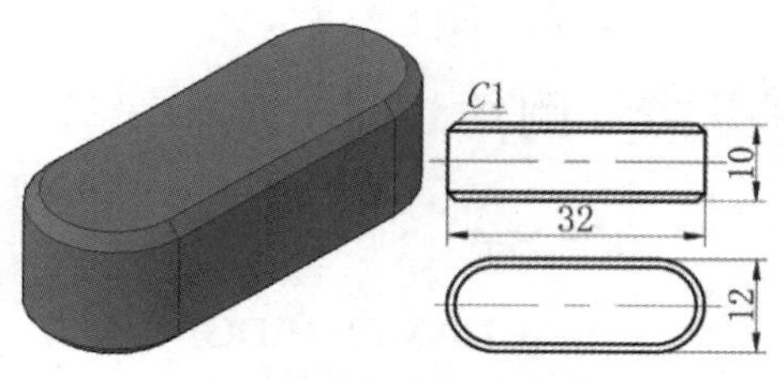

图 6-91　平键 12×8×32

（1）建立新文件。打开 AutoCAD 2022 程序，以“无样板打开－公制”（M）方式建立新文件；将新文件命名为“平键立体图.dwg”并保存。

（2）绘制轮廓线。单击“默认”选项卡“绘图”面板中的“矩形”按钮，指定矩形的两个角点：{（0,0），（32,12）}，如图 6-92 所示。单击“默认”选项卡“修改”面板中的“圆角”按钮，圆角半径为 6，对矩形 4 个直角进行修剪。效果如图 6-93 所示。

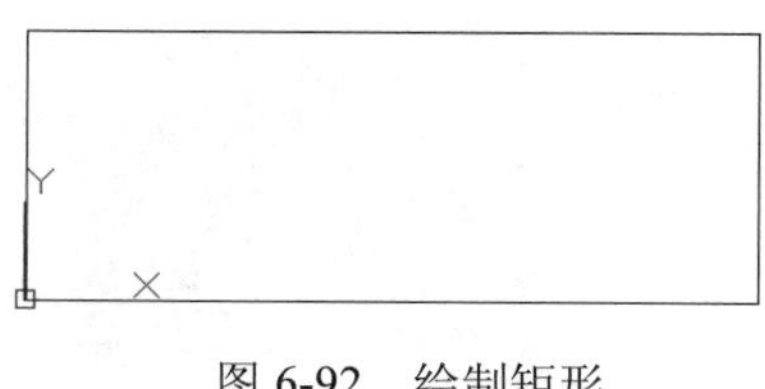

图 6-92　绘制矩形

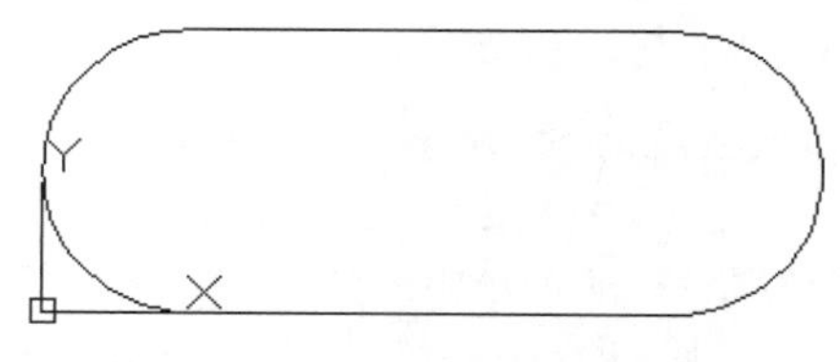

图 6-93　圆角处理

（3）拉伸实体。单击“三维工具”选项卡“建模”面板中的“拉伸”按钮，将矩形进行拉伸，拉伸高度为 10。

命令执行后，由于当前处于俯视观察角度，因而似乎没有变化，如图 6-94 所示。单击“可视化”选项卡“视图”面板中的“西南等轴测”按钮，拉伸后的效果立即可见，如图 6-95 所示。

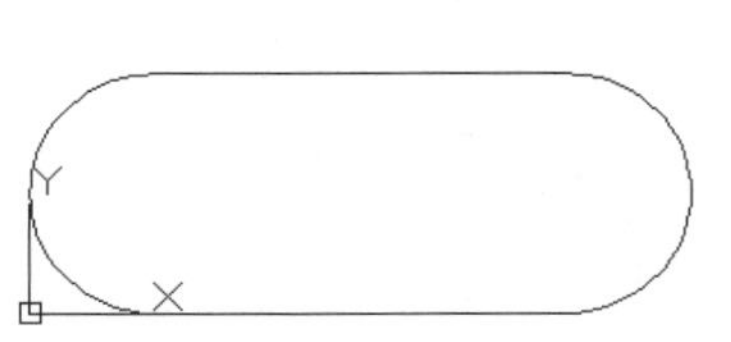

图 6-94 拉伸实体

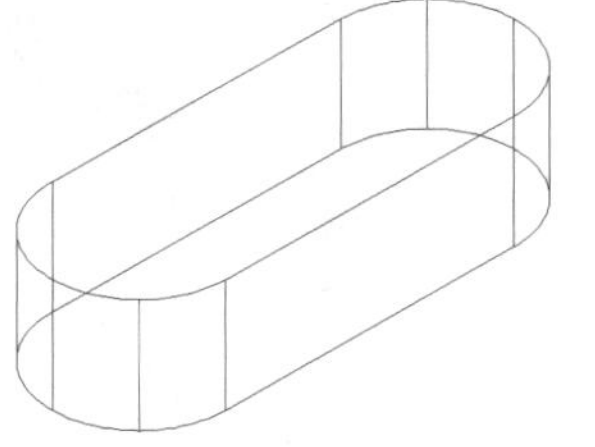

图 6-95 转换观察角度

（4）实体倒直角。单击“三维工具”选项卡“实体编辑”面板中的“倒角”按钮，对实体侧面进行倒角，命令行提示与操作如下。

```
命令: _CHAMFEREDGE
距离 1 = 1.0000，距离 2 = 1.0000
选择一条边或 [环(L)/距离(D)]: L↙
选择环边或 [边(E)/距离(D)]: (选择边 1，如图 6-96(a)所示。绘图窗口用虚线显示侧面，如图 6-96(b)所示)
输入选项 [接受(A)/下一个(N)] <接受>: N↙(绘图窗口用虚线显示上表面，如图 6-97(a)所示)
输入选项 [接受(A)/下一个(N)] <接受>:↙
选择环边或 [边(E)/距离(D)]: D↙
指定距离 1 或 [表达式(E)] <1.0000>: 1↙
指定距离 2 或 [表达式(E)] <1.0000>:↙
选择同一个面上的其他边或 [环(L)/距离(D)]:↙
按 Enter 键接受倒角或 [距离(D)]: ↙(实体倒直角结果如图 6-97(b)所示)
```

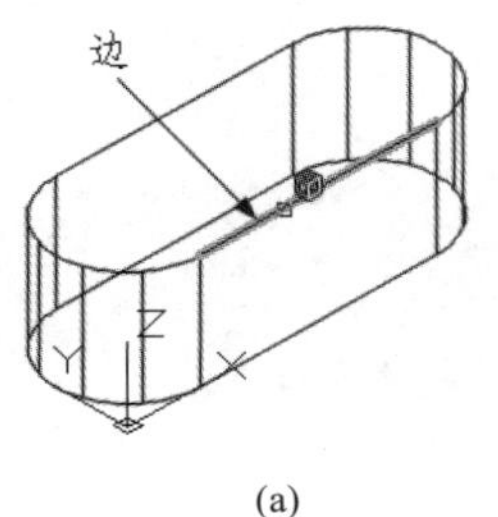

(a)

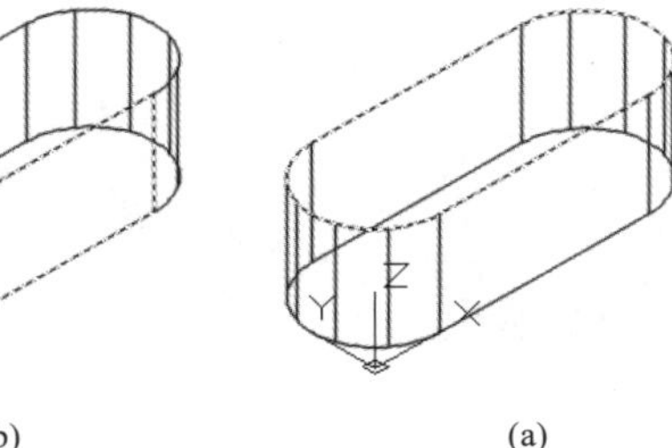

(b)

图 6-96 选择倒角基面

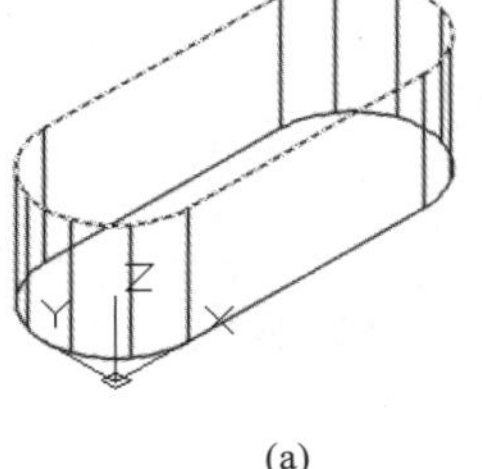

(a)

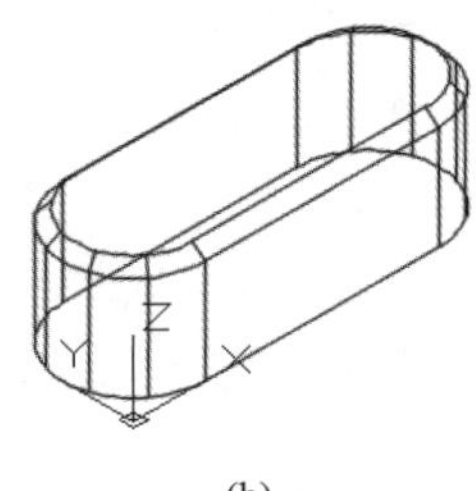

(b)

图 6-97 实体倒直角

注意：所谓“倒角的基面”是指构成选择边的两个平面之一，输入 O 命令或按 Enter 键可以使用当前亮显的面作为基面，也可以选择“下一个（N）”选项来选择另外一个表面作为基面。如果基面的边框已经倒角，例如平键的侧面，这时系统不会执行倒直角（或倒圆角）命令。

（5）平键底面倒直角。与上面方法相同，单击“三维工具”选项卡“实体编辑”面板中的“倒角”按钮，对平键底面进行倒直角操作。至此，简单的平键实体绘制完毕，如图 6-91 所示。

动手练一练——绘制手柄

绘制如图 6-98 所示的手柄。

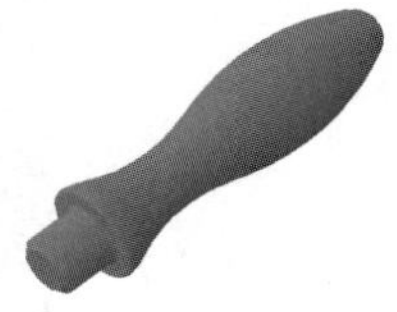

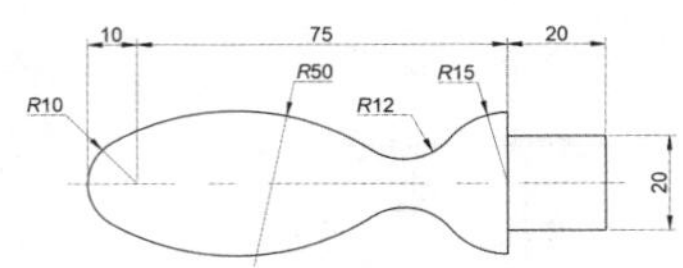

图 6-98　手柄

思路点拨

源文件：源文件\第 6 章\手柄.dwg

（1）绘制手柄截面。

（2）旋转处理。

（3）三维倒角。

6.7.10 圆角

1. 执行方式

命令行：FILLET（快捷命令：F）。

菜单栏：选择菜单栏中的“修改”→“三维编辑”→“圆角”命令。

工具栏：单击“实体编辑”工具栏中的“圆角”按钮。

功能区：单击“三维工具”选项卡“实体编辑”面板中的“圆角”按钮。

2. 操作步骤

命令行提示与操作如下。

```
命令：FILLETEDGE↙
半径 = 1.0000
选择边或 [链(C)/环(L)/半径(R)]:
```

3. 选项说明

选择“链（C）”选项，表示与此边相邻的边都被选中，并进行倒圆角的操作。如图 6-99 所示为对长方体倒圆角的结果。

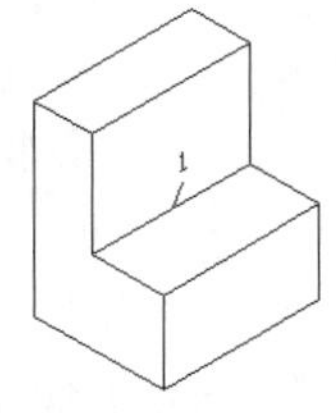

(a)选择倒圆角边“1”

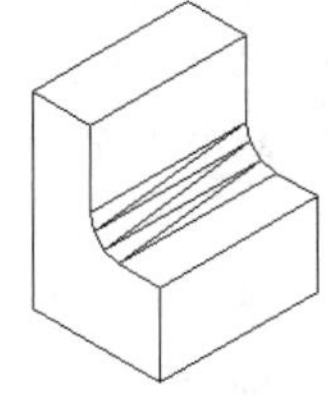

(b)边倒圆角结果

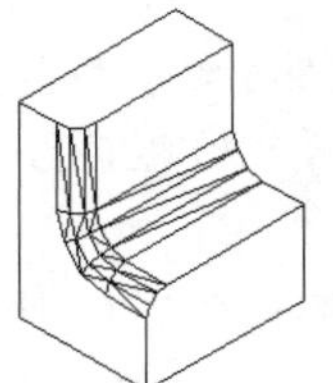

(c)链倒圆角结果

图 6-99　对实体棱边倒圆角

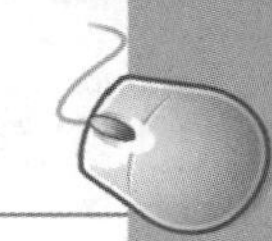

6.7.11 实例——端盖

本例讲述箱体端盖立体图的绘制，将采用以下方法：首先绘制不带轴孔的箱体端盖，通过三维镜像一共得到四个端盖，再对其中 4 个端盖补绘轴孔和密封圈的凹槽。在绘制过程中，主要使用了从二维曲面通过旋转操作生成三维实体的方法，以及“圆柱体”“圆环体”等直接三维实体造型方法，绘制的端盖如图 6-100 所示。

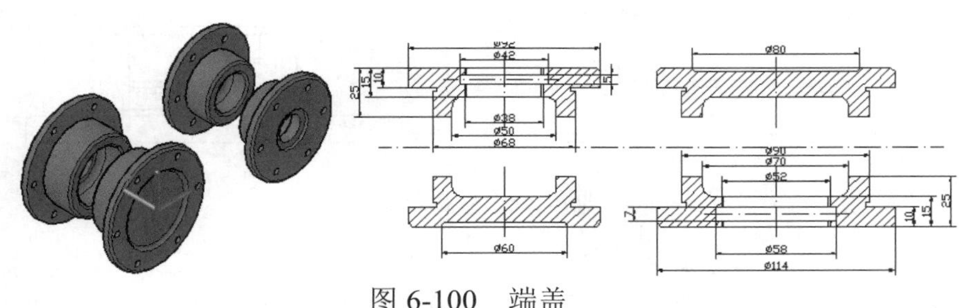

图 6-100 端盖

绘制步骤

（1）建立新文件。打开 AutoCAD 2022 程序，以“无样板打开－公制”（M）方式建立新文件；将新文件命名为“箱体端盖立体图.dwg”并保存。

（2）绘制矩形。单击“默认”选项卡“绘图”面板中的“矩形”按钮，采用指定矩形两个角点的模式：矩形 1{（–53,0），（0,7.2）}，矩形 2{（–36，7.2），(0,37.7）}，矩形 3{（–26,12），（0,37.7）}，矩形 4{（105,0），（150,7.2）}，矩形 5{（122.5,7.2），（150,32.5）}，矩形 6{（132.5,12），（150,32.5）}；结果如图 6-101 所示。

（3）分解矩形。单击“默认”选项卡“修改”面板中的“分解”按钮，选择上图中 6 个矩形，使之成为单独的直线。

（4）修剪图形。单击“默认”选项卡“修改”面板中的“修剪”按钮，对分解后的矩形进行修剪，结果如图 6-102 所示。

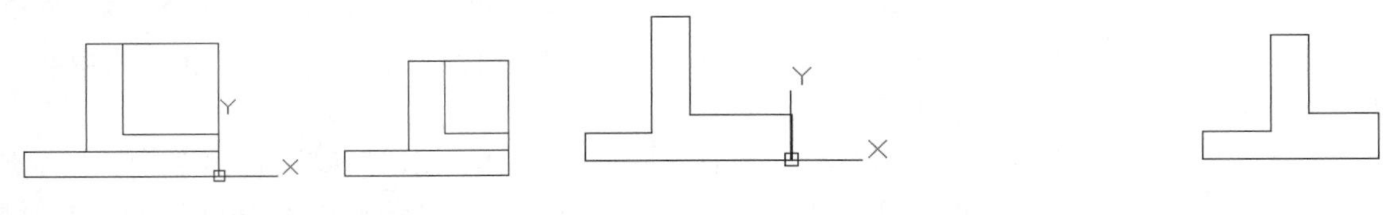

图 6-101 绘制矩形　　图 6-102 修剪图形

（5）细化图形。单击“默认”选项卡“修改”面板中的“倒角”按钮，采用修剪、角度、距离模式：C2，对端盖倒直角；单击“默认”选项卡“修改”面板中的“圆角”按钮，端盖内壁倒圆角，半径为 5mm；单击“默认”选项卡“修改”面板中的“偏移”按钮和“修剪”按钮，绘制 2×2 的退刀槽，结果如图 6-103 所示。

（6）合并轮廓线。单击“默认”选项卡“修改”面板中的“编辑多段线”按钮，将左右两组闭合多段线分别合并为两条多段线。

（7）旋转实体。单击“三维工具”选项卡“建模”面板中的“旋转”按钮，将左侧轮廓线绕 Y 轴旋转 360°，将右侧轮廓线绕直线{（150,0）、（150,12）}旋转 360°，结果如图 6-104 所示。

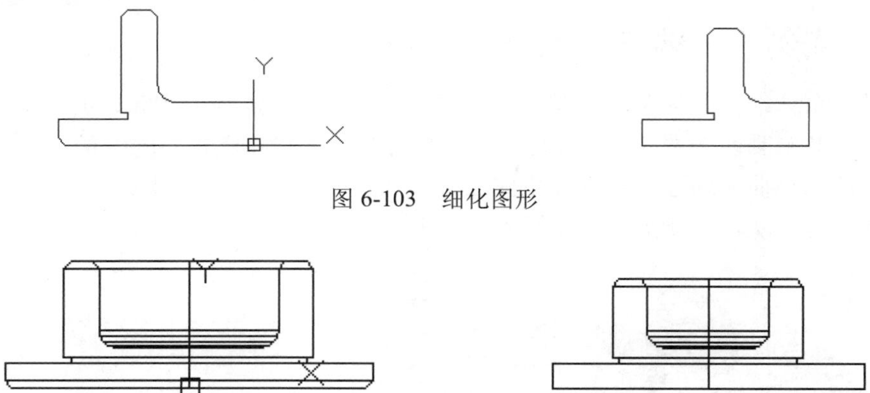

图 6-103　细化图形

图 6-104　旋转实体

（8）三维镜像图形。选择菜单栏中“修改”→“三维操作”→“三维镜像”命令，镜像对象为刚绘制的两个端盖，镜像平面上三点是{（0,50,0），（100,50,0），（0,50,100）}，三维镜像结果如图 6-105 所示。

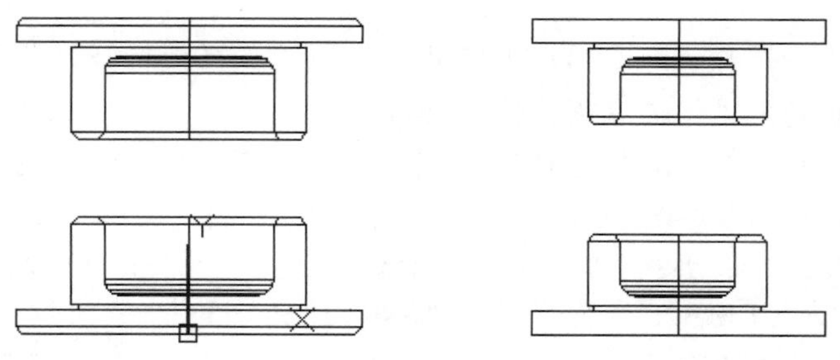

图 6-105　三维镜像图形

（9）绘制圆柱体。将当前视图设置为西南等轴测。命令行输入 UCS，将坐标系统绕 X 轴旋转 90°。单击“三维工具”选项卡“建模”面板中的“圆柱体”按钮，采用指定两个底面圆心点和底面半径的模式，绘制圆柱体。圆柱体 1——中心点为（0,0,0），半径为 35，高度–3；以（45,0,0）为中心点创建半径为 3，高度为–50 的圆柱体；以（45，0，–80）为中心点创建半径为 3，高度为–50 的圆柱体。

在命令行中输入 UCS，将坐标系移动到右上圆柱端面中心点，绘制圆柱体 2——中心点为（0,0,0），半径为 26，高度为 3；以（35,0,0）为中心点创建半径为 3，高度为 50 的圆柱体；以（35,0，80）为中心点创建半径为 3，高度为 50 的圆柱体。结果如图 6-106 所示。

（10）将当前视图设置为前视图。单击“默认”选项卡“修改”面板上“矩形阵列”下拉菜单中的“环形阵列”按钮，将两个圆柱体分别以端盖中心为阵列中心进行阵列。阵列数目为 6，消隐后结果如图 6-107 所示。

（11）绘制左下端面和右上端面上的内凹面和各端盖的端面孔。单击“三维工具”选项卡“实体编辑”面板中的“差集”按钮，从 4 个端盖中减去圆柱体；单击“默认”选项卡“修改”面板中的“圆角”按钮，对内凹面直角内沿倒圆角，圆角半径为 3mm。俯视图结果如图 6-108 所示。

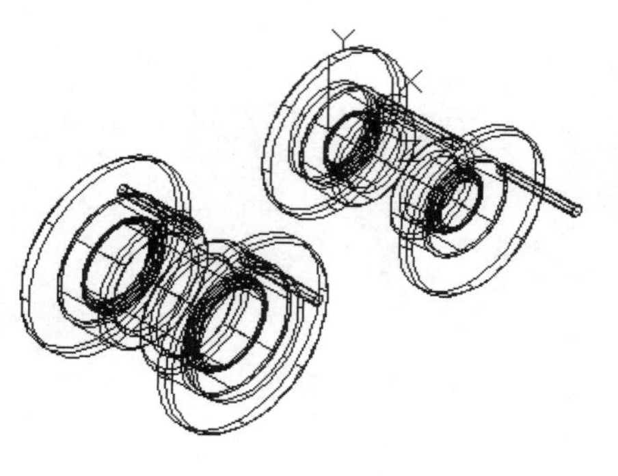

图 6-106　创建圆柱体

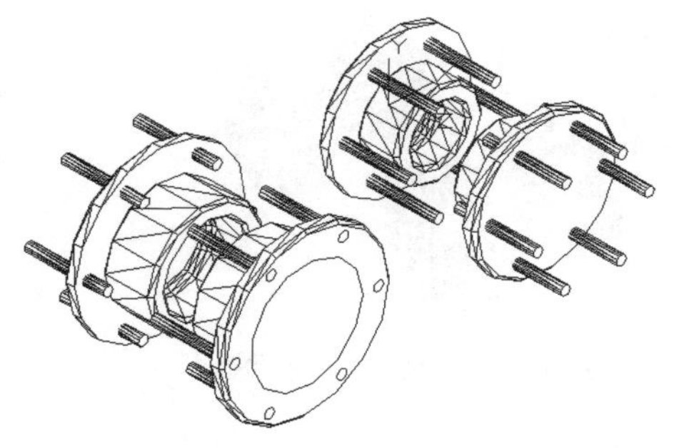

图 6-107　阵列圆柱体

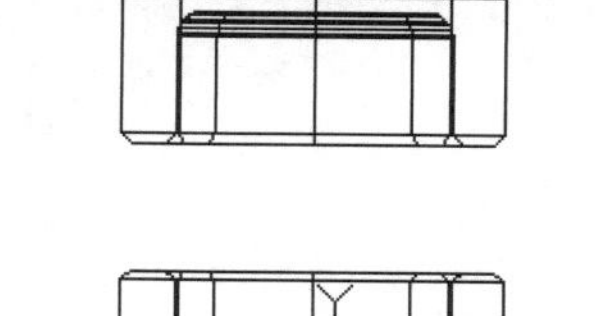
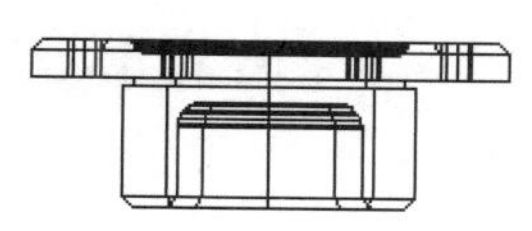
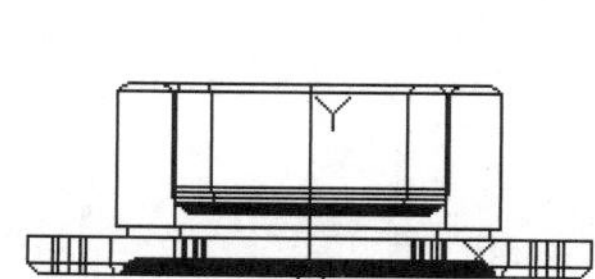
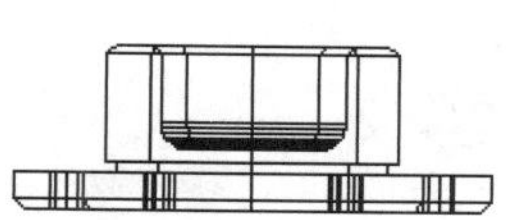

图 6-108　绘制端盖内凹面

（12）绘制圆柱体。将当前视图设置为西南等轴测。命令行输入 UCS，将坐标系统绕 X 轴旋转 90°。命令行输入 UCS，将坐标系分别移动到左上和右下圆柱的端面中心点。

单击“三维工具”选项卡“建模”面板中的“圆柱体”按钮，采用指定两个底面圆心点和底面半径的模式，在左上和右下端盖上各绘制两个圆柱体：右下圆柱端面中心点，绘制圆柱半径为 12，高度为–50；另一圆柱半径为 18，高度为–3；左上圆柱端面中心点，绘制圆柱半径为 17，高度为 50，另一圆柱的半径为 24，高度为 3。

（13）差集处理。单击“三维工具”选项卡“实体编辑”面板中的“差集”按钮，从左上和右下端盖中减去圆柱体，俯视图结果如图 6-109 所示。

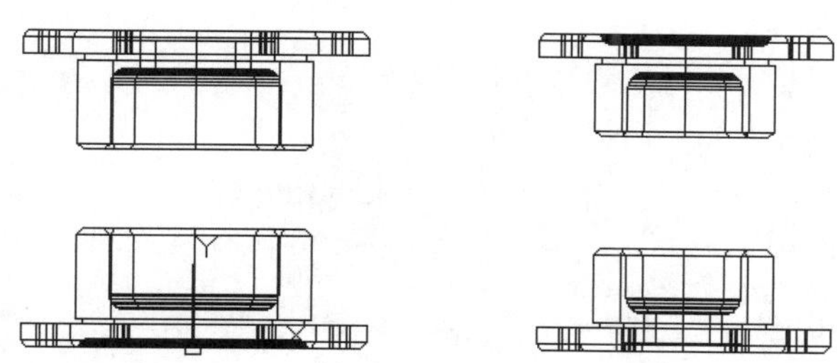

图 6-109　绘制油封槽

（14）将当前视图设置为西南等轴测。选择菜单栏中“视图”→“视觉样式”→“概念”命令，对端盖进行概念显示，结果如图 6-110 所示。

动手练一练——绘制棘轮

绘制如图 6-111 所示的棘轮。

图 6-110　概念显示箱体端盖

图 6-111　棘轮

思路点拨

源文件：源文件\第 6 章\棘轮.dwg

（1）绘制棘轮截面。

（2）拉伸处理。

（3）三维圆角。

6.8　编辑实体

6.8.1　拉伸面

1．执行方式

命令行：SOLIDEDIT。

菜单栏：选择菜单栏中的“修改”→“实体编辑”→“拉伸面”命令。

工具栏：单击“实体编辑”工具栏中的“拉伸面”按钮。

功能区：单击“三维工具”选项卡“实体编辑”面板中的“拉伸面”按钮。

2．操作步骤

命令行提示与操作如下。

```
命令：_solidedit
实体编辑自动检查：SOLIDCHECK=1
输入实体编辑选项 [面(F)/边(E)/体(B)/放弃(U)/退出(X)] <退出>: _face
输入面编辑选项[拉伸(E)/移动(M)/旋转(R)/偏移(O)/倾斜(T)/删除(D)/复制(C)/颜色(L)/材质(A)/放弃(U)/退出(X)] <退出>: _extrude
选择面或 [放弃(U)/删除(R)]: 选择要进行拉伸的面
选择面或 [放弃(U)/删除(R)/全部(ALL)]:
指定拉伸高度或[路径(P)]:
指定拉伸的倾斜角度 <0>:输入倾斜角度
```

3．选项说明

（1）指定拉伸高度：按指定的高度值来拉伸面。指定拉伸的倾斜角度后，完成拉伸操作。

（2）路径（P）：沿指定的路径曲线拉伸面。如图 6-112 所示为拉伸长方体顶面和侧面的结果。

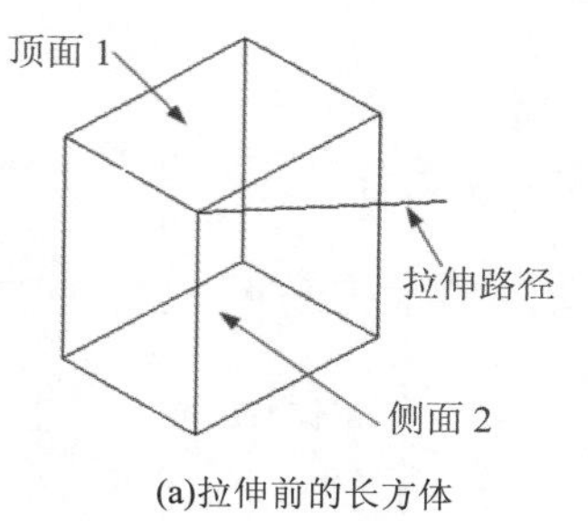

(a)拉伸前的长方体

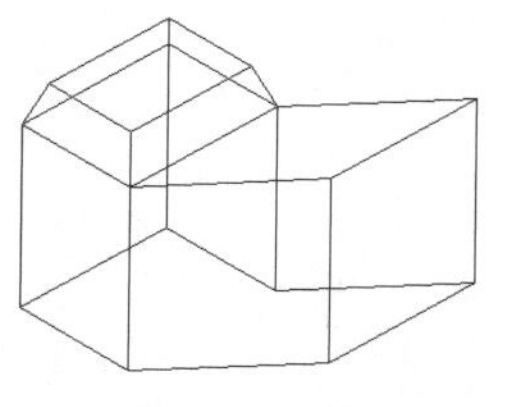
(b)拉伸后的三维实体

图 6-112　拉伸长方体

6.8.2 实例——顶尖

本实例绘制的顶尖如图 6-113 所示。主要应用了圆柱命令、长方体命令、圆锥命令和剖切命令，以及拉伸面操作、布尔运算等。

绘制步骤

（1）设置绘图环境。

①用 LIMITS 命令设置图幅：297×210。

②设置线框密度。利用 ISOLINES 命令设置线框密度为 10。

（2）创建圆锥和圆柱。

①单击“可视化”选项卡“视图”面板中的“西南等轴测”按钮，将当前视图设置为西南等轴测方向，然后在命令行输入 UCS 命令，将坐标系统绕 X 轴旋转 90°。

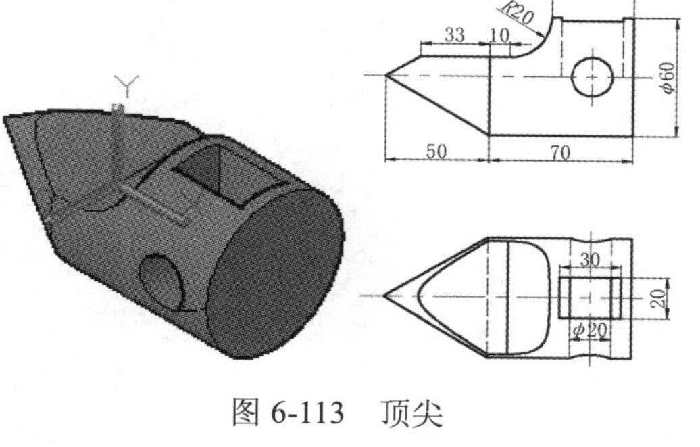

图 6-113　顶尖

②单击“三维工具”选项卡“建模”面板中的“圆锥体”按钮，以（0,0,0）为中心点绘制半径为 30，高度为–50 的圆锥体。

③单击“三维工具”选项卡“建模”面板中的“圆柱体”按钮，以（0,0,0）为中心点绘制半径为 30，高度为 70 的圆柱体，结果如图 6-114 所示。

（3）剖切圆锥。选择菜单栏中的“修改”→“三维操作”→“剖切”命令，将圆锥体以 ZX 面为剖切面进行剖切保留圆锥下部，ZX 面上的点坐标为（0，10），结果如图 6-115 所示。

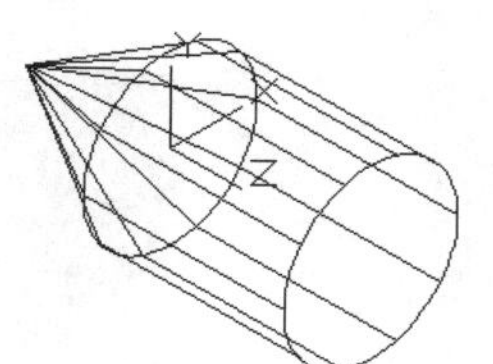
图 6-114　绘制圆锥及圆柱

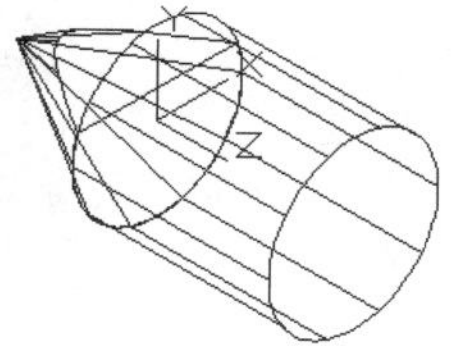
图 6-115　剖切圆锥

（4）并集运算。单击“三维工具”选项卡“实体编辑”面板中“并集”按钮，选择圆锥与圆柱体。

（5）拉伸实体表面。单击“三维工具”选项卡“实体编辑”面板中的“拉伸面”按钮，命令行提示与操作如下。

```
命令: _solidedit
实体编辑自动检查: SOLIDCHECK=1
输入实体编辑选项 [面(F)/边(E)/体(B)/放弃(U)/退出(X)] <退出>: _face
输入面编辑选项
[拉伸(E)/移动(M)/旋转(R)/偏移(O)/倾斜(T)/删除(D)/复制(C)/颜色(L)/材质(A)/放弃(U)/退出(X)] <退出>: _extrude
选择面或 [放弃(U)/删除(R)]: (选取如图 6-116 所示的实体表面)
选择面或 [放弃(U)/删除(R)/全部(ALL)]: ↙
指定拉伸高度或 [路径(P)]: -10↙
指定拉伸的倾斜角度 <0>:↙
已开始实体校验。
已完成实体校验。
输入面编辑选项[拉伸(E)/移动(M)/旋转(R)/偏移(O)/倾斜(T)/删除(D)/复制(C)/颜色(L)/材质(A)/放弃(U)/退出(X)] <退出>:↙
实体编辑自动检查: SOLIDCHECK=1
输入实体编辑选项 [面(F)/边(E)/体(B)/放弃(U)/退出(X)] <退出>:↙
```

结果如图 6-117 所示。

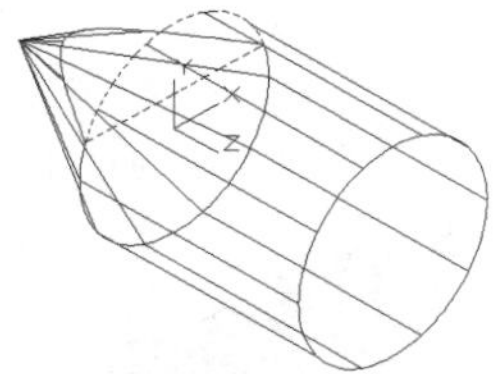

图 6-116　选取拉伸面

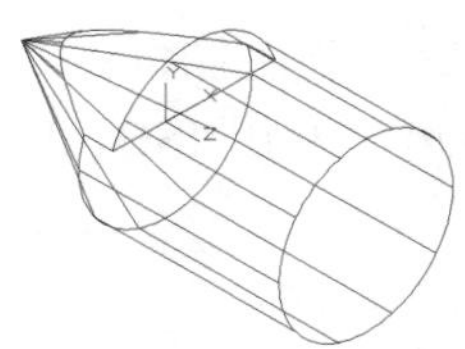

图 6-117　拉伸后的实体

（6）创建圆柱。将当前视图设置为左视图方向，单击“三维工具”选项卡“建模”面板中的“圆柱体”按钮，以（10，30，−30）为圆心，创建半径为 R20，高为 60 的圆柱；以（50，0，−30）为圆心，创建半径为 R10，高为 60 的圆柱。结果如图 6-118 所示。

（7）差集运算。单击“三维工具”选项卡“实体编辑”面板中“差集”按钮，将两个圆柱体从实体中减去，结果如图 6-119 所示。

（8）创建长方体。将当前视图设置为西南等轴测视图方向，单击“三维工具”选项卡“建模”面板中的“长方体”按钮，以（35，0，−10）为角点，创建长为 30，宽为 30，高为 20 的长方体。然后将实体与长方体进行差集运算。采用“概念视觉样式”后的结果如图 6-120 所示。

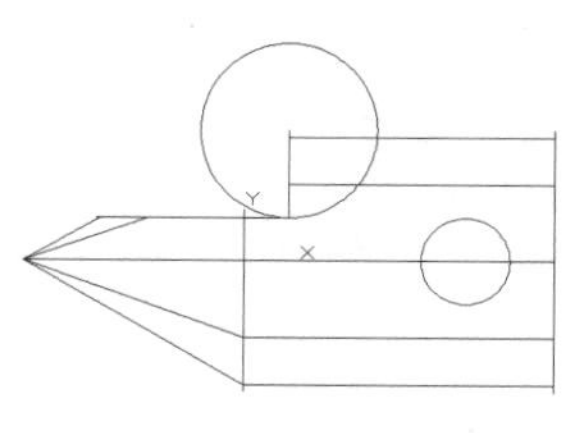

图 6-118　创建圆柱

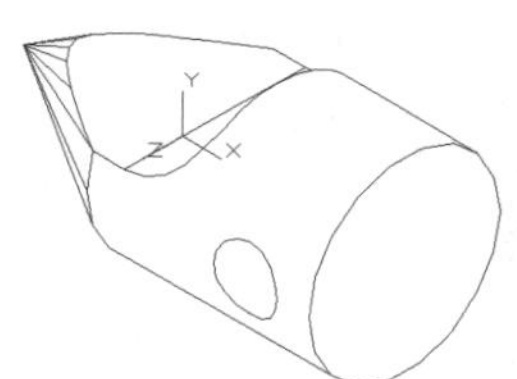

图 6-119　差集圆柱后的实体

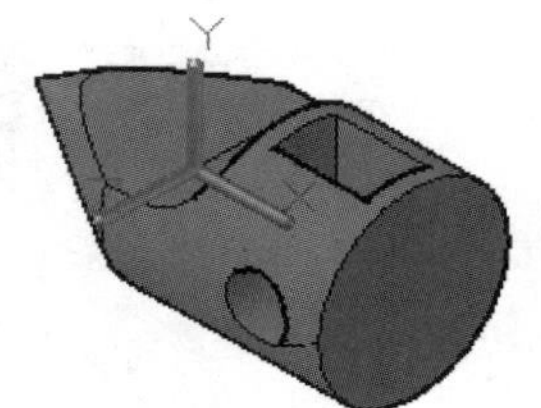

图 6-120　概念显示后的实体

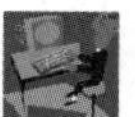

动手练一练——绘制U型叉

绘制如图 6-121 所示的 U 型叉。

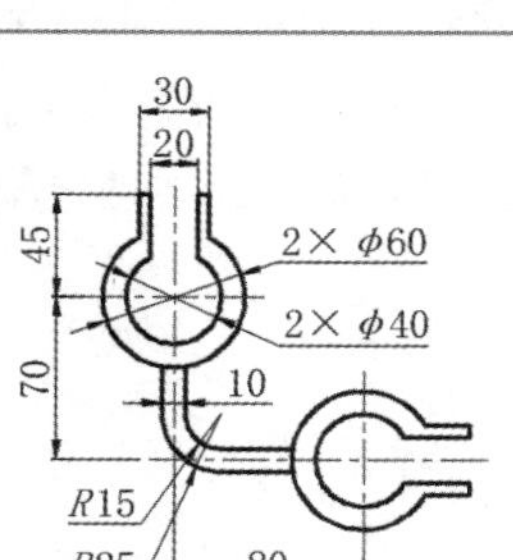

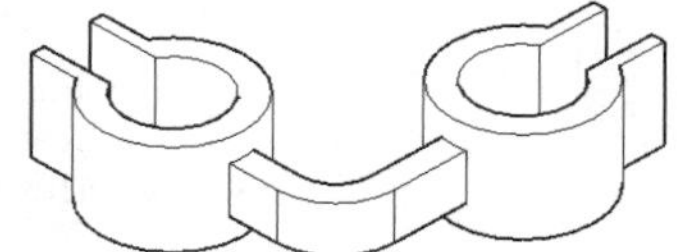

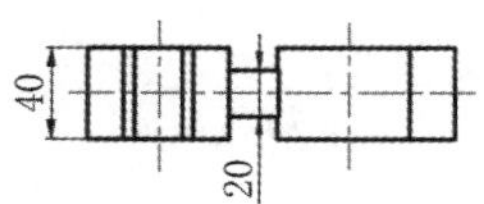

图 6-121　U 型叉

思路点拨

源文件：源文件\第 6 章\U 型叉.dwg

（1）绘制 U 型叉截面并拉伸。

（2）绘制连接杆截面并拉伸。

（3）布尔运算。

（4）拉伸面编辑。

（5）布尔运算。

6.8.3 移动面

1. 执行方式

命令行：SOLIDEDIT。

菜单栏：选择菜单栏中的“修改”→“实体编辑”→“移动面”命令。

工具栏：单击“实体编辑”工具栏中的“移动面”按钮。

功能区：单击“三维工具”选项卡“实体编辑”面板中的“移动面”按钮。

2. 操作步骤

命令行提示与操作如下。

```
命令:_solidedit
实体编辑自动检查: SOLIDCHECK=1
输入实体编辑选项 [面(F)/边(E)/体(B)/放弃(U)/退出(X)] <退出>: _face
输入面编辑选项[拉伸(E)/移动(M)/旋转(R)/偏移(O)/倾斜(T)/删除(D)/复制(C)/颜色(L)/材质(A)/放弃(U)/退出(X)] <退出>: _move
选择面或 [放弃(U)/删除(R)]: 选择要进行移动的面
选择面或 [放弃(U)/删除(R)/全部(ALL)]: 继续选择移动面或按<Enter>键结束选择
指定基点或位移: 输入具体的坐标值或选择关键点
指定位移的第二点: 输入具体的坐标值或选择关键点
```

各选项的含义在前面介绍的命令中都有涉及，如有问题，请查询相关命令（拉伸面、移动等）。如图 6-122 所示为移动三维实体的结果。

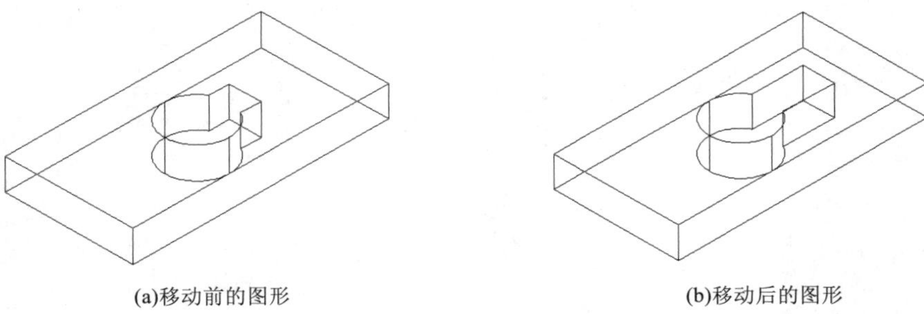

(a)移动前的图形　　(b)移动后的图形

图 6-122　移动三维实体

6.8.4 偏移面

1. 执行方式

命令行：SOLIDEDIT。
菜单栏：选择菜单栏中的“修改”→“实体编辑”→“偏移面”命令。
工具栏：单击“实体编辑”工具栏中的“偏移面”按钮。
功能区：单击“三维工具”选项卡“实体编辑”面板中的“偏移面”按钮。

2. 操作步骤

命令行提示与操作如下。

```
命令: _solidedit
实体编辑自动检查: SOLIDCHECK=1
输入实体编辑选项 [面(F)/边(E)/体(B)/放弃(U)/退出(X)] <退出>: _face
输入面编辑选项[拉伸(E)/移动(M)/旋转(R)/偏移(O)/倾斜(T)/删除(D)/复制(C)/颜色(L)/材质(A)/放弃(U)/退出(X)] <退出>: _offset
选择面或 [放弃(U)/删除(R)]: 选择要进行偏移的面
选择面或 [放弃(U)/删除(R)/全部(ALL)]:
指定偏移距离: 输入要偏移的距离值
```

如图 6-123 所示为通过偏移命令改变哑铃手柄大小的结果。

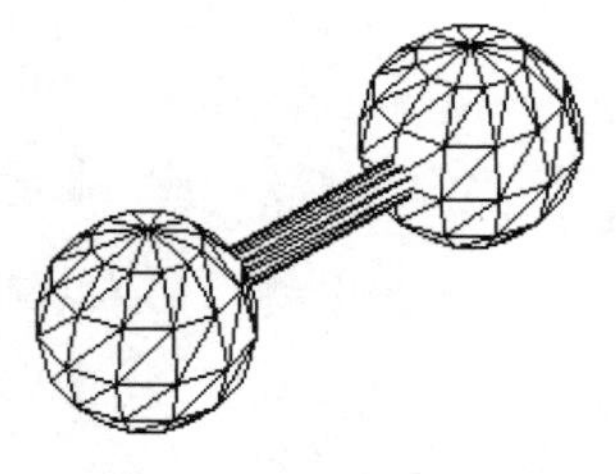

(a)偏移前

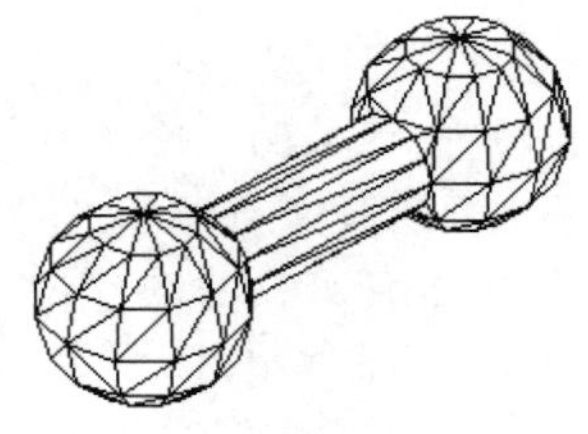

(b)偏移后

图 6-123　偏移对象

6.8.5 抽壳

1. 执行方式

命令行：SOLIDEDIT。

菜单栏：选择菜单栏中的“修改”→“实体编辑”→“抽壳”命令。

工具栏：单击“实体编辑”工具栏中的“抽壳”按钮。

功能区：单击“三维工具”选项卡“实体编辑”面板中的“抽壳”按钮。

2. 操作步骤

命令行提示与操作如下。

```
命令: _solidedit
实体编辑自动检查:  SOLIDCHECK=1
输入实体编辑选项 [面(F)/边(E)/体(B)/放弃(U)/退出(X)] <退出>: _body
输入体编辑选项[压印(I)/分割实体(P)/抽壳(S)/清除(L)/检查(C)/放弃(U)/退出(X)] <退出>:
_shell
选择三维实体:  选择三维实体
删除面或 [放弃(U)/添加(A)/全部(ALL)]: 选择开口面
输入抽壳偏移距离: 指定壳体的厚度值
```

如图 6-124 所示为利用抽壳命令创建的花盆。

(a)创建初步轮廓

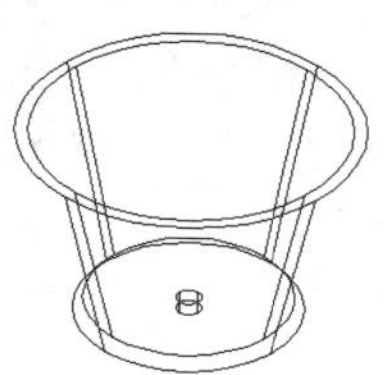

(b)完成创建

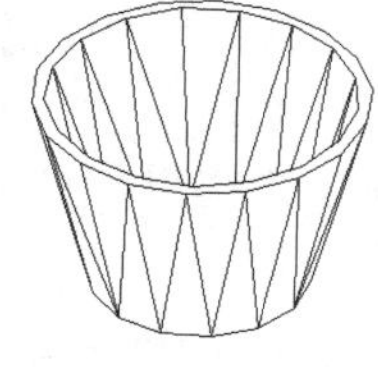

(c)消隐结果

图 6-124　花盆

注意： 抽壳是用指定的厚度创建一个空的薄层。可以为所有面指定一个固定的薄层厚度，通过选择面可以将这些面排除在壳外。一个三维实体只能有一个壳，通过将现有面偏移出其原位置来创建新的面。

“编辑实体”命令的其他选项功能与上面几项类似，这里不再赘述。

6.8.6 实例——弹簧垫圈

本例绘制 6-125 所示的弹簧垫圈。

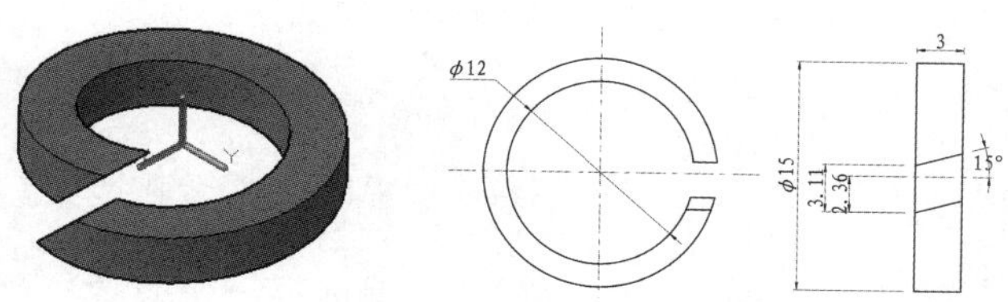

图 6-125　弹簧垫圈

绘制步骤

（1）建立新文件。启动 AutoCAD 2022 程序，以“无样板打开一公制”（M）方式建立新文件；将新文件命名为“弹簧垫圈.dwg”并保存。

（2）绘制螺旋线。将当前视图设置为东北等轴测。单击“默认”选项卡“绘图”面板中的“螺旋”按钮，绘制底面中心点坐标为（0，0，0），底面半径为 5，顶面半径为 5，圈高为 3.2，圈数为 1 的螺旋线，结果如图 6-126 所示。

（3）绘制截面轮廓。单击“默认”选项卡“绘图”面板中的“直线”按钮，绘制尺寸为 2.6×2.6 的矩形，如图 6-127 所示。

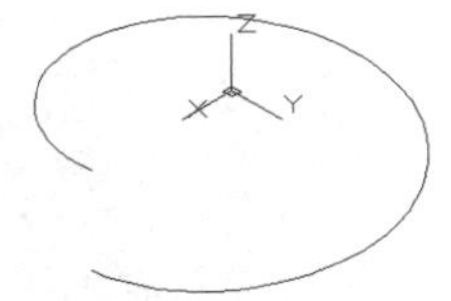

图 6-126　绘制螺旋线

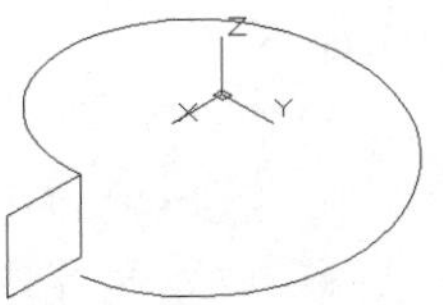

图 6-127　绘制截面矩形

（4）创建面域。单击“默认”选项卡“绘图”面板中的“面域”按钮，将上步绘制的矩形创建面域。

（5）扫掠实体。单击“三维工具”选项卡“建模”面板中的“扫掠”按钮，将创建的矩形面域沿螺旋线进行扫掠，采用隐藏视觉样式后的结果如图 6-128 所示。

（6）创建长方体。将当前视图设置为俯视图，单击“三维工具”选项卡“建模”面板中的“长方体”按钮，第一个角点坐标为（1，–0.65，–5），第二个角点坐标为（8，0.65，15），东北等轴测的结果如图 6-129 所示。

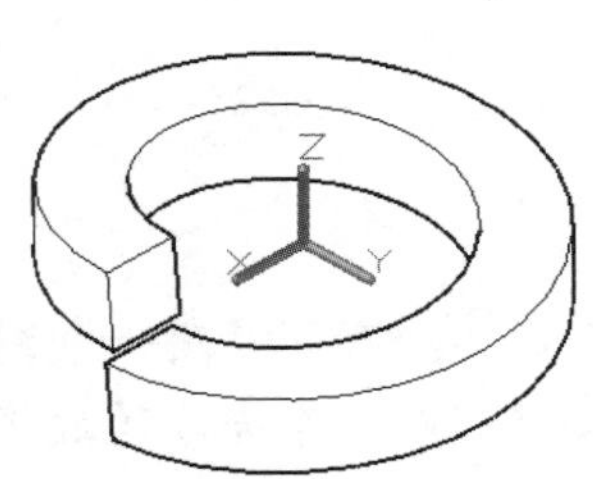

图 6-128　扫略实体

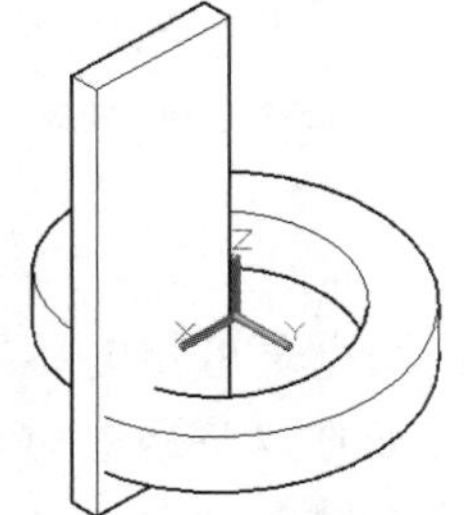

图 6-129　绘制长方体

（7）布尔运算差集处理。单击“三维工具”选项卡“实体编辑”面板中的“差集”按钮，执行命令后选择弹簧垫圈实体和立方体进行差集，结果如图 6-130 所示。

（8）倾斜面。单击“三维工具”选项卡“实体编辑”面板中的“倾斜面”按钮，将端面进行倾斜处理。倾斜角度为 45°，命令行提示与操作如下。

```
命令: _solidedit
实体编辑自动检查: SOLIDCHECK=1
输入实体编辑选项 [面(F)/边(E)/体(B)/放弃(U)/退出(X)] <退出>: _face
输入面编辑选项
[拉伸(E)/移动(M)/旋转(R)/偏移(O)/倾斜(T)/删除(D)/复制(C)/颜色(L)/材质(A)/放弃(U)/退出(X)] <退出>: _taper
```

```
选择面或 [放弃(U)/删除(R)]: 找到一个面。(选取右侧端面)
选择面或 [放弃(U)/删除(R)/全部(ALL)]: ↙
指定基点:(选择图 6-130 所示的 1 点)
正在检查 528 个交点...
指定沿倾斜轴的另一个点:(选择图 6-130 所示的 2 点)
指定倾斜角度:45
已开始实体校验。
已完成实体校验。
输入面编辑选项[拉伸(E)/移动(M)/旋转(R)/偏移(O)/倾斜(T)/删除(D)/复制(C)/颜色(L)/材质(A)/放弃(U)/退出(X)] <退出>: ↙
```

同理，倾斜左端面，以点 3 为基点，旋转角度为 45°。结果如图 6-131 所示。

（9）着色处理。选择菜单栏中“视图”→“视觉样式”→“概念”命令，对图形进行着色处理。结果如图 6-125 所示。

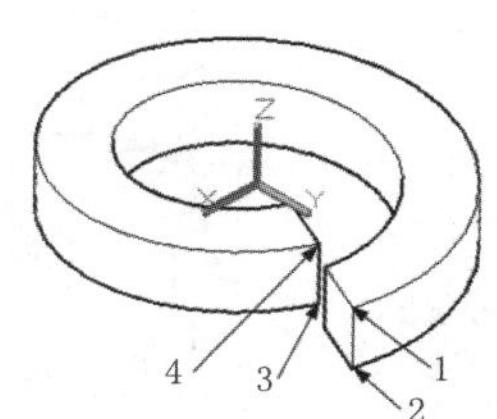

图 6-130　差集结果

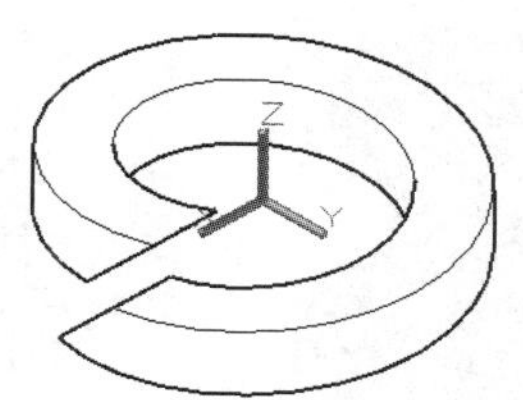

图 6-131　倾斜面

动手练一练——绘制机座

绘制如图 6-132 所示的机座。

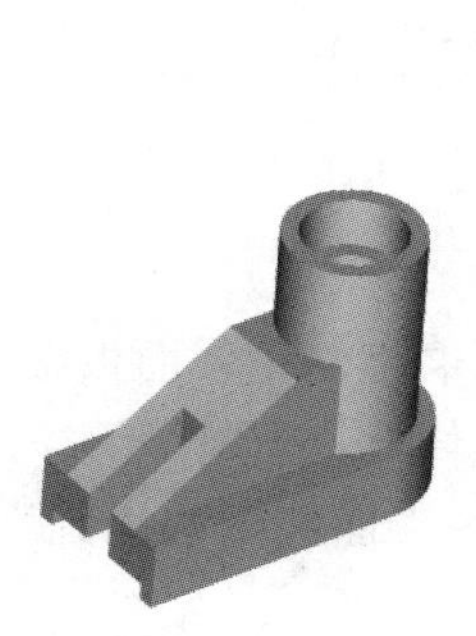

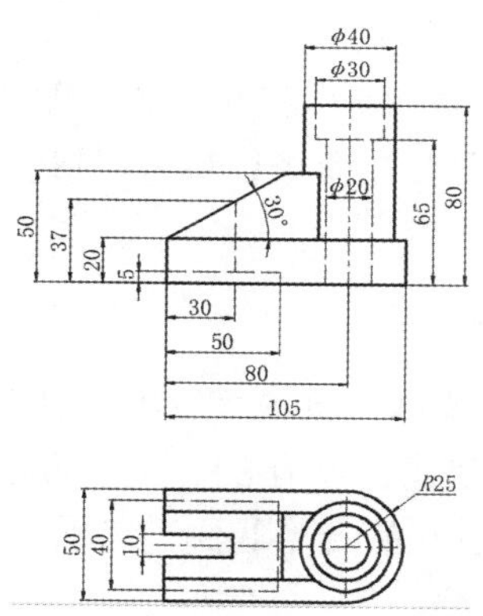

图 6-132　机座

思路点拨

源文件：源文件\第 6 章\机座.dwg

（1）绘制圆柱体和长方体并布尔运算。

（2）倾斜面处理并布尔运算。

（3）绘制长方体并布尔运算。

6.9 综合实例——壳体立体图

本例创建壳体立体图，如图 6-133 所示。先通过拉伸与直接利用三维实体创建实体的方法创建壳体的主体部分，然后逐一创建壳体上的其他部分，最后对壳体进行圆角处理。

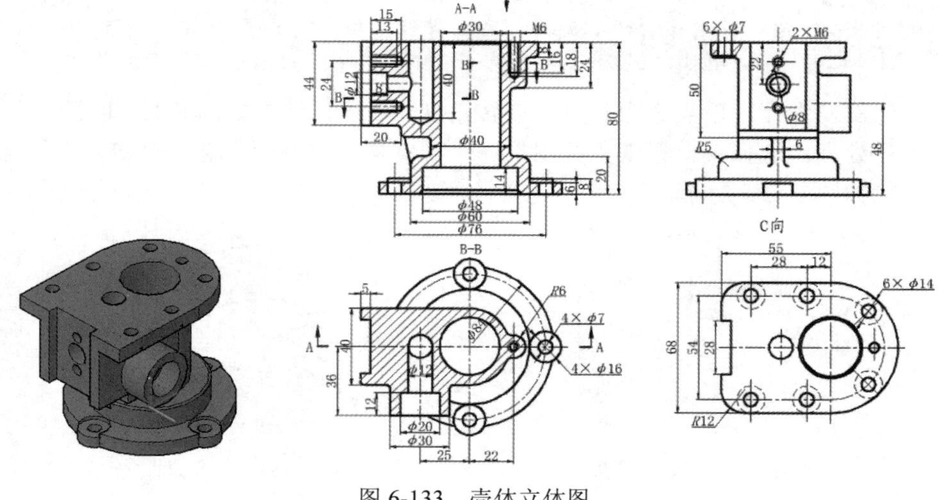

图 6-133 壳体立体图

绘制步骤

1．设置绘图环境

（1）启动 AutoCAD，使用默认设置画图。

（2）设置线框密度。在命令行输入“ISOLINES”，设置线框密度为 10。切换视图到西南等轴测图。

2．创建壳体底座

（1）创建 Φ84 圆柱体。单击“三维工具”选项卡“建模”面板中的“圆柱体”按钮，以坐标原点为圆心，创建直径为 84、高为 8 的圆柱体。

（2）绘制 Φ76 圆。单击“默认”选项卡“绘图”面板中的“圆”按钮，以原点为圆心，绘制 Φ76 的辅助圆。

（3）创建圆柱体。单击“三维工具”选项卡“建模”面板中的“圆柱体”按钮，捕捉 Φ76 圆的象限点为圆心，创建直径为 16、高为 8 及直径为 7、高为 6 的圆柱体；捕捉 Φ16 圆柱体顶面圆心为中心点，创建直径为 16，高为-2 的圆柱体。

（4）阵列圆柱体。单击“默认”选项卡“修改”面板中的“环形阵列”按钮，将创建的 3 个圆柱体进行环形阵列，阵列角度为 360°，数目为 4，阵列中心为坐标原点。

（5）布尔运算。单击“三维工具”选项卡“实体编辑”面板中的“并集”按钮，将 Φ84 与高为 8 的 Φ16 圆柱体进行并集运算；单击“三维工具”选项卡“实体编辑”面板中的“差集”按钮，将实体与其余圆柱体进行差集运算，消隐后结果如图 6-134 所示。

（6）创建圆柱体。单击“三维工具”选项卡“建模”面板中的“圆柱体”按钮，以坐标原点为圆心，分别创建直径为 60、高为 20 及直径为 40、高为 30 的圆柱体。

（7）并集运算。单击“三维工具”选项卡“实体编辑”面板中的“并集”按钮，将所有实体进行并集运算。删除辅助圆，消隐后的结果如图 6-135 所示。

3．创建壳体中部

（1）创建长方体。单击“三维工具”选项卡“建模”面板中的“长方体”按钮，在实体旁边创建长为 35、宽为 40、高为 6 的长方体。

（2）创建圆柱体。单击“三维工具”选项卡“建模”面板中的“圆柱体”按钮，捕捉长方体底面右边中点为圆心，创建直径为 40、高为 6 的圆柱体。

（3）并集运算。单击“三维工具”选项卡“实体编辑”面板中的“并集”按钮，将长方体和圆柱体进行并集运算，结果如图 6-136 所示。

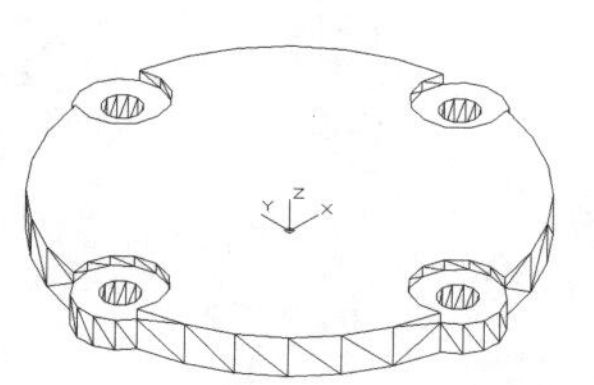

图 6-134　壳体底板

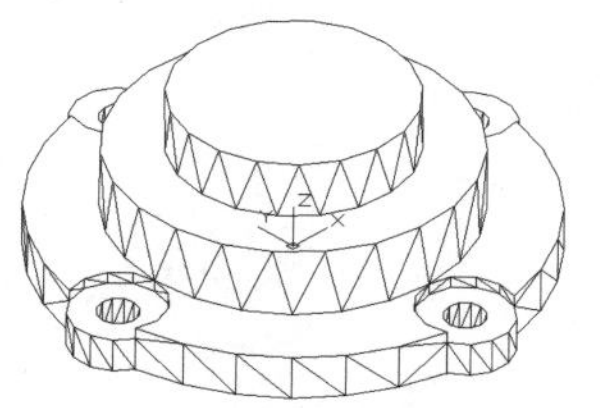

图 6-135　壳体底座

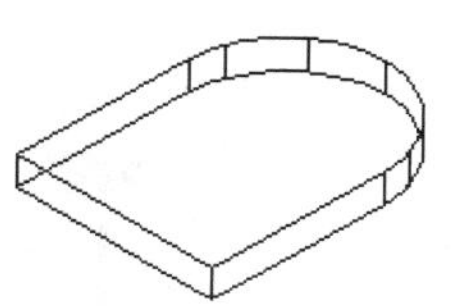

图 6-136　壳体中部

（4）复制壳体中部。单击“默认”选项卡“修改”面板中的“复制”按钮，以创建的壳体中部实体底面圆心为基点，将其复制到壳体底座顶面的圆心处。

（5）并集运算。单击“三维工具”选项卡“实体编辑”面板中的“并集”按钮，将壳体底座与复制的壳体中部进行并集运算，结果如图 6-137 所示。

4．创建壳体上部

（1）拉伸面。单击“三维工具”选项卡“实体编辑”面板中的“拉伸面”按钮，将创建的壳体中部顶面拉伸 30，左侧面拉伸 20，结果如图 6-138 所示。

（2）创建长方体。单击“三维工具”选项卡“建模”面板中的“长方体”按钮，以实体左下角点为角点，创建长为 5、宽为 28、高为 36 的长方体。

（3）移动长方体。单击“默认”选项卡“修改”面板中的“移动”按钮，以长方体底边中点为基点，将其移动到实体底边中点处，结果如图 6-139 所示。

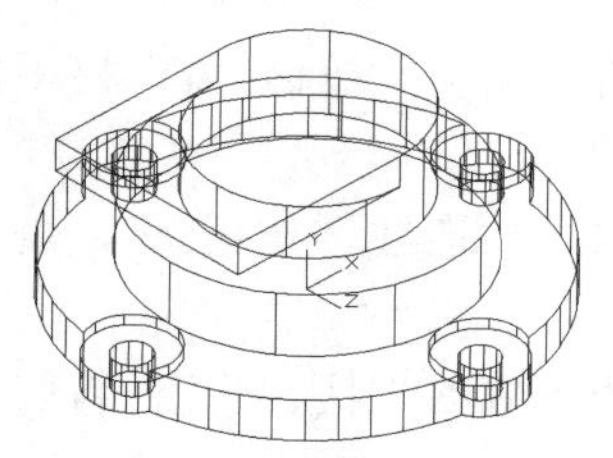

图 6-137　并集壳体中部后的实体

图 6-138　拉伸面后的实体

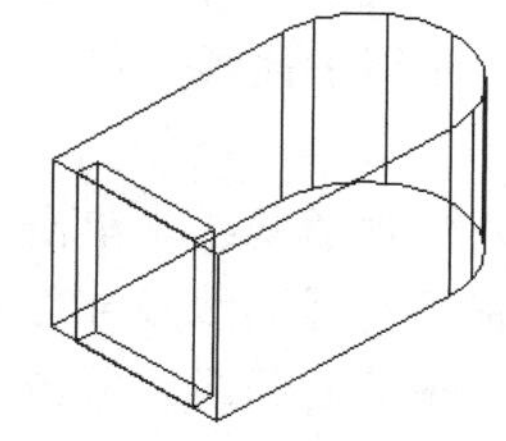

图 6-139　移动长方体

（4）差集运算。单击“三维工具”选项卡“实体编辑”面板中的“差集”按钮，将实体与长方体进行差集运算。

（5）绘制辅助圆。单击“默认”选项卡“绘图”面板中的“圆”按钮，捕捉实体顶面圆心为圆心，绘制 R22 辅助圆。

（6）绘制圆柱体。单击“三维工具”选项卡“建模”面板中的“圆柱体”按钮，捕捉 R22 圆的右象限点为圆心，创建半径为 6、高为–16 的圆柱体。

（7）并集运算。单击“三维工具”选项卡“实体编辑”面板中的“并集”按钮，将实体进行并集运算，并删除辅助圆，结果如图 6-140 所示。

（8）移动壳体上部。单击“默认”选项卡“修改”面板中的“移动”按钮，以实体底面圆心为基点，将其移动到壳体顶面圆心处。

（9）单击“三维工具”选项卡“实体编辑”面板中的“差集”按钮，以实体左下点为角垫绘制长为 5、宽为 20、高为 5 的 BOX 将长方体与壳体进行差集运算。

（10）并集运算。单击“三维工具”选项卡“实体编辑”面板中的“并集”按钮，将实体进行并集运算，结果如图 6-141 所示。

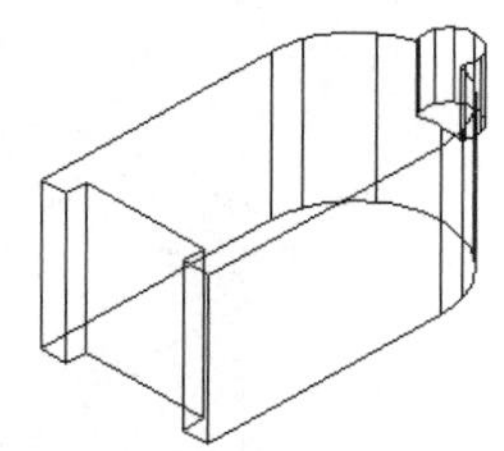

图 6-140　并集圆柱体后的实体

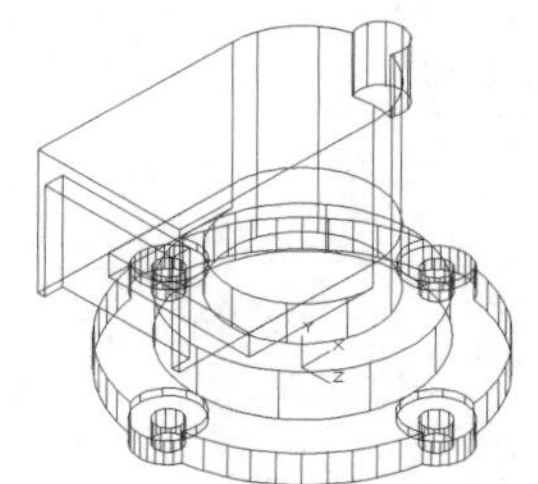

图 6-141　并集壳体上部后的实体

5．创建壳体顶板

（1）创建长方体。单击“三维工具”选项卡“建模”面板中的“长方体”按钮，在实体旁边，创建长为 55、宽为 68、高为 8 的长方体。

（2）创建圆柱体。单击“三维工具”选项卡“建模”面板中的“圆柱体”按钮，捕捉长方体底面右边中点为圆心，创建直径为 68、高为 8 的圆柱体。

（3）并集运算。单击“三维工具”选项卡“实体编辑”面板中的“并集”按钮，将实体进行并集运算。

（4）复制边。单击“三维工具”选项卡“实体编辑”面板中的“复制边”按钮，如图 6-142 所示，选择实体底边，在原位置进行复制。

（5）编辑多段线。单击“默认”选项卡“修改”面板中的“编辑多段线”按钮，将复制的实体底边合并成一条多段线。

（6）偏移多段线。单击“默认”选项卡“修改”面板中的“偏移”按钮⊆，将多段线向内偏移 7。

（7）绘制辅助线。单击“默认”选项卡“绘图”面板中的“构造线”按钮，过多段线圆心绘制竖直辅助线及 45° 辅助线。

（8）偏移辅助线。单击“默认”选项卡“修改”面板中的“偏移”按钮⊆，将竖直辅助线分别向左偏移 12 和 40，并将竖直辅助线旋转 45°。结果如图 6-143 所示。

（9）创建圆柱体并镜像。或单击“三维工具”选项卡“建模”面板中的“圆柱体”按钮，捕捉辅助线与多段线的交点为圆心，分别创建直径为 7、高为 8 及直径为 14、高为 2 的圆柱体；选择菜单栏中的“修改”→“三维操作”→“三维镜像”命令，将圆柱以 ZX 面为镜像

面，以底面圆心为 ZX 面上的点，进行镜像操作；选单击“三维工具”选项卡“实体编辑”面板中的“差集”按钮，将实体与镜像后的圆柱体进行差集运算。

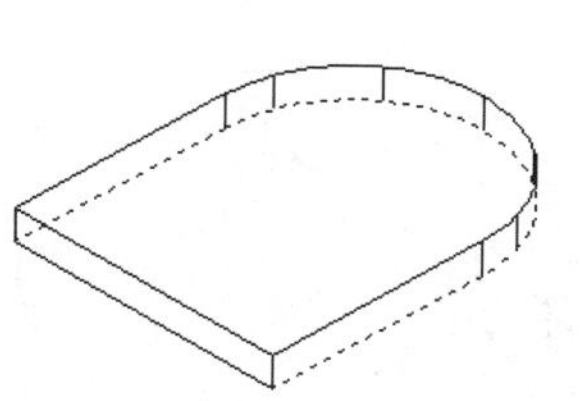
图 6-142　选择复制的边

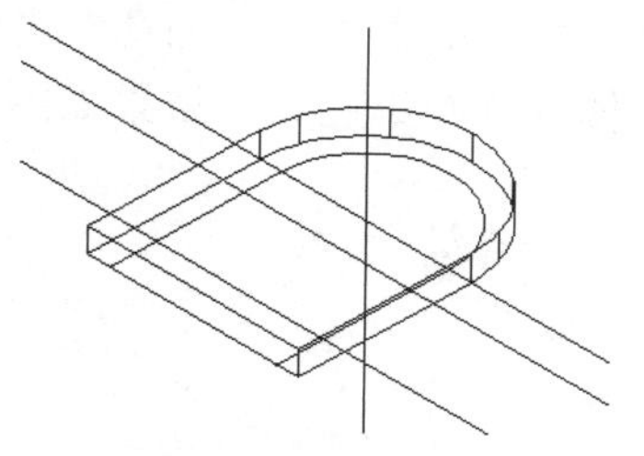
图 6-143　偏移辅助线

（10）移动壳体顶板。删除辅助线，单击“默认”选项卡“修改”面板中的“移动”按钮，以壳体顶板底面圆心为基点，将其移动到壳体顶面圆心处。

（11）并集运算。单击“三维工具”选项卡“实体编辑”面板中的“并集”按钮，将实体进行并集运算，结果如图 6-144 所示。

6．拉伸壳体面

单击“三维工具”选项卡“实体编辑”面板中的“拉伸面”按钮，如图 6-145 所示，选择壳体表面，向内拉伸 8，结果如图 6-146 所示。

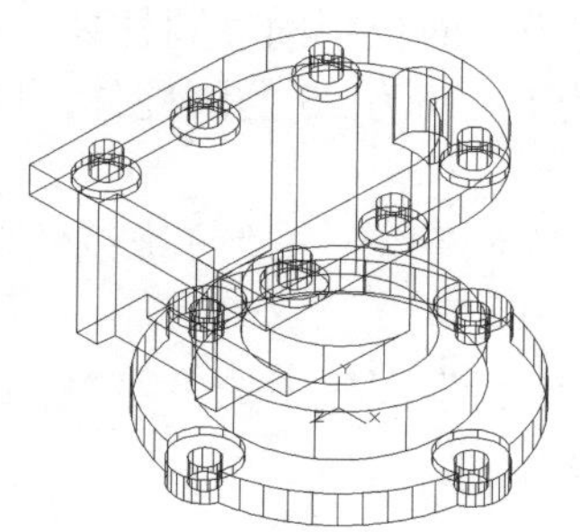
图 6-144　并集壳体顶板后的实体

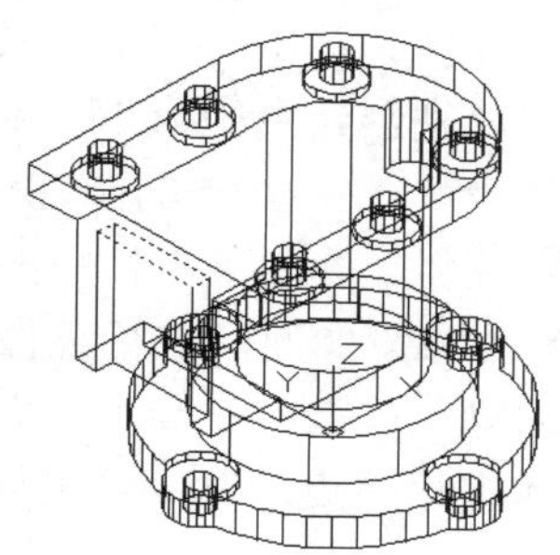
图 6-145　选择拉伸面

7．创建壳体竖直内孔

（1）创建圆柱体。单击“三维工具”选项卡“建模”面板中的“圆柱体”按钮，以坐标原点为圆心，分别创建直径为 18、高为 14 及直径为 30、高为 80 的圆柱体；以（–25,0,80）为圆心，创建直径为 12、高为–40 的圆柱体；以（22,0,80）为圆心，创建直径为 6、高为–18 的圆柱体。

（2）单击“三维工具”选项卡“实体编辑”面板中的“差集”按钮，将壳体与内形圆柱体进行差集运算。

8．创建壳体前部凸台及孔

（1）设置坐标系。在命令行输入“UCS”，将坐标原点移动到（–25,–36,48），并将其绕 X 轴旋转 90°。

（2）创建圆柱体。利用圆柱体命令（Cylinder），以坐标原点为圆心，分别创建直径为 30、高为–16，直径为 20、高为–12 及直径为 12、高为–36 的圆柱体。

（3）并集运算。单击“三维工具”选项卡“实体编辑”面板中的“并集”按钮，将壳体与 Φ30 圆柱体进行并集运算。

（4）差集运算。单击“三维工具”选项卡“实体编辑”面板中的“差集”按钮，将壳体与其余圆柱体进行差集运算，结果如图 6-147 所示。

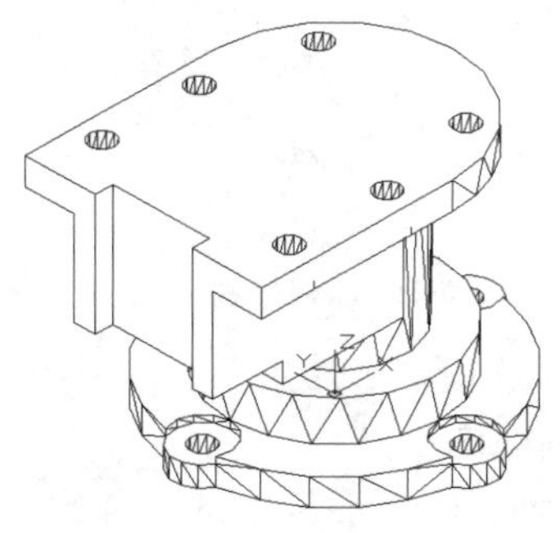

图 6-146　拉伸面后的壳体

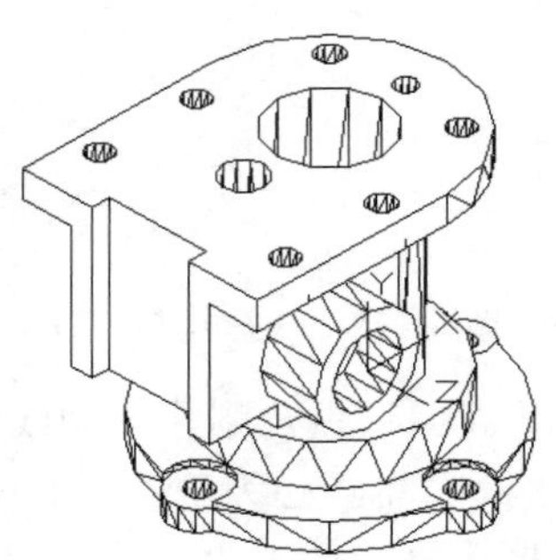

图 6-147　壳体凸台及内孔

9. 创建壳体水平内孔

（1）设置用户坐标系。在命令行中输入 UCS 命令，将坐标原点移动到（–25,10,–36）处，并绕 Y 轴旋转 90°。

（2）创建圆柱体。单击“三维工具”选项卡“建模”面板中的“圆柱体”按钮，以坐标原点为圆心，分别创建直径为 12、高为 8 及直径为 8、高为 25 的圆柱体；以（0,10,0）为圆心，创建直径为 6、高为 15 的圆柱体。

（3）镜像圆柱体。选择菜单栏中的“修改”→“三维操作”→“三维镜像”命令，将 Φ6 圆柱以当前 ZX 面为镜像面，进行镜像操作。

（4）差集运算。单击“三维工具”选项卡“实体编辑”面板中的“差集”按钮，将壳体与内部圆柱体进行差集运算，结果如图 6-148 所示。

10. 创建壳体肋板

（1）绘制闭合多段线。切换视图到主视图，单击“默认”选项卡“绘图”面板中的“多段线”按钮，如图 6-149 所示，从点 1（中点）→点 2（垂足）→点 3（垂足）→点 4（垂足）→点 5（@0,–4）→点 1，绘制闭合多段线。

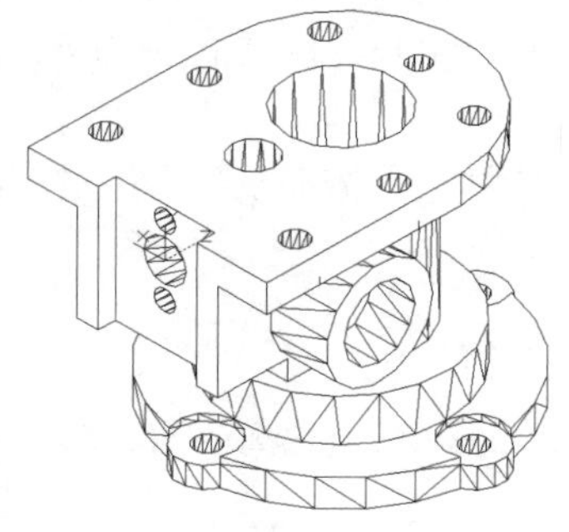

图 6-148　差集水平内孔后的壳体

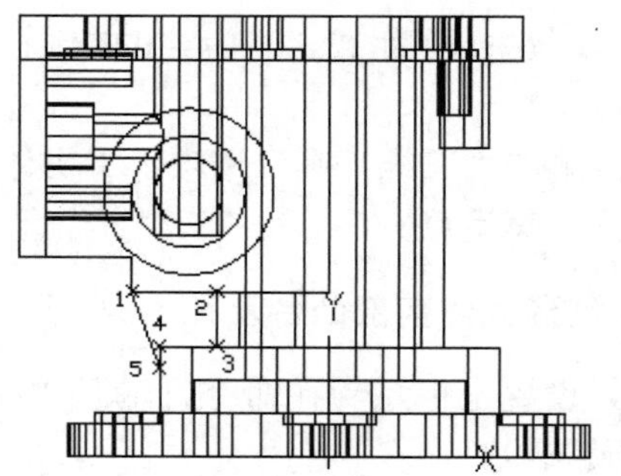

图 6-149　绘制多段线

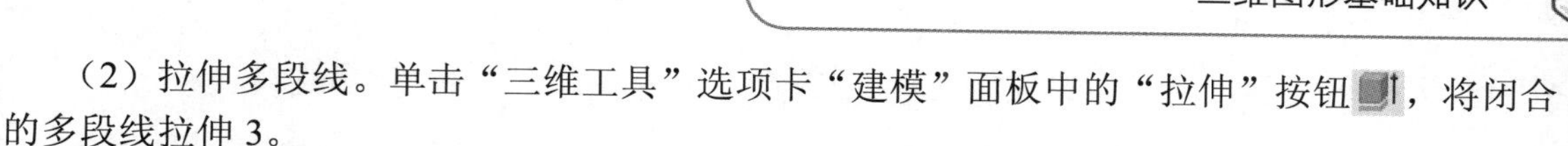

（2）拉伸多段线。单击“三维工具”选项卡“建模”面板中的“拉伸”按钮，将闭合的多段线拉伸 3。

（3）镜像实体。选择菜单栏中的“修改”→“三维操作”→“三维镜像”命令，将拉伸实体，以当前 XY 平面为镜像面，进行镜像操作。

（4）并集运算。单击“三维工具”选项卡“实体编辑”面板中的“并集”按钮，将壳体与肋板进行并集运算。

（5）圆角操作。对壳体的相应棱边进行倒角及倒圆角操作。

（6）概念显示。选择菜单栏中“视图”→“视觉样式”→“概念”命令，概念显示后的效果如图 6-133 所示。

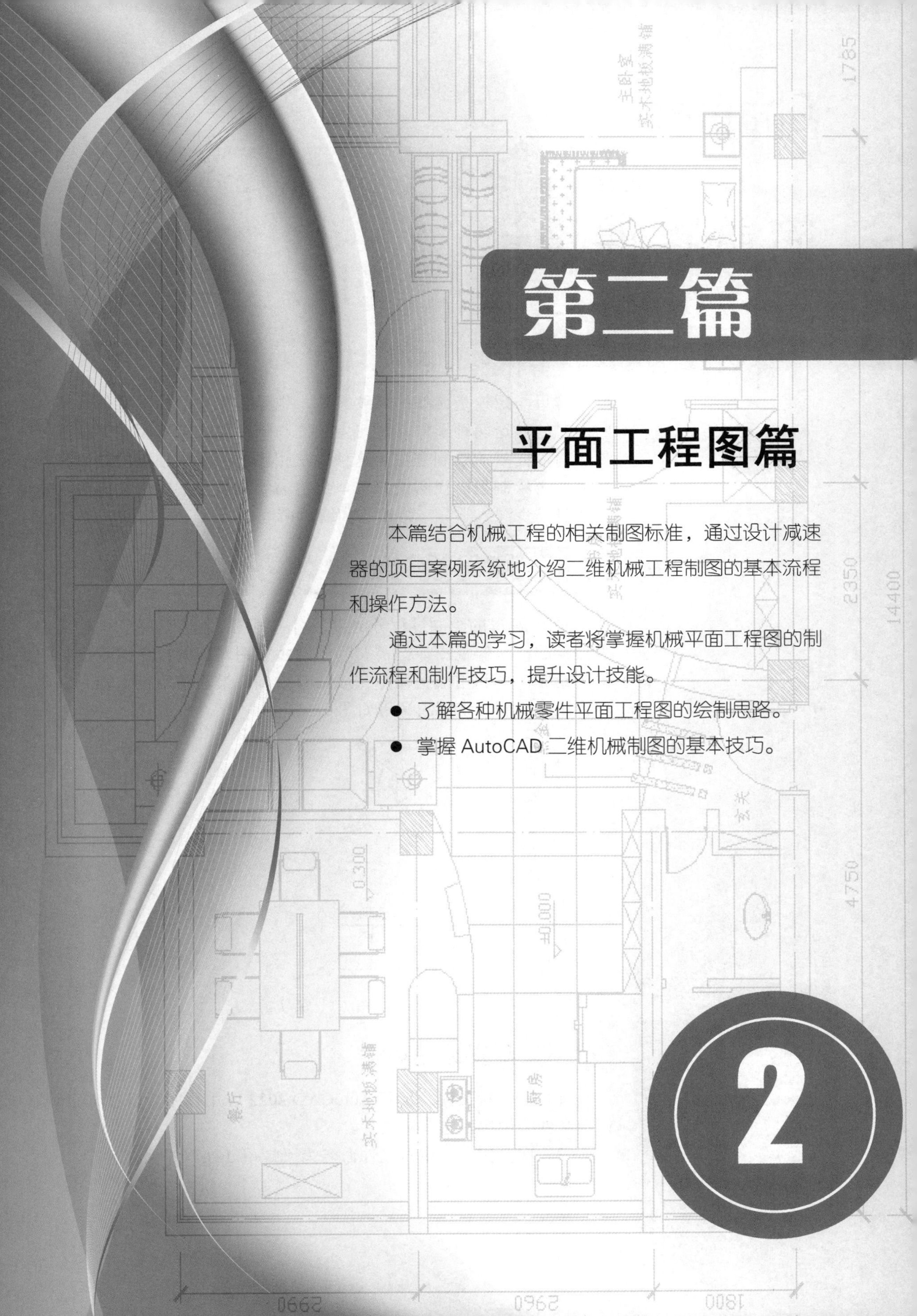

第二篇

平面工程图篇

本篇结合机械工程的相关制图标准，通过设计减速器的项目案例系统地介绍二维机械工程制图的基本流程和操作方法。

通过本篇的学习，读者将掌握机械平面工程图的制作流程和制作技巧，提升设计技能。

- 了解各种机械零件平面工程图的绘制思路。
- 掌握 AutoCAD 二维机械制图的基本技巧。

2

Chapter

简单零件设计

7

螺母与螺栓是典型的螺纹零件，也是很重要的标准零件，本章将通过绘制这两种零件，学习主视图与俯视图（或左视图）相互投影、对应同步的绘制方法。这种方法相比前一章中使用的绘制好一个视图再绘制另一视图的方法，更容易绘制复杂的零件。同时，本章还进一步深入学习二维绘图和编辑命令。

7.1 螺母设计

M10 螺母的绘制过程分两步，对主视图，由多边形和圆构成，直接绘制；对俯视图，则需要利用与主视图对应的投影关系进行定位与绘制，再利用修剪命令完成细节绘制，最后使用镜像命令完成俯视图的绘制，绘制的螺母如图 7-1 所示。

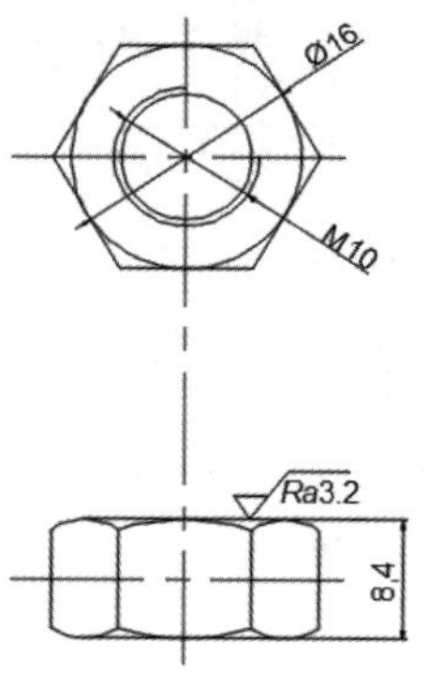

图 7-1 螺母

7.1.1 配置绘图环境

（1）建立新文件。打开 AutoCAD 2022 应用程序，以“A3.dwt”样板文件为模板，建立新文件。

（2）保存文件。将新文件命名为“螺母.dwg”并保存。

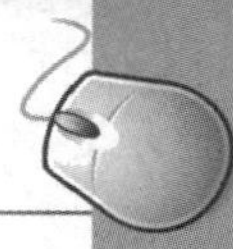

7.1.2 绘制螺母

1. 新建图层

单击“默认”选项卡“图层”面板中的“图层特性”按钮，❶打开“图层特性管理器”对话框，❷新建图层结果如图 7-2 所示。

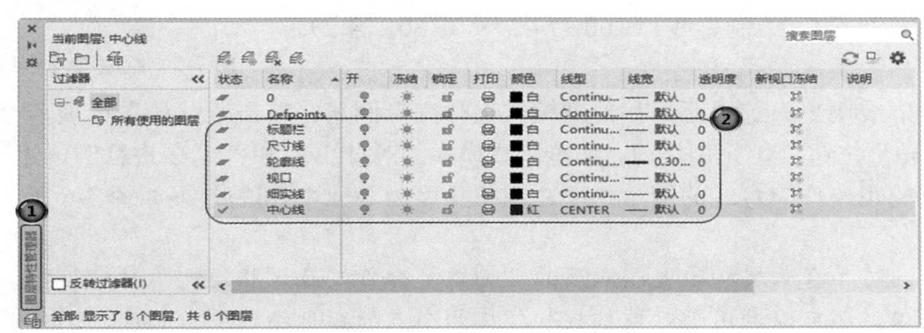

图 7-2 新建图层

2. 绘制中心线

（1）切换图层。将“中心线”层设定为当前图层。

（2）绘制主视图中心线。单击“默认”选项卡“绘图”面板中的“直线”按钮，绘制主视图十字交叉中心线，直线{（163,200），（186,200）}和直线{（175,164），（175,210）}。

（3）绘制俯视图中心线。单击“默认”选项卡“修改”面板中的“偏移”按钮。将水平中心线向下偏移 30，得到的效果如图 7-3 所示。

3. 绘制螺母主视图

（1）切换图层。将“轮廓线”层设定为当前层。

（2）缩放和平移视图。利用“缩放”和“平移”命令将视图调整到易于观察的程度。

（3）绘制内外圆环。单击“默认”选项卡“绘图”面板中的“圆”按钮，在绘图窗口中绘制两个圆，圆心为（175,200），半径分别为 4.5 和 8。

（4）绘制正六边形。单击“默认”选项卡“绘图”面板中的“多边形”按钮，绘制与大圆外切的正六边形，中心点坐标为（175,200），外切圆半径为 8，得到的效果如图 7-4 所示。

4. 绘制螺母俯视图

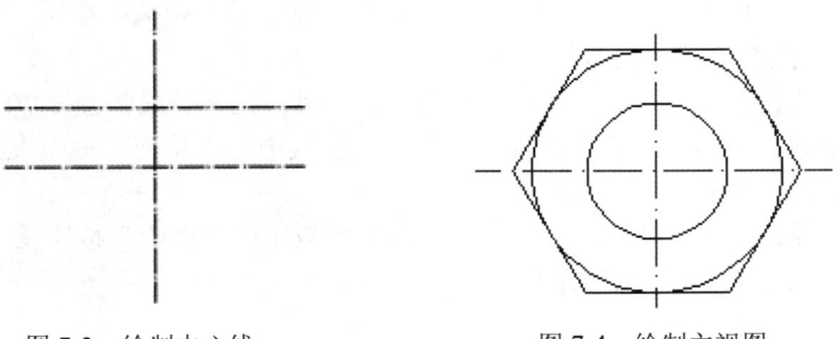

图 7-3 绘制中心线　　图 7-4 绘制主视图

（1）绘制竖直参考直线。开启正交模式，单击“默认”选项卡“绘图”面板中的“直线”按钮，绘制参考线与前面绘制直线区别在于：其一，直线起点通过“对象捕捉”功能获取；其二，直线的方向通过“正交”功能保证，终点随意。

重复上述过程，绘制出 4 条参考线，如图 7-5 所示。

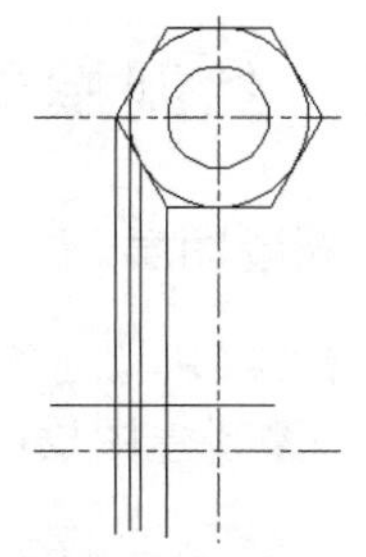

图 7-5　绘制参考直线和顶面线

（2）绘制螺母顶面线。单击“默认”选项卡“绘图”面板中的“直线”按钮，绘制直线{（160,174.2），（180,174.2）}，得到的效果如图 7-6 所示。

（3）轮廓线倒角。选用距离和角度模式进行图形倒角。单击“默认”选项卡“修改”面板中的“倒角”按钮，采用修剪、角度距离模式，对直线 1 和直线 2 进行倒角处理，以点 1 和点 2 之间的距离作为直线的倒角长度，倒角角度为 30，得到的效果如图 7-6 所示。

注意：对于在长度和角度模式下的“倒角”操作，在“指定倒角长度”时，不仅可以直接输入数值，还可以利用“对象捕捉”捕捉两个点的距离指定倒角长度，例如上例中捕捉点 1 和点 2 的距离作为倒角长度，这种方法往往对于某些不可测量或事先不知道倒角距离的特别适用。

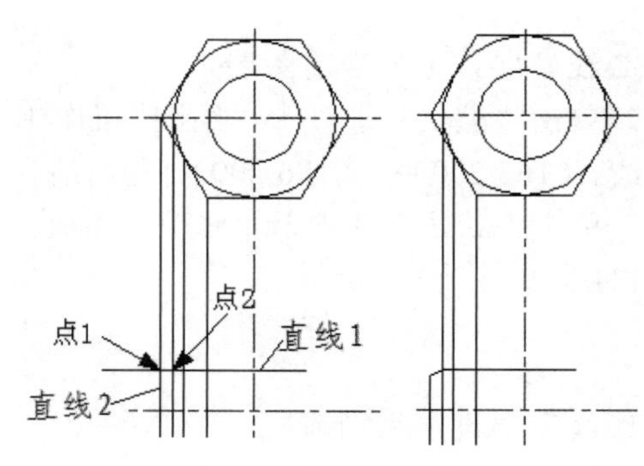

图 7-6　轮廓线倒角

（4）绘制直线。单击“默认”选项卡“绘图”面板中的“直线”按钮，捕捉正六边形的右下角点为直线的起点，向下绘制直线。

（5）绘制辅助线。单击“默认”选项卡“绘图”面板中的“直线”按钮，通过如图 7-6 所示的刚刚倒角的左端顶点为直线的起点，向右绘制一条水平直线。得到的效果如图 7-7(a) 所示。

（6）绘制圆弧。单击“默认”选项卡“绘图”面板中的“圆弧”按钮，在绘图窗口中利用点 1、点 2、点 3 为端点绘制圆弧线。

使用同样的方法绘制点 3、点 4 和点 5 构成的圆弧，绘制结果如图 7-7(b)所示。

（7）图形修剪。单击“默认”选项卡“修改”面板中的“修剪”按钮，将图 7-8 中的 5 个对象进行修剪，效果如图 7-9 所示。

（8）删除对象。单击“默认”选项卡“修改”面板中的“删除”按钮，删除多余直线和螺母右半部分，结果如图 7-10 所示。

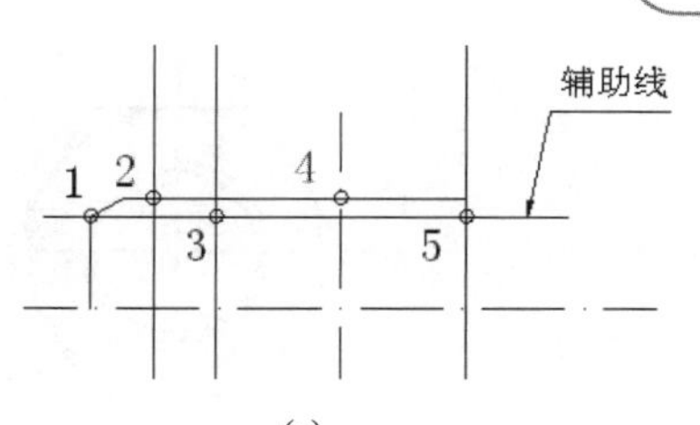

(a)

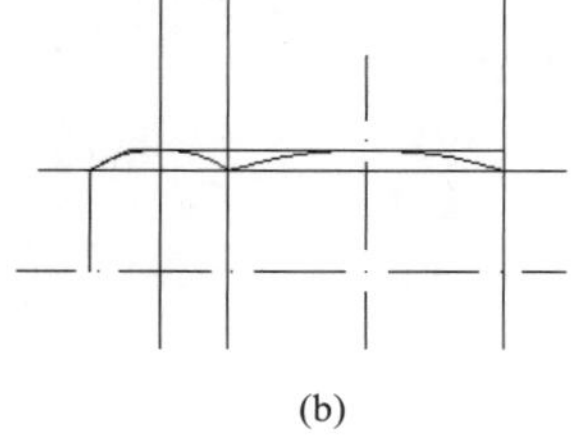
(b)

图 7-7　绘制圆弧

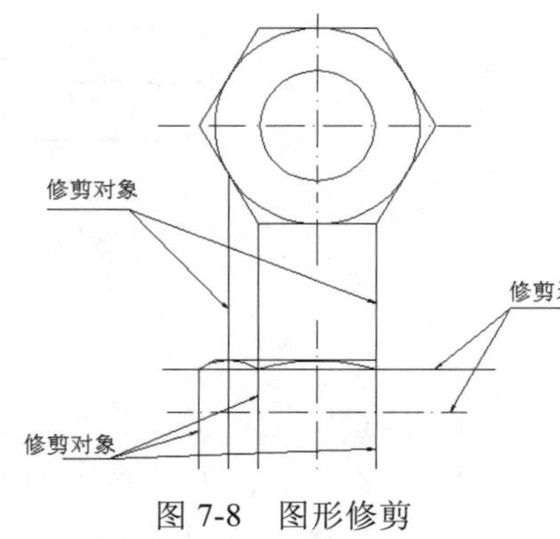

图 7-8　图形修剪

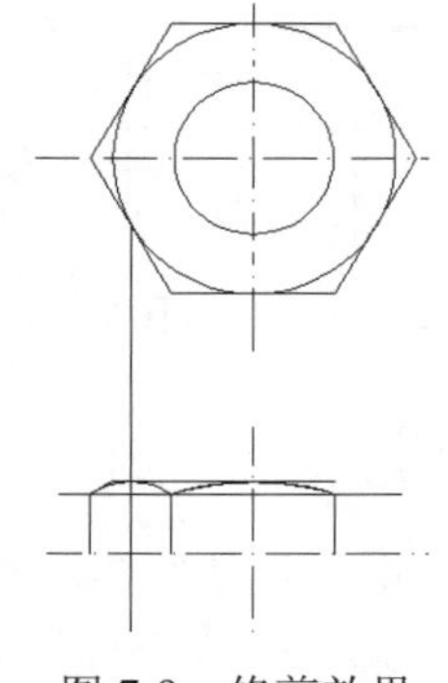
图 7-9　修剪效果

（9）图形镜像。单击“默认”选项卡“修改”面板中的“镜像”按钮 ，选择螺母左半部分，以竖直中心线为镜像线进行镜像。图形镜像效果如图 7-11 所示。

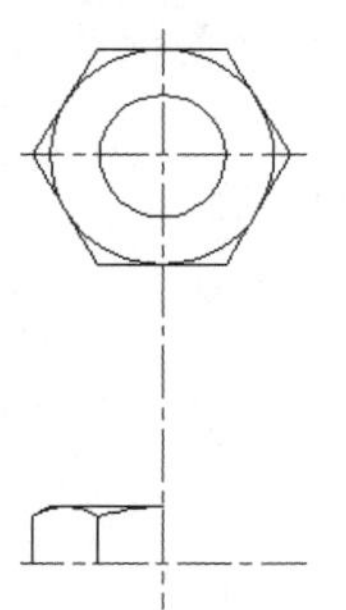
图 7-10　删除图形对象

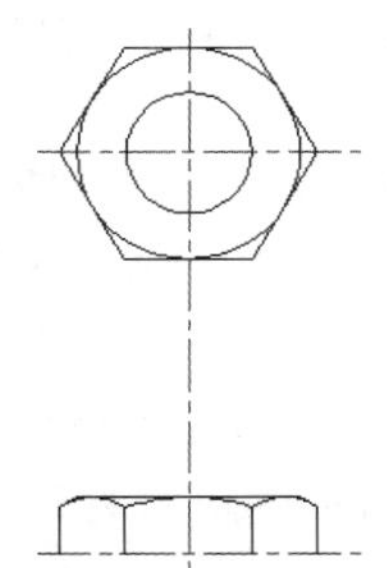
图 7-11　图形镜像

使用同样的方法，将螺母上半部分沿水平中心线镜像，得到完整的螺母俯视图，如图 7-12 所示。

5．绘制内螺纹线

将“细实线”层设为当前图层，单击“默认”选项卡“修改”面板中的“偏移”按钮 ，将半径为 4.5 的圆向外偏移 0.5。并对圆进行修剪。结果如图 7-13 所示。

6．放大图形

由于螺母图形相对图纸幅面来说太小，所以将图形按比例放大。单击“默认”选项卡“修改”面板中的“缩放”按钮 ，将绘制的图形缩放，缩放比例为 4。得到的效果如图 7-13 所示。

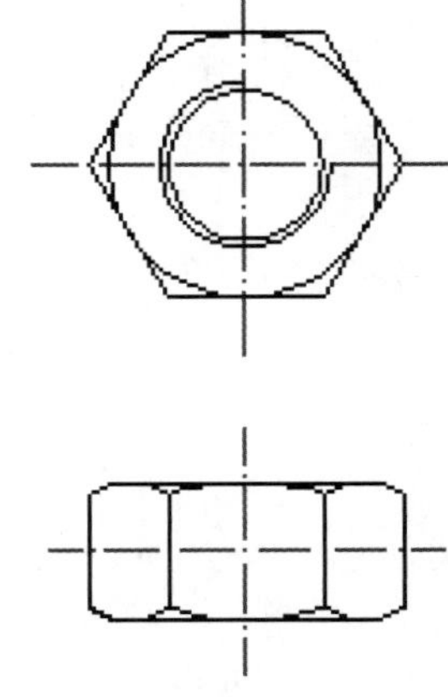

图 7-12　螺母俯视图

图 7-13　绘制内螺纹线

7.1.3　标注螺母

（1）切换图层。将“尺寸线”层设置为当前图层。

（2）修改标注样式。由于上面刚将图形放大了 4 倍，所以必须对标注样式重新设置。目的是使标注的默认值为真实尺寸。单击“默认”选项卡“注释”面板中的“标注样式”按钮，系统打开“标注样式管理器”对话框。单击“修改”按钮，系统打开“修改标注样式”对话框，在“主单位”选项卡中将 “比例因子”设为 0.25。设置字高为 6，单击“确定”按钮，回到“标注样式管理器”对话框，单击“关闭”按钮，完成标注样式修改。

（3）主视图标注。单击“默认”选项卡“注释”面板中的“直径”按钮，对主视图中的两个圆进行标注，分别标注⌀16 和 M10 的圆。

（4）俯视图标注。单击“默认”选项卡“注释”面板中的“线性”按钮，对俯视图进行标注。标注螺母宽度为 8.4。

（5）标注粗糙度。单击“默认”选项卡“绘图”面板中的“直线”按钮，绘制粗糙度符号，在命令行中输入“WBLOCK”命令，创建粗糙度图块并保存。如果有创建好的粗糙度图块可直接插入。单击“默认”选项卡“块”面板中的“插入”下拉列表中的“库中的块”选项，插入粗糙度图块，单击“注释”选项卡“文字”面板中的“多行文字”按钮 A，标注粗糙度，得到的效果如图 7-14 所示。

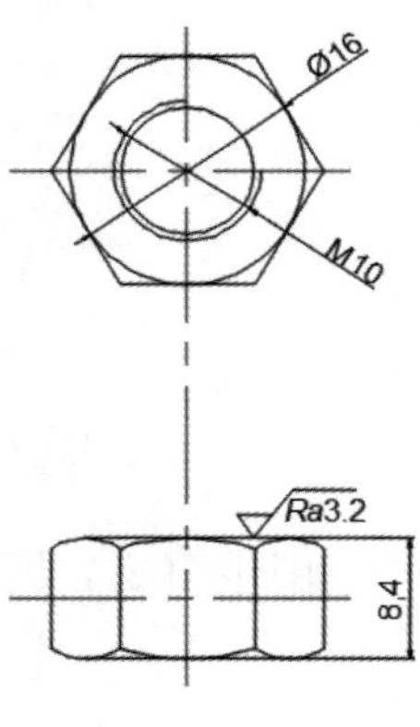

图 7-14　尺寸标注

7.1.4　填写标题栏

（1）切换图层。将“标题栏”层设置为当前图层。

（2）填写标题栏。在标题栏中填写相关文本，注意比例为 4∶1。螺母 M10 最终效果如图 7-15 所示。

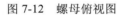

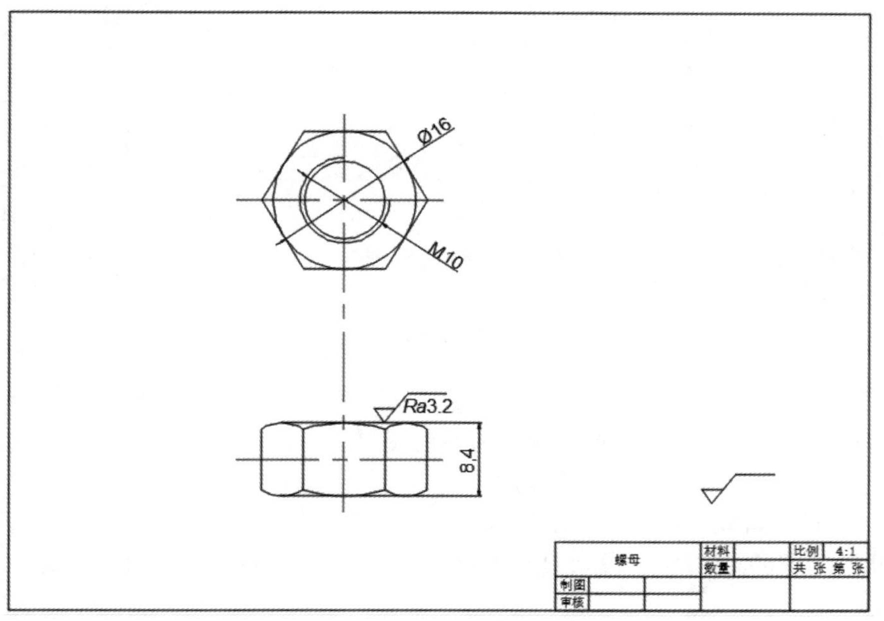

图 7-15　螺母设计

7.2　螺栓设计

M10×40 螺栓设计过程与螺母类似，主视图中螺柱部分利用“直线”“修剪”“倒角”和“镜像”命令绘制；螺栓头则需要将主视图与左视图利用投影对应关系配合绘制。绘制的螺栓如图 7-16 所示。

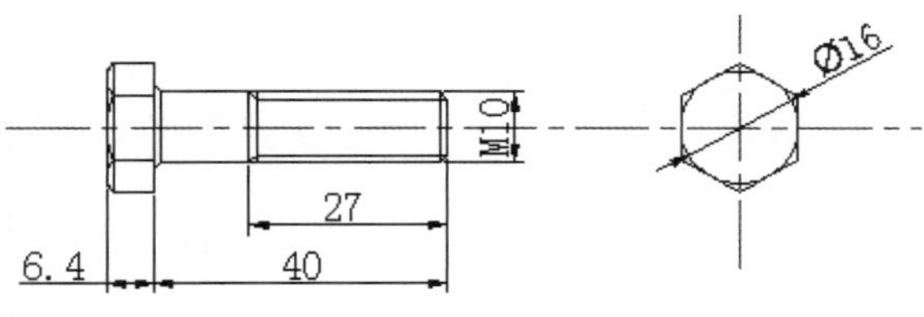

图 7-16　螺栓

7.2.1　配置绘图环境

（1）建立新文件。打开“A4”样板图文件，建立新文件。

（2）保存文件。将新文件命名为“螺栓.dwg”并保存。

7.2.2　绘制螺栓

1．新建图层

单击“默认”选项卡“图层”面板中的“图层特性”按钮，打开“图层特性管理器”对话框，新建图层如图 7-17 所示。

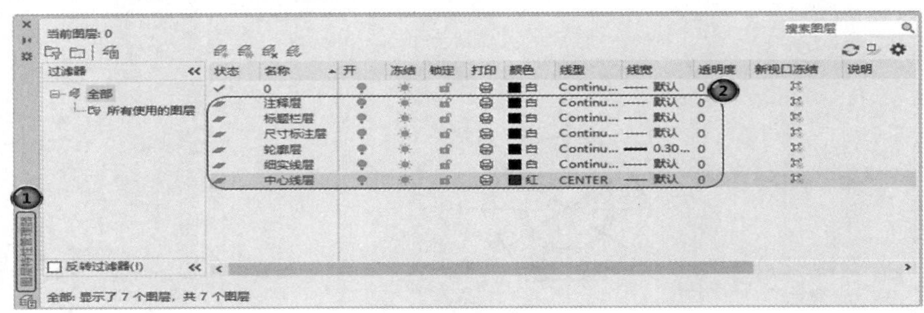

图 7-17　新建图层

2．绘制中心线

（1）切换图层。将“中心线层”设定为当前图层。

（2）绘制中心线。单击“默认”选项卡“绘图”面板中的“直线”按钮╱，绘制直线{（100,150），（250,150）}，得到的效果如图 7-18 所示。

图 7-18　绘制中心线

3．绘制螺栓主视图

（1）切换图层。将“轮廓层”设定为当前图层。

（2）缩放和平移视图。利用“缩放”和“平移”命令将视图调整到易于观察的程度。

（3）绘制轮廓线。单击“默认”选项卡“绘图”面板中的“直线”按钮╱，绘制直线{（120,120），（120,180）}和直线{（120,155），（160,155）}，绘制结果如图 7-19 所示。

（4）偏移直线。单击“默认”选项卡“修改”面板中的“偏移”按钮⊆，将图 7-19 所示竖直直线向左偏移 7.4，分别向右偏移 14 和 40。得到的结果如图 7-20 所示。

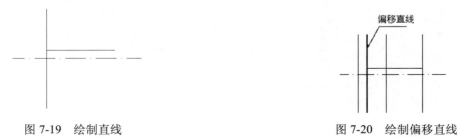

图 7-19　绘制直线　　图 7-20　绘制偏移直线

（5）绘制辅助倒角的直线。单击“默认”选项卡“修改”面板中的“偏移”按钮⊆，将如图 7-21 所示三条直线分别向左和向下偏移 1，得到的效果如图 7-22 所示。

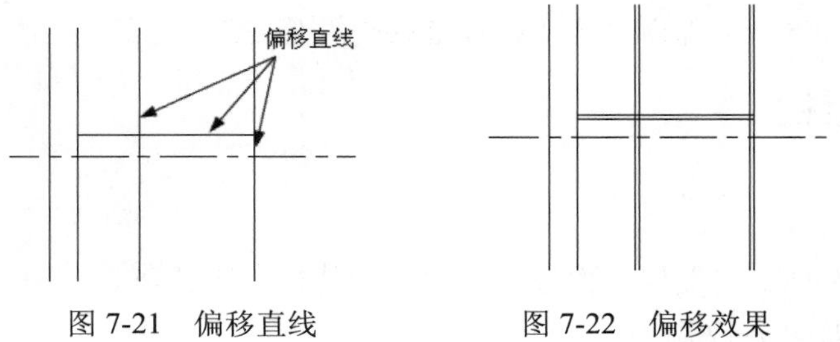

图 7-21　偏移直线　　图 7-22　偏移效果

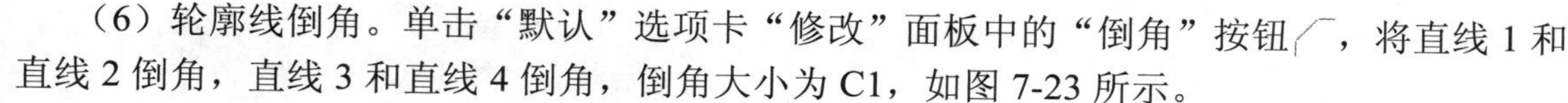

（6）轮廓线倒角。单击“默认”选项卡“修改”面板中的“倒角”按钮，将直线 1 和直线 2 倒角，直线 3 和直线 4 倒角，倒角大小为 C1，如图 7-23 所示。

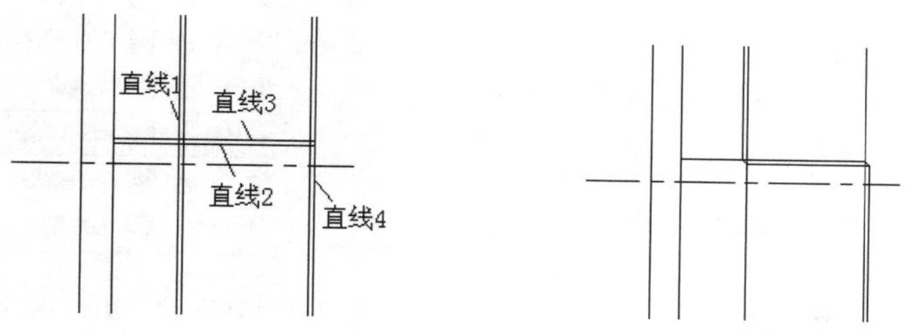

图 7-23　轮廓线倒角

注意： 交叉直线倒角时，以对应的垂直直线为界，所选择的直线一边为保留边，另一边则在倒角后去除掉。

（7）图形修剪。单击“默认”选项卡“修改”面板中的“修剪”按钮，按图 7-24(a)指示进行修剪，修剪完毕，结果如图 7-24(b)所示。

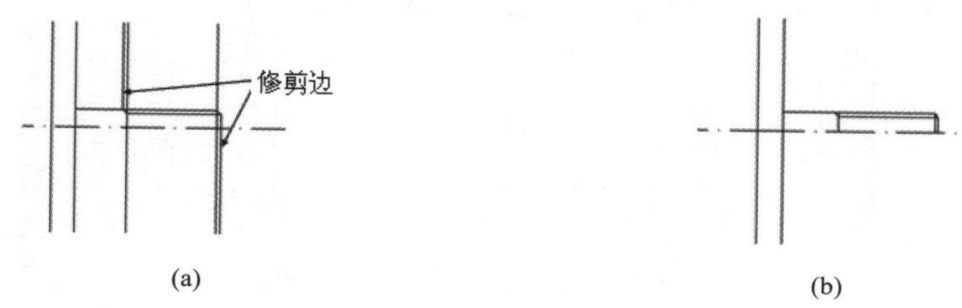

图 7-24　修剪轮廓线

（8）图形镜像。单击“默认”选项卡“修改”面板中的“镜像”按钮，分别以图 7-25(a)所示为轴线和对象，图形镜像结果如图 7-25(b)所示。

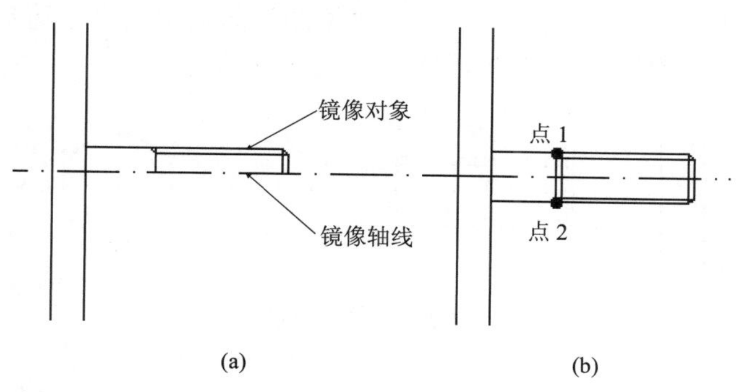

图 7-25　图形镜像

（9）绘制直线。单击“默认”选项卡“绘图”面板中的“直线”按钮，利用“对象捕捉”连接点 1 和点 2，如图 7-25(b)所示。

（10）更改图形对象的图层属性。螺纹小径属于细实线层，故需要将其从实体层转移到细实线层。用鼠标单击螺纹小径，如图 7-26 所示。单击“默认”选项卡“图层”面板中的❶下拉按钮，弹出下拉菜单，如图 7-27 所示。❷在其中选择“细实线层”，单击鼠标左键，即可使螺纹小径转移到“细实线层”。

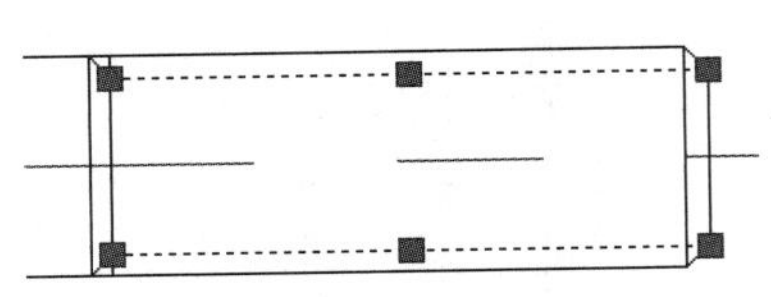

图 7-26　选择螺纹小径

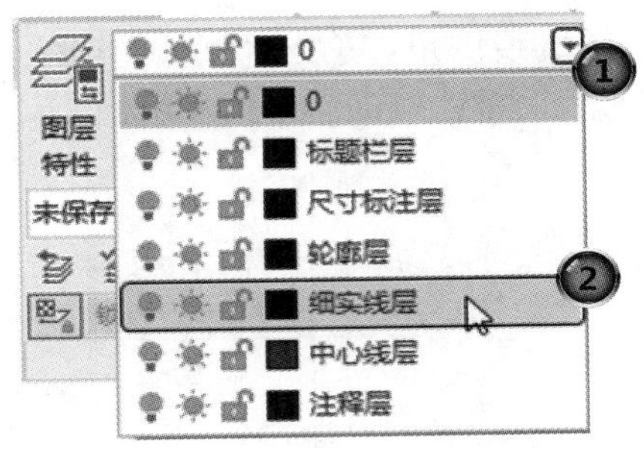

图 7-27　更改图层属性

至此，对于螺栓主视图的绘制暂停一下，下面先绘制螺栓左视图，再利用左视图的定位点反过来完成螺栓主视图的绘制，类似螺母的两视图绘制过程。

4．绘制螺栓左视图

（1）切换图层。将“中心线层”设定为当前图层。

（2）绘制左视图定位中心线。单击“默认”选项卡“绘图”面板中的“直线”按钮╱，绘制直线{（200,130），（200,170）}。绘制结果如图 7-28 所示。

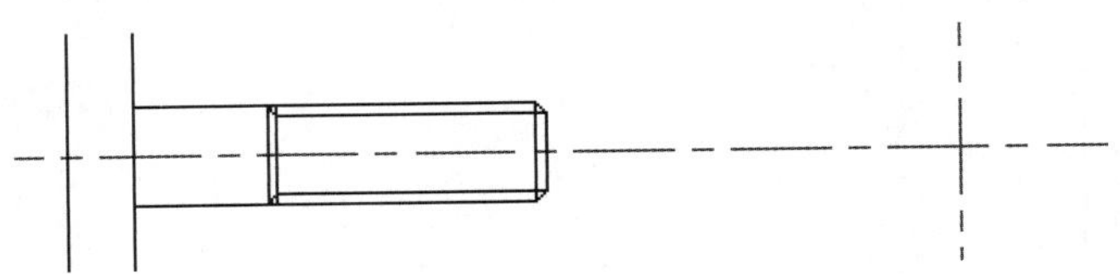

图 7-28　绘制左视图定位中心线

（3）切换图层。将“轮廓层”设定为当前图层。

（4）绘制圆。单击“默认”选项卡“绘图”面板中的“圆”按钮，以（200,150）为圆心，绘制半径为 8 的圆，如图 7-29 所示。

（5）绘制正六边形。单击“默认”选项卡“绘图”面板中的“多边形”按钮，绘制与圆外切的正六边形，完成螺栓左视图的绘制，如图 7-29 所示。

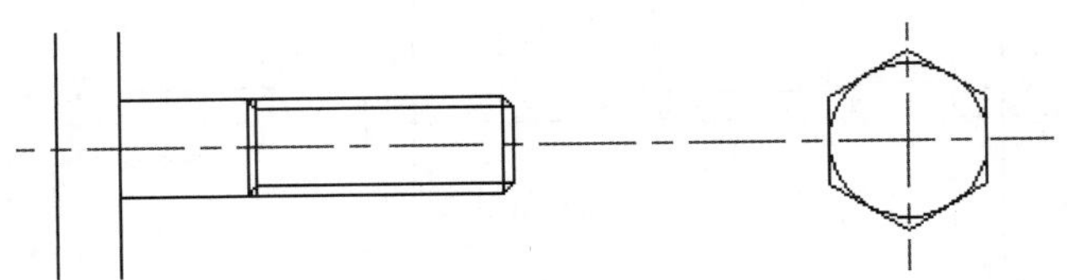

图 7-29　螺栓左视图

5．补全主视图

（1）绘制螺栓头倒圆角。单击“默认”选项卡“修改”面板中的“偏移”按钮⋐，偏移量为 1，绘制偏移直线 AB，如图 7-30 所示；单击“默认”选项卡“修改”面板中的“倒角”按钮，倒角距离为 1，并对图形进行修剪和编辑，结果如图 7-31 所示。

（2）仿照螺母的两视图绘制过程，利用左视图的定位点反过来完成螺栓主视图的绘制。先绘制辅助定位线，再绘制六角螺帽的轮廓倒角和圆弧投影线，最后补全和修剪图形，绘制结果如图 7-32 所示。

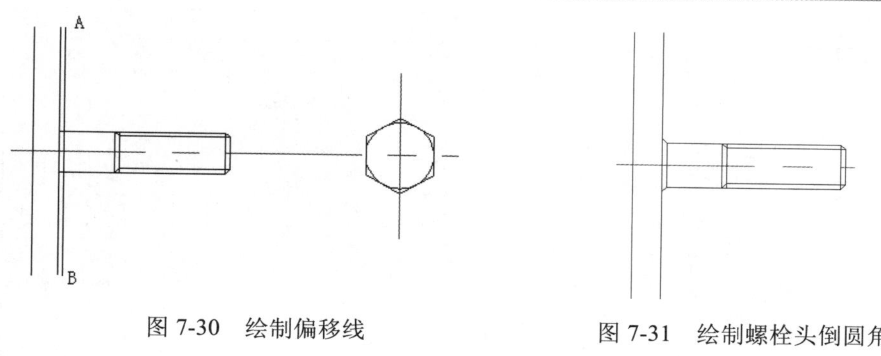

图 7-30　绘制偏移线　　　　图 7-31　绘制螺栓头倒圆角

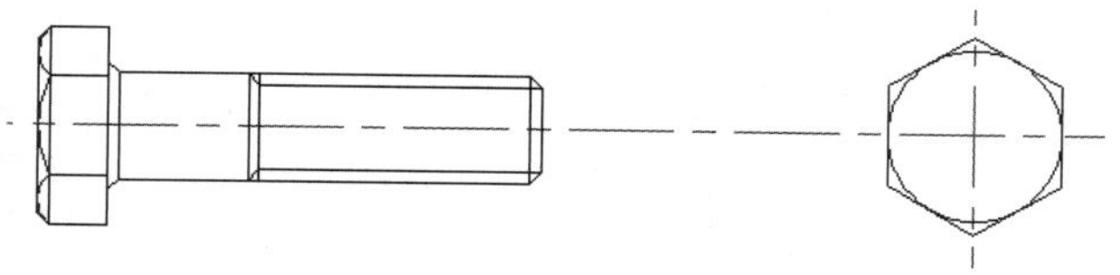

图 7-32　螺栓主视图和左视图

7.2.3 标注螺栓

（1）切换图层。将“尺寸标注层”设置为当前图层。

（2）主视图标注。单击“默认”选项卡“注释”面板中的“线性”按钮，标注螺栓，长度为 40，螺纹有效长度为 26，螺栓六角头宽度为 7.4。

（3）螺栓直径标注。在左视图标注螺栓直径，单击“默认”选项卡“注释”面板中的“直径”按钮，得到的效果如图 7-33 所示。

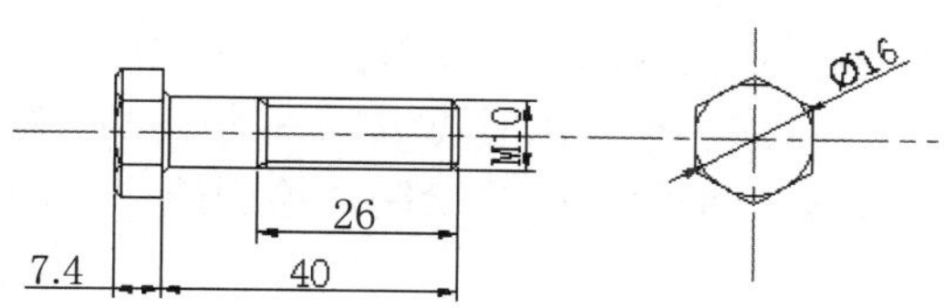

图 7-33　标注螺栓

（4）标注技术要求。将“注释层”设定为当前图层。单击“默认”选项卡“注释”面板中的“多行文字”按钮 A，标注技术要求，如图 7-34 所示。

技术要求
1. 应经时效处理，消除内应力。
2. 未注倒角 $C1$。

图 7-34　标注技术要求

7.2.4 填写标题栏

（1）切换图层。将“标题栏层”设定为当前图层。

（2）填写标题栏。在标题栏中填写相关文本。

螺栓 M10×40 的最终效果如图 7-35 所示。

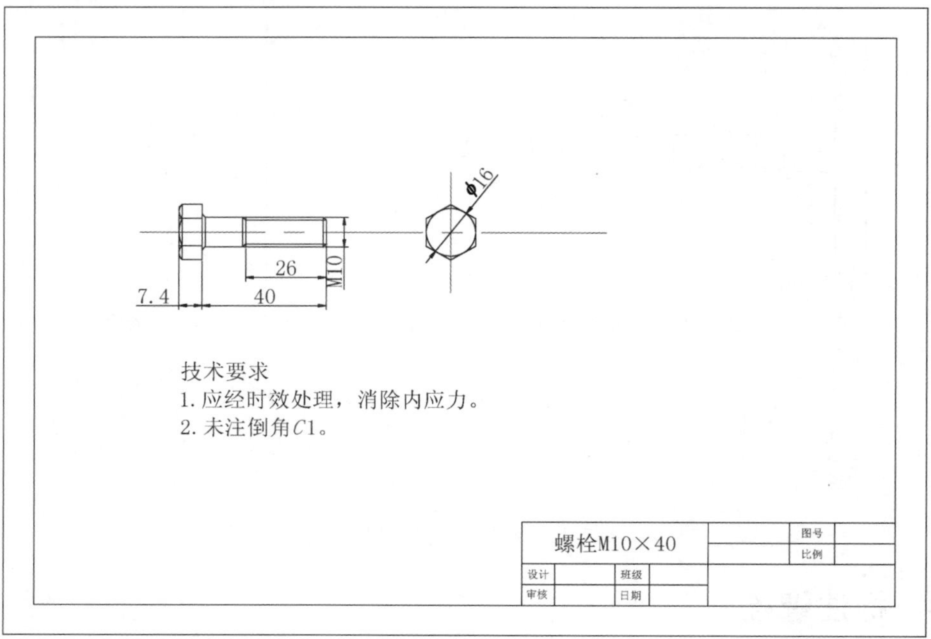

图 7-35　螺栓 M10×40 设计

7.3　传动轴设计

轴类零件是机械零件中的一种典型的机件，它是有一系列同轴回转体的零件，其上分布有各种键槽。在机械零件图中主要是绘制轴的主视图，局部细节用局部剖视图、局部放大视图等来表现。它的主视图具有对称性，作图时可以以轴的中心线为相对位置，在绘制完轴的上半部后，应用镜像命令完成整个轴轮廓图的绘制。绘制的传动轴如图 7-36 所示。

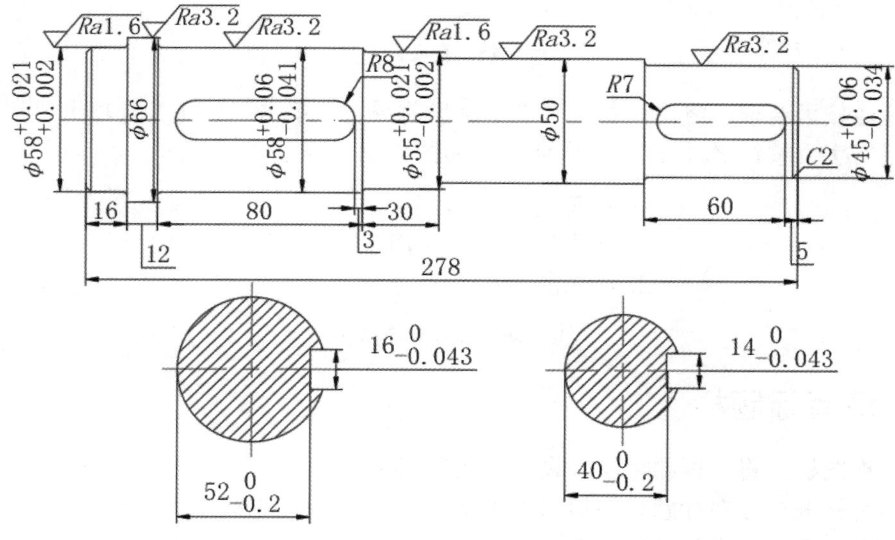

图 7-36　传动轴

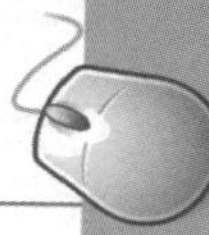

7.3.1 配置绘图环境

1. 建立新文件

建立新文件。打开 AutoCAD 2022 应用程序，以“A3.dwt”样板文件为模板，建立新文件；将新文件命名为“传动轴.dwg”并保存。

2. 新建图层

单击“默认”选项卡“图层”面板中的“图层特性”按钮，❶打开“图层特性管理器”对话框，❷新建图层如图 7-37 所示。

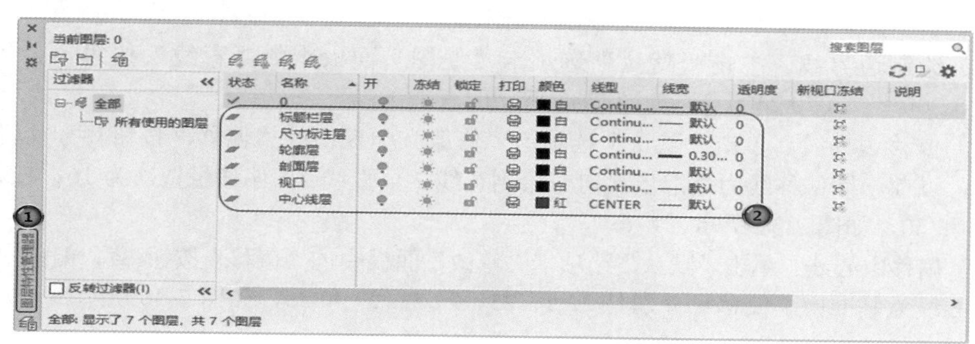

图 7-37 新建图层

3. 设置尺寸标注风格

（1）单击“默认”选项卡“注释”面板中的“标注样式”按钮，弹出“标注样式管理器”对话框。单击“新建”按钮，弹出“创建新标注样式”对话框。样式名称为“机械制图标注”，基础样式为“Standard”，用于下拉列表中选择“所有标注”。

（2）单击“继续”按钮，打开“新建标注样式”对话框。其中有 7 个选项卡，可对新建的“机械制图标注”样式的风格进行设置。在“线”选项卡中，将“基线间距”设置为 13，“超出尺寸线”设置为 2.5。

（3）在“符号和箭头”选项卡中将“箭头大小”设置为 5。

（4）“文字”选项卡设置。“文字高度”设置为 7，“从尺寸线偏移”设置为 2，“文字对齐”采用 ISO 标准。

（5）“调整”选项卡设置采用默认。“文字位置”选项组中选择“尺寸线上方，带引线”。

（6）“主单位”选项卡设置。“舍入”设置为 0，小数分隔符为“句点”。

（7）“换算单位”选项卡不进行设置；“公差”选项卡暂不设置，后面用到时再进行设置。

（8）设置完毕后，回到“标注样式管理器”对话框，单击“置为当前”按钮，将新建的“机械制图标注”样式设置为当前使用的标注样式。

注意：普通尺寸标注中不需要标注公差，也就不需要设置公差；只有在需要标注尺寸公差时，才进行设置；若一开始就设置了公差，则所有尺寸标注都将带有公差。所以在后面需要使用公差标注时，再设置公差选项。

7.3.2 绘制传动轴

1. 绘制中心线

（1）切换图层。将“中心线层”设定为当前图层。

（2）绘制主视图中心线。单击“默认”选项卡“绘图”面板中的“直线”按钮╱，绘制直线{（60,200），（360,200）}，如图 7-38 所示。

图 7-38 绘制中心线

2. 绘制传动轴主视图

（1）切换图层。将“轮廓层”设置为当前图层。

（2）绘制边界线。单击“默认”选项卡“绘图”面板中的“直线”按钮╱，绘制直线{（70,200），（70,240）}，如图 7-39 所示的直线 1。

（3）偏移边界线。单击“默认”选项卡“修改”面板中的“偏移”按钮⊆，以直线 1 为起始，以前一次偏移线为基准依次向右绘制直线 2 至直线 7，偏移量依次为 16、12、80、30、80 和 60，如图 7-39 所示。

（4）偏移中心线。单击“默认”选项卡“修改”面板中的“偏移”按钮⊆，偏移中心线，均以中心线为基准向上偏移量分别是 22.5、25、27.5、29 和 33，如图 7-40 所示。

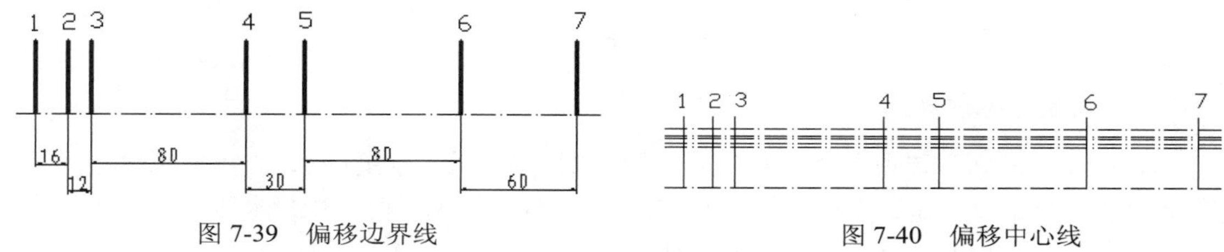

图 7-39 偏移边界线

图 7-40 偏移中心线

（5）更改图形对象的图层属性。选中 5 条偏移中心线，单击“默认”选项卡“图层”面板中的▾下拉按钮，弹出下拉菜单，单击鼠标左键选择“轮廓层”，将其图层属性设置为“轮廓层”，单击结束。更改后的效果如图 7-41 所示。

注意：在 AutoCAD 2022 中，更改图层属性的另一种方法是：在图形对象上单击鼠标右键，弹出快捷菜单，选择“特性”命令，弹出“特性”对话框，更改其图层属性。

（6）修剪纵向直线。单击“默认”选项卡“修改”面板中的“修剪”按钮✂，以 5 条横向直线作为剪切边，对 7 条纵向直线进行修剪，结果如图 7-42 所示。

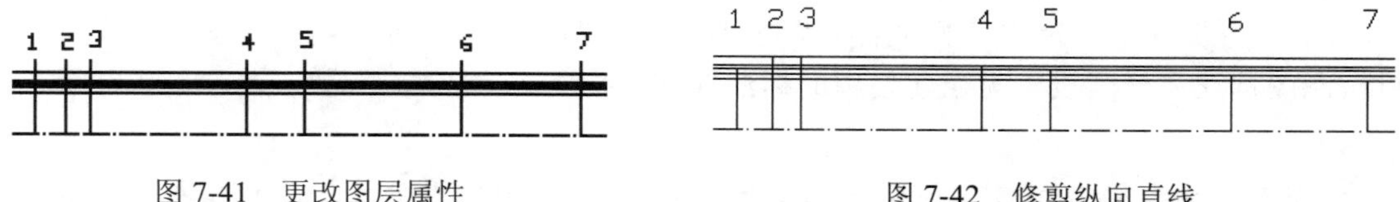

图 7-41 更改图层属性

图 7-42 修剪纵向直线

（7）修剪横向直线。用同样方法，单击“默认”选项卡“修改”面板中的“修剪”按钮✂，以 7 条纵向直线作为剪切边，对 5 条横向直线进行修剪，结果如图 7-43 所示。

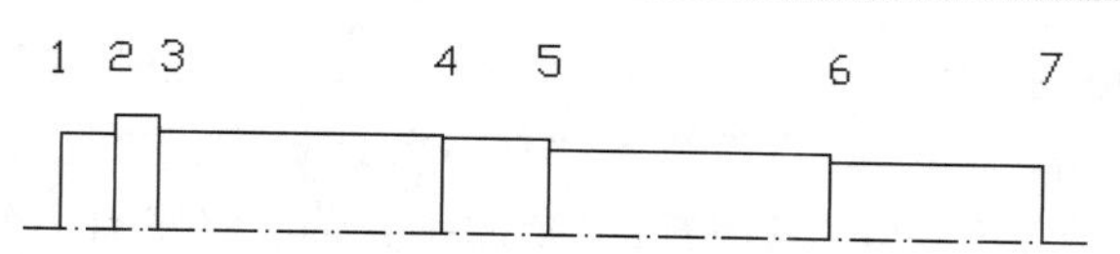

图 7-43　修剪横向直线

（8）端面倒直角。单击“默认”选项卡“修改”面板中的“倒角”按钮，采用修剪、角度、距离模式，倒角大小为 C2，对左右端面的两条直线倒直角。

（9）补全端面线。单击“默认”选项卡“绘图”面板中的“直线”按钮，利用“对象捕捉”，补全左右的端面线，如图 7-44 所示。

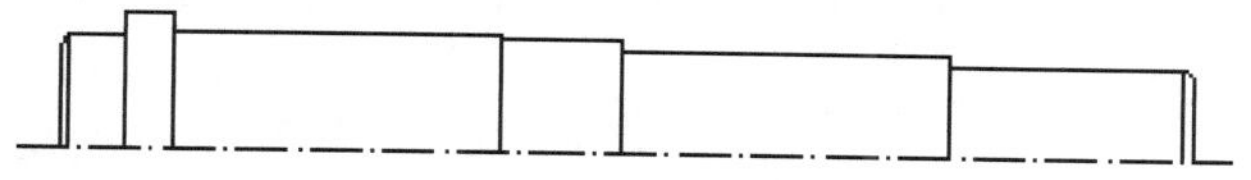

图 7-44　端面倒直角

（10）台阶面倒圆角。单击“默认”选项卡“修改”面板中的“圆角”按钮，采用不修剪、半径模式，圆角半径为 1.5，依次选择传动轴中的 5 个台阶面进行倒圆角，如图 7-45 所示。

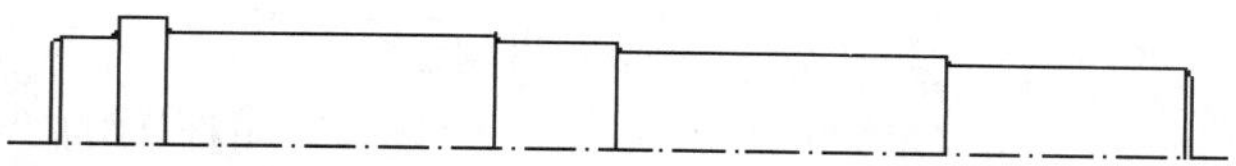

图 7-45　台阶面倒圆角

（11）修剪圆角边。由于采用了不修剪模式下的倒圆角操作，在每处圆角边都存在多余的边，单击“默认”选项卡“修改”面板中的“修剪”按钮，将其删除，结果如图 7-46(b)所示。

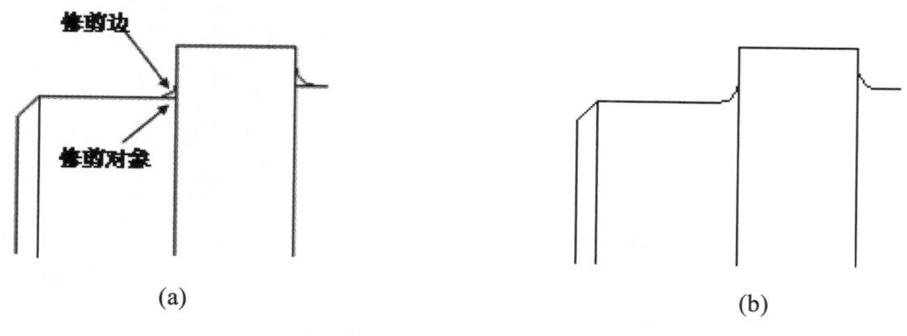

图 7-46　修剪圆角边

（12）绘制键槽轮廓线。单击“默认”选项卡“修改”面板中的“偏移”按钮，结果如图 7-47 所示。

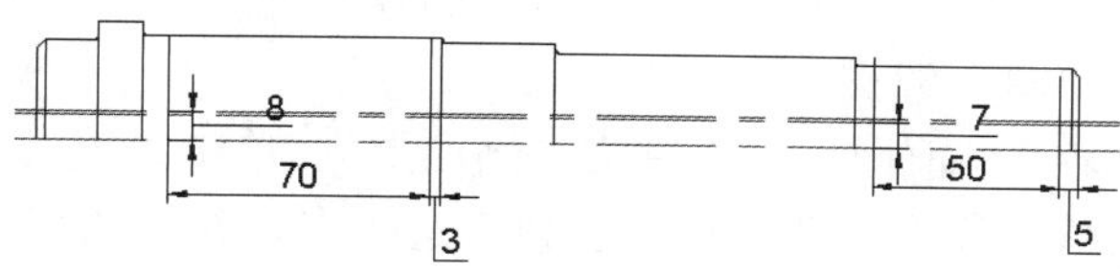

图 7-47　绘制键槽轮廓线

（13）更改偏移中心线的图层属性。将两条中心线从“中心线层”转为“轮廓层”。

（14）键槽倒圆角。单击“默认”选项卡“修改”面板中的“圆角”按钮，采用修剪、半径模式，左侧键槽圆角半径为 8，右侧键槽圆角半径为 7，如图 7-48 所示。

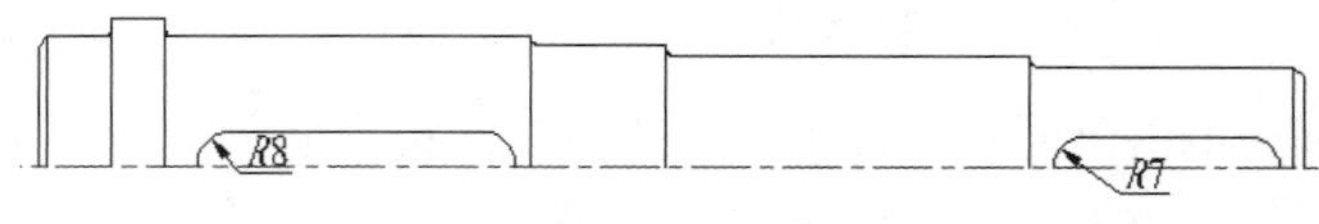

图 7-48　倒圆角后的键槽

（15）镜像成形。单击“默认”选项卡“修改”面板中的“镜像”按钮，完成传动轴下半部分的绘制。至此，传动轴的主视图绘制完毕，如图 7-49 所示。

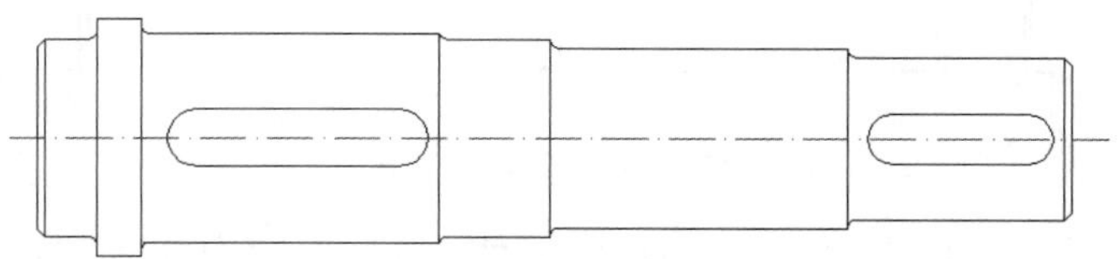

图 7-49　传动轴主视图

3. 绘制键槽剖面图

（1）切换图层。将“中心线层”设定为当前图层。

（2）绘制剖面图中心线。单击“默认”选项卡“绘图”面板中的“直线”按钮，绘制两组十字交叉直线，直线{（100,100），（170,100）}和直线{（135,65），（135,135）}，直线{（250,100），（310,100）}和直线{（280,70），（280,130）}，如图 7-50 所示。

（3）绘制剖面圆。先切换图层，将当前图层设置为“轮廓层”，单击“默认”选项卡“绘图”面板中的“圆”按钮，绘制两个圆，一圆心为（135, 100），半径为 29，另一圆心为（280, 100），半径为 22.5。结果如图 7-51 所示。

图 7-50　绘制剖面图中心线　　　图 7-51　绘制剖面圆

（4）绘制键槽轮廓线。单击“默认”选项卡“修改”面板中的“偏移”按钮，在左右两个圆上各自绘制 3 条直线，左侧圆上下偏移量为 8，水平偏移量为 6；右侧圆上下偏移量为 7，水平偏移量为 5.5；如图 7-52 所示，注意中心线的偏移线同样需要更改其图层属性。

（5）绘制键槽。单击“默认”选项卡“修改”面板中的“修剪”按钮，通过剪切 3 条偏移直线，形成键槽，如图 7-53 所示。

（6）绘制剖面线。将“当前图层”设置为“剖面层”。单击“默认”选项卡“绘图”面板中的“图案填充”按钮，弹出“图案填充创建”选项卡，在“图案填充图案”下拉列表中选择“ANSI31”图案，将“图案填充角度”设置为 0，“填充图案比例”设置为 1，其他为默认值。单击“选择边界对象”按钮，选择如图 7-54 所示的键槽剖面轮廓线，单击“关闭图案填充创建”按钮，完成剖面线的绘制，如图 7-55 所示。至此，键槽的剖面图绘制工作完成。

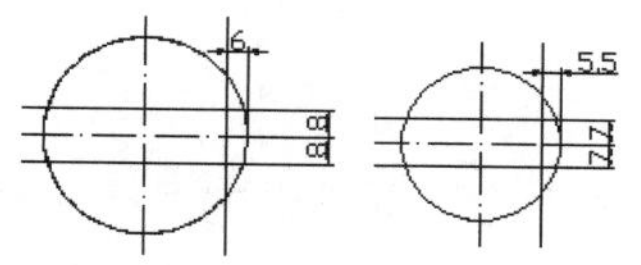

图 7-52　绘制键槽轮廓线

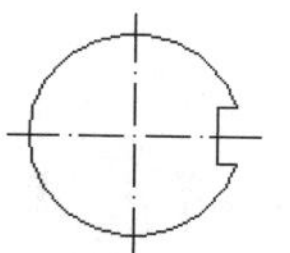

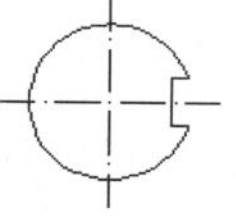

图 7-53　剪切形成键槽

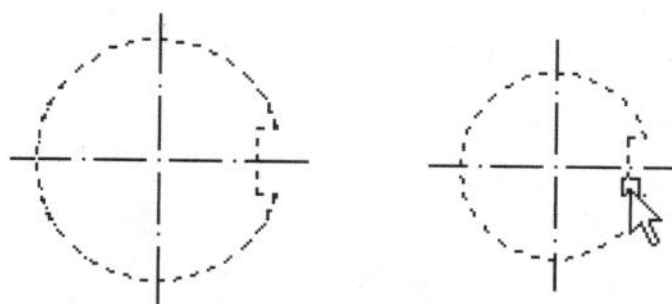

图 7-54　选择剖面轮廓线

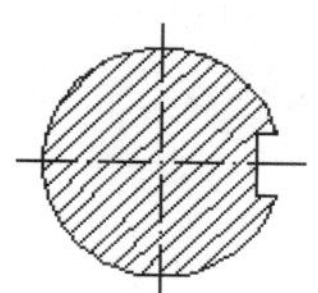

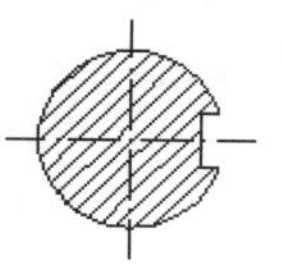

图 7-55　绘制剖面线

7.3.3 标注传动轴

1．无公差尺寸标注

（1）切换图层。将“尺寸标注层”设定为当前图层。

（2）快速标注。单击“注释”选项卡“标注”面板中的“快速”按钮，光标由“十字”变为“小方块”，如图 7-56 所示。选择传动轴左侧的 5 条直线，标注结果如图 7-57 所示。

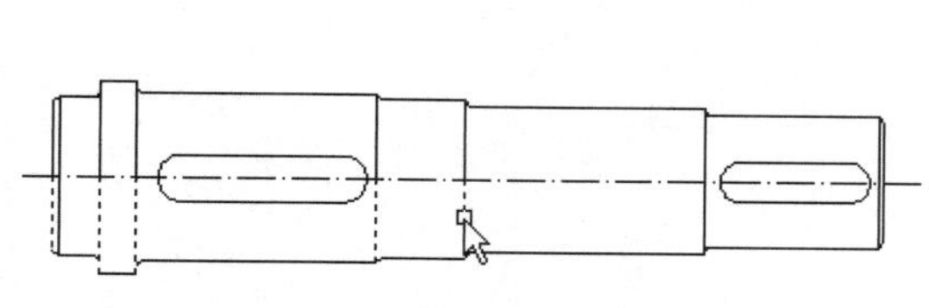

图 7-56　选择需要标注的直线

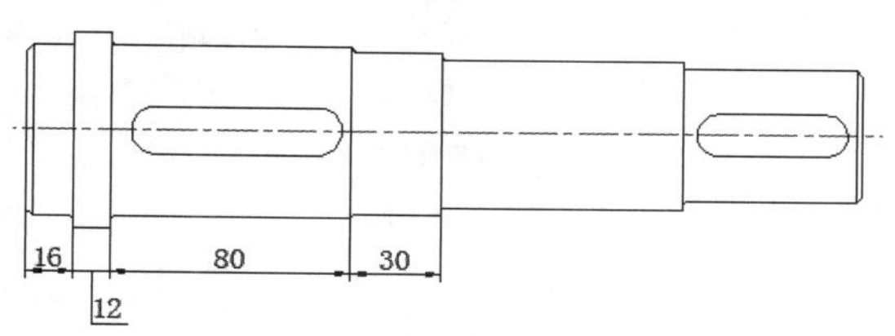

图 7-57　快速标注

（3）线性标注。单击“默认”选项卡“注释”面板中的“线性”按钮，标注出传动轴主视图的其他无公差尺寸 3、5、60、278、ϕ50、ϕ66，单击“默认”选项卡“注释”面板中的“半径”按钮，标注半径 *R*7、*R*8。在命令行中输入 QLEADER 命令标注倒角尺寸 *C*2，如图 7-58 所示。

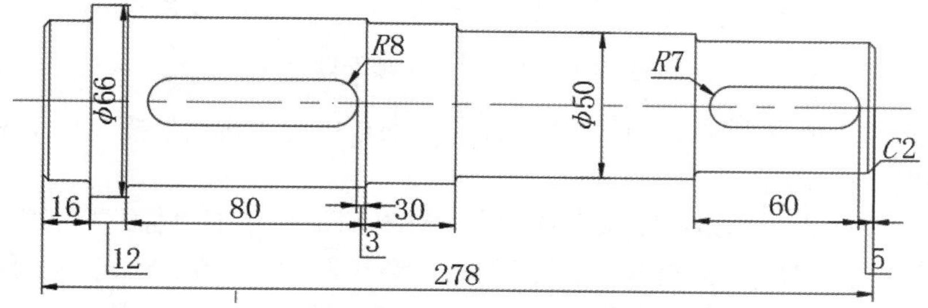

图 7-58　绘制主视图的其他尺寸标注

注意：“快速标注”是比较常用的标注命令，它可以连续选择一组直线，进而连续标注，它比一般的线性标注更方便使用于类似传动轴零件的标注。标注轴径时使用特殊符号表示法“%%C”表示“Ø”，例如“%%C50”表示“Ø50”。

2. 带公差尺寸标注

（1）设置带公差标注样式。单击“默认”选项卡“注释”面板中的“标注样式”按钮，打开“标注样式管理器”对话框，单击“新建”按钮，❶建立一个名为“机械制图样式（带公差）”的样式，❷“基础样式”为“机械制图样式”，如图 7-59 所示。❸单击“继续”按钮。❹在弹出的“新建标注样式”对话框中，❺选择“公差”选项卡，设置如图 7-60 所示。并把“机械制图样式（带公差）”的样式设置为当前使用的标注样式。

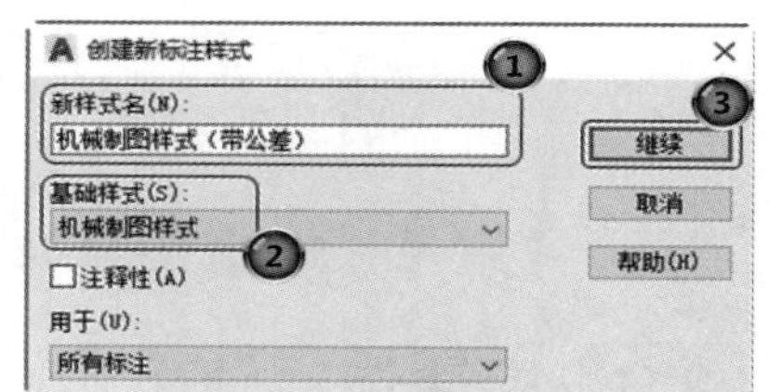

图 7-59　新建标注样式

注意：由于要标注公差，因此必须建立公差标注样式。AutoCAD 2022 中可以定义多种不同的标注样式，每一种形式的标注都有与它相关联的标注样式。当标注样式修改存储后，所有利用此样式标注的尺寸都会发生变化。

在填写下偏差数值时，系统默认为负值，如果下偏差的值为正，则必须在数值前加负号。

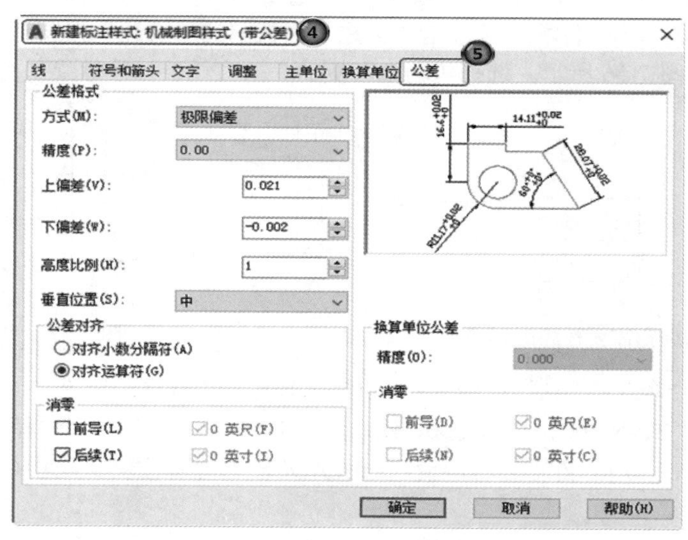

图 7-60　“公差”选项卡设置

（2）线性标注。单击“默认”选项卡“注释”面板中的“线性”按钮，标注轴径带公差的尺寸，如图 7-61 所示。

（3）替代标注样式。单击“默认”选项卡“注释”面板中的“标注样式”按钮，打开“标注样式管理器”对话框，单击“替代”按钮，❶打开“替代当前样式”对话框，如图 7-62 所示。❷在“公差”选项卡中重新设置公差值，❸单击“确定”按钮退出。再单击“标注样式管理器”对话框的“关闭”按钮。

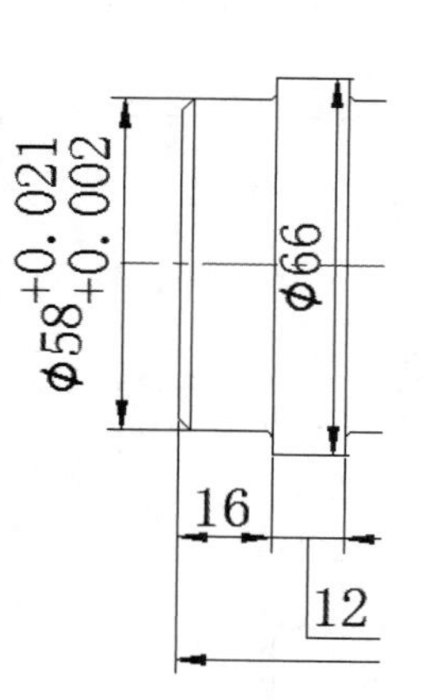

图 7-61　标注公差尺寸

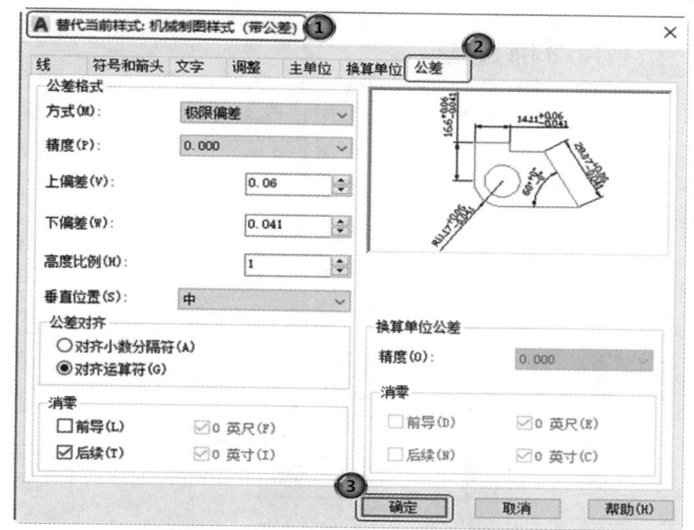

图 7-62　“替代当前样式”对话框

（4）继续标注尺寸公差。与上面方法相同，设置不同的替代公差值标注尺寸公差，结果如图 7-63 所示。

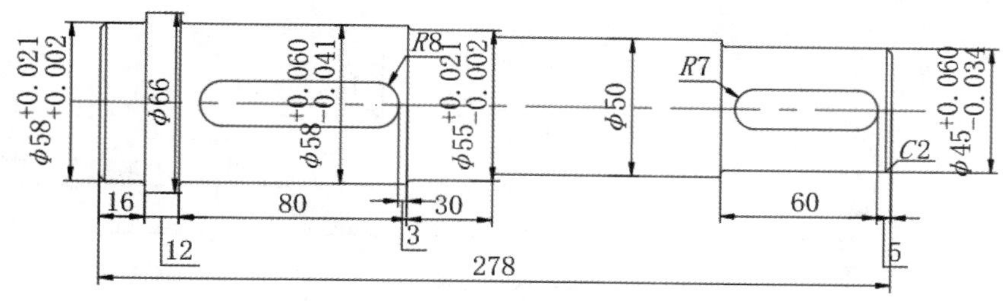

图 7-63　完成主视图极限偏差标注

（5）标注粗糙度。单击“默认”选项卡“块”面板中的“插入”下拉菜单，插入源文件/图块中的粗糙度块，单击“默认”选项卡“注释”面板中的“多行文字”按钮 A，标注粗糙度，结果如图 7-64 所示。

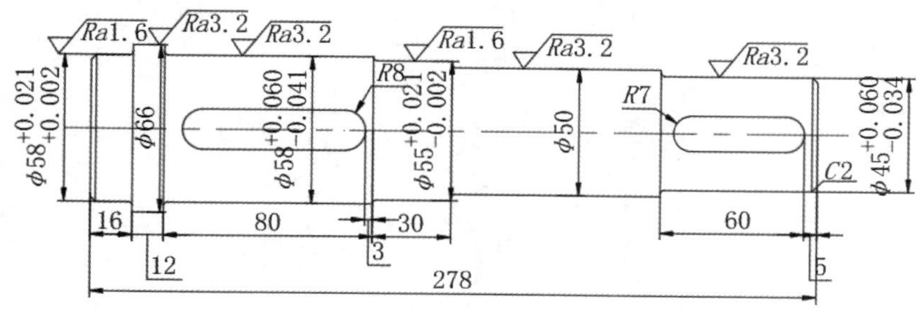

图 7-64　标注粗糙度

（6）标注剖面图的公差尺寸。使用同样的方法标注剖面图公差尺寸，效果如图 7-65 所示。

（7）填写技术要求。使用多行文字命令，创建技术要求，结果如图 7-65 所示。

7.3.4 填写标题栏

将“标题栏层”设置为当前图层，在标题栏中填写“传动轴”。传动轴设计的最终效果图如图 7-65 所示。

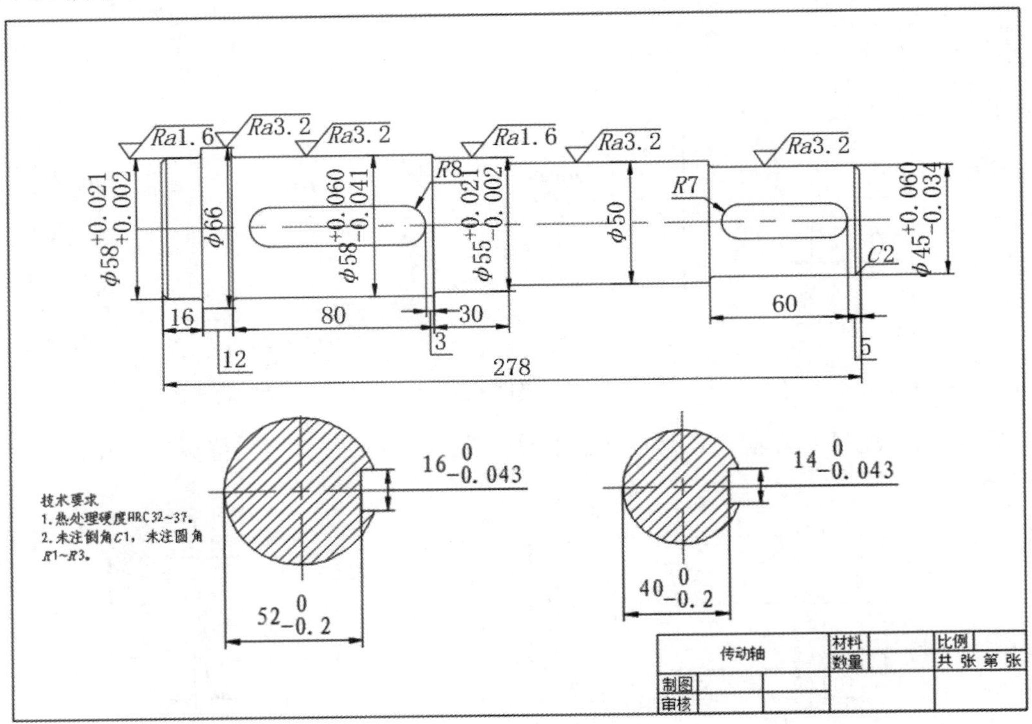

图 7-65 传动轴设计

7.4 轴承设计

轴承零件的绘制过程分为两个阶段，先绘制主视图，然后完成剖面左视图的绘制。再次使用多视图互相投影对应关系绘制图形的方法。绘制的轴承如图 7-66 所示。

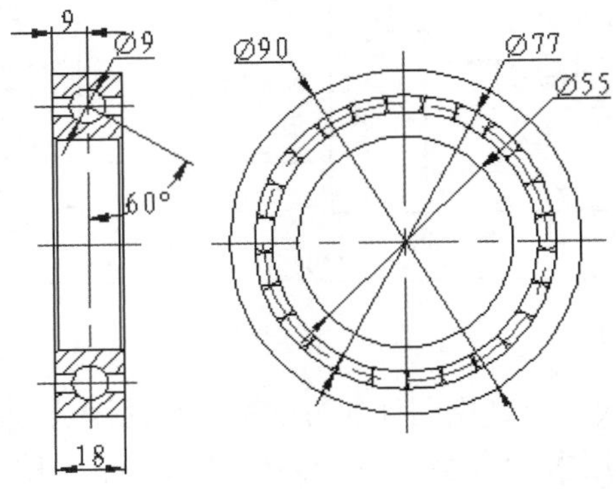

图 7-66 轴承零件

7.4.1 配置绘图环境

（1）建立新文件。打开 AutoCAD 2022 应用程序，以“A4 竖向样板图”样板文件为模板，建立新文件。

（2）选择菜单栏中的“格式/图层”命令，❶打开“图层特性管理器”对话框，❷创建 5 个图层，新建图层如图 7-67 所示。

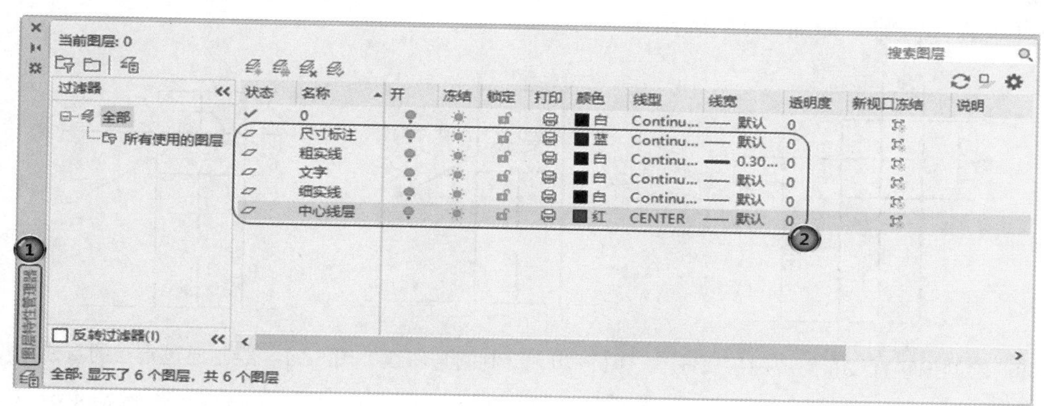

图 7-67 新建图层

7.4.2 绘制轴承

1. 绘制中心线

（1）切换图层。将“中心线层”设定为当前图层。

（2）绘制中心线。单击“默认”选项卡“绘图”面板中的“直线”按钮╱，绘制直线{（40,180），（200,180）}。

2. 绘制轴承主视图

（1）切换图层。将当前图层从“中心线”层切换到“粗实线”层。

（2）缩放和平移视图。利用“缩放”和“平移”命令将视图调整到易于观察的程度。

（3）绘制轮廓线。单击“默认”选项卡“绘图”面板中的“直线”按钮╱，绘制连续线段{（50,180），（50,225），（@18,0），（@0,–45）}。绘制结果如图 7-68 所示。

注意：在输入点坐标时，既可以输入该点的绝对坐标，也可以输入其相对上一点的相对坐标，形如“@△x，△y，△z”。而且在很多时候某些点的绝对坐标不可能精确得到，此时使用相对坐标将为绘图带来很大方便。

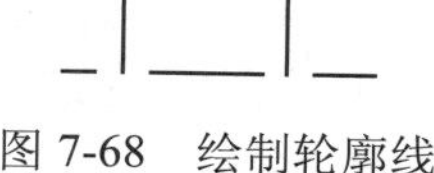

图 7-68 绘制轮廓线

（4）偏移直线。单击“默认”选项卡“修改”面板中的“偏移”按钮⊆，更改偏移直线的图层属性，结果如图 7-69 所示。

（5）绘制滚珠。单击“默认”选项卡“绘图”面板中的“圆”按钮⊙，圆心为（59，217.25）

绘制半径为 4.5 的圆，如图 7-70 所示。

（6）绘制斜线。单击“默认”选项卡“绘图”面板中的“直线”按钮 ，采用极坐标下的直线长度、角度模式。直线起点为圆心点，直线长度为 30、角度为–30°，即“指定下一点或[放弃（U）]: @ 30<–30”，如图 7-70 所示。

（7）绘制水平直线。单击“默认”选项卡“绘图”面板中的“直线”按钮 ，通过圆与斜线的交点绘制一条水平直线，单击“默认”选项卡“修改”面板中的“修剪”按钮 ，对水平直线进行修剪，如图 7-71 所示。

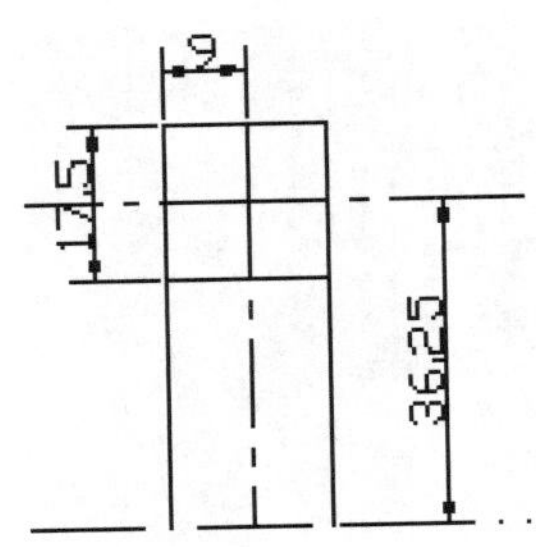

图 7-69　绘制偏移直线和更改图层属性

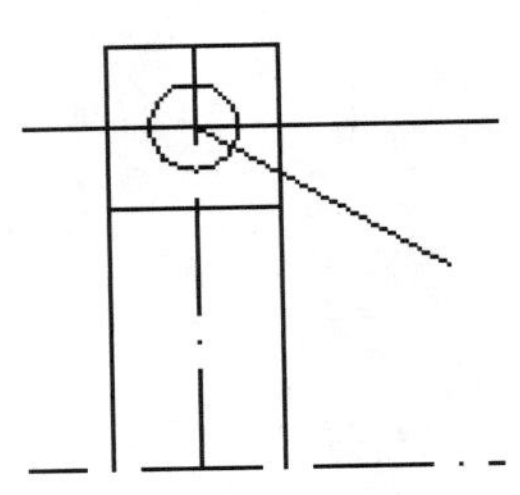

图 7-70　绘制圆与斜线

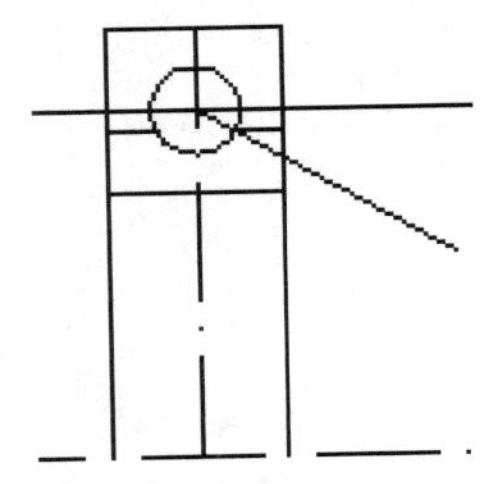

图 7-71　绘制通过定点的直线与修剪

（8）倒圆角。单击“默认”选项卡“修改”面板中的“圆角”按钮 ，圆角半径为 1，对外侧两个直角采用修剪模式倒角，单击“默认”选项卡“修改”面板中的“倒角”按钮 ，对内侧两个直角采用不修剪模式倒角，倒角距离为 1，对内侧两个直角采用不修剪模式倒角，如图 7-72(a)所示。

（9）图形修剪。单击“默认”选项卡“修改”面板中的“修剪”按钮 ，对内侧两个倒角进行修剪，结果如图 7-72(b)所示。

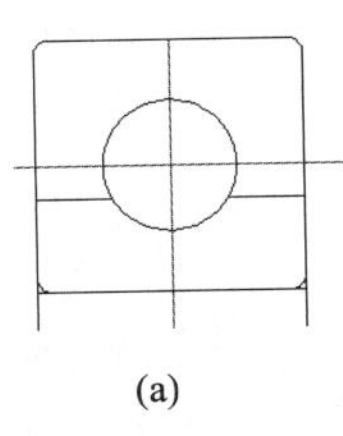

(a)

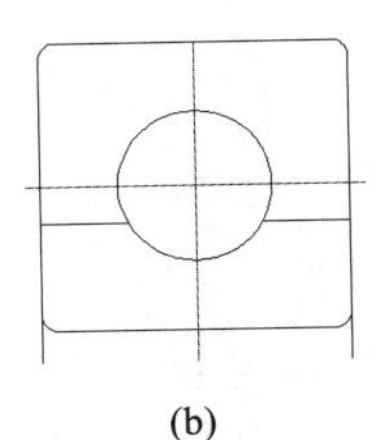

(b)

图 7-72　倒圆角

（10）镜像图形。单击“默认”选项卡“修改”面板中的“镜像”按钮 ，进行两次镜像，先镜像滚珠槽的轮廓线，再镜像上半个轴承，结果如图 7-73 所示。

（11）补充轮廓线。单击“默认”选项卡“绘图”面板中的“直线”按钮 ，绘制左右轮廓线直线，如图 7-74 所示。

（12）绘制剖面线。将当前图层设置为“细实线”层，单击“默认”选项卡“绘图”面板中的“图案填充”按钮 ，完成主视图绘制，如图 7-74 所示。

3．绘制轴承左视图

（1）绘制左视图定位中心线。将“中心线层”设定为当前图层，单击“默认”选项卡“绘图”面板中的“直线”按钮 ，绘制直线{（140,130），（140,230）}，绘制结果如图 7-75 所示。

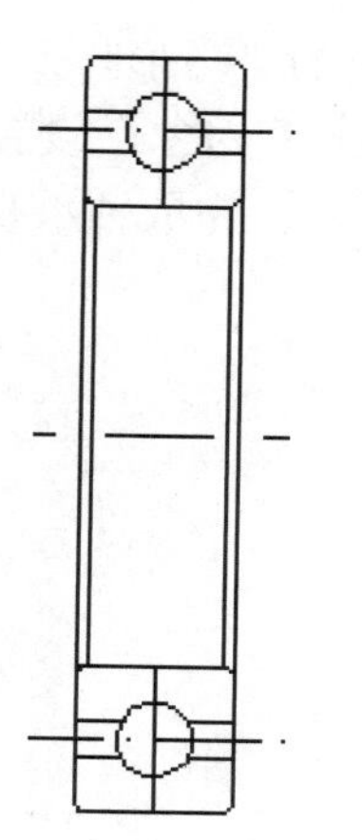

图 7-73　图形镜像

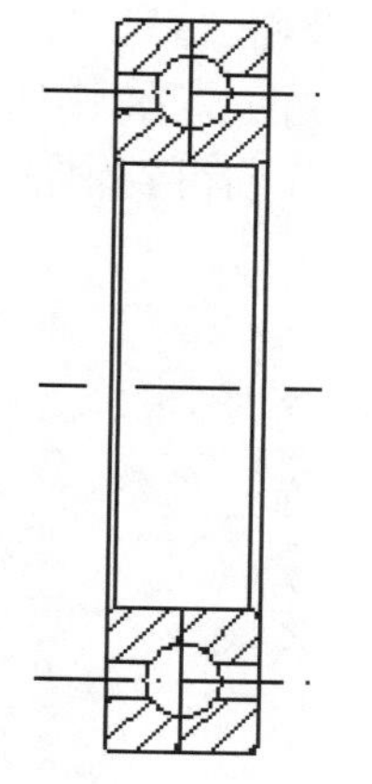

图 7-74　轴承主视图

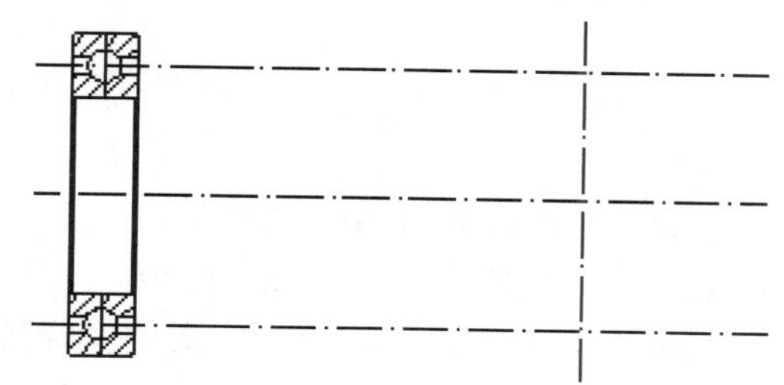

图 7-75　绘制左视图定位中心线

注意：轴承左视图主要由同心圆和一系列滚珠圆组成。左视图是在主剖视图的基础上生成的，因此需要借助主视图的位置信息进行绘制，即从主视图引出相应的辅助线，然后进行必要的修剪和添加。

（2）绘制辅助水平线。将“粗实线”层设置为当前图层，单击“默认”选项卡“绘图”面板中的“直线”按钮，捕捉特征点，利用“正交”功能从主视图中引出 6 条水平直线，如图 7-76 所示。

（3）绘制 5 个圆。单击“默认”选项卡“绘图”面板中的“圆”按钮，圆心（140，180），半径依次捕捉辅助线与中心线的交点，注意中间的圆，更改其图层属性为“中心线层”，删除辅助直线，如图 7-77 所示。

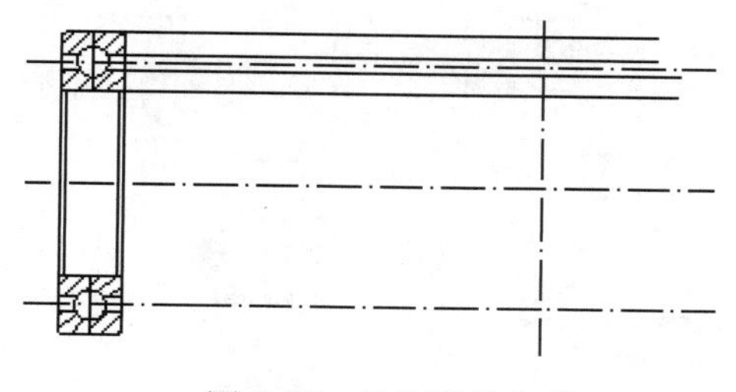

图 7-76　绘制辅助直线

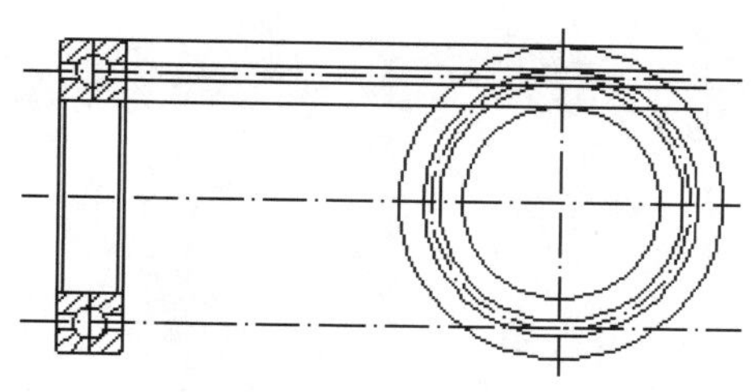

图 7-77　绘制左视图轮廓圆

（4）绘制滚珠。单击“默认”选项卡“绘图”面板中的“圆”按钮，圆心为捕捉中心线与圆弧中心线的交点，半径为 4.5，并进行修剪，如图 7-78 所示。

（5）环形阵列。单击“默认”选项卡“修改”面板中的“环形阵列”按钮，以中心线交点为阵列中心，选取图 7-78 中所绘制的滚珠轮廓线为阵列对象，设置阵列数目为 25，指定填充角度为 360°，阵列得到轴承左视图，如图 7-79 所示。完成轴承视图绘制。

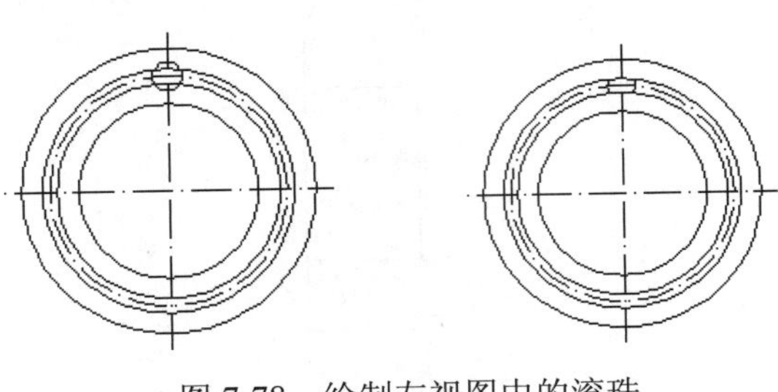

图 7-78　绘制左视图中的滚珠

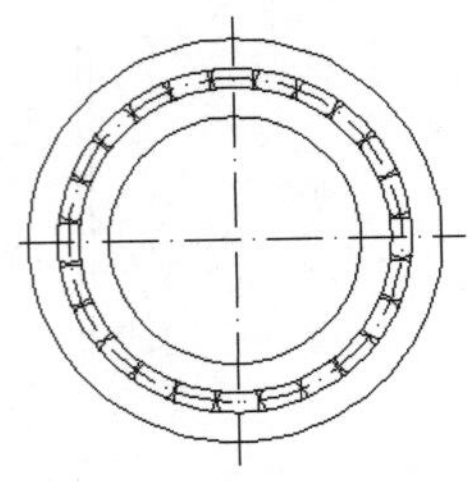

图 7-79　轴承左视图

7.4.3 标注轴承

1. 主视图标注

（1）切换图层。将“尺寸标注”层设置为当前图层。

（2）设置标注样式。单击“默认”选项卡“注释”面板中的“标注样式”按钮，在“标注样式管理器”对话框中新建“机械制图”标注样式，并将其设置为当前使用的标注样式。

（3）标注轴承宽度和圆环宽度。单击“默认”选项卡“注释”面板中的“线性”按钮，标注轴承宽度为 18，如图 7-80 所示。

（4）标注滚珠直径。单击“默认”选项卡“注释”面板中的“直径”按钮，标注滚珠直径为 Ø9，如图 7-80 所示。

（5）标注角度。单击“默认”选项卡“注释”面板中的“角度”按钮，标注角度 60°。单击“默认”选项卡“修改”面板中的“打断”按钮，删掉过长的中心线，如图 7-80 所示。

注意：按照《机械制图》国家标准，角度尺寸的尺寸数字要求水平放置，所以，此处在标注角度尺寸时，要设置替代标注样式，将其中的❶“文字”选项卡中的❷“文字对齐”项设置成“水平”，如图 7-81 所示。

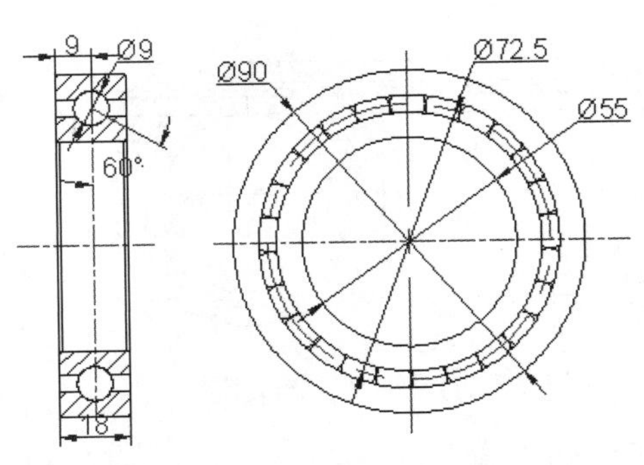

图 7-80　标注轴承主视图及左视图

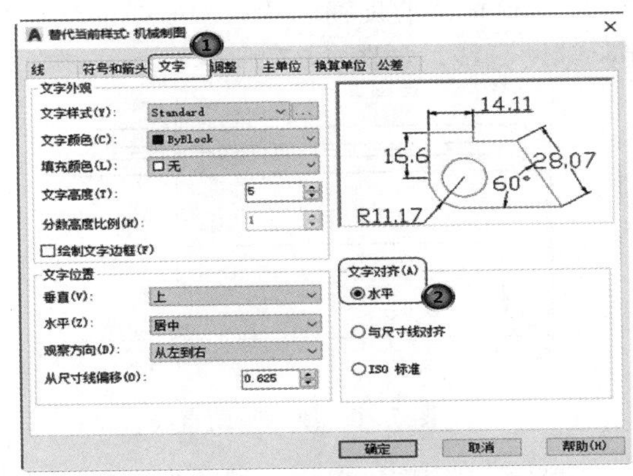

图 7-81　替代标注样式

2. 左视图标注

标注左视图。单击“默认”选项卡“注释”面板中的“直径”按钮，标注直径 Ø55、Ø72.5 和 Ø90，如图 7-82 所示。

7.4.4 填写标题栏

填写标题栏。在标题栏中填写“轴承”文本框。轴承的最终效果如图 7-82 所示。

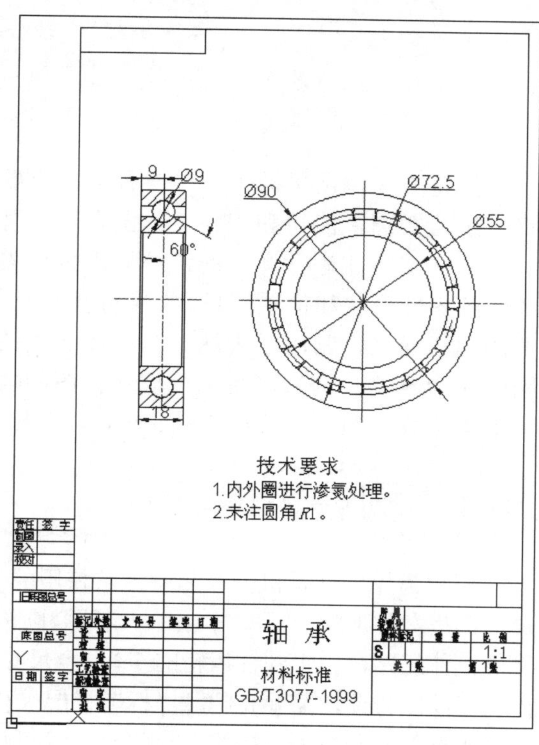

图 7-82 轴承设计

Chapter

8 齿轮类零件设计

齿轮类零件是机械工程中一种非常重要的零件。在这一章中，将通过绘制圆柱齿轮和蜗轮工作图，对另外两种标注——形位公差标注与文字标注进行详尽的讲解。形位公差用于补充尺寸标注无法表达的零件形状和位置信息。文字标注也是AutoCAD图形中极为重要的图形元素，常用于表达一些与图形相关的重要信息，在机械制图中尤为重要，例如可用于标识零件图的加工要求、热处理要求、装配图的装配顺序、设备使用要求，以及标题栏和明细栏的文字等。

8.1 圆柱齿轮设计

圆柱齿轮零件是机械产品中经常使用的一种典型零件，它的主视剖面图呈对称形状，侧视图则由一组同心圆构成，如图8-1所示。本实例的制作思路，由于圆柱齿轮的1∶1全尺寸平面图大于A3图幅，因此为了绘制方便，需要先隐藏“标题栏层”和“图框层”，在绘图窗口中隐去标题栏和图框。按照1∶1全尺寸绘制圆柱齿轮的主视图和侧视图，与前面章节类似，绘制过程中充分利用多视图互相投影对应关系。

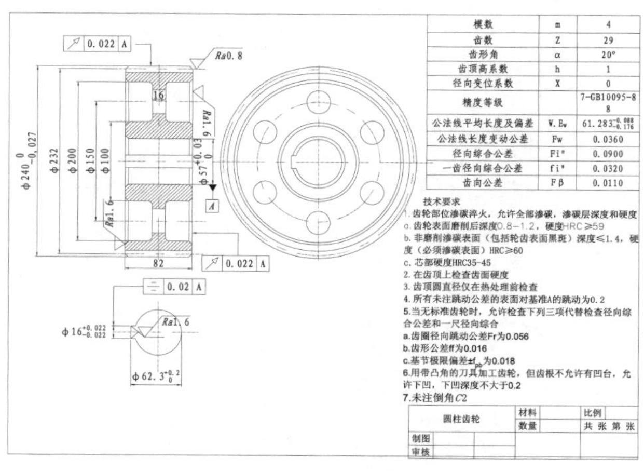

图8-1 圆柱齿轮

8.1.1 配置绘图环境

建立新文件。启动 AutoCAD 2022 应用程序，以“A3 横向样板”文件为模板，建立新文件。

8.1.2 绘制圆柱齿轮

1. 新建图层

单击“默认”选项卡“图层”面板中的“图层特性”按钮，打开“图层特性管理器”对话框，新建图层如图 8-2 所示。

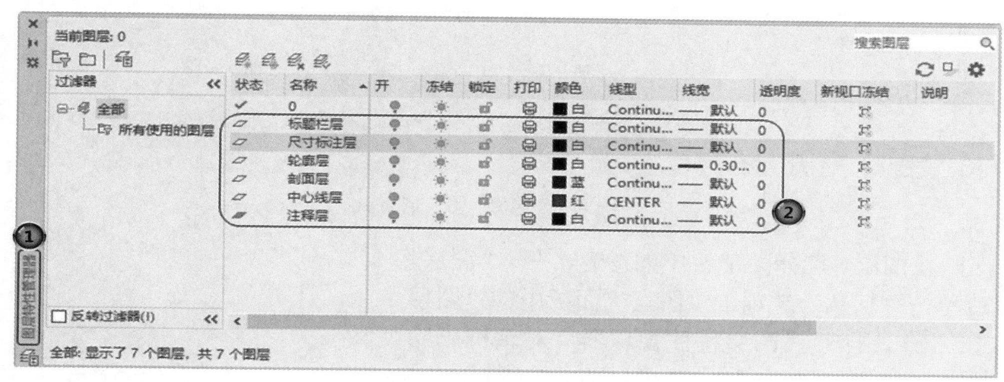

图 8-2　新建图层

2. 绘制中心线与隐藏图层

（1）切换图层。将“中心线层”设定为当前图层。

（2）绘制中心线。单击“默认”选项卡“绘图”面板中的“直线”按钮，绘制直线{（25, 170），（410, 170）}，直线{（75, 47），（75, 292）}和直线{（270, 47），（270, 292）}，如图 8-3 所示。

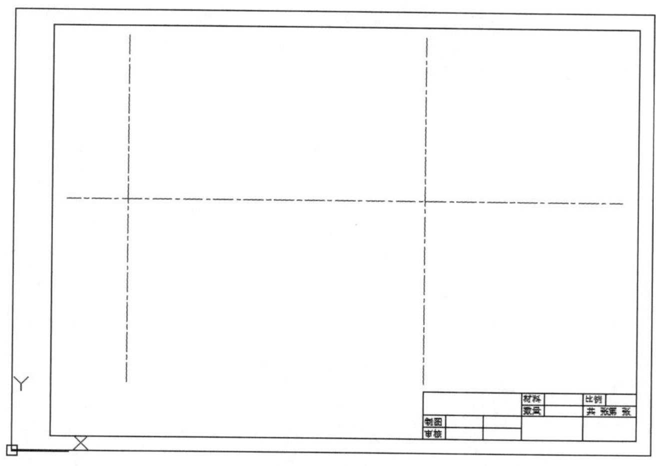

图 8-3　绘制中心线

注意：由于圆柱齿轮尺寸较大，因此先按照 1∶1 比例绘制圆柱齿轮，绘制完成后，再利用“图形缩放”命令将其缩小放入 A3 图纸里。为了绘制方便，隐藏“0”层，隐去标题栏和图框，以使版面干净，利于绘图，如图 8-4 所示。

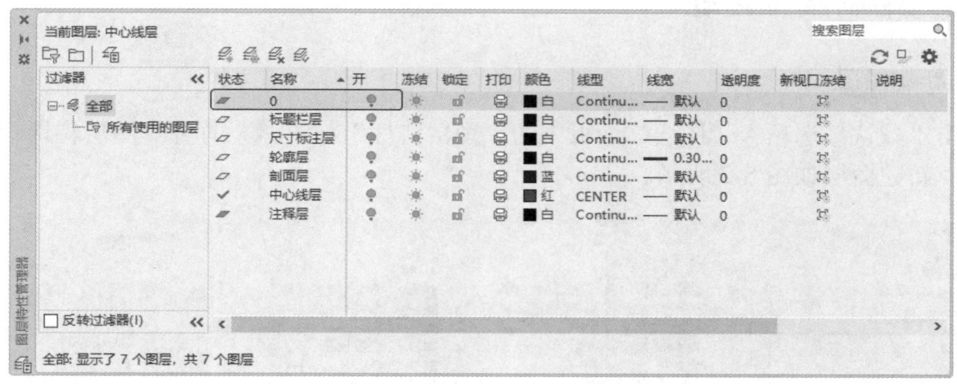

图 8-4　隐藏“0”层

（3）隐藏图层。选择菜单栏中的“格式”→“图层”命令，或单击“默认”选项卡“图层”面板中的“图层特性”按钮，打开“图层特性管理器”对话框，隐藏“标题栏层”和“图框层”，效果如图 8-5 所示。

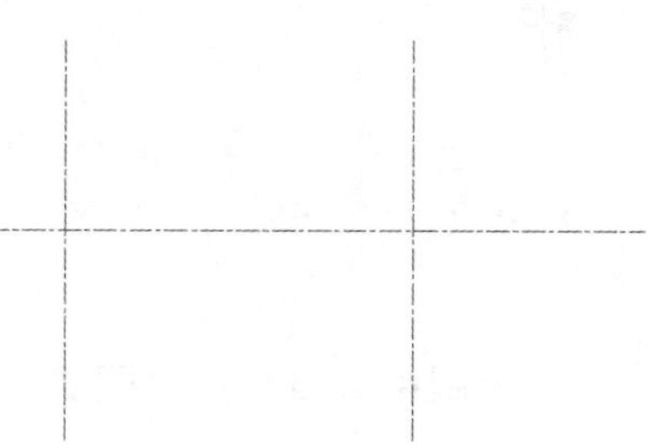

图 8-5　隐藏图层后的绘图窗口

3．绘制圆柱齿轮主视图

（1）绘制边界线。将当前图层从“中心线层”切换到“轮廓层”。单击“默认”选项卡“绘图”面板中的“直线”按钮，利用临时捕捉命令绘制两条直线，结果如图 8-6 所示。

（2）偏移直线。单击“默认”选项卡“修改”面板中的“偏移”按钮，将最左侧的直线向右偏移 33，再将最上部的直线向下偏移，偏移量依次为 8、20、30、60、70 和 91。偏移中心线，向上偏移，偏移量依次为 75 和 116，结果如图 8-7 所示。

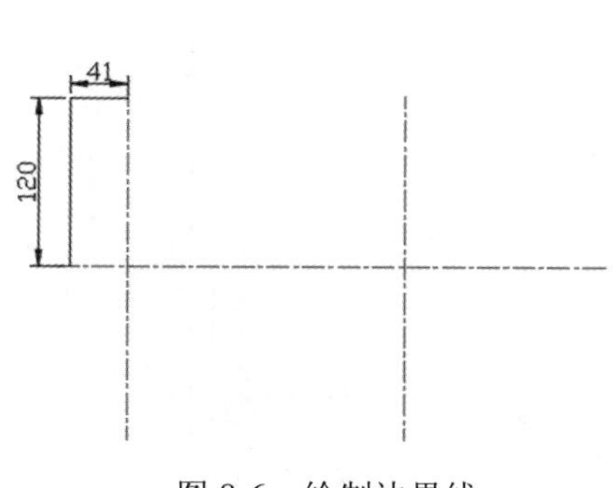

图 8-6　绘制边界线

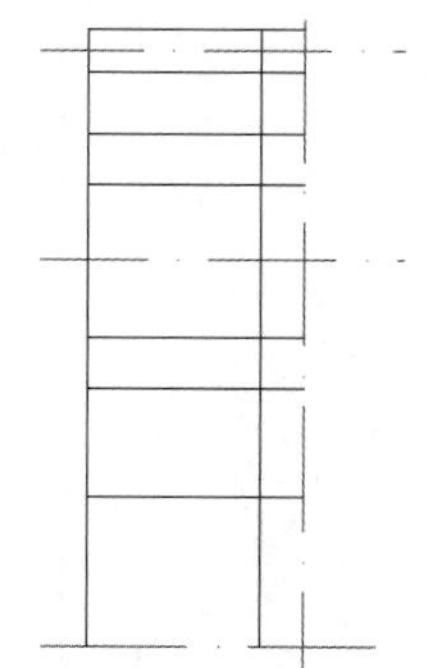

图 8-7　绘制偏移线

（3）图形倒角。单击“默认”选项卡“修改”面板中的“倒角”按钮，进入角度、距

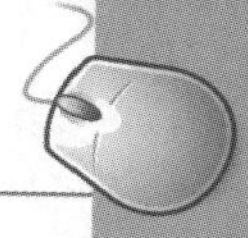

离模式，对齿轮的左上角处倒直角 C4；凹槽端口和孔口处倒直角 C4；单击“默认”选项卡“修改”面板中的“圆角”按钮，对中间凹槽底部倒圆角，半径为 5；然后进行修剪，绘制倒圆角轮廓线，结果如图 8-8 所示。

注意：在执行“倒圆角”命令时，需要对不同情况交互使用“修剪”模式和“不修剪”模式。若使用“不修剪”模式，还需调用“修剪”命令进行修剪编辑。

（4）绘制键槽。单击“默认”选项卡“修改”面板中的“偏移”按钮，将中心线向上偏移 8，将偏移后的直线放置在“轮廓层”，然后进行修剪，结果如图 8-9 所示。

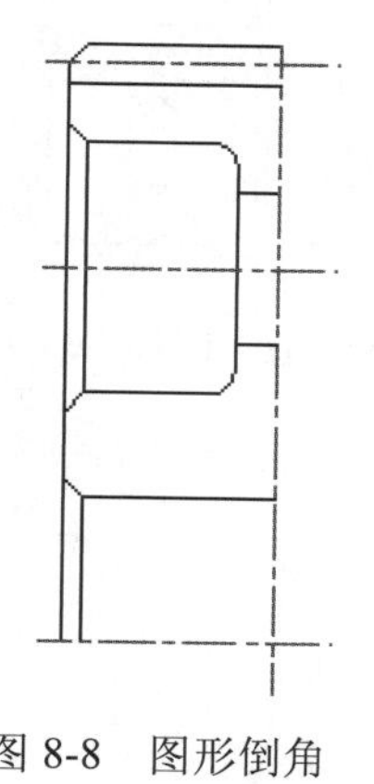

图 8-8　图形倒角

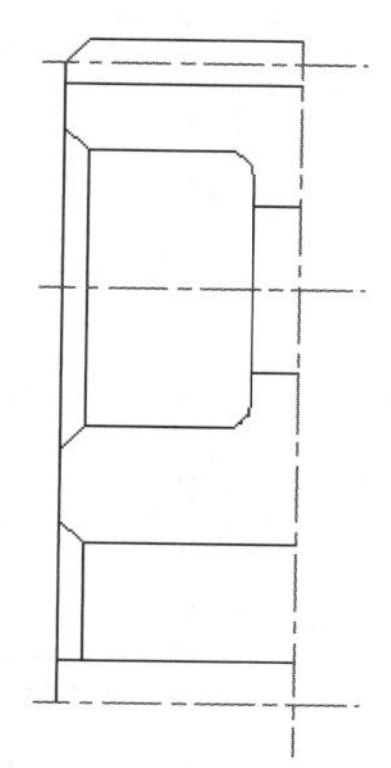

图 8-9　绘制键槽

（5）图形镜像。单击“默认”选项卡“修改”面板中的“镜像”按钮，分别以两条中心线为镜像轴进行镜像操作，结果如图 8-10 所示。

（6）绘制剖面线。切换到“剖面线”，单击“默认”选项卡“绘图”面板中的“图案填充”按钮，打开“图案填充和渐变色”对话框。单击“图案”选项右侧的…按钮，弹出“填充图案选项板”对话框，在 ANSI 选项卡中选择“ANSI31”图案作为填充图案。利用提取图形对象特征点的方式提取填充区域。单击“确定”按钮，完成圆柱齿轮主视图的绘制，结果如图 8-11 所示。

4．绘制圆柱齿轮侧视图

注意：圆柱齿轮侧视图由一组同心圆和环形分布的圆孔组成。左视图是在主视图的基础上生成的，因此需要借助主视图的位置信息确定同心圆的半径或直径数值，这时就需要从主视图引出相应的辅助定位线，利用“对象捕捉”确定同心圆。6 个减重圆孔利用“环形阵列”进行绘制。

（1）绘制辅助定位线。将当前图层切换到“轮廓层”。单击“默认”选项卡“绘图”面板中的“直线”按钮，利用“对象捕捉”在主视图中确定直线起点，再利用“正交”功能保证引出线水平，终点位置任意，绘制结果如图 8-12 所示。

（2）绘制同心圆。单击“默认”选项卡“绘图”面板中的“圆”按钮，以右侧中心线交点为圆心，半径依次捕捉辅助定位线与中心线的交点，绘制 9 个圆；删除辅助直线；再单击“默认”选项卡“绘图”面板中的“圆”按钮，绘制减重圆孔。结果如图 8-13 所示。

注意：减重圆孔的圆环属于“中心线层”。单击“修改”工具栏中的“打断”按钮，修剪阵列减重孔过长的中心线。

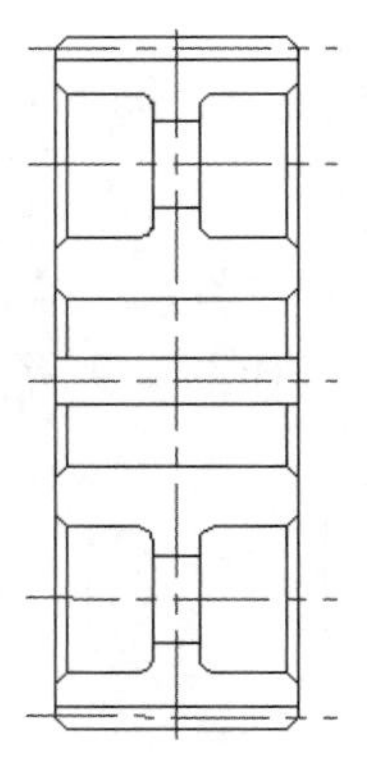

图 8-10 镜像成型

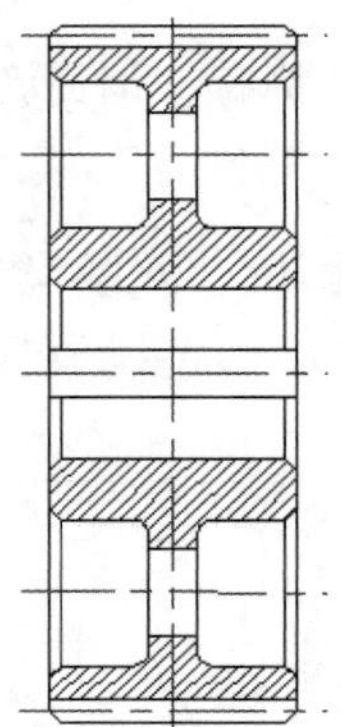

图 8-11 圆柱齿轮主视图

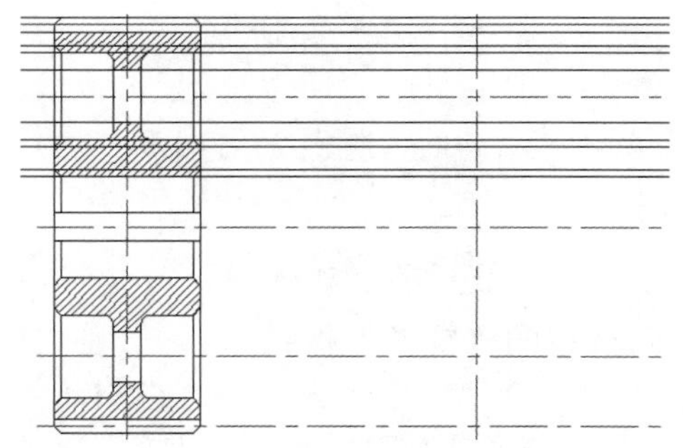

图 8-12 绘制辅助定位线

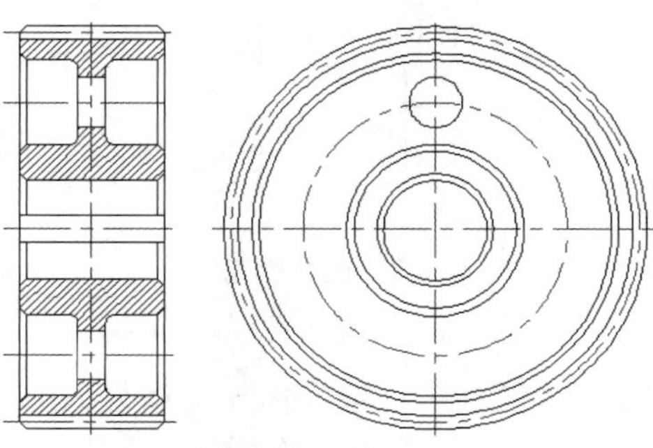

图 8-13 绘制同心圆和减重圆孔

（3）绘制环形阵列圆孔。单击“默认”选项卡“修改”面板中的“环形阵列”按钮，以同心圆的圆心为阵列中心点，选取图 8-13 中所绘制的减重圆孔为阵列对象，设置阵列数目为 6，填充角度为 360°，得到环形分布的减重圆孔，如图 8-14 所示。

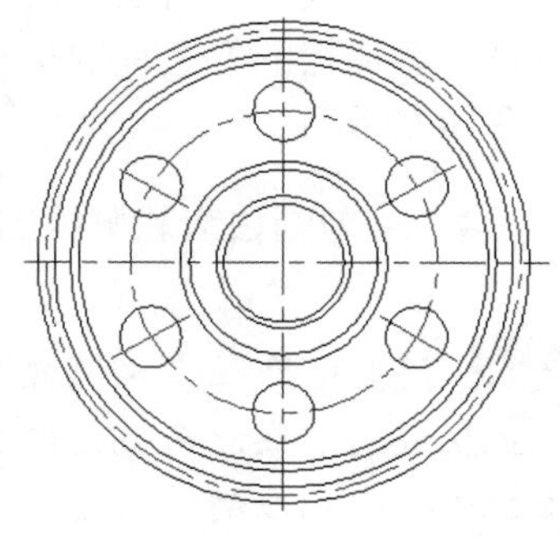

图 8-14 环形分布的减重圆孔

（4）绘制键槽边界线。单击“默认”选项卡“修改”面板中的“偏移”按钮，偏移同心圆的竖直中心线，向左偏移，偏移量为 33.3；水平中心线上下偏移量分别为 8。并更改其图层属性为“轮廓层”，如图 8-15 所示。

（5）修剪图形。对键槽进行修剪编辑，得到圆柱齿轮左视图，如图 8-16 所示。

注意：为了方便对键槽的标注，需要把圆柱齿轮左视图中的键槽图形复制出来单独放置，单独标注尺寸和形位公差。

（6）复制键槽。单击“默认”选项卡“修改”面板中的“复制”按钮，选择键槽轮廓线和中心线，如图 8-17 所示。

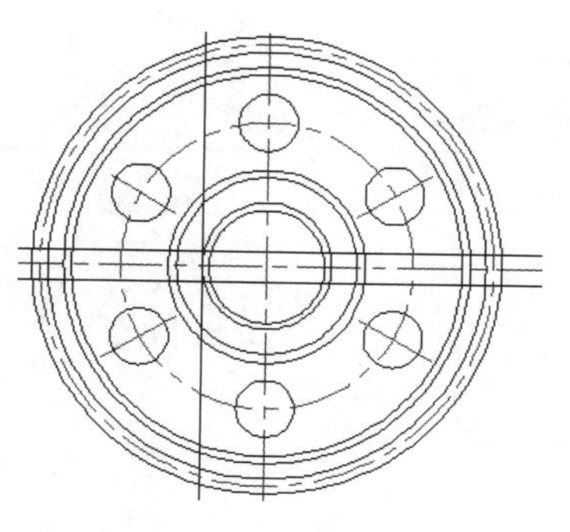
图 8-15　绘制键槽边界线

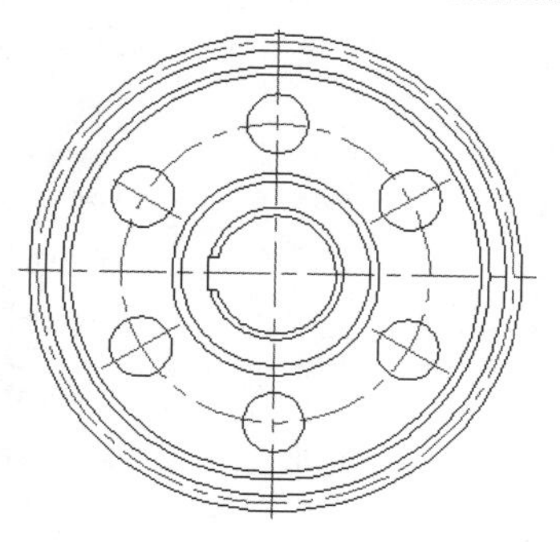
图 8-16　圆柱齿轮左视图

注意：如果视图缩放比例不好，在提取复制对象时可能比较困难，由于“缩放”和“平移”命令都属于透明命令，即可以在运行其他命令过程中调用这两个命令，所以在提取复制对象前，可先调整视图，而不至于取消“复制”命令。

（7）图形缩放。单击“默认”选项卡“修改”面板中的“缩放”按钮，将所有图形对象进行缩放，缩放比例为 0.5。

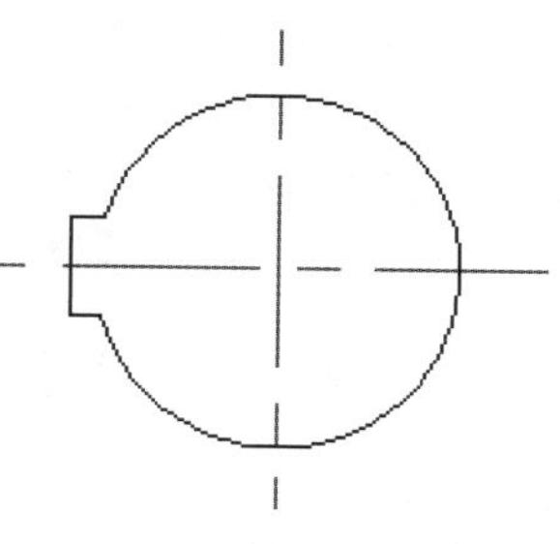
图 8-17　键槽轮廓线

8.1.3 标注圆柱齿轮

1. 无公差尺寸标注

（1）切换图层。将当前图层切换到尺寸标注层。选择菜单栏中的“格式”→“标注样式”命令，新建“机械制图标注”样式，将“主单位”选项卡中的比例因子设置为 2，并将“机械制图标注”样式设置为当前使用的标注样式。

（2）线性标注。单击“默认”选项卡“注释”面板中的“线性”按钮，标注同心圆使用特殊符号表示法“%%C”表示“Ø”，如“%%C100”表示“Ø100”；标注其他无公差尺寸，如图 8-18 所示。

2. 带公差尺寸标注

（1）设置带公差标注样式。选择菜单栏中的“格式”→“标注样式”命令，打开“标注样式管理器”对话框，建立一个名为“副本机械制图（带公差）”的样式，“基础样式”为“机械制图”。如图 8-19 所示，❶在“新建标注样式”对话框中，❷设置“公差”选项卡。并把“副本机械制图（带公差）”的样式设置为当前使用的标注样式。

（2）线性标注。单击“默认”选项卡“注释”面板中的“线性”按钮，标注带公差的尺寸。

（3）同理，可以按照上述步骤标注其他公差尺寸。也可以利用线性尺寸标注时，在命令行中输入 M，打开“文字格式”对话框，利用“堆叠”功能进行编辑。

（4）选择需要编辑的尺寸的极限偏差分别为：Ø58，+0.030 和 0；Ø240，0 和–0.027；16，+0.022 和–0.022；62.3，+0.20 和 0。结果如图 8-20 所示。

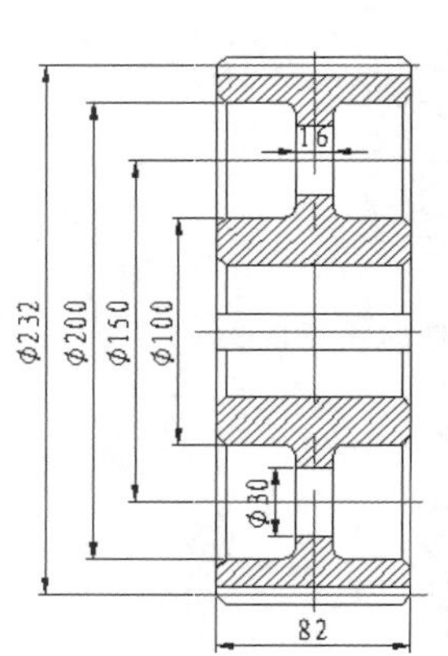

图 8-18　无公差尺寸标注

图 8-19　“公差”选项卡设置

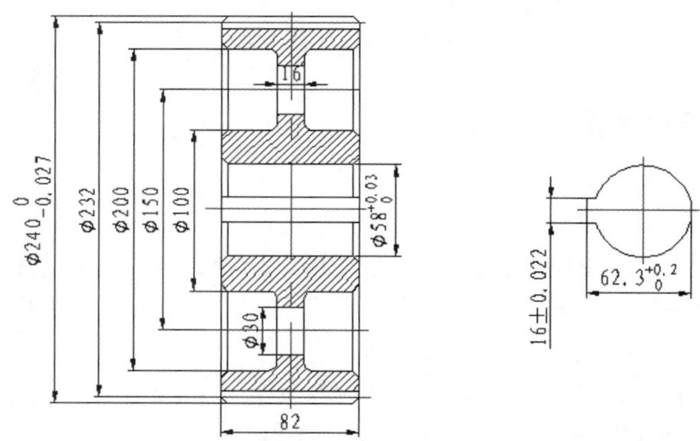

图 8-20　标注公差尺寸

3. 形位公差标注

（1）插入基准符号，如图 8-21 所示。

（2）利用 QLEADER 命令标注形位公差，结果如图 8-22 所示。

（3）标注其他形位公差。用同样方法，完成圆柱齿轮中其他形位公差标注。结果如图 8-23 所示。

注意： *若发现形位公差符号选择有错误，可以再次单击“符号”选项重新进行选择；也可以单击“符号”选择对话框右下角“空白”选项，取消当前选择。*

（4）打开图层。单击“默认”选项卡“图层”面板中的“图层特性”按钮，打开“图层特性管理器”对话框，单击“标题栏层”和“图框层”属性中呈灰暗的“打开/关闭图层”图标，使其呈鲜亮色，在绘图窗口中显示图幅边框和标题栏。

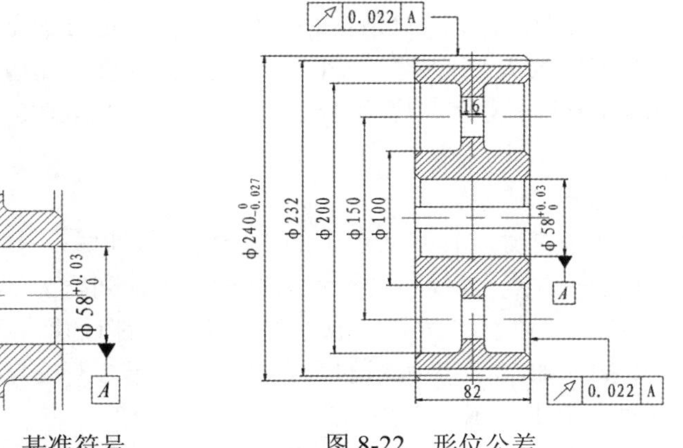

图 8-21 基准符号　　图 8-22 形位公差

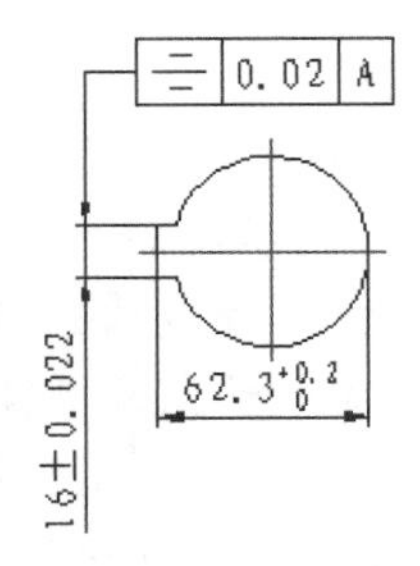

图 8-23 标注键槽形位公差

8.1.4 标注粗糙度、参数表与技术要求

1. 粗糙度标注

（1）将“尺寸标注层”设置为当前图层。

（2）标注粗糙度。打开源文件/图块中的粗糙度块，将其复制到图中合适的位置，结合“多行文字”命令标注粗糙度，得到的效果如图 8-24 所示。

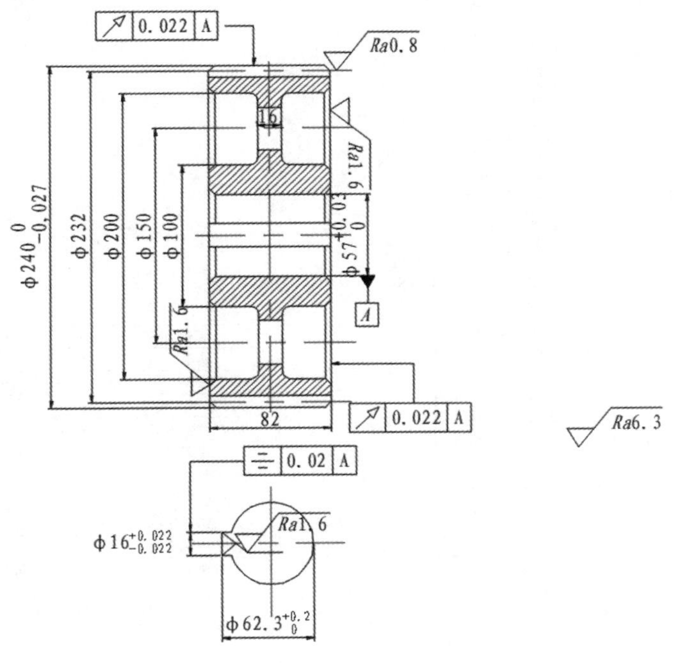

图 8-24 粗糙度标注

2. 参数表标注

（1）将“注释层”设置为当前图层。

（2）选择菜单栏中的“格式”→“表格样式”命令，打开“表格样式”对话框。

（3）单击“修改”按钮，打开“修改表格样式”对话框。在该对话框中进行如下设置。“常规”选项卡中填充颜色为“无”，对齐方式为“正中”，水平单元边距和垂直单元边距都为 1.5；“文字”选项卡中文字样式为“Standard”，文字高度为 4.5，文字颜色为“ByBlock”；表格方向为“向下”。

（4）设置好文字样式后，确定退出。

（5）创建表格。单击“默认”选项卡“注释”面板中的“表格”按钮▦，打开“插入表格”对话框。设置插入方式为“指定插入点”，行和列设置为 9 行 3 列，列宽为 8，行高为 1。“第一行单元样式”、“第二行单元样式”以及“所有其他行单元样式”都设置为“数据”。确定后，在绘图平面指定插入点，则插入如图 8-25 所示的空表格，并显示多行文字编辑器，不输入文字，直接在多行文字编辑器中单击“确定”按钮退出。

（6）单击第 1 列某一个单元格，右击，利用特性命令调整列宽，使列宽变成 65，用同样方法，将第 2 列和第 3 列的列宽拉成 20 和 40。结果如图 8-26 所示。

（7）双击单元格，重新打开多行文字编辑器，在各单元格中输入相应文字或数据，结果如图 8-27 所示。

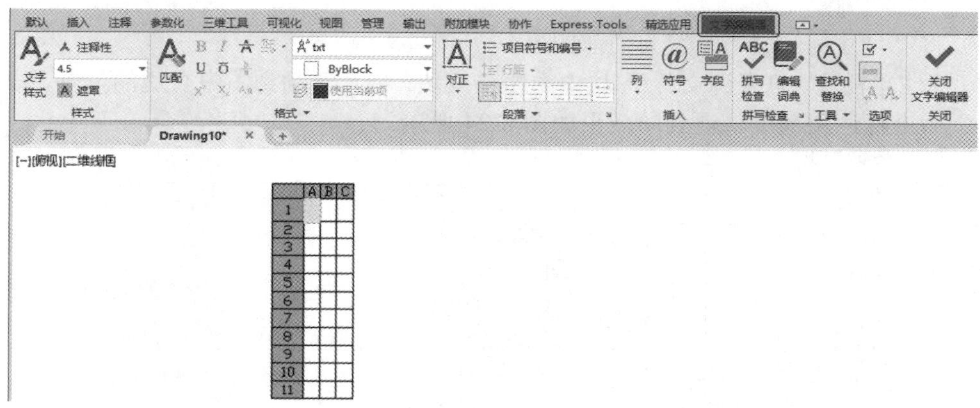

图 8-25　多行文字编辑器

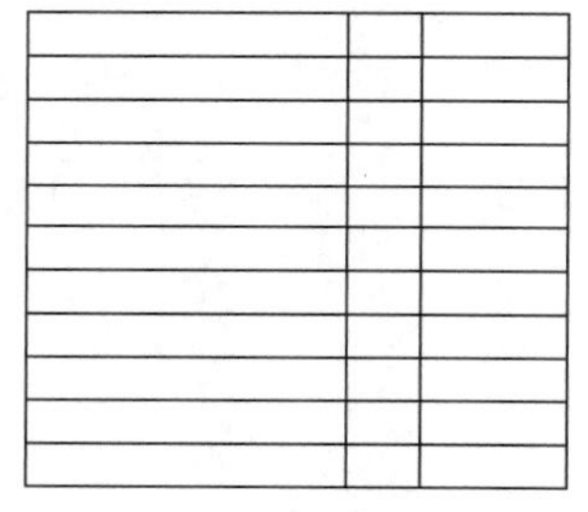

图 8-26　改变列宽

模数	m	4
齿数	z	29
齿形角	α	20°
齿顶高系数	h	1
径向变位系数	x	0
精度等级	7-GB10095-88	
公法线平均长度及偏差	WiEw	$61.283_{-0.176}^{-0.088}$
公法线长度变动公差	Fw	0.036
径向综合公差	Fi″	0.090
一齿径向综合公差	fi″	0.032
齿向公差	Fβ	0.011

图 8-27　参数表

3. 技术要求标注

（1）将“注释层”设置为当前图层。

（2）单击“默认”选项卡“注释”面板中的“多行文字”按钮 A，标注技术要求，如图 8-28 所示。

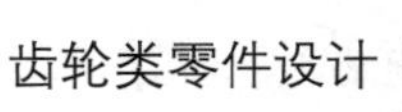

技术要求

1. 齿轮部位渗碳淬火，允许全部渗碳，渗碳层深度和硬度

a. 齿轮表面磨削后深度0.8~1.2，硬度HRC≥59

b. 非磨削渗碳表面（包括轮齿表面黑斑）深度≤1.4，硬度（必须渗碳表面）HRC≥60

c. 芯部硬度HRC35-45

2. 在齿顶上检查齿面硬度

3. 齿顶圆直径仅在热处理前检查

4. 所有未注跳动公差的表面对基准A的跳动为0.2

5. 当无标准齿轮时，允许检查下列三项代替检查径向综合公差和一尺径向综合

a. 齿圈径向跳动公差Fr为0.056

b. 齿形公差ff为0.016

c. 基节极限偏差$\pm f_{pb}$为0.018

6. 用带凸角的刀具加工齿轮，但齿根不允许有凹台，允许下凹，下凹深度不大于0.2

7. 未注倒角*C*2

图 8-28　技术要求

8.1.5 填写标题栏

（1）将“标题栏层”设置为当前图层。

（2）在标题栏中输入相应文本。圆柱齿轮设计最终效果如图 8-1 所示。

8.2 蜗轮设计

蜗轮零件的绘制过程分为两个阶段，先绘制蜗轮轮芯，然后绘制蜗轮轮缘，为防止相互干扰，使用“隐藏图层”技术，进而实现在同一图纸中分别绘制的目的。绘制的蜗轮如图 8-29 所示。

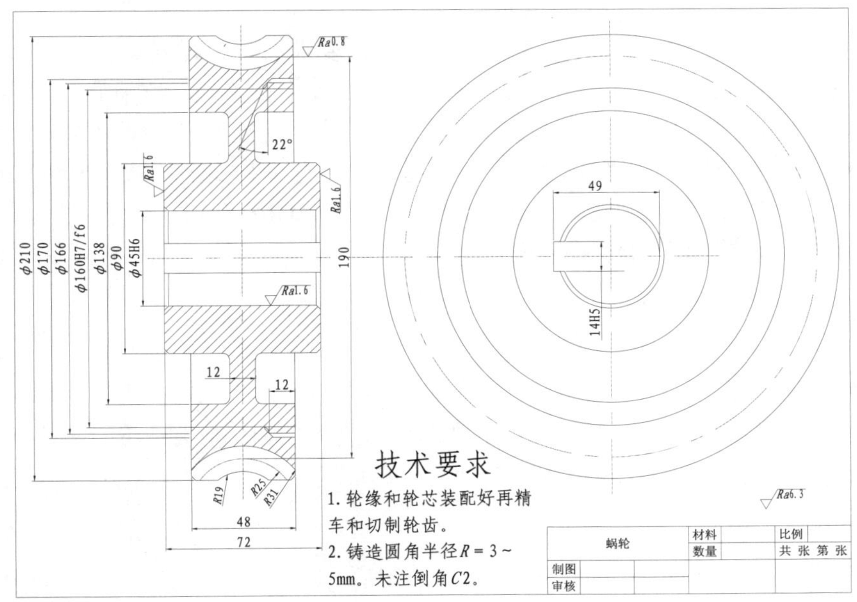

图 8-29　蜗轮设计

8.2.1 配置绘图环境

1. 建立新文件

（1）建立新文件。启动 AutoCAD 2022 应用程序，以“A3 横向样板.dwt”样板文件为模板，建立新文件；将新文件命名为“蜗轮.dwg”并保存。

（2）创建新标注样式。采用与上一节同样的方法，在新文件中创建“机械制图标注”样式，并设置为当前使用的标注样式。

2. 设置文字标注格式

（1）单击“默认”选项卡“注释”面板中的“文字样式”按钮A，打开“文字样式”对话框。

（2）单击“新建”按钮，打开“新建文字样式”对话框，建立新的文字样式。在“样式名”文本框中输入样式名称“标题文字”，单击“确定”按钮，返回“文字样式”对话框。

（3）设置文字样式。不选择“使用大字体”复选框，在“字体名”下拉列表中选择“仿宋_GB2312”，“字体样式”设置为“常规”，在“高度”文本框中输入“10.0000”；“效果”选项组中的选项不变。完成后，单击“应用（A）”按钮，完成“标题文字”文字标注格式的设置。

注意：文字对象是一种可控的、灵活多变的图形对象，一幅图形中可以有不同的文字大小、字体类型、排列方式。通过文字样式管理工具，可以管理文字的字体、大小和显示效果等。但不要将文字样式与字体混为一谈。字体控制的单个字符的显示格式，如宋体、仿宋体等，它们是由系统预先定义好的，不能改变；而文字样式则由用户定义，文字标注总是采用某种文字样式，和单个字符的字体没有直接联系。

（4）使用同样方法，重复上述步骤，创建“技术要求”文字样式。在“字体名”下拉列表中选择“仿宋_GB2312”，“字体样式”设置为“常规”，在“高度”文本框中输入“5.0000”。完成后，单击“应用（A）”按钮，完成“技术要求”文字标注格式的设置。

（5）完成上述步骤后，在“样式名”下拉列表中将有 3 种文字样式。Standard、“标题文字”和“技术要求”。选择某种文字样式，例如选择 Standard，单击“置为当前”→“关闭”按钮，将 Standard 设置为当前使用的文字样式。

8.2.2 绘制蜗轮

1. 新建图层

单击“默认”选项卡“图层”面板中的“图层特性”按钮，❶打开“图层特性管理器”对话框，❷新建图层结果如图 8-30 所示。

2. 绘制中心线

（1）切换图层。将“中心线层”设定为当前图层。

（2）绘制中心线。单击“默认”选项卡“绘图”面板中的“直线”按钮，绘制直线{（70,170），（350,170）}，直线{（130,20），（130,280）}，直线{（300,140），（300,200）}，如图 8-31 所示。

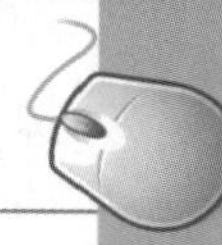

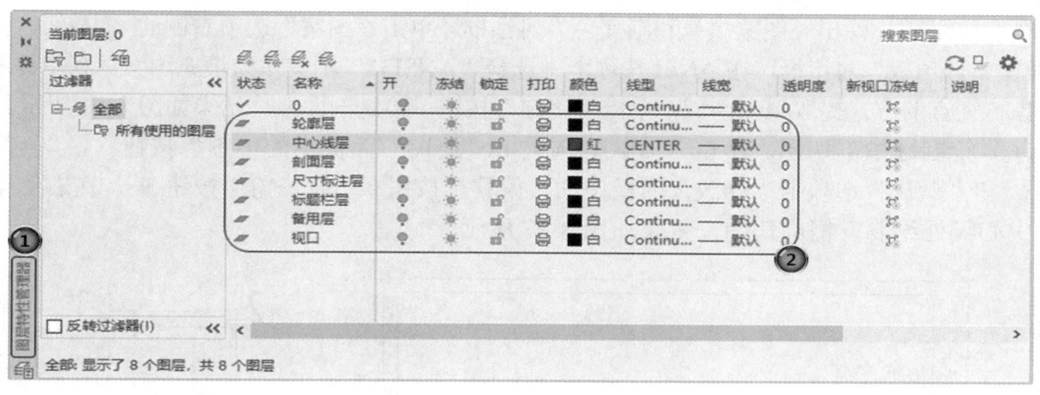

图 8-30　新建图层

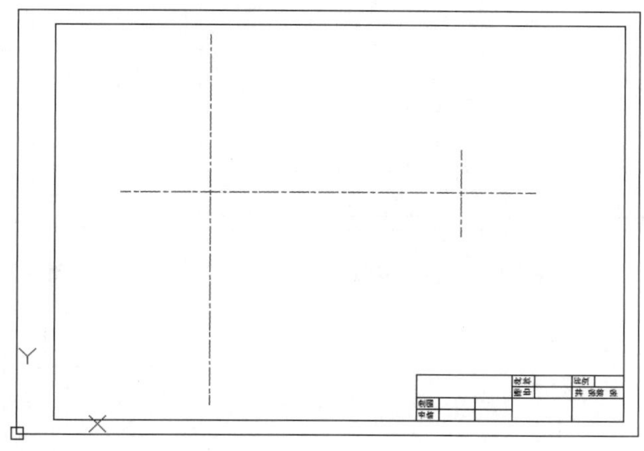

图 8-31　绘制中心线

3. 绘制蜗轮轮芯

（1）绘制边界线。将当前图层从“中心线层”切换到“轮廓层”。单击“默认”选项卡“绘图”面板中的“直线”按钮，利用 FROM 选项绘制两条直线，直线 12 长度为 83，直线 23 长度为 36，结果如图 8-32 所示。

（2）偏移直线。单击“默认”选项卡“修改”面板中的“偏移”按钮，直线 12 的向右偏移量依次为 12 和 30，直线 23 的向下偏移量依次为 3、14、38、60.5 和 76。结果如图 8-33 所示。

（3）图形修剪与倒角。单击“默认”选项卡“修改”面板中的“修剪”按钮，对偏移直线进行修剪；单击“默认”选项卡“修改”面板中的“倒角”按钮，进入修剪、角度、距离模式，对直角进行倒角 C2。单击“默认”选项卡“修改”面板中的“圆角”按钮，铸造圆角半径为 3；再进行修剪，绘制倒圆角轮廓线。结果如图 8-34 所示。

（4）图形镜像。单击“默认”选项卡“修改”面板中的“镜像”按钮，以竖直中心线为镜像轴，并对直线进行镜像，利用偏移命令和倒圆角命令，绘制如图 8-35 所示的图形。

（5）绘制蜗轮轮芯主视图。单击“默认”选项卡“修改”面板中的“镜像”按钮，以水平中心线为镜像轴，镜像图形。将当前层设置为“剖面层”，单击“绘图”工具栏中的“图案填充”按钮，弹出“图案填充和渐变色”对话框。单击“图案”选项右侧的按钮，弹出“填充图案选项板”对话框，在 ANSI 选项卡中选择“ANSI31”图案作为填充图案。利用提取图形对象特征点的方式提取填充区域，单击“确定”按钮，绘制剖面线。结果如图 8-36 所示。

（6）绘制键槽剖切图。单击“默认”选项卡“绘图”面板中的“圆”按钮、“直线”按钮和“默认”选项卡“修改”面板中的“偏移”按钮、“修剪”按钮，在右侧十字交叉中心线处绘制键槽剖切图，效果如图 8-37 所示。

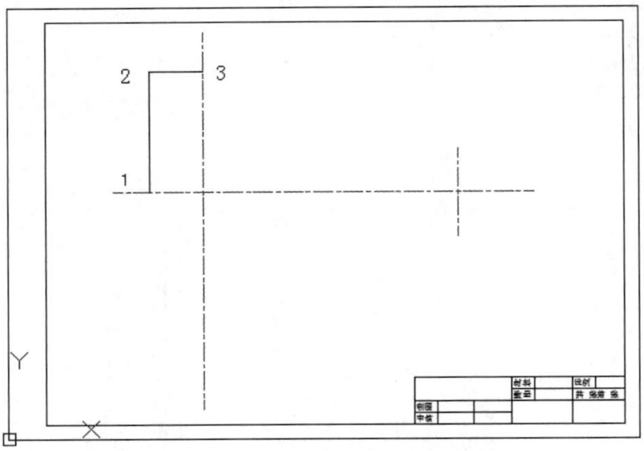

图 8-32　绘制边界线

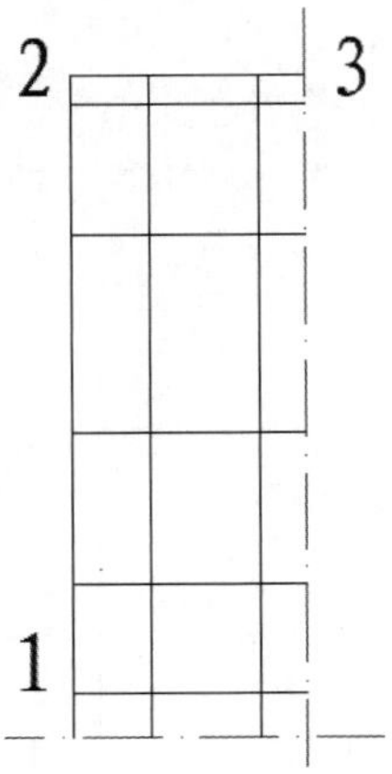

图 8-33　绘制偏移线

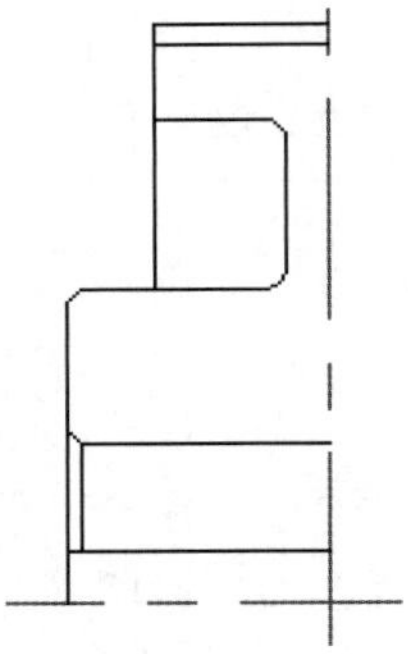

图 8-34　图形修剪与倒角

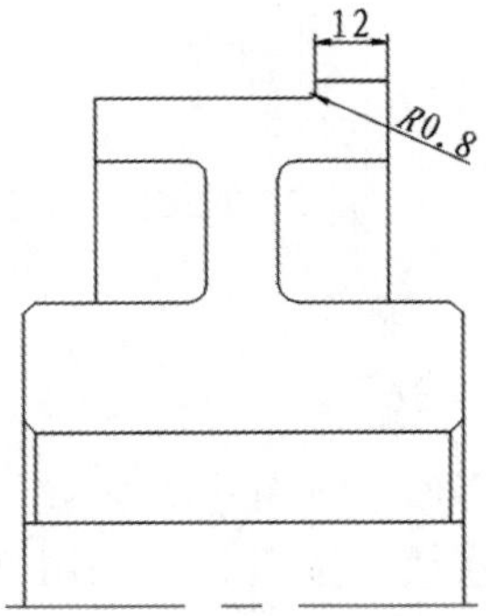

图 8-35　镜像图形

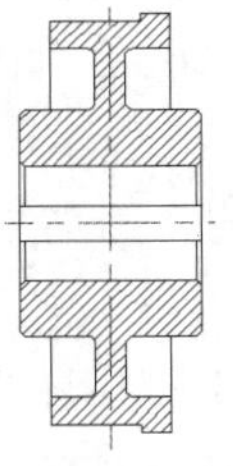

图 8-36　蜗轮轮芯主视图

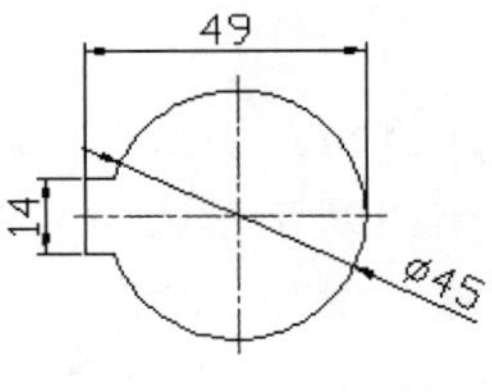

图 8-37　键槽剖切图

（7）隐藏备用图层。将蜗轮轮芯主视图和键槽剖切图转移到备用层中，并隐藏该图层，使绘图窗口仅剩下左侧两条十字交叉中心线。这样做可以防止在绘制蜗轮轮缘时，对蜗轮轮芯进行误操作。

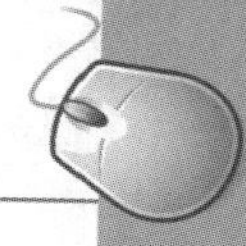

注意：将绘制好的图形对象存放在一个被隐藏的图层里，一方面可以使绘图窗口的版面干净，便于观察和绘制其他图形；另一方面，可以对现有图形进行保护，因为存放在被隐藏的图层里的图形对象是不可能在当前窗口进行编辑或修改的。

4．绘制蜗轮轮缘

（1）绘制边界线。将“轮廓层”设置为当前图层。单击“默认”选项卡“绘图”面板中的“直线”按钮 ╱，利用 FROM 选项绘制两条直线，结果如图 8-38 所示。

（2）绘制偏移直线与圆。单击“默认”选项卡“修改”面板中的“偏移”按钮 ⊆，将直线 1 向下偏移 25，将水平中心线向上偏移 120。并以交点为圆心，绘制 3 个同心圆，半径依次为 19、25 和 31，结果如图 8-39 所示。

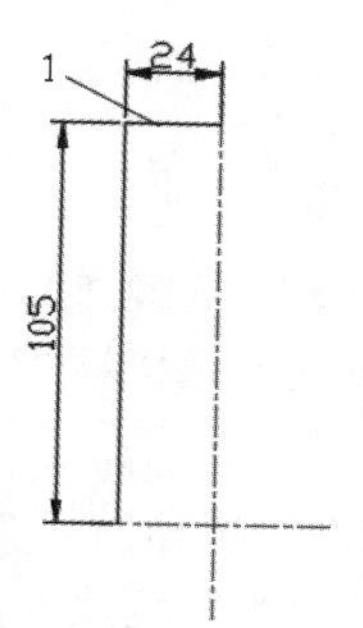

图 8-38　绘制边界线

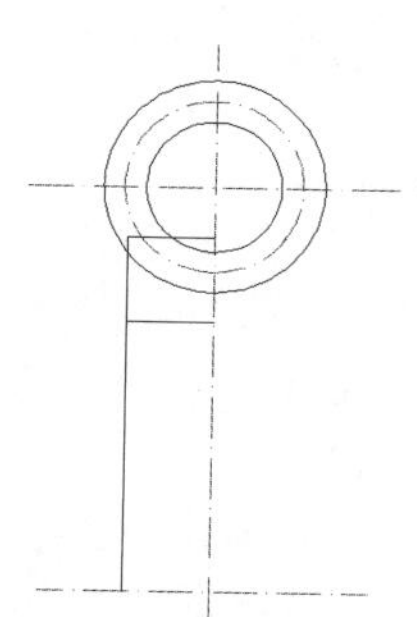

图 8-39　绘制偏移直线与圆

（3）修剪图形与镜像。将同心圆中的第二个圆所在图层改为“中心线”层。单击“默认”选项卡“修改”面板中的“修剪”按钮 ✂，对图形进行修剪，对直角进行倒角 C2；单击“默认”选项卡“修改”面板中的“镜像”按钮 ⚠，分别以两条中心线为镜像轴镜像；结果如图 8-40 所示。

（4）细化轮缘。单击“默认”选项卡“修改”面板中的“偏移”按钮 ⊆，使右侧直线偏移 12 和 14，左侧孔 Ø160，右侧孔 Ø170。最后绘制剖面线，结果如图 8-41 所示。

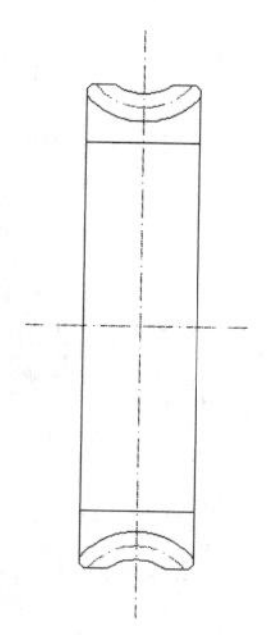

图 8-40　蜗轮轮缘轮廓线

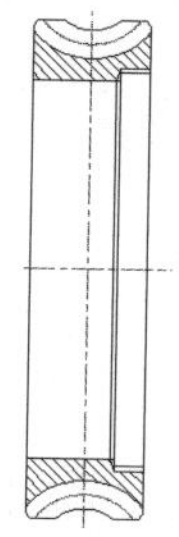

图 8-41　蜗轮轮缘设计

（5）打开图层。打开备用图层，重新分配图形对象的图层属性，修剪掉被遮挡的轮廓线。

（6）补全蜗轮左视图。仿照圆柱齿轮侧视图的绘制过程，绘制结果如图 8-42 所示。

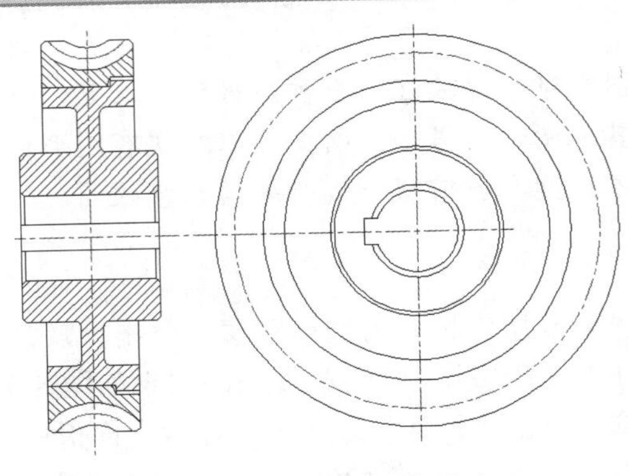

图 8-42　蜗轮工作图

8.2.3 标注尺寸和技术要求

1. 标注尺寸

（1）切换图层。将当前图层从“轮廓层”切换到“尺寸标注层”。选择菜单栏中的“格式”→“标注样式”命令，进入“标注样式管理器”对话框，将“机械制图标注”样式设置为当前使用的标注样式。

（2）标注尺寸。单击“默认”选项卡“注释”面板中的“线性”按钮、“半径”按钮和“直径”按钮，仿照上一节尺寸标注方法，标注蜗轮工作图的无公差尺寸和带公差尺寸。

2. 标注技术要求

（1）设置文字标注格式。选择菜单栏中的“格式”→“文字样式”命令，打开“文字样式”对话框，在“样式名”下拉列表中选择“技术要求”，单击“应用”按钮，将其设置为当前使用的文字样式。

（2）文字标注。单击“默认”选项卡“注释”面板中的“多行文字”按钮，此时光标变为箭头和一矩形文字框，如图 8-43 所示。

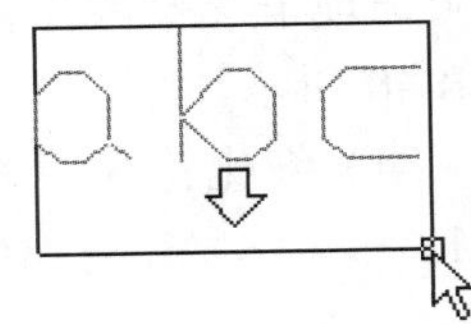

图 8-43　矩形文字框

（3）填写技术要求。拖动鼠标，调整矩形文字框大小和位置，单击鼠标左键，弹出“文字编辑器”选项卡，在其中填写技术要求，如图 8-44 所示。

技术要求

1. 轮缘和轮芯装配好再精车和切制轮齿。

2. 铸造圆角半径R=3~5mm。未注倒角C2。

图 8-44　填写技术要求

（4）移动文本框。单击“默认”选项卡“修改”面板中的“移动”按钮，单击“技术要求”文本框，移动到图纸中适当位置，如图 8-29 所示。

8.2.4 填写标题栏

（1）切换图层。将“标题栏层”设置为当前图层。

（2）填写标题栏。在标题栏中填写“蜗轮”。蜗轮工作图设计最终效果如图 8-29 所示。

Chapter

箱体类零件设计

9

箱体类零件一般为框架或壳体结构，由于需要设计和表达的内容相对较多，这类零件一般属于机械零件中最复杂的零件。

本章将详细讲解二维机械零件设计中比较经典的实例——箱体类零件设计，绘图环境的设置、文字和尺寸标注样式的设置都得到了充分的使用，是系统使用 AutoCAD 2022 二维绘图功能的综合实例。

9.1 减速器箱盖设计

减速器箱盖的绘制过程是使用 AutoCAD 2022 二维绘图功能的综合实例，绘制的减速箱盖如图 9-1 所示，依次绘制减速器箱盖主视图、俯视图和左视图，最后标注各个视图。

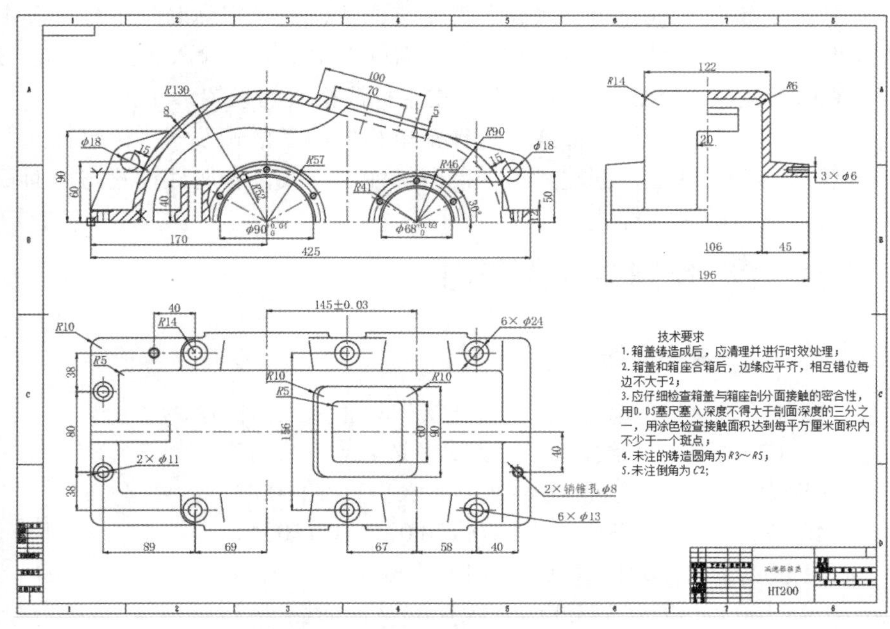

图 9-1 减速箱箱盖

9.1.1 配置绘图环境

1．建立新文件

（1）建立新文件。启动 AutoCAD 2022 应用程序，选择菜单栏中的“文件”→“新建”命令，打开“选择样板”对话框，单击“打开”按钮右侧的下拉按钮，以“无样板打开-公制（M）”方式建立新文件，将新文件命名为“减速器箱盖.dwg”并保存。

（2）创建新图层。选择菜单栏中的“格式”→“图层”命令，打开“图层特性管理器”对话框，新建并设置每一个图层，如图 9-2 所示。

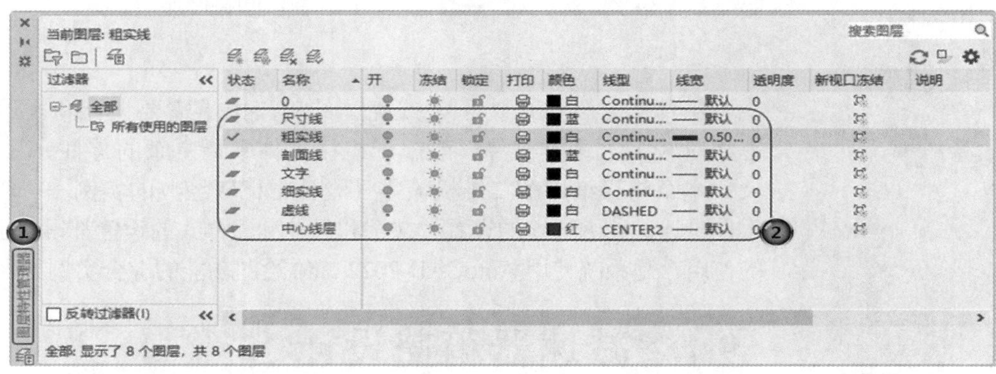

图 9-2　图层特性管理器

2．设置文字和尺寸标注样式

（1）设置文字标注样式。选择菜单栏中的“格式”→“文字样式”命令，打开“文字样式”对话框。创建“技术要求”文字样式，在“字体名”下拉列表中选择“仿宋_GB2312”，“字体样式”设置为“常规”，在“高度”文本框中输入“5.0000”。设置完成后，单击“应用（A）”按钮，完成“技术要求”文字标注格式的设置。

（2）创建新标注样式。选择菜单栏中的“格式”→“标注样式”命令，打开“标注样式管理器”对话框，创建“机械制图标注”样式，各属性设置与前面章节相同，并将其设置为当前使用的标注样式。

9.1.2 绘制箱盖主视图

1．绘制中心线

（1）切换图层。将“中心线层”设置为当前图层。

（2）绘制中心线。单击“默认”选项卡“绘图”面板中的“直线”按钮，绘制一条水平直线{(0,0)(425,0)}，绘制五条竖直直线{(170,0)(170,150)}、{(315,0)(315,120)}、{(101,0)(101,100)}、{(248,0)(248,100)}和{(373,0)(373,100)}，如图 9-3 所示。

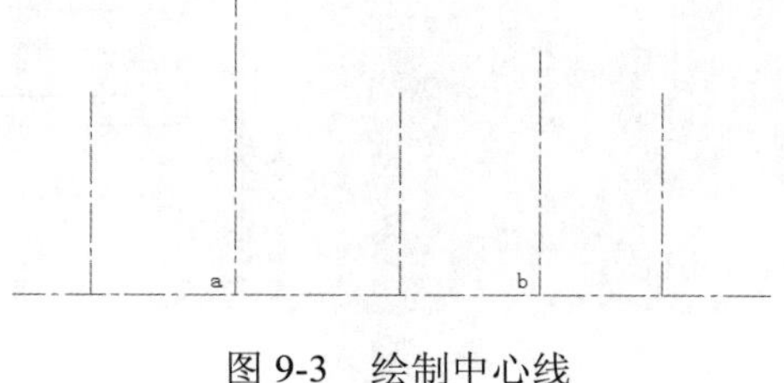

图 9-3　绘制中心线

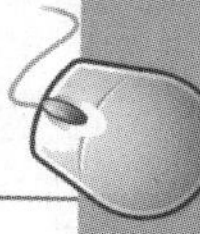

2．绘制主视图外轮廓

（1）切换图层。将“粗实线”设置为当前图层。

（2）绘制圆。单击“默认”选项卡“绘图”面板中“圆”按钮，以 a 点为圆心，分别绘制半径为 130、60、57、47、45 的圆，重复单击“默认”选项卡“绘图”面板中“圆”按钮，以 b 点为圆心，分别绘制半径为 90、49、46、36、34 的圆，结果如图 9-4 所示。

（3）绘制直线。单击“默认”选项卡“绘图”面板中的“直线”按钮，绘制两个大圆的切线，如图 9-5 所示。

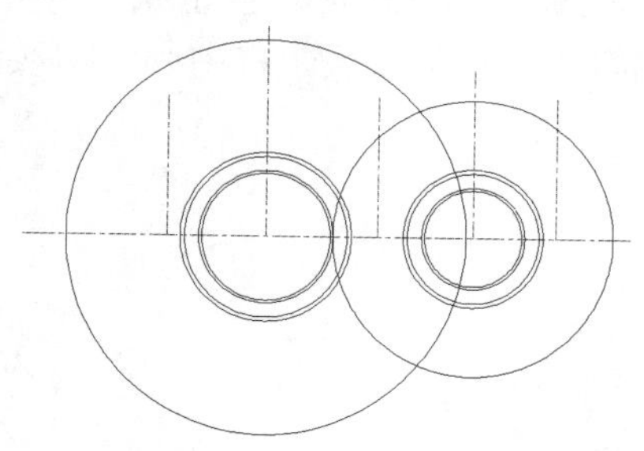
图 9-4　绘制圆

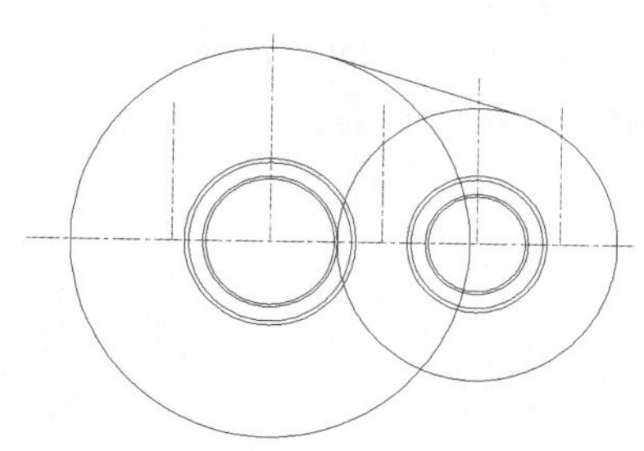
图 9-5　绘制切线

（4）修剪图形。单击“默认”选项卡“修改”面板中的“修剪”按钮，修剪视图中多余的线段，结果如图 9-6 所示。

（5）偏移直线。单击“默认”选项卡“修改”面板中的“偏移”按钮，将水平中心线向上偏移 12、38 和 40，将最左边的竖直中心线向左偏移 14，然后向两边分别偏移 6.5 和 12，将最右边的竖直中心线向右偏移 25，并将偏移后的线段切换到粗实线层，结果如图 9-7 所示。

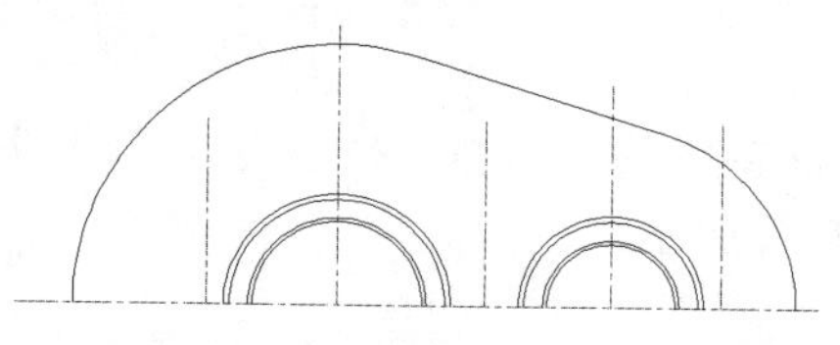
图 9-6　修剪后的图形

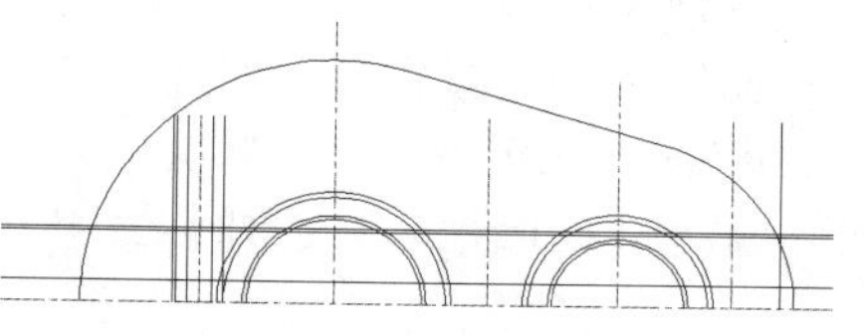
图 9-7　偏移结果

（6）修剪图形。单击“默认”选项卡“修改”面板中的“修剪”按钮，修剪视图中多余的线段，结果如图 9-8 所示。

（7）绘制直线。单击“默认”选项卡“绘图”面板中的“直线”按钮，连接两端，结果如图 9-9 所示。

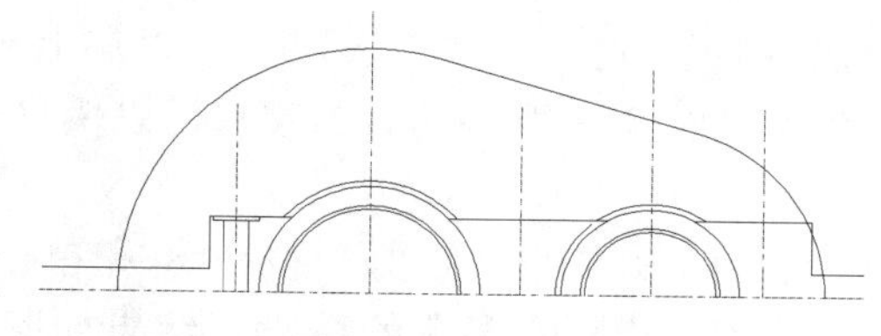
图 9-8　修剪后的图形

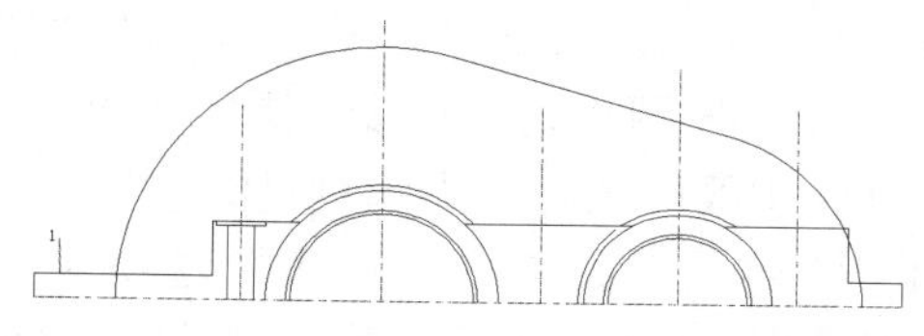
图 9-9　绘制直线

（8）偏移直线。单击“默认”选项卡“修改”面板中的“偏移”按钮，将最左端的直

线向右偏移，偏移距离为 12，重复“偏移”命令，将偏移后的直线向两边偏移，偏移距离分别为 5.5 和 9.5，重复“偏移”命令，将直线 1 向下偏移，偏移距离为 2。

同理，单击“默认”选项卡“修改”面板中的“偏移”按钮⊆，将最右端直线向左偏移，偏移距离为 12，重复“偏移”命令，将偏移后的直线向两边偏移，偏移距离分别为 4 和 5，结果如图 9-10 所示。

（9）绘制直线。单击“默认”选项卡“绘图”面板中的“直线”按钮╱，连接右端偏移后的直线端点。

（10）修剪处理。单击“默认”选项卡“修改”面板中的“修剪”按钮✂和单击“默认”选项卡“修改”面板中的“删除”按钮✐，修剪和删除多余的线段，将中心线切换到中心线层，结果如图 9-11 所示。

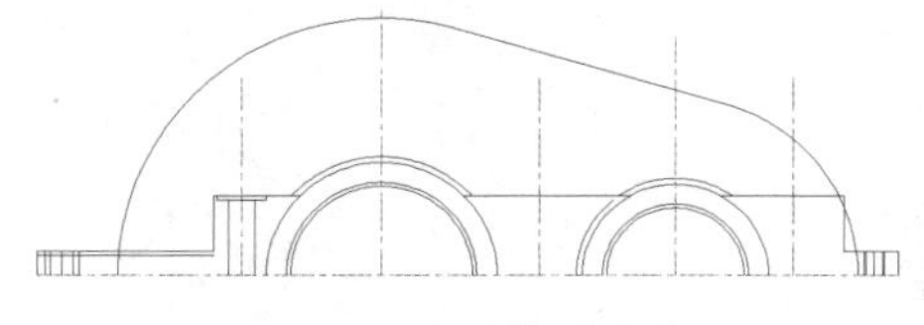

图 9-10　偏移直线

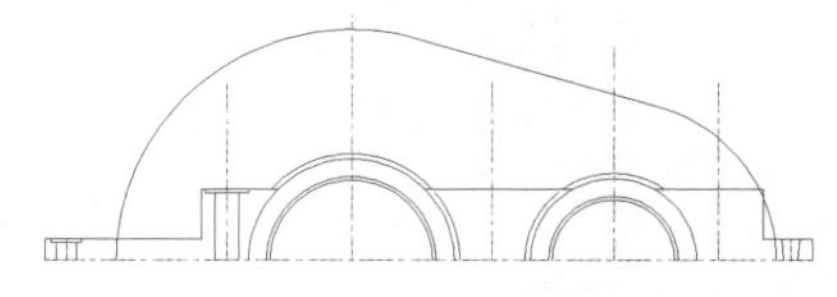

图 9-11　修剪处理

3．绘制透视盖

（1）绘制中心线。将“中心线”层设置为当前层，单击“默认”选项卡“绘图”面板中的“直线”按钮╱，绘制坐标为（260，87）（@40<74）的中心线。

（2）偏移直线。单击“默认”选项卡“修改”面板中的“偏移”按钮⊆，将上步绘制的中心线向两边偏移，偏移距离分别为 50 和 35，重复“偏移”命令，将箱盖轮廓线向内偏移，偏移距离为 8，在将轮廓线向外偏移，偏移距离为 5。

（3）绘制样条曲线。将“细实线”层设置为当前层。单击“默认”选项卡“绘图”面板中的“样条曲线拟合”按钮∿，绘制样条曲线。

（4）修剪处理。单击“默认”选项卡“修改”面板中的“修剪”按钮✂，修剪多余的线段，将不可见部分线段切换到虚线层，结果如图 9-12 所示。

4．绘制左吊耳

（1）偏移处理。将“粗实线”层设置为当前层，单击“默认”选项卡“修改”面板中的“偏移”按钮⊆，将水平中心线向上偏移 60 和 90，重复“偏移”命令，将外轮廓线向外偏移 15。

（2）绘制圆。单击“默认”选项卡“绘图”面板中的“圆”按钮⊙，以偏移后的外轮廓线和偏移 60 的水平直线交点为圆心，绘制半径为 9 和 18 的两个圆。

（3）绘制直线。单击“默认”选项卡“绘图”面板中的“直线”按钮╱，以左上端点为起点绘制与 R18 圆相切的直线，重复“直线”命令，以 R18 圆的切点为起点，以偏移 90 的直线与外轮廓线交点为端点绘制直线。

（4）修剪图形。单击“默认”选项卡“修改”面板中的“修剪”按钮✂和单击“默认”选项卡“修改”面板中的“删除”按钮✐，修剪和删除多余的线段，结果如图 9-13 所示。

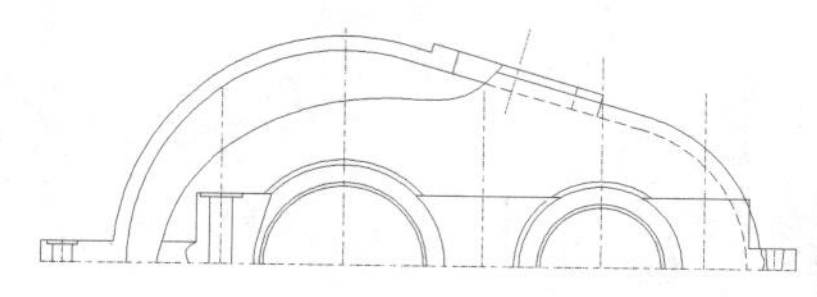

图 9-12 修剪后的图形

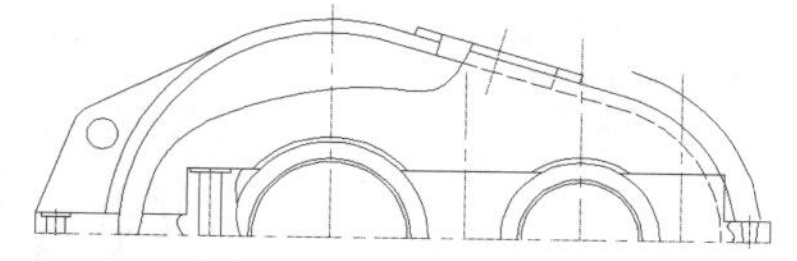

图 9-13 绘制左吊耳

5. 绘制右吊耳

（1）偏移处理。单击“默认”选项卡“修改”面板中的“偏移”按钮，将水平中心线向上偏移 50。

（2）绘制圆。单击“默认”选项卡“绘图”面板中的“圆”按钮，以偏移后的外轮廓线和偏移 50 的水平直线交点为圆心，绘制半径为 9 和 18 的两个圆。

（3）绘制直线。单击“默认”选项卡“绘图”面板中的“直线”按钮，以右上端点为起点绘制与 R18 圆相切的直线，重复“直线”命令，以 R18 圆的切点为起点绘制与外轮廓线相切的直线。

（4）修剪图形。单击“默认”选项卡“修改”面板中的“修剪”按钮和“删除”按钮，修剪和删除多余的线段，结果如图 9-14 所示。

6. 绘制端盖安装孔

（1）绘制直线。将“中心线”层设置为当前层。单击“默认”选项卡“绘图”面板中的“直线”按钮，以左端圆心为起点，端点坐标为（@60<30）绘制中心线，重复“直线”命令，以右端圆心为起点，端点坐标为（@50<30）绘制中心线。

（2）绘制中心圆。单击“默认”选项卡“绘图”面板中的“圆”按钮，分别以左端圆心为圆心，绘制半径为 52 的圆，以右端圆心为圆心，绘制半径为 41 的圆。

（3）绘制圆。将“粗实线”层设置为当前层，单击“默认”选项卡“绘图”面板中的“圆”按钮，分别以上步绘制的中心圆和直线交点为圆心，绘制半径为 2.5 和 3 的圆。

（4）阵列圆。单击“默认”选项卡“修改”面板中的“环形阵列”按钮，将上步绘制的圆和中心线绕圆心阵列，阵列个数为 3，指定填充角度为 120°。

（5）修剪处理。单击“默认”选项卡“修改”面板中的“修剪”按钮，修剪多余的线段，结果如图 9-15 所示。

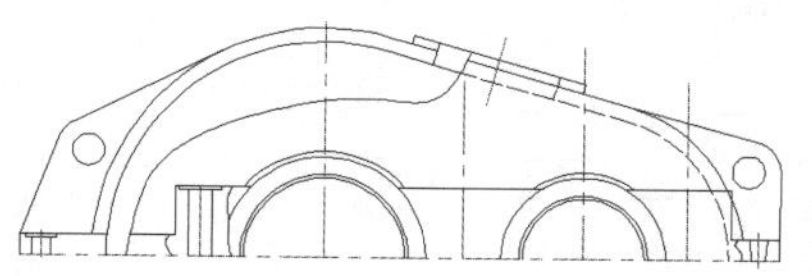

图 9-14 绘制右吊耳

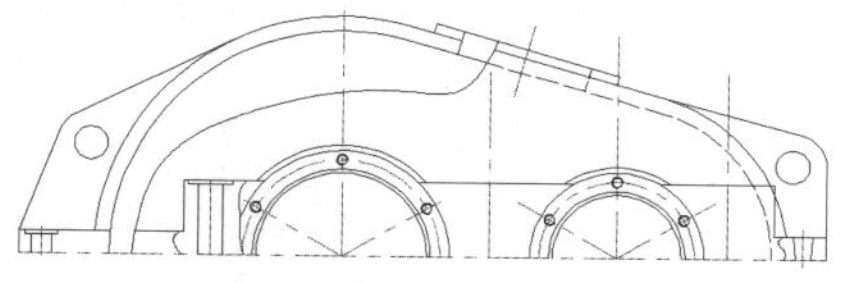

图 9-15 绘制端盖安装孔

7. 细节处理

（1）圆角处理。单击“默认”选项卡“修改”面板中的“圆角”按钮，对图形进行圆角处理，圆角半径为 3。

（2）图案填充。将“细实线”层设置为当前层，单击“默认”选项卡“绘图”面板中的“图案填充”按钮，打开“图案填充和渐变色”对话框，在对话框中选择“ANSI31”案例，设置比例为 2。结果如图 9-16 所示。

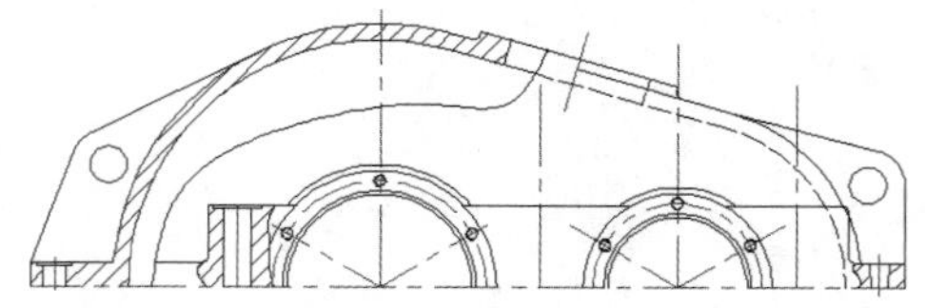

图 9-16　细节处理

9.1.3 绘制箱盖俯视图

1．绘制中心线

（1）在状态栏中单击“对象捕捉追踪”按钮，打开“对象捕捉追踪”，将“中心线”层设置为当前层。

（2）绘制中心线。单击“默认”选项卡“绘图”面板中的“直线”按钮╱，绘制水平中心线和竖直中心线，如图 9-17 所示。

（3）偏移处理。单击“默认”选项卡“修改”面板中的“偏移”按钮⊆，将水平中心线向上偏移，偏移距离为 78、40。重复“偏移”命令，将第一条竖直中心线向右偏移，偏移距离为 49，结果如图 9-18 所示。

图 9-17　绘制中心线　　　　图 9-18　偏移中心线

2．绘制俯视图外轮廓

（1）偏移处理。单击“默认”选项卡“修改”面板中的“偏移”按钮⊆，将水平中心线向上偏移，偏移距离为 61、93、98，将偏移后的直线切换到粗实线层。

（2）绘制直线。将“粗实线”层设置为当前层，单击“默认”选项卡“绘图”面板中的“直线”按钮╱，分别连接两端直线端点，结果如图 9-19 所示。

（3）偏移处理。单击“默认”选项卡“修改”面板中的“偏移”按钮⊆，将上步绘制的直线分别向内偏移，偏移距离为 27，结果如图 9-20 所示。

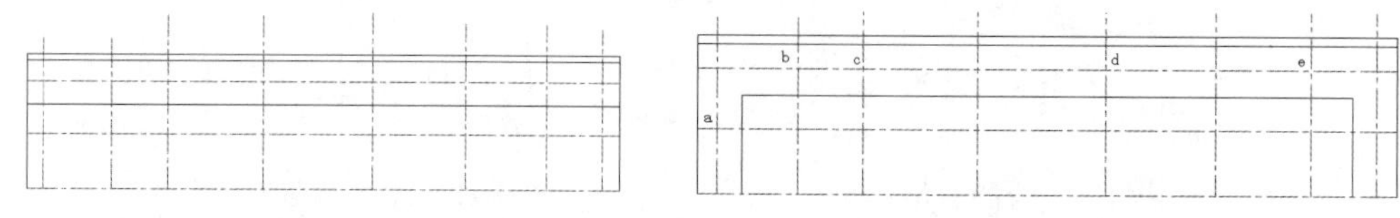

图 9-19　绘制直线　　　　图 9-20　倒圆角处理

（4）绘制圆。单击“默认”选项卡“绘图”面板中的“圆”按钮⊙，以 a 点为圆心，绘制半径为 9.5 和 5.5 的圆。重复“圆”命令以 b 点为圆心，绘制半径为 4 和 5 的圆。重复“圆”命令，以 c 点为圆心，绘制半径为 14、12 和 6.5 的圆。

（5）复制圆。单击“默认”选项卡“修改”面板中的“复制”按钮，将 c 点处的 12 和 6.5 两个同心圆复制到 d 点和 e 点处，单击“默认”选项卡“绘图”面板中的“圆”按钮⊙，

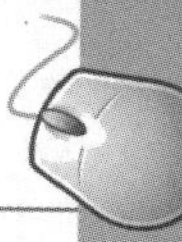

以 e 点为圆心绘制半径为 25 的圆，结果如图 9-21 所示。

（6）绘制直线。采用对象追踪功能，单击“默认”选项卡“绘图”面板中的“直线”按钮，对应主视图在适当位置绘制直线。

（7）修剪图形。单击“默认”选项卡“修改”面板中的“修剪”按钮和“删除”按钮，修剪和删除多余的线段。

（8）圆角处理。单击“默认”选项卡“修改”面板中的“圆角”按钮，对俯视图进行倒圆角处理，圆角半径为 10、5 和 3，结果如图 9-22 所示。

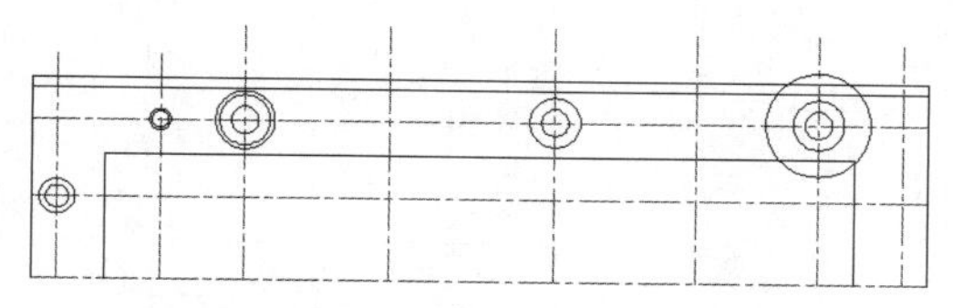

图 9-21　绘制圆

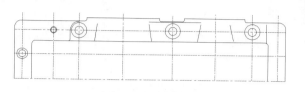

图 9-22　修剪图形

3. 绘制透视盖

（1）修剪图形。单击“默认”选项卡“修改”面板中的“打断”按钮，对中心线进行打断。单击“删除”按钮，删除多余的线段。

（2）偏移处理。单击“默认”选项卡“修改”面板中的“偏移”按钮，将第一条水平中心线向上偏移，偏移距离为 30 和 45，并将偏移后的直线切换为粗实线。

（3）绘制直线。采用对象捕捉追踪功能，单击“默认”选项卡“绘图”面板中的“直线”按钮，对应主视图中的透视盖图形绘制直线。

（4）修剪图形。单击“默认”选项卡“修改”面板中的“修剪”按钮和“删除”按钮，修剪和删除多余的线段。

（5）圆角处理。单击“默认”选项卡“修改”面板中的“圆角”按钮，对透视孔进行倒圆角处理，圆角半径分别为 5 和 10，结果如图 9-23 所示。

4. 绘制吊耳

（1）偏移处理。单击“默认”选项卡“修改”面板中的“偏移”按钮，将第一条水平中心线向上偏移，偏移距离为 10，并将偏移后的直线切换为粗实线。

（2）绘制直线。采用对象捕捉追踪功能，对应主视图中的吊耳图形绘制直线。

（3）圆角处理。单击“默认”选项卡“修改”面板中的“圆角”按钮，对吊耳进行倒圆角处理，圆角半径为 3。

（4）修剪图形。单击“默认”选项卡“修改”面板中的“修剪”按钮和“删除”按钮，修剪和删除多余的线段，结果如图 9-24 所示。

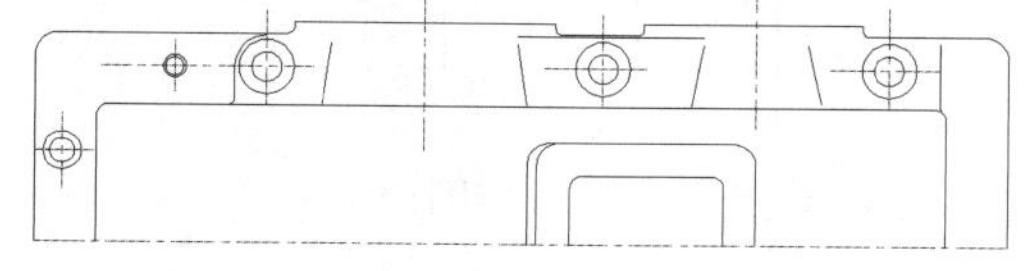

图 9-23　绘制透视盖

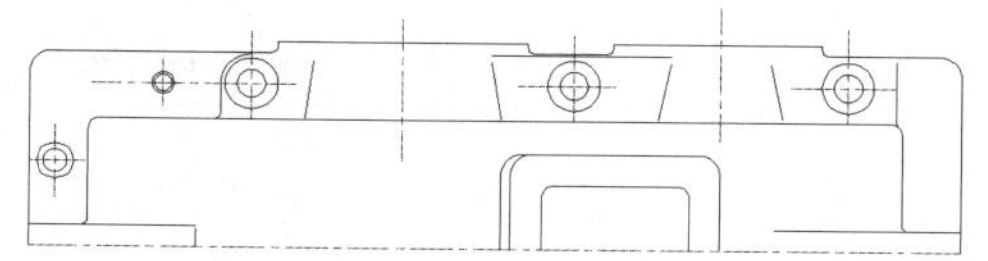

图 9-24　绘制吊耳

5．完成俯视图

（1）镜像处理。单击“默认”选项卡“修改”面板中的“镜像”按钮，将俯视图沿第一条水平中心线进行镜像，结果如图 9-25 所示。

（2）移动圆。单击“默认”选项卡“修改”面板中的“移动”按钮，将图 9-25 中 f 点处的两个同心圆，移动到图 9-26 中的 g 点处，结果如图 9-26 所示。

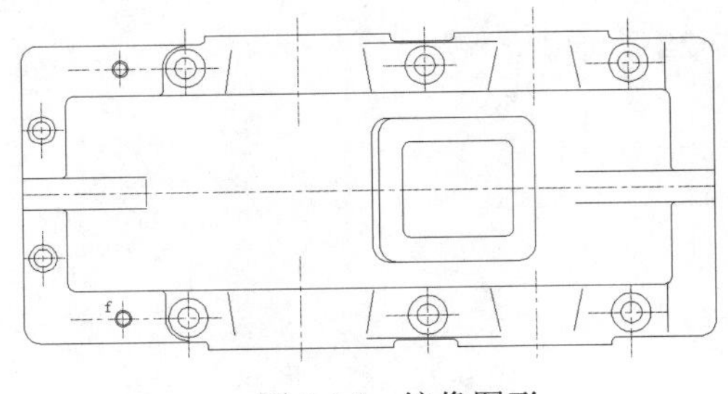

图 9-25　镜像图形

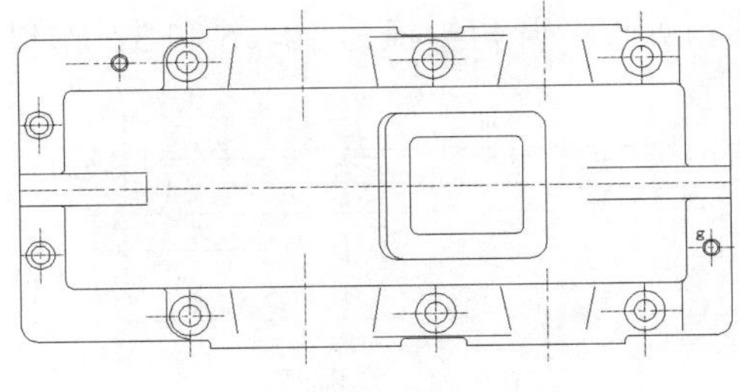

图 9-26　移动图形

9.1.4 绘制箱盖左视图

1．绘制左视图外轮廓

（1）绘制中心线。将“中心线”层设置为当前层，单击“默认”选项卡“绘图”面板中的“直线”按钮，绘制一条竖直中心线。

（2）绘制直线。将“粗实线”层设置为当前层。采用对象追踪功能，单击“默认”选项卡“绘图”面板中的“直线”按钮，绘制一条水平直线。

（3）偏移处理。单击“默认”选项卡“修改”面板中的“偏移”按钮，将水平直线向上偏移，偏移距离为 12、40、57、60、90、130，重复“偏移”命令，将竖直中心线向左偏移，偏移距离为 10、61、93、98，将偏移后的直线切换到“粗实线”层，结果如图 9-27 所示。

（4）绘制直线。单击“默认”选项卡“绘图”面板中的“直线”按钮，连接图 9-27 中的 1、2 两点。

（5）修剪图形。单击“默认”选项卡“修改”面板中的“修剪”按钮，修剪图形中多余的线段，结果如图 9-28 所示。

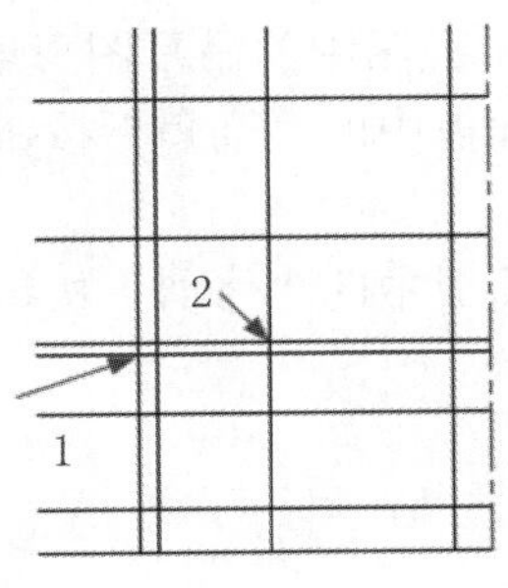

图 9-27　偏移直线

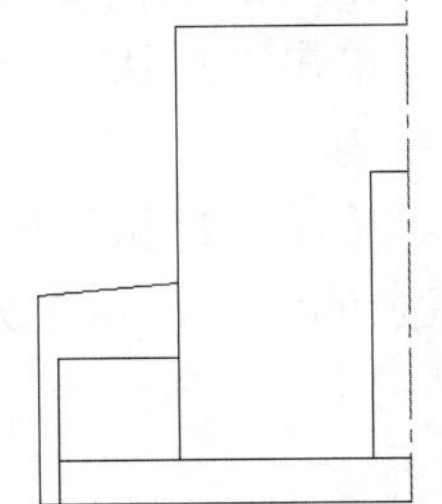

图 9-28　修剪后的图形

2．绘制剖视图

（1）镜像处理。单击“默认”选项卡“修改”面板中的“镜像”按钮，将左视图中

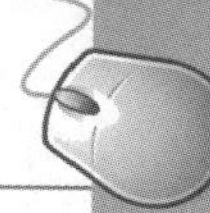

的左半部分沿竖直中心线进行镜像，结果如图 9-29 所示。

（2）偏移处理。单击“默认”选项卡“修改”面板中的“偏移”按钮，将直线 3 和直线 4 向内偏移，偏移距离为 8，重复“偏移”命令，将最下边的水平直线向上偏移 45。

（3）修剪图形。单击“默认”选项卡“修改”面板中的“修剪”按钮和“删除”按钮，删除和修剪多余的线段，结果如图 9-30 所示。

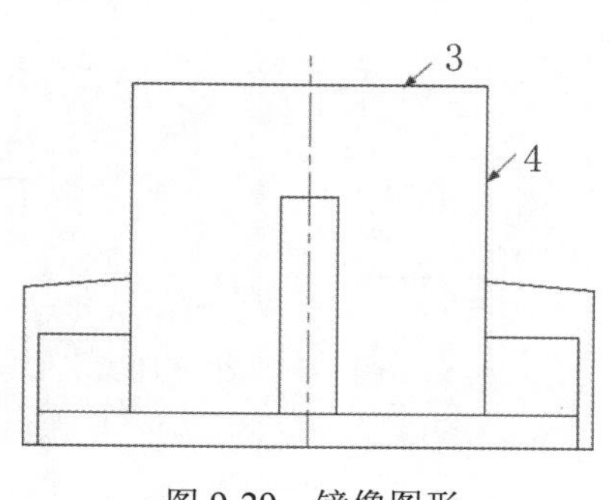

图 9-29　镜像图形

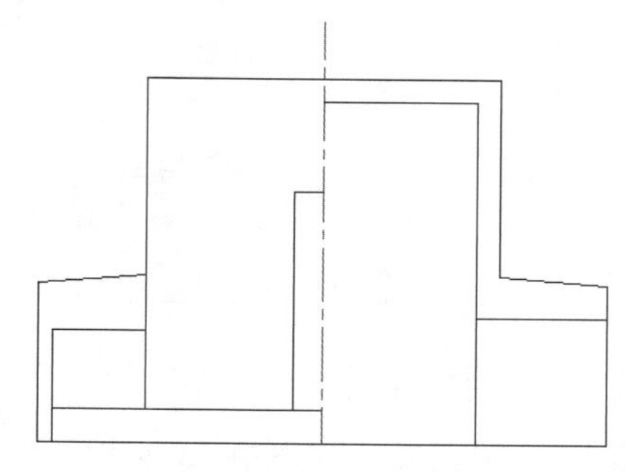

图 9-30　修剪图形

（4）绘制端盖安装孔。单击“默认”选项卡“修改”面板中的“偏移”按钮，将最下边的水平线向上偏移，偏移距离为 52，将偏移后的直线切换到中心线层。重复“偏移”命令，将偏移后的中心线向两边偏移，偏移距离为 2.5 和 3；重复“偏移”命令，将最右端的竖直直线向左偏移，偏移距离为 16 和 20，单击“默认”选项卡“修改”面板中的“修剪”按钮，修剪多余的线段，结果如图 9-31 所示。

（5）绘制透视孔。单击“默认”选项卡“修改”面板中的“偏移”按钮，将竖直中心线向右偏移，偏移距离为 30；单击“默认”选项卡“绘图”面板中的“直线”按钮，采用对象捕捉追踪功能，捕捉主视图中透视孔上的点，绘制水平直线。单击“默认”选项卡“修改”面板中的“修剪”按钮，修剪多余的线段，结果如图 9-32 所示。

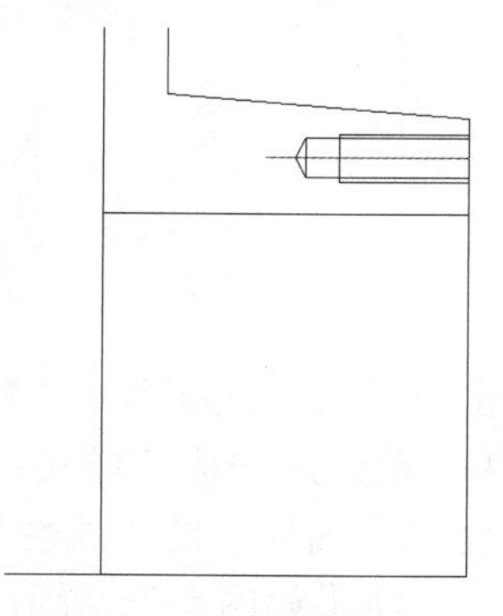

图 9-31　绘制端盖安装孔

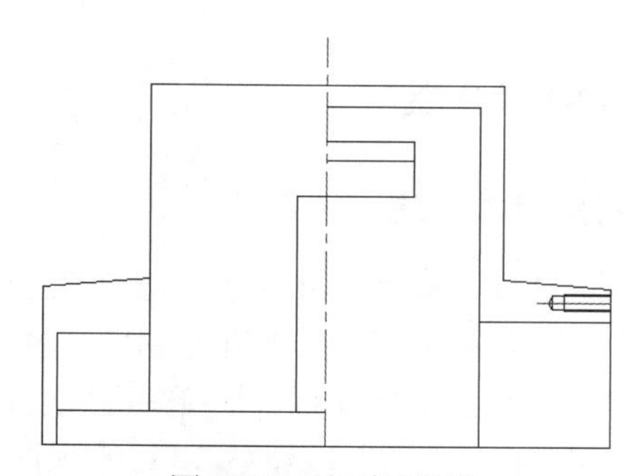

图 9-32　绘制透视孔

3．细节处理

（1）圆角处理。单击“默认”选项卡“修改”面板中的“圆角”按钮，对左视图进行圆角处理，半径分别为 14、6、3。

（2）倒角处理。单击“默认”选项卡“修改”面板中的“倒角”按钮，对右边轴孔进行倒角处理，倒角距离为 2，调用“直线”命令，连接倒角后的孔，结果如图 9-33 所示。整理图形。

（3）填充图案。单击“默认”选项卡“绘图”面板中的“图案填充”按钮，打开“图案填充和渐变色”对话框，选择“ANSI31”案例，设置比例为 2，填充图形，结果如图 9-34 所示。

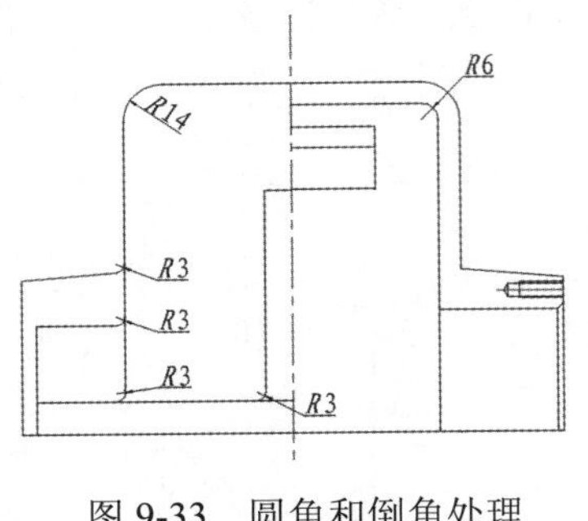

图 9-33　圆角和倒角处理

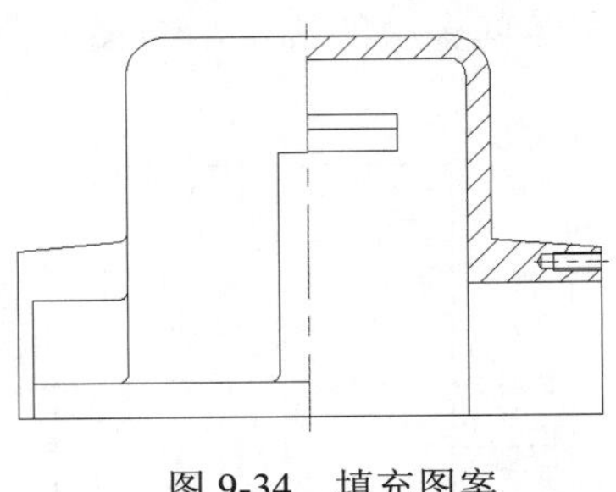

图 9-34　填充图案

（4）箱盖绘制完成，如图 9-35 所示。

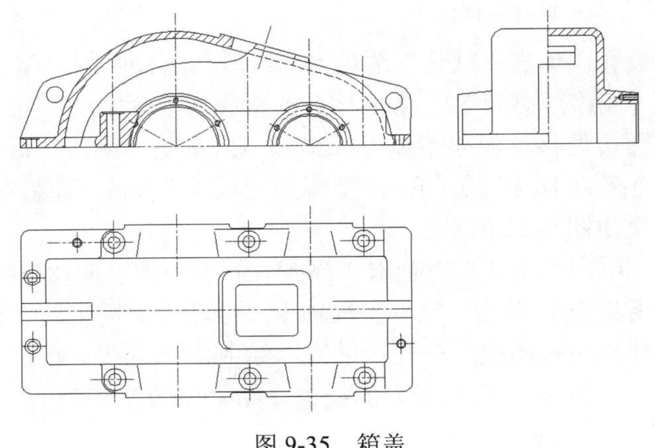

图 9-35　箱盖

9.1.5 标注箱盖

1. 俯视图尺寸标注

（1）切换图层。将“尺寸线层”设置为当前图层。单击“默认”选项卡“注释”面板中的“标注样式”按钮，将“机械制图标注”样式设置为当前使用的标注样式。

（2）俯视图无公差尺寸标注。单击“默认”选项卡“注释”面板中的“线性”按钮、“半径”按钮和“直径”按钮，对俯视图进行尺寸标注，结果如图 9-36 所示。

（3）俯视图公差尺寸标注。单击“默认”选项卡“注释”面板中的“标注样式”按钮，打开“标注样式管理器”对话框，建立一个名为“副本机械制图样式（带公差）”的样式，“基础样式”为“机械制图样式”。在“新建标注样式”对话框中设置“公差”选项卡，并将“副本机械制图样式（带公差）”的样式设置为当前使用的标注样式。

（4）主视图带公差尺寸标注。单击“默认”选项卡“注释”面板中的“线性”按钮，对俯视图进行带公差尺寸标注，结果如图 9-37 所示。

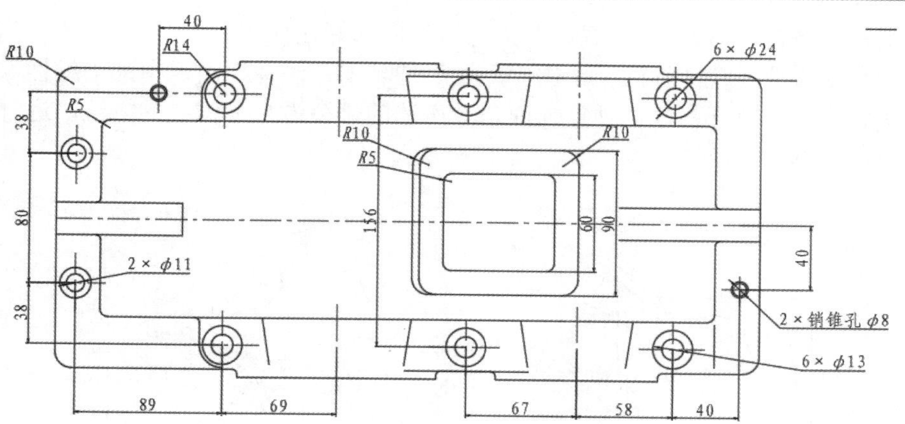

图 9-36　无公差尺寸标注

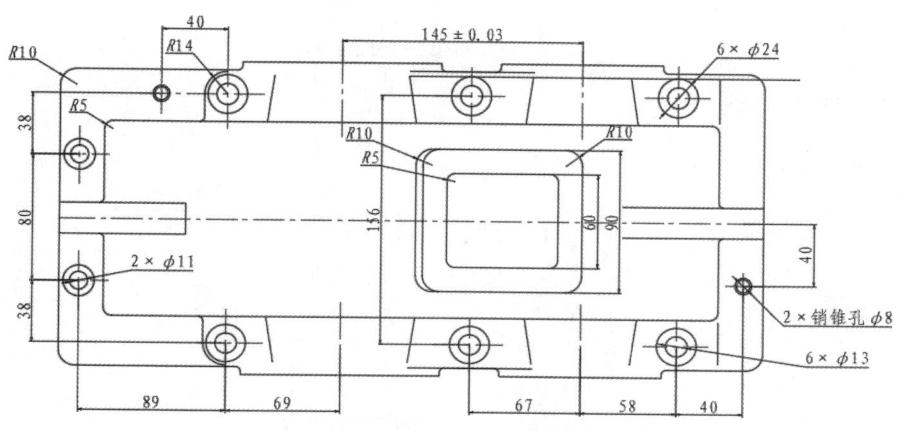

图 9-37　带公差尺寸标注

2．主视图尺寸标注

（1）主视图无公差尺寸标注。单击“默认”选项卡“注释”面板中的“线性”按钮、“半径”按钮和“直径”按钮，对主视图进行无公差尺寸标注，结果如图 9-38 所示。

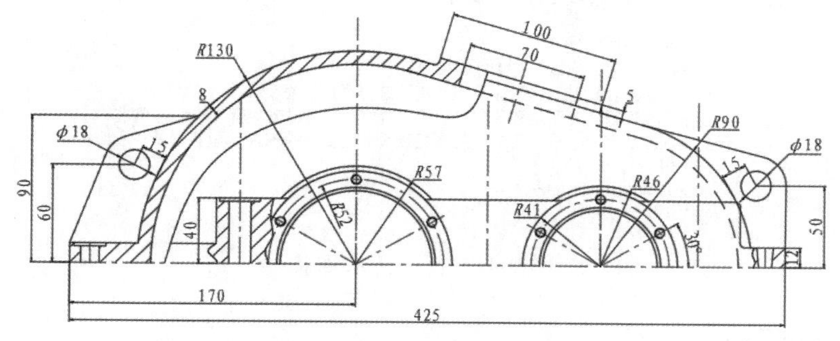

图 9-38　主视图无公差尺寸标注

（2）新建带公差标注样式。单击“默认”选项卡“注释”面板中的“标注样式”按钮，打开“标注样式管理器”对话框，建立一个名为“副本机械制图样式（带公差）”的样式，“基础样式”为“机械制图样式”。在“新建标注样式”对话框中设置“公差”选项卡，并把“副本机械制图样式（带公差）”的样式设置为当前使用的标注样式。

（3）主视图带公差尺寸标注。单击“默认”选项卡“注释”面板中的“线性”按钮，对主视图进行带公差尺寸标注。使用前面章节所述的带公差尺寸标注的方法，进行公差编辑修改，结果如图 9-39 所示。

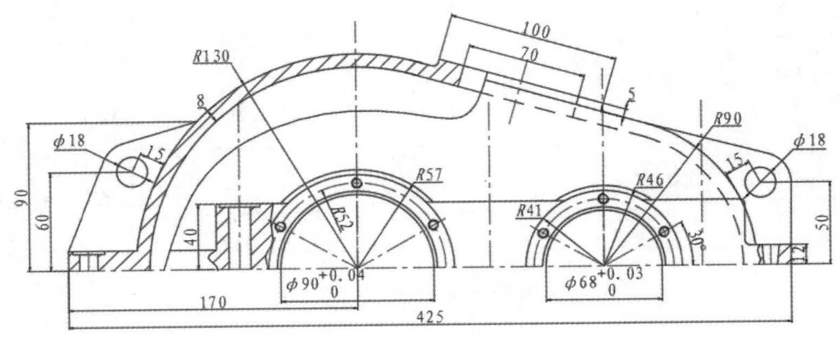

图 9-39　主视图带公差尺寸标注

3．侧视图尺寸标注

（1）切换当前标注样式。将“机械制图样式”设置为当前使用的标注样式。

（2）侧视图无公差尺寸标注。单击“默认”选项卡“注释”面板中的“线性”按钮和“直径”按钮，对侧视图进行无公差尺寸标注，结果如图 9-40 所示。

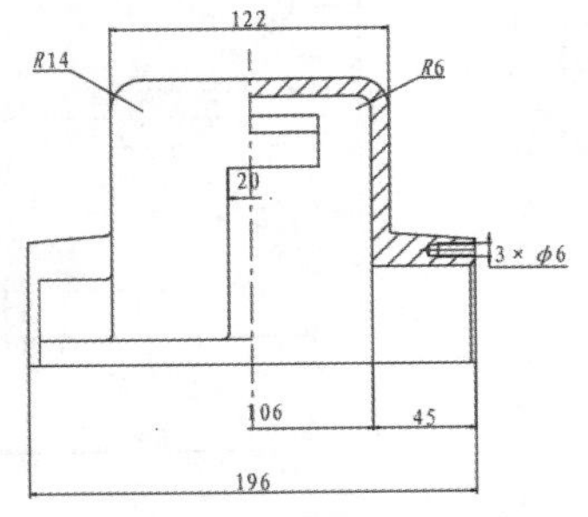

图 9-40　侧视图尺寸标注

4．标注技术要求

（1）设置文字标注格式。选择菜单栏中的“格式”→“文字样式”命令，打开“文字样式”对话框，在“样式名”下拉列表中选择“技术要求”，单击“应用”按钮，将其设置为当前使用文字样式。

（2）文字标注。单击“默认”选项卡“注释”面板的“多行文字”按钮 A，打开“文字编辑器”选项卡，在其中填写技术要求，如图 9-41 所示。

技术要求

1. 箱盖铸造成后，应清理并进行时效处理；
2. 箱盖和箱座合箱后，边缘应平齐，相互错位每边不大于2；
3. 应仔细检查箱盖与箱座剖分面接触的密合性，用0.05塞尺塞入深度不得大于剖面深度的三分之一，用涂色检查接触面积达到每平方厘米面积内不少于一个斑点；
4. 未注的铸造圆角为R3～R5；
5. 未注倒角为C2;

图 9-41　标注技术要求

9.1.6　插入图框

将已经绘制好的 A1 横向样板图图框复制粘贴到当前图形中，并适当移动调整位置。

将“标题栏层”设置为当前图层，在标题栏中填写“减速器箱盖”。减速器箱盖设计最终效果如图 9-1 所示。

9.2 减速器箱体设计

减速器箱体的绘制过程是使用 AutoCAD 2022 二维绘图功能的综合实例。绘制的减速箱体如图 9-42 所示。依次绘制减速器箱体俯视图、主视图和侧视图，充分利用多视图投影对应关系，绘制辅助定位直线。对于箱体本身，从上至下划分为 3 个组成部分，箱体顶面、箱体中间膛体和箱体底座，每一个视图的绘制也将围绕这 3 个部分分别进行。在箱体的绘制过程中也充分应用了局部剖视图。

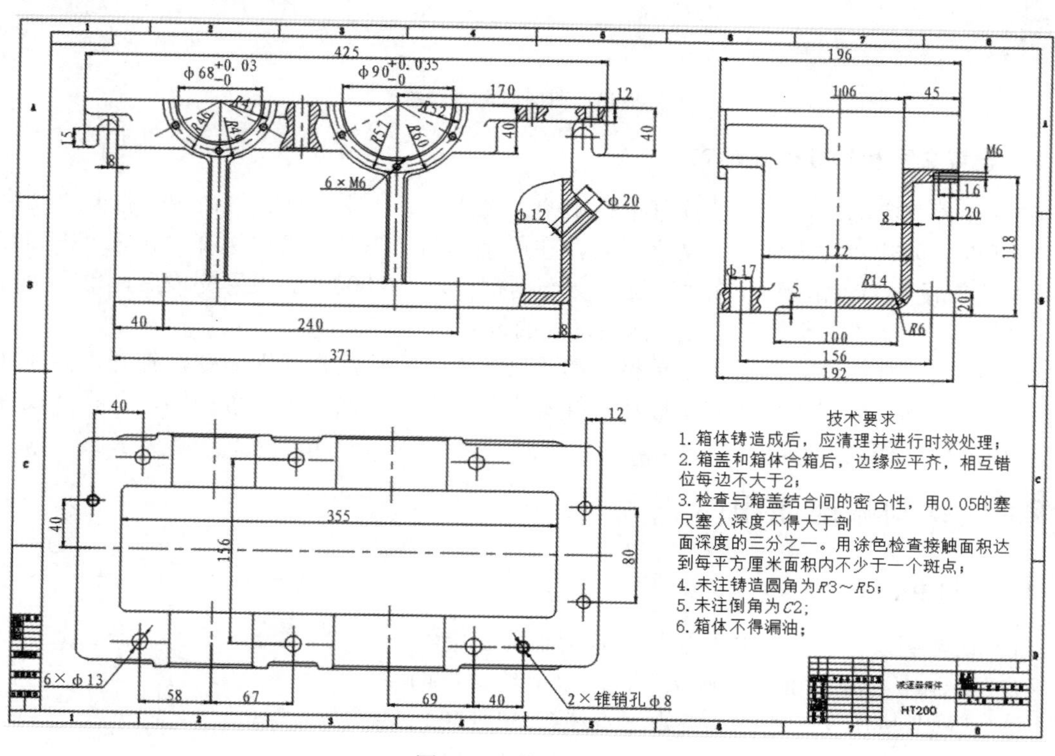

图 9-42　减速器箱体

9.2.1 配置绘图环境

1. 建立新文件

（1）建立新文件。启动 AutoCAD 2022 应用程序，选择菜单栏中的“文件”→“新建”命令，打开“选择样板”对话框，单击“打开”按钮右侧的▾下拉按钮，以“无样板打开-公制（M）”方式建立新文件，将新文件命名为“减速器箱体.dwg”并保存。

（2）设置图形界限。选择菜单栏中的“格式”→“图形界限”命令，设置图形界限，角点坐标为（0，0）和（841，594）。

（3）创建新图层。选择菜单栏中的“格式”→“图层”命令，❶打开“图层特性管理器”对话框，❷新建并设置每一个图层，如图 9-43 所示。

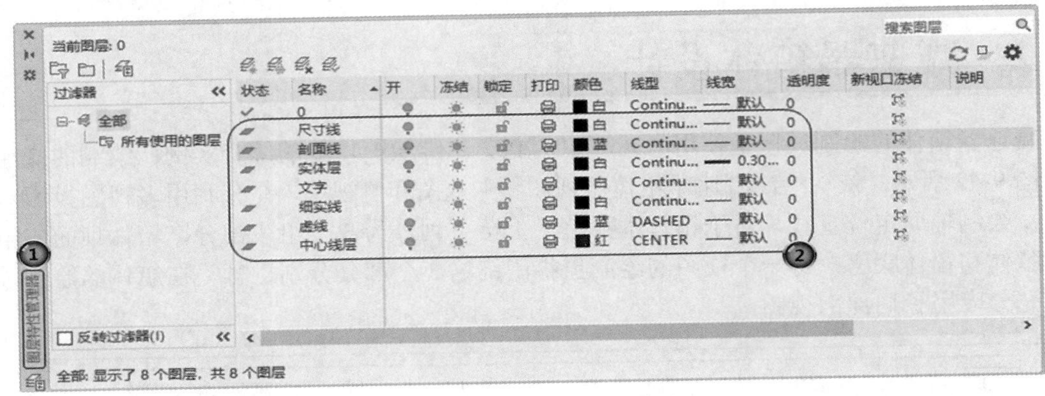

图 9-43 图层属性管理器

2. 设置文字和尺寸标注样式

（1）设置文字标注样式。选择菜单栏中的“格式”→“文字样式”命令，打开“文字样式”对话框。创建“技术要求”文字样式，在“字体名”下拉列表中选择“仿宋_GB2312”，“字体样式”设置为“常规”，在“高度”文本框中输入“6.0000”。设置完成后，单击“应用（A）”按钮，完成“技术要求”文字标注格式的设置。

（2）创建新标注样式。选择菜单栏中的“格式”→“标注样式”命令，打开“标注样式管理器”对话框，创建“机械制图标注”样式，各属性与前面章节设置相同，并将其设置为当前使用的标注样式。

9.2.2 绘制减速器箱体

1. 绘制中心线

（1）切换图层。将“中心线层”设置为当前图层。

（2）绘制中心线。单击“默认”选项卡“绘图”面板中的“直线”按钮╱，绘制 3 条水平直线{（50, 150），（500, 150）}{（50, 360），（800, 360）}和{（50, 530），（800, 530）}，绘制 5 条竖直直线{（65, 50），（65, 550）}{（490, 50），（490, 550）}{（582, 350），（582, 550）}{（680, 350），（680, 550）}和{（778, 350），（778, 550）}，如图 9-44 所示。

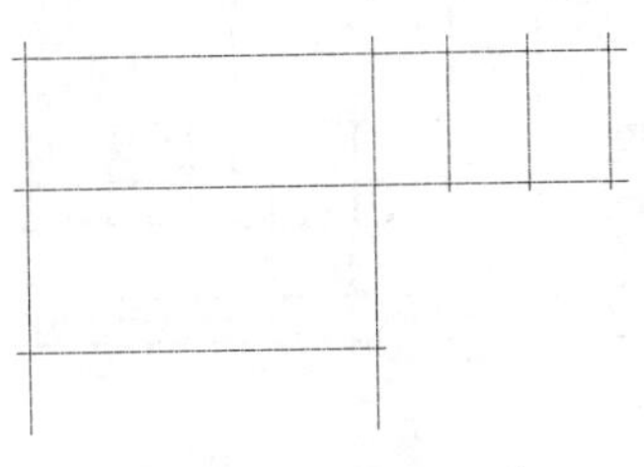

图 9-44 绘制中心线

注意：按照传统的机械三视图的绘制方法，应该首先绘制主视图，再利用主视图的图形特征来绘制其他视图和局部剖视图。而对于减速器箱体的绘制，将先绘制构形相对简单且又能表达减速器箱体与传动轴、齿轮等安装关系的俯视图，再利用俯视图来绘制其他视图。

2. 绘制减速器箱体俯视图

（1）切换图层。将当前层从“中心线层”切换到“实体层”。

（2）绘制矩形。单击“默认”选项卡“绘图”面板中的“矩形”按钮□，利用给定矩形的两个角点的方法分别绘制矩形 1{（65, 52），（490, 248）}、矩形 2{（100, 97），（455, 203）}、

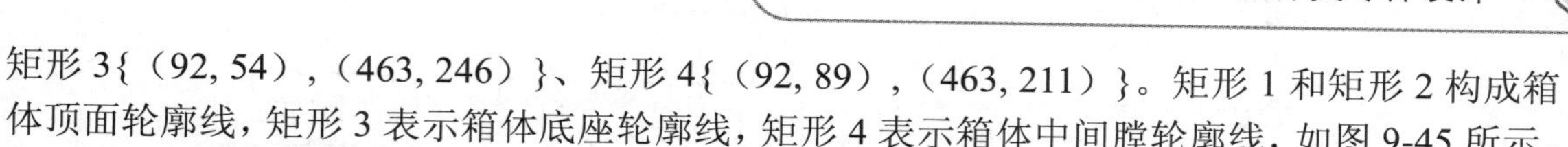

矩形 3{（92, 54），（463, 246）}、矩形 4{（92, 89），（463, 211）}。矩形 1 和矩形 2 构成箱体顶面轮廓线，矩形 3 表示箱体底座轮廓线，矩形 4 表示箱体中间膛轮廓线，如图 9-45 所示。

（3）更改图形对象的颜色。选择矩形 3，选择菜单栏中的“特性”命令，打开“特性”对话框，单击“常规”选项中“颜色”下拉按钮▾，打开颜色选择下拉列表。在其中选择一种颜色赋予矩形 3，使用同样的方法更改矩形 4 的线条颜色。

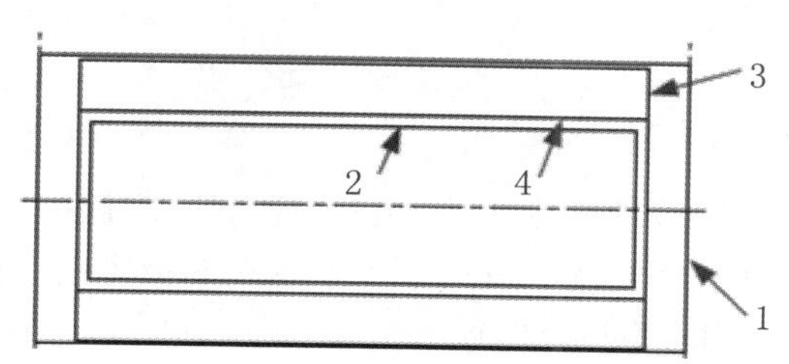

图 9-45　绘制矩形

注意：对于同一图层中的图形对象，既可以使用该图层的颜色，也可以通过重新选择颜色的方法更改其线条颜色。这种方法仅更改个别图形对象的线条颜色，并不会影响到图层的线条颜色设置。对于矩形 3 和矩形 4 暂时不编辑的图形对象，使用这种方法，可以防止被意外编辑。

（4）绘制轴孔。绘制轴孔中心线，单击“默认”选项卡“修改”面板中的“偏移”按钮⊆，从左向右偏移量依次为 110 和 255，绘制轴孔，重复“偏移”命令，左轴孔直径为 68，右轴孔直径为 90，完成后的结果如图 9-46 所示。

（5）细化顶面轮廓线。将矩形 1 进行分解，单击“默认”选项卡“修改”面板中的“偏移”按钮⊆，并将上边和下边向内偏移 5，将直径为 68 和 90 的孔分别向外侧偏移 12，绘制结果如图 9-47 所示。

（6）顶面轮廓线倒圆角。单击“默认”选项卡“修改”面板中的“圆角”按钮⌒，矩形 1 的 4 个直角的圆角半径为 10，其他处倒圆角半径为 5，矩形 2 的 4 个直角的圆角半径为 5，结果如图 9-48 所示。

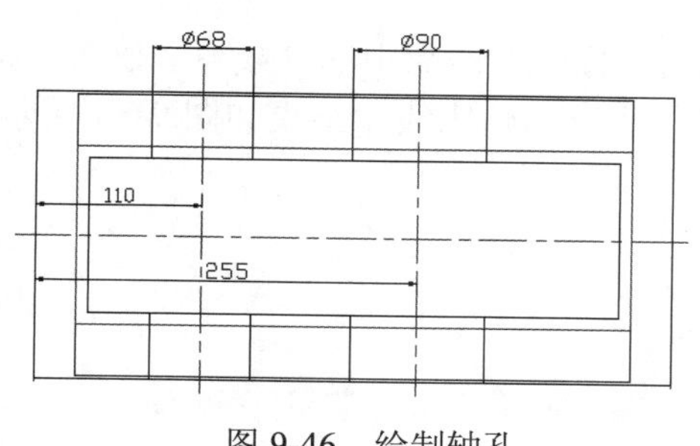

图 9-46　绘制轴孔

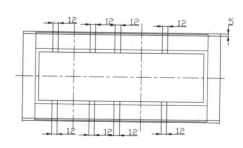

图 9-47　绘制偏移直线

（7）细化轴孔。单击“默认”选项卡“修改”面板中的“倒角”按钮⌐，对轴孔进行倒角，倒角距离为 C2，结果如图 9-48 所示。

（8）绘制螺栓孔和销孔中心线。单击“默认”选项卡“修改”面板中的“偏移”按钮⊆，竖直偏移量和水平偏移量如图上标注，绘制结果如图 9-49 所示。

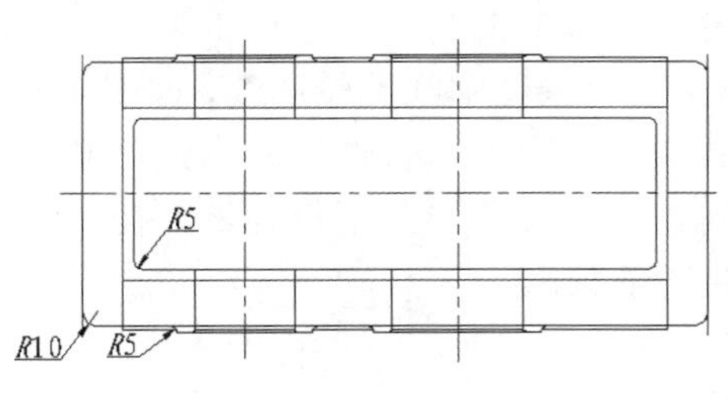

图 9-48 倒圆角

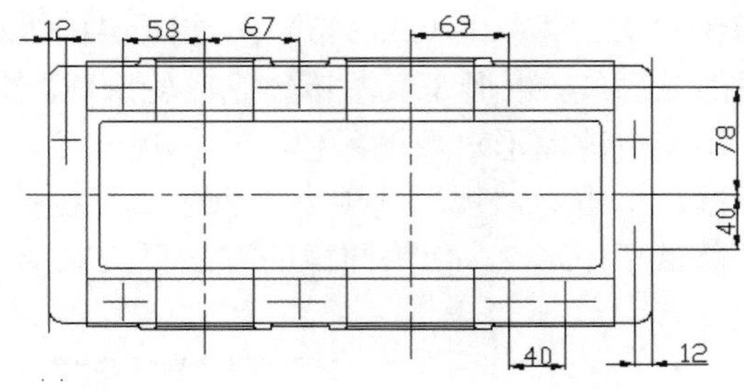

图 9-49 绘制螺栓孔和销孔中心线

（9）绘制螺栓孔和销孔。螺栓孔上下为 Ø13 的通孔，右侧为 Ø11 的通孔，销孔为 Ø 10 和 Ø8 两个投影圆组成。单击“默认”选项卡“绘图”面板中的“圆”按钮，以中心线交点为圆心分别绘制，绘制结果如图 9-50 所示。

（10）箱体底座轮廓线（矩形 3）倒圆角。单击“默认”选项卡“修改”面板中的“圆角”按钮，对底座轮廓线（矩形 3）倒圆角，半径为 10。进行修剪，完成减速器箱体俯视图的绘制，结果如图 9-51 所示。

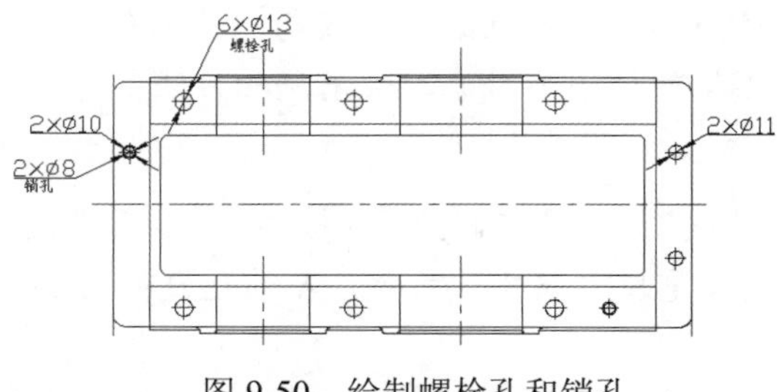

图 9-50 绘制螺栓孔和销孔

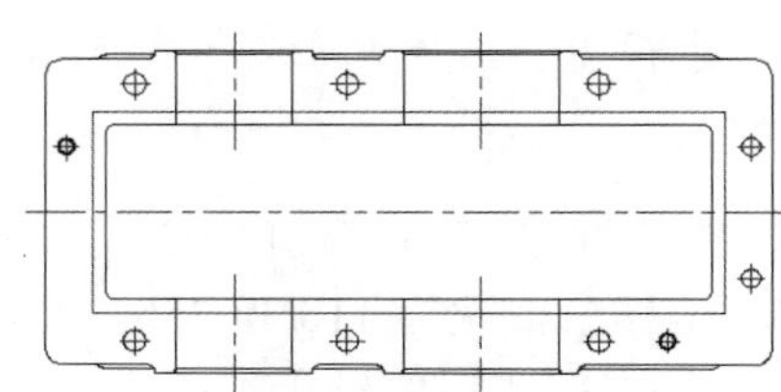

图 9-51 减速器箱体俯视图

3. 绘制减速器箱体主视图

（1）绘制箱体主视图定位线。单击“默认”选项卡“绘图”面板中的“直线”按钮，利用“对象捕捉”和“正交”功能从俯视图绘制投影定位线，单击“默认”选项卡“修改”面板中的“偏移”按钮，将上面的中心线向下偏移量为 12，下面的中心线向上偏移量为 20，结果如图 9-52 所示。

（2）绘制主视图轮廓线。单击“默认”选项卡“修改”面板中的“修剪”按钮，对主视图进行修剪，形成箱体顶面、箱体中间膛和箱体底座的轮廓线，结果如图 9-53 所示。

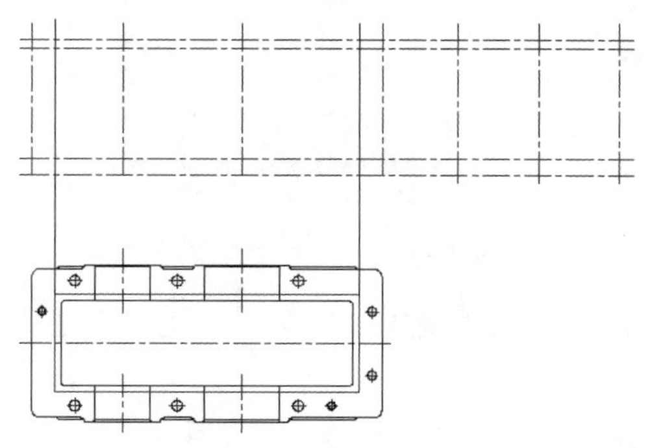

图 9-52 绘制箱体主视图定位线

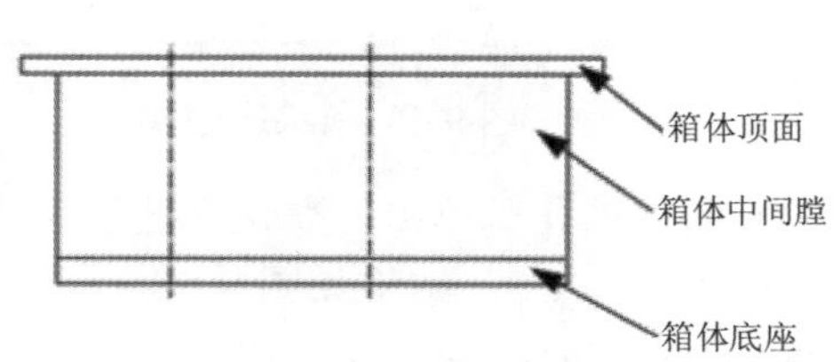

图 9-53 绘制主视图轮廓线

（3）绘制轴孔和端盖安装面。单击“默认”选项卡“绘图”面板中的“圆”按钮⊘，以两条竖直中心线与顶面线交点为圆心，分别绘制左侧一组同心圆 Ø68、Ø72、Ø92 和 Ø98，右侧一组同心圆 Ø90、Ø94、Ø114 和 Ø120，并进行修剪，结果如图 9-54 所示。

（4）绘制偏移直线。单击“默认”选项卡“修改”面板中的“偏移”按钮⊆，将顶面向下偏移 40，并进行修剪，补全左右轮廓线，结果如图 9-55 所示。

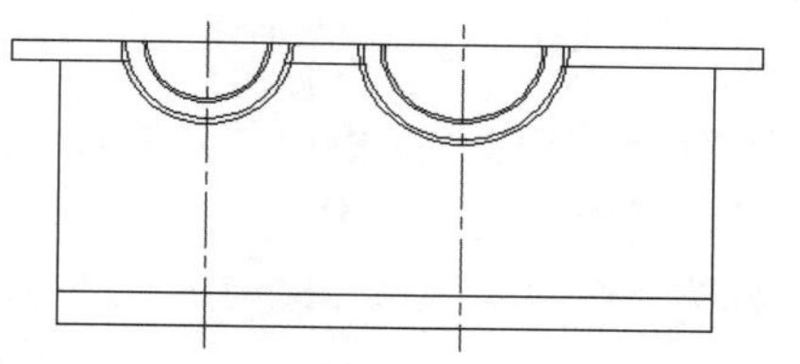

图 9-54　绘制轴孔和端盖安装面

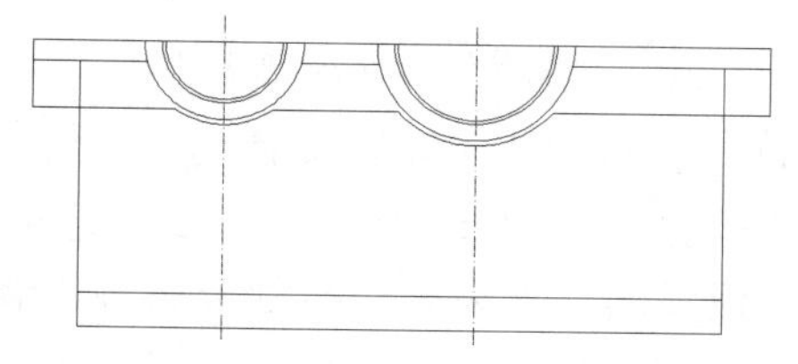

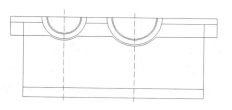

图 9-55　绘制偏移直线

注意：在绘制补全左右轮廓线时，可以调用“直线”命令，也可以直接拉长，还可以调用“延伸”命令进行绘制。“延伸”命令的使用方法如图 9-56 所示。

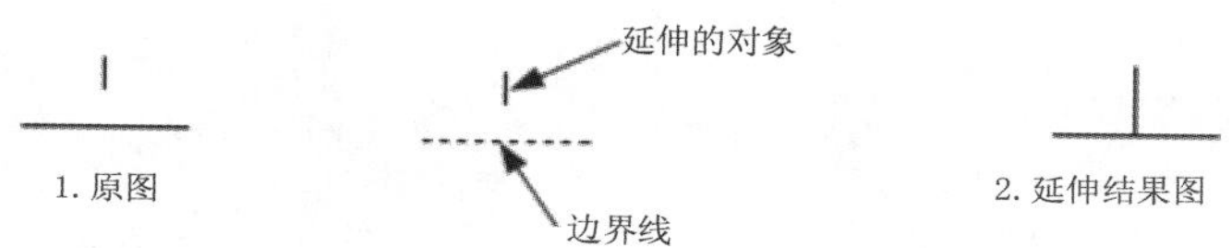

图 9-56　“延伸”命令的使用方法

（5）绘制左右耳片。单击“默认”选项卡“修改”面板中的“偏移”按钮⊆和“绘图”面板中的“圆”按钮⊘，并进行修剪，耳片半径为 8，深度为 15，圆角半径为 5，结果如图 9-57 所示。

（6）绘制左右肋板。单击“默认”选项卡“修改”面板中的“偏移”按钮⊆，绘制偏移直线，肋板宽度为 12，与箱体中间膛的相交宽度为 16。对图形进行修剪，结果如图 9-58 所示。

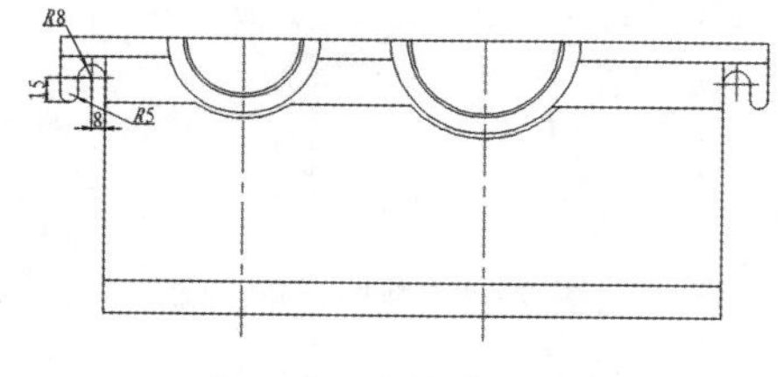

图 9-57　绘制左右耳片

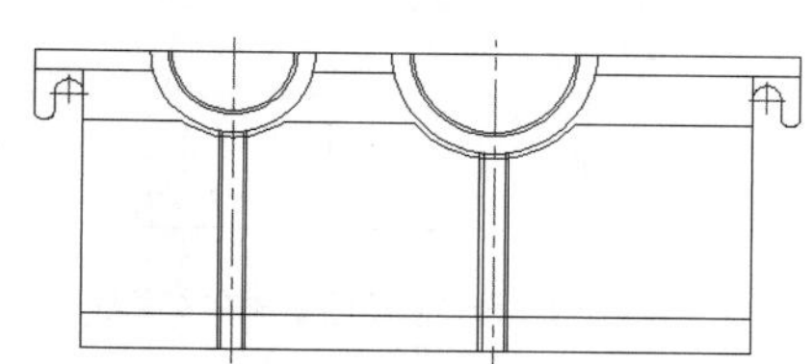

图 9-58　绘制左右肋板

（7）图形倒圆角。单击“默认”选项卡“修改”面板中的“圆角”按钮，采用不修剪、半径模式，对主视图进行倒圆角操作，箱体的铸造圆角半径为 5。倒角后再对图形进行修剪，结果如图 9-59 所示。

（8）绘制样条曲线。单击“默认”选项卡“绘图”面板中的“样条曲线拟合”按钮，在两个端盖安装面之间绘制曲线构成剖切平面，如图 9-60 所示。

（9）绘制螺栓通孔。在剖切平面里，绘制螺栓通孔 Ø13×38 和安装沉孔 Ø24×2 。单击“默认”选项卡“绘图”面板中的“图案填充”按钮，切换到“剖面层”，绘制剖面线。用同样的方法，绘制销通孔 Ø10×12、螺栓通孔 Ø11×10 和安装沉孔 Ø15×2 。结果如图 9-61 所示。

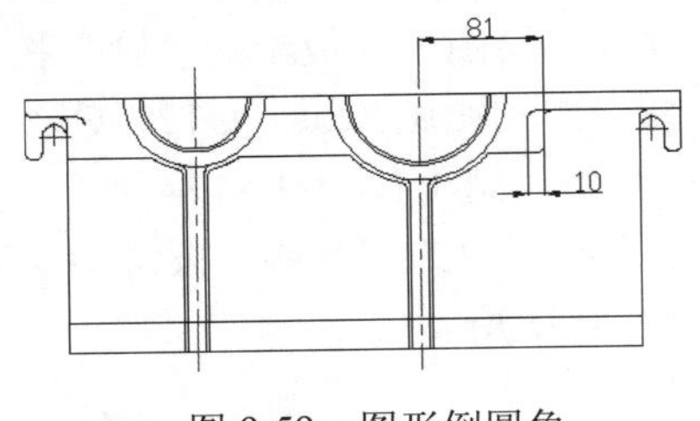

图 9-59　图形倒圆角

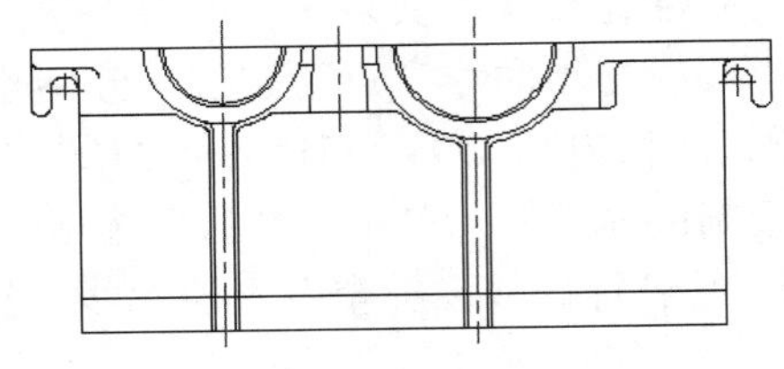

图 9-60　绘制样条曲线

（10）绘制油标尺安装孔轮廓线。单击“默认”选项卡“修改”面板中的“偏移”按钮，箱底向上偏移量为 100。单击“默认”选项卡“绘图”面板中的“直线”按钮，以偏移线与箱体右侧线的交点为起点绘制直线，其余点的坐标为（@30<–45）、（@30<–135），绘制结果如图 9-62 所示。

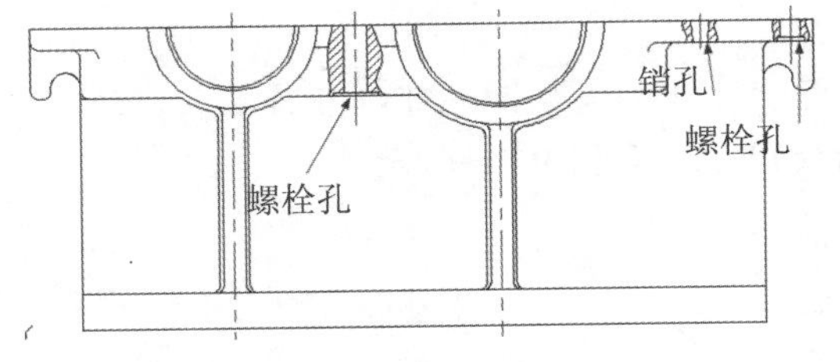

图 9-61　绘制螺栓通孔

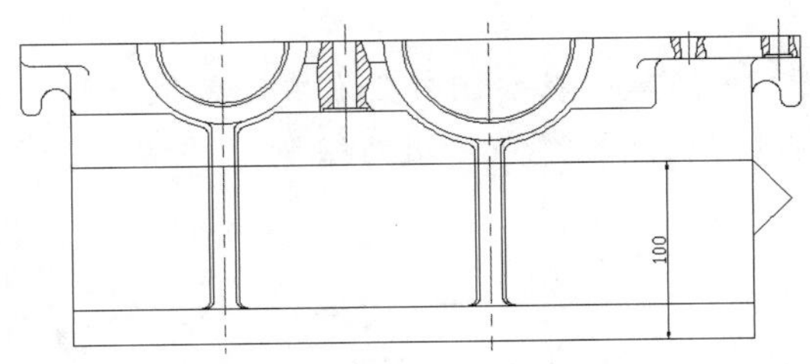

图 9-62　绘制油标尺安装孔轮廓线

（11）绘制样条曲线和偏移直线。单击“默认”选项卡“绘图”面板中的“样条曲线拟合”按钮，绘制油标尺安装孔剖面界线，如图 9-63 所示，单击“默认”选项卡“修改”面板中的“偏移”按钮，水平偏移量为 8，向上偏移量依次为 5 和 8，单击“默认”选项卡“绘图”面板中的“圆弧”按钮，绘制 R3 圆弧角，单击“默认”选项卡“修改”面板中的“修剪”按钮，并进行修剪，完成箱体内壁轮廓线的绘制，如图 9-64 所示。

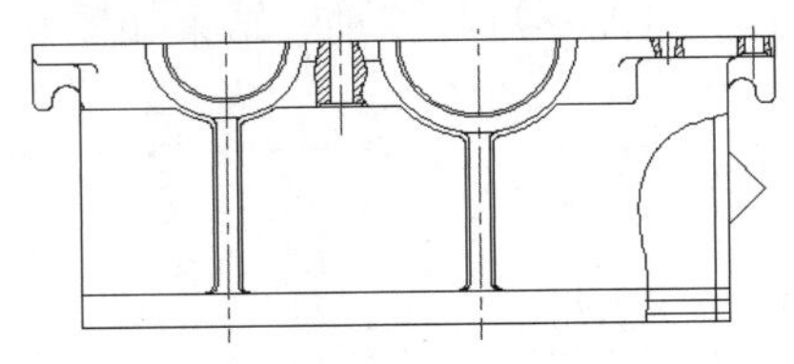

图 9-63　绘制云线和偏移直线

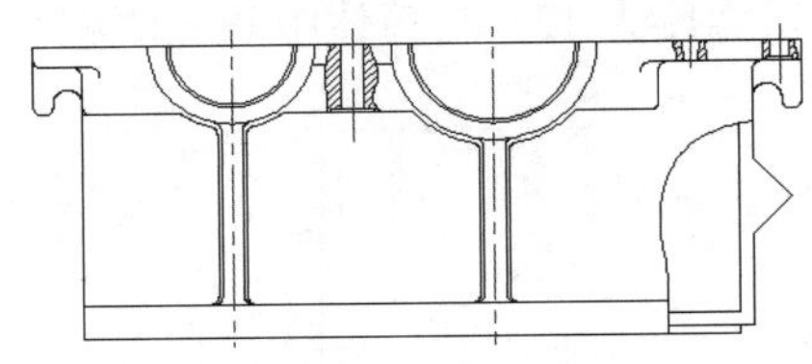

图 9-64　修剪后的结果

（12）绘制油标尺安装孔。单击“默认”选项卡“绘图”面板中的“直线”按钮和“默认”选项卡“修改”面板“偏移”按钮，孔径为 Ø12，安装沉孔 Ø20×1.5，并进行编辑，结果如图 9-65 所示。

（13）绘制剖面线。单击“默认”选项卡“绘图”面板中的“图案填充”按钮，将“剖面层”设置为当前层，绘制剖面线，结果如图 9-66 所示。

（14）绘制端盖安装孔。将“中心线”层设置为当前层，单击“默认”选项卡“绘图”面板中的“直线”按钮，分别以 a 和 b 为起点，绘制端点为（@60<–30）的直线，单击“默认”选项卡“绘图”面板中的“圆”按钮，以 a 点为圆心绘制半径为 41 的圆，再以 b 点为圆心绘制半径为 52 的圆，重复“圆”命令，以中心线和中心圆的交点为圆心，绘制半径为

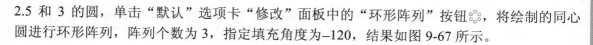

2.5 和 3 的圆，单击“默认”选项卡“修改”面板中的“环形阵列”按钮，将绘制的同心圆进行环形阵列，阵列个数为 3，指定填充角度为–120，结果如图 9-67 所示。

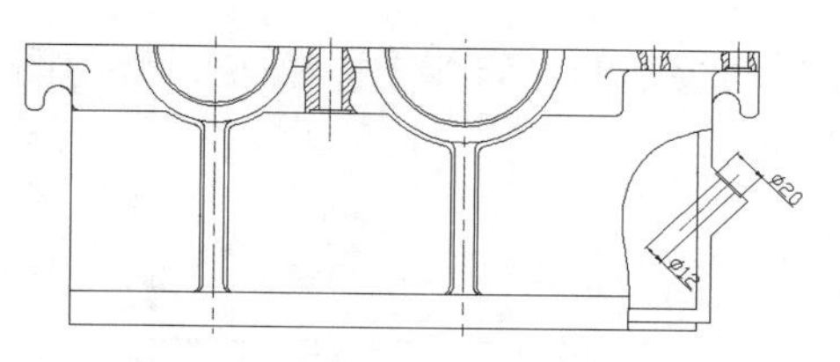

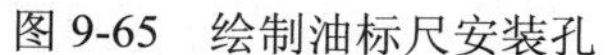
图 9-65 绘制油标尺安装孔

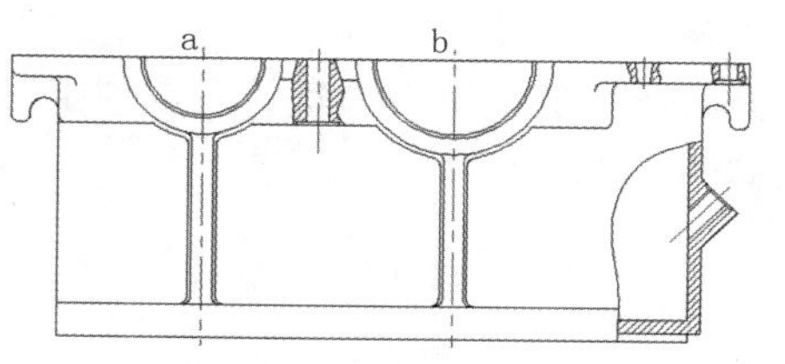

图 9-66 减速器箱体主视图

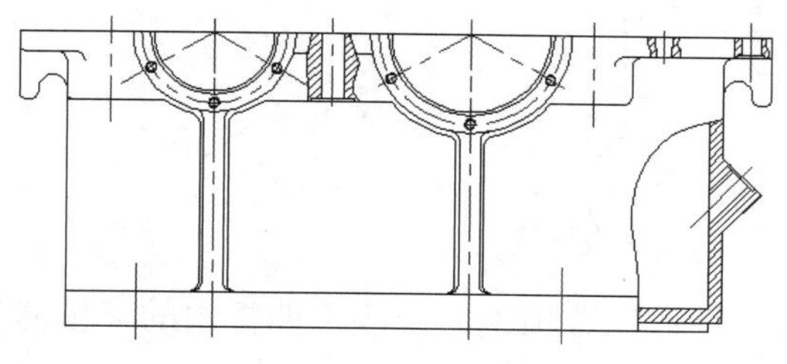

图 9-67 绘制端盖安装

4．绘制减速器箱体侧视图

（1）绘制箱体侧视图定位线。单击“默认”选项卡“修改”面板中的“偏移”按钮，将对称中心线向左右各偏移 61 和 96，结果如图 9-68 所示。

（2）绘制侧视图轮廓线。单击“默认”选项卡“修改”面板的“修剪”按钮，对图形进行修剪，形成箱体顶面、箱体中间膛和箱体底座的轮廓线，如图 9-69 所示。

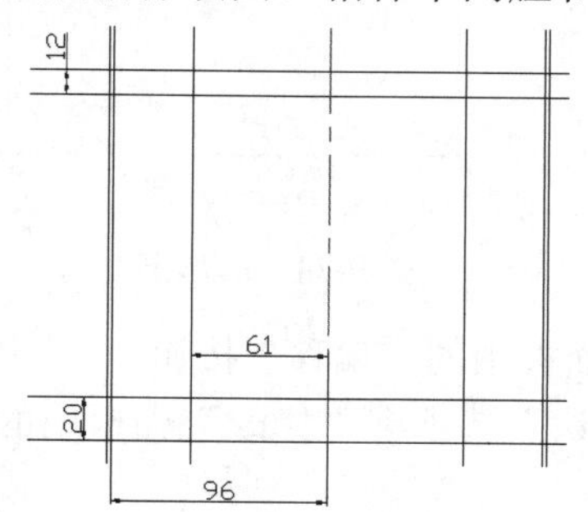

图 9-68 绘制箱体侧视图定位线

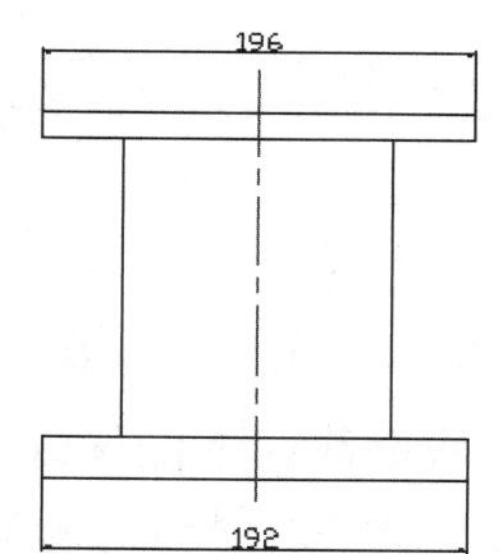

图 9-69 绘制侧视图轮廓线

（3）绘制顶面水平定位线。将“实体层”设置为当前层。单击“默认”选项卡“绘图”面板中的“直线”按钮，以主视图中特征点为起点，利用“正交”功能绘制水平定位线，结果如图 9-70 所示。

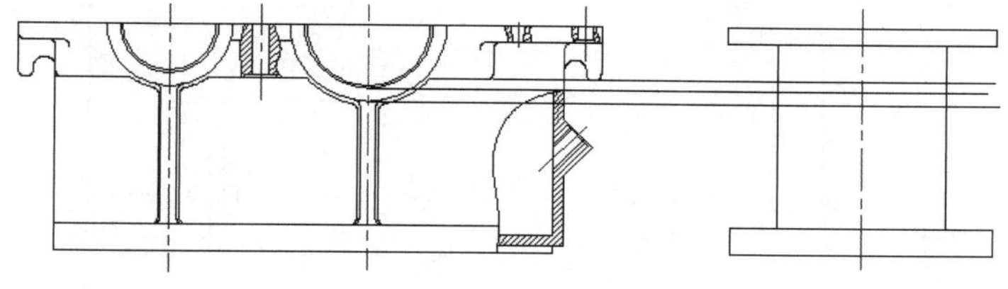

图 9-70 绘制顶面水平定位线

（4）绘制顶面竖直定位线。单击“默认”选项卡“修改”面板中的“修剪”按钮，将左右两侧轮廓线延伸，单击“默认”选项卡“修改”面板中的“偏移”按钮，偏移量为 5，结果如图 9-71 所示。

（5）图形修剪。单击“默认”选项卡“修改”面板中的“修剪”按钮，修剪图形，修剪结果如图 9-72 所示。

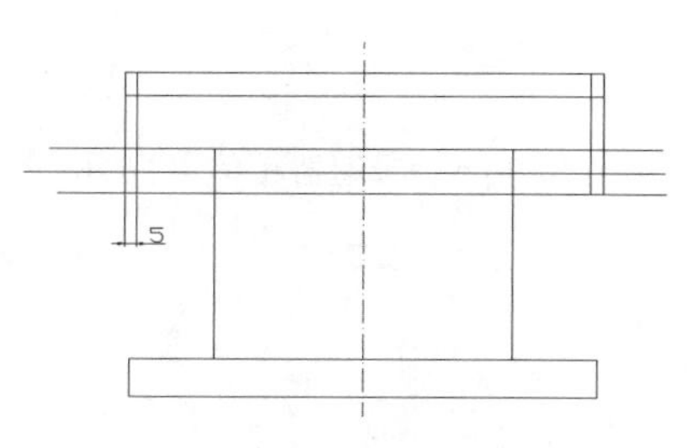

图 9-71　绘制顶面竖直定位线

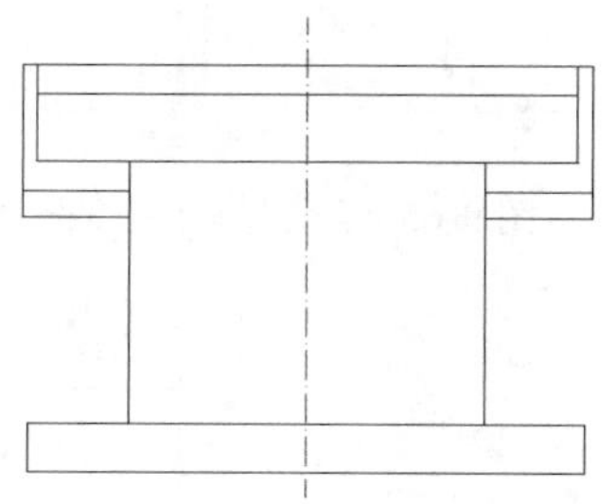
图 9-72　图形修剪

（6）绘制肋板。单击“默认”选项卡“修改”面板中的“偏移”按钮，偏移量为 5，修剪结果如图 9-73 所示。

（7）倒圆角。单击“默认”选项卡“修改”面板中的“圆角”按钮，圆角半径为 5，结果如图 9-74 所示。

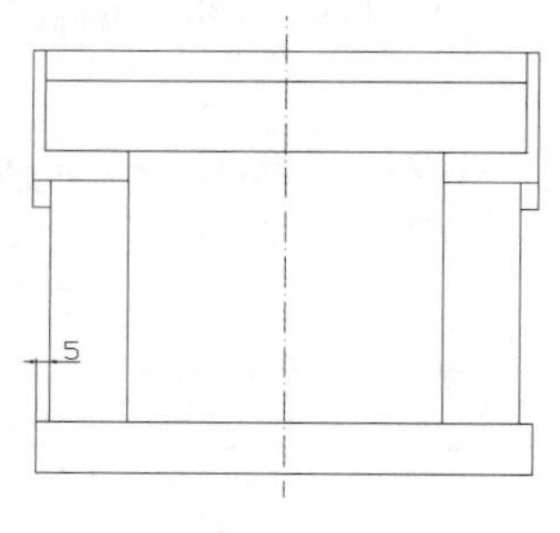

图 9-73　绘制肋板

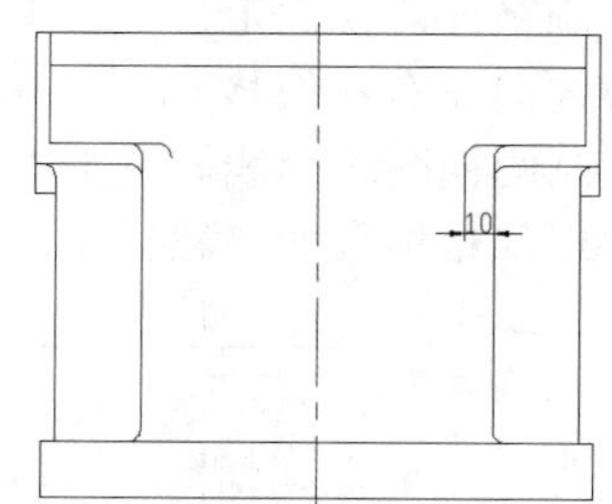

图 9-74　图形倒圆角

（8）绘制底座。单击“默认”选项卡“修改”面板中的“偏移”按钮，中心线左右偏移量均为 50，底面线向上偏移量为 5，再单击“默认”选项卡“修改”面板中的“圆角”按钮，圆角半径为 5，修剪结果如图 9-75 所示。

（9）绘制底座螺栓通孔。绘制方法与主视图中螺栓通孔的绘制方法相同，绘制定位中心线、剖切线、螺栓通孔、剖切线，并利用“直线”、“圆角”、“修剪”等命令绘制中间耳钩图形，结果如图 9-76 所示。

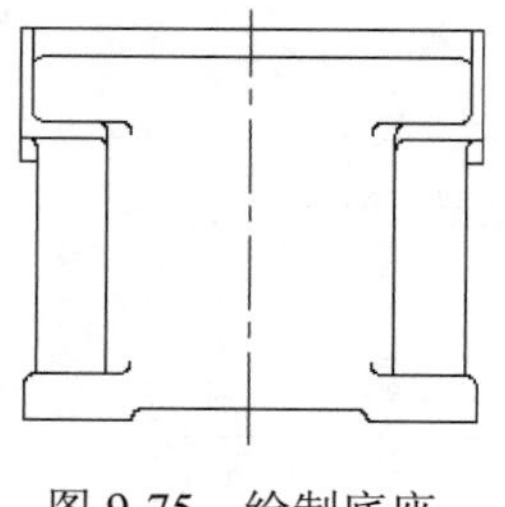
图 9-75　绘制底座

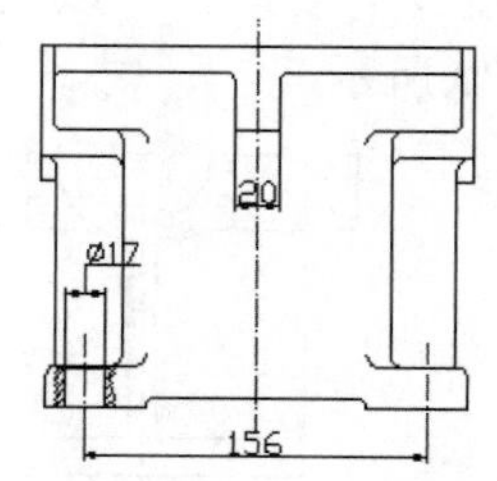

图 9-76　绘制底座螺栓通孔

（10）绘制剖视图。单击“默认”选项卡“修改”面板中的“删除”按钮，删除左视图右半部分多余的线段，单击“默认”选项卡“修改”面板中的“偏移”按钮，将竖直中心线向右偏移 53，将下边的线向上偏移 8，利用“修剪”“延伸”和“圆角”命令，整理图形如图 9-77 所示。

（11）绘制螺纹孔。利用“直线”“偏移”和“修剪”命令，绘制螺纹孔（具体步骤可以参见箱盖中的螺纹孔绘制），并对图形进行整理，结果如图 9-78 所示。

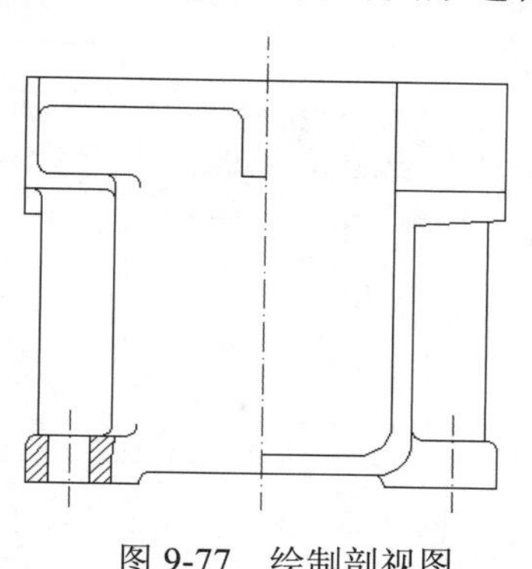

图 9-77　绘制剖视图

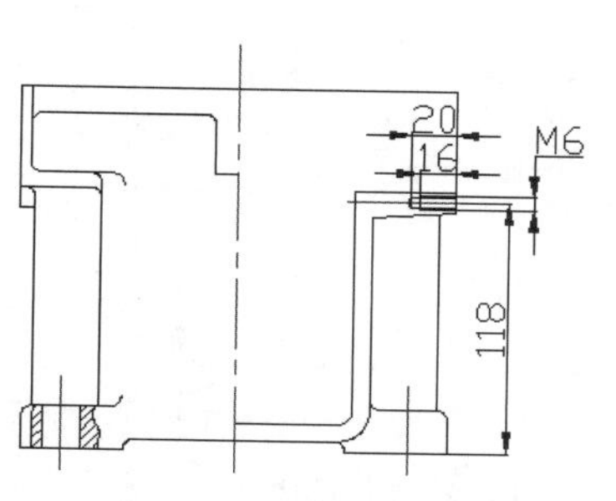

图 9-78　绘制螺纹孔

（12）填充图案。单击“默认”选项卡“绘图”面板中的“图案填充”按钮，对剖视图填充图案，结果如图 9-79 所示。

（13）修剪俯视图。单击“默认”选项卡“修改”面板中的“删除”按钮，删除俯视图中的箱体中间膛轮廓线（矩形 4），最终完成减速器箱体的设计，如图 9-80 所示。

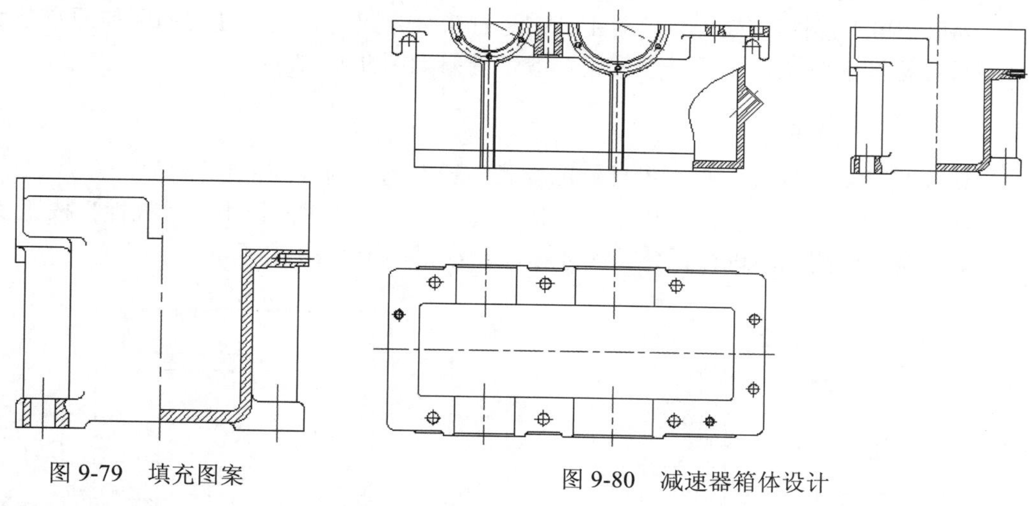

图 9-79　填充图案

图 9-80　减速器箱体设计

9.2.3 标注减速器箱体

1. 俯视图尺寸标注

（1）切换图层。将当前图层设置为“尺寸线”层。单击“默认”选项卡“注释”面板中“标注样式”按钮，单击“文字”选项卡，修改字高为 10，将“机械制图标注”样式设置为当前使用的标注样式。

（2）俯视图尺寸标注。单击“默认”选项卡“注释”面板中的“线性”按钮、“半径”按钮和“直径”按钮，对俯视图进行尺寸标注，结果如图 9-81 所示。

2. 主视图尺寸标注

（1）主视图无公差尺寸标注。单击“默认”选项卡“注释”面板中的“线性”按钮、“半径”按钮和“直径”按钮，对主视图进行无公差尺寸标注，结果如图 9-82 所示。

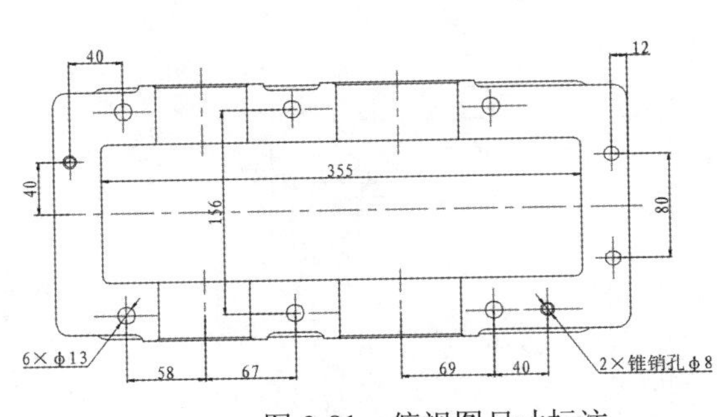

图 9-81　俯视图尺寸标注

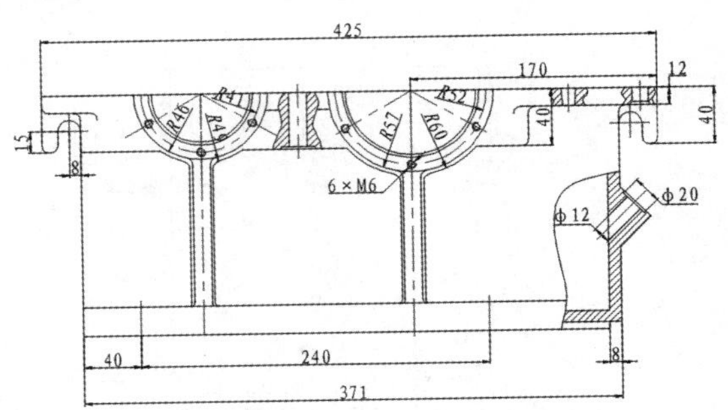

图 9-82　主视图无公差尺寸标注

（2）新建带公差标注样式。单击“默认”选项卡“注释”面板中的“标注样式”按钮，打开“标注样式管理器”对话框，建立一个名为“副本机械制图样式（带公差）”的样式，“基础样式”为“机械制图样式”。在“新建标注样式”对话框中设置“公差”选项卡，并把“副本机械制图样式（带公差）”的样式设置为当前使用的标注样式。

（3）主视图带公差尺寸标注。单击“默认”选项卡“注释”面板中的“线性”按钮、“半径”按钮和“直径”按钮，对主视图进行带公差尺寸标注。使用如同前面章节所述的带公差尺寸标注的方法，进行公差编辑修改，结果如图 9-83 所示。

3. 侧视图尺寸标注

（1）切换当前标注样式。将“机械制图样式”设置为当前使用的标注样式。

（2）侧视图无公差尺寸标注。单击“默认”选项卡“注释”面板中的“线性”按钮和“直径”按钮，对侧视图进行无公差尺寸标注，结果如图 9-84 所示。

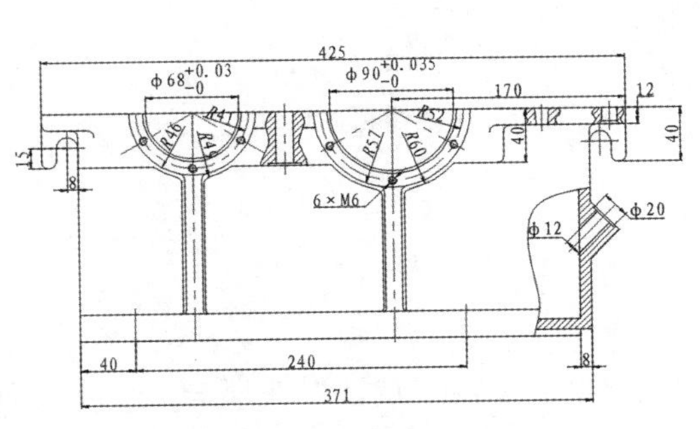

图 9-83　主视图带公差尺寸标注

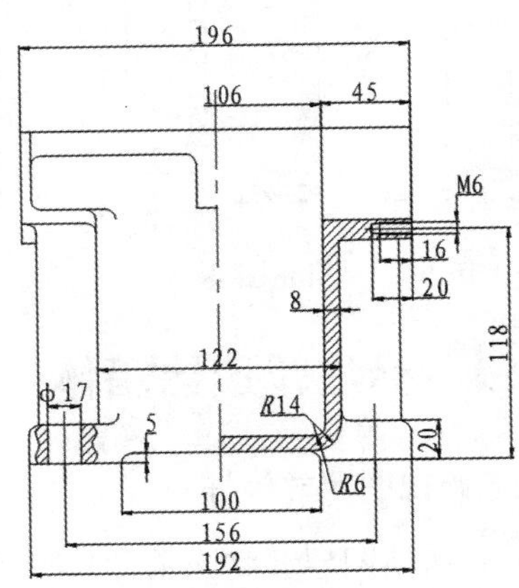

图 9-84　侧视图尺寸标注

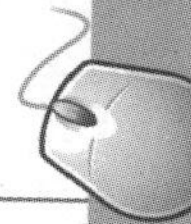

4．标注技术要求

（1）设置文字标注格式。选择菜单栏中的“格式”→“文字样式”命令，打开“文字样式”对话框，在“样式名”下拉列表中选择“技术要求”，单击“置为当前”按钮，将其设置为当前使用文字样式。

（2）文字标注。单击“默认”选项卡“注释”面板中的“多行文字”按钮 A，打开“多行文字”编辑器，在其中填写技术要求，如图 9-85 所示。

技术要求
1. 箱体铸造成后，应清理并进行时效处理；
2. 箱盖和箱体合箱后，边缘应平齐，相互错
位每边不大于2；
3. 检查与箱盖结合间的密合性，用0. 05的塞
尺塞入深度不得大于于剖
面深度的三分之一。用涂色检查接触面积达
到每平方厘米面积内不少于一个斑点；
4. 未注铸造圆角为$R3$～$R5$；
5. 未注倒角为$C2$；
6. 箱体不得漏油；

图 9-85　标注技术要求

9.2.4 插入图框

将已经绘制好的 A1 横向样板图图框复制粘贴到当前图形中，并适当移动调整位置。

将“标题栏层”设置为当前图层，在标题栏中填写“减速器箱体”，减速器箱体设计最终效果如图 9-42 所示。

Chapter

装配图设计

10

装配图是用来表达部件或机器的工作原理、零件之间的装配关系和相互位置，以及装配、检验、安装所需要的尺寸数据的技术文件。一般的装配图都由多个零件组成，图形比较复杂，绘制过程中需要经常修改；而且现在有很多装配图需要多人合作完成，这些问题对于手工制图来讲难度和工作量都是非常大的。装配图的绘制集中体现了 AutoCAD 辅助设计的优势，在 AutoCAD 2022 中则可以将各个零件封装成图块，在装配图中使用插入块操作，可以方便地检验零件间的装配关系。

装配图的绘制，是 AutoCAD 的一种综合设计应用。在设计过程中，需要运用前几章所介绍过的各种零件的绘制方法。同时又有新的内容。例如在装配图中拼装零件，对装配图进行二次编辑以及在装配中零件的编号与明细表的填写等。在本章中，讲述如何把装配图所需的零件封装成图块，以及如何在装配图中拼装和修剪这些零件图块。

10.1 装配图简介

10.1.1 装配图的内容

如图 10-1 所示，一幅完整的装配图，应包括下列内容。

（1）一组视图。装配图由一组视图组成，用以表达各组成零件的相互位置和装配关系，部件或机器的工作原理和结构特点。

（2）必要的尺寸。必要的尺寸包括部件或机器的性能规格尺寸、零件之间的配合尺寸、外形尺寸、部件或机器的安装尺寸和其他重要尺寸等。

（3）技术要求。说明部件或机器的装配、安装、检验和运转的技术要求，一般用文字写出。

（4）零部件序号、明细栏和标题栏。在装配图中，应对每个不同的零部件编写序号，并在明细栏中依次填写序号、名称、件数、材料和备注等内容。标题栏与零件图中的标题栏相同。

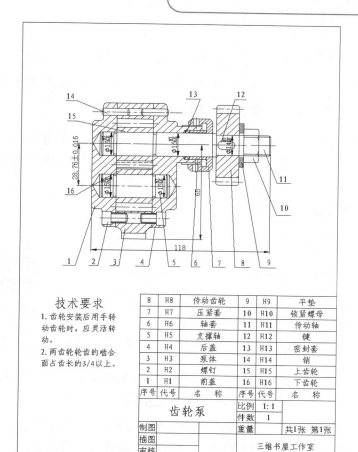

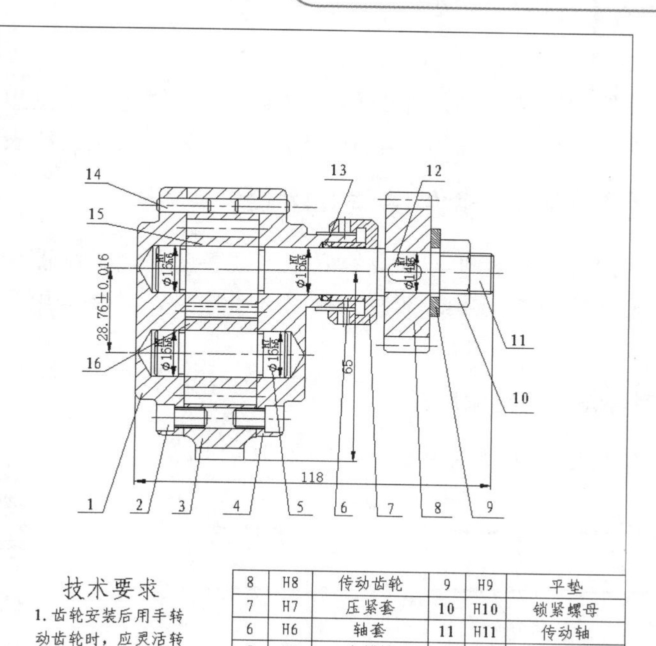

8	H8	传动齿轮	9	H9	平垫
7	H7	压紧套	10	H10	锁紧螺母
6	H6	轴套	11	H11	传动轴
5	H5	支撑轴	12	H12	键
4	H4	后盖	13	H13	密封套
3	H3	泵体	14	H14	销
2	H2	螺钉	15	H15	上齿轮
1	H1	前盖	16	H16	下齿轮
序号	代号	名　称	序号	代号	名　称

齿轮泵		比例	1:1	
		件数	1	
制图		重量		共1张　第1张
描图		三维书屋工作室		
审核				

图 10-1　装配图

10.1.2　装配图的特殊表达方法

1．沿结合面剖切或拆卸画法

在装配图中，为了表达部件或机器的内部结构，可以采用沿结合面剖切画法，即假想沿某些零件的结合面剖切，此时，在零件的结合面上不画剖面线，而被剖切的零件一般都应画出剖面线。

在装配图中，为了表达被遮挡部分的装配关系或其他零件，可以采用拆卸画法，即假想拆去一个或几个零件，只画出所要表达部分的视图。

2．假想画法

为了表示运动零件的极限位置，或与该零件有装配关系，但又不属于该零件的其他相邻零件（或部件），可以用双点画线画出其轮廓。

3．夸大画法

对于薄片零件、细丝弹簧、微小间隙等，若按它们的实际尺寸在装配图中很难画出或难以明显表示时，均可不按比例而采用夸大画法绘制。

4．简化画法

在装配图中，零件的工艺结构，如圆角、倒角、退刀槽等可不画出。对于若干相同的零件组，如螺栓连接等，可详细地画出一组或几组，其余只需用点画线表示其装配位置即可。

10.1.3 装配图中零、部件序号的编写

为了便于读图，便于图样管理，以及做好生产准备工作，装配图中所有零、部件都必须编写序号，且同一装配图中相同零、部件只编写一个序号，并将其填写在标题栏上方的明细栏中。

1．装配图中序号编写的常见形式

装配图中序号的编写方法有以下 3 种，如图 10-2 所示。

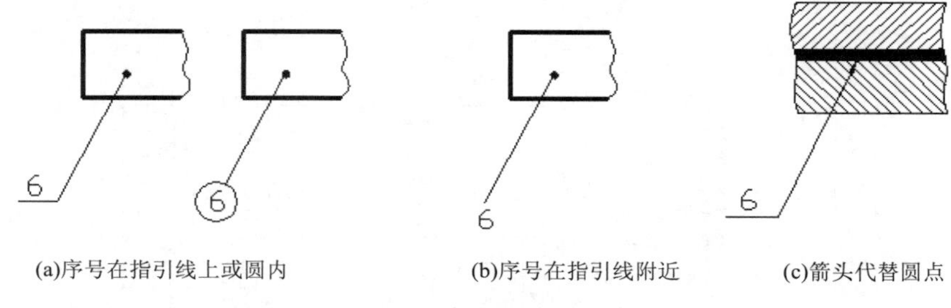

(a)序号在指引线上或圆内　(b)序号在指引线附近　(c)箭头代替圆点

图 10-2　序号的编写形式

在所指的零、部件的可见轮廓内画一圆点，然后从圆点开始画指引线（细实线），在指引线的末端画一水平线或圆（均为细实线），在水平线上或圆内注写序号，序号的字高应比尺寸数字大两号，如图 10-2(a)所示。

在指引线的末端也可以不画水平线或圆，直接注写序号，序号的字高应比尺寸数字大两号，如图 10-2(b)所示。

对于很薄的零件或涂黑的剖面，可用箭头代替圆点，箭头指向该部分的轮廓，如图 10-2(c)所示。

2．编写序号的注意事项

指引线相互不能相交，不能与剖面线平行，必要时可以将指引线画成折线，但是只允许曲折一次，如图 10-3 所示。

序号应按照水平或垂直方向顺时针（或逆时针）方向顺次排列整齐，并尽可能均匀分布；一组紧固件以及装配关系清楚的零件组，可采用公共指引线，如图 10-4 所示。

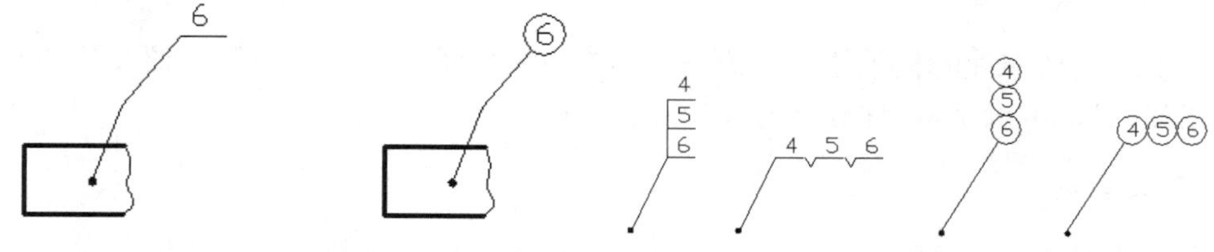

图 10-3　指引线为折线　　图 10-4　零件组的编号形式

装配图中的标准化组件（如滚动轴承、电动机等）可看作一个整体，只编写一个序号；部件中的标准件可以与非标准件同样地编写序号，也可以不编写序号，而将标准件的数量与规格直接用指引线标明在图中。

10.2　装配图的一般绘制过程与方法

下面简要讲述装配图绘制的一般过程与具体方法。

10.2.1　装配图的一般绘制过程

装配图的绘制过程与零件图比较相似，但又具有自身的特点，下面简单介绍装配图的一般绘制过程。

（1）在绘制装配图之前，同样需要根据图纸幅面大小和版式的不同，分别建立符合机械制图国家标准的若干机械图样模板。模板中包括图纸幅面、图层、使用文字的一般样式、尺寸标注的一般样式等，这样在绘制装配图时，就可以直接调用建立好的模板进行绘图，这样有利于提高工作效率。

（2）使用绘制装配图的方法绘制完成装配图，这些方法将在下一节做详细的介绍。

（3）对装配图进行尺寸标注。

（4）编写零部件序号。在命令行中输入 QLEADER 命令，绘制编写序号的指引线及注写序号。

（5）绘制明细栏（也可以将明细栏的单元格创建为图块，要用时插入即可），填写标题栏及明细栏，注写技术要求。

（6）保存图形文件。

10.2.2　装配图的绘制方法

利用 AutoCAD 绘制装配图可以采用以下几种方法。零件图块插入法、零件图形文件插入法、根据零件图直接绘制及利用设计中心拼画装配图等方法。

1. 零件图块插入法

零件图块插入法，即是将组成部件或机器的各个零件的图形先创建为图块，然后按零件间的相对位置关系，将零件图块逐个插入，拼画成装配图的一种方法。

2. 图形文件插入法

由于在 AutoCAD 2022 中，图形文件可以使用插入块命令 INSERT，在不同的图形中直接插入，因此，可以用直接插入零件图形文件的方法来拼画装配图，该方法与零件图块插入法极其相似，不同的是此时插入基点为零件图形的左下角坐标（0，0），这样在拼画装配图时，就无法准确地确定零件图形在装配图中的位置。因此，为了使图形插入时能准确地放到需要的位置，在绘制完零件图形后，应首先使用定义基点命令 BASE，设置插入基点，然后保存文件，这样在用插入块命令 INSERT 将该图形文件插入时，就以定义的基点为插入点进行插入，从而完成装配图的拼画。

3. 直接绘制

对于一些比较简单的装配图，可以直接利用 AutoCAD 的二维绘图及编辑命令，按照装配图的画图步骤将其绘制出来，在绘制过程中，还要用到对象捕捉及正交等绘图辅助工具帮助我们进行精确绘图，并用对象追踪来保证视图之间的投影关系。

4. 利用设计中心拼画装配图

在 AutoCAD 设计中心中，可以直接插入其他图形中定义的图块，但是一次只能插入一个图块。图块被插入图形中后，如果原来的图块被修改，则插入图形中的图块也随之改变。

10.3 减速器装配图设计

本实例的制作思路。先将减速器箱体图块插入预先设置好的装配图纸中，起到为后续零件装配定位的作用，然后分别插入上一节中保存过的各个零件图块，调用“移动”命令使其安装到减速器箱体中合适的位置；修剪装配图，删除图中多余的作图线，补绘漏缺的轮廓线；最后，标注装配图配合尺寸，给各个零件编号，填写标题栏和明细表。减速器装配图如图 10-5 所示。

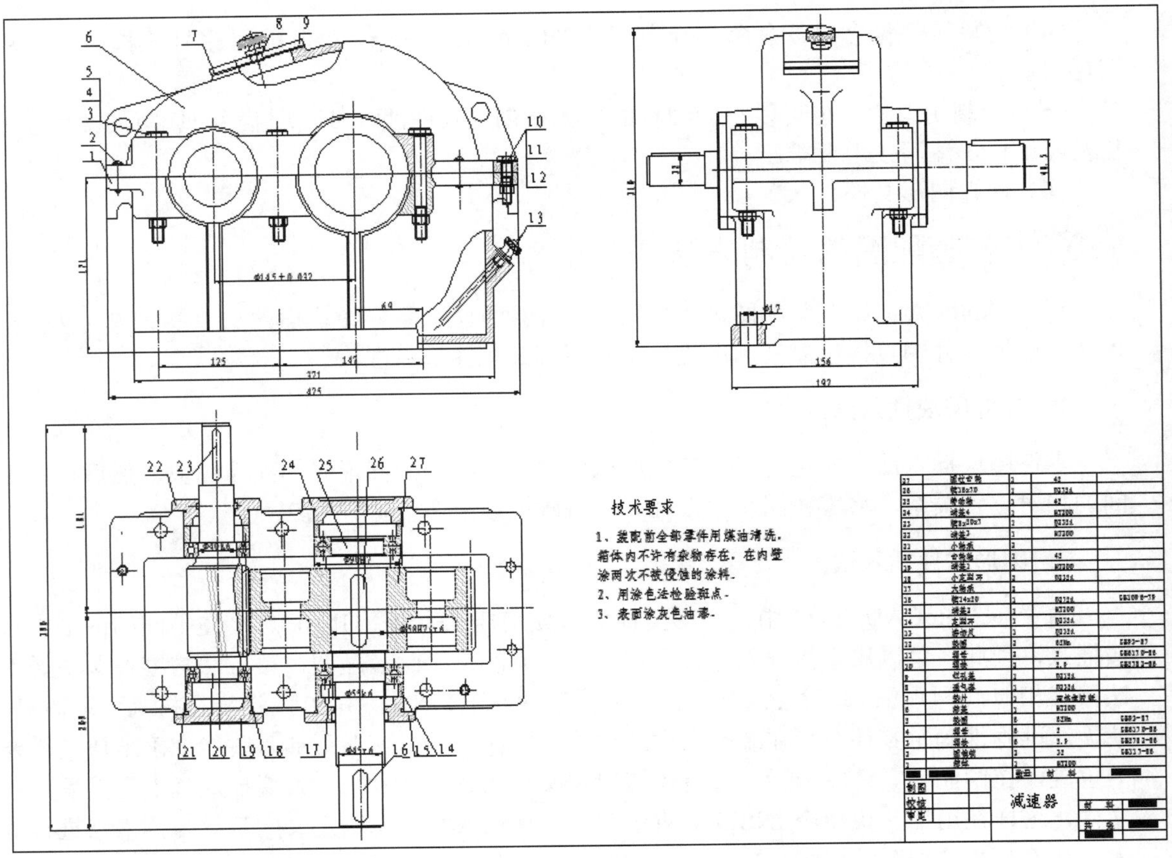

图 10-5　减速器装配图

10.3.1 配置绘图环境

1. 建立新文件

（1）建立新文件。启动 AutoCAD 2022 程序，选择菜单栏中的“文件”→“新建”命令，打开“选择样板文件”对话框，单击“打开”按钮右侧的下拉按钮，以“无样板打开－公制”（毫米）方式建立新文件；将新文件命名为“减速器装配图.dwg”并保存。

（2）设置图形界限。在命令行中输入“LIMITE”命令，设置角点坐标为（0，0）和（1189，841）的图形界限。

（3）创建新图层。单击“默认”选项卡“图层”面板中的“图层特性”按钮，❶打开“图层特性管理器”对话框，❷新建并设置每一个图层，如图 10-6 所示。

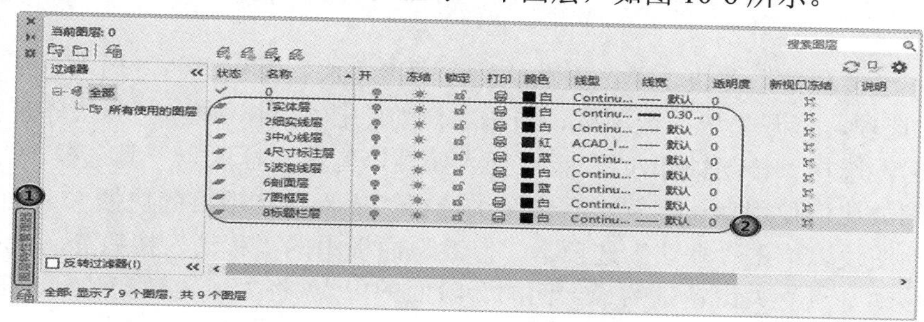

图 10-6 “图层特性管理器”对话框

2. 绘制图幅和标题栏

（1）绘制图幅边框。将“7 图框层”设置为当前图层，单击“默认”选项卡“绘图”面板中的“矩形”按钮，指定矩形的长度为 1189，宽度为 841。

（2）调入“明细表标题栏图块”块。单击“默认”选项卡“块”面板中的“插入”下拉菜单中的“库中的块”选项，打开“块”选项板。单击“浏览”控件，弹出“为块库选择文件夹或文件”对话框。选择“明细表标题栏图块.dwg”，然后单击“打开”按钮。

（3）放置标题栏。指定插入点为矩形右下角，缩放比例和旋转使用默认设置。单击“确定”按钮，完成标题栏绘制工作。至此，配置绘图环境工作完成，结果如图 10-7 所示。

图 10-7 配置绘图环境

10.3.2 装配俯视图

1. 装配俯视图

（1）插入“箱体俯视图”图块。单击“默认”选项卡“块”面板中的“插入”下拉菜单中的“库中的块”选项，打开“块”选项板，单击“浏览”控件，弹出“为块库选择文件夹或文件”对话框，选择“箱体俯视图.dwg”。单击“打开”按钮，返回“块”选项板。

（2）屏幕上指定插入点，缩放比例和旋转使用默认设置。右击图块，在打开的快捷菜单中选择“插入”选项，将图块插入。为使看图方便，以后图形中的图框省去。

（3）移动图块。单击“默认”选项卡“修改”面板中的“移动”按钮，选择“齿轮轴”图块，将齿轮轴安装到减速器箱体中，使齿轮轴最下面的台阶面与箱体的内壁重合，如图 10-8 所示。

（4）插入“传动轴”图块。单击“默认”选项卡“块”面板中的“插入”下拉菜单中的“库中的块”选项，打开“块”选项板，单击“浏览”控件，弹出“为块库选择文件夹或文件”对话框，选择“传动轴.dwg”。设定插入属性，勾选“插入点”复选框，“旋转”设置为“–90”，缩放比例使用默认设置，右击图块选择“插入”选项将图块插入。

（5）移动图块。单击“默认”选项卡“修改”面板中的“移动”按钮，选择“传动轴图块”，选择移动基点为大齿轮轴的最上面的台阶面的中点，将大齿轮轴安装到减速器箱体中，使大齿轮轴的最上面的台阶面与加速器箱体的内壁重合，结果如图 10-9 所示。

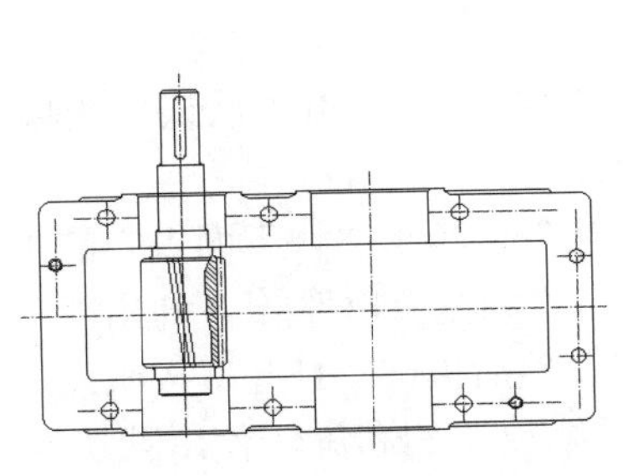

图 10-8　安装齿轮轴

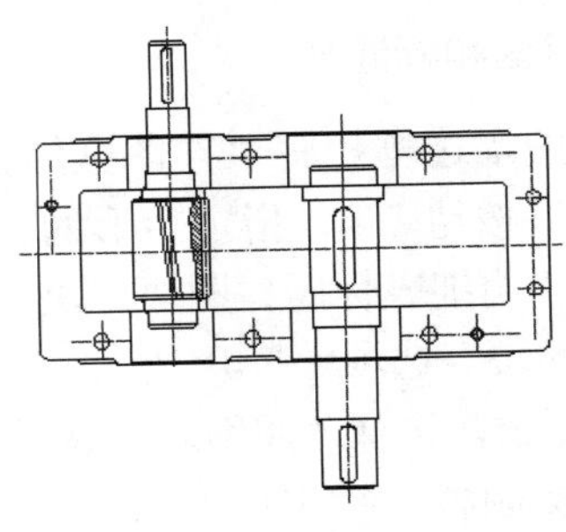

图 10-9　安装传动轴

（6）插入“圆柱齿轮”。单击“默认”选项卡“块”面板中的“插入”下拉菜单中的“库中的块”选项，打开“块”选项板，单击“浏览”控件，弹出“为块库选择文件夹或文件”对话框，选择“圆柱齿轮.dwg”。设定插入属性，勾选“插入点”复选框，“旋转”设置为“90”，缩放比例设置为“2”，右击图块选择“插入”选项将图块插入。

注意：大齿轮在第 8 章绘制时使用的绘图比例是 1:0.5，所以在装配图中安装时需要还原为实际尺寸，即图形放大 2 倍。图块的旋转角度设置规则为：以水平向右即为转动 0 度角，逆时针旋转为正角度值，顺时针旋转为负角度值。

（7）移动图块。单击“默认”选项卡“修改”面板中的“移动”按钮，选择“圆柱齿轮”，选择移动基点为大齿轮的上端面的中点，将大齿轮安装到减速器箱体中，使大齿轮的上端面与传动轴的台阶面重合，结果如图 10-10 所示。

（8）安装其他减速器零件。仿照上面的方法，安装大轴承，以及 4 个箱体端盖，结果如图 10-11 所示。

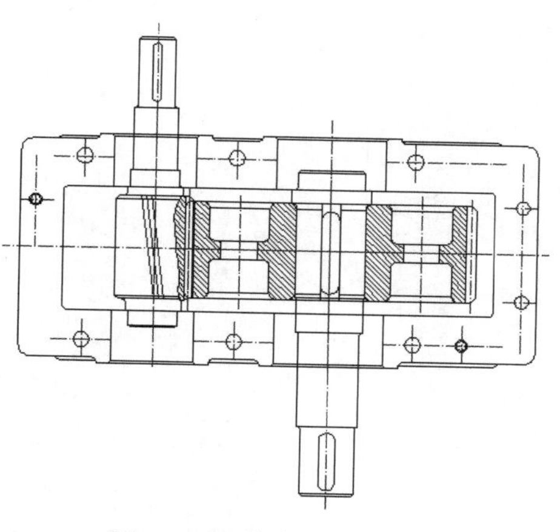

图 10-10　安装大齿轮

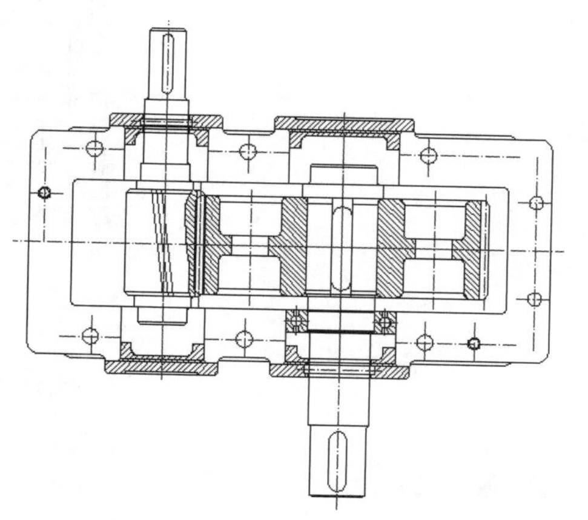

图 10-11　安装其他零件

2．补全装配图

（1）插入大、小轴承。按照上述方法插入其余 2 个小轴承和 1 个大轴承，绘制结果如图 10-12 所示。

（2）插入定距环。在轴承与端盖、轴承与齿轮之间插入定距环，结果如图 10-13 所示。

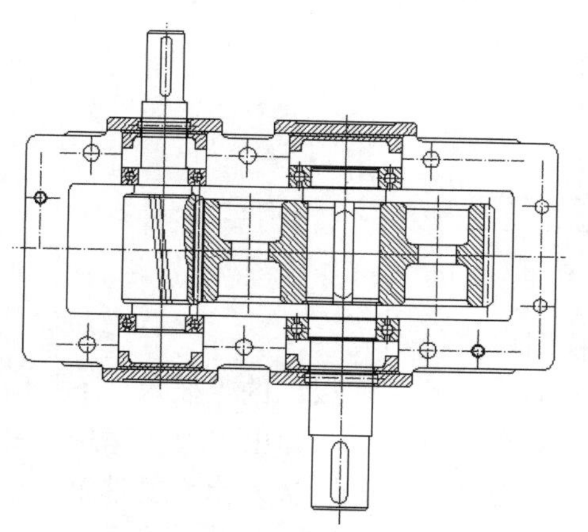

图 10-12　插入大、小轴承

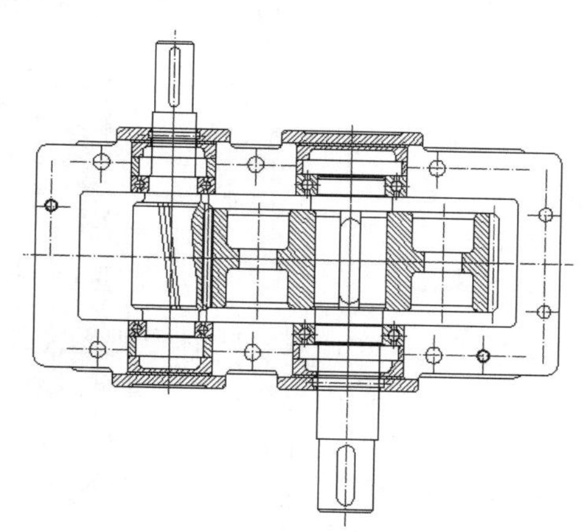

图 10-13　插入定距环

10.3.3 修整俯视图

（1）分解所有图块。单击“默认”选项卡“修改”面板中的“分解”按钮，选择所有图块进行分解。

（2）修剪俯视图。单击“默认”选项卡“修改”面板中的“修剪”按钮、删除”按钮和“打断于点”按钮，对装配图进行细节修剪，由于涉及知识不多，这只是一项烦琐细心的工作，所以直接给出修剪后的结果，如图 10-14 所示。

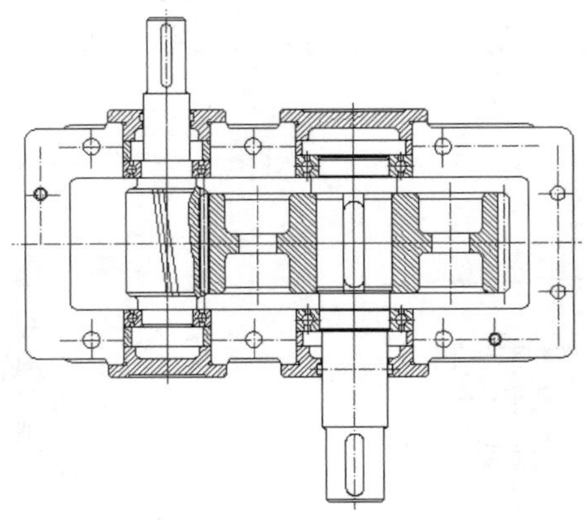

图 10-14　修剪俯视图

10.3.4　装配主视图

（1）插入“箱体主视图”图块。单击“默认”选项卡“块”面板中的“插入”下拉菜单中的“库中的块”选项，打开“块”选项板。单击“浏览”控件，弹出“为块库选择文件夹或文件”对话框，选择“箱体主视图.dwg”。单击“打开”按钮，返回“块”选项板。缩放比例和旋转使用默认设置。右击图块选择“插入”选项将图块插入，结果如图 10-15 所示。

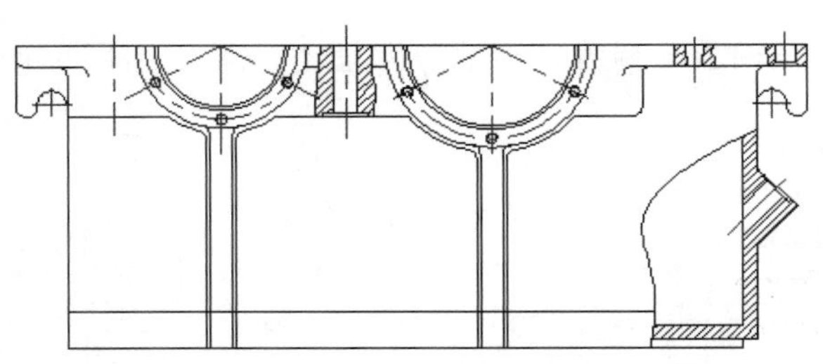

图 10-15　插入“箱体主视图”图块

（2）移动图块。移动箱体主视图图块使之与俯视图保持投影关系。

（3）插入“箱盖主视图” 图块。单击“默认”选项卡“块”面板中的“插入”下拉菜单中的“库中的块”选项，打开“块”选项板。单击“浏览”控件，弹出“为块库选择文件夹或文件”对话框，选择“箱盖主视图.dwg”。设定插入属性，勾选“插入点”复选框，缩放比例使用默认设置，右击图块选择“插入”选项将图块插入。结果如图 10-16 所示。

（4）插入“圆锥销”图块。单击“默认”选项卡“块”面板中的“插入”下拉菜单中的“库中的块”选项，打开“块”选项板。单击“浏览”控件，弹出“为块库选择文件夹或文件”对话框，选择“圆锥销.dwg”。设定插入属性，勾选“插入点”复选框，“旋转”设置为“0”，缩放比例使用默认设置，右击图块选择“插入”选项将图块插入。结果如图 10-17 所示。

（5）插入“游标尺”。单击“默认”选项卡“块”面板中的“插入”下拉菜单中的“库中的块”选项，打开“块”选项板。单击“浏览”控件，弹出“为块库选择文件夹或文件”对话框，选择“游标尺.dwg”。设定插入属性，勾选“插入点”复选框，缩放比例使用默认设置，右击图块选择“插入”选项将图块插入。结果如图 10-18 所示。

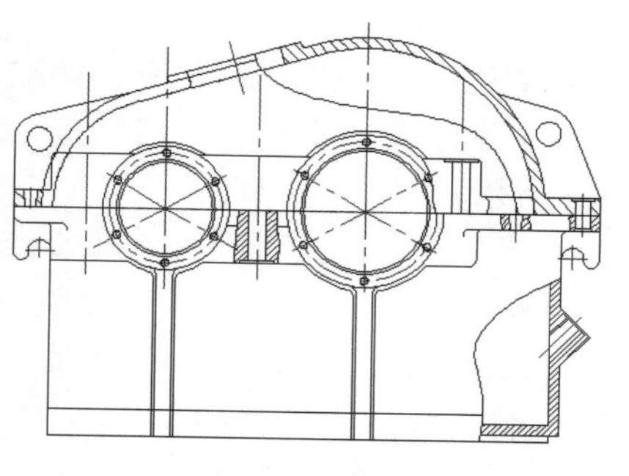
图 10-16　安装箱盖主视图

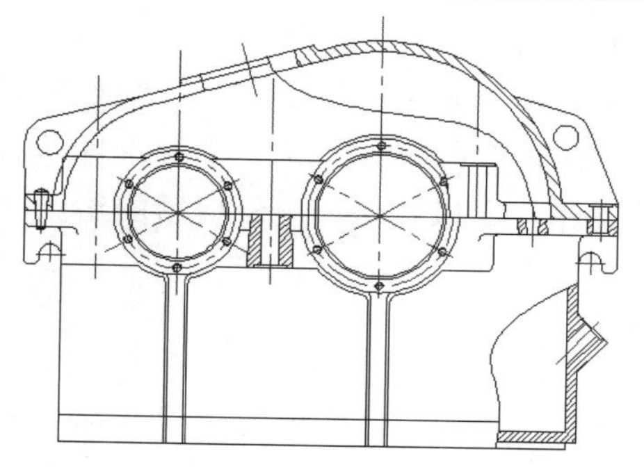
图 10-17　安装圆锥销

（6）插入“通气器”。单击“默认”选项卡“块”面板中的“插入”下拉菜单中的“库中的块”选项，打开“块”选项板。单击“浏览”控件，弹出“为块库选择文件夹或文件”对话框，选择“通气器.dwg”。设定插入属性，勾选“插入点”复选框，“旋转”设置为“16°”，缩放比例设置为 0.5，右击图块选择“插入”选项将图块插入。结果如图 10-19 所示。

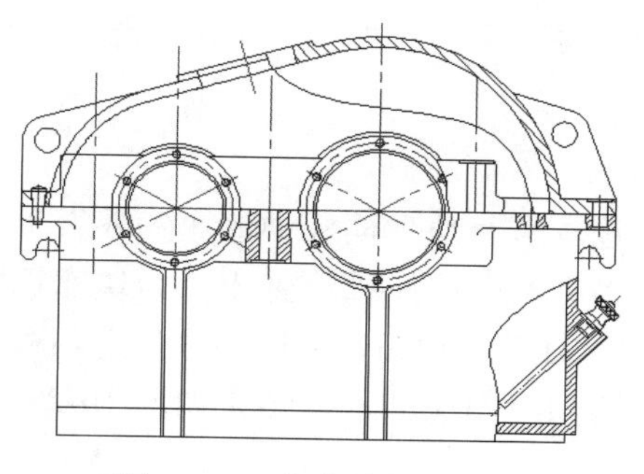
图 10-18　安装游标尺

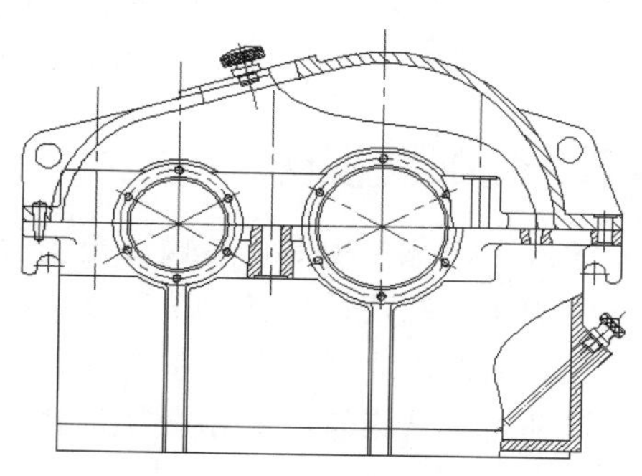
图 10-19　安装通气器

（7）安装其他减速器零件。仿照上面的方法，安装 M10 螺栓、螺母、垫圈，轴承端盖 1、轴承端盖 2 及 3 个 M12 螺栓、螺母、垫圈。结果如图 10-20 所示。

（8）在通气器位置插入视孔盖和垫片，绘制结果如图 10-21 所示。

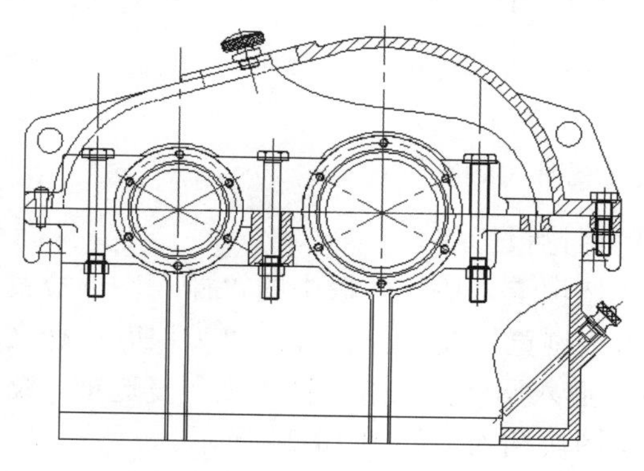
图 10-20　安装其他零件

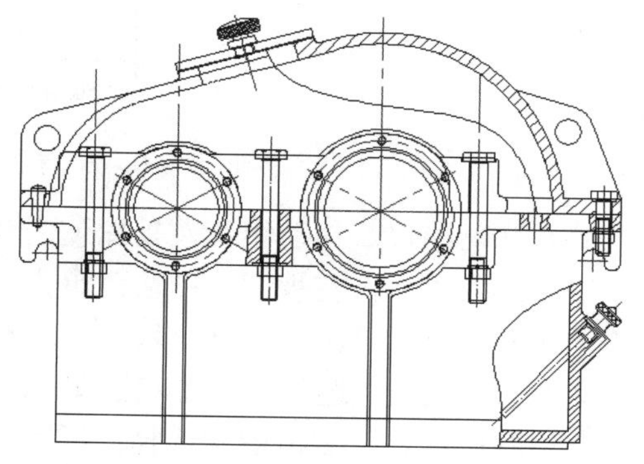
图 10-21　绘制视孔盖

10.3.5 修剪主视图

（1）分解所有图块。单击“默认”选项卡“修改”面板中的“分解”按钮，选择所有图块进行分解。

（2）修剪主视图。单击“默认”选项卡“修改”面板中的“修剪”按钮、删除”按钮和“打断于点”按钮，对装配图进行细节修剪，由于涉及知识不多，这只是一项烦琐细心的工作，所以直接给出修剪后的结果，如图 10-22 所示。

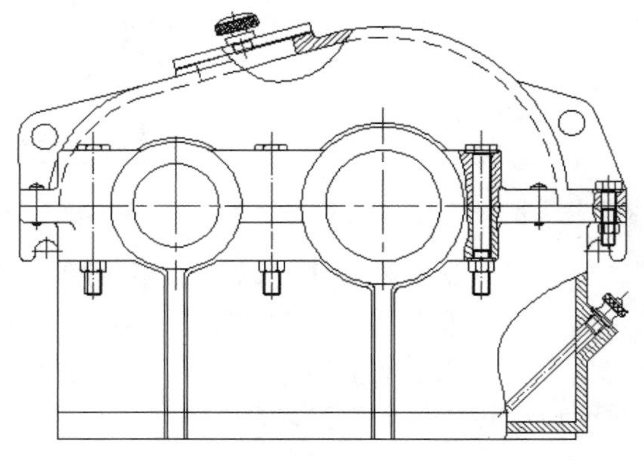

图 10-22 修整主视图

10.3.6 装配左视图

（1）插入“箱体左视图”图块。单击“默认”选项卡“块”面板中的“插入”下拉菜单中的“库中的块”选项，打开“块”选项板。单击“浏览”控件，弹出“为块库选择文件夹或文件”对话框，选择“箱体左视图.dwg”。单击“打开”按钮，返回“块”选项板。缩放比例和旋转使用默认设置。右击图块选择“插入”选项将图块插入，结果如图 10-23 所示。

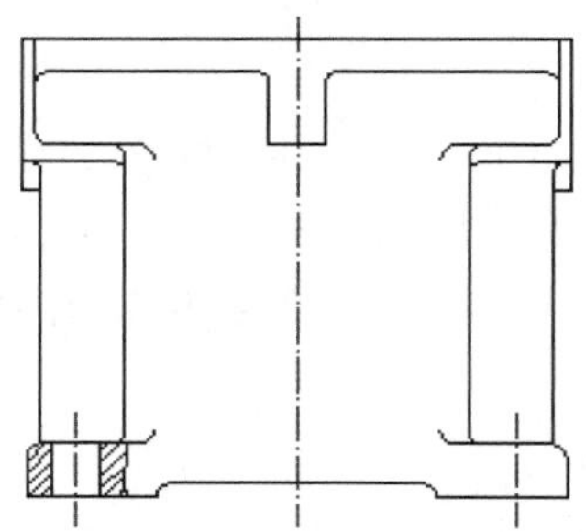

图 10-23 插入“箱体左视图”图块

（2）移动图块。移动箱体左视图使之与主视图保持投影关系。

（3）插入“箱盖左视图”图块。单击“默认”选项卡“块”面板中的“插入”下拉菜单中的“库中的块”选项，打开“块”选项板。单击“浏览”控件，弹出“为块库选择文件夹或文件”对话框，选择“箱盖左视图.dwg”。设定插入属性，勾选“插入点”复选框，缩放比例使用默认设置，右击图块选择“插入”选项将图块插入，如图 10-24 所示。

（4）插入“传动轴”图块。单击“默认”选项卡“块”面板中的“插入”下拉菜单中的“库中的块”选项，打开“块”选项板。单击“浏览”控件，弹出“为块库选择文件夹或文件”对话框，选择“传动轴.dwg”。设定插入属性，勾选“插入点”复选框，缩放比例使用默认设置，右击图块选择“插入”选项将图块插入。

（5）移动图块。单击“默认”选项卡“修改”面板中的“移动”按钮，移动“传动轴”，使其左端距离中心线 69，位置如图 10-25 所示。

（6）插入“齿轮轴”。单击“默认”选项卡“块”面板中的“插入”下拉菜单中的“库中的块”选项，打开“块”选项板。单击“浏览”控件，弹出“为块库选择文件夹或文件”对话框，选择“齿轮轴.dwg”。设定插入属性，勾选“插入点”复选框，“旋转”设置为“180”，缩放比例使用默认设置，右击图块，选择“插入”选项将图块插入。移动齿轮轴使其右端距离中心线 67，结果如图 10-26 所示。

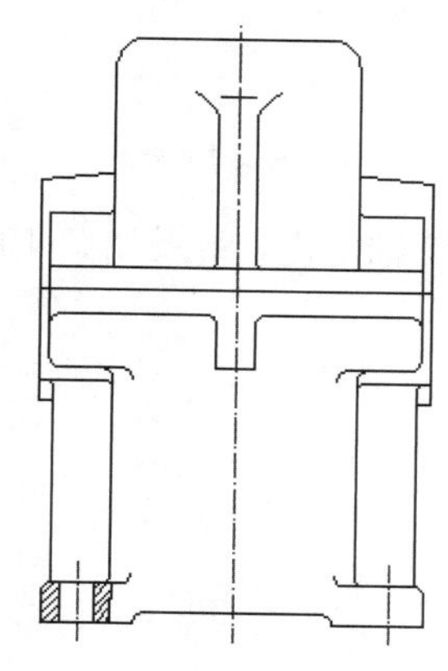

图 10-24　安装箱盖左视图

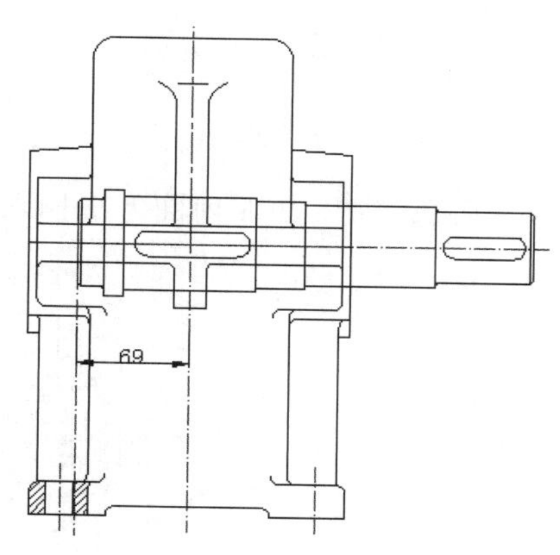

图 10-25　安装传动轴

（7）插入“端盖 1 左视图”图块。单击“默认”选项卡“块”面板中的“插入”下拉菜单中的“库中的块”选项，打开“块”选项板。单击“浏览”控件，弹出“为块库选择文件夹或文件”对话框，选择“端盖 1 左视图.dwg”。设定插入属性，勾选“插入点”复选框，“旋转”设置为“90”，缩放比例使用默认设置，右击图块，选择“插入”选项将图块插入。将图块进行移动使端盖与箱体右端面贴合。同理插入“端盖 2 左视图”，结果如图 10-27 所示。

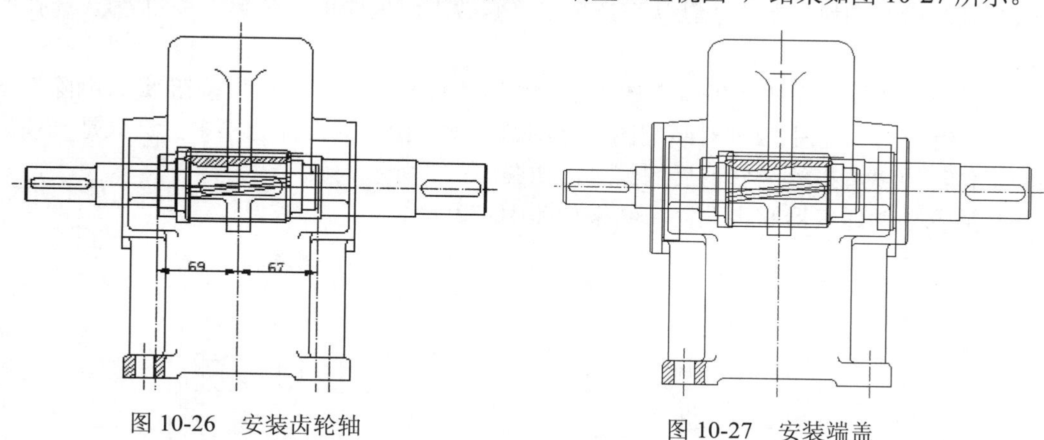

图 10-26　安装齿轮轴

图 10-27　安装端盖

（8）镜像端盖。单击“默认”选项卡“修改”面板中的“镜像”按钮，选择插入的端盖，将其关于中心线镜像，结果如图 10-28 所示。

（9）插入其他减速器零件。仿照上面的方法，插入 2 个 M12 螺栓、螺母。结果如图 10-29 所示。

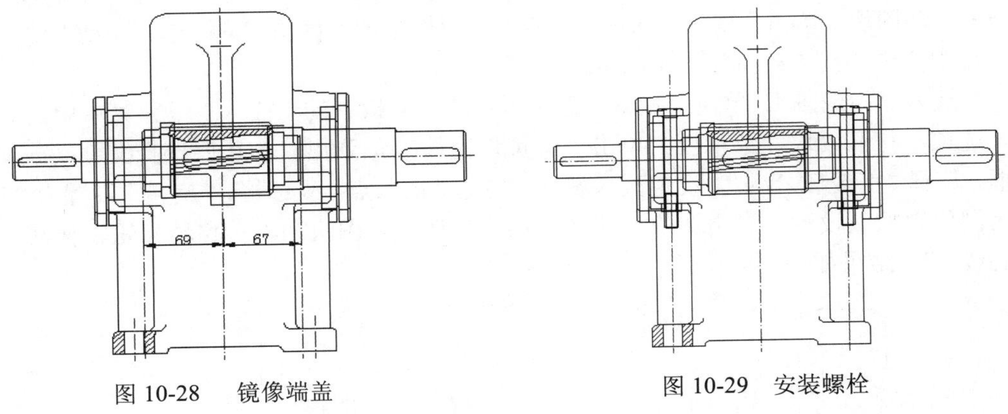

图 10-28　镜像端盖　　　　图 10-29　安装螺栓

（10）插入圆头平键。仿照前面方法插入传动轴平键和齿轮轴平键，结果如图 10-30 所示。

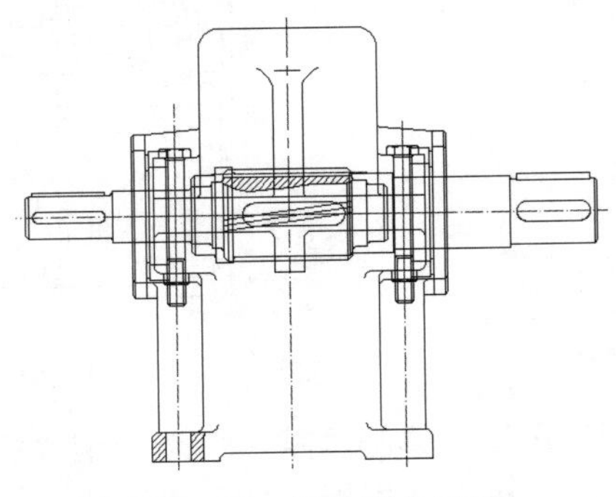

图 10-30　插入圆头平键

10.3.7 修剪左视图

（1）分解所有图块。单击“默认”选项卡“修改”面板中的“分解”按钮，选择所有图块进行分解。

（2）修剪左视图。单击“默认”选项卡“修改”面板中的“修剪”按钮、删除”按钮和“打断于点”按钮，对装配图进行细节修剪，由于涉及知识不多，这只是一项烦琐细心的工作，所以直接给出修剪后的结果，如图 10-31 所示。

（3）插入顶部通气器和视孔盖，结果如图 10-32 所示。

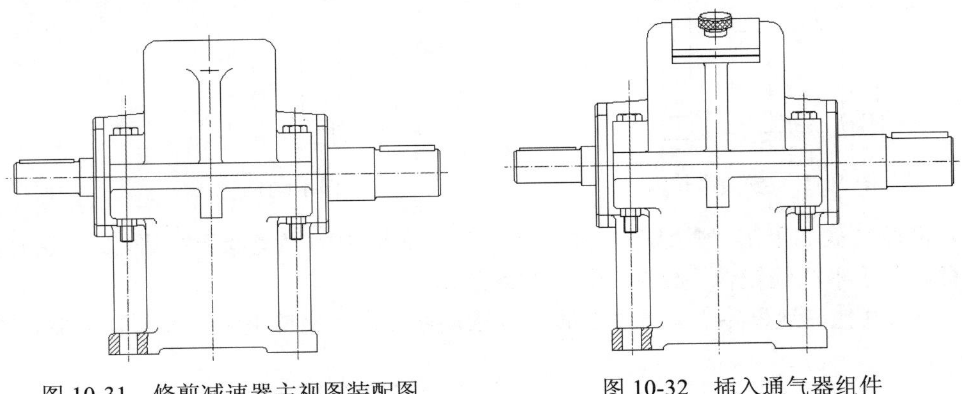

图 10-31　修剪减速器主视图装配图　　　　图 10-32　插入通气器组件

10.3.8 修整总装图

将总装图按照三视图投影关系进行修整。结果如图 10-33 所示。

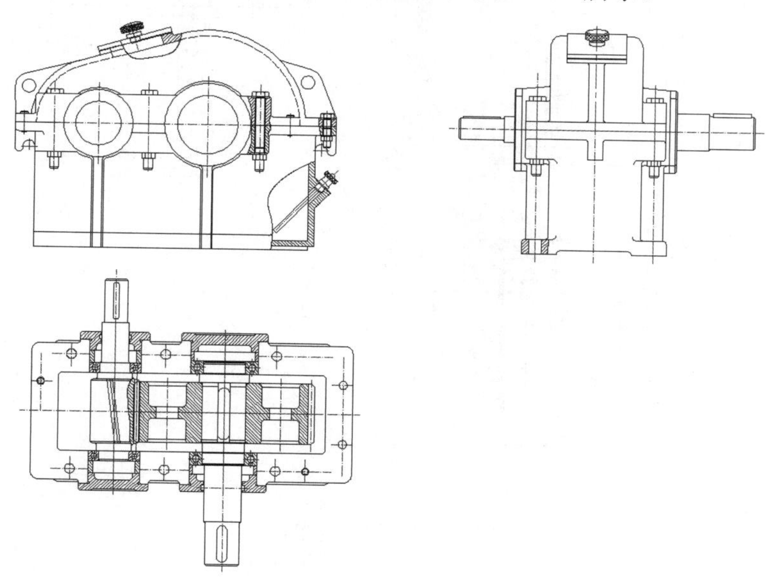

图 10-33　修整总装图

10.3.9 标注总装图

（1）设置尺寸标注样式。选择菜单栏中的“标注”→“标注样式”命令，打开“标注样式管理器”对话框，选择“副本机械制图标注（带公差）”样式，修改其设置，将其设置为当前使用的标注样式，并将“4 尺寸标注层”设置为当前图层。

（2）标注带公差的配合尺寸。单击“默认”选项卡“注释”面板中的“线性”按钮，标注小齿轮轴与小轴承的配合尺寸，小轴承与箱体轴孔的配合尺寸，大齿轮轴与大齿轮的配合尺寸，大齿轮轴与大轴承的配合尺寸，以及大轴承与箱体轴孔的配合尺寸。

（3）标注零件号。在命令行中输入 QLEADER 命令，绘制引线；利用多行文字命令，标注各个零件的零件号，标注顺序为从装配图左上角开始，沿装配图外表面按顺时针顺序依次给各个减速器零件进行编号，结果如图 10-34 所示。

注意：根据装配图的作用，不需要标出每个零件的全部尺寸。因此，在装配图中需要标注的尺寸通常只有以下几种：规格（性能）尺寸；装配尺寸；外形尺寸；安装尺寸；其他重要尺寸，例如齿轮分度圆直径等。以上 5 种尺寸，并不是每张装配图上都有的。有时同一尺寸有几种含义，因此在标注装配图尺寸时，首先要对所表示的机器或部件进行具体分析，然后再标注尺寸。

对于装配图中零部件序号也有其编排方法和规则，一般装配图中所有零部件都必须编写序号，每一个零部件只写一个序号，同一装配图中相同的零部件应编写同样的序号，装配图中的零部件序号应与明细表中的序号一致。

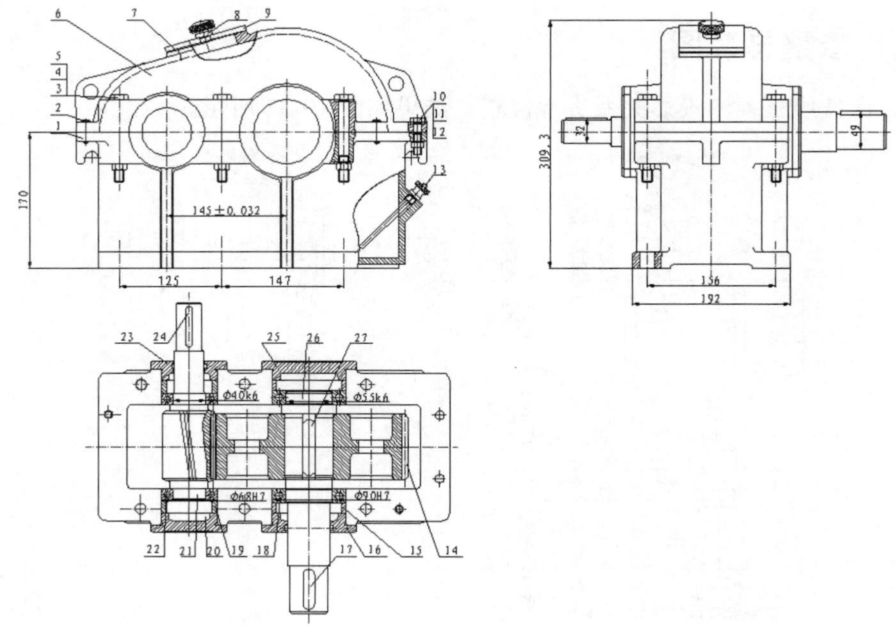

图 10-34　标注装配图

10.3.10　填写标题栏和明细表

（1）填写标题栏。将“标题栏层”设置为当前图层，在标题栏中填写名称“减速器”。

（2）插入“明细表”图块。单击“默认”选项卡“块”面板中的“插入”下拉菜单中的“库中的块”选项，打开“块”选项板。单击“浏览”控件，弹出“为块库选择文件夹或文件”对话框，选择“明细表.dwg”。设定插入属性，勾选“插入点”复选框，捕捉明细表标题栏图块的左上角为插入点，“缩放比例”和“旋转”都使用默认设置，右击图块，选择“插入”选项将图块插入，插入图块，在命令行提示下可以输入各个属性值，也可以回车后，双击插入的图块，打开“增强属性编辑器”对话框，如图 10-35 所示，在其中填写明细表内容。

（3）填写明细表内容栏。重复上面的步骤，填写明细表。完成明细表的绘制，如图 10-36 所示。

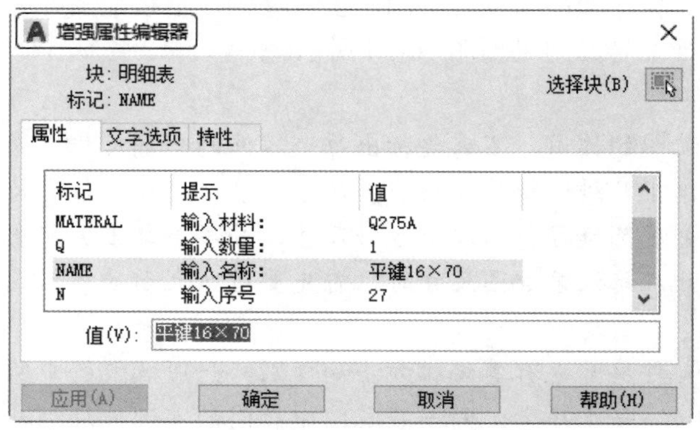

图 10-35　“编辑属性”对话框

27	平键16×70	1	Q275A	
26	传动轴	1	45	
25	大端盖	1	HT200	
24	平键8×50×7	1	Q275A	
23	小通盖	1	HT200	
22	小轴承	1	GCr40	
21	齿轮轴	1	45	
20	小端盖	1	HT200	
19	小定距环	1	Q235A	
18	大轴承	2	GCr40	
17	平键14×50	1	Q275A	
16	大通盖	1	HT200	
15	定距环	1	Q235A	
14	圆柱齿轮	1	45	
13	油标尺	1	Q235A	
12	垫圈	2	65Mn	GB93-87
11	螺母	2	5	GB6170-86
10	螺栓	2	5.9	GB5782-86
9	视口盖	1	Q215A	
8	通气器	1	Q235A	
7	垫片	1	石棉橡胶纸	
6	箱盖	1	HT200	
5	垫圈	6	65Mn	GB93-87
4	螺母	6	5	GB6170-86
3	螺栓	6	5.9	GB5782-86
2	圆锥销	2	35	GB117-86
1	箱体	1	HT200	
序号	名　称	数　量	材　料	备　注

图 10-36　明细表

（4）填写技术要求。利用多行文字命令，填写技术要求，至此，装配图绘制完毕，如图 10-5 所示。

第三篇

立体工程图篇

本篇结合机械工程的相关制图标准，通过设计减速器的项目案例系统地介绍三维机械工程制图的基本流程和操作方法。

通过本篇的学习，读者将掌握机械立体工程图的制作流程和制作技巧，提升设计技能。

- 了解各种机械零件立体工程图的绘制思路。
- 掌握 AutoCAD 三维机械制图的基本技巧。

3

Chapter

简单零件立体图绘制

11

从这一章起，将进行三维机械设计的学习。首先从构造简单的螺纹零件立体图开始，学习用二维曲面通过拉伸、旋转等操作生成三维实体的方法；然后学习圆柱体和圆锥体的造型方法，学习对实体进行端面倒直角或倒圆角操作。布尔运算也将在绘制过程中进行学习，同时还将使用一些二维绘图与编辑命令。

11.1　螺母立体图

绘制螺母立体图分为 3 个过程：首先利用拉伸实体和圆锥体绘制螺母外轮廓，利用“三维移动”和“布尔运算”命令细化螺母外轮廓；然后利用“旋转”和“三维阵列”命令对多段线进行编辑，使之成为螺纹实体；最后利用“布尔运算”的求差集操作完成螺母立体图的绘制。绘制的螺母立体图如图 11-1 所示（注：本章及后面几章所有实例尺寸参照上一章对应实例，后面不再赘述）。

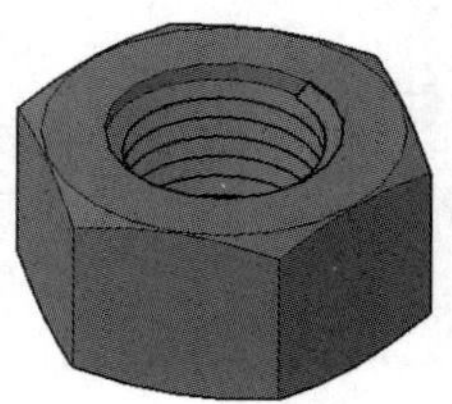

图 11-1　M10 螺母

11.1.1　绘制外轮廓

（1）建立新文件。启动 AutoCAD 2022 程序，以“无样板打开一公制”（M）方式建立新文件；将新文件命名为“螺母立体图.dwg”并保存。

（2）绘制正六边形。单击“默认”选项卡“绘图”面板中的“多边形”按钮，绘制中心点坐标为（0，0，0），内接圆半径为 8.89 的正六边形，结果如图 11-2 所示。

（3）复制图形。单击“默认”选项卡“修改”面板中的“复制”按钮，复制刚绘制的正六边形；单击“可视化”选项卡“视图”面板中的“西南等轴测”按钮，结果如图 11-3 所示。

（4）拉伸实体。单击“三维工具”选项卡“建模”面板中的“拉伸”按钮，将正六边形拉伸 0.56，拉伸的倾斜角度为 0°。

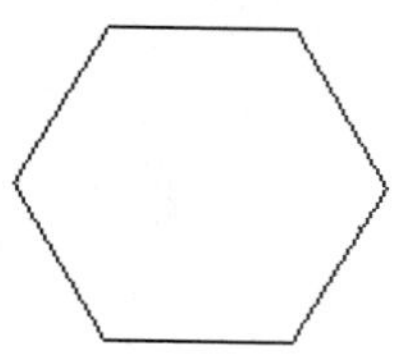

图 11-2　绘制正六边形

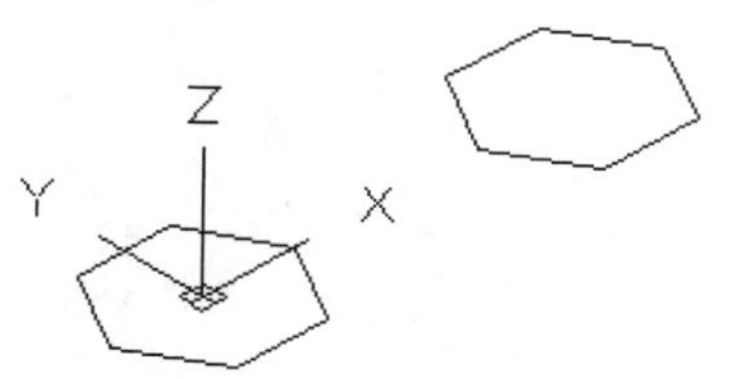

图 11-3　复制正六边形

（5）单击“三维工具”选项卡“建模”面板中的“圆锥体”按钮，绘制底面中心点坐标为（0，0，0），底面半径为 8.89，高度为 4 的圆锥体，结果如图 11-4 所示。

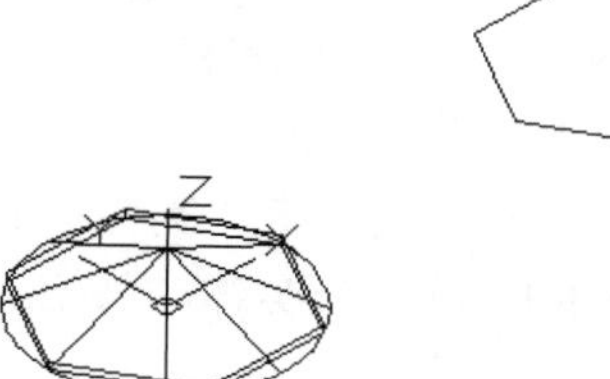

图 11-4　绘制拉伸体和圆锥体

（6）拉伸另一个六边形。可以采用和上面同样的方法，拉伸高度为 7.28，拉伸的倾斜角度为 0°。还可以采用修改图形对象特性的方法，选中正六边形，单击鼠标右键弹出快捷菜单，选择最下方的“特性”命令，打开“特性”对话框。在其中“高度”一栏中输入 7.28，关闭该对话框，结果如图 11-5 所示。

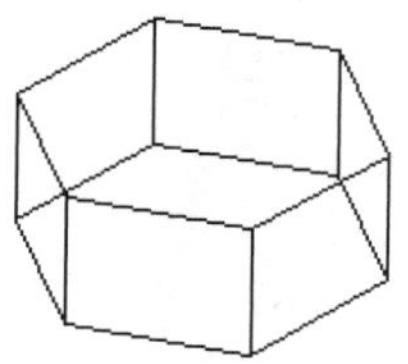

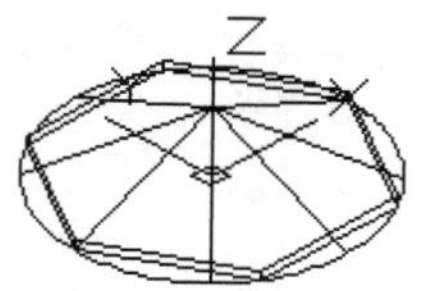

图 11-5　创建拉伸实体

注意：在图形对象的“特性”对话框中，包含该图形对象绝大多数属性，并且其中的项目会随着对象的不同而不同，用户可以很方便地在其中修改图形对象的某些参数。

11.1.2 编辑实体

（1）布尔运算求交集。单击“三维工具”选项卡“实体编辑”面板中的“交集”按钮，选择六棱柱体和圆锥体，结果如图 11-6 所示。

（2）镜像实体。选择菜单栏中的“修改”→“三维操作”→“三维镜像”命令，将交集后的实体以 XY 平面为镜像平面进行镜像操作，结果如图 11-7 所示。

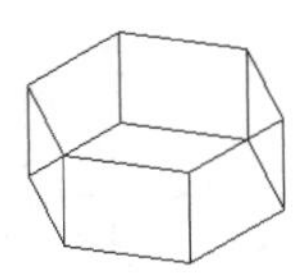
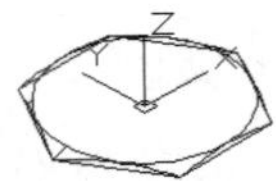

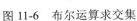

图 11-6　布尔运算求交集

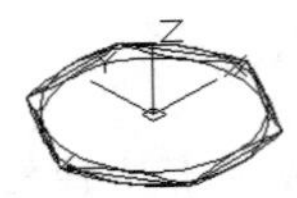

图 11-7　镜像实体

（3）移动实体。单击“默认”选项卡“修改”面板中的“移动”按钮，选择求交集后的实体，移动基点选择其任一角点，移动到六棱柱上下表面上，结果如图 11-8 所示。

（4）布尔运算求并集。单击“三维工具”选项卡“实体编辑”面板中的“并集”按钮，选择图 11-8 中的 3 个实体，按 Enter 键执行并集操作，使之成为一个实体。

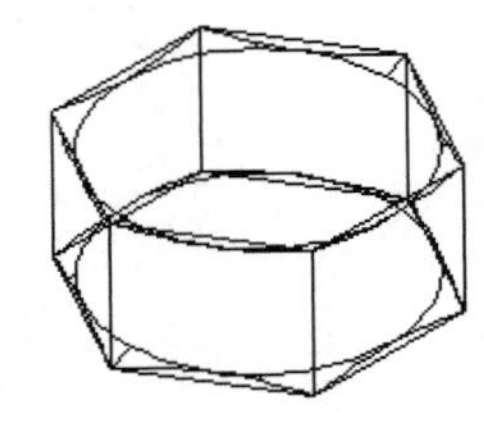

图 11-8　螺母外轮廓实体

11.1.3 生成内螺纹

（1）绘制螺旋线。单击“默认”选项卡“绘图”面板中的“螺旋”按钮，绘制以螺母上端面中心为底面中心点，底面半径为 5，顶面半径为 5，圈高为 1，螺旋高度为-10 的螺旋线。

创建图层 1，将实体放置在图层 1 中，并关闭该图层。结果如图 11-9 所示。

（2）绘制截面轮廓。单击“默认”选项卡“绘图”面板中的“直线”按钮，绘制截面轮廓，结果如图 11-10 所示。

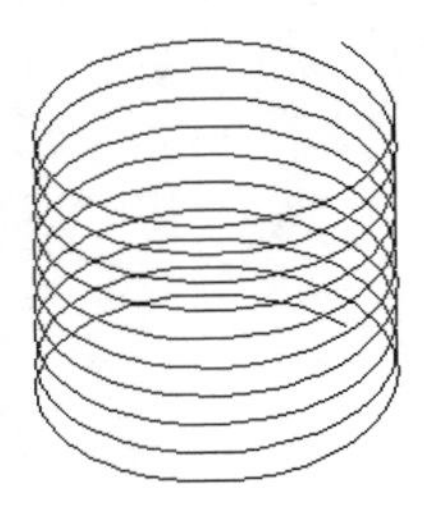

图 11-9　绘制螺旋

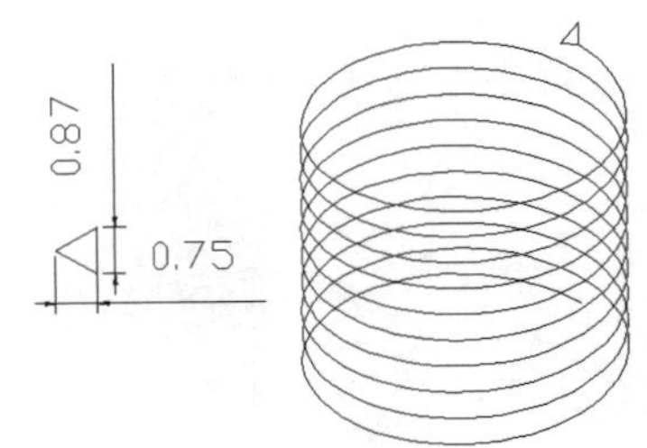

图 11-10　绘制截面轮廓

（3）创建面域。单击“默认”选项卡“绘图”面板中的“面域”按钮，选中三角形，提示行显示已创建 1 个面域。

（4）扫掠实体。单击“三维工具”选项卡“建模”面板中的“扫掠”按钮，将创建的

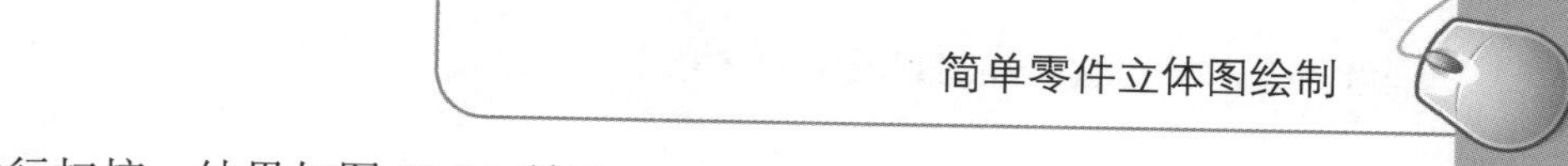

面域三角形沿螺旋线进行扫掠，结果如图 11-11 所示。

（5）打开关闭的图层 1。

（6）创建圆柱体。单击“三维工具”选项卡“建模”面板中的“圆柱体”按钮，以实体上端中心点为中心点创建半径为 5，高度为–15 的圆柱。结果如图 11-12 所示。

（7）布尔运算。单击“三维工具”选项卡“实体编辑”面板中的“差集”按钮，选择螺母外轮廓实体和圆柱体进行差集运算。单击“三维工具”选项卡“实体编辑”面板中的“并集”按钮，将螺母外轮廓实体和螺纹进行并集运算，结果如图 11-13 所示。

图 11-11　扫略实体

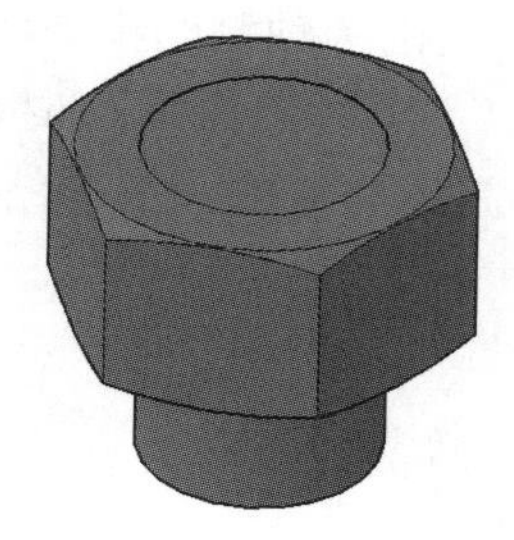
图 11-12　绘制圆柱体

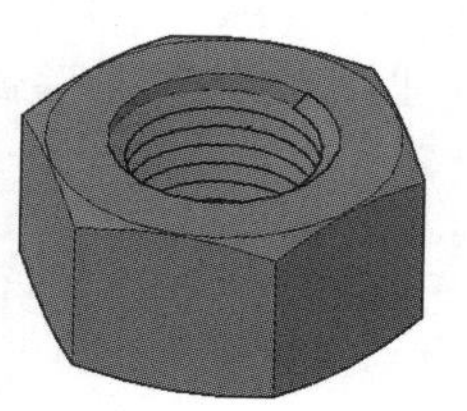
图 11-13　差集运算

（8）创建圆柱体。单击“三维工具”选项卡“建模”面板中的“圆柱体”按钮，以上端面中心点为中心点创建半径为 6、高度为 5 的圆柱。同理以下端面中心点为中心点创建半径为 6、高度为–5 的圆柱体，结果如图 11-14 所示。

（9）布尔运算求差集。单击“三维工具”选项卡“实体编辑”面板中的“差集”按钮，选择螺母实体和两个圆柱体进行差集运算，结果如图 11-15 所示。

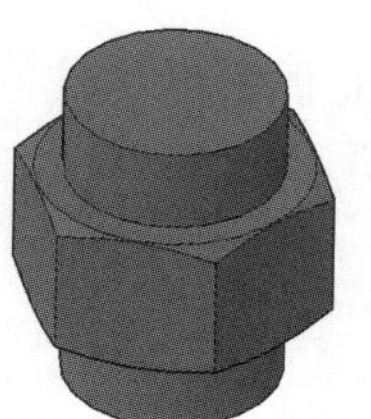
图 11-14　创建圆柱体

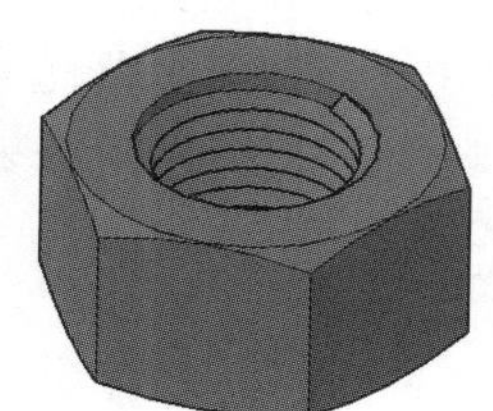
图 11-15　差集运算

11.2　螺栓立体图

绘制螺栓立体图分为 3 个过程，利用上一节螺母的绘制方法绘制螺栓柱头；然后利用“圆柱体”和“倒圆角”命令绘制螺栓柱体；最后利用“旋转”命令绘制螺纹实体，利用“布尔运算”的操作完成螺栓立体图的绘制，绘制的螺栓立体图如图 11-16 所示。

图 11-16　螺栓

11.2.1 绘制螺栓柱头

（1）建立新文件。启动 AutoCAD 2022 程序，以“无样板打开—公制”（M）方式建立新文件；将新文件命名为“螺栓立体图.dwg”并保存。

（2）绘制正六边形。单击“默认”选项卡“绘图”面板中的“多边形”按钮，以（0,0,0）为中心点绘制内接圆半径为 8.89 的正六边形。

（3）拉伸实体。单击“三维工具”选项卡“建模”面板中的“拉伸”按钮，将正六边形拉伸 0.56，拉伸的倾斜角度为 0°。西南等轴测结果如图 11-17 所示。

（4）绘制圆锥体。单击“三维工具”选项卡“建模”面板中的“圆锥体”按钮，以（0,0,0）为底面中心点绘制底面半径为 8.89、高度为 4 的圆锥。结果如图 11-18 所示。

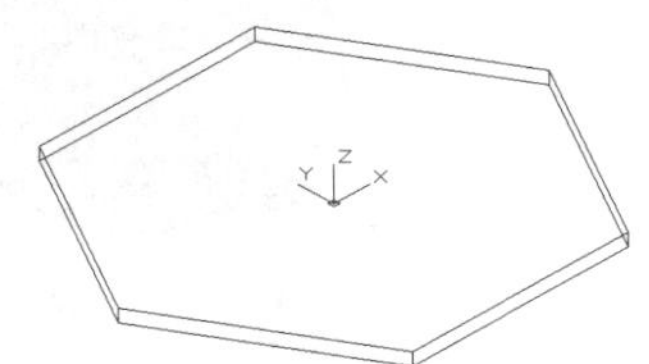

图 11-17　绘制拉伸实体

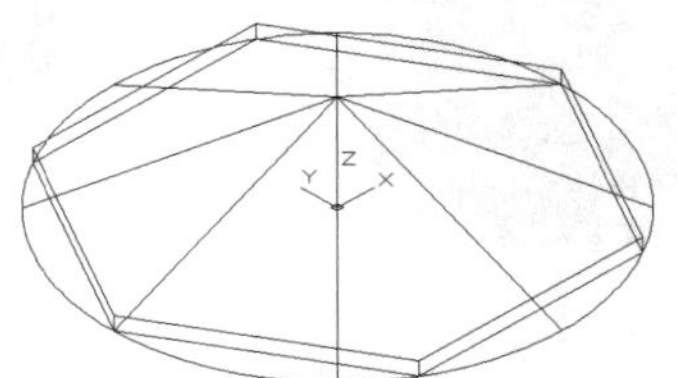

图 11-18　绘制圆锥体

（5）布尔运算求交集。单击“三维工具”选项卡“实体编辑”面板中的“交集”按钮，选择六棱柱体和圆锥体进行交集运算，结果如图 11-19 所示。

（6）绘制正六边形。单击“默认”选项卡“绘图”面板中的“多边形”按钮，以（0,0,0）为中心点绘制内接圆半径为 8.89 的正六边形。

（7）拉伸实体。单击“三维工具”选项卡“建模”面板中的“拉伸”按钮，将正六边形拉伸–7.84，拉伸的倾斜角度为 0°，结果如图 11-20 所示。

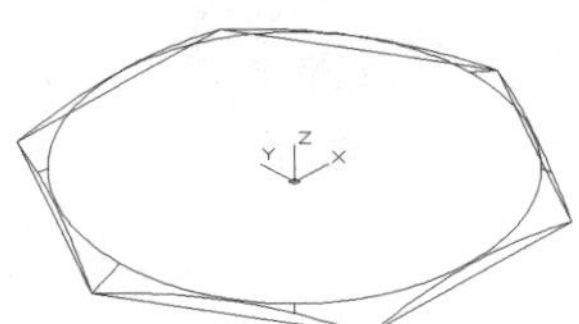

图 11-19　布尔运算求交集

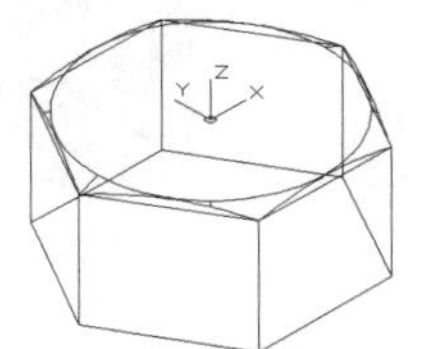

图 11-20　绘制拉伸实体

（8）布尔运算求并集。单击“三维工具”选项卡“实体编辑”面板中的“并集”按钮，选择图 11-20 中的上下两个实体，执行并集操作，使之成为一个实体。

11.2.2 绘制螺栓柱体

（1）绘制圆柱实体。单击“三维工具”选项卡“建模”面板中的“圆柱体”按钮，绘制底面中心点坐标为（0,0,–7.84），底面半径为 4.43，高度为–93 的圆柱体。

（2）布尔运算求并集。单击“三维工具”选项卡“实体编辑”面板中的“并集”按钮，将圆柱体和螺栓柱头合并使之成为一个实体。结果如图 11-21 所示。

（3）实体倒圆角。单击“默认”选项卡“修改”面板中的“圆角”按钮，对六角头和圆柱的交线进行圆角处理，圆角半径为 1.5，结果如图 11-22 所示。

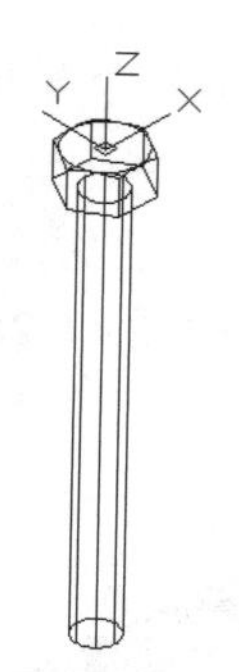

图 11-21 布尔运算求并集

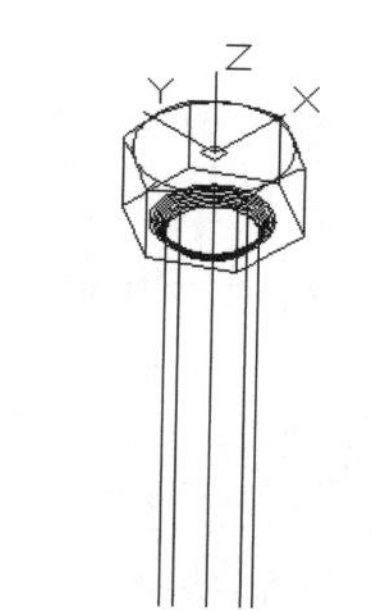

图 11-22 实体倒圆角

11.2.3 绘制螺纹实体

（1）绘制螺旋线。单击“默认”选项卡“绘图”面板中的“螺旋”按钮，绘制底面中心点坐标为（0,0,–101.84），底面半径为 4.43，顶面半径为 4.43，圈高为 1，螺旋高度为 41 的螺旋线，绘制完毕，结果如图 11-23 所示。

（2）绘制截面轮廓。将视图设置为前视图，单击“默认”选项卡“绘图”面板中的“直线”按钮，绘制截面三角形。结果如图 11-24 所示。

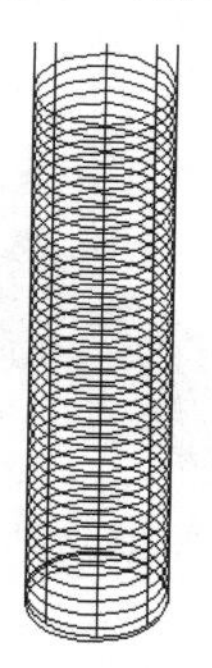
图 11-23 绘制螺旋线

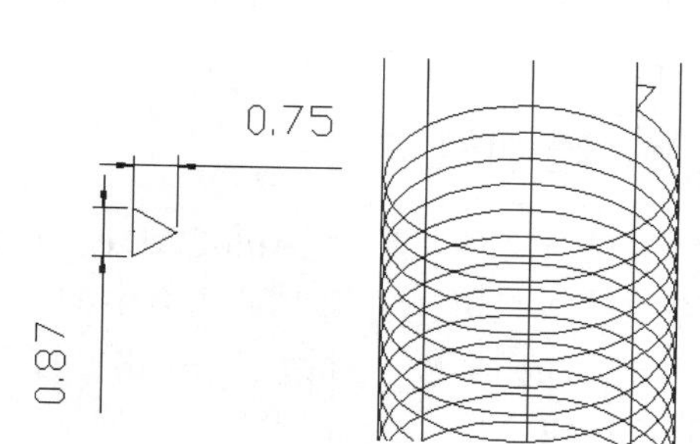

图 11-24 绘制截面三角形

（3）创建面域。单击“默认”选项卡“绘图”面板中的“面域”按钮，选中上步绘制的三角形，创建面域。

（4）扫掠实体。单击“三维工具”选项卡“建模”面板中的“扫掠”按钮，将截面轮廓三角形沿螺旋线进行扫掠，消隐后的结果如图 11-25 所示。

（5）创建圆柱体。单击“三维工具”选项卡“建模”面板中的“圆柱体”按钮，以圆柱底面中心为中心创建半径为 6、高度为–10 的圆柱，结果如图 11-26 所示。

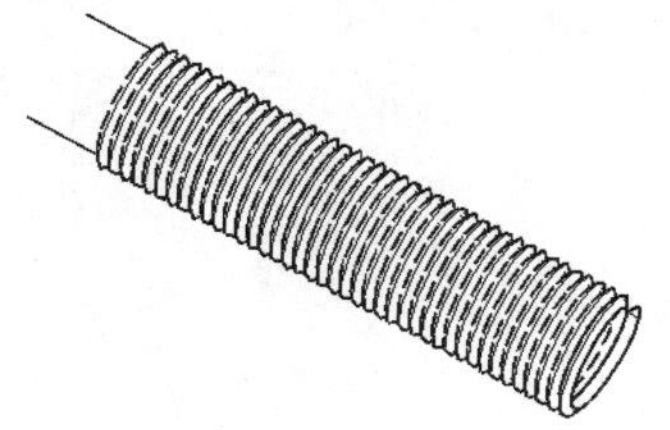
图 11-25 扫略后的图形

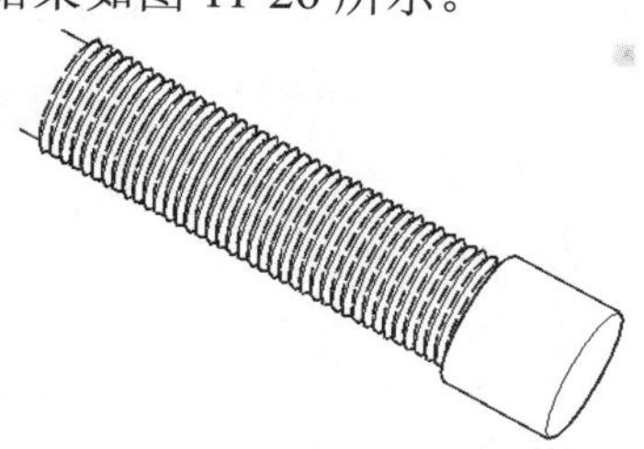
图 11-26 螺栓立体图

（6）差集运算。单击“三维工具”选项卡“实体编辑”面板中的“差集”按钮，将螺纹与上步绘制的圆柱进行差集运算。结果如图 11-27 所示。

（7）并集运算。单击“三维工具”选项卡“实体编辑”面板中的“并集”按钮，将所有的实体进行并集处理，并将处理后的结果进行概念显示，结果如图 11-28 所示。

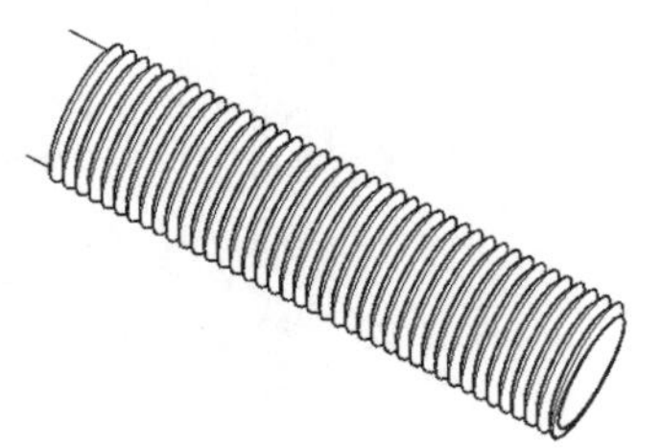

图 11-27　差集后的图形

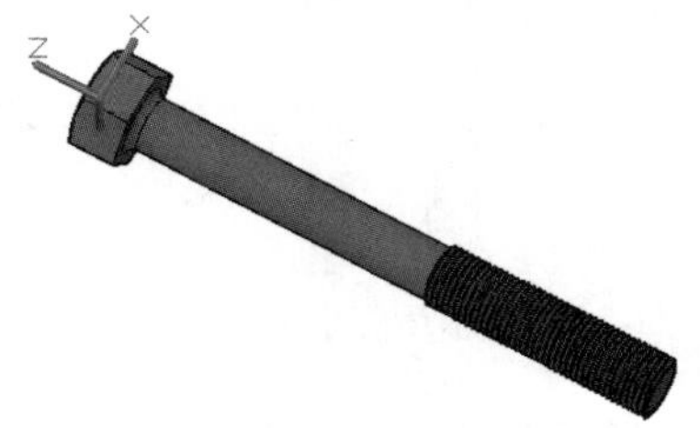

图 11-28　最终的螺栓立体图

11.3　传动轴立体图

本节将讲述传动轴立体图的绘制方法，即通过旋转操作用二维曲面生成三维实体的方法。轴的绘制分为两个过程，第一步通过旋转的方法绘制轴的外部轮廓，第二步利用拉伸的方法绘制两个键槽，绘制的传动轴立体图如图 11-29 所示。

图 11-29　传动轴立体图

11.3.1　绘制轴身

（1）建立新文件。启动 AutoCAD，使用默认设置绘图环境。单击“快速访问”工具栏中的 “新建”按钮，打开“选择样板”对话框，单击“打开”按钮右侧的下拉按钮，以“无样板打开一公制”（M）方式建立新文件；将新文件命名为“传动轴.dwg”并保存。

（2）设置线框密度。命令行输入 ISOLINES，默认值是 8，更改设定值为 4。

（3）创建新图层。单击“默认”选项卡“图层”面板中的“图层特性”按钮，❶打开“图层特性管理器”对话框，❷单击“新建”按钮，❸新建两个图层，实体层和中心线层，修改图层的颜色、线型和线宽属性，如图 11-30 所示。

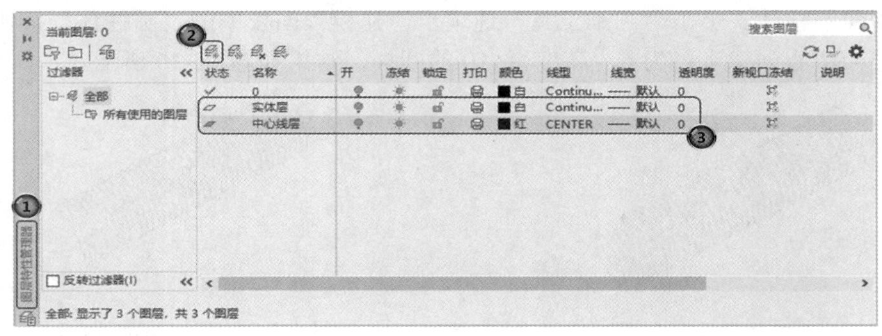

图 11-30　新建图层

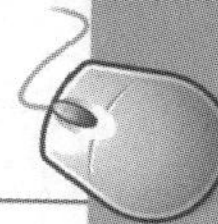

（4）绘制外轮廓。

①绘制中心线。将“中心线层”设定为当前图层；单击“默认”选项卡“绘图”面板中的“直线”按钮，绘制直线{（0,0），（250,0）}。

②绘制边界线。将当前图层从“中心线层”切换到“实体层”；单击“默认”选项卡“绘图”面板中的“直线”按钮，绘制连续直线{（10,0），（10,15），（70,15），（70,16.3），（120,16.3），（120,17.5），（157.5,17.5），（157.5,20），（193.5,20），（193.5,24），（211,24），（211,17.5），（229,17.5），（229,0），（10,0）}，结果如图 11-31 所示。

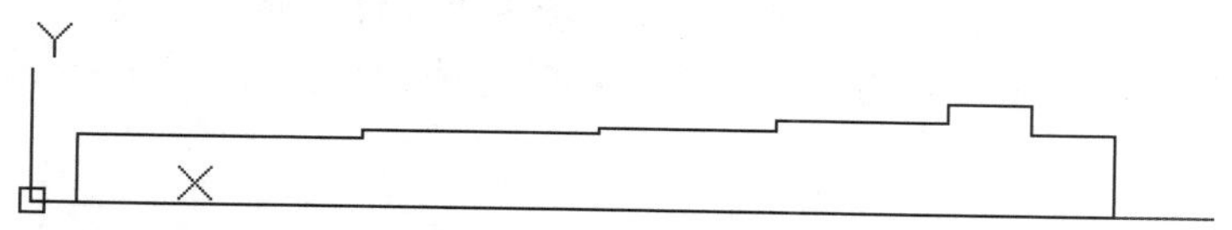

图 11-31　绘制旋转体轮廓线

③合并轮廓线。选择菜单栏中的“修改”→“对象”→“多段线”命令，将旋转体轮廓线合并为一条多段线，满足“旋转实体”命令的要求。

④旋转实体。单击“三维工具”选项卡“建模”面板中的“旋转”按钮，将轮廓线绕 X 轴旋转一周，如图 11-32 所示。

⑤轴端面倒直角。单击“默认”选项卡“修改”面板中的“倒角”按钮，选择端面的圆环线作为“第一条直线”，选择端面作为“基面”，基面的倒角距离为 2。重复“倒角”命令，对传动轴的另一端面以同样参数进行倒直角操作，消隐后结果如图 11-33 所示。

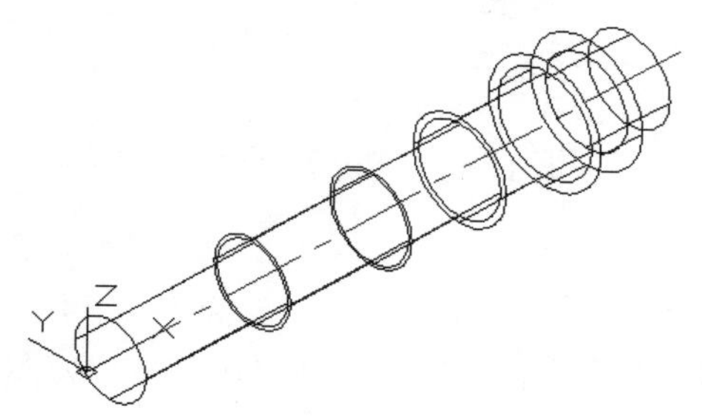

图 11-32　旋转实体

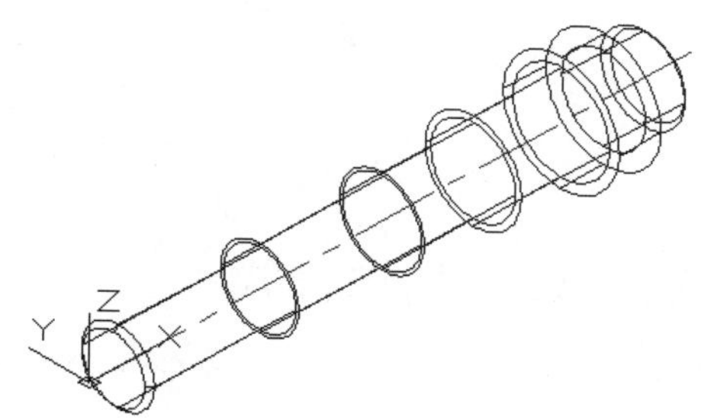

图 11-33　轴端面倒直角

11.3.2 绘制键槽

（1）切换视角。将当前视角从西南等轴测切换为俯视。

（2）绘制键槽轮廓线。单击“默认”选项卡“绘图”面板中的“矩形”按钮，指定矩形的两个角点。{（159.5,6），（191.5,–6）}，圆角半径为 6，如图 11-34 所示。

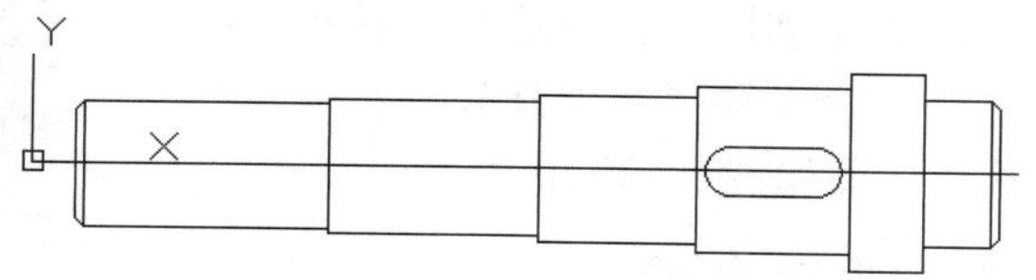

图 11-34　绘制轮廓线

（3）拉伸实体。单击“三维工具”选项卡“建模”面板中的“拉伸”按钮，将倒圆角后的矩形拉伸 8，西南等轴测结果如图 11-35 所示。

（4）移动实体。单击“默认”选项卡“修改”面板中的“移动”按钮，选择拉伸实体为移动对象，位移为（@0,0,15），移动后消隐结果如图 11-36 所示。

（5）绘制另一键槽。使用同样的方法，绘制矩形——两角点坐标为{（13，4），（@54，–8）}，倒圆角半径为 4，拉伸高度为 7，向上移动所选基点，相对位移为“@0,0,9”，消隐后结果如图 11-37 所示。

（6）布尔运算求差集。单击“三维工具”选项卡“实体编辑”面板中的“差集”按钮，将两个平键实体从旋转实体中减去，在一个传动轴形成键槽，如图 11-38 所示。

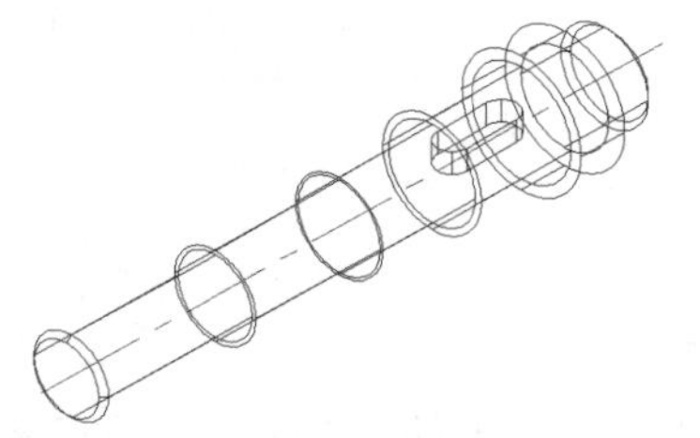

图 11-35　拉伸实体

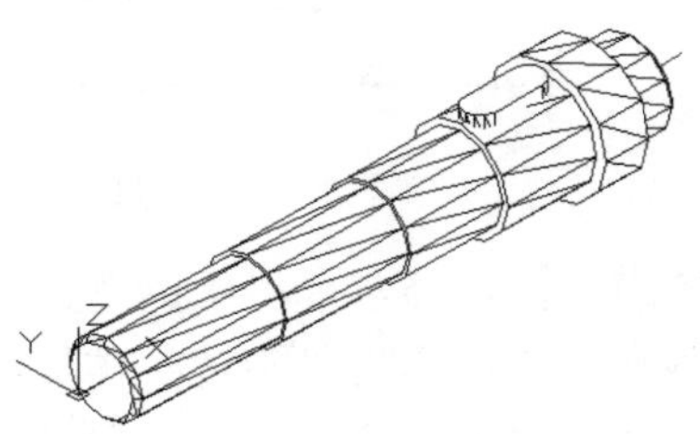

图 11-36　移动实体

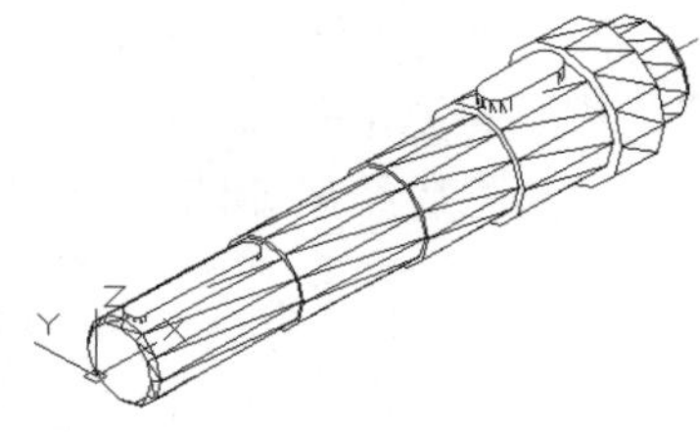

图 11-37　绘制轴上的平键

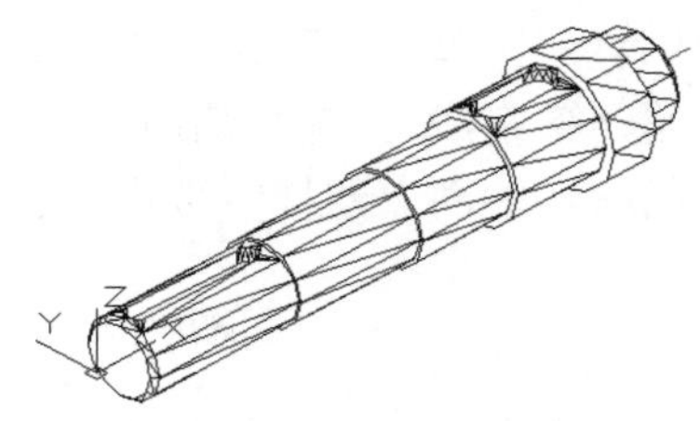

图 11-38　绘制键槽

11.3.3　转换视觉样式

选择菜单栏中“视图”→“视觉样式”→“概念”命令，转换成立体显示样式，如图 11-29 所示。

11.4　深沟球轴承立体图

同上一节思路，本节讲述深沟球轴承立体图的两种绘制方法。通过旋转操作，用二维曲面生成三维实体的方法和直接使用三维实体造型命令生成三维实体的方法。制作深沟球轴承立体图分为两个过程，首先利用两种方法绘制轴承的内圈和外圈，然后利用“球体”命令和“环形阵列”命令绘制滚珠。绘制的深沟球轴承立体图如图 11-39 所示。

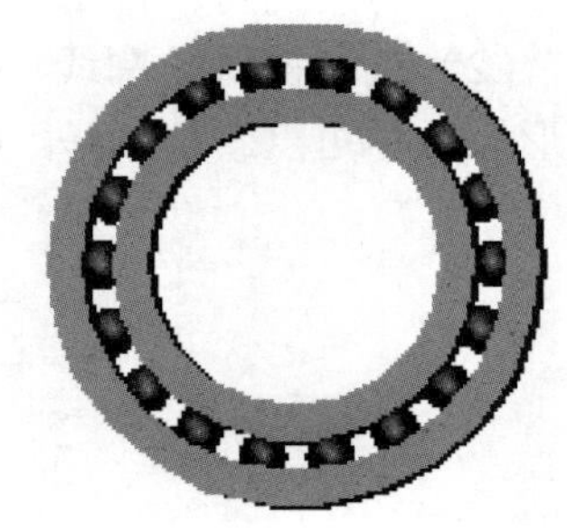

图 11-39　深沟球轴承立体图

11.4.1　绘制深沟球轴承 6207

（1）建立新文件。启动 AutoCAD 2022 程序，以“无

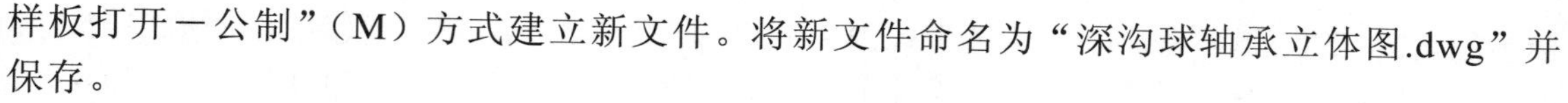

样板打开－公制”（M）方式建立新文件。将新文件命名为“深沟球轴承立体图.dwg”并保存。

注意：下面将通过旋转操作，用二维曲面生成三维实体的方法来绘制深沟球轴承立体图。

（2）设置视图。单击“可视化”选项卡“视图”面板中的“前视”按钮，将当前视图设置为前视图。

（3）绘制轮廓线。单击“默认”选项卡“绘图”面板中的“矩形”按钮，指定矩形两个角点。{（0,0），（36,17）}，如图 11-40 所示。单击“默认”选项卡“修改”面板中的“分解”按钮，分解矩形；单击“默认”选项卡“修改”面板中的“偏移”按钮，偏移直线，如图 11-41 所示。

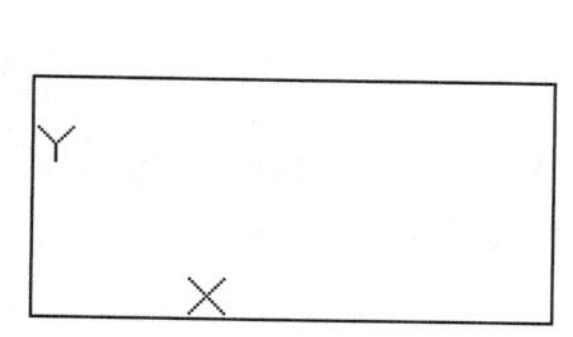

图 11-40　绘制矩形

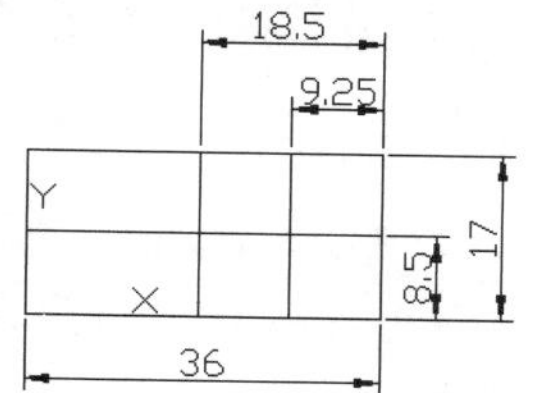

图 11-41　绘制偏移直线

（4）绘制滚珠圆和凹槽。单击“默认”选项卡“绘图”面板中的“圆”按钮，以米字格中心点为圆心，直径为 9.25 绘制滚珠圆；单击“默认”选项卡“绘图”面板中的“直线”按钮，绘制滚珠槽，结果如图 11-42 所示。

（5）修剪图形。单击“默认”选项卡“修改”面板中的“修剪”按钮，对图形进行修剪，得到轴承的两组轮廓线，结果如图 11-43 所示。

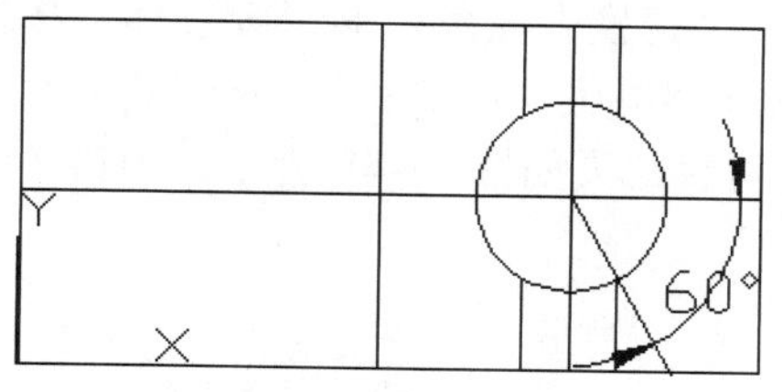

图 11-42　绘制滚珠圆和凹槽

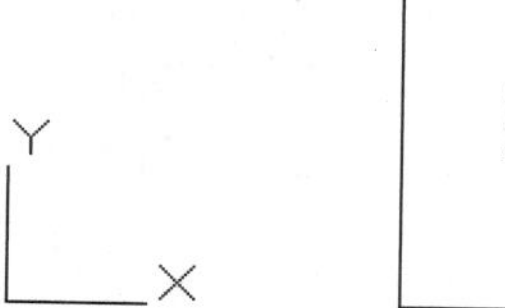

图 11-43　修剪图形

（6）合并轮廓线。单击“默认”选项卡“修改”面板中的“编辑多段线”按钮，分别将轴承的两组轮廓线合并为左右两条多段线，满足“旋转”命令的要求。

（7）旋转实体。单击“三维工具”选项卡“建模”面板中的“旋转”按钮，将轴承的两条轮廓线绕 Y 轴旋转 360°，旋转结果如图 11-44 所示。

（8）布尔运算求并集。单击“三维工具”选项卡“实体编辑”面板中的“并集”按钮，将两个旋转实体合并使之成为一个实体。

（9）旋转坐标系。命令行中输入 UCS 命令，绕 X 轴旋转−90°，建立新的用户坐标系，坐标系旋转结果如图 11-45 所示。

（10）绘制滚珠。单击“三维工具”选项卡“建模”面板中的“球体”按钮，以新坐标系的（26.75,0,8.5）为球心，球体半径为 4.5；单击“默认”选项卡“修改”面板中的“环形阵列”按钮，环形阵列滚珠，阵列数目为 12，填充角点为 360°，阵列中心点为（0,0,0），轴承滚珠绘制结果如图 11-46 所示。

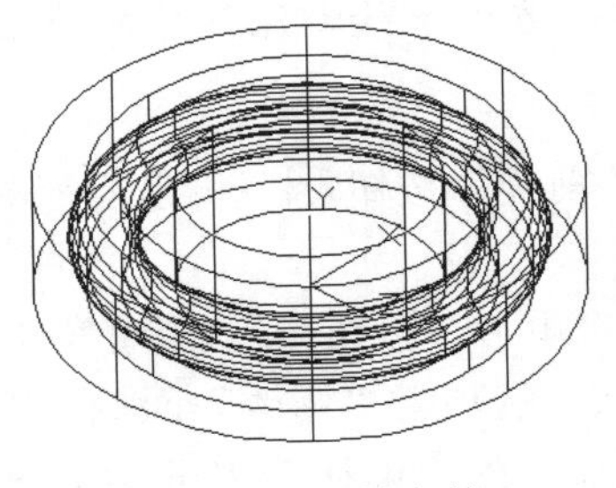

图 11-44　旋转实体

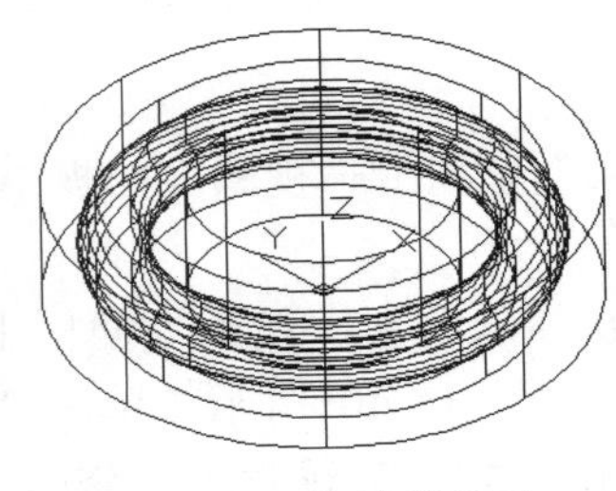

图 11-45　旋转坐标系

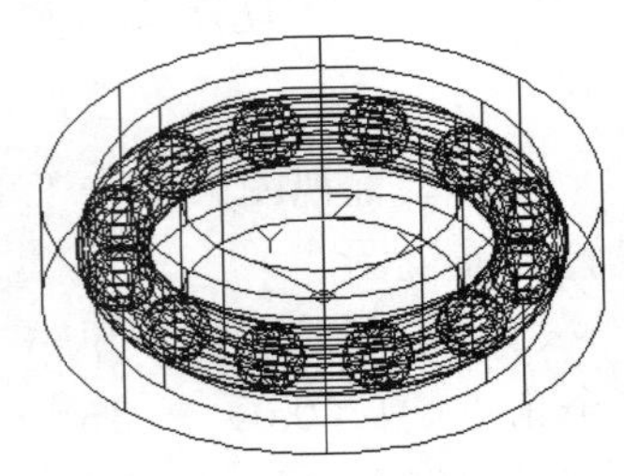

图 11-46　绘制滚珠

11.4.2 绘制深沟球轴承 6205

注意：上面学习了通过旋转操作，用二维曲面生成三维实体的方法来绘制深沟球轴承立体图，下面学习另外一种绘制方法，使用“圆柱体”“圆环体”和“布尔运算”命令直接生成轴承三维实体。

两个轴承的尺寸不一样，上面绘制的轴承姑且称为大轴承，下面将绘制尺寸小一些的轴承。

（1）移动坐标系。在命令行中输入 UCS 命令，平移坐标系原点到（200,0,0），建立用户坐标系。

（2）绘制圆柱实体。单击“三维工具”选项卡“建模”面板中的“圆柱体”按钮，以（0,0,0）为底面中心点，底面圆半径为 12.5、高度为 15 绘制圆柱，结果如图 11-47 所示。

（3）绘制轴承轮廓。单击“三维工具”选项卡“建模”面板中的“圆柱体”按钮，采用中心点、底圆半径和高度的模式，绘制 3 个圆柱体。底面中心点均为（0,0,0），半径依次为 17.56、20.94 和 27.5，圆柱体高度均为 15。消隐后结果如图 11-48 所示。为讲述方便，从里向外依次命名为圆柱体 1、2、3 和 4。

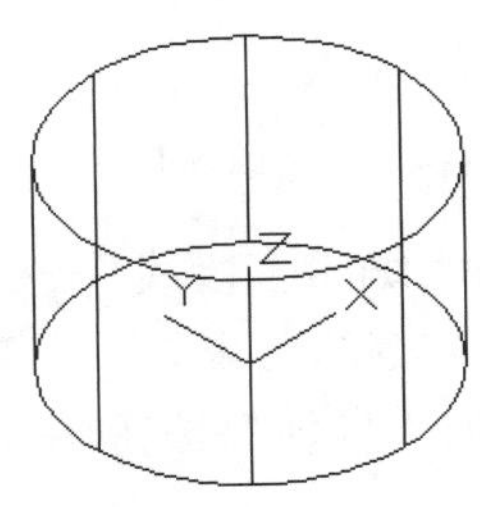

图 11-47　绘制圆柱体

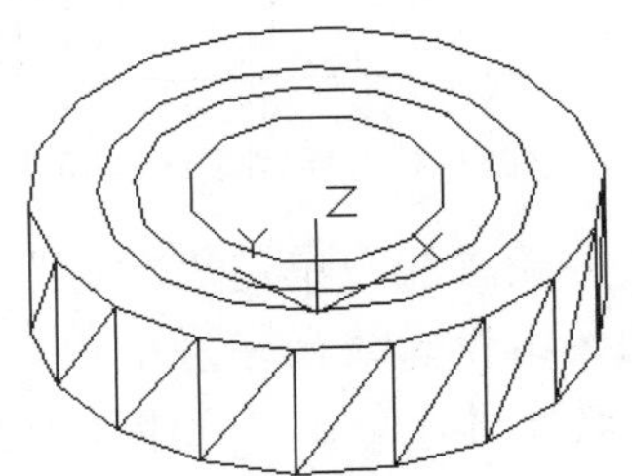

图 11-48　绘制轴承轮廓

（4）布尔运算求差集。单击“三维工具”选项卡“实体编辑”面板中的“差集”按钮，从圆柱体 4 减去圆柱体 3，得到套筒 1，如图 11-49 所示。再次调用布尔运算求差集运算，从圆柱体 2 中减去圆柱体 1，得到套筒 2，如图 11-50 所示。第三次调用布尔运算求并集运算，将套筒 2 与套筒 1 并集，最终结果如图 11-50 所示。

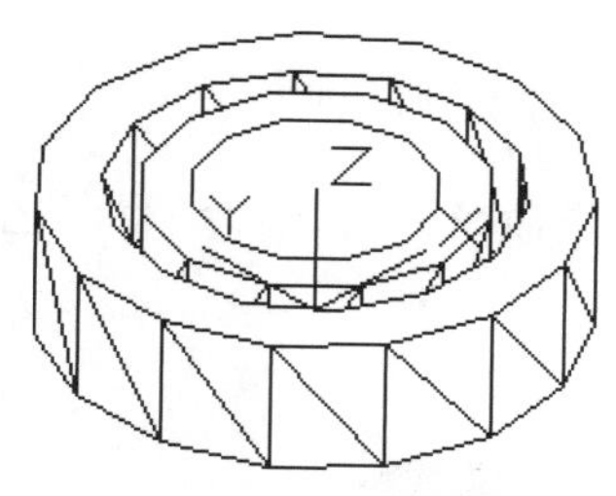

图 11-49　绘制套筒 1

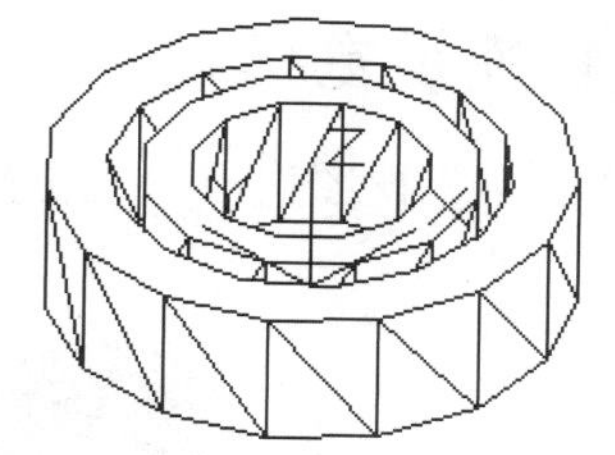

图 11-50　差集结果

（5）移动坐标系。在命令行中输入 UCS 命令，平移坐标系原点到（0,0,7.5），建立新的用户坐标系。

（6）绘制轴承凹槽。单击“三维工具”选项卡“建模”面板中的“圆环体”按钮，绘制圆环体中心坐标为（0，0，0），圆环体半径为 20，圆管半径为 3.75 的圆环体，结果如图 11-51 所示。圆环体绘制规则如图 11-52 所示。

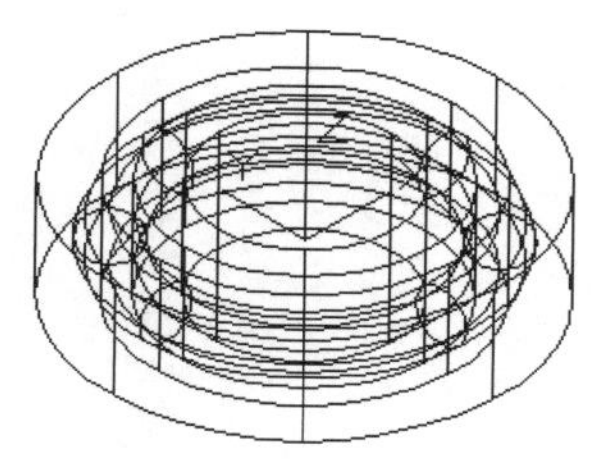

图 11-51　绘制圆环体

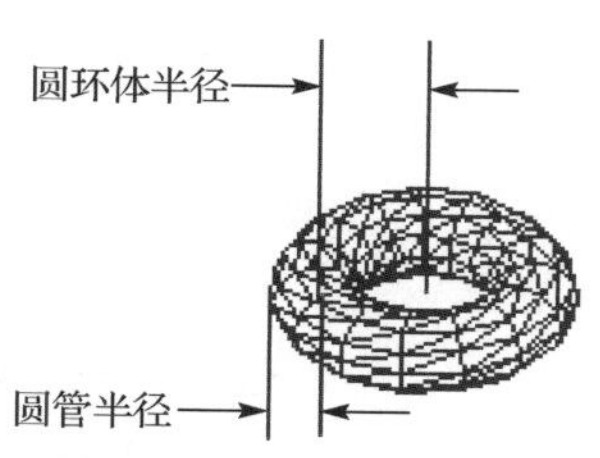

图 11-52　圆环体绘制规则

（7）布尔运算求差集。单击“三维工具”选项卡“实体编辑”面板中的“差集”按钮，从轴承实体中减去圆环体，得到带滚珠凹槽的轴承实体，如图 11-53 所示。

（8）绘制滚珠。单击“三维工具”选项卡“建模”面板中的“球体”按钮，绘制球心坐标为（20,0,0），球体半径为 3.5 的球体，滚珠绘制结果如图 11-54 所示。

（9）环形阵列滚珠。单击“默认”选项卡“修改”面板中的“环形阵列”按钮，将滚珠以坐标原点为阵列中心点阵列 14 个，阵列结果如图 11-55 所示。

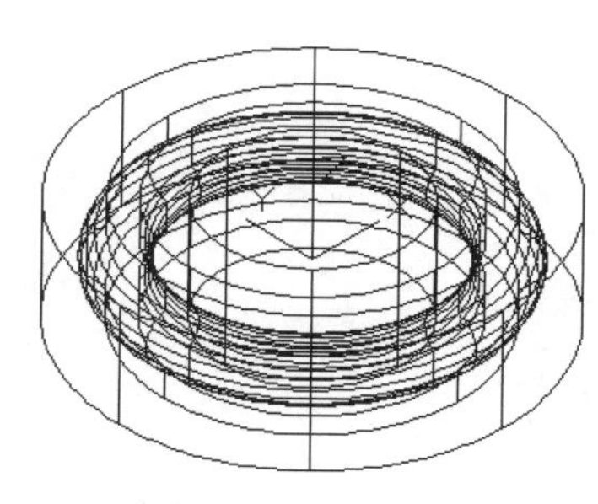

图 11-53　绘制带滚珠凹槽的轴承实体

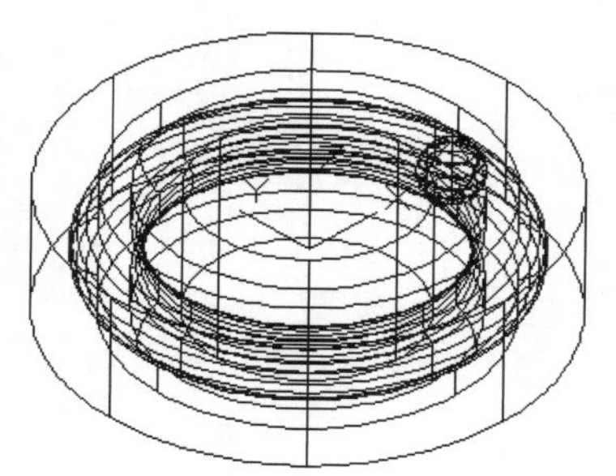

图 11-54　绘制滚珠

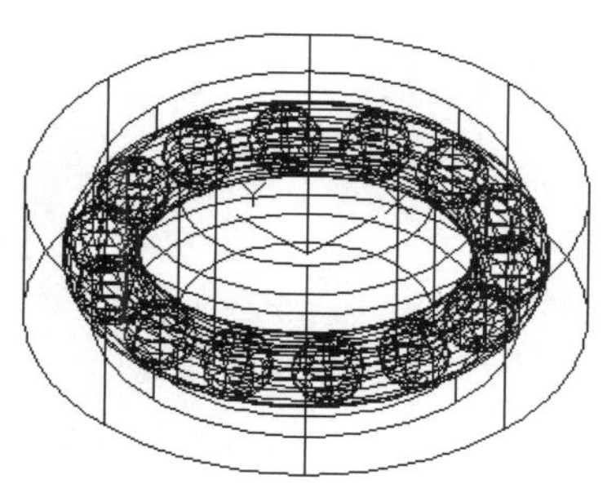

图 11-55　环形阵列滚珠

11.4.3 转换视觉样式

选择菜单栏中“视图”→“视觉样式”→“概念”命令，对图形进行着色，如图 11-56 所示。

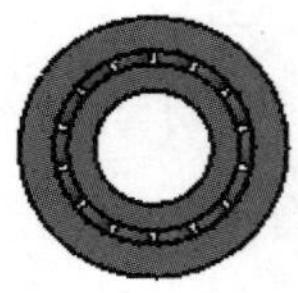

图 11-56 着色处理

Chapter

齿轮类零件立体图绘制

12

本章将学习 3 种典型机械零件三维实体图的绘制与设计——齿轮、齿轮轴和蜗轮。本章在分析这 3 种零件结构的基础上，深入讲解了每一种零件三维实体的绘制方法和技巧。先绘制实体在二维平面上的截面轮廓线，利用旋转操作从二维曲面生成三维实体，再进行必要的图形细化处理，例如，倒直角、倒圆角及绘制键槽。对于轮齿则采用环形阵列的方法生成。

12.1 齿轮立体图

本节将讲述齿轮立体图（图 12-1）的绘制，采用以下方法进行绘制。绘制齿轮二维剖切面轮廓线，再使用旋转操作从二维曲面生成三维实体的方法绘制齿轮基体；绘制渐开线轮齿的二维轮廓线，使用二维曲面通过拉伸操作生成三维实体的方法绘制齿轮轮齿；调用“圆柱体”命令和“长方体”命令，利用布尔运算求差命令绘制齿轮的键槽和轴孔以及减轻孔。最后利用渲染操作对齿轮进行渲染，学习图形渲染的基本操作过程和方法。绘制的大齿轮立体图如图 12-1 所示。

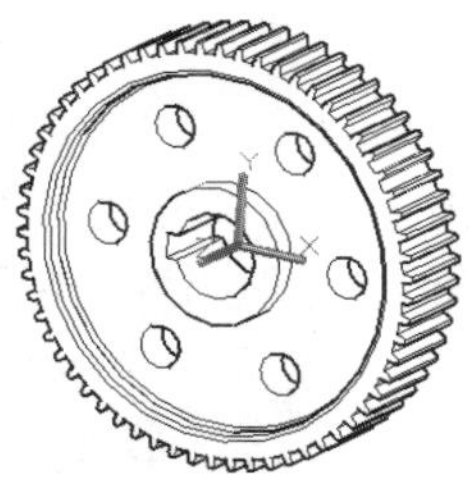

图 12-1　齿轮立体图

12.1.1 绘制齿轮基体

（1）建立新文件。启动 AutoCAD 2022 程序，以“无样板打开一公制”(M)方式建立新文件；将新文件命名为“大齿轮立体图.dwg”并保存。

（2）绘制矩形。单击“默认”选项卡“绘图”面板中的“矩形”按钮，指定两个角点坐标分别为（–20,0）和（20,94），绘制结果如图 12-2 所示。

（3）分解矩形。单击“默认”选项卡“修改”面板中的“分解”按钮，分解矩形使之成为 4 条直线。

（4）偏移直线。单击“默认”选项卡“修改”面板中的“偏移”按钮，向上偏移量依次为 20、32 和 84，两边向中间偏移量分别为 11，结果如图 12-3 所示。

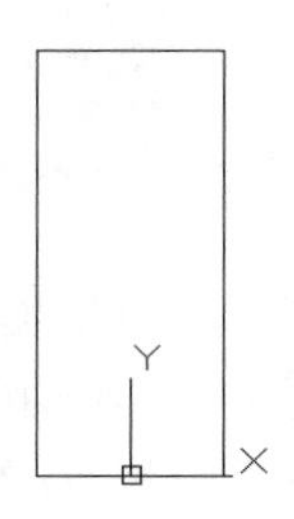

图 12-2　绘制矩形

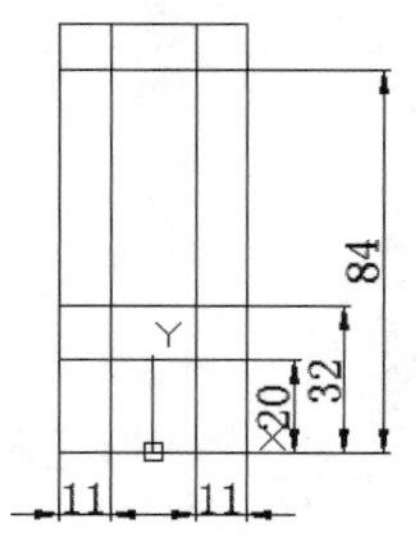

图 12-3　绘制偏移直线

（5）修剪图形。单击“默认”选项卡“修改”面板中的“修剪”按钮，对图形进行修剪，结果如图 12-4 所示。

（6）合并轮廓线。选择菜单栏中的“修改”→“对象”→“多段线”命令，将旋转体轮廓线合并为一条多段线，满足“旋转”命令的要求，结果如图 12-5 所示。

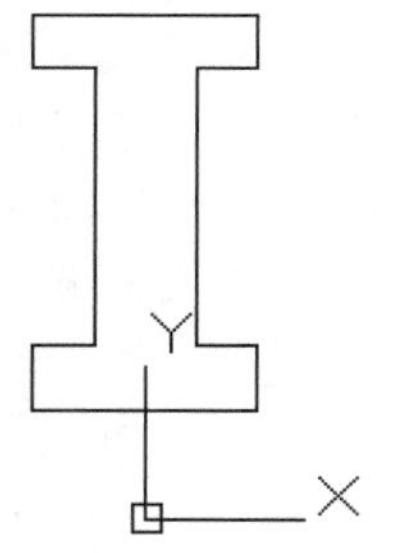

图 12-4　修剪图形

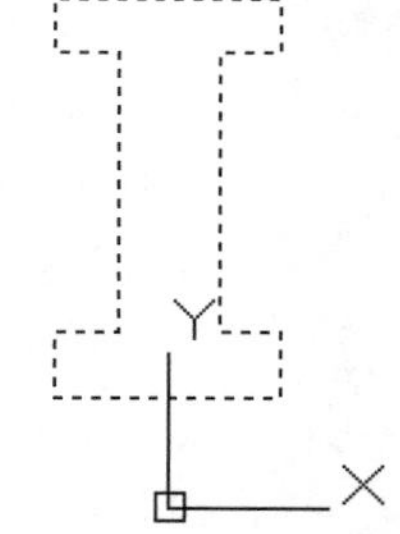

图 12-5　合并齿轮基体轮廓线

（7）旋转实体。单击“三维工具”选项卡“建模”面板中的“旋转”按钮，将齿轮基体轮廓线绕 X 轴旋转 360°。单击“可视化”选项卡“视图”面板中的“西南等轴测”按钮，观察旋转结果，消隐后的结果如图 12-6 所示。

（8）实体倒圆角。单击“默认”选项卡“修改”面板中的“圆角”按钮，将轮齿的两面凹槽底边倒圆角，圆角半径为 2，消隐后的结果如图 12-7 所示。

（9）实体倒直角。单击“默认”选项卡“修改”面板中的“倒角”按钮，对齿轮边缘进行倒直角操作，倒角距离为 C2，消隐后的结果如图 12-8 所示。

注意：倒直角操作过程中，倒直角端面一定要选择在齿轮的侧表面上，不能选择在齿轮的圆环面上，否则系统会提示倒角失败。如果系统最先提示的倒角基面不是齿轮的侧表面，只需在命令行中输入 N 后按 Enter 键，选择“下一个（N）”选项，系统会继续提示其他与倒角轮廓线相邻的面作为基面。

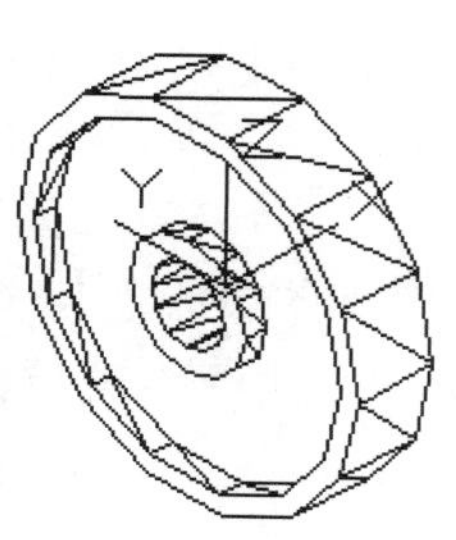

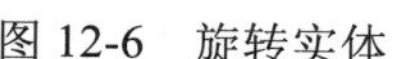

图 12-6 旋转实体

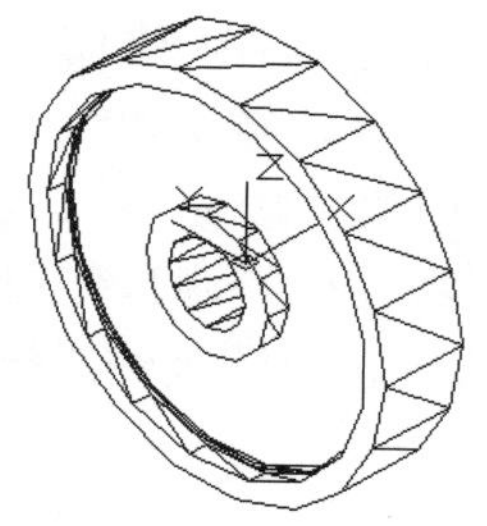

图 12-7 实体倒圆角

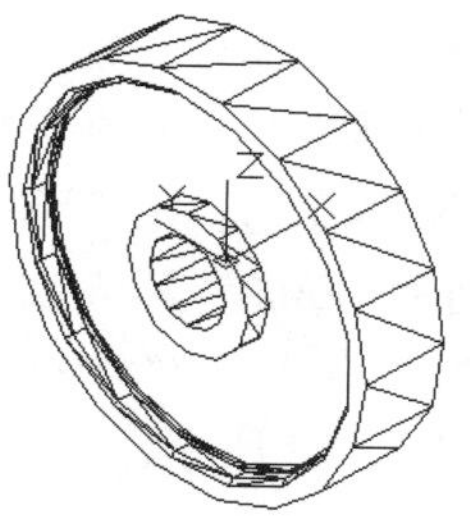

图 12-8 实体倒直角

12.1.2 绘制齿轮轮齿

（1）切换视角。单击“可视化”选项卡“视图”面板中的“俯视”按钮，将当前视角切换为俯视。

（2）创建新图层。选择菜单栏中的“格式”→“图层”命令，打开“图层特性管理器”对话框，单击“新建”按钮，创建新图层“图层 1”，将齿轮基体图形对象的图层属性更改为“图层 1”。

（3）隐藏图层。在“图层特性管理器”对话框，单击“图层 1”的“打开/关闭”按钮，使之变为黯淡色，关闭并隐藏“图层 1”。

（4）绘制直线。单击“默认”选项卡“绘图”面板中的“直线”按钮，直线的起点坐标为（–2,93.1），终点坐标为（2,93.1）。

（5）绘制圆弧。单击“默认”选项卡“绘图”面板中的“圆弧”按钮，绘制起点坐标为（–1,98.75），端点坐标为（–2,93.1），半径为 15 的轮齿圆弧，结果如图 12-9 所示，

（6）绘制镜像线。单击“默认”选项卡“绘图”面板中的“直线”按钮，过中点绘制一条垂直线，作为镜像线。

（7）镜像圆弧。单击“默认”选项卡“修改”面板中的“镜像”按钮，以上一步绘制的直线为镜像轴，将圆弧进行镜像处理，删除作为镜像轴的直线，如图 12-10 所示。

（8）连接圆弧。单击“默认”选项卡“绘图”面板中的“直线”按钮，利用“对象捕捉”功能绘制两段圆弧的端点连接直线，结果如图 12-11 所示。

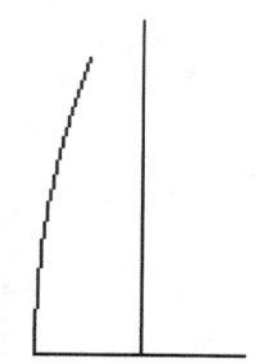

图 12-9 绘制圆弧

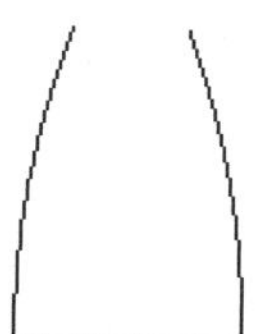

图 12-10 镜像圆弧

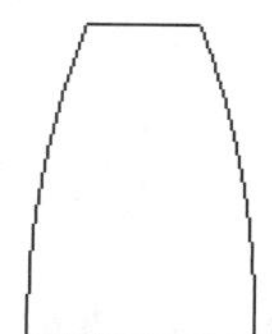

图 12-11 绘制直线

（9）合并轮廓线。选择菜单栏中的“修改”→“对象”→“多段线”命令，将两段圆弧和两段直线合并为一条多段线，满足“拉伸”命令的要求。

（10）切换视角。选择菜单栏中的“视图”→“三维视图”→“西南等轴测”命令，或者单击“可视化”选项卡“视图”面板中的“西南等轴测”按钮，将当前视图切换为西南等轴测视图。

（11）拉伸实体。单击“三维工具”选项卡“建模”面板中的“拉伸”按钮，将合并后的多段线拉伸 40，拉伸的倾斜角度为 0°，结果如图 12-12 所示。

（12）环形阵列轮齿。选择菜单栏中的“修改”→“三维操作”→“三维阵列”命令，将拉伸实体进行 360° 环形阵列，阵列数目为 62，旋转阵列对象，阵列的中心点为（0,0,0），旋转轴上的第二点为（0,0,100），环形阵列，将阵列结果进行并集。采用三维隐藏视觉样式显示结果如图 12-13 所示。

图 12-12　拉伸实体

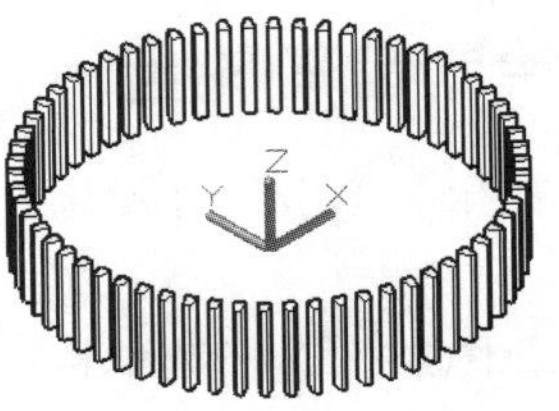

图 12-13　环形阵列实体

（13）旋转实体。选择菜单栏中的“修改”→“三维操作”→“三维旋转”命令，将所有轮齿以（0,0,0）为基点绕 Y 轴旋转 90°。将旋转后的实体以（0,0,0）为基点移动到点（20,0,0），结果如图 12-14 所示。

（14）打开图层 1。调用菜单栏中的“格式”→“图层”命令，打开“图层特性管理器”对话框，单击“图层 1”的“打开/关闭”按钮，使之变为鲜亮色，打开并显示“图层 1”。

（15）布尔运算求并集。单击“三维工具”选项卡“实体编辑”面板中的“并集”按钮，选择所有实体，按 Enter 键执行并集操作，使之成为一个三维实体，结果如图 12-15 所示。

图 12-14　旋转和移动三维实体

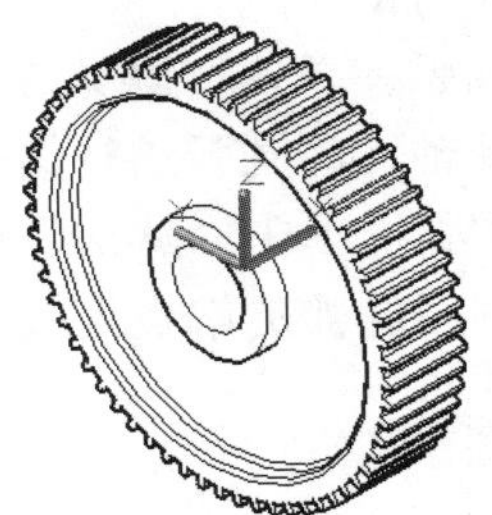

图 12-15　并集结果

12.1.3　绘制键槽和减轻孔

（1）绘制长方体。单击“三维工具”选项卡“建模”面板中的“长方体”按钮，指定长方体一个角点坐标为（–25,16,–6），长度为 60，宽度为 8，高度为 12，绘制长方体，如图 12-16 所示。

（2）绘制键槽。单击“三维工具”选项卡“实体编辑”面板中的“差集”按钮，执行命令后从齿轮基体中减去长方体，在齿轮轴孔中形成键槽，如图 12-17 所示。

（3）改变坐标系。命令行输入 UCS，将当前坐标系设置绕 Y 轴旋转–90°，再绕 Z 轴旋转–90°。

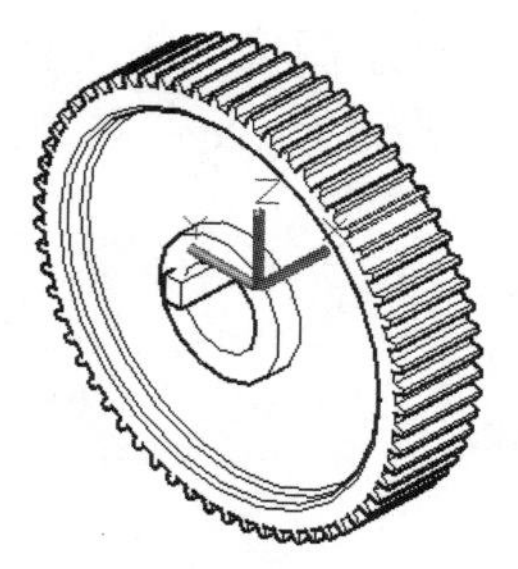

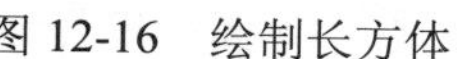
图 12-16　绘制长方体

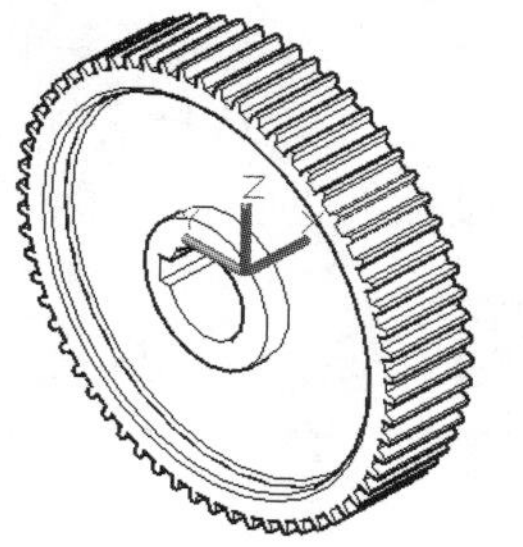

图 12-17　绘制键槽

（4）绘制圆柱体。单击“三维工具”选项卡“建模”面板中的“圆柱体”按钮，绘制中心点为（60,0,–20）、半径为 10、高度为 40 的圆柱体，如图 12-18 所示。

（5）环形阵列圆柱体。选择菜单栏中的“修改”→“三维操作”→“三维阵列”命令，将圆柱体进行 360°环形阵列，阵列数目为 6，旋转阵列对象，阵列的中心点为（0,0,0），旋转轴上的第二点为（0,0,100），结果如图 12-19 所示。

（6）绘制减轻孔。单击“三维工具”选项卡“实体编辑”面板中的“差集”按钮，从齿轮基体中减去 6 个圆柱体，在齿轮凹槽内形成 6 个减轻孔，如图 12-20 所示。

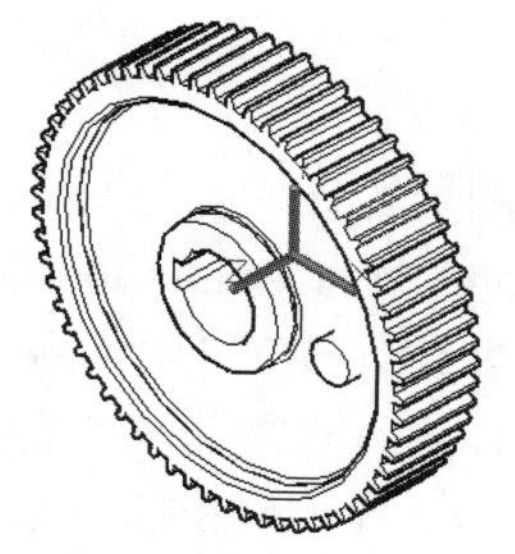

图 12-18　绘制圆柱体

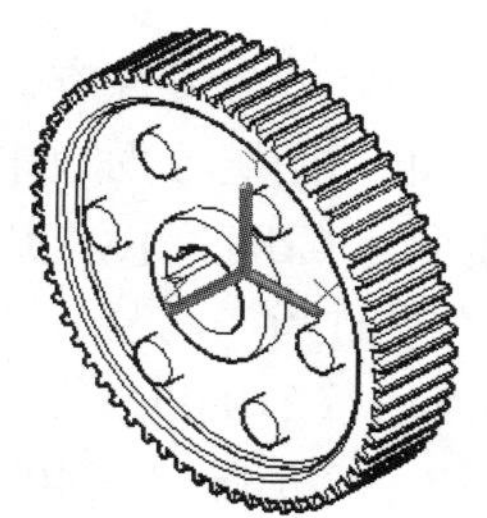

图 12-19　环形阵列圆柱体

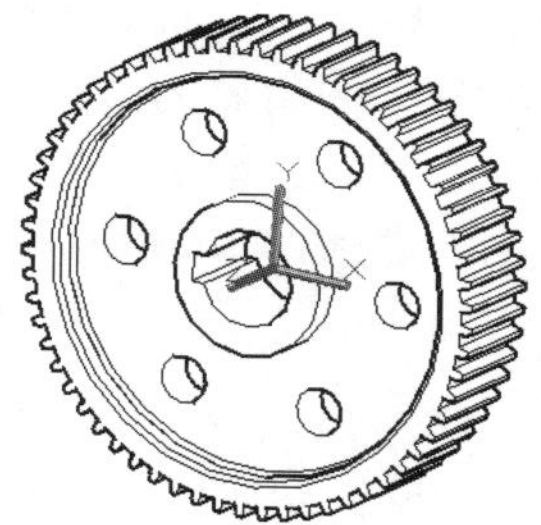

图 12-20　绘制减轻孔

12.1.4 渲染齿轮

注意：在 AutoCAD 2022 中，渲染代替了传统的建筑、机械和工程图形使用水彩、有色蜡笔和油墨等生成最终演示的渲染效果图。

渲染图形的过程一般分为以下 4 步。

①准备渲染模型。包括遵从正确的绘图技术，删除消隐面、创建光滑的着色网络和设置视图的分辨率。

②创建和放置光源以及创建阴影。

③定义材质并建立材质与可见表面间的联系。

④进行渲染，包括检验渲染对象的准备、照明和颜色的中间步骤。

（1）设置材质。单击“视图”选项卡“选项板”面板中的“材质浏览器”按钮，打开“材质浏览器”对话框，选择适当的材质赋予图形。

（2）渲染设置。单击“视图”选项卡“选项板”面板中的“高级渲染设置”按钮，渲染图形。

（3）保存渲染效果图。选择菜单栏中的“工具”→“显示图像”→“保存”命令，打开“渲染输出文件”对话框，选择文件类型为“所有图像格式”，输入文件名“大齿轮”，选择保存位置，单击“保存”按钮，保存图像。

12.2 齿轮轴立体图

注意：小齿轮由于轮齿半径较小，不适合轴齿分开加工装配，因此小齿轮属于轴齿一体的零件。在绘制小齿轮过程中，先使用旋转操作用二维曲面生成三维实体的方法绘制小齿轮轴；再绘制渐开线轮齿的二维轮廓线，用同样的方法绘制齿轮轮齿；最后调用“长方体”命令，利用布尔运算求差命令绘制小齿轮轴的键槽。绘制的小齿轮如图 12-21 所示。

图 12-21 齿轮轴立体图

12.2.1 绘制齿轮轴

（1）建立新文件。启动 AutoCAD 2022 程序，以“无样板打开一公制”（毫米）方式建立新文件；将新文件命名为“齿轮轴立体图.dwg”并保存。

（2）新建图层。单击“默认”选项卡“图层”面板中的“图层特性”按钮，创建“中心线层”和“实体层”，中心线层的线型为 CENTER，实体层的线型为 Continuous。

（3）绘制边界线。将“中心线层”设置为当前层。单击“默认”选项卡“绘图”面板中的“直线”按钮，绘制中心线{（0,0），（210,0）}。将“实体层”设置为当前层。绘制连续直线{（10,0），（10,12.5），（25,12.5），（25,15），（40,15），（40,21），（85,21），（85,15），（100,15），（100,12.5），（115,12.5），（115,11.5），（165,11.5），（165,10），（200,10），（200,0）}，结果如图 12-22 所示

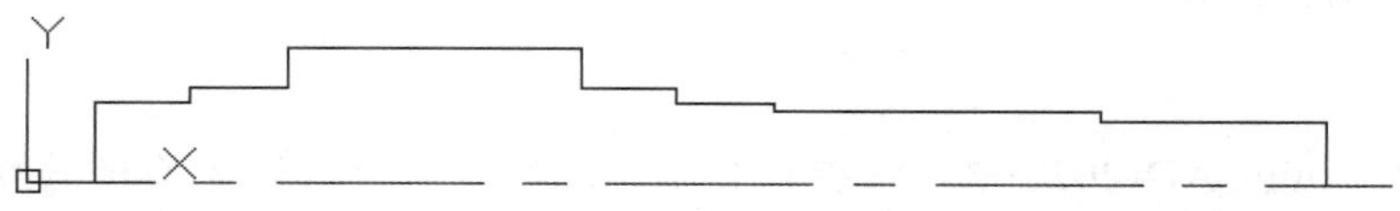

图 12-22 绘制连续直线

（4）合并轮廓线。单击“默认”选项卡“修改”面板中的“编辑多段线”按钮，将轮廓线合并为一条多段线，满足“旋转”命令的要求。

（5）旋转实体。单击“三维工具”选项卡“建模”面板中的“旋转”按钮，将齿轮轴轮廓线绕 X 轴旋转 360°，单击“可视化”选项卡“视图”面板中的“西南等轴测”按钮，消隐后结果如图 12-23 所示。

（6）轴端面倒直角。单击“默认”选项卡“修改”面板中的“倒角”按钮，采用修剪、角度、距离模式，轴端面倒直角，选择轴端面作为基面，结果如图 12-24 所示。

（7）台阶面倒圆角。单击“默认”选项卡“修改”面板中的“圆角”按钮，对最大圆柱面的左右台阶倒圆角，圆角半径为 3，完成齿轮轴的绘制。

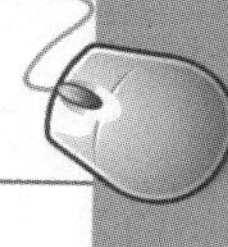

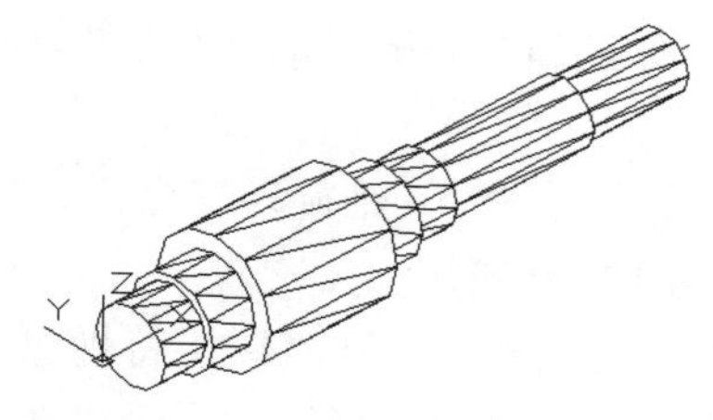
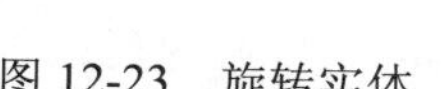

图 12-23　旋转实体

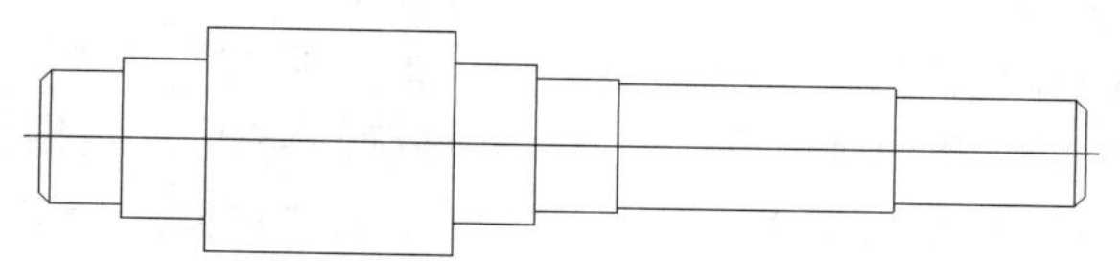

图 12-24　轴端面倒直角

12.2.2　绘制齿轮轮齿

（1）切换视角。单击“可视化”选项卡“视图”面板中的“俯视”按钮，将当前视角切换为俯视。

（2）创建新图层。选择菜单栏中的“格式”→“图层”命令，打开“图层特性管理器”对话框，单击“新建”按钮，创建新图层“图层 1”，将齿轮轴图形对象的图层属性更改为“图层 1”。

（3）隐藏图层。在“图层特性管理器”对话框，单击“图层 1”的“打开/关闭”按钮，使之变为黯淡色，关闭并隐藏“图层 1”。

（4）绘制直线。单击“默认”选项卡“绘图”面板中的“直线”按钮，绘制直线{（–1.9, 20.54），（1.9, 20.54）}。

（5）绘制圆弧。单击“默认”选项卡“绘图”面板中的“圆弧”按钮，指定圆弧两个端点为（–0.9,26.23）和（–1.9, 20.54），半径为 12，绘制轮齿圆弧，结果如图 12-25 所示。

（6）绘制镜像线。单击“默认”选项卡“绘图”面板中的“直线”按钮，过水平线中点绘制一条垂直线，作为镜像线。结果如图 12-25 所示。

（7）镜像圆弧。单击“默认”选项卡“修改”面板中的“镜像”按钮，以上一步绘制的直线为镜像轴，将圆弧进行镜像处理，删除镜像线，结果如图 12-26 所示。

（8）连接圆弧。单击“默认”选项卡“绘图”面板中的“直线”按钮，利用“对象捕捉”功能绘制两段圆弧的端点连接直线，结果如图 12-27 所示。

（9）合并轮廓线。单击“默认”选项卡“修改”面板中的“编辑多段线”按钮，将两段圆弧和两段直线合并为一条多段线，满足“拉伸”命令的要求。

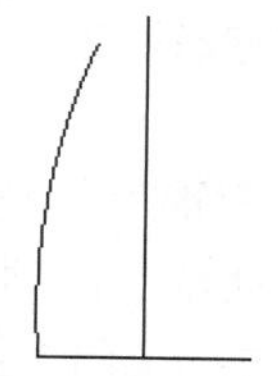

图 12-25　绘制圆弧

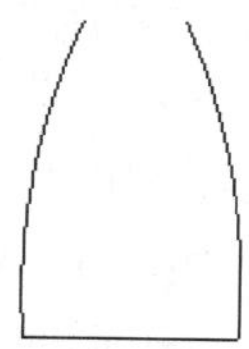

图 12-26　镜像圆弧

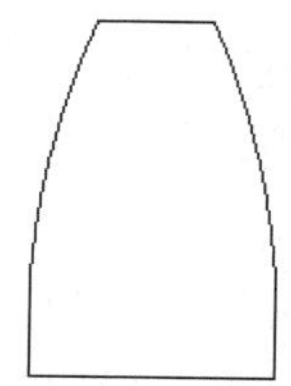

图 12-27　绘制直线

（10）拉伸实体。单击“三维工具”选项卡“建模”面板中的“拉伸”按钮，将合并后的多段线拉伸 45，拉伸的倾斜角度为 0°。西南等轴测结果如图 12-28 所示。

（11）环形阵列轮齿。选择菜单栏中“修改”→“三维操作”→“三维阵列”命令，绕 Z 轴 360° 环形阵列轮齿实体，阵列数目为 19，采用“三维隐藏视觉样式”后显示结果如图 12-29 所示。

（12）布尔运算求并集。单击“三维工具”选项卡“实体编辑”面板中的“并集”按钮，使阵列后的 19 个实体成为一个三维实体。

（13）旋转实体。选择菜单栏中的“修改”→“三维操作”→“三维旋转”命令，将所有轮齿以（0，0，0）为基点，绕 Y 轴旋转–90°，结果如图 12-30 所示。

（14）打开图层 1。调用菜单栏中的“格式”→“图层”命令，打开“图层特性管理器”对话框，单击“图层 1”的“打开/关闭”按钮，使之变为鲜亮色，打开并显示“图层 1”，显示齿轮轴。将轴以大圆柱左端中心点为基点移动到（0,0,0）位置，结果如图 12-31 所示。

图 12-28　拉伸实体

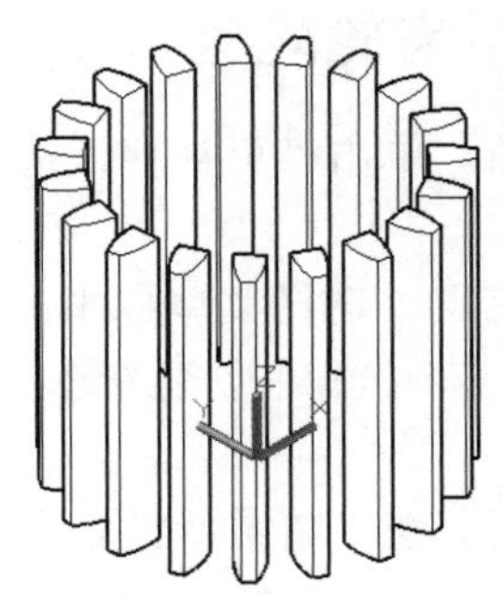

图 12-29　环形阵列实体

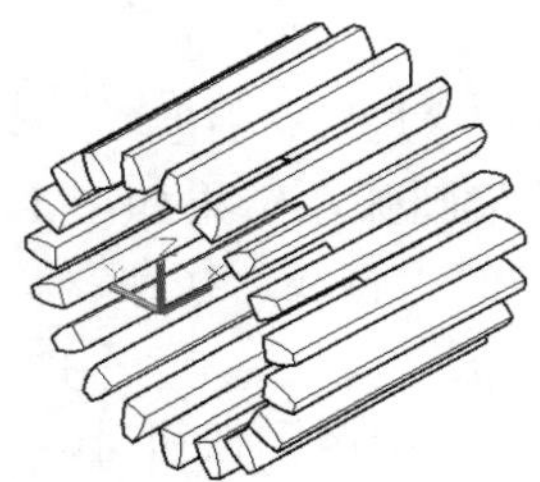

图 12-30　旋转轮齿实体

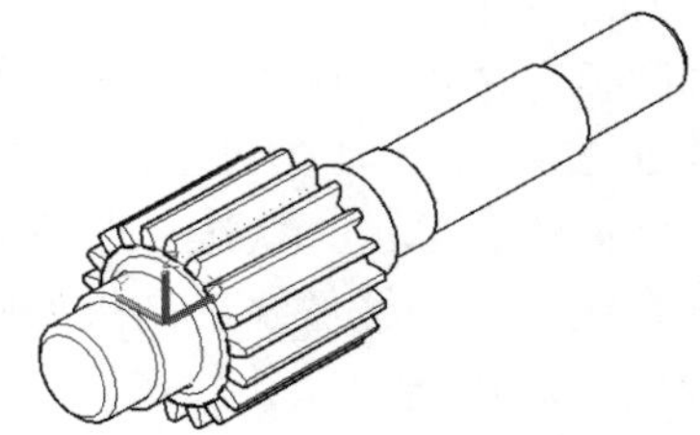

图 12-31　移动实体

（15）布尔运算求并集。单击“三维工具”选项卡“实体编辑”面板中的“并集”按钮，将齿轮轴和轮齿实体合并成为一个三维实体。

12.2.3 绘制键槽

（1）切换视角。单击“可视化”选项卡“视图”面板中的“俯视”按钮，将当前视角从西南等轴测切换为俯视。

（2）绘制键槽轮廓线。单击“默认”选项卡“绘图”面板中的“矩形”按钮，指定矩形的两个角点{（127, –4），（157, 4）}，如图 12-32(a)所示。单击“默认”选项卡“修改”面板中的“圆角”按钮，圆角半径为 4，对矩形的 4 个直角修剪。结果如图 12-32(b)所示。

(a)　(b)

图 12-32　绘制轮廓线

（3）拉伸实体。单击“三维工具”选项卡“建模”面板中的“拉伸”按钮，将倒圆角

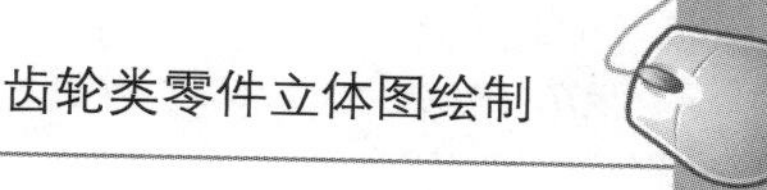

后的矩形拉伸 7，拉伸的倾斜角度为 0°。前视图结果如图 12-33 所示。

（4）移动实体。单击“默认”选项卡“修改”面板中的“移动”按钮，选择拉伸实体为移动对象，在拉伸实体上任意选择一点作为“移动基点”，向上移动 6.5，如图 12-34 所示。

（5）布尔运算求差集。单击“三维工具”选项卡“实体编辑”面板中的“差集”按钮，从齿轮实体中减去平键实体，形成键槽。利用并集命令，将所有实体并集运算，完成齿轮轴的绘制，选择菜单栏中“视图”→“视觉样式”→“概念”命令，西南等轴测的结果如图 12-35 所示。

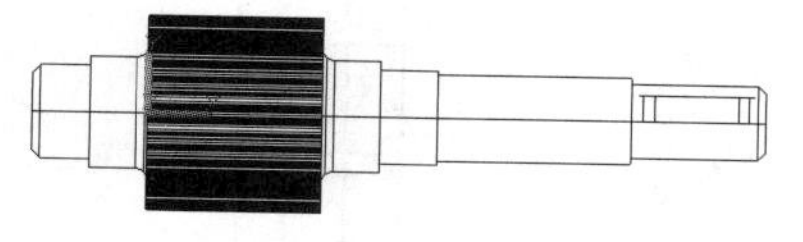

图 12-33　绘制拉伸实体

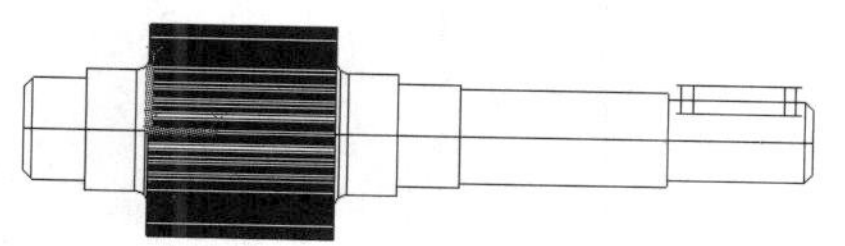

图 12-34　移动实体

12.2.4 渲染齿轮轴

按 12.1.4 小节类似的方法，进行渲染设置，对齿轮轴进行渲染，结果如图 12-36 所示。

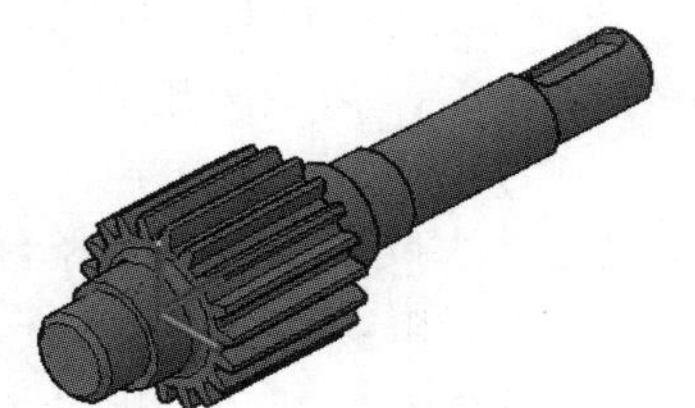

图 12-35　小齿轮立体图设计

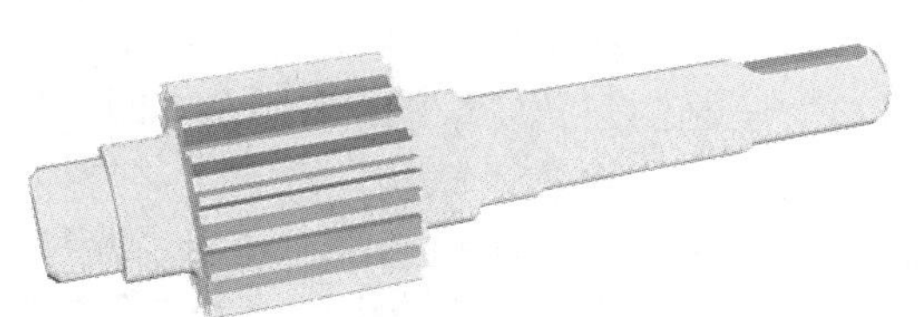

图 12-36　齿轮轴渲染

12.3 蜗轮立体图

蜗轮立体图的绘制过程与大齿轮的绘制过程类似，绘制蜗轮轮芯二维剖切面轮廓线，使用旋转操作，用二维曲面生成三维实体的方法生成蜗轮轮芯实体；绘制蜗轮轮缘二维剖切面轮廓线，使用同样方法生成蜗轮轮缘实体；绘制渐开线轮齿的二维轮廓线，使用拉伸操作，用二维曲面生成三维实体的方法生成轮齿基体，采用旋转坐标系的方法绘制与轮齿基体成一定角度的长方体，利用布尔运算求交集生成蜗轮的斜齿轮，再利用环形阵列方法生成蜗轮完整的轮齿。最后利用渲染操作对蜗轮进行渲染，生成蜗轮立体图如图 12-37 所示。

图 12-37　蜗轮立体图

12.3.1 绘制蜗轮轮芯

（1）建立新文件。启动 AutoCAD 2022 程序，以“无样板打开－公制”（M）方式建立新文件；将新文件命名为“蜗轮立体图.dwg”并保存。

（2）绘制中心线。单击“默认”选项卡“绘图”面板中的“直线”按钮╱，绘制中心线{（–50,0），（50,0）}和中心线{（0,–10），（0,130）}，线型设置为“CENTER”。

（3）绘制边界线。单击“默认”选项卡“绘图”面板中的“直线”按钮╱，绘制坐标点为（-36，0），（@0，83），（@36，0）的两条直线，结果如图 12-38 所示。

（4）偏移直线。单击“默认”选项卡“修改”面板中的“偏移”按钮⊆，直线 12 分别向右偏移 12 和 25，直线 23 依次向下偏移 3、14、38 和 60.5。结果如图 12-39 所示。

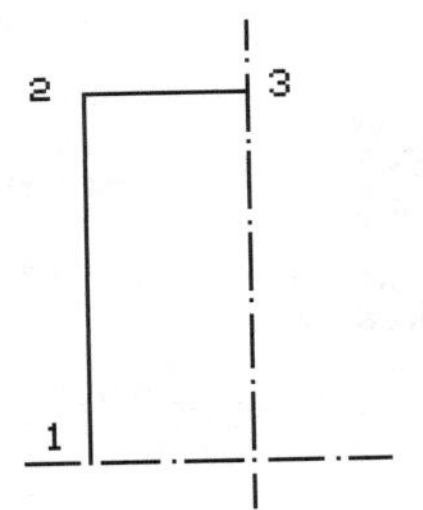

图 12-38　绘制边界线

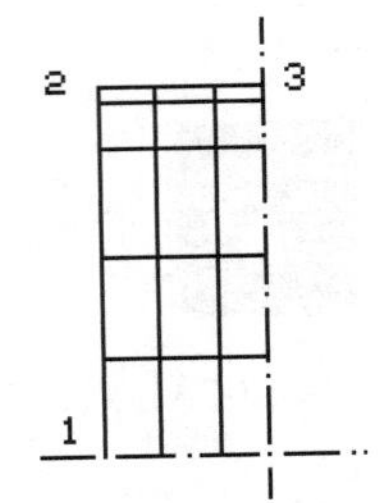

图 12-39　绘制偏移线

（5）图形修剪与倒角。单击“默认”选项卡“修改”面板中的“修剪”按钮，对偏移直线修剪；单击“默认”选项卡“修改”面板中的“倒角”按钮，进入修剪、角度、距离模式，倒角；单击“默认”选项卡“修改”面板中的“圆角”按钮，铸造圆角半径为 3；再进行修剪，绘制倒圆角轮廓线。结果如图 12-40 所示。

（6）图形镜像。单击“默认”选项卡“修改”面板中的“镜像”按钮，以竖直中心线为镜像轴，镜像生成右侧轮廓线；利用“偏移”和“修剪”命令，生成右上方的凸台；单击“默认”选项卡“修改”面板中的“圆角”按钮，对凸台的台阶面倒圆角，半径为 0.8。结果如图 12-41 所示。

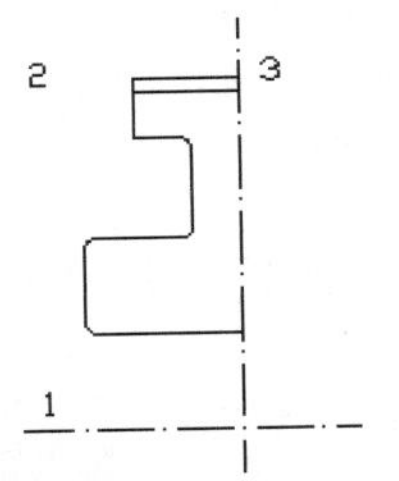

图 12-40　图形修剪与倒角

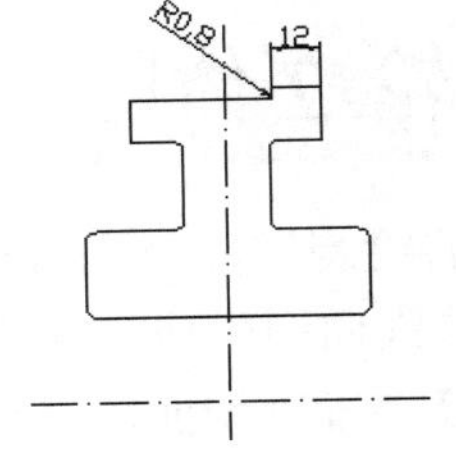

图 12-41　镜像图形

（7）合并轮廓线。单击“默认”选项卡“修改”面板中的“编辑多段线”按钮，采用多条线段合并模式，将蜗轮轮芯轮廓线合并为一条多段线，满足“旋转”命令的要求。结果如图 12-42 所示。

（8）旋转实体。单击“三维工具”选项卡“建模”面板中的“旋转”按钮，将涡轮轮芯的轮廓线绕 X 轴旋转 360°，得到三维实体结果如图 12-43 所示。

（9）新建图层。新建“图层 1”，将蜗轮轮芯实体转移到“图层 1”中，并隐藏该图层，使绘图窗口剩下两条十字交叉中心线。这样做，可以防止在绘制蜗轮轮缘实体时，对蜗轮轮芯实体进行误操作。

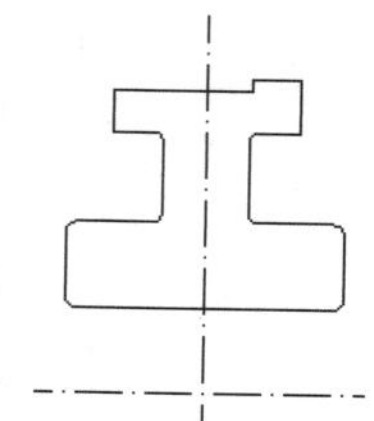
图 12-42　蜗轮轮芯轮廓线

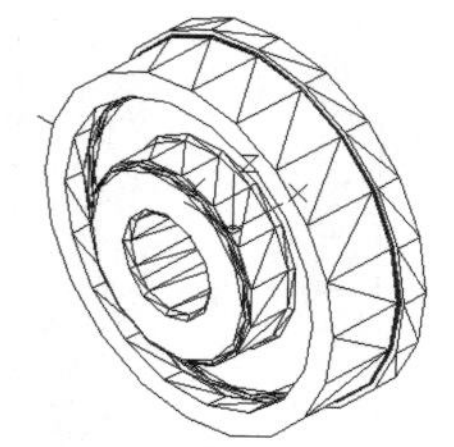
图 12-43　蜗轮轮芯三维实体

12.3.2　绘制蜗轮轮缘

（1）绘制边界线。将当前视图设置为俯视图。单击“默认”选项卡“绘图”面板中的“直线”按钮╱，绘制两条直线{（–24,0），（–24,105），（0,105）}，结果如图 12-44 所示。

（2）绘制偏移直线与圆。单击“默认”选项卡“修改”面板中的“偏移”按钮⊆，水平直线向上偏移量为 15，向下偏移量为 25。并以向上偏移的直线与中心线的交点为圆心，绘制 2 个同心圆，半径依次为 19 和 31。结果如图 12-45 所示。

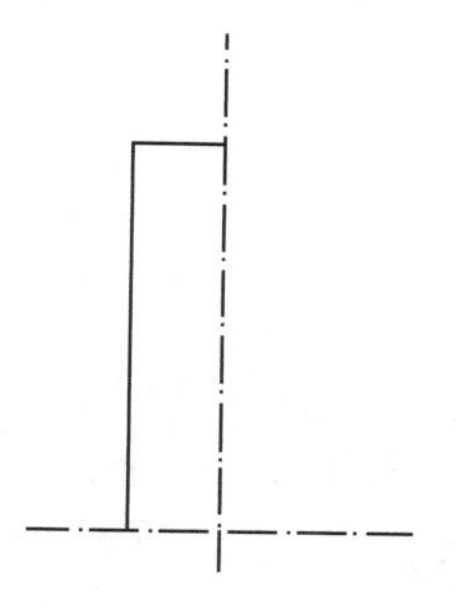
图 12-44　绘制边界线

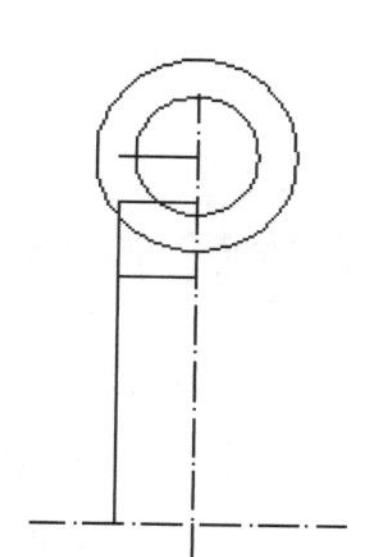
图 12-45　绘制偏移直线与圆

（3）修剪图形与镜像。单击“默认”选项卡“修改”面板中的“修剪”按钮，对图形进行修剪，修剪掉中心线右侧的图形；单击“默认”选项卡“修改”面板中的“倒角”按钮，对左上直角进行倒角 C2；再单击“默认”选项卡“修改”面板中的“镜像”按钮，以竖直中心线为镜像轴生成右侧轮廓线；结果如图 12-46 所示。

（4）细化轮缘。单击“默认”选项卡“修改”面板中的“偏移”按钮⊆，将直线 1 向上偏移 5，将直线 2 分别向左偏移 12 和 14；单击“默认”选项卡“修改”面板中的“修剪”按钮，修剪多余的直线；单击“默认”选项卡“绘图”面板中的“直线”按钮╱，绘制斜线；最终生成蜗轮轮缘右侧的内凹槽，结果如图 12-46 所示。

（5）绘制旋转实体轮廓线。单击“默认”选项卡“修改”面板中的“修剪”按钮，修剪图形；单击“默认”选项卡“修改”面板中的“打断于点”按钮，在与圆弧交点处打断左右竖直直线，同理，在与内凹槽的交点处打断直线；单击“默认”选项卡“修改”面板中的“编辑多段线”按钮，将旋转实体的轮廓线合并为 1 条多段线，结果如图 12-47 所示。

（6）旋转实体。单击“三维工具”选项卡“建模”面板中的“旋转”按钮，将轮廓线绕 X 轴旋转 360°，得到旋转三维实体结果如图 12-48 所示。

（7）隐藏实体。将蜗轮轮缘实体转移到已经关闭的“图层 1”中。

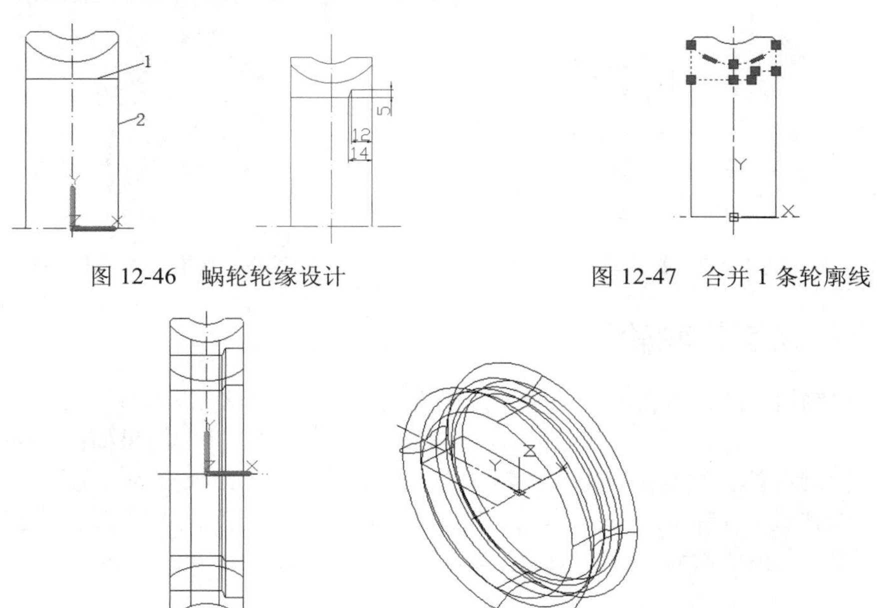

图 12-46　蜗轮轮缘设计　　　　图 12-47　合并 1 条轮廓线

图 12-48　旋转实体

12.3.3 绘制蜗轮轮齿

（1）旋转坐标系。调用 UCS 命令，将当前坐标系绕 Z 轴旋转 15°。

（2）绘制轮齿轮廓线。单击“默认”选项卡“绘图”面板中“直线”按钮，绘制直线{（31, –4.8），（31, 4.8）}和直线{（19, –2.3），（19, 2.3）}。单击“默认”选项卡“绘图”面板中“圆弧”按钮，指定圆弧两个端点为（19,–2.3）和（31,–4.8），半径为 20，绘制圆弧。同样方法，指定圆弧两个端点为（31,4.8）和（19,2.3），半径为 20，绘制圆弧，结果如图 12-49 所示。

（3）合并轮齿轮廓线。单击“默认”选项卡“修改”面板中的“编辑多段线”按钮，将轮齿轮廓线合并为一条多段线。

（4）旋转实体。单击“三维工具”选项卡“建模”面板中的“旋转”按钮，将轮廓线绕 Y 轴旋转 180°，旋转得到三维实体结果如图 12-50 所示。

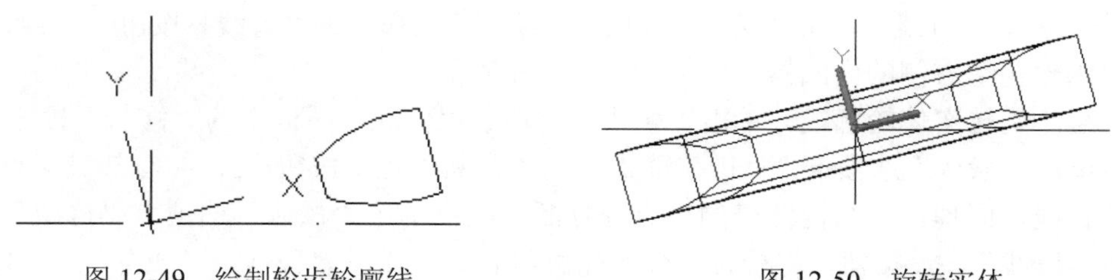

图 12-49　绘制轮齿轮廓线　　　　图 12-50　旋转实体

（5）旋转坐标系。调用 UCS 命令，将当前坐标系绕 Z 轴旋转–15°。

（6）绘制长方体。单击“三维工具”选项卡“建模”面板中的“长方体”按钮，采用角点和长、宽、高模式，角点坐标为（–24,–20,–31），长、宽、高分别为 48、40 和 16，如图 12-51 所示。

（7）布尔运算求交集。单击“三维工具”选项卡“实体编辑”面板中的“交集”按钮，选择旋转体和长方体进行交集处理，结果如图 12-52 所示。

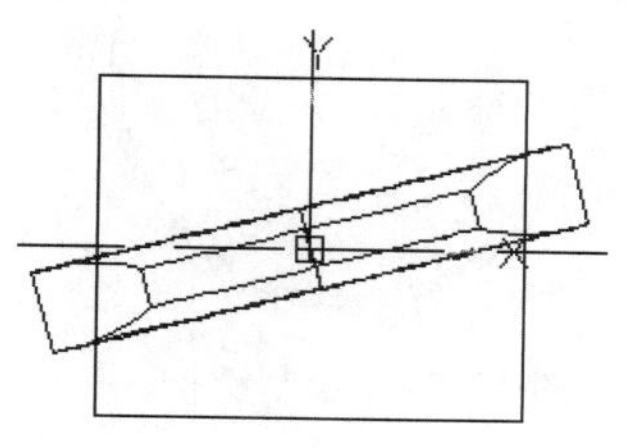

图 12-51　绘制长方体

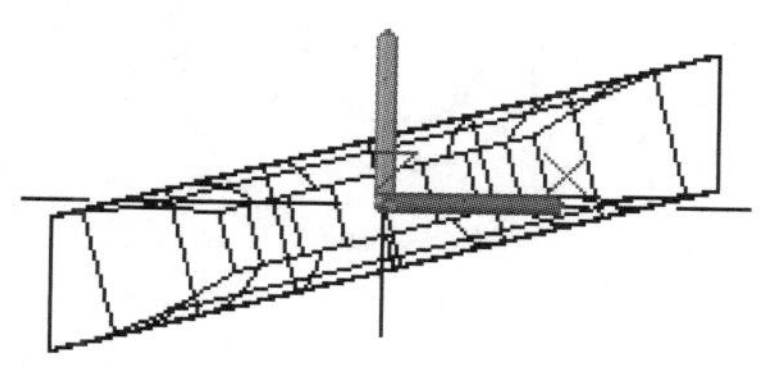

图 12-52　布尔运算求交集

（8）移动实体。将当前视图设置为西南等轴测。单击“默认”选项卡“修改”面板中的“移动”按钮，选择求交集后的实体，移动基点选择其任一角点，移动偏移量为“@0,0,31”。

（9）旋转实体。选择菜单栏中的“修改”→“三维操作”→“三维旋转”命令，将实体以（0,0,0）为基点绕 X 轴旋转–90°，如图 12-53 所示。

（10）移动实体。单击“默认”选项卡“修改”面板中的“移动”按钮，选择实体，移动基点选择其任一角点，移动偏移量为“@0，89，0”。

（11）环形阵列轮齿。选择菜单栏中的“修改”→“三维操作”→“三维阵列”命令，绕 X 轴 360°环形阵列轮齿实体，数目为 30，阵列中心点为（0,0,0）中心轴上第二点为（100,0,0），西南等轴测后结果如图 12-54 所示。

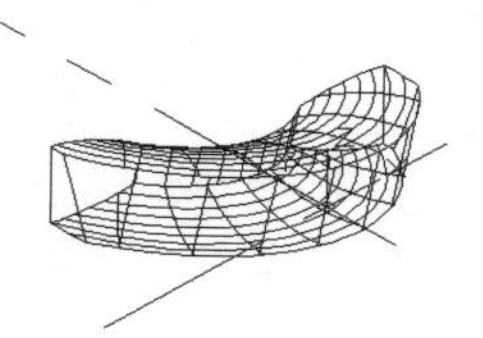

图 12-53　实体绕 X 轴旋转

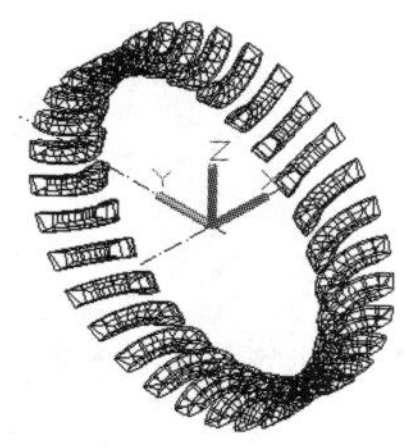

图 12-54　环形阵列轮齿

（12）打开图层。调用菜单栏中的“格式”→“图层”命令，打开“图层特性管理器”对话框。单击“图层 1”的“打开/关闭”按钮，使之变为鲜亮色，打开并显示“图层 1”。

（13）布尔运算求并集。单击“三维工具”选项卡“实体编辑”面板中的“并集”按钮，将所有实体合并成为一个三维实体，如图 12-55 所示。

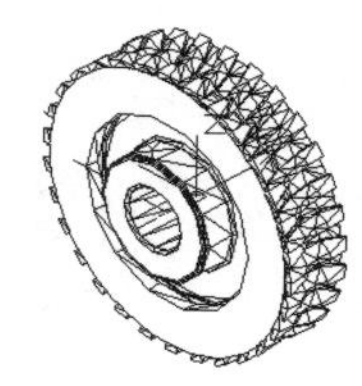

图 12-55　布尔运算求并集

12.3.4　绘制键槽

（1）绘制长方体。单击“三维工具”选项卡“建模”面板中的“长方体”按钮，采用角点和长、宽、高模式，角点坐标为（–36,–7,17），长、宽、高分别为 72、14 和 10，如图 12-56 所示。

（2）绘制键槽。单击“三维工具”选项卡“实体编辑”面板中的“差集”按钮，从蜗轮基体中减去长方体，在蜗轮轴孔中形成键槽，如图 12-57 所示。

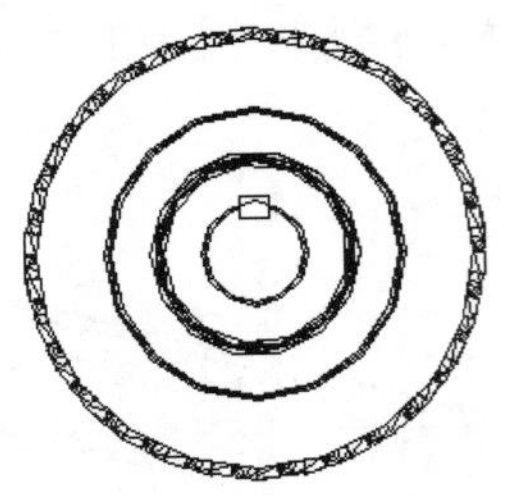

图 12-56　绘制长方体

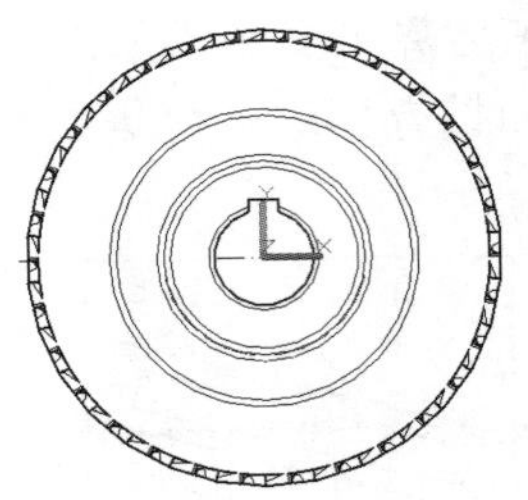

图 12-57　绘制键槽

12.3.5 渲染蜗轮

按 12.1.4 小节类似的方法，进行渲染设置，对蜗轮进行渲染，结果如图 12-58 所示。

图 12-58　渲染蜗轮

Chapter

箱体类零件立体图绘制

13

在本章中，将学习三维图形制作中比较经典的实例——变速器箱体的设计与绘制。在绘制过程中，绘图环境的设置、多种三维实体绘制命令、用户坐标系的建立及剖切实体都等得到了充分的使用，是系统应用 AutoCAD 2022 三维绘图功能的综合实例。此外，对减速器的两个附件（箱体端盖和油标尺）的设计与绘制，进一步巩固和复习了多个三维绘图与编辑命令。

13.1 减速器箱体立体图

减速器箱体的绘制过程是三维图形制作中比较经典的实例，要绘制的减速器箱体如图 13-1 所示。

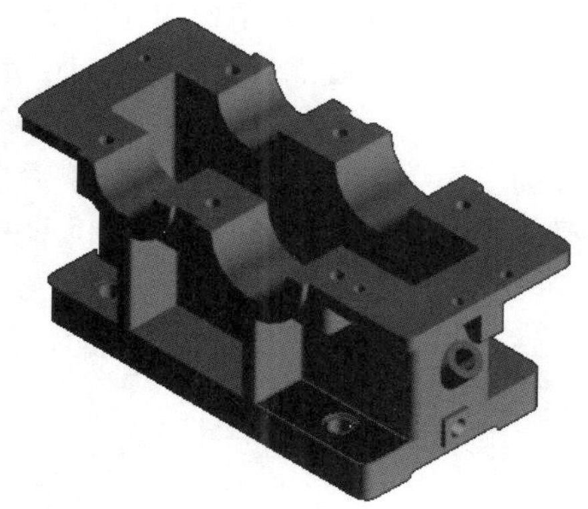

图 13-1 减速器箱体

本实例的制作思路。首先绘制减速器箱体的主体部分，从底向上依次绘制减速器箱体底板、中间膛体和顶板，绘制箱体的轴承通孔、螺栓筋板和侧面肋板，调用布尔运算完成箱体主体设计和绘制；然后绘制箱体底板和顶板上的螺纹、销等孔系；最后绘制箱体上的耳片实体和油标尺插孔实体，对实体进行渲染得到最终的箱体三维立体图。

13.1.1 绘制箱体主体

（1）建立新文件。启动 AutoCAD 2022 程序，以“无样板打开－公制”（M）方式建立新文件；将新文件命名为“减速器箱体立体图.dwg”并保存。

（2）设置自动保存时间。选择菜单栏中“工具”→“选项”命令，或在命令行输入“OPTION”命令后按 Enter 键，或在绘图窗口中单击鼠标右键，在弹出的快捷菜单中选择最后一项“选项”命令，弹出“选项”对话框。在“选项”对话框中选择“打开和保存”选项卡，在“文件安全措施”选项区中，更改“保存间隔分钟数”，设定为 10 分钟自动保存一次。

（3）绘制底板、中间膛体和顶面。单击“三维工具”选项卡“建模”面板中的“长方体”按钮，采用角点和长宽高模式绘制以下 3 个长方体。

以（0,0,0）为角点，长度为 310，宽度为 170，高度为 30；

以（0,45,30）为角点，长度为 310，宽度为 80，高度为 110；

以（–35,5,140）为角点，长度为 380，宽度为 160，高度为 12。

结果如图 13-2 所示。

注意：绘制三维实体造型时，如果使用的视图切换功能，例如使用“俯视图”、“东南等轴测视图”等，即使用户没有执行“UCS”命令，视图的切换也有可能导致空间三维坐标系的暂时旋转。长方体的长宽高分别对应 X、Y、Z 方向上的长度，坐标系的不同会导致长方体的形状大不相同。因此若采用角点和长宽高模式绘制长方体，一定要注意观察当前所提示的坐标系。

（4）绘制轴承支座。单击“三维工具”选项卡“建模”面板中的“圆柱体”按钮，采用指定以下两个底面圆心点和底面半径的模式，绘制两个圆柱体。

以（77,0,152）为底面中心点，半径为 45，轴端点为（77,170,152）；

以（197,0,152）为底面中心点，半径为 53.5，轴端点为（197,170,152）。

如图 13-3 所示。

（5）绘制螺栓筋板。单击“三维工具”选项卡“建模”面板中的“长方体”按钮，采用角点和长宽高模式绘制长方体，角点为（10,5,114）、长度为 264、宽度为 160、高度为 38。结果如图 13-4 所示。

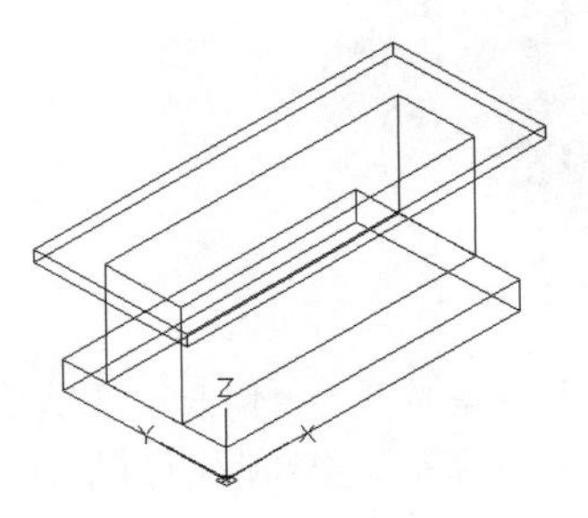

图 13-2　绘制底板、中间膛体和顶面

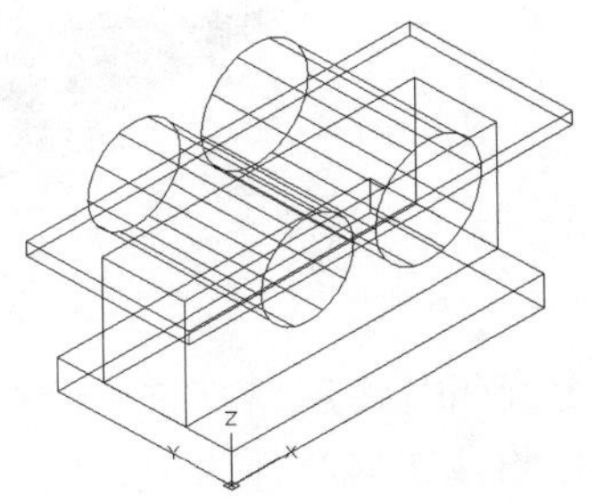

图 13-3　绘制轴承支座

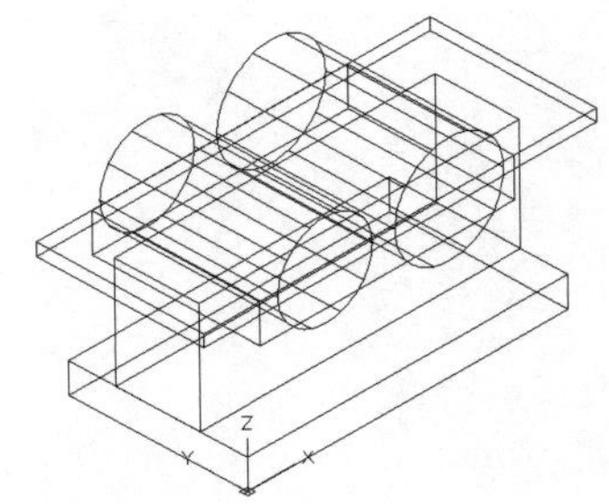

图 13-4　绘制螺栓筋板

（6）绘制肋板。单击“三维工具”选项卡“建模”面板中的“长方体”按钮，采用以下角点和长宽高模式绘制两个长方体。

以（70,0,30）为角点，长度为 14，宽度为 160，高度为 80；

以（190,0,30）为角点，长度为 14，宽度为 160，高度为 80。

结果如图 13-5 所示。

（7）布尔运算求并集。单击“三维工具”选项卡“实体编辑”面板中的“并集”按钮，将现有的所有实体合并成为一个三维实体，结果如图 13-6 所示。

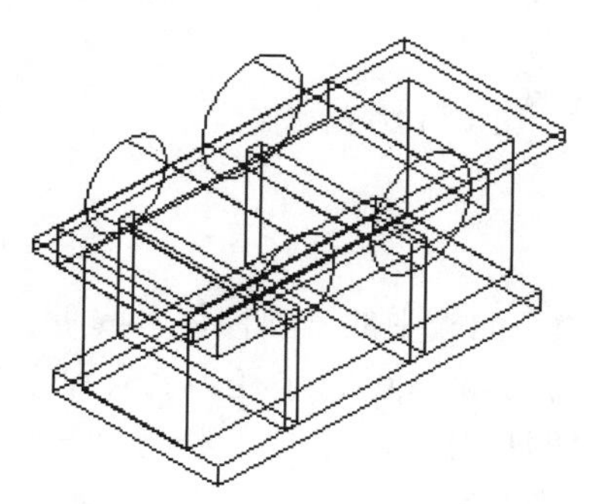
图 13-5　绘制轴承支座和肋板

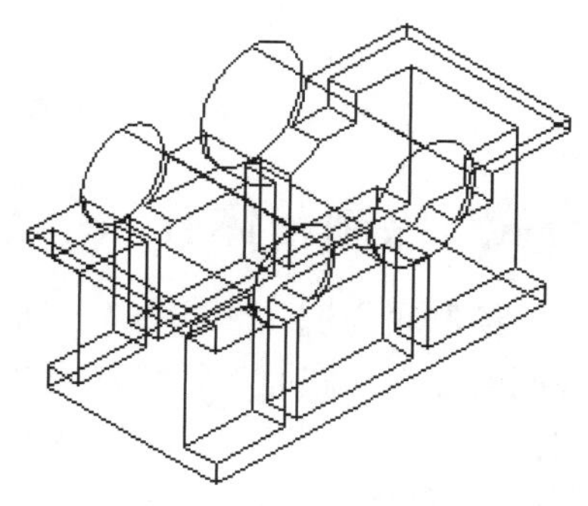
图 13-6　布尔运算求并集

（8）绘制膛体。单击“三维工具”选项卡“建模”面板中的“长方体”按钮，采用角点和长宽高模式绘制长方体，角点为（8,47.5，20），长度为 294，宽度为 65，高度为 152，结果如图 13-7 所示。

（9）绘制轴承通孔。单击“三维工具”选项卡“建模”面板中的“圆柱体”按钮，采用指定以下两个底面圆心点和底面半径的模式绘制两个圆柱体。

以（77,0,152）为底面中心点，半径为 27.5，轴端点为（77,170,152）；

以（197,0,152）为底面中心点，半径为 36，轴端点为（197,170,152）。

如图 13-8 所示。

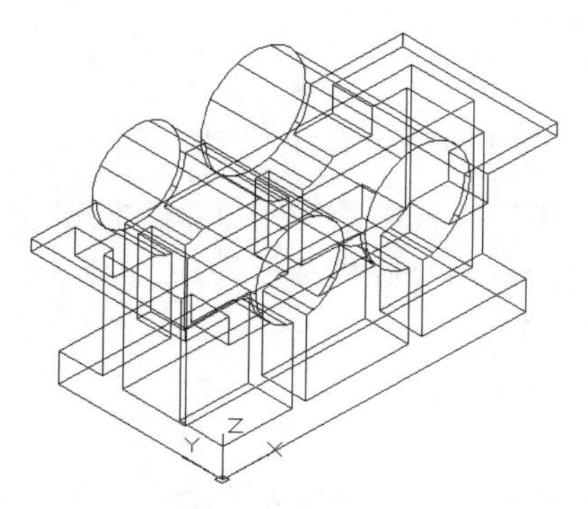

图 13-7　绘制膛体

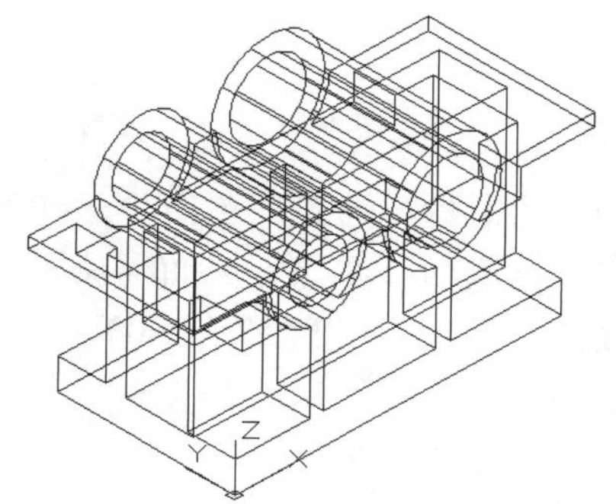

图 13-8　绘制轴承通孔

（10）布尔运算求差集。单击“三维工具”选项卡“实体编辑”面板中的“差集”按钮，从箱体主体中减去膛体长方体和两个轴承通孔，结果如图 13-9 所示。

（11）剖切实体。选择菜单栏中的“修改”→“三维操作”→“剖切”命令，从箱体主体中剖切掉顶面上多余的实体，沿由点（0,0,152）、（100,0,152）、（0,100,152）组成的平面将图形剖切开，保留箱体下方，如图 13-10 所示。

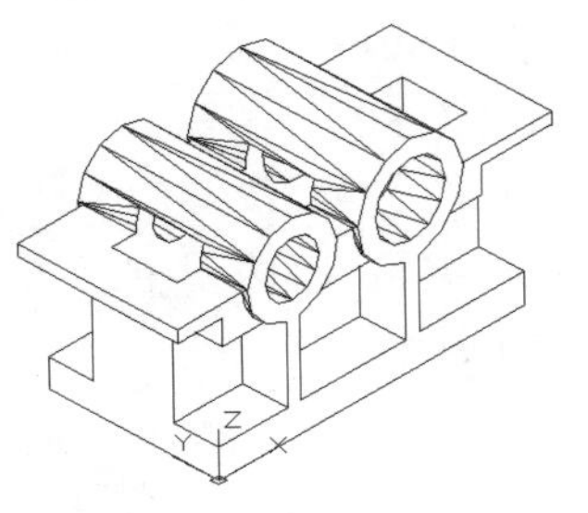
图 13-9　布尔运算求差集

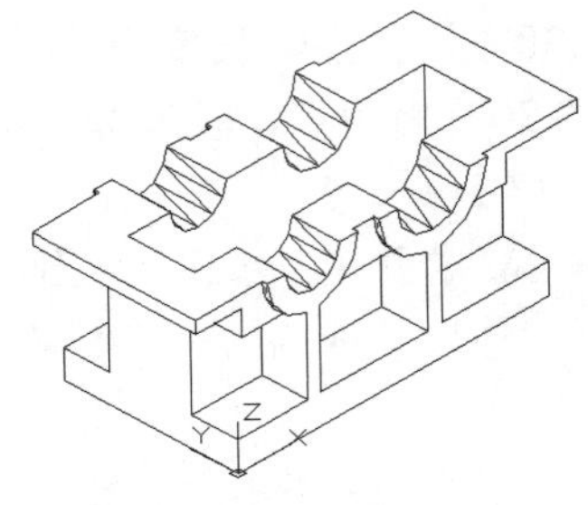
图 13-10　剖切实体

13.1.2 绘制箱体孔系

（1）绘制底座沉孔。单击“三维工具”选项卡“建模”面板中的“圆柱体”按钮，采用指定底面圆心点和底面半径和圆柱高度的模式，中心点为（40,25,0）、半径为 8.5、高度为 40。

（2）单击“三维工具”选项卡“建模”面板中的“圆柱体”按钮，绘制另一圆柱体，底面圆心（40,25,28.4），半径 12，高度 10，如图 13-11 所示。

（3）矩形阵列图形。选择菜单栏中的“修改”→“三维操作”→“三维阵列”命令，将上一步绘制的两个圆柱体，阵列 2 行、2 列，行间距为 120，列间距为 221。矩形阵列结果如图 13-12 所示。

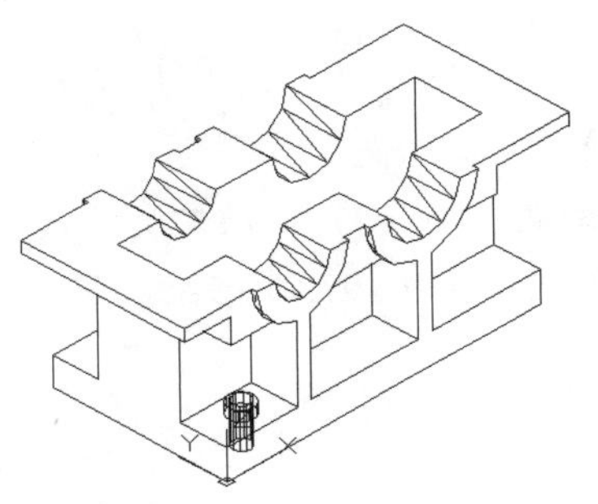
图 13-11　绘制底座沉孔

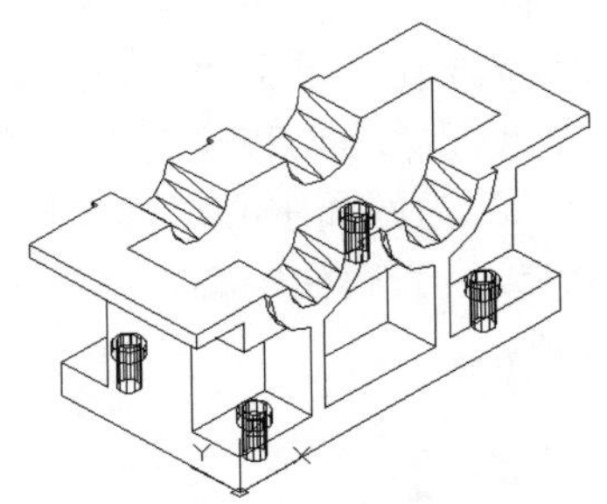
图 13-12　矩形阵列图形

（4）绘制螺栓通孔。单击“三维工具”选项卡“建模”面板中的“圆柱体”按钮，采用指定以下底面圆心点、底面半径和圆柱高度的模式，绘制两个圆柱体。

底面中心点为（34.5,25,100），半径为 5.5，高度为 80；

底面中心点为（34.5,25,110），半径为 9，高度为 5。

结果如图 13-13 所示。

（5）矩形阵列图形。选择菜单栏中的“修改”→“三维操作”→“三维阵列”命令，将上一步绘制的两个圆柱体阵列 2 行、2 列，行间距为 120，列间距为 103，矩形阵列结果如图 13-14 所示。

（6）三维镜像图形。选择菜单栏中的“修改”→“三维操作”→“三维镜像”命令，将上一步创建的中间四个圆柱体进行镜像处理，镜像的平面为由（197,0,152）、（197,100,152）、（197,50,50）组成的平面。三维镜像结果如图 13-15 所示。

（7）绘制小螺栓通孔。利用“UCS”命令，返回到世界坐标系，单击“三维工具”选项卡“建模”面板中的“圆柱体”按钮，绘制通孔，采用指定底面圆心点、底面半径和圆柱高度的模式，底面中心点为（335,62,120），半径为 4.5，高度为 40。

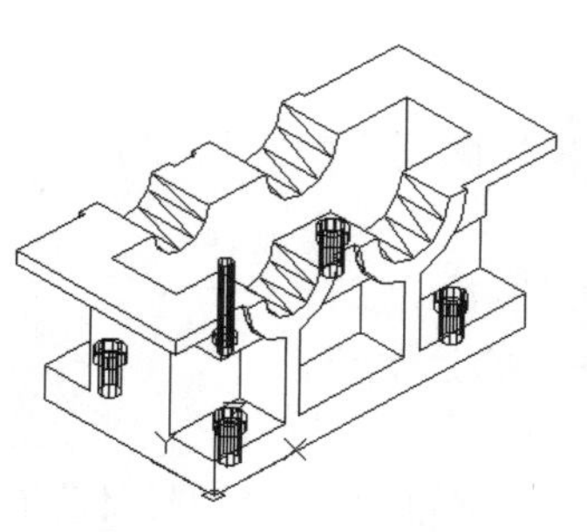

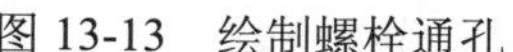

图 13-13　绘制螺栓通孔

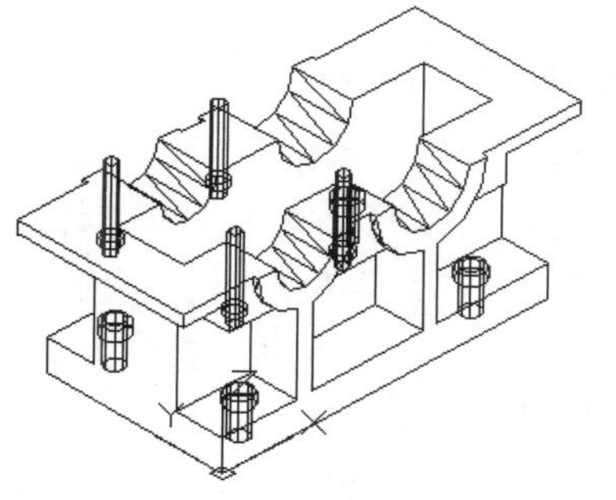

图 13-14　矩形阵列图形

（8）绘制小螺栓通孔。单击“三维工具”选项卡“建模”面板中的“圆柱体”按钮，采用指定底面圆心点、底面半径和圆柱高度的模式，绘制通孔，底面中心点为（335,62,130），半径为 7.5，高度为 11，如图 13-16 所示。

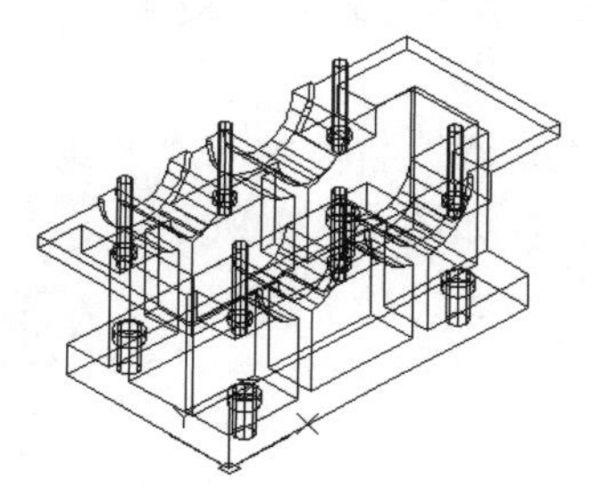

图 13-15　三维镜像图形

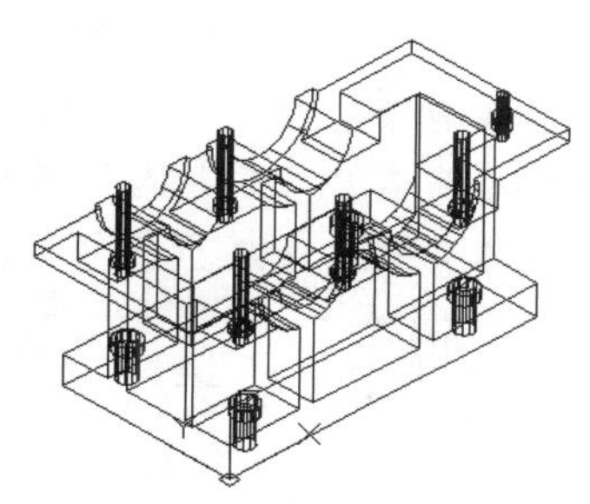

图 13-16　绘制螺栓通孔

（9）三维镜像图形。选择菜单栏中的“修改” →“三维操作” →“三维镜像”命令，镜像对象为刚绘制的两个圆柱体，镜像平面上三点是{（0,85,0），（100,85,0），（0,85,100）}，切换到东南等轴测视图，三维镜像结果如图 13-17 所示。

（10）绘制销孔。单击“三维工具”选项卡“建模”面板中的“圆柱体”按钮，采用指定底面圆心点、底面半径和圆柱高度的模式，绘制销孔，底面中心点为（288,25,130），半径为 4，高度为 30。

（11）单击“三维工具”选项卡“建模”面板中的“圆柱体”按钮，绘制另一圆柱体，底面圆心点（–17, 112, 130），底面半径为 4 和圆柱高度为 30。结果如图 13-18 所示，左侧图显示处于箱体右侧顶面的销孔，右侧图显示处于箱体左侧顶面上的销孔。

（12）布尔运算求差集。单击“三维工具”选项卡“实体编辑”面板中的“差集”按钮，从箱体主体中减去所有圆柱体，形成箱体孔系，如图 13-19 所示。

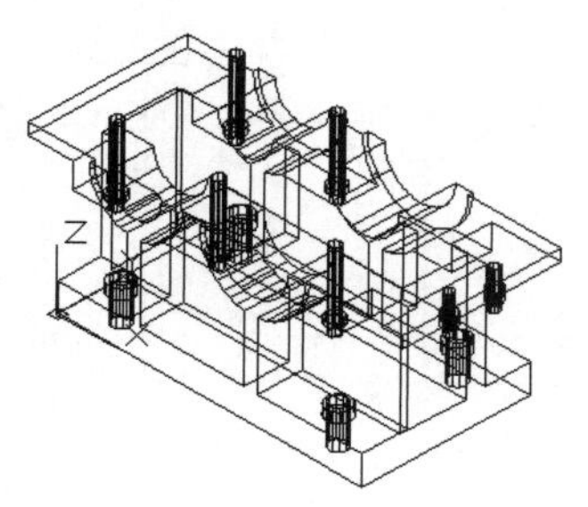

图 13-17　三维镜像图形

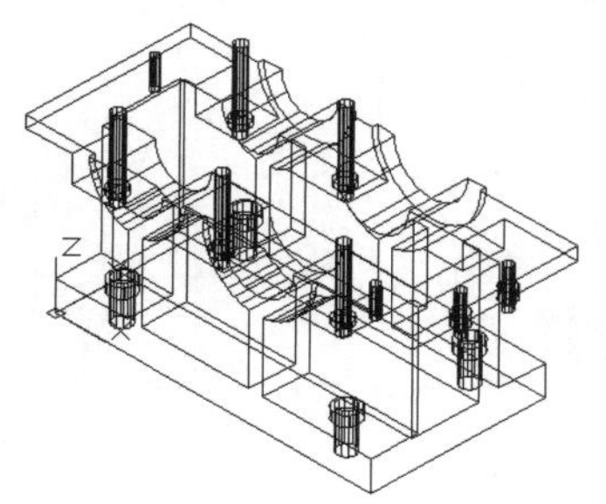

图 13-18　绘制销孔

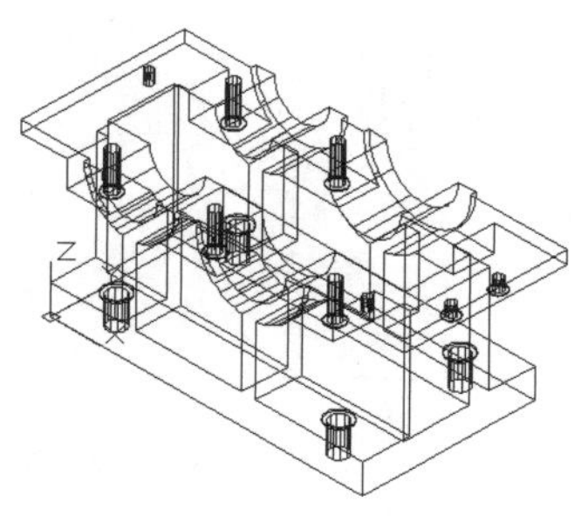

图 13-19　绘制箱体孔系

13.1.3 绘制箱体其他部件

（1）绘制长方体。单击“三维工具”选项卡“建模”面板中的“长方体”按钮，采用以下角点和长宽高模式绘制两个长方体。

以（–35,75,113）为角点，长度为 35，宽度为 20，高度为 27；

以（310,75,113）为角点，长度为 35，宽度为 20，高度为 27。

如图 13-20 所示。

（2）绘制圆柱体。单击“三维工具”选项卡“建模”面板中的“圆柱体”按钮，采用指定以下两个底面圆心点和底面半径的模式绘制两个圆柱体。

以（–11,45,113）为底面圆心，半径为 11，顶圆圆心为（–11,125,113）；

以（321,45,113）为底面圆心，半径为 11，顶圆圆心为（321,125,113）。

如图 13-20 所示。

（3）布尔运算求差集。单击“三维工具”选项卡“实体编辑”面板中的“差集”按钮，从左右两个大长方体中减去圆柱体，形成左右耳片。

（4）绘制耳片。单击“三维工具”选项卡“实体编辑”面板中的“并集”按钮，将现有的左右耳片与箱体主体合并使之成为一个三维实体，如图 13-21 所示。

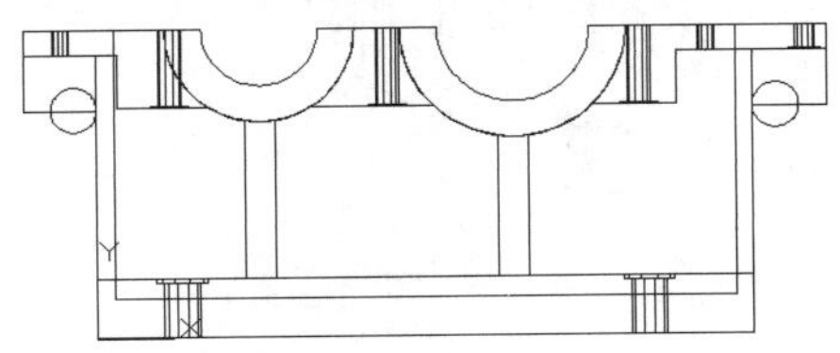

图 13-20　绘制长方体和圆柱体

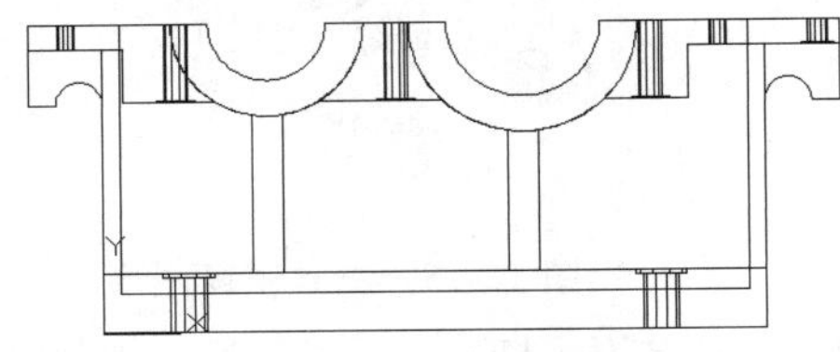

图 13-21　绘制耳片

（5）在命令行输入 UCS 命令，将当前坐标系绕 X 轴旋转 90°。

（6）绘制圆柱体。单击“三维工具”选项卡“建模”面板中的“圆柱体”按钮，采用指定以下两个底面圆心点和底面半径的模式绘制两个圆柱体。

以（320,85,–85）为圆心，半径为 14，轴端点为（@–50<45）；

以（320,85,–85）为圆心，半径为 8，轴端点为（@–50<45）。

前视图显示如图 13-22 所示。

（7）剖切圆柱体。在命令行输入 UCS 命令，将坐标系恢复到世界坐标系。选择菜单栏中的“修改”→“三维操作”→“剖切”命令，剖切掉两个圆柱体左侧实体，剖切平面上的 3 点分别为（302,0,0）、（302,0,100）、（302,100,0），保留两个圆柱体右侧，剖切结果如图 13-23 所示。

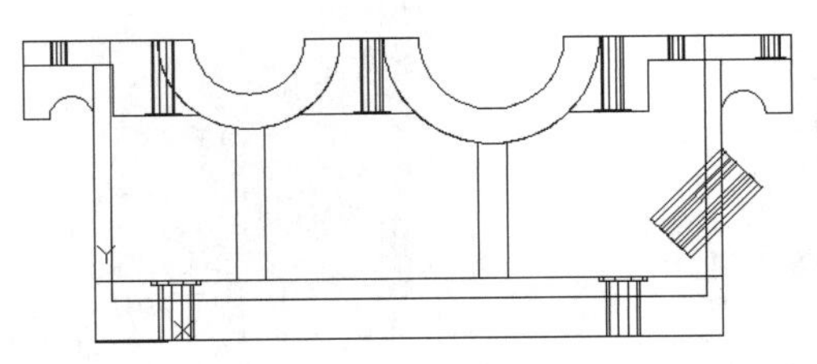

图 13-22　绘制圆柱体

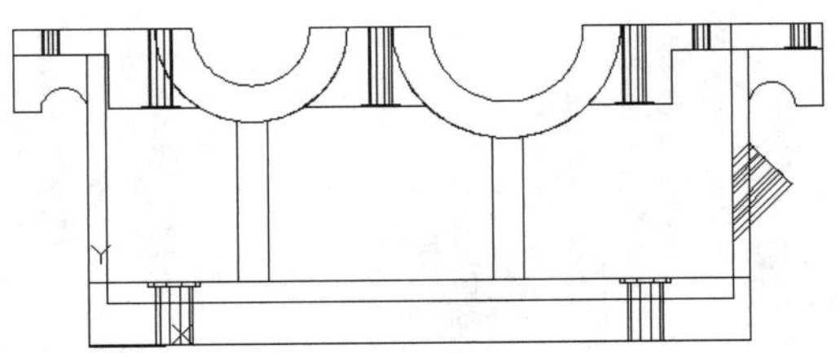

图 13-23　剖切圆柱体

（8）布尔运算求并集。单击“三维工具”选项卡“实体编辑”面板中的“并集”按钮，

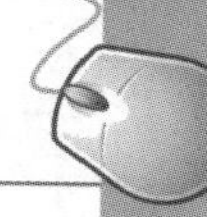

将箱体和大圆柱体合并为一个整体，结果如图 13-23 所示。

（9）绘制油标尺插孔。单击“三维工具”选项卡“实体编辑”面板中的“差集”按钮，从箱体中减去小圆柱体，形成油标尺插孔，如图 13-24 所示。

（10）绘制圆柱体。单击“三维工具”选项卡“建模”面板中的“圆柱体”按钮，采用指定两个底面圆心点和底面半径的模式，以（302,85,24）为底面圆心，半径为 7，顶圆圆心为（330,85,24），绘制圆柱体，如图 13-24 所示。

（11）绘制长方体。单击“三维工具”选项卡“建模”面板中的“长方体”按钮，采用角点和长宽高模式绘制长方体，角点为（310,72.5,13），长度为 4，宽度为 23，高度为 23，如图 13-25 所示。

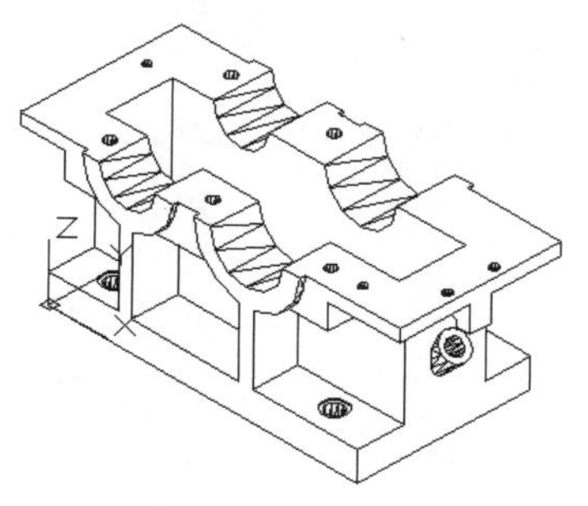

图 13-24　绘制油标尺插孔

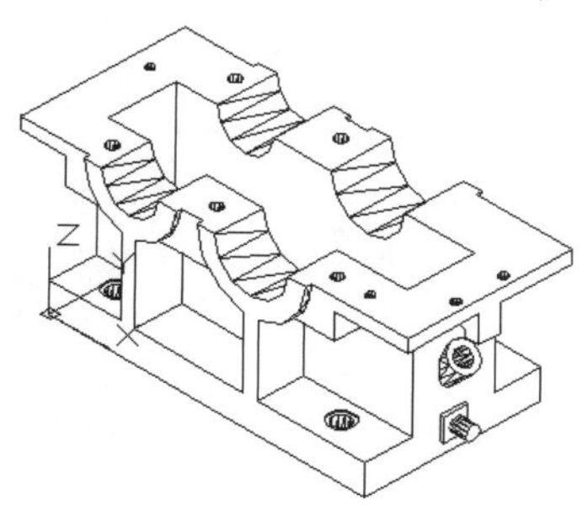

图 13-25　绘制长方体

（12）布尔运算求并集。单击“三维工具”选项卡“实体编辑”面板中的“并集”按钮，将箱体和长方体合并为一个整体。

（13）绘制放油孔。单击“三维工具”选项卡“实体编辑”面板中的“差集”按钮，从箱体中减去大、小圆柱体，如图 13-26 所示。

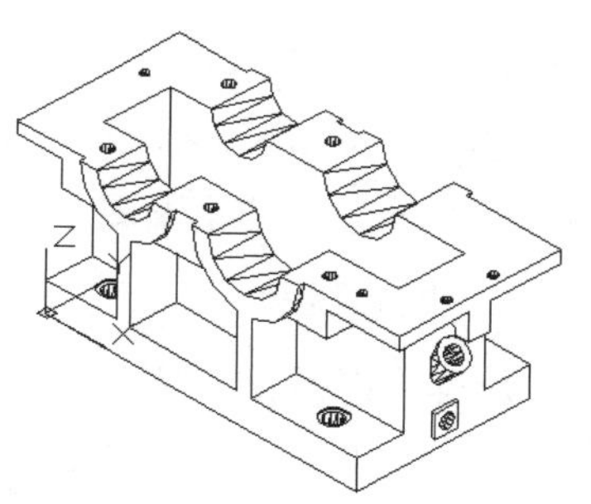

图 13-26　绘制放油孔

13.1.4 细化箱体

（1）箱体外侧倒圆角。单击“默认”选项卡“修改”面板中的“圆角”按钮，对箱体底板、中间膛体和顶板的各自 4 个直角外沿倒圆角，圆角半径为 10。

（2）膛体内壁倒圆角。单击“默认”选项卡“修改”面板中的“圆角”按钮，对箱体膛体 4 个直角内沿倒圆角，圆角半径为 5。

（3）肋板倒圆角。单击“默认”选项卡“修改”面板中的“圆角”按钮，对箱体前后肋板的各自直角边沿倒圆角，圆角半径为 3。

（4）耳片倒圆角。单击“默认”选项卡“修改”面板中的“圆角”按钮，对箱体左右两个耳片直角边沿倒圆角，圆角半径为 5。

（5）螺栓筋板倒圆角。单击“默认”选项卡“修改”面板中的“圆角”按钮，对箱体顶板下方的螺栓筋板的直角边沿倒圆角，圆角半径为 10，结果如图 13-27 所示。

（6）绘制底板凹槽。单击“三维工具”选项卡“建模”面板中的“长方体”按钮，采用角点和长宽高模式绘制长方体，角点为（0,43,0），长度为 310，宽度为 84，高度为 5。

（7）布尔运算求差集。单击“三维工具”选项卡“实体编辑”面板中的“差集”按钮，从箱体中减去长方体。

（8）凹槽倒圆角。单击“默认”选项卡“修改”面板中的“圆角”按钮，对凹槽的直角内沿倒圆角，圆角半径为 5，如图 13-28 所示。

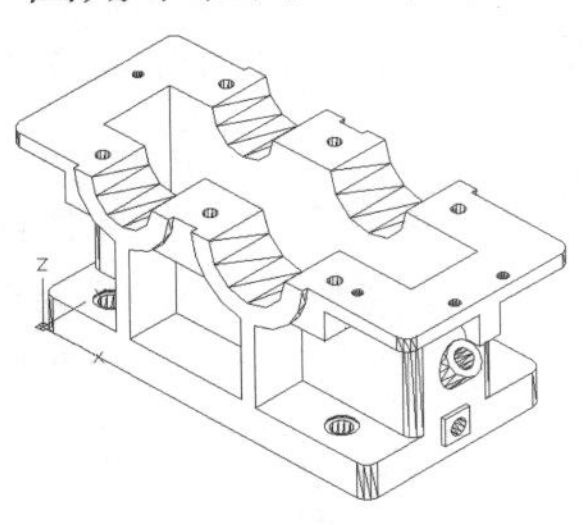

图 13-27　箱体倒角

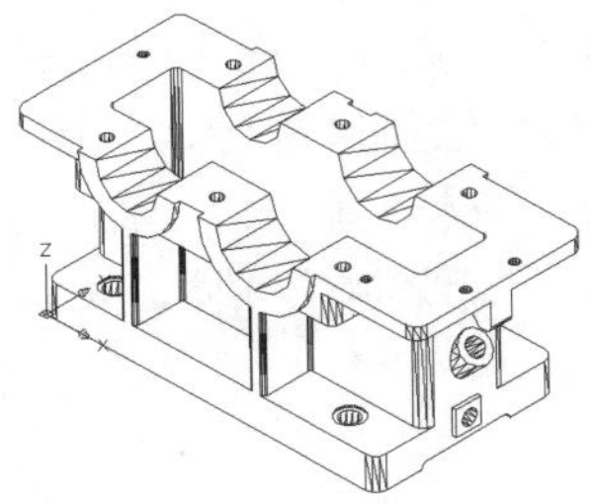

图 13-28　绘制底板凹槽

13.1.5 渲染箱体

1. 赋予材质

（1）单击“视图”选项卡“选项板”面板中的“材质浏览器”按钮。弹出“材料浏览器”对话框。

（2）在对话框中选择合适的材质，如图 13-29 所示，并将其赋予减速器箱体零件。关闭对话框。

2. 渲染实体

单击“视图”选项卡“选项板”面板中的“高级渲染设置”按钮，选择适当的材质对图形进行渲染，结果如图 13-29 所示。

3. 概念显示

选择菜单栏中“视图”→“视觉样式”→“概念”命令，西南等轴测结果如图 13-30 所示。

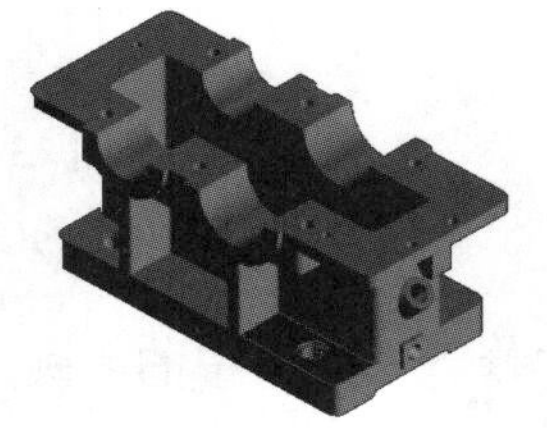

图 13-29　渲染实体

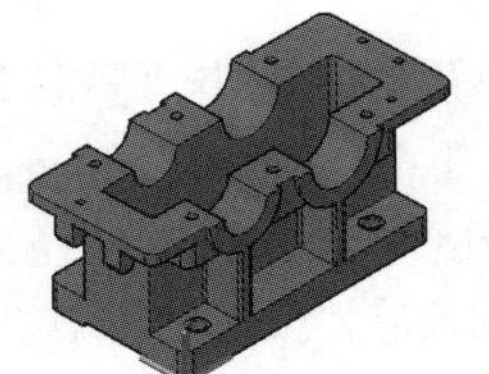

图 13-30　概念显示结果

13.2 减速器箱盖立体图

减速器箱盖如图 13-31 所示。减速器箱盖的绘制过程与箱体相似，均为箱体类三维图形绘制，软件的绘图功能从绘图环境的设置、多种三维实体绘制命令、用户坐标系的建立到剖切实体都得到了充分的应用，是系统应用 AutoCAD 2022 三维绘图功能的综合实例。本实例的制作思路，首先绘制减速器箱盖的主体部分，绘制箱盖的轴承通孔、筋板和侧面肋板，调用布尔运算完

成箱体主体设计和绘制；然后绘制箱盖底板上的螺纹、销等孔系；最后对实体进行渲染得到最终的箱体三维立体图。

图 13-31　减速器箱盖

13.2.1 绘制箱盖主体

（1）设置视图方向。将当前视图方向设置为西南等轴测视图。

（2）绘制草图。利用（UCS）命令，将坐标系绕 Y 轴旋转 90 度。单击“默认”选项卡“绘图”面板中的“直线”按钮，以点坐标（0，–116）和（0，197）绘制一条直线。单击“默认”选项卡“绘图”面板中的“圆弧”按钮，分别以（0，0）为圆心（0，–116）为一端点绘制–120°的圆弧和以（0，98）为圆心（0，197）为一端点绘制 120°的圆弧，单击“默认”选项卡“绘图”面板中的“直线”按钮，做两圆弧的切线，结果如图 13-32 所示。

（3）修剪图形。单击“默认”选项卡“修改”面板中的“修剪”按钮，对图形进行修剪，然后将多余的线段删除，结果如图 13-33 所示。

（4）合并轮廓线。利用多段线编辑命令（PEDIT），将两段圆弧和两段直线合并为一条多段线，满足“拉伸实体”命令的要求。

（5）拉伸多段线。单击“三维工具”选项卡“建模”面板中的“拉伸”按钮，将上一步绘制的多段线拉伸 40.5，如图 13-34 所示。

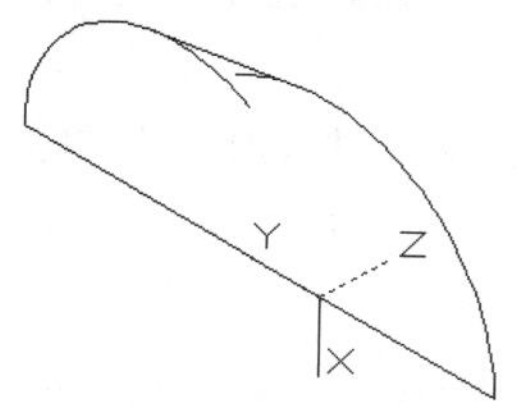

图 13-32　绘制草图

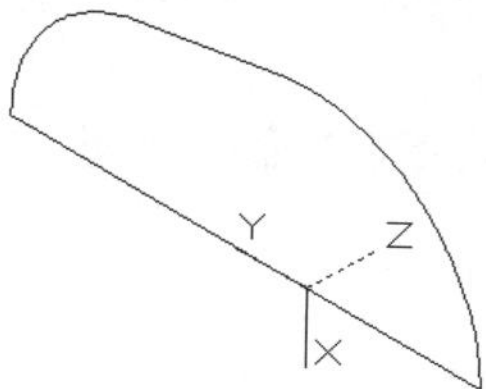

图 13-33　修剪完成后

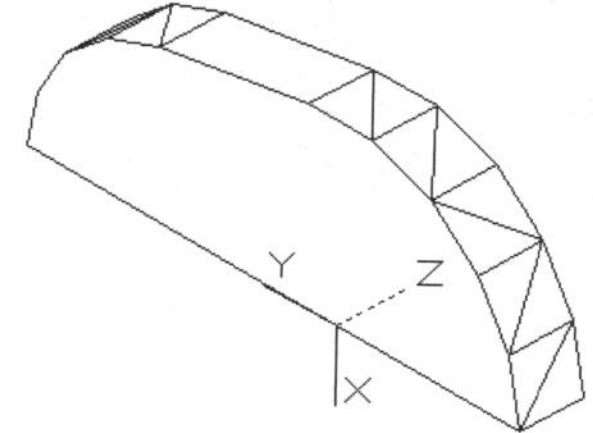

图 13-34　拉伸后的图形

（6）绘制草图。单击“默认”选项卡“绘图”面板中的“直线”按钮，依次连接坐标（0,–150）(0,230）(–12,230）(–12,187）(–38,187）(–38,–77）(–12,–77）(–12,–150）(0,–150）绘制箱盖拉伸的轮廓。结果如图 13-35 所示。

（7）合并轮廓线。利用多段线编辑命令（PEDIT），将直线合并为一条多段线，满足“拉伸实体”命令的要求。

（8）拉伸多段线。单击“三维工具”选项卡“建模”面板中的“拉伸”按钮，将上一步绘制的多段线拉伸 80，如图 13-36 所示。

（9）绘制轴承支座。单击“三维工具”选项卡“建模”面板中的“圆柱体”按钮，采用指定以下两个底面圆心点和底面半径的模式，绘制两个圆柱体。

以（0,120,0）为底面中心点，半径为 45、高度为 85；

以（0,0,0）为底面中心点，半径为 53.5、高度为 85。

如图 13-37 所示。

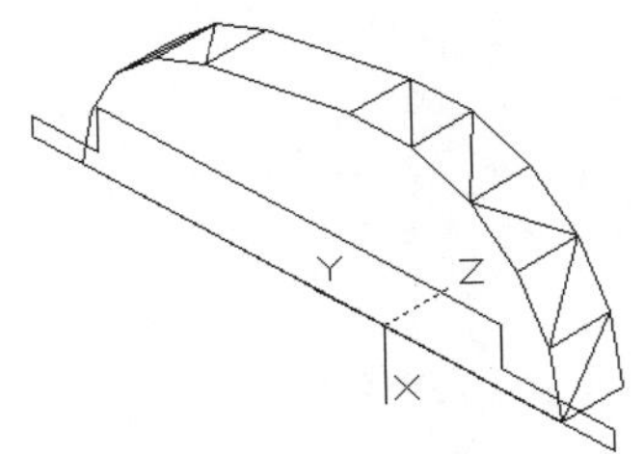

图 13-35　绘制草图

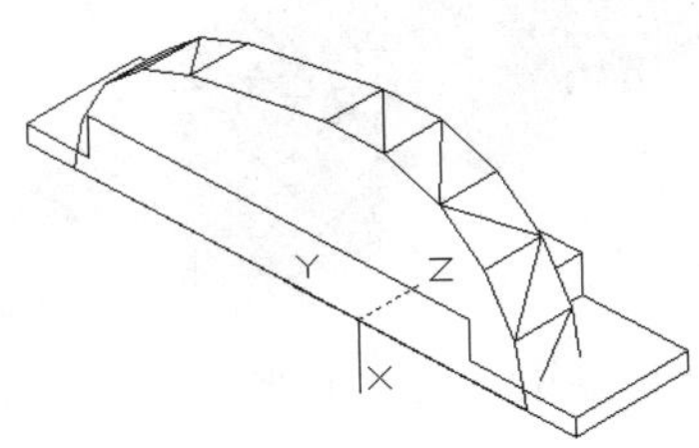

图 13-36　拉伸后的图形

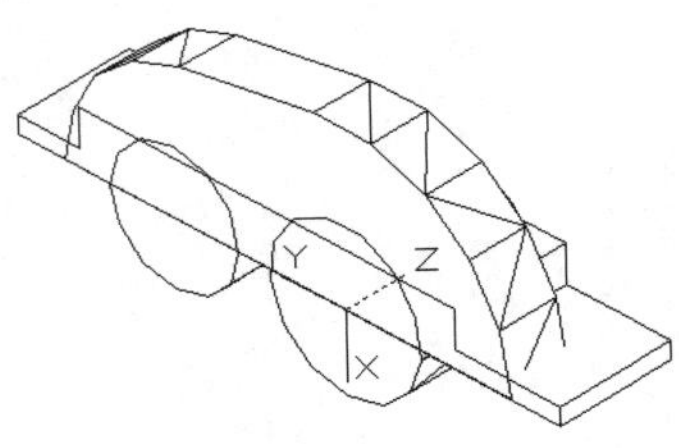

图 13-37　绘制圆柱体

（10）绘制吊耳。

①将当前视图设置为左视图。以点（–192,23）为圆心，R30 为半径绘制圆，再以点（98,65）为圆心，R20 为半径绘制圆。

②单击“默认”选项卡“绘图”面板中的“直线”按钮，分别绘制两圆的切线和连接线。

③单击“默认”选项卡“修改”面板中的“修剪”按钮，对圆进行修剪。结果如图 13-38 所示。

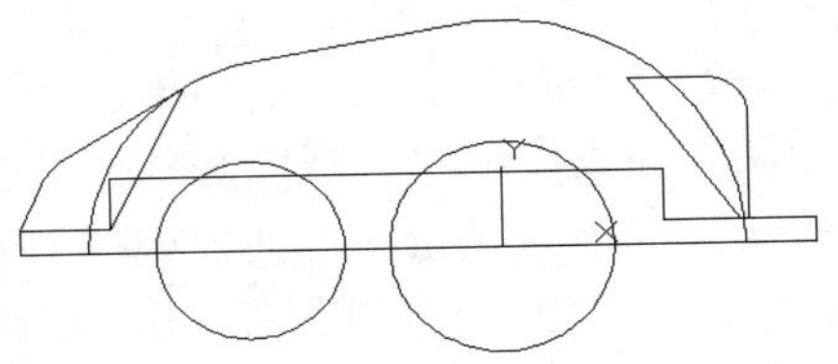

图13-38　绘制吊耳轮廓线

④单击菜单栏中的“修改/对象/多段线”命令，分别将两侧的直线和圆弧合并为 2 条多段线，满足“拉伸实体”命令的要求。

⑤将当前视图设置为西南等轴测。单击“三维工具”选项卡“建模”面板中的“拉伸”按钮，对两个吊耳的轮廓线进行拉伸，高度为–6，如图 13-39 所示。

⑥单击“三维工具”选项卡“实体编辑”面板中的“并将”按钮，将所有实体进行并集。结果如图 13-40 所示。

⑦改变坐标系。在命令行中输入 UCS 命令，使坐标系绕 Z 轴旋转–90°，再绕 X 轴旋转 180°。

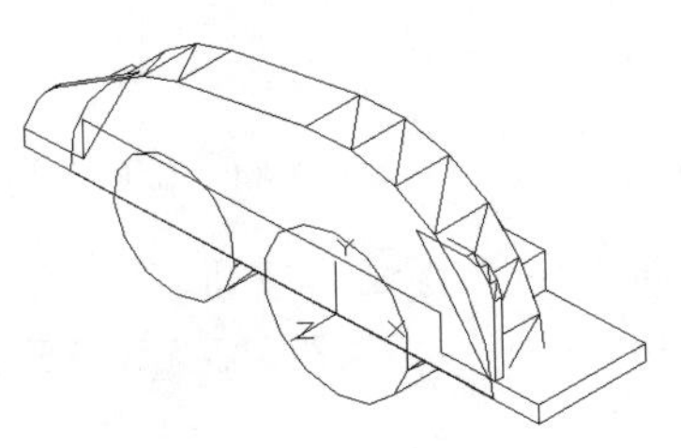

图 13-39　绘制吊耳

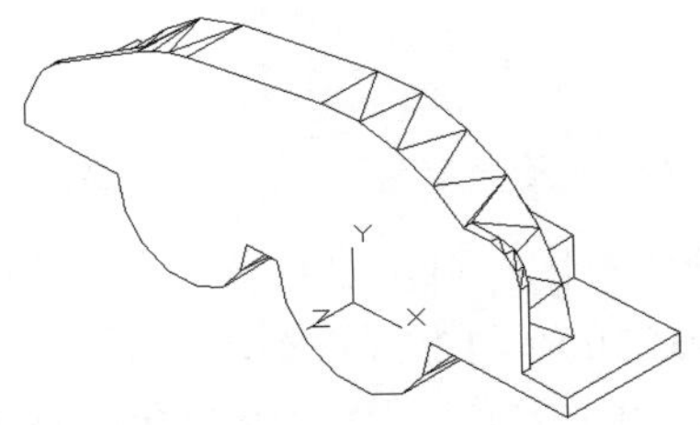

图 13-40　布尔运算求并集

13.2.2 绘制剖切部分

（1）绘制草图。单击“默认”选项卡“绘图”面板中的“直线”按钮，以坐标（0,–108）（0,189）绘制一条直线。单击“默认”选项卡“绘图”面板中的“圆弧”按钮，分别以（0,0）

为圆心（0,–108）为一端点绘制–120°的圆弧和以（0,98）为圆心（0,189）为一端点绘制120°的圆弧，单击“默认”选项卡“绘图”面板中的“直线”按钮╱，做两圆弧的切线。结果如图 13-41 所示。

（2）修剪图形。单击“默认”选项卡“修改”面板中的“修剪”按钮，对图形进行修剪，然后将多余的线段删除，结果如图 13-42 所示。

（3）合并轮廓线。利用多段线编辑命令（PEDIT），将两段圆弧和两段直线合并为一条多段线，满足“拉伸实体”命令的要求。

（4）拉伸多段线。单击“三维工具”选项卡“建模”面板中的“拉伸”按钮，将上一步绘制的多段线拉伸 32.5，如图 13-43 所示。

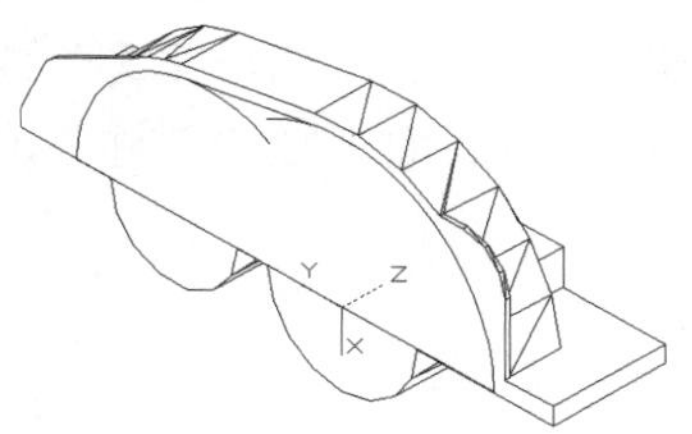

图 13-41　绘制草图

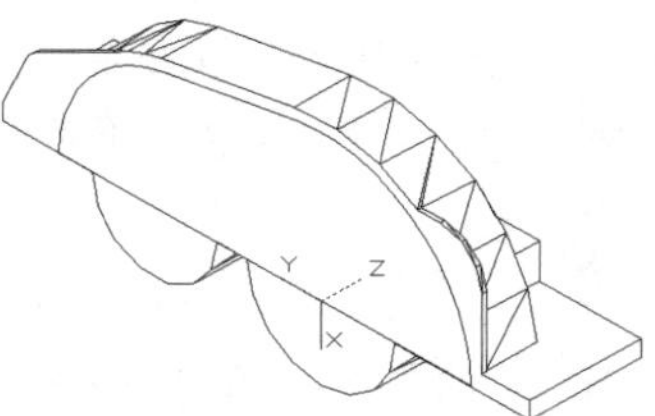

图 13-42　修剪完成后

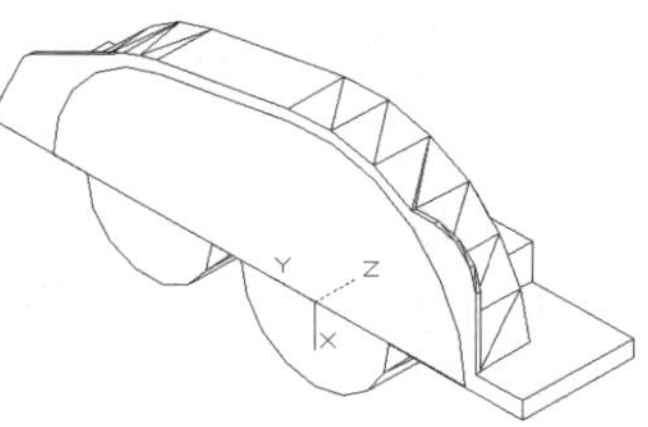

图 13-43　拉伸后的图形

（5）绘制轴承通孔。单击“三维工具”选项卡“建模”面板中的“圆柱体”按钮，采用指定以下两个底面圆心点和底面半径的模式绘制两个圆柱体。

以（0,120,0）为底面中心点，半径为 27.5，高度为 85；

以（0,0,0）为底面中心点，半径为 36，高度为 85。

如图 13-44 所示。

（6）布尔运算求差集。单击“三维工具”选项卡“实体编辑”面板中的“差集”按钮，从箱盖主体中减去剖切部分和两个轴承通孔，消隐后如图 13-45 所示。

（7）剖切实体。选择菜单栏中的“修改”→“三维操作”→“剖切”命令，从箱体主体中剖切掉顶面上多余的实体，沿 YZ 平面将图形剖切开，保留箱盖上方，结果如图 13-46 所示。

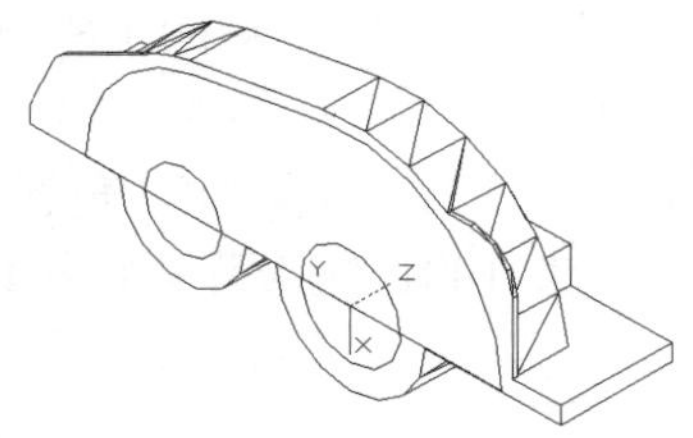

图 13-44　绘制轴承通孔

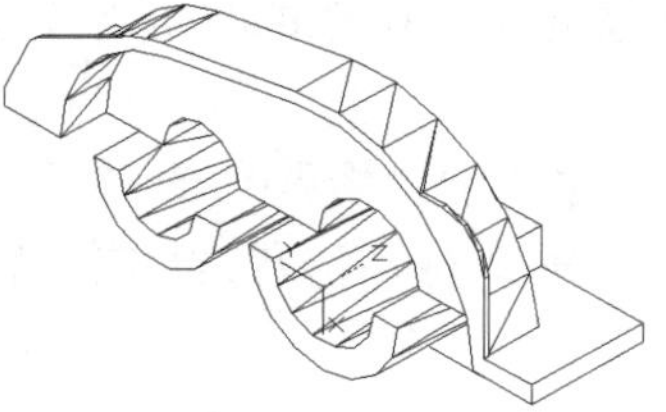
图 13-45　布尔运算求差集

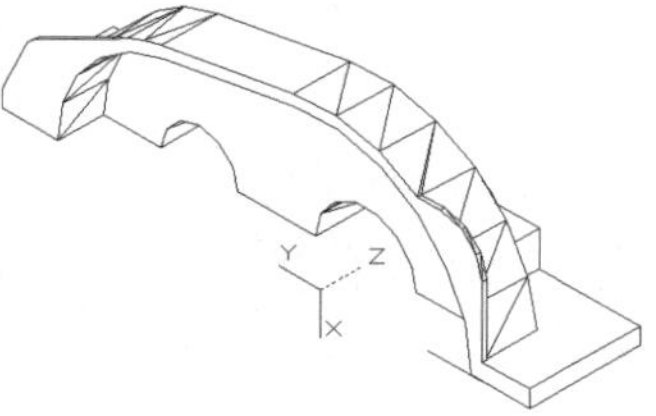

图 13-46　剖切实体图

（8）三维镜像图形。选择菜单栏中的“修改”→“三维操作”→“三维镜像”命令，将上一步创建的箱盖部分进行镜像处理，镜像的平面为由 XY 组成的平面。三维镜像结果如图 13-47 所示。

（9）布尔运算求并集。单击“三维工具”选项卡“实体编辑”面板中的“并集”按钮，将两个实体合并使之成为一个三维实体，结果如图 13-48 所示。

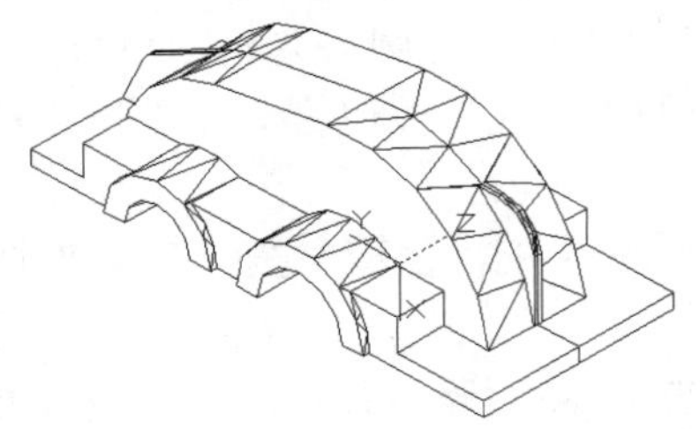

图 13-47　矩形阵列图形

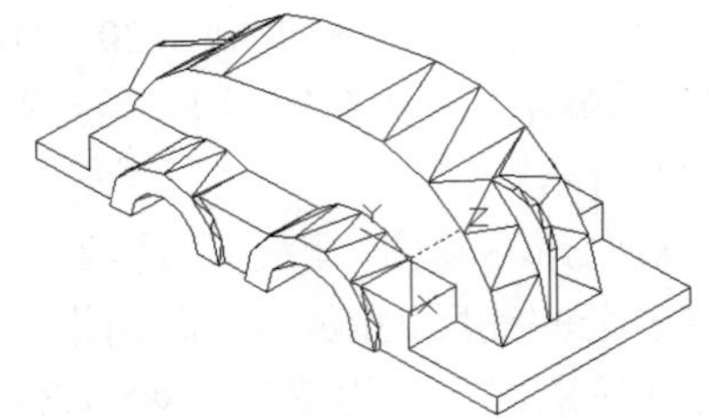

图 13-48　布尔运算求并集

13.2.3 绘制箱盖孔系

（1）绘制螺栓通孔。利用 UCS 命令将坐标系恢复到世界坐标系。单击“三维工具”选项卡“建模”面板中的“圆柱体”按钮，采用指定以下底面圆心点、底面半径和圆柱高度的模式，绘制两个圆柱体。

底面中心点为（–60,–59.5,48），半径为 5.5，高度为–80；

底面中心点为（–60,–59.5,38），半径为 9，高度为–5。

结果如图 13-49 所示。

（2）三维镜像图形。选择菜单栏中的“修改”→“三维操作”→“三维镜像”命令，将上一步创建的两个圆柱体进行镜像处理，镜像的平面为 YZ 平面。三维镜像结果如图 13-50 所示。

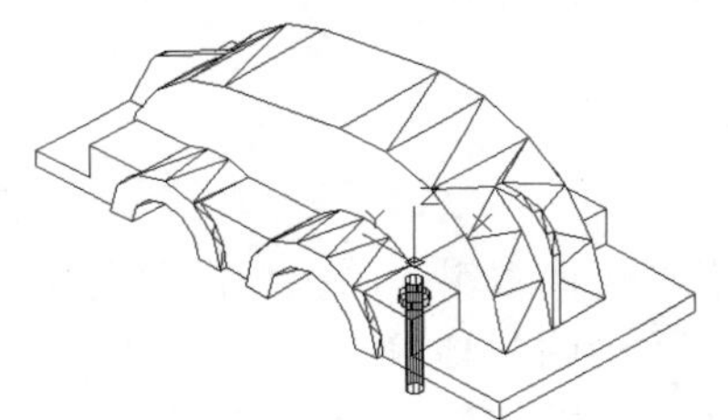

图 13-49　绘制螺栓通孔

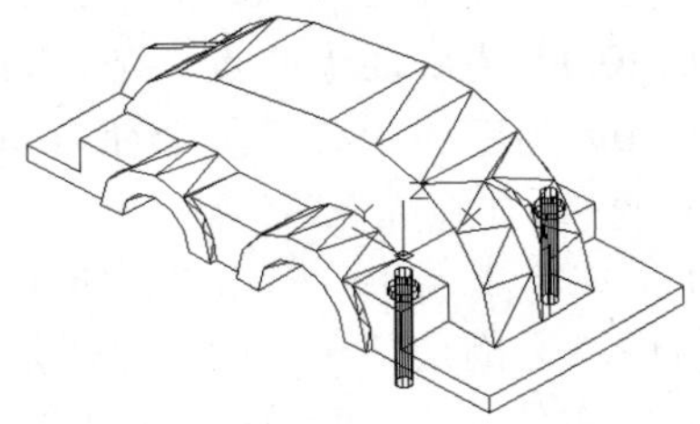

图 13-50　第一次三维镜像图形

（3）三维镜像图形。选择菜单栏中的“修改”→“三维操作”→“三维镜像”命令，将上两步创建的 4 个圆柱体进行镜像处理，镜像的平面为 ZX 平面。三维镜像结果如图 13-51 所示。

（4）矩形阵列图形。选择菜单栏中的“修改”→“三维操作”→“三维阵列”命令，将上一步绘制的中间的 4 个圆柱体阵列 2 行、1 列、1 层，行间距为 103，矩形阵列后结果如图 13-52 所示。

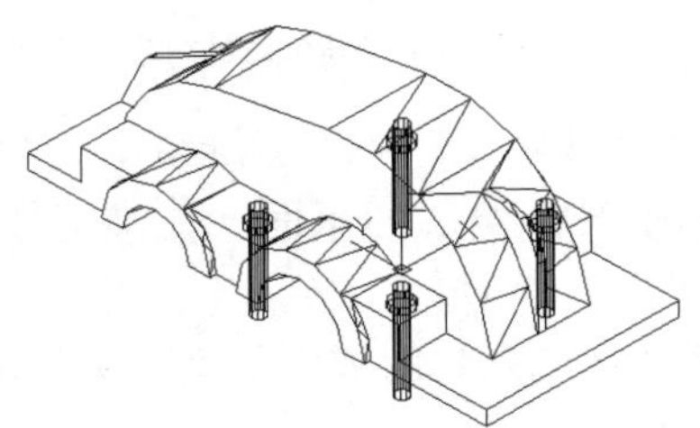

图 13-51　三维镜像图形

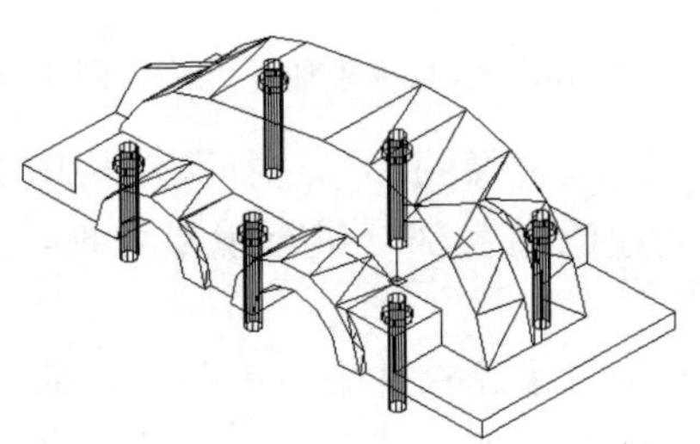

图 13-52　矩形阵列图形

（5）绘制小螺栓通孔。单击“三维工具”选项卡“建模”面板中的“圆柱体”按钮，采用指定底面圆心点、底面半径和圆柱高度的模式，绘制圆柱体，底面中心点为（–23,–138,22），半径为 4.5、高度为–40。

（6）绘制小螺栓通孔。单击“三维工具”选项卡“建模”面板中的“圆柱体”按钮，采用指定底面圆心点、底面半径和圆柱高度的模式，绘制圆柱体，底面中心点为（–23,–138,12），半径为 7.5、高度为–2，如图 13-53 所示。

（7）三维镜像图形。选择菜单栏中的“修改”→“三维操作”→“三维镜像”命令，镜像对象为刚绘制的两个圆柱体，镜像平面为 YZ 面，三维镜像结果如图 13-54 所示。

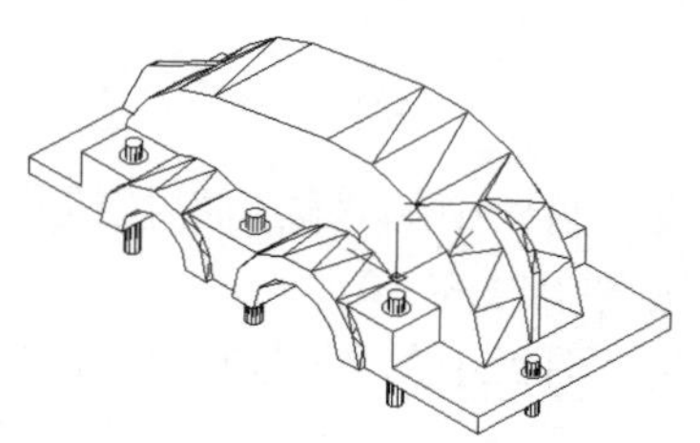

图 13-53　绘制螺栓通孔

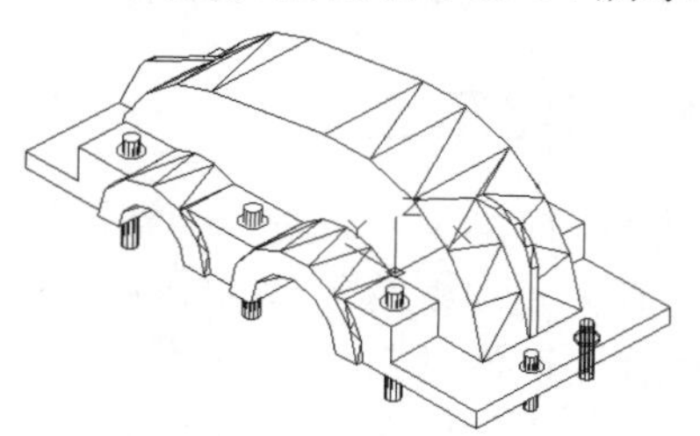

图 13-54　三维镜像图形

（8）绘制销孔。单击“三维工具”选项卡“建模”面板中的“圆柱体”按钮，采用指定底面圆心点、底面半径和圆柱高度的模式，绘制圆柱体，底面中心点为（–60,–91,22），半径为 4，高度为–30。

（9）单击“三维工具”选项卡“建模”面板中的“圆柱体”按钮，绘制另一圆柱体，底面圆心点（27, 214, 22）、底面半径为 4 和圆柱高度为–30。结果如图 13-55 所示，左侧图显示处于箱体右侧顶面的销孔，右侧图显示处于箱体左侧顶面上的销孔。

（10）布尔运算求差集。单击“三维工具”选项卡“实体编辑”面板中的“差集”按钮，从箱体主体中减去所有圆柱体，形成箱体孔系，如图 13-56 所示。

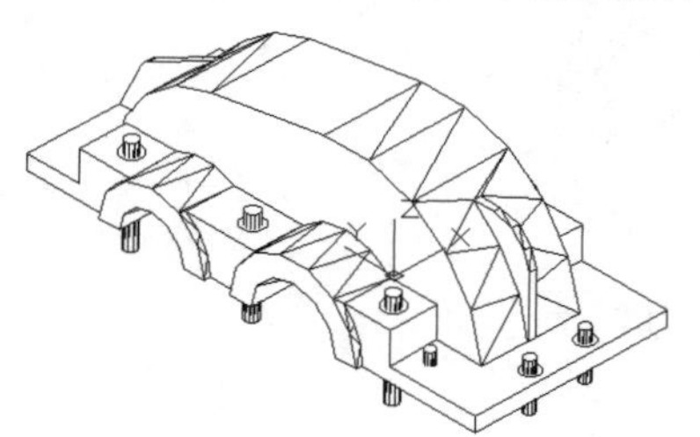

图 13-55　绘制销孔

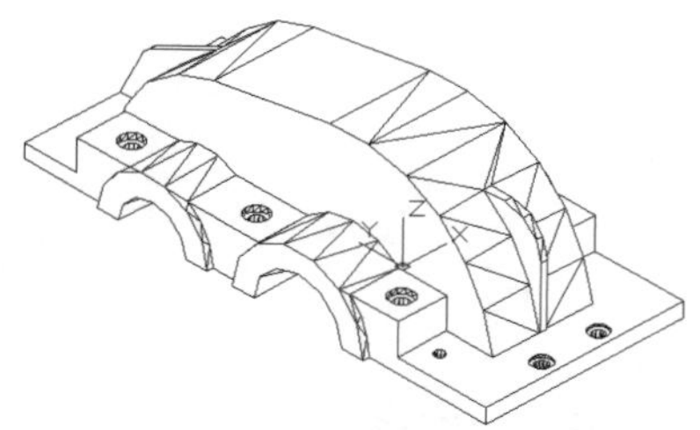

图 13-56　绘制箱体孔系

（11）绘制圆柱体。利用（UCS）命令，将坐标系绕 Y 轴旋转 90°。单击“三维工具”选项卡“建模”面板中的“圆柱体”按钮，采用指定以下两个底面圆心点和底面半径的模式绘制两个圆柱体。

以（–35,205,20）为底面圆心，半径为 4，圆柱高为–40；

以（–70,–105,20）为底面圆心，半径为 4，圆柱高为–40。

如图 13-57 所示。

（12）布尔运算求差集。单击“三维工具”选项卡“实体编辑”面板中的“差集”按钮，从箱盖减去两个圆柱体，形成左右耳孔，如图 13-58 所示。

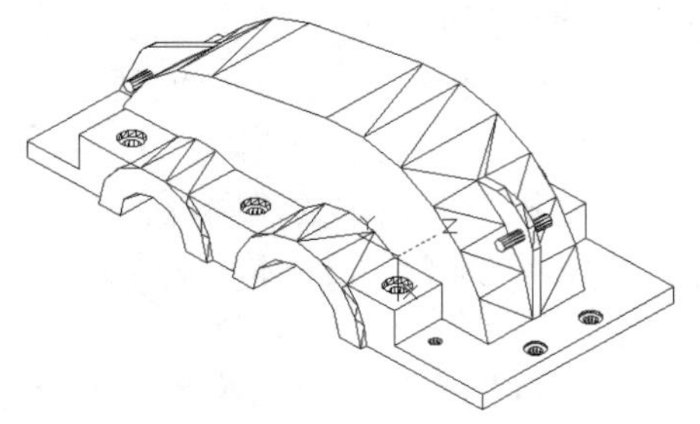

图 13-57　绘制长方体和圆柱体

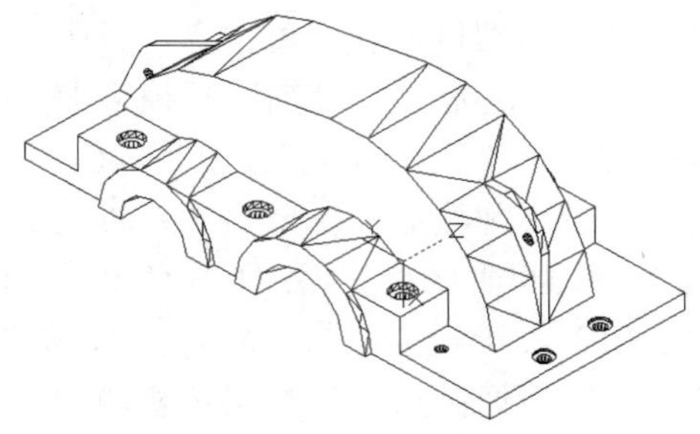

图 13-58　绘制耳孔

13.2.4 细化箱盖

（1）箱盖外侧倒圆角。单击“默认”选项卡“修改”面板中的“圆角”按钮，对箱盖底板、中间膛体和顶板的各自 4 个直角外沿倒圆角，圆角半径为 10。

（2）膛体内壁倒圆角。单击“默认”选项卡“修改”面板中的“圆角”按钮，对箱盖膛体四个直角内沿倒圆角，圆角半径为 5。

（3）肋板倒圆角。单击“默认”选项卡“修改”面板中的“圆角”按钮，对箱盖前后肋板的各自直角边沿倒圆角，圆角半径为 3。

（4）耳片倒圆角。单击“默认”选项卡“修改”面板中的“圆角”按钮，对箱盖左右两个耳片直角边沿倒圆角，圆角半径为 5。

（5）螺栓筋板倒圆角。单击“默认”选项卡“修改”面板中的“圆角”按钮，对箱盖顶板上方的螺栓筋板的直角边沿倒圆角，圆角半径为 10，结果如图 13-59 所示。

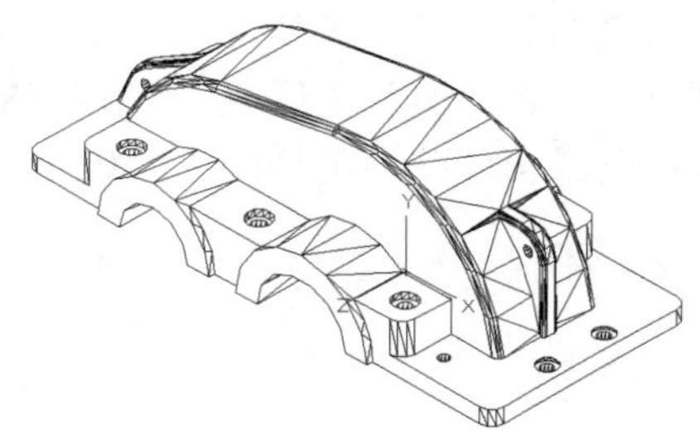

图 13-59　箱体倒角

13.2.5 渲染箱盖

1．赋予材质

（1）单击“视图”选项卡“选项板”面板中的“材质浏览器”按钮。弹出“材料浏览器”对话框。

（2）在对话框中选择合适的材质，并将其赋予减速器箱体零件。关闭对话框。

2．渲染实体

单击“视图”选项卡“选项板”面板中的“高级渲染设置”按钮，选择适当的材质对图形进行渲染，渲染后的结果如图 13-31 所示。

Chapter

装配立体图绘制

14

装配图是用来表达部件或机器的工作原理、零件之间的装配关系和相互位置，以及装配、检验、安装所需要的尺寸数据的技术文件。装配图的绘制集中体现了 AutoCAD 辅助设计的优势，直观形象表达了零件间的装配和尺寸配合关系；可以将各个零件封装成图块，在装配图中使用插入块操作，可以方便地检验零件间的装配关系。装配图的绘制，是 AutoCAD 的一种综合设计应用。在本章的绘制过程中，需要运用前几章所介绍过的各种零件的绘制方法，同时又有新的内容，在装配图中拼装零件，在多个用户坐标系间转换等。

14.1　减速器组件装配立体图

本节讲述大、小齿轮两套组件装配图的绘制方法。首先将前面几章绘制的减速器零件封装成实体图块，并进行图块保存操作。然后在新建文档中，插入相关图块，利用“三维旋转”和“三维移动”命令将各个零件按照装配关系组装到一起，完成大、小齿轮两套组件装配图的绘制。最后将讲述爆炸图及实体渲染的操作方法。绘制的齿轮组件如图 14-1 所示。

图 14-1　齿轮组件

14.1.1　创建小齿轮及其轴图块

（1）打开文件。单击“快速访问”工具栏中的 “打开”按钮，找到“齿轮轴立体图.dwg”文件，如图 14-2 所示。

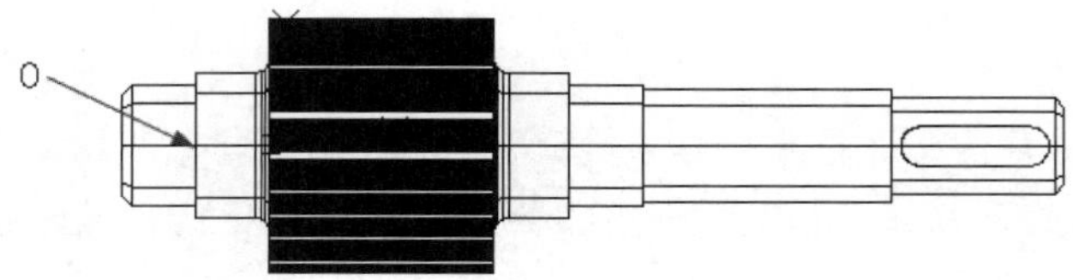

图 14-2　齿轮轴立体图

（2）创建零件图块。单击“默认”选项卡“块”面板中的“创建”按钮，打开“块定义”对话框。单击“选择对象”按钮，回到绘图窗口，鼠标左键选取小齿轮及其轴，回到“块定义”对话框，在名称文本框中添加名称“齿轮轴立体图块”，“基点”设置为图 14-2 中的 O 点，其他选项使用默认情况，完成创建零件图块的操作。

（3）保存零件图块。在命令行中输入“WBLOCK”命令，打开“写块”对话框，在“源”选项区中选择“块”模式，从下拉列表中选择“齿轮轴立体图块”，在“目标位置”选项区中选择文件名和路径，完成零件图块的保存。至此，在以后使用小齿轮及其轴零件时，可以直接以块的形式插入目标文件中。

14.1.2　创建大齿图块

（1）打开文件。单击“快速访问”工具栏中的 “打开”按钮，找到“大齿轮立体图.dwg”文件。

（2）创建并保存大齿轮图块。仿照前面创建与保存图块的操作方法，依次调用“BLOCK”和“WBLOCK”命令，将（0,0,0）点设置为“基点”，其他选项使用默认情况，创建并保存“大齿轮立体图块”，结果如图 14-3 所示。

14.1.3　创建传动轴图块

（1）打开文件。单击“快速访问”工具栏中 “打开”按钮，找到“传动轴.dwg”文件。

（2）创建并保存大齿轮轴图块。仿照前面创建与保存图块的操作方法，依次调用“BLOCK”和“WBLOCK”命令，将图 14-4 所示的 B 点设置为“基点”，其他选项使用默认情况，创建并保存“传动轴图块”，如图 14-4 所示。

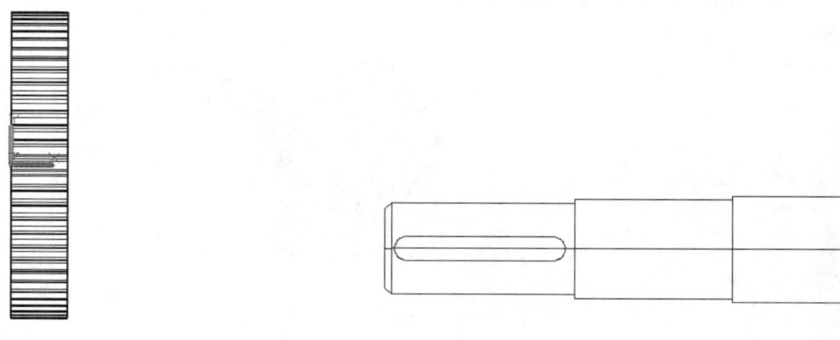

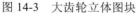

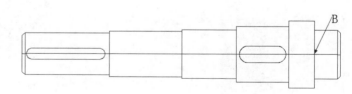

图 14-3　大齿轮立体图块　　　　图 14-4　三维大齿轮轴图块

14.1.4　创建轴承图块

（1）打开文件。单击“快速访问”工具栏中的 “打开”按钮，分别打开大、小深沟

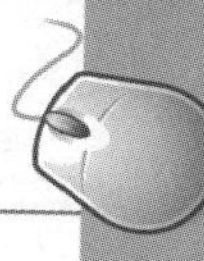

球轴承文件。

（2）创建并保存大、小轴承图块。仿照前面创建与保存图块的操作方法，依次调用“BLOCK”和“WBLOCK”命令，大轴承图块的“基点”设置为（0,0,0），小轴承图块的“基点”设置为（0,0,0），其他选项使用默认情况，创建并保存“大轴承立体图块”和“小轴承立体图块”，结果如图 14-5 所示。

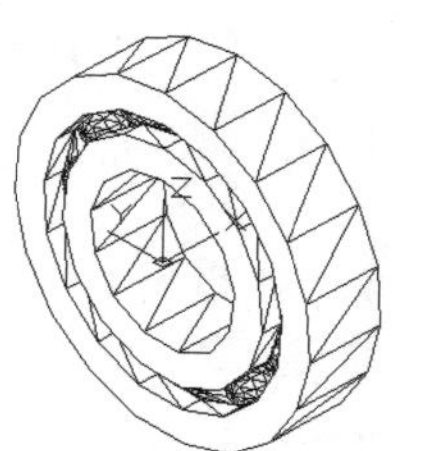

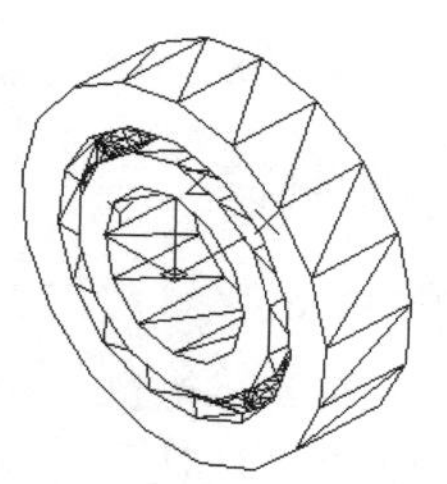

图 14-5　大、小轴承立体图块

14.1.5 创建平键图块

（1）打开文件。单击“快速访问”工具栏中的“打开”按钮，找到“平键立体图.dwg”文件。

（2）创建并保存平键图块。仿照前面创建与保存图块的操作方法，依次调用“BLOCK”和“WBLOCK”命令，平键图块的“基点”设置为任意特征点，其他选项使用默认情况，创建并保存“平键立体图块”，如图 14-6 所示。

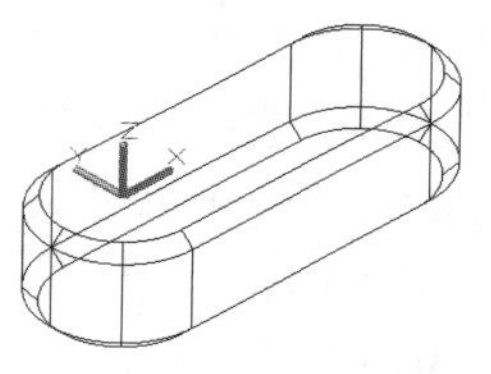

图 14-6　三维平键图块

14.1.6 装配小齿轮组件

（1）建立新文件。启用 AutoCAD 2022 程序，以“无样板打开一公制”（M）方式建立新文件；将新文件命名为“齿轮轴装配图.dwg”并保存。

（2）插入“齿轮轴立体图块”。单击“默认”选项卡“块”面板中的“插入”下拉菜单中的“库中的块”，打开“块”选项板，单击“浏览”控件，弹出“为块库选择文件夹或文件”对话框，选择“齿轮轴立体图块.dwg”，单击“打开”按钮，返回“块”选项板。设定“插入点”坐标为（0,0,0），缩放比例和旋转使用默认设置。右击图块选择“插入”选项将图块插入。

（3）插入“小轴承”图块。单击“默认”选项卡“块”面板中的“插入”下拉菜单中的“库中的块”选项，打开“块”选项板，单击“浏览”控件，在“为块库选择文件夹或文件”对话框中选择“小轴承.dwg”。设定插入属性。勾选“插入点”复选框，缩放比例和旋转使用默认设置。右击图块选择“插入”选项将图块插入，俯视结果如图 14-7 所示。

（4）移动小轴承图块。单击“默认”选项卡“修改”面板中的“移动”按钮，将小轴承图块以左端面中心点为基点移动到（0,0,0），旋转结果如图 14-8 所示。

（5）复制小轴承图块。单击“默认”选项卡“修改”面板中的“复制”按钮，将小轴承复制到如图 14-9 所示的位置。

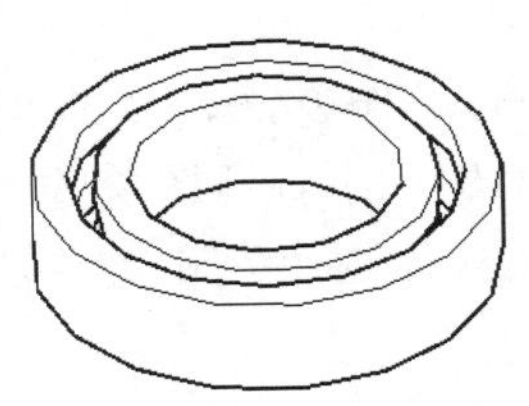

图 14-7　插入小轴承图块

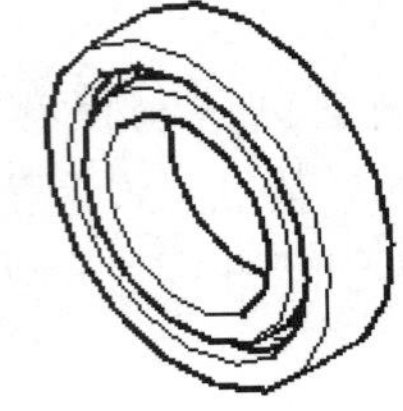

图 14-8　移动小轴承图块

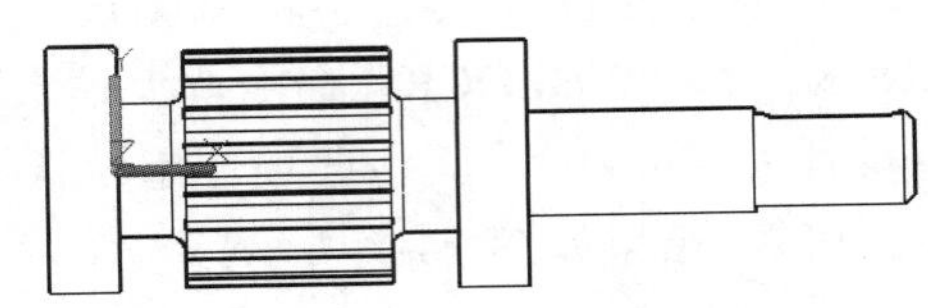

图 14-9　复制小轴承图块

14.1.7　装配大齿轮组件

（1）建立新文件。启动 AutoCAD 2022 程序，以“无样板打开－公制”（毫米）方式建立新文件；将新文件命名为“大齿轮装配图.dwg”并保存。

（2）插入传动轴图。单击“默认”选项卡“块”面板中的“插入”下拉菜单中的“库中的块”选项，打开“块”选项板。单击“浏览”控件，在“为块库选择文件夹或文件”对话框中选择“传动轴图块.dwg”。设定插入属性，“插入点”设置为（0,0,0），缩放比例和旋转使用默认设置。右击图块选择“插入”选项将图块插入。

（3）插入平键立体图。单击“默认”选项卡“块”面板中的“插入”下拉菜单中的“库中的块”选项，打开“块”选项板。单击“浏览”控件，在“为块库选择文件夹或文件”对话框中选择“平键立体图块.dwg”。设定插入属性，“插入点”设置为键槽圆心点，缩放比例和旋转使用默认设置。右击图块选择“插入”选项将图块插入，如图 14-10 所示。

（4）插入大齿轮立体图。单击“默认”选项卡“块”面板中的“插入”下拉菜单中的“库中的块”选项，打开“块”选项板。单击“浏览”控件，在“为块库选择文件夹或文件”对话框中选择“大齿轮立体图块.dwg”。设定插入属性，勾选“插入点”复选框，缩放比例和旋转使用默认设置。右击图块选择“插入”选项将图块插入，俯视结果如图 14-11 所示。

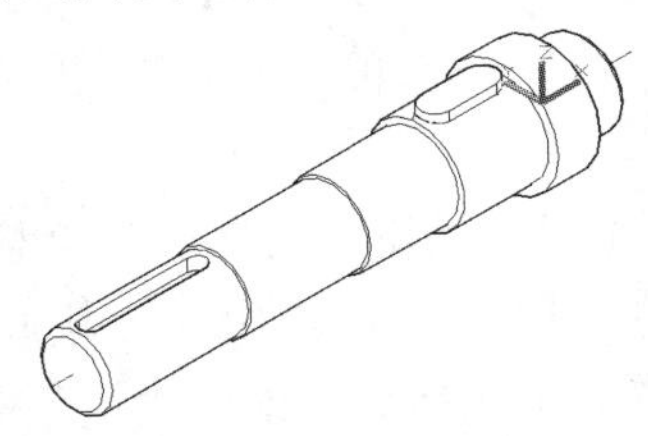

图 14-10　安装平键

图 14-11　插入大齿轮图块

（5）旋转大齿轮图块。选择菜单栏中的“修改”→“三维操作”→“三维旋转”命令，将大齿轮绕 X 轴旋转 90°，使之与轴同轴，然后移动到传动轴中，结果如图 14-12 所示。

（6）切换观察视角。切换到右视图，如图 14-13 所示。

图 14-12　移动大齿轮图块

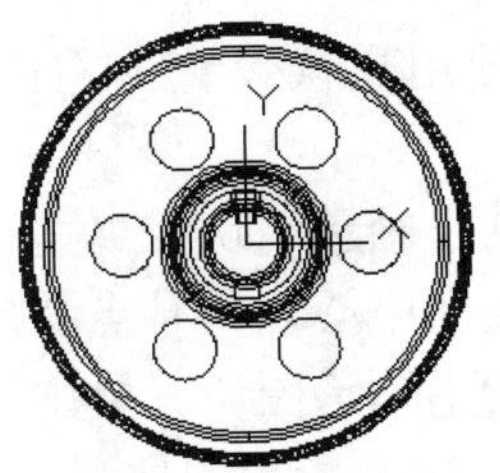

图 14-13　切换观察视角

（7）为了方便装配，将大齿轮隐藏。新建图层 1，将大齿轮切换到图层 1 上，并将图层 1 冻结。

（8）插入大轴承图。单击“默认”选项卡“块”面板中的“插入”下拉菜单中的“库中的块”选项，打开“块”选项板。单击“浏览”控件，在“为块库选择文件夹或文件”对话框中选择“大轴承立体图块.dwg”。设定插入属性，“插入点”设置为 0,0,0)，缩放比例和旋转使用默认设置。右击图块选择“插入”选项将图块插入，如图 14-14 所示。

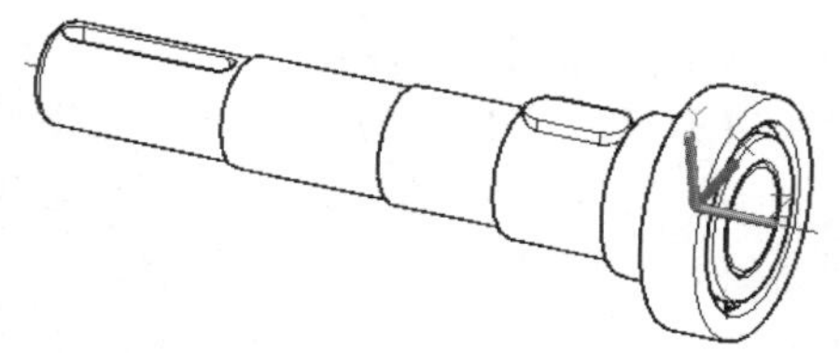

图 14-14　插入大轴承图块

（9）复制大轴承图块。单击“默认”选项卡“修改”面板中的“复制”按钮，将大轴承图块从原点复制到（–91,0,0），结果如图 14-15 所示。

（10）绘制圆柱体。单击“三维工具”选项卡“建模”面板中的“圆柱体”按钮，绘制两个圆柱体。半径分别为 17.5 和 22，高度为 20.5，如图 14-16 所示。

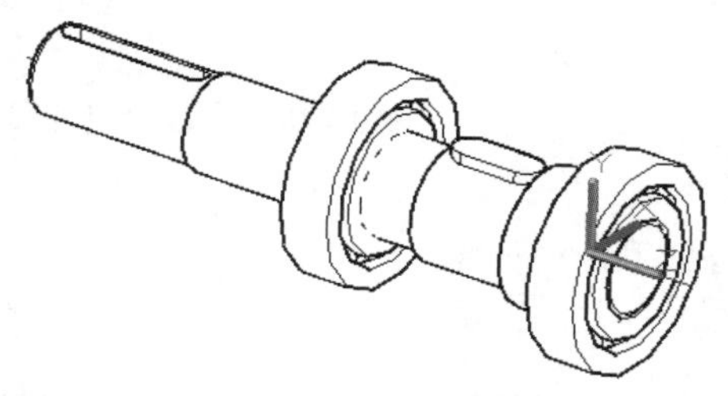

图 14-15　复制大轴承图块

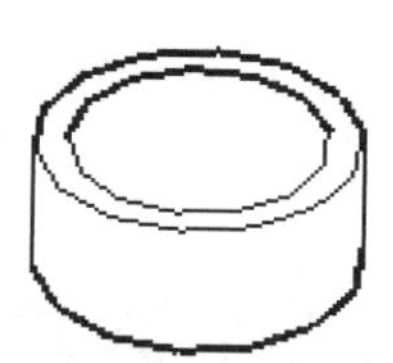

图 14-16　绘制圆柱体

（11）绘制定距环。单击“三维工具”选项卡“实体编辑”面板中的“差集”按钮，从大圆柱体中减去小圆柱体，得到定距环实体。

（12）旋转并移动定距环实体。利用三维旋转命令，将定距环绕 Y 轴旋转 90° 并移动到图形中，如图 14-17 所示。

（13）更改大齿轮图层属性。打开大齿轮图层，显示大齿轮实体，更改其图层属性为实体层。至此完成大齿轮组件装配立体图的绘制，如图 14-18 所示。

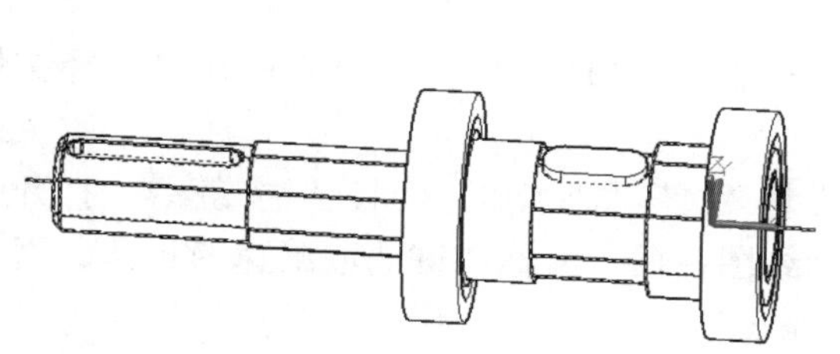

图 14-17　移动定距环

图 14-18　大齿轮组件装配立体图

14.1.8 绘制爆炸图

爆炸图，就好像在实体内部产生爆炸一样，各个零件按照切线方向向外飞出，既可以直观地显示装配图中各个零件的实体模型，又可以表征各个零件的装配关系。在其他绘图软件，例如 SolidWorks 中集成了爆炸图自动生成功能，系统可以自动生成装配图的爆炸效果图。而 AutoCAD 2022 暂时还没有集成这一功能，不过利用实体的编辑命令，同样可以在 AutoCAD 2022 中创建爆炸效果图。

（1）打开文件。打开源文件中的“大齿轮装配图”文件。

（2）剥离左右轴承。选择菜单栏中的“修改”→“三维操作”→“三维移动”命令，选择右侧轴承图块，“基点”任意选取，相对位移是“@50,0,0”；选择左侧轴承图块，“基点”任意选取，相对位移是“@–400,0,0”。

（3）剥离定距环。选择菜单栏中的“修改”→“三维操作”→“三维移动”命令，选择定距环图块，“基点”任意选取，相对位移是“@–350,0,0”。

（4）剥离齿轮。选择菜单栏中的“修改”→“三维操作”→“三维移动”命令，选择齿轮图块，“基点”任意选取，相对位移是“@–220,0,0”。

（5）剥离平键。选择菜单栏中的“修改”→“三维操作”→“三维移动”命令，选择平键图块，“基点”任意选取，相对位移是“@0,50,0”。爆炸效果如图 14-19 所示。

图 14-19　大齿轮组件爆炸图

14.2　减速器总装立体图

本实例的制作思路：先将减速器箱体图块插入预先设置好的装配图纸中，起到为后续零件装配定位的作用；然后分别插入上一节中保存过的大、小齿轮组件装配图块，调用“三维移动”和“三维旋转”命令使其安装到减速器箱体中合适的位置；再插入减速器其他装配零件，并将其放置到箱体合适位置，完成减速器总装立体图的设计与绘制；最后进行实体渲染与保存操作，如图 14-20 所示。

图 14-20　减速器总装图

14.2.1　创建箱体图块

（1）打开文件。单击“快速访问”工具栏中的 “打开”按钮，弹出“选择文件”对话框，打开 “减速器箱体.dwg”文件。

（2）创建箱体图块。单击“默认”选项卡“块”面板中的“创建”按钮，打开“块定义”对话框，单击“选择对象”按钮，回到绘图窗口，鼠标左键选取减速器箱体，回到“块定义”对话框，在名称文本框中添加名称“减速器箱体立体图块”，“基点”设置为（0,0,0），其他选项使用默认情况，右击图块选择“插入”选项将图块插入。

（3）保存箱体图块。在命令行输入“WBLOCK”命令，打开“写块”对话框，在“源”选项区中选择“块”模式，从下拉列表中选择“减速器箱体立体图块”，在“目标位置”选项区中选择文件名和路径，完成箱体图块的保存，如图 14-21 所示。至此，在以后使用箱体零件时，可以直接以块的形式插入目标文件中。

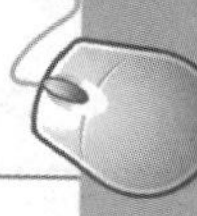

14.2.2 创建箱盖图块

（1）打开文件。单击“快速访问”工具栏中的“打开”按钮，找到“减速器箱盖立体图.dwg”文件，如图 14-22 所示。

（2）创建并保存减速器箱盖立体图图块。仿照前面创建与保存图块的操作方法，依次调用“BLOCK”和“WBLOCK”命令，箱盖“基点”设置为（0,0,0），其他选项使用默认情况，创建并保存“减速箱盖立体图块”。

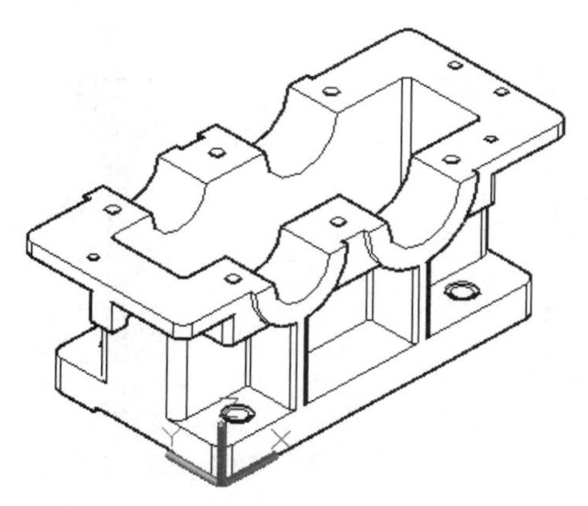

图 14-21 三维箱体图块

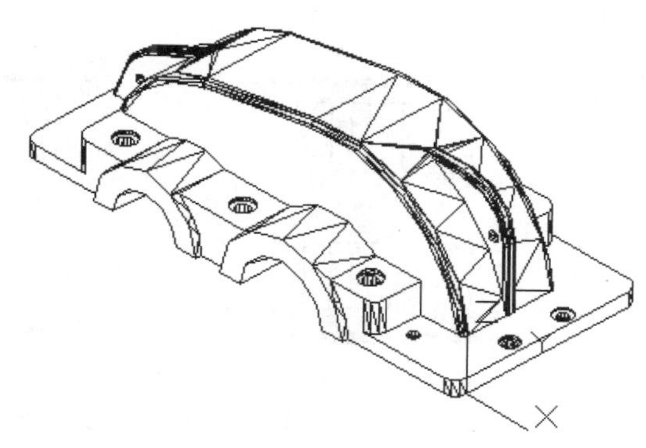

图 14-22 三维箱盖图块

14.2.3 创建大、小齿轮组件图块

（1）创建并保存大齿轮组件图块。仿照前面创建与保存图块的操作方法，依次调用“BLOCK”和“WBLOCK”命令，“基点”设置为（0,0,0），其他选项使用默认情况，创建并保存“大齿轮组件立体图块”，结果如图 14-23 所示。

（2）创建并保存小齿轮组件图块。仿照前面创建与保存图块的操作方法，依次调用“BLOCK”和“WBLOCK”命令，“基点”设置为（0,0,0），其他选项使用默认情况，创建并保存“齿轮轴组件立体图块”，如图 14-24 所示。

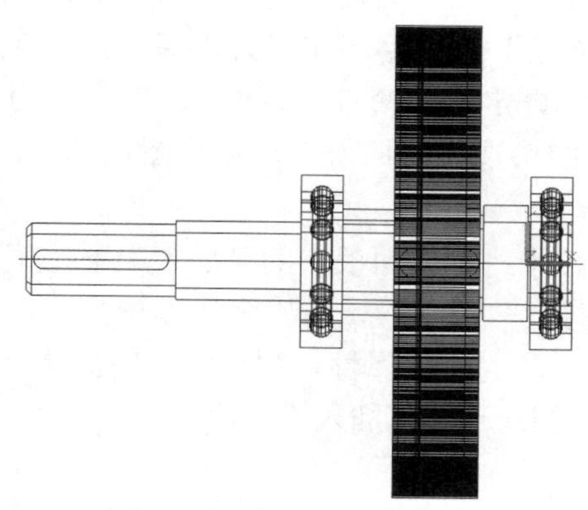

图 14-23 大齿轮组件立体图块

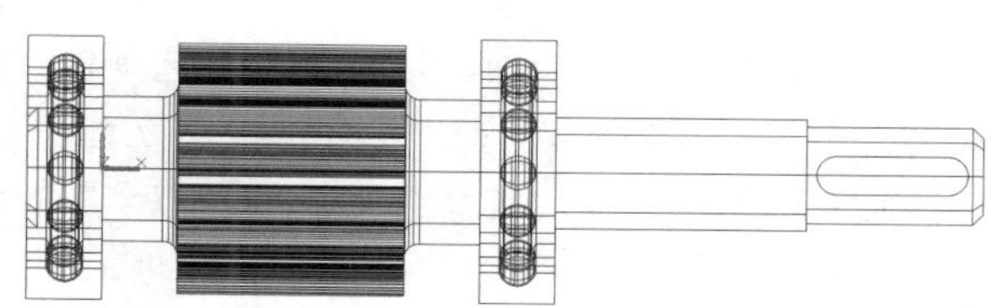

图 14-24 齿轮轴组件立体图块

14.2.4 创建其他零件图块

（1）创建并保存箱体端盖图块。仿照前面创建与保存图块的操作方法，打开“箱体端盖立体图.dwg”，依次调用“BLOCK”和“WBLOCK”命令，“基点”设置为（0,0,0），分别创建和保存大、小通盖和端盖 4 个图块，如图 14-25 所示。

（2）创建并保存游标尺图块。仿照前面创建与保存图块的操作方法，打开“游标尺.dwg”，依次调用“BLOCK”和“WBLOCK”命令，“基点”设置为（0,0,–18），创建和保存游标尺图块，如图 14-26 所示。

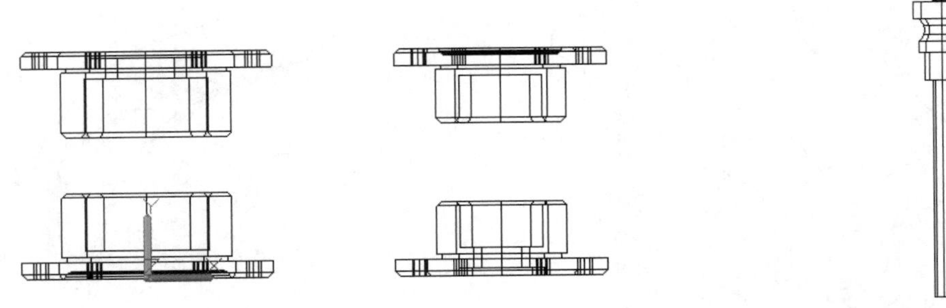

图 14-25　箱体端盖图块

图 14-26　油标尺图块

（3）创建其余附件图块，创建步骤与上面步骤相同，此处不再赘述。

14.2.5 总装减速器

（1）建立新文件。启动 AutoCAD 2022 程序，以“无样板打开一公制”（毫米）方式建立新文件；将新文件命名为“减速器箱体装配图.dwg”并保存。

（2）插入“减速器箱体”。单击“默认”选项卡“块”面板中的“插入”下拉菜单中的“库中的块”选项，打开“块”选项板。单击“浏览”控件，在“为块库选择文件夹或文件”对话框中选择“减速器箱体立体图块.dwg”。设定选项属性，“插入点”设置为（0,0,0），比例和旋转使用默认设置。右击图块选择“插入”选项将图块插入。

（3）插入“齿轮轴组件立体图块”。单击“默认”选项卡“块”面板中的“插入”下拉菜单中的“库中的块”选项，打开“块”选项板。单击“浏览”控件，在“为块库选择文件夹或文件”对话框中选择“齿轮轴组件立体图块.dwg”。设定选项属性，“插入点”设置为（77,47.5,152），“统一比例”为 1，“旋转”为 90°。右击图块选择“插入”选项将图块插入，如图 14-27 所示。

（4）插入“大齿轮组件立体图块”。单击“默认”选项卡“块”面板中的“插入”下拉菜单中的“库中的块”选项，打开“块”选项板。单击“浏览”控件，在“为块库选择文件夹或文件”对话框中选择“大齿轮组件立体图块.dwg”。设定选项属性，“插入点”设置为（197,121.5,152），“统一比例”为 1，“旋转”为 90°。右击图块选择“插入”选项将图块插入，如图 14-28 所示。

（5）插入“减速器箱盖立体图块”。单击“默认”选项卡“块”面板中的“插入”下拉菜单中的“库中的块”选项，打开“块”选项板。单击“浏览”控件，在“为块库选择文件夹或文件”对话框中选择“减速器箱盖立体图块.dwg”。设定选项属性，“插入点”设置为

(345,15,152)，“统一比例”为 1，“旋转”为 0°。右击图块选择“插入”选项将图块插入，将插入后的图形进行移动，结果如图 14-29 所示。

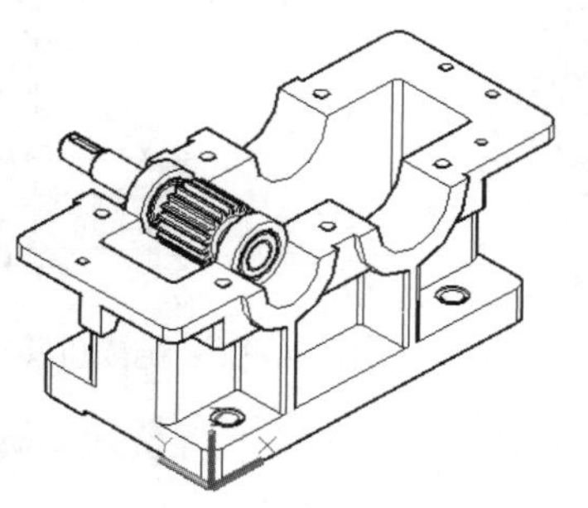

图 14-27　插入箱体和小齿轮组件图块

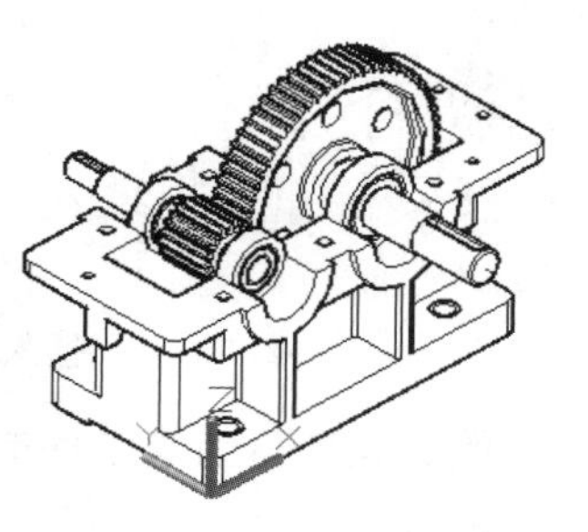

图 14-28　插入大齿轮组件图块

（6）插入 4 个箱体端盖图块。单击“默认”选项卡“块”面板中的“插入”下拉菜单中的“库中的块”选项，打开“块”选项板。单击“浏览”控件，在“为块库选择文件夹或文件”对话框中选择 4 个箱体端盖图块。设定选项属性：小端盖图块——“插入点”设置为(77,–7.2,152)，统一比例为 1 和旋转角度为 180°；大通盖图块——“插入点”设置为(197,–7.2,152)，统一比例为 1 和旋转角度为 180°；小通盖图块——“插入点”设置为(77,177.2,152)，统一比例为 1 和旋转角度为 180°；大端盖图块——“插入点”设置为(197,177.2,152)，统一比例为 1 和旋转角度为 180°。右击图块选择“插入”选项将图块插入，如图 14-30 所示。

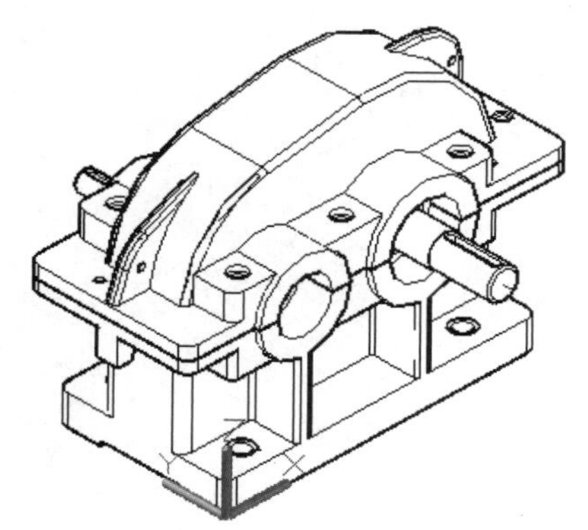

图 14-29　插入箱盖图块

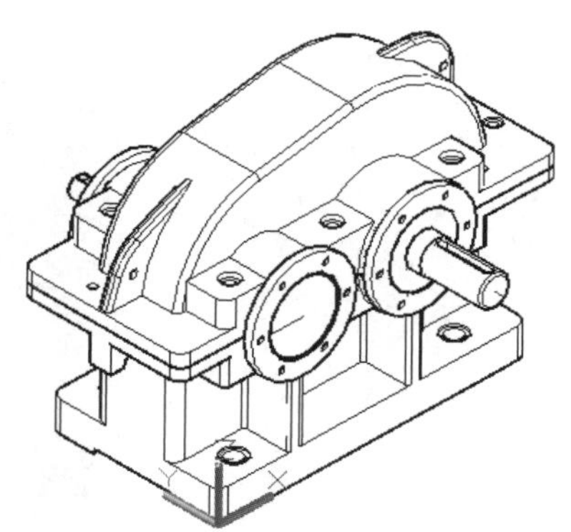

图 14-30　插入 4 个箱体端盖图块

（7）新建坐标系切换视角。利用新建坐标系命令（UCS），绕 X 轴旋转 90°，建立新的用户坐标系。将当前视角切换为东南等轴测。

（8）插入“三维油标尺图块”。单击“默认”选项卡“块”面板中的“插入”下拉菜单中的“库中的块”选项，打开“块”选项板。单击“浏览”控件，在“为块库选择文件夹或文件”对话框中选择“油标尺图块.dwg”。右击图块选择“插入”选项将图块插入，如图 14-31 所示。

（9）选择菜单栏中的“修改”→“三维操作”→“三维旋转”命令，将油标尺图块绕 Y 轴旋转–45°，利用移动命令将其移动到如图 14-32 所示的位置。

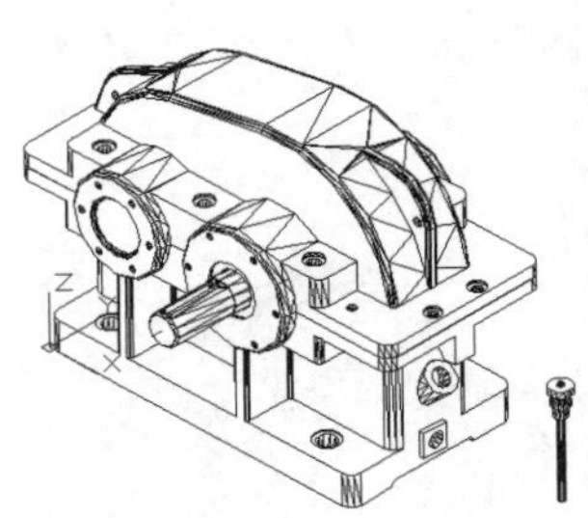

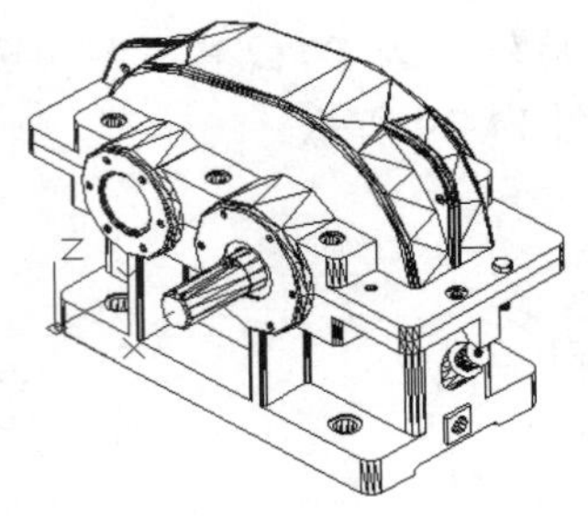

图 14-31 插入油标尺图块

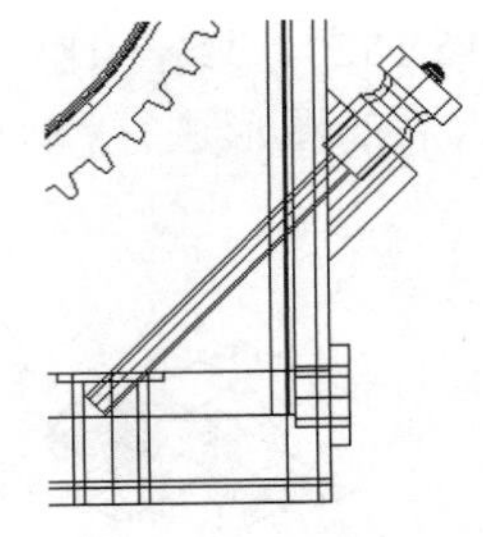

图 14-32 旋转和移动油标尺图块

（10）其他如螺栓与销等零件的装配过程与上面介绍类似，这里不再赘述。概念视觉样式显示效果如图 14-33 所示。

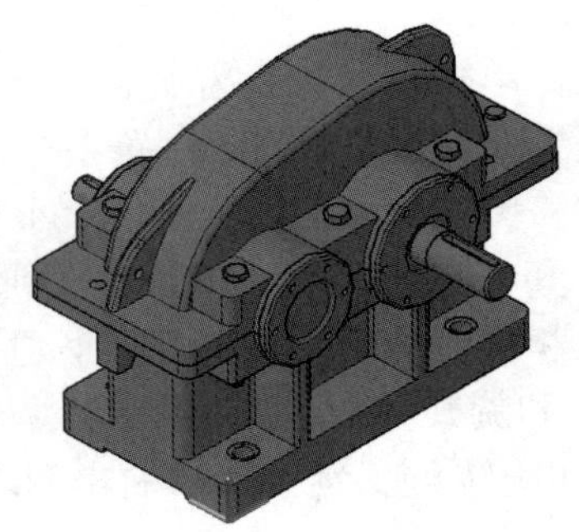

图 14-33 概念显示效果图